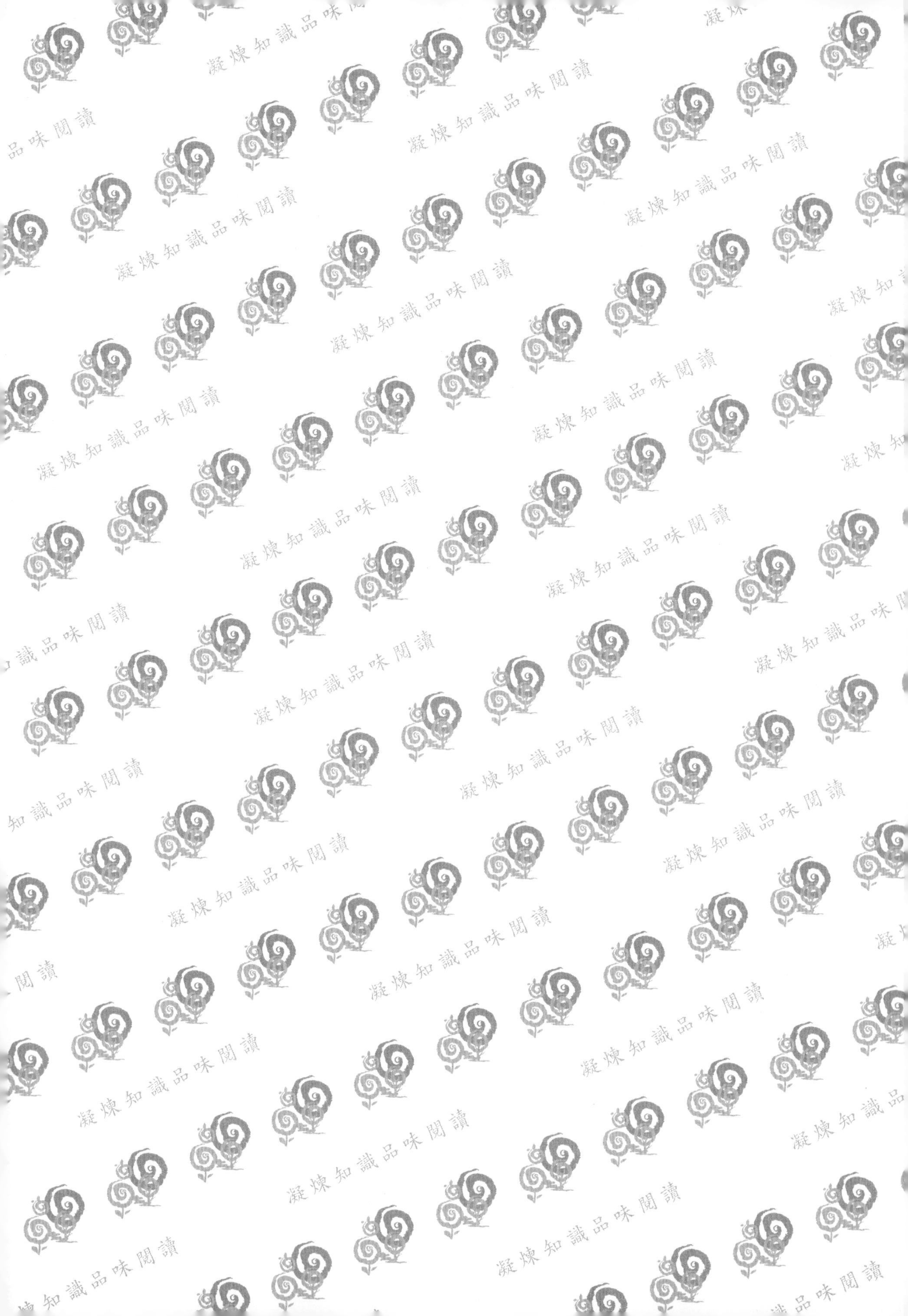
凝煉知識品味閱讀

社會行銷 第三版

打破同溫層的第一步，運用行銷思維實現社會改革

Social Marketing：Changing Behaviors for Good（5E）

Nancy R. Lee　Philip Kotler 著

俞玫妏 譯

五南圖書出版公司 印行

前言

本書致力爲所有當前和未來的社會行銷人員，提供有系統的理論來幫助他們實現：改變民衆行爲、改善健康、減少傷害、保護環境、建立社區、增強財務管理……。

我們希望你會發現這十步驟規劃方法，可以爲你帶來活動的成功。

對於所有使用本教科書的教師，Nancy Lee爲你提供了一個透過Skype線上互動工具，與她討論本課程的機會，她將使用45分鐘爲你分享更多有關社會行銷的故事。你可以透過nancyrlee@msn.com 與她聯繫。

前言

第五版的《社會行銷》，爲使本書一如既往能夠滿足學習者及相關從業人員的需求，進行了許多重要的內容及案例調整。本書作爲學術界及業界的重要領導工具書籍，如同之前的版本使用應用案例示範，本版更新了25個最新的案例示範，以期能達到幫助學生及從業人員，有效應用社會行銷概念與工具，解決重要的社會課題。

在愈來愈多的教科書中，本書一直是可讀性最強的書籍之一， 爲了給讀者提供一個有益的經驗，本書加強更多與「改變行爲」有關的模型和架構的解說，並放在一個獨立的章節中。這些案例強烈地反應社會行銷領域的發展歷史，從活動的規劃、執行到評估現實的社會挑戰，許多步驟都表現其以科學證據爲基礎。此外，爲增加讀者透過社會科學吸取經驗，本書將繼續強調社會行銷領域的科學基礎，並從營利性的行銷教科書，經由理論和實踐經驗汲取概念和工具，來突顯社會行銷所面臨的實際挑戰。

就像所有頂尖的教科書和從業者指南一樣，本書充滿了研究和實踐的最新方法，包括：眾包、參與式行動研究和 Gerald Zaltman的隱喻啓發技術，它目前已經被習慣成形和行爲經濟學加以應用（例如：微調）。本書也提供有關活動中途修正和基本評估的實用建議，可確保應用程序具有預期的效果，並讓活動的意外結果獲得調整及回應。

正如以往，讀者會發現本書話語和論證的流暢性，這顯示兩位作者有豐富的寫作經驗。他們未來將會繼續透過探索現實世界的風味，以及巧妙而吸引人的展示來深化本書的內容。

Alan R. Andreasen
Georgetown University

社會行銷二版譯者序

如同初版《社會行銷》譯序所陳述的價值觀，譯者相信世界上有很多比金錢更可貴的東西，於是在幾番掙扎下，數年前放棄教職、配合丈夫工作，舉家移民美國，來到美國德州，也因此有更充裕的可自由支配時間，可以透過田野生活觀察，比較臺、美兩國的生活型態與社會政經制度差異，對於重翻此書，不無裨益。

雖然離開臺灣時間並不長久，並且不時返臺探訪家人，惟訝異近幾年，每每回臺，譯者心中的福爾摩沙已經成為臺灣多數人口中的「鬼島」，社會氛圍充滿不滿、悲情的情緒，實在不勝唏噓。再翻開社會新聞版面，則臺灣的社會問題貌似較本書甫出版時更為嚴重，公共空間竟出現大規模隨機殺人，甚至是隨機殺童的恐怖事件，虐童的手法也日益殘暴，民眾竟會為了是否禮讓博愛座而大打出手；根據臺灣衛福部國民健康署的調查，國民受憂鬱症困擾的人口數高達200萬人，占人口比例達8.9%，造成臺灣醫療及生產力等經濟成本損失高達405億。

誠如本書作者所言，我們期待未來的世界裡，人們生活健康而安全、自然環境受到保護、社區發展良好、個體能夠妥善管理自己的財務，本書出版目的即是希望透過提供系統化步驟，使社會行銷相關領域工作者可以減少摸索與嘗試錯誤的過程，進而成功執行更多社會行銷計畫，達到改善人類生命品質的目的。

譯者在臺灣的生活，可以用摩肩接踵、馬不停蹄來形容，生活中能夠在忙碌之餘，坐下來輕鬆的慢食一頓或喝杯茶，就算是生活中的小確幸了；然而，來到美國這幾年，不得不承認，美國的生活環境品質，確實有別於開發中國家。生活在花園城市裡，機能良好而密度極低的社區內，不只草木、日月遵循著四時更迭，社區生活也呈現按部就班的規律：規劃良好的生態公園及慢跑步道，每天在清風煦日中，靜候你克服疲懶、踏上運動的道路；兒童上、下學有專用的接送車道，法規明訂任何行經學區的車輛速限20英里，覺得這只是「車輛行經學區應減速」的參考建議嗎？答案是「否定」的，收到車速30英里罰單的人比比皆是，因為兒童安全保護不是口號；哪怕只是日常的消費購物，不須再貨比三家，人們通常可以自信採購任何貨物，因為「消費者至上」不是信念，而是眞實的實踐；外加信用卡公司提供的價格、購物、保固、退貨等各種保護，對比譯者在亞洲某國購物所遭遇物流平臺廠商的五花八門騙術，實在有天壤之別。

雖然並非美國每寸土地都如此規律、設施完善，許多都市角落中仍有藏汙納垢的問題，但是至少推動國家運作的法規、市場經濟制度等無形機器，是在誠信、紀律的有效運作下，才能維持這片土地的欣欣向榮。我們期望臺灣也能發展成爲這樣富庶繁榮的國家，人民能感受自己及下一代只要肯努力就能生活幸福美滿、生活中不用擔心憂慮或經歷太多的問題。譯者以爲本書或許無法解決臺灣工業總會於2015年白皮書所提到的政府失能、國會失職、經濟失調、國家失去總體目標等問題，但對於社會失序、國會失職等問題，或可透過推動社會行銷運動，也就是由民間的動能平行自救或由下而上加以解決。

本書目前已歷經第五版的修改，社會行銷計畫的發展步驟也由八步驟分解爲十步驟，讓內容變得更爲嚴謹與完整。本書作者並致力蒐集各種文化背景的研究與行銷範例，使內容顯得充滿多元文化的智慧結晶，讓世界各國讀者能夠更快消化吸收並親身實踐。其中，觀念上較重要的調整，是納入潛在中游及上游受衆，中游受衆包括：家庭成員、朋友、醫療服務人員、教師等影響個體的重要他人；上游受衆則包括：媒體、決策者、企業、立法者及教育局等行政官員。畢竟，在鼓吹民衆愛惜生命、應戴安全帽的呼籲成效有限時，訴求明訂法規，仍是最立竿見影的做法，社會行銷人員若能喚醒重要上游受衆對社會課題的重視，進而達到改變民衆行爲、促進社會福祉的目的，也算是落實社會行銷學改變世界變得更美善的學科宗旨。

譯者認爲，這不僅是一本教科書，更是一本與你、我生活、生命息息相關的著作。譯者在翻譯本書第十五章「發展評估與監督計畫」的「行人旗」案例中，發現臺灣也有兒童放學被車撞斃的憾事，而後喪家被邀請捐資製作行人旗的新聞報導，惟行人旗的尺寸迷你並且是發放給學童，與本書透過評估與監督計畫，建議能夠引起道路駕駛警覺注意的尺寸及實施方式大相逕庭；說明本書是從實事求是的角度來發展社會行銷計畫，每個步驟的發展都有其科學依據，也有相關案例提供實施參考，可謂國內推動社會福祉相關工作的實務及理論聖經。

本書雖經譯者長時推敲語意，期能精確流暢，仍有諸多疏漏之處，歡迎各界讀者不吝賜教修正。譯者電郵：yutiffany@verizon.net。

俞玫妏

Contents

PART II 分析社會行銷的環境

PART III 選擇標的受衆、目標及目的

PART IV　發展社會行銷策略

PART V　管理社會行銷計畫

PART I

了解社會行銷

第一章
定義及區別社會行銷

如果把社會行銷看做改變社會的「讓我們做個買賣吧！」（Let's make a deal.）的版本，那麼每個人都有權利決定什麼對他們是有價值的。我們的工作不是改變他們的價值觀，那應該是教育或宗教的使命，不應該是社會行銷的工作。我們的工作是以他們原本就重視的價值所在，來交換個人的行爲改變，而這單純地個人行爲改變所帶來的好處，不僅是個人的，甚至是公眾的利益。我們最基本的原則，交換行爲的原則就是在地民主（radically democratic）與公民主義（populist）。

—— Dr. Bill Smith

Emeritus editor, Social Marketing Quarterly[1]

社會行銷自1970年以來已逐漸發展成爲一門學科，特別是對公共衛生、傷害預防、環境保護等社區發展等公領域有著積極深刻的影響，近年來更延伸至財務管理福祉（financial well-being）領域。人們應用社會行銷原則所成功發揮的影響，包括：菸害防治、降低嬰兒猝死、HIV/AIDS防治、瘧疾防治、杜絕小兒麻痺症、促進人們養成騎車配戴安全帽習慣、減少垃圾亂丟、霸凌防治、增加回收、鼓勵無家可歸者參加工作訓練計畫，並說服寵物主人爲他們的寵物植入晶片，且記得遛狗時養成隨手處理糞便的習慣，避免環境汙染。

社會行銷雖然儼然已經成爲新興學科，然而，仍有許多民衆對其感到陌生、甚至誤解，人們對於一些新興名詞如「行爲經濟」（behavioral economics，爲本書的主要架構）仍然感到迷惑，對於何謂社會媒介（social media）也缺乏認識，有些從業人員甚至擔心使用這些名詞會導致他們的長官、同事及其他機關首長，將其當成社會主義、制度操縱者或者業務銷售員。因此，本章要清楚地回答並說明以下問題，讓讀者對社會行銷有正確的認識。

- 何謂社會行銷？
- 社會行銷的起源？
- 社會行銷與商業行銷、非營利組織行銷、公部門行銷及教育有何不同？
- 社會行銷與行爲經濟（behavioral economics）、推力（nudge）、社會變遷（social change）、社區型社會行銷（community-based social marketing）、社區型預防行銷（community-based prevention marketing）、社會媒介（social media）及起因行銷（cause promotion）有何關係？
- 社會行銷的從業人員是否認爲自己是社會行銷工作者？他們的工作場域爲何？
- 什麼樣的社會問題能受益於社會行銷？

我們聲援獻身社會行銷的從業人員及社會工作者，並努力挑戰其中的專業技術，使其對社會變遷有重要影響，影響的領域包括：法律訂定、執法、公衆政策、環境、學校課程、社區組織、商業慣例、社會名流以及媒體。除此之外，我們也重視那些有中途影響力（midstream）的人群，這群人容易親近我們的目標族群，像是：家人、朋友、鄰居、看護、教師以及社區領導者。如同本書其他章節，本章首先引用一個來自印度富有啓示性的案例來鼓勵大家，然後我們會針對多方的行銷對話進行結論，藉此形塑社會行銷的內涵。

行銷焦點 印度根除小兒麻痺——從二十萬到零（1988～2012）

背景

自1979年國際扶輪社開始與菲律賓政府合作，目標是對該國600萬學童進行根除脊髓灰質炎（Polio）即俗稱小兒麻痺疫苗的防疫注射。這個好的開始，促使扶輪社更加積極推廣脊髓灰質炎的預防注射工程，在1985年擴大推動防治工作規模，因爲當時全球125個國家，已經有超過35萬學童罹患脊髓灰質炎。[2]扶輪社自此至少已爲全球超過20億的學童完成脊髓灰質炎注射，並於1988年協助聯合國兒童基金會（United Nations Children's Fund，簡稱UNICEF）、世界衛生組織（World Health Organization ，簡稱WHO），推動「全球根除小兒麻痺先驅活動」（Global Polio Eradication Initiative，簡稱GPEI）。

自1985年擴大推動根除脊髓灰質炎活動以來，全球已施用脊髓灰質炎口服疫苗達100億支以上，目前診斷出脊髓灰質炎案例也降到99.9%。根據2012年的紀錄，全球僅有223個脊髓灰質炎個案發生，主要出現的國家爲：阿富汗、巴基斯坦和奈及利亞。[3]

印度長久以來一直被認爲是最難根除脊髓灰質炎的地方，在2009年其脊髓灰質炎病發案例仍占全球個案的一半，這個國家在經歷27年應用社會行銷策略推動根除脊髓灰質炎後，終於在2011年取得重要成功成果，脊髓灰質炎在2011年於印度已不再有任何個案發生。

標的對象與期望行爲

這個根除脊髓灰質炎行動的重點是針對國內年齡5歲以下的兒童，都能夠服用2滴脊髓灰質炎口服疫苗。優先目標民眾（priority target audiences）爲新生兒，特別是位於印度北部偏遠地區的新生兒、高風險移民、流動人口以及游牧人口。此外尚包括因爲宗教等因素，抗拒接種疫苗的群體。

爲確認全國兒童均成功接種脊髓灰質炎疫苗，自1999年起凡已完成口服疫苗的兒童，均須以永久性墨水，按捺左手小指頭指紋，以茲鑑別。凡施打完畢的家庭會標記「P」，家中仍有幼童未完成接種的家庭則會標記「X」，作爲追蹤覆蓋率的依據。[4]

民眾評論

在這個幅員遼闊的國度，要成功地將脊髓灰質炎疫苗接種到每個目標對象的身上，實在是一個地理與物流的艱難挑戰，特別是要找到居無定所的移民及過著游牧生活的民眾，可說難上加難。此外，許多人群抗拒施用醫藥，對醫護及社區工作人員充滿懷疑及不信任，在眾多抗拒團體中，其中抵抗最頑強的群體是穆斯林，穆斯林信仰者認爲這些疫苗是針對伊斯蘭教而來的，很多人都聽過有關服用疫苗將導致小孩喪失性能力的謠言，他們相信這是一個計畫性消滅穆斯林族群的活動。[5]許多知識水準不高的人士甚至認爲脊髓灰質炎是「上帝的詛咒，人們是沒有辦法阻止它蔓延或發生。」[6]

行銷策略組合

印度如何克服這些障礙，並完成全國兒童脊髓灰質炎疫苗接種呢？正如Esha Chhabra在2013年的「斯坦福社會創新評論」（Stanford Social Innovation Review）所發表的文章中提到的，「一個協調與合作的網絡……密集地滲透至鄰居、遙遠的村莊和臨時性的群落地」，而這個基礎設施不僅此刻發揮功能，同時也是未來公共衛生活動的藍圖。[7]這些設施來自扶輪社數十億美元的投資，印度本身僅投入1.78億美元。

所採用的行銷策略組合如下文所示，此範例主要說明如何應用行銷策變工具箱（marketing intervention toolbox）內的四種主要工具。

產品

疫苗接種的程序包括給予每個孩子2滴疫苗。所有的疫苗均使用冷藏袋運輸，並以冰袋保護保存，以確保所有疫苗維持所需的冷鏈過程，不致喪失疫苗活性。自2005年以來，疫苗的開發和有效利用，已成功遏止不同病毒根的疫情爆發。[8]

價格

預防接種是免費提供的。全球根除脊髓灰質炎行動，保護兒童免受脊髓灰質炎侵襲的疫苗單支成本約需0.60美元。[9]

通路

志願工作者，包括扶輪社會員、社區工作者以及衛生機構官員，透過兒童之家管理疫苗，就近爲鄰近家庭提供了便利的疫苗接種場所，並使用網路數據庫查詢符合條件的兒童。在印度全國各地，疫苗接種站是無所不在的，正如Chhabra所說：「印度舉辦活動的幅員遼闊，使人難以掌握。目前，全印度已有250萬名疫苗接種人員設立了70萬處疫苗接種站，擁有200萬個疫苗運輸袋，以及630萬個冰袋。」[10]此外，針對過境的兒童，過境疫苗接種隊也在火車站、高速公路和重要道路交叉口積極部署疫苗接種站，以便使每個過境的兒童都能有機會獲得脊髓灰質炎疫苗的接種。

推廣

訊息：著重於強調建設強壯的社區。具體訊息包括：說明脊髓灰質炎疾病、接種疫苗的益處以及澄清不實的謠言。

傳播者：爲了打擊謠言，在印度的扶輪社形成了一個穆斯林烏里瑪（ulema）委員會，藉以教育穆斯林牧師關於免疫接種的好處。他們用當地語言撰寫推廣手冊，然後提供地方衛生工作者藉此說服猶豫中的家庭，認知疫苗的安全性。[11]聯合國兒童基金會印度招募名人每年出席參加大衆傳播活動，其中包括Amitabh Bachchan，其爲最受歡迎的寶萊塢明星之一，他擔任脊髓灰質炎預防大使已有十年了（見圖1.1）。印度的木球運動員也發揮了重要作用，木球明星們公開呼籲家長記得帶子女接種疫苗。

創意元素：爲使脊髓灰質炎接種活動能與其他健康有關計畫有所區隔，活動使用明亮的黃色與洋紅色（magenta）作爲活動基礎色調，並先後創造了「生命的2滴」（Two drops of life）、「每個時刻、每個小孩」（Every child, every time）、「爲了我的孩子，每次2滴」（For my child, two drops every time）等醒目標語，藉以強調父母有責任確保子女的福祉（見圖1.2）。

傳播管道：傳統傳播管道包括使用廣告牌、海報、公車車體以及人力車體廣告，配合國家免疫日，或於社區節慶和大型公衆聚會期間進行宣傳（見圖1.3）。最近幾年，根除脊髓灰質炎活動，甚至採用發送簡訊，提醒人們記得施打疫苗。

結果

1988年，印度約有20萬例脊髓灰質炎病例；到2002年，發病案例降至1600例；到2011年，只發現一名脊髓灰質炎案例，截至2014年9月分則未曾聽聞有新案例發生。[12]活動的成功，要歸功於嚴格的監督工作。透過數據的蒐集，了解脊髓灰質炎病例發生地區以及傳播對象，如此可調整執行策略能夠集中於高風險地區進行加強措施。Gates基金會脊髓灰質炎專家Tim Peterson評論說：「我們精確地找出我們所錯過的孩子們，然後回到他們身邊，直到把他們全部找出來。」[13]

圖1.1　活動聘請寶萊塢深受歡迎的明星Amitabh Bachchan擔任代言人推廣疫苗接種

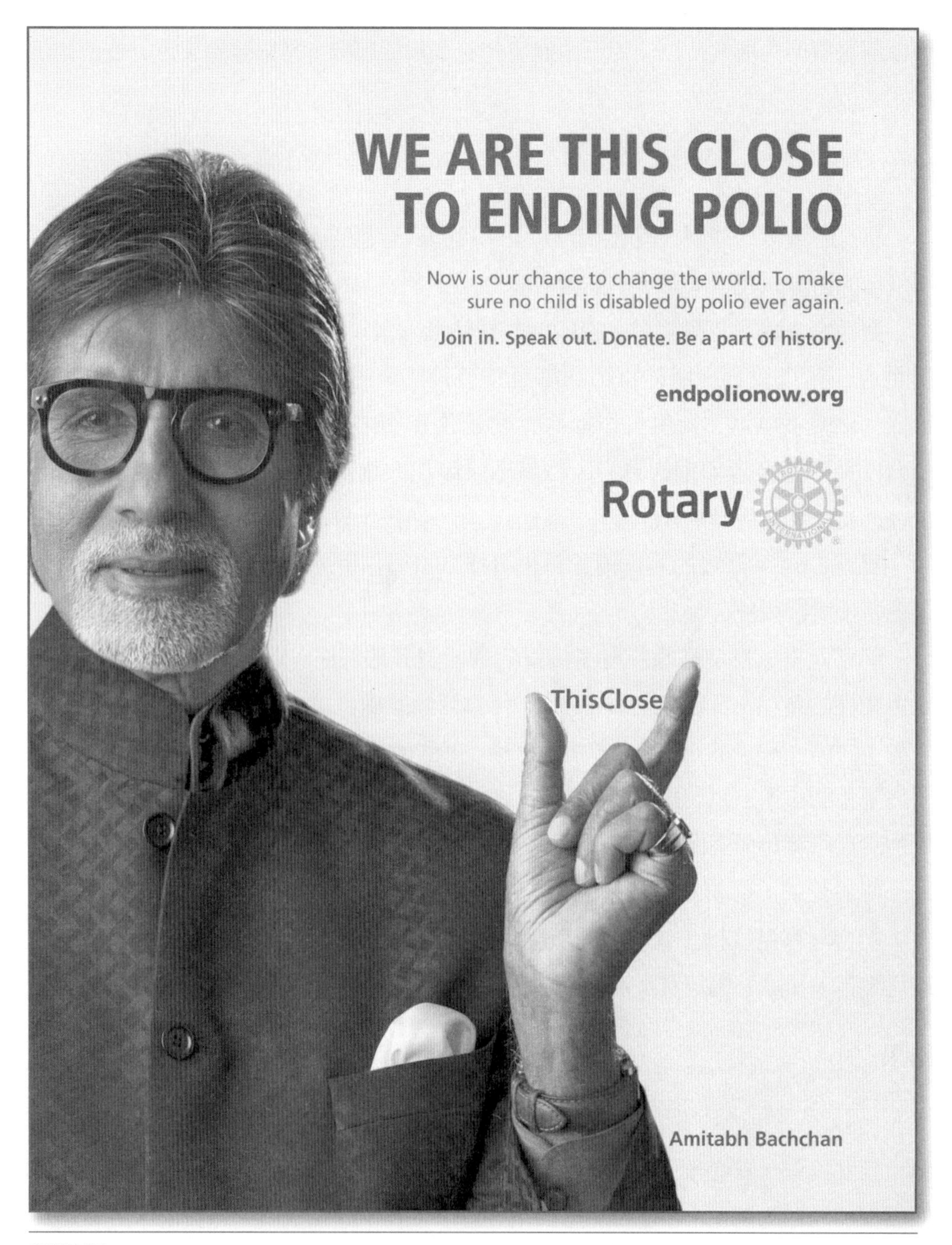

資料來源：Rotary International.

圖1.2 醒目的海報宣傳口號「為了我的孩子，每次2滴。」

資料來源：UNICEF.

圖1.3 品牌知名度鎖定通勤族為宣傳對象

資料來源：UNICEF.

何謂社會行銷？

社會行銷是一個獨特的行銷學科，在1970年代早期即被視為一門行為科學，主要研究如何透過影響個人的行為，進而達到改善健康、預防傷害、保護環境、促進社區，近來更延伸至財務管理福祉（financial well-being）範疇。專欄1.1是幾個資深社會行銷學者對社會行銷所下的定義列表，本表第一個由Nancy、Michael等人所撰寫的定義，為本書所採用的定義，第二個定義則為國際社會行銷學會（International Social Marketing Association, iSMA）所著的定義。

我們相信，在你讀完所有的定義後，將會發現他們有幾個共同特徵。社會行銷是：(a)影響行為；(b)利用應用行銷的原則與技術系統性策劃活動；(c)關注高優先目標族群；(d)為個人和社會福祉帶來積極的好處。接下來我們會詳細說明這些特徵。

我們專注於個人的行為

如同商業部門營銷人員以銷售商品和服務為營業的目標，社會行銷人員的目標則是成功影響人們採用策變行為（desired behaviors）。我們所企劃的策變行為通常有四種主要模式，像是：(1)接受新的行為（例如：堆肥垃圾的回收）；(2)拒絕潛在的不良行為（例如：開始嘗試吸菸）；(3)修改目前的行為（例如：將身體活動從每週3天增加到5天或是調整飲食減少脂肪量的攝取）；或(4)放棄不良的行為習慣（例如：駕車時使用手機發簡訊）。有時，我們也會策劃一次性行為（例如：安裝低流量淋浴花灑，降低用水量）或協助民眾養成行為習慣（例如：洗澡時間不要長，5分鐘淋浴剛剛好）。Alan Andreasen因此提出了第五種可供發展的行為模式，即是影響人們持續執行策變行為（例如：每年定期捐血）及第六種轉換行為（例如：選擇走樓梯上樓，而不是搭電梯）。[14]

儘管可以透過傳播教育來充實民眾的知識和技能，然而民眾雖有知識卻仍有可能存在既有的信仰、態度或感覺，影響人們未接受策變行為，這些內在的信仰、態度及感覺，需要透過人們的努力來加以改變，畢竟，只有眞正採用策變行為，才能踩到社會行銷工作人員的底線，光只有知道是不夠的。以孕婦飲酒為例，濫用藥物聯盟（substance abuse coalitions）策劃行動時非常清楚，如果只教育婦女知道孕期飲酒可能導致嬰兒發展缺陷是不夠的，他們最終衡量行動是否成功，仍是以孕婦是否確實拒絕孕期飲酒作為衡量成功指標。

社會行銷採用「獎勵好行為」（rewarding good behaviors）來影響人們，這種途徑與傳統採用法規制裁或是經濟懲罰來遏止壞行爲大相逕庭，因此，這對社會行銷工作者來說是最大的挑戰，也是對社會最大的貢獻。而在許多情況下，社會行銷人員無法承諾人們若採用策變行爲可以立刻看見對自己的好處，例如一項策劃影響農夫採用拔出雜草行爲而非施用有毒化學藥劑，對農夫而言，他們無法立即體驗採用這項行爲對自己可以帶來的好處。你也很難看到較健康的漁獵方式，或說服青少

專欄1.1

本書透過徵求資深社會行銷從業人員及社會行銷學會，所獲得的社會行銷定義，列表如下：

社會行銷是一個使用行銷原理和技術來改變目標對象個人行爲的過程，行爲的結果不僅促進個人利益，也能增進社會福祉。這個以策略爲導向的學科，主要透過創造、溝通、傳遞來與個體交換具有對個人、夥伴、客户乃至社會均有正面價值的行爲。

——Nancy R. Lee, Michael L. Rothschild, and Bill Smith, personal communication

社會行銷旨在開發和整合不同取向的行銷概念，發展影響個人行爲，進而促進社區乃至社會福祉的方法。

——iSMA, 2013[a]

社會行銷是應用商業行銷的概念與工具，影響目標族群中的自願者行爲，進而改善他們個人的生活，乃至裨益所屬團體。

——Alan Andreasen, 2014

社會行銷不應與社會媒體行銷（social media marketing）混爲一談，因爲社會媒體行銷常常被簡稱爲社會行銷。社會行銷是基於社會福祉，系統化應用行銷的互動原則與技術，藉以駕馭目標對象灌輸價值於個體，使其發生行爲變化，進而達成社會行銷特有的行爲目標（specific behavioral goals）。

——Jay Bernhardt, 2014

社會行銷是商業行銷原則與工具在社會改變介入（social change interventions）的應用，其主要目的是獲致公眾利益。

——Rob Donovan, 2014

社會行銷是一系列證據加上以經驗爲基礎的概念與原則，透過系統化的滲入，影響個體行爲獲致社會福祉。它雖非科學，但接近「類技術」（technik），是一種科學的融合、know-how的應用，透過不斷影響目標個體、產生目標行爲的過程，達到產生淨社會福祉（net social good）的成果。

——Jeff French, 2014

社會行銷的誕生是對商業行銷的批判性檢驗，它證實了行銷的有效性，同時也遏止行銷過度的發展。

——Gerard Hastings, 2011

社會行銷是社會創新（social innovation）的計畫性行動。

——Craig Lefebvre, 2014

社會行銷是一個過程，包含：(a)小心選擇行爲並區隔標的對象；(b)界定目標行爲的難度，找出障礙物及利益；(c)透過發展及試點測試（pilot testing）策略，更清楚掌握障礙點及可發展的利益，然後(d)制定全盤行動執行計畫。

——Doug McKenzie-Mohr, 2014

社會行銷是想辦法減少阻礙、增加讓個體改善行爲的誘因，達到改善個體生活、促進社會福祉的結果。它使用商業行銷的概念與計畫性過程（planning processes），使目標對象對該行爲感到「有趣、簡單及受歡迎」。它不同於溝通、公共服務聲明，也與教育有所不同，它並不能如教育般給你對於行爲的可能結果進行360度全方位檢視。

——Mike Newton-Ward, 2014

社會行銷是一個積極去了解、創造、溝通及傳遞獨特創新解決方案的過程。

——Sharyn Rundle-Thiele, 2014

社會行銷是商業行銷的活動，在社會行銷的過程能夠發揮灌能個體與社會的功能，從而促進及支持社會福祉。

——SocialMarketing@Griffith 2013

> 社會行銷是使用商業行銷的策略、術語及技術，進而獲致社會福祉。它是經常被政府、非營利組織採用傳遞物品及服務，這些物品及服務通常充滿改善生活的社會價值。有時社會行銷被單獨使用作爲主要策變的方法，有時也同時與教育及法律整合使用，以加強效果。
>
> ——Rebekah Russell-Bennett, 2014
>
> 社會行銷是使用行銷原則與技術去策變行爲的採用，藉此改變目標對象的健康及個人福祉，乃至整個社會。
>
> ——Nedra Weinreich, 2014
>
> a：International Social Marketing association, "Social Marketing Definition" (n.d.), accessed September 9, 2014, http://www.i-socialmarketing.org/.

年使用防曬乳來避免皮膚癌的發生。在接下來的幾章，你會了解爲何一個系統化而嚴謹的策略規劃模式對社會行銷有多重要。一來我們可以更加了解目標對象的需求、慾望及偏好，如此有助我們更注重眞實、可行及眼前可及的利益。必須要提到的是，很多人認爲這種嚴重依賴個人的自願行爲改變社會的方式已經過時，應將社會行銷技術應用於環境因素的策變，諸如：法律、公共政策、媒體等，這些衍生論點將會在後續章節詳談。

我們將在傳統行銷及技術導入系統性規劃過程

美國行銷學會（The American Marketing Association）定義行銷爲：一種活動，由一組組織透過創造、溝通、傳遞及利益交換過程，使消費者、顧客、夥伴及社會受益。[15]我們在這行銷過程中，最基本的原則是應用顧客導向技術來了解目標對象對採用「策變行爲」（desired behavior）可能障礙及他們期望得到改變行爲後的利益。這個過程以解決社會問題爲開端，並透過環境掃描，建立具體計畫的目標和重點。情境分析（SWOT）可幫助我們將優點最大化、弱點極小化，掌握有利的機會優勢，同時對惡劣的威脅有所防範。行銷人員接下來選擇最容易接受策變的標的受衆（target audiences），建立具體清楚的行爲目標（behavior objectives），及計畫的標的目的（target goals）。形成性研究的啓動是爲了界定標的對象的行爲障礙、行爲利益、動機、可能產生競爭的因素等變數。透過形成性研究，我們可以有更精確的行動定位，激發出目標對象對策變行爲的渴望。完成形成性研究後，我們必須仔細考量主要的干預工具，也就是行銷的工具箱（4Ps）：產品（product）、價格（price）、通路（place）以及推廣（promotion），有人也稱爲行銷組合（the marketing mix）。評估方法學於此時建立，以確立預算及執行計畫，一旦計畫完成，理想情況是先進行試點研究（pilot study），進行可能結果的監督與評估，若有必要則需進行策略的調整。表1.1歸納了五個階段的十個重要步驟，以及其所需使用的行銷技術。

我們選擇並影響標的受衆（target audience）

行銷人員都知道，消費市場是一個豐富多樣的人口拼貼畫，每個區隔出來的人口區塊，都有其獨特的需求和慾望。一個能吸引這個人的產品卻不見得能吸引另一個人，所以我們必須將市場進行區隔，讓相似的人能夠自成一個區塊，如此有利於我們針對這些區塊進行更多潛在因素的測量及了解，進而發展出有利的行銷目標，並做出正確的市場區隔選擇決定。

針對所選的市場區塊，了解其喜好、障礙、動機、競爭及其他可能變數，設計出其獨特的行銷組合。Robert Donovan和Nadine Henley對社會行銷有更深入的觀點，認爲應該進一步掌握社會結構中的重要關係人物，這些人對組織的政策擬定及改變具有舉足輕重的影響力（例如：學校督察）。在這種情況下，計畫努力的對象將從問題行爲個體轉移成對問題行爲具有影響力的個人。[16]技術，不論如何，還是相同的，

最大受惠者是社會

與商業市場的主要利益歸屬爲股東有所不同，社會行銷的主要利益收穫者是整個社會。或許有人會質疑怎麼知道社會行銷所策變的成果是好的？儘管許多成果顯示社會行銷者的貢獻，多爲好的結果，這在社會意見頗有共識，但有些組織對於「何謂好的改變？」則持有相反的意見。人工流產的案例最能反映出對於「好的改變」的兩端意見，兩造使用相同技術的組織都認爲自己站在好的這端，究竟誰能說「何謂好呢？」有人分享世界人權宣言協會（United Nations' Universal Declaration of Human Rights）（http://www.un.org/en/documents/udhr/）對於何謂好的基準幾個基本的見解。有些人則分享社會行銷顧問Craig Lefebvre在Georgetown Social Marketing Listserve的觀點。

> 「好」是旁觀者的眼睛，我認爲絕對好到值得募集資金發動的行動，對你而言，可能認爲這是個絕對錯誤的看法。器官捐贈對於反對褻瀆身體的信仰

表1.1 社會行銷過程：階段、步驟、技術與回饋循環

階段	萌芽期		選擇期		了解期	設計期			管理期	
步驟	1.提案及聚焦	2.情境分析	3.目標對象	4.行為目標及總目標	5.障礙、利益、動機、競爭及其他變數	6.定位	7.行銷組合：干預工具	8.評估計畫	9.預算	10.執行計畫
技術範例	文獻回顧及流行病學等相關科學數據	SWOT分析，同儕團體訪問	Andreasen的九個標準（見第五章）	McKenzie Mohr的三個標準	知識、態度及實踐研究	知覺圖	4Ps	邏輯模式	目標與任務模式	執行前先有前導試驗
回饋循環					這個階段的研究結果，可作為目標對象或行為目標的調整建議		策略的前測結果可提供4Ps的調整建議			前導試驗可能導致行銷組合的調整改變

者，肯定認爲絕對是個錯誤的社會行銷計畫，但對於不受這種觀點限制的人，則認爲是好的募集資金課題。17

Alan Andreasen認爲listserv的觀點，是社會行銷顧問VS.顧客或出資者。

我們必須知道社會行銷者只是「受僱用的槍」（請原諒這個比喻），只要告訴我，你想要策變什麼行爲？我們有一堆辦法讓它實現。我們每個人都可以與自己感到舒適的「行爲影響」（behavior-influence）共事，也就是說「舒適」不只是個人道德，也是專業知識。至於哪些行爲值得被策變，並不是由我們決定，顧客、社會乃至政府，需要做這些決定。18

社會行銷概念的起源

當我們認爲社會行銷是「影響公衆的行爲」，很明顯地影響公衆行爲的改變並不是新鮮事，從解放黑奴、禁止僱用童工、婦女投票，乃至僱用婦女爲勞工，都是公衆行爲改變的實例（見圖1.4）。

社會行銷學科的概念起源於40年前，「社會行銷」一詞，最早由Philip Kotler及Gerald Zaltman在《行銷期刊》（*Journal of Marketing*）發表先驅性文獻，形容社會行銷是「使用行銷原則與技術推進社會事業、理想與行爲」。19爾後，社會行銷的觀念在各行各業蓬勃發展，不論是公衆健康、環境保護乃至社區關懷，社會行銷進入一個全面起飛期。社會行銷學術概念的發展演進如專欄1.2所示。

圖1.4　應用「蘿西女工」的媒體形象來招募女兵

資料來源：Provided by National Archives and Records Administration, Washington DC.

專欄1.2 社會行銷：研討會事項與出版品

1970s	
1971	由Philip Kotler和Gerald Zaltman所撰寫的《社會行銷：策變社會變遷的途徑》，首次採用社會行銷一詞，並於*Journal of Marketing*行銷期刊接受發表。發表後引起各界學者的廣泛討論及研究，這些學者包括：Alan Andreasen (Georgetown University)、James Mintz (Federal Department of Health, Canada)、Bill Novelli (Cofounder of Porter Novelli Association)及Dr. Bill Smith。
1980s	世界銀行、世界衛生組織及疾病防治中心，正式使用社會行銷一詞。
1981	Paul Bloom及William Novelli在*Journal of Marketing*發表對社會行銷10年發展的回顧，並指出社會行銷的行銷原則及技術，目前仍缺乏應用的案例，特別是在研究、市場區隔與傳播管道方面。
1981	加拿大衛生局成立社會行銷部門。
1988	R. Craig Lefebvre及June Flora在《健康教育期刊》（*Health Education Quarterly*）發表「社會行銷與公衆健康介入」（Social Marketing and Public Health Intervention）文章，使得社會行銷的應用延伸到公衆健康的領域。
1989	Philip Kotler和Eduardo Roberto出版《社會行銷：改變公衆行為的策略》（*Social Marketing: Strategies for Changing Public Behavior*）一書，指出如何應用行銷原則與技術影響社會變遷的管理。
1990s	學術起飛期，相關學術系統在此時期建立，包括英國史查克萊大學（University of Strathclyde in Glasgow）的社會行銷中心，在南佛羅里達大學（University of South Florida）的社區及家庭健康學系（Department of Community and Family Health）。
1992	James Prochaska、Carlo DiClemente及John Norcross於《美國心理學家》（*American Psychologist*）期刊發表如何改變人類行為的學術模型，受到各界重視及引用。
1994	由南佛羅里達大學公衆健康系所發行的第一本《社會行銷季刊》（*Social Marketing Quarterly*）問世。
1995	Alan Andreasen撰寫《行銷社會變遷：策變公衆行為以改善公衆健康、社會發展與環境》（*Marketing Social Change: Changing Behavior to Promote Health, Social Development, and the Environment*），這本書對理論與實務皆有具體貢獻。
1995	Jay Kassirer和Doug McKenzie-Mohr發表《變革工具》（*Tools of Change*）手冊。
1998	變革工具官網問世，提供地方社區實踐社會行銷的工具及案例研究。
1999	華盛頓特區成立社會行銷專職機構，由Georgetown University的Alan Andreasen教授擔任臨時執行長。
2000s	
2001	南佛羅里達大學提供社會行銷技術士認證計畫。
2003	Rob Donovan於澳洲墨爾本發表《社會行銷的原理與應用》（*Social Marketing: Principles & Practice*）教科書。
2004	變革工具引進網絡研討會。

2004	英國發展第一個國際社會行銷策略。
2005	Jeff French和Clive Blair-Stevens於英國倫敦成立國際社會行銷中心。
2005	第十屆創新社會行銷研討會舉行。
2005	第十六屆社會行銷與公共健康研討會舉行。
2006	Alan Andreasen發表《21世紀的社會行銷》(*Social Marketing in the 21st Century*),指出社會行銷的標的對象應擴展至「標的對象的上游人士」(target audiences upstream),也就是對標的對象具有影響力的上層人物,例如:政策制定者。
2007	Gerard Hastings出版《社會行銷:為何魔鬼總是擁有好音樂?》(*Why Should the Devil Have All the Best Tunes?*)。
2008	第一屆世界社會行銷研討會於英國布蘭頓(Brighton)舉行。
2009	澳洲的國家預防健康策略已經包含社會行銷的工作方法,而在英國也公布了社會行銷的國家執行標準。
2010s	
2101 ~ 2011	國際社會行銷協會成立,會員福利包括:在線獲取研討會會議訊息、社會行銷工具和資源,工作機會和列表服務/討論論壇、免費網絡研討會、研討會、期刊訂閱及教育訓練折扣、線上專家交流等福利。此外,澳洲及歐洲社會行銷協會相繼成立。
2010 ~ 2013	第二十、二十一、二十二屆「社會行銷在公共衛生的應用」於美國佛羅里達州舉行。第二屆和第三屆世界社會行銷會議在都柏林和多倫多舉行(第四屆於2015年在澳州雪梨舉行)。
2010 ~ 2013	更多的書籍出版問世,包括Nancy Lee和Philip Kotler的《社會行銷:改變公衆行為》已發行第三和第四版。Nedra Weinreich《社會行銷實踐》(*Hands-On Social Marketing*)第二版發行。Hong Cheng、Philip Kotler和Nancy Lee《公共衛生的社會行銷:全球趨勢與成功故事》(*Social Marketing for Public Health: Global Trends and Success Stories*)。Doug McKenzie-Mohr、Nancy Lee、Wesley Schultz和Philip Kotler發行《社會行銷保護環境:如何成功執行?》(*Social Marketing to Protect the Environment: What Works*)。Jeff French發行《社會行銷與公衆健康:理論與應用》(*Social Marketing and Public Health: Theory and Practice*)。Craig Lefebvre發行《社會行銷與社會變遷》(*Social Marketing and Social Change*)。Gerard Hastings和Christine Domegan發行第二版《社會行銷:從曲調到交響樂》(*Social Marketing, From Tunes to Symphonies*),由SAGE出版的六卷書。Doug McKenzie-Mohr的《慣性行為的養成》(*Fostering Sustainable Behavior*)發行第三版。澳洲發行*Journal of Social Marketing*。
2010 ~ 2014	在美國社會行銷的目標,包括公衆健康學校的健康人目標及衛生部的執行目標。 在澳洲健康及老人部長已針對國際預防健康報告專案,發動「預防性行動」(Taking Preventative Action)。 在英國,新的聯合政府為表現對前政府的社會行銷政策支持,於2011年發布更新升級的全國性社會行銷策略,稱為「改變行為、改善成果」(Changing Behaviour. Improving Outcomes)。
2011	南佛羅里達大學提供網路社會行銷認證課程,喬治亞大學公共健康系則提供社會行銷網路碩士學位課程。

2011 ～ 2012	太平洋西北社會行銷協會（Pacific Northwest Social Marketing Association）策劃TEDx事件——「永久改變你的行為」（Changing Behaviors for Good），由Bill Smith在TED Talk主講社會行銷。
2012	斯特林大學發起世界第一所社會行銷與行為改變MBA課程。
2012	第一屆歐洲社會行銷研討會會議，在葡萄牙里斯本舉行。
2013	國際社會行銷協會成立第一所社會行銷職涯中心。

社會行銷與商業行銷的差異

在社會行銷與商業行銷領域中，存在幾個重要的差異。

在商業部門，以銷售商品與服務產生經濟利益收穫爲主要目的；在社會行銷，主要目的卻是以影響個體行爲促進個人及社會收益。商業行銷人員會選擇能夠帶來最大經濟利益的群衆爲標的對象，社會行銷對標的對象的選擇，則根據幾個標準的考量：社會課題的普及率（prevalence of the social problem）、接觸標的受衆的能力（ability to reach the audience）、尋找已經準備好要改變的對象（readiness for change）及其他因素，將會在第五章深入探討。不論如何，行銷人員總是尋求他們所付出的投資與資源的最大回報。

爲達此目的，他們必須認識及定位他們的競爭者，然而，他們的競爭者在本質上卻有極大的不同。商業行銷人員主要目的在於銷售商品與服務，競爭者往往就是銷售類似產品與服務的組織；對社會行銷人員來說，他們的競爭者卻是標的受衆本身既有的慣性行爲，以及連結在他們慣性行爲的各種感受，甚至還包括支持他們這些慣性行爲的強大商業組織，像是菸商。

基於許多理由，我們相信社會行銷會比商業行銷更困難。想想酒商總有辦法讓你看到美酒就覺得超酷、當庭院掉落滿地的樹葉而使用汽油鼓風機便可以輕鬆解決惱人的落葉問題、油炸食物總是令人垂涎三尺、亮綠草坪總能贏得稱讚，再想想你所面對的挑戰如下：

- 使人們放棄一個上癮的行爲（停止吸菸）。
- 改變舒適的生活型態（省電）。
- 抵抗同儕的壓力（節制性慾望）。
- 改變原來的行爲方式（將未使用的油漆帶到危險廢物場所丟棄）。
- 沒事找罪受（捐血）。

- 建立一個新習慣（每週運動五天）。
- 花更多的錢（購買回收紙）。
- 在鄰居間變得難為情（夏季期間放任草坪變黃）。
- 聽到不好的消息（進行HIV檢查）。
- 關係的風險（拿走酒醉司機的鑰匙）。
- 擔心不想要的結果（為12歲的女兒施打子宮頸癌預防疫苗）。
- 放棄休閒時間（當志工）。
- 減少樂趣（縮短淋浴暢快的時間）。
- 放棄外表（夏季抹防曬乳液）。
- 花更多的時間（丟入回收箱以前，先壓扁鋁箔包）。
- 學習新技能（規劃並執行財務預算）。
- 記得事情（將使用過的塑膠袋帶到超市再利用）。
- 被報復的風險（駕駛維持速限）。

儘管有以上的差異，社會行銷與商業行銷仍有相同之處，包括：

- 顧客導向至為重要。社會行銷人員必須透過承諾解決問題或滿足需求，來吸引標的對象接受行銷者所提供的產品。
- 交換理論是商業行銷，同時也是社會行銷的基礎理論。消費者所知覺可獲得的利益，必須高於他們所須付出的代價或與成本代價相當。[20]如同Bill Smith的全書開頭引言，社會行銷基本模式就是「讓我們做個買賣吧！」（Let's make a deal!）[21]
- 市場研究很重要，它充滿在行銷的所有過程中。唯有透過市場研究才能了解消費者獨特的需求、慾望、信念，並透過了解已採用者的態度，使行銷者能發展出更有效的策略。
- 區隔目標市場。有效的策略都是量身訂做的，行銷者必須針對區隔出來的目標市場，研究並了解其獨特需求、慾望、現行行為，然後根據所有資源發展出市場策略。
- 4Ps（產品、價格、通路、推廣）都必須被充分考慮。一個能打勝仗的策略所需要的是4P的整合作戰，4Ps是工具箱內的所有工具，要做好一項工作，需要所有工具的共同努力，而非單靠廣告或其他說服性媒體。
- 結果評估是改善的根據。結果的測量，可作為評估及改善的根據，回饋往往被視為「免費的建議」，它可以讓你下一次做得更好。

社會行銷與其他行為改變理論或推廣策略有何不同？

人們常常把社會行銷和其他幾個學科混淆（非營利行銷、公共市場行銷及教育），新興行為理論以及幾個架構，像是行為經濟、微調、社會變遷、社區基礎的社會行銷、社區基礎的預防醫學，也常與社會行銷扯不清；甚至有人以為社會行銷就是時尚流行的促銷手段，像是社交媒體、廣告及公益行銷（social media, advertising, cause promotion）。我們將在這裡簡要說明十個常與社會行銷混淆的學科、理論架構，說明其究竟與社會行銷有何不同。在以下的章節，將會透過社會行銷在公司、非營利組織及公部門的應用，有更深入精闢的說明。還要注意第8章將會詳細闡述每個行為變化的理論和框架，至於宣傳策略將在第14章中進一步描述說明。

- 非營利組織行銷（Nonprofit/NGO marketing）：非營利組織的營運，重在本身組織產品的推廣。其工作重點包括：支持組織的計畫或服務（例如：需要努力賣出博物館新展覽的門票）；採購配套產品及服務（例如：博物館禮物店）；志願工作者的招募（例如：博物館解說員）；宣傳工作（例如：邀請官員參觀博物館）以及募款（例如：擴大服務）。
- 公部門行銷（Public sector marketing）：在這個領域，社會行銷主要致力於支持政府機構的產品與服務為主（例如：郵政局、社區診所），鼓勵民眾支持（例如：鋪路造橋），增加順應性（increase compliance）（例如：有關農民市場的公共衛生實踐政策）。
- 教育（Education）：教育係增進學生對社會議題的知覺與了解。雖然社會行銷也會使用教育作為手段（例如：分享寵物糞便對魚類的危險資訊），但那往往成效不彰，因為它無法解決目標對象的障礙、利益及動機問題，自然無法順利採用該行為（例如：在公園設立糞便袋小站，讓遛狗的人可以順利清除寵物糞便）。
- 行為經濟（Behavioral economics）：這個心理學架構指出當人們做了不合理的選擇後，往往會更重視外部環境的改變，來積極促進個人自願的行為改變。社會行銷人員在發展策略時，可以善用這個心理理論。
- 微調（Nudge）：這是由Richard Thaler及Cass Sunstein在2009年所提出的行為理論，該理論認為若能提供更多顯而易見的選擇，則人們有更大的機會選擇改善健康、財富與幸福的行為（例如：將學校餐廳內的健康食物，放在孩童最容易看見的位置，則有助於學童選擇這些健康食物），這創新策略很能激發社會行銷人員。[22]

- 社會變遷：我們對社會變遷只有一個看法，就是創造正向的社會變遷，其他如擁護（例如：同志婚姻）、創新（例如：電動車）、技術（例如：iPhone）、基礎設施（例如：腳踏車專用道）、科學（例如：HIV/AIDS的治療）、公司商業的經營（例如：在餐廳菜單標明卡路里）、資助（例如：瘧疾網），以及法律（例如：禁止行車時發簡訊）。雖然社會行銷的焦點在於影響個體行爲，你將在本章最後了解，我們如何看待社會行銷人員對於扮演這些另類社會變遷策略的角色看法。
- 以社區爲基礎的社會行銷（Community-based social marketing,CBSM）：Doug McKenzie-Mohr在1999年提出如何促進民衆保護環境，他所強調的幾個步驟，與我們所主張的社會行銷規劃十步驟模式有雷同之處，像是選擇行爲、界定障礙及利益、發展策略、前導試驗（piloting）、大規模執行（broad-scale）及結果評估。[23]
- 以社區爲基礎的預防策略：這種做法使具有影響力的社區成員參與界定問題、調動資源、規劃和執行計畫，並追蹤、評估目的及目標的成果。它不僅僅關注於實現行爲改變，也重視在過程中建設社區。[24]社會行銷人員可以透過鼓勵社區成員和組織參與計畫、實施和評估過程，獲得促進計畫實現的成果。
- 社會媒體（Social media）：這是社會行銷者所使用的溝通管道，包括：Facebook、Twitter、blogs、YouTube等社會網絡網站。它是社會行銷人員所使用衆多推廣手法的其中一種。
- 公益行銷（Cause promotion）：公益促銷活動旨在提高人們對社會事業的認知與關心（例如：全球暖化），社會行銷人員利用促進人們專注於某些策變行爲來緩解這些擔憂。

什麼是社會行銷特有的價值主張？

Nancy Lee、Mike Rothschild和Bill Smith在2011年3月曾經撰寫一篇文章來釐清兩個問題：(a) 關於社會變遷已有許多已知的學術理論，爲何還需要多一個社會行銷學科？(b)什麼是社會行銷特有的價值主張？請見專欄1.3對於這些問題的回應。

專欄1.3 社會行銷宣言，獨特的原則與特色

Nancy R. Lee, Michael L. Rothschild和Bill Smith

2011年3月

與其他學科共享的原則（Principles Shared With Other Disciplines）

社會行銷的許多重要原則已經被其他領域廣泛採用，這使得社會行銷得以整合，更多了其他領域的實踐經驗，目前被其他領域採用的原則包括：

◆ **觀眾導向**（Audience Orientation）

社會行銷人員將觀眾視為「選擇的決定者」，而非像學生般，只是教育或設法馴服。社會行銷始於自下而上與自上而下的透視觀點，因此拒絕「專家知道什麼比較好，所以為了自己好，應該如何做……」的家長式觀念，取而代之的是以觀眾為中心的方法，社會行銷人員力圖了解人們的需求，並以滿足需求為他們的支持方式。

◆ **區隔對象**（Segmentation）

為了提高效率（efficiency）和效能（effectiveness），社會行銷人員會先選擇一個人口族群，然後根據一些變數考量，評估優先順序，區分出目標對象。被選出來的標的對象，通常是最有可能採用策變行為或是對於組織目標最為重要的人群，這群人成功採用策變行為後，能夠帶給社會最大的效益。如果目標對象非常不容易接觸到，社會行銷人員會退而求其次，找到「已經準備好行動」的族群。

◆ **行為焦點**（Behavior Focus）

行為被定義為個體的可觀察行動或不做的行動（lack of action）。社會行銷對能促進社會效益的行為最感興趣，許多社會行銷策略執行過程中也會產生中度反應（intermediate responses）。然而社會行銷終究以是否採用行為作為成果衡量，而非僅以意識、知識、態度或行為意圖改變為滿足。

◆ **評估**（Evaluation）

所有的努力都要被檢視，特別是對結果的持續測量（標的對象的行為變化水平），以及預期對社會效益的影響。社會行銷往往是一個為期頗長的行動，在過程中對標的對象的偏好及環境變化進行評估與監看，可作為維持計畫或擴大計畫的依據。

◆ **重視上游及中游的標的對象**（Consideration of Upstream & Midstream Target Audiences）

在努力改變位於下游民眾個體的同時，也須同時注重位於他們上游的人群（政策制定

者、公司），以及中游人群（像是朋友、家庭以及有潛在影響力的其他人）。

特有的原則

雖然社會行銷整合了許多行爲改變理論共有的元素，但其仍有自己獨特的四個核心原則：

- **價值交換**

社會行銷作爲獨特的行爲改變工具，其與其他行爲理論不同的是，它重視標的對象所知覺到的自我利益（self-interest），在人們採用策變行爲後，自我利益也隨之而來，成爲採用行爲的獎勵。價值交換理論認爲消費者會以某行爲，來交換他們認爲重要的利益。

- **察覺競爭**（Recognition of Competition）

在一個自由選擇的社會，你永遠會有替代方案在旁邊等候，競爭就是在旁邊候選的行爲。社會行銷必須規劃出極具價值的方案，才能在競爭過程中勝出。

- **4Ps組合**（the 4Ps of marketing: Product, Place, Price, and Promotion）

4Ps是建構社會行銷最重要的基石，善用此工具可以減少阻撓，並且讓民眾更樂意採用策變行爲。該工具被整合使用來形成一種有利的感知關係，讓社會行銷的選擇顯得比所有其他選擇更具有吸引力。社會行銷人員評估並平衡這四個要素的需求和使用，來促進最佳的影響改變。

- **可持續性**（Sustainability）

可持續發展的結果來自持續的計畫執行監測，並隨後對觀眾和環境狀況發生的變化進行調整。這是獲得長期勝利不可或缺的行動。

特色

明確指出社會行銷與其他行爲改變理論有何不同，是至關重要的。指出不同並非要說明何者較爲優越，而是指出一個讓社會行銷更能盡情發揮的方向，對社會做出獨特的貢獻。

- **商業行銷**（Commerial Marketing）

社會行銷的理論基礎是建立在商業行銷的過程和原則之上，尤其是客戶導向、交換理論、競爭、市場區隔、4Ps行銷組合、關係及服務導向。社會行銷與商業行銷最大的不同，在於它的經營目的爲提升普羅大衆的福祉；也就是說，社會行銷最大的目的在於增進個人及社會福祉。

◆ **傳播**（Communications）

人們的活動無時無刻不充斥著傳播，傳播同時也是行為改變經常使用的方式。在社會行銷領域，傳播係指對人們宣告活動標的物所含的利益、價格以及可及性。與商業行銷有所不同的是，社會行銷的傳播必須搭配整體行銷組合才能發揮整體行銷價值，若單有溝通是不足以影響個體行為。

◆ **監管措施**（Regulation）

政府的監管措施基於社會國家福利，也力圖影響個體行為，但往往是透過增加不必要競爭行為的成本（例如：違法的處罰），而不是增加期望的行為誘因。若監管可以提供適當行為的利益（例如：各種稅收激勵），則更貼近社會行銷。社會行銷人員對政策制定者也能發揮影響力，使他們對某些行為採取監管措施（上游的改變），如此可促使大規模受眾產生行為變化，增進對現有規定的遵守。

◆ **社交媒體**（Social Media）

社交媒體利用目標受眾的社交網絡發揮槓桿作用，並且比傳統大眾媒體更能將訊息以私人化及雙向溝通的方式進行傳播。然而，從概念的角度來看，這些電子系統與印刷廣播類似，因為每種電子系統都是傳遞訊息的方式，因此也只是傳播的一個方式。

◆ **非營利行銷**

非營利組織的功能多著重於籌款、奉獻及方案發展，以及組織產品與服務的支持性利用。

◆ **行為經濟**

行為經濟學整合經濟學、心理學、社會學以及人類學理論，其研究關注如何改變外部環境提示，以達到促進自願的個人級別行為改變。社會行銷應當對此多加融會貫通，以便在大規模的行為改變獲得更大的效能與效益。

獨特價值定位（Unique Value Proposition）

社會行銷在行為轉變思想市場中的獨特地位，是將上述共享和獨特的特徵整合到一個行為改變的程序中。社會行銷是一個相信為了成功地影響人們行為，不僅需要言語也需要監管的過程。社會行銷人員有必要理解消費者對於以下內容的知覺：

· 自我利益

· 導致無法採用行為的障礙

· 競爭力量來源

如此，可以根據所理解的內容，發展以下干預活動：

· 減少障礙物

· 增加受眾利益，促使採取行動

致謝

我們要感謝以下同事，他們對這份文件提供了寶貴的洞察與反饋意見。

Alan Andreasen, John Bromley, Carol Bryant, Stephen Dann, Rob Donovan, Jeff French, Phil Harvey, Gerard Hastings, Phil Kotler, Francois Lagarde, Craig Lefebvre, Rowena Merritt, Mike Newton-Ward, Sharyn Rundle Thiele.

Ultimately any flaws are ours, not theirs.

誰來發動社會行銷？

從許多實踐案例來看，社會行銷的原則與技術多半由負責改變公眾行為領域的前線人員來執行，這些領域包括：改善公共健康、預防傷害、保護環境及加強社區參與，近年來財務管理福祉領域也逐漸崛起。這些人員很少冠上社會行銷人員職稱抬頭，他們通常多半是計畫經理或是負責與社區連繫的工作人員，工作也經常需要同時負責多個項目，正如羅伯特．霍尼克（Robert Hornik）指出，他們可能會或可能不會有意識地協調行事。[25]大多數情況下，贊助這些成就的組織是公共部門機構世界性組織，像是WHO世界衛生組織；國家級組織，像是疾病管理防治局、衛生部、環境保護局、國道公路交通安全管理局；州際機構，如衛生局；社會和人類服務部門、魚類和野生動物，以及當地的司法管轄區，包括：公共事業、消防部門、學校、公園和社區衛生診所。

非營利組織和基金會也參與其中，他們通常會支持發動與其機構使命一致的行動。美國心臟協會敦促婦女監測他們的血壓，Kaiser家庭基金會利用他們對愛滋病毒／愛滋病的知識發動運動來促進民眾進行病毒檢查，以及大自然保育協會（Nature Conservancy）發起鼓勵民眾保護野生動物棲息地的行動。

從事營利組織工作的專業人員，他們可能位於企業慈善事業中與企業社會責任有關的部門、市場營銷部門或社區關係部門，在他們的崗位上支持社會行銷；也能與非營利組織成為合作夥伴，合作推動有利於社區和客戶的行動。雖然主要受益人是社會，但他們可能會發現他們的努力其實有助於組織目標的提升、獲得品牌形象塑造效益，甚至增加商品銷售量。像是Safeco保險公司，為家庭提供關於如何保護農村家園免受野火的注意事項；Crest牙膏公司支持開發視頻、錄音帶和互動式教案來教導民眾正確良好的口腔健康行爲；以及知名的五金行Home Depot舉辦亢旱園藝座談會，吸引成千上萬民眾學習如何在夏日節約用水，又能良好養護草坪（見圖1.5）。

最後，市場上不乏專業行銷公司提供組織發展社會行銷活動的服務，像是廣告代理公司、公關公司、市場研究及商業行銷諮詢公司。

圖1.5 美國知名五金連鎖店Home Depot經常於週末舉辦水資源保育工作坊，討論如何建立抗旱花園。

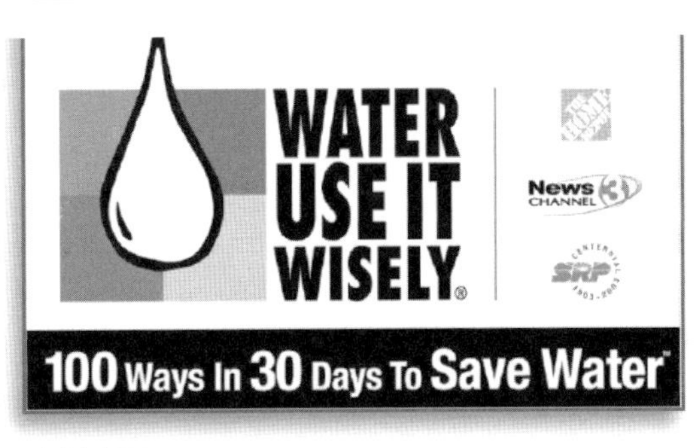

資料來源：Courtesy of Park and Company.

哪些社會議題可以透過社會行銷獲得發展利益？

表1.2列出了五十個可以從應用社會行銷原則和技術，來獲得效果的重要社會課題。這只是一小部分透過美國實踐場域蒐集的清單，但可藉此歸納出社會行銷最適合應用的五大領域：健康促進、傷害預防、環境保護、社區參與和財務福祉。對於列出的每一個社會課題，如果我們成功地促進人們採用我們所欲策變的行爲，則社會的現況亦將被改善。

表1.2 五十個主要影響美國的社會行銷課題

與健康有關的行為	
吸菸	約四分之一（19%）滿18歲以上的成人吸菸。[a]
酗酒過量	18～24歲的青年中，超過四分之一（28.2%）的人每次飲酒5杯以上。[b]
胎兒酒精綜合症	4%孕期婦女使用非法藥物，包括可卡因（cocaine）、搖頭丸（Ecstasy）和海洛因（heroin）。[c]
缺乏運動	將近一半（48.4%）滿18歲的成人，運動未達建議層級。[d]
青少年懷孕	9～12年級學生約有38%的人在最後一次性行為中未戴保險套。[e]
HIV/AIDS	幾乎有五分之一（18.1%）的愛滋病病毒感染者不知道自己已感染。[f]
蔬果攝取	約有四分之三的成人（76.5%）每日未攝取五種以上的蔬果。[g]
高膽固醇飲食	21%的成人從未進行過膽固醇檢查。[h]

（續前表）

與健康有關的行為	
哺餵母乳	59%的母親未曾遵照建議，哺餵母乳直到嬰兒六個月大。i
乳癌	25% 40歲以上的婦女，在過去兩年內未曾進行乳房攝影。j
攝護腺癌	47% 40歲以上的男士，兩年內未曾進行過PSA檢驗。k
直腸癌	35% 50歲以上的中年人，未曾進行過直腸檢查。l
出生缺陷	60%孕期婦女未服用含葉酸之綜合維他命。m
免疫	25% 19～35個月大的幼兒未接受所有應施打疫苗注射。n
皮膚癌	只有9%的青少年會記得經常擦拭防曬乳。o
口腔健康	30%的成年人在過去一年未曾前往牙科診所接受檢查。p
糖尿病	在美國2,300萬糖尿病患者中，有四分之一未意識到自己患有糖尿病。q
高血壓	估計7,800萬罹患高血壓的美國人中，有19%不知道他們有高血壓問題。r
飲食失調	57%的大學生認為文化壓力是導致飲食失調的原因之一。s
傷害預防行為	
酒醉駕車	24%的高中生承認過去一年中，曾經乘坐過一次或多次由酒醉司機所駕駛的汽車。t
駕車中使用手機	32.8%的高中生承認曾在駕車過程中發簡訊或寄電郵。u
頭部傷害	在過去一年曾經騎自行車的高中青年中，其中有87.5%的人承認偶爾或從未戴過自行車頭盔。v
兒童座車安全	83%的4-8歲的兒童乘坐成人座位，並使用成人安全帶。w
自殺	在過去的12個月中，9至12年級青少年中，有7.8%的人曾經有過一次或多次自殺的企圖。x
家庭暴力	四分之一（25%）的婦女，曾經在人生中經歷過家庭暴力。y
槍枝儲藏	三分之一持有槍枝家戶中有18歲以下孩子者，其中40%並未將槍櫃上鎖。z
校園暴力	5%高中生承認過去一個月曾經攜帶槍枝到學校。aa
火災	60%曾經報案失火案例，其失火處並未裝設煙霧警報器。bb
跌倒	每年有超過三分之一65歲及以上的成年人發生跌倒意外。 2009年有超過20,400人65歲以上死於與跌倒有關的傷害。cc
家庭中毒	藥物是導致兒童中毒的主要原因。每年大約有6.7萬名兒童被送至藥物中毒的急診室。每8分鐘就有一個孩子到藥物急診室接受治療。dd
環境保護行為	
減少浪費	每年只有55%的啤酒和汽水鋁罐、34%玻璃容器、29%塑料瓶子和罐子被回收。ee
野生棲息地保護	大約70%的主要海洋魚類資源正在經歷過度捕撈，面臨牠們的生物極限風險。ff
森林破壞	美國每年約有1,500萬棵樹被砍伐，估計產生了100億個紙袋。gg
有毒化肥及殺蟲劑	估計76%的家庭使用有害的殺蟲劑，85%儲藏室中至少有一種農藥。hh

（續前表）

環境保護行為	
水源保育	一個漏水的廁所可導致每天流失200加侖的水資源。[ii]
汽車廢氣汙染	估計有76%的美國通勤者，係個人隻身開車通勤。[jj]
其他空氣汙染	如果美國每一個家庭都把他們使用最頻繁的五個燈替換成有能源之星標誌的燈泡，則可阻止超過1萬億磅的溫室氣體排放。[kk]
堆肥回收	據估計美國垃圾掩埋場中，所有垃圾的28%到56%都可以製作成堆肥。[ll]
森林火災	估計美國每年平均有106,400起火災發生，其中大約十分之九都是由粗心大意引起的。[mm]
垃圾	每年有65%的菸頭被丟棄為垃圾，大部分（85%）菸頭都落在地上。[nn]
集水區保護	至少有38%的美國人沒有習慣撿拾狗的廢棄物。[oo]
社區服務	
器官捐贈	截至2013年7月30日，有119,013名患者正在等待器官捐贈。[pp]
捐血	美國有38%的人符合提供血液資格，但只有10%會捐血。[qq]
投票	2012年總統選舉，只有62%有投票資格的選民席投票。[rr]
閱讀	每天晚上只有33%的孩子自己讀睡前故事，50%的父母表示，他們的孩子花更多的時間在電視或電子遊戲上。[ss]
動物認養	每年有300～400萬在避難所裡的狗和貓，因為未被認養而處以安樂死。[tt]
財務管理行為	
身分被盜	每年大約有1,500萬美國居民的身分被詐欺使用，總計有超過500億美元的資金損失。[uu]
銀行開戶	在美國將近四分之一勞動人口並未有銀行帳戶。[vv]
破產	失業是破產的一大原因，因為平時沒有儲蓄緊急資金，遇到失業只能靠借貸導致破產。[ww]
詐欺	超過四分之一（26%）的成年人在他們的一生中，曾經受到詐欺性電話行銷的傷害。[xx]

注意：Statistics are estimated and approximate. Data are for the United States, and dates for these statistics are given in the table notes.

社會課題的其他影響方式？

社會行銷顯然不是影響社會問題的唯一方法，社會行銷人員也不是唯一可以影響別人的人。其他力量和組織，其中一些被描述爲上游因素（upstream factors）和中游有影響力（midstream influential others）的其他人，皆能影響位於下游的個體行爲。包括上游的技術創新、科學發現、經濟壓力、法律、基礎設施的改善、公司商業慣例的改變、新的學校政策和課程、公共教育及媒體。中游影響是家庭成員、朋友、鄰居、教會領袖、醫療保健提供者、演藝人員、臉書朋友，以及其他願意傾聽、觀察或仰望的目標對象。

技術：許多新的加油槍具有油氣回收裝置，可有效避免臭氧溢出。有些汽車則能在汽車關門時，自動為乘客繫上安全帶。在一些州，汽車引擎發動需要通過酒精測試才能順利發動，反對醉酒駕車的母親協會（Mothers Against Drunk Driving, MADD）正在努力提倡要求汽車製造商將全新的高科技酒精感應器納入汽車標準配備。想像一下，如果汽車被設計成能即時提供前往雜貨店購物的行程成本，這些技術都能為生活帶來重要的改變。

科學：醫學發現能夠為某些癌症提供接種疫苗，帶來預防重大疾病的契機。例如：2009年為11～26歲人士發布的HPV疫苗，能夠有效幫助預防子宮頸癌。此外，在2006年，Mayo診所的研究人員宣布他們可能已經找到有助於吸菸者戒菸的疫苗。[26]

法律／政治／立法／執法：有時候當其他方法都失敗了，法律只會變得越來越嚴格，特別是當絕大多數市場中的人員都採取這樣的行為，只有少數人還在堅持（市場中被標記為遲到者或落後者）。截至2014年9月，44個州、哥倫比亞特區、波多黎各、關島和美屬維爾京群島已禁止所有司機在開車時發送短信。[27]現在美國所有州都對酒後駕駛的血液酒精含量限制為0.08%，比先前的0.10%更為嚴格。一些州已經考慮針對香菸課收保證金（deposits），類似於在飲料容器加上押瓶費以獎勵其回收空瓶的法律。而在2006年12月由美國小兒科學會出版的《小兒科學》雜誌的一份政策聲明中，美國小兒科學會要求國會和聯邦通訊委員對以兒童為目標的廣告實施嚴格的限制規定，包括在8歲以下兒童觀賞的電視節目中禁止播放垃圾食品的廣告[28]。2013年，一場打擊網路援交的執法行動解救了數十名的受害者。[29]

改善基礎設施和環境建設：如果我們真的希望更多的人騎自行車上班，將需要更多的自行車道（lanes）。如果我們真的想要減少道路上隨處可見的菸頭，也許汽車製造商可以透過研發汽車菸頭蒐集器來幫忙，讓菸頭丟棄在汽車裡面就像把菸頭扔到外面一樣方便。如果我們希望能夠減少電力的消耗，也許更多的酒店可以確保只有當房間鑰匙插入總開關中時，才能打開房間內的燈光，因此當客人用鑰匙離開房間時，燈光會自動關閉。如果我們希望有更多的人使用樓梯，而不是電梯，可以透過設定電梯只有在緊急狀況或遇到身障者才能停靠在二樓或三樓，其他情況下，電梯無法停靠二樓及三樓，此時，當然需要加強樓梯的清潔和照明，以便讓人樂意使用樓梯上樓，或者多加一點音樂如何？社會行銷人員可以在影響政策制定者和企業做出這些改變方面，發揮巨大的作用。

公司政策和商業慣例的改變：2010年美國飲料協會宣布了「清除卡路里」（Clear on Calories）計畫，支持蜜雪兒·歐巴馬第一夫人所提倡的「反肥胖」運動。飲料廠商不再只是使用極小的字體在罐子背面標示卡路里數量，而是在飲料罐的正面使用大號字體標示卡路里總量，因爲多數消費者都會喝完整罐，而不是只小啜兩口（見圖1.6）。

圖1.6 讓每瓶飲料的卡路里含量更清楚易見

學校：學校的政策搭配社會行銷產品是社會行銷實踐的重要管道，常能爲許多社會課題做出重要的貢獻。健康（例如：在學校餐廳提供更健康的選擇和定期的體力活動課程）、安全（例如：要求學生佩戴身分證）、環境保護（例如：在每個教室提供回收容器）和社區參與（例如：提供學校體育館進行捐血活動）。

教育：如前面所述，社會行銷與教育之間的界限是明確的，教育是爲社會行銷者提供一個有用的工具，但卻不是唯一的工具。大多數情況下，教育是用來溝通訊息和建立技能，而非建立及維持行爲。

它只能算是四種行銷工具的一種，也就是推廣。許多在此領域的人都同意，當資訊是新的且具有激勵強度（例如：研究發現二手菸增加了嬰兒猝死的風險），它可以使市場從無所作爲或者抗拒狀態，轉變成迅速行動。

然而，不幸的是這種情況並非典型情境。菸草使用威脅死亡的資訊已經貼在香菸包裝上幾十年了，然而世衛組織估計全球29%的青少年和成人（15歲以上）仍然無懼這些資訊繼續吸菸。[30]行銷行動（減少障礙、提供交換行爲的利益）在這場運動中，經常無用武之地。

媒體：新聞及娛樂媒體對個人行爲具有強大影響力，他們透過時下最新的社會事件和趨勢，迅速形塑流行的價值觀並創造社會規範。許多人認爲，電影的火辣煽情等情節是影響今日青少年性行爲問題的主要原因。[31]

另一方面，媒體也是影響人們奉獻時間和資源的重要因素。像是海地地震時，透過媒體可迅速累積大量物資運往海地協助救難；日本的海嘯事件；康乃狄克州（Connecticut）Sandyhook小學的槍擊事件，以及紐澤西州（New Jersey）的破壞性颶風事件都是相同的例子。

社會行銷人員如何影響上游因素（*Upstream Factors*）和中游觀眾（*Midstream Audiences*）？

如前所述，許多人認爲過去我們在促進社會福祉的過程中，過度依賴透過改變個人行爲來達到改善社會問題的途徑。事實上，很多問題的改善，只要透過對少數人的努力即可達到效果，即所謂上游因素和中游觀眾，我們同意（詳見專欄1.4中游及上游觀眾的例子）。

Alan Andreasen將社會行銷的角色擴張描述得很好：

> 社交行銷就是讓世界成爲每個人認爲更好的地方，而不僅僅是投資者或商業高端人士的天堂。而且，正如我在本書中所討論的那樣，相同的基本原則，可以使一名12歲的曼谷小孩獲得一份大麥克，也可以使一個在印尼的照護者開始使用脫水補充劑治療腹瀉，這原則甚至可以用來影響政治家、媒體人物、社區活動家、法律官員和法官，或是基金會官員等具有重要影響力的個人。32

專欄1.4　潛在的中游及上游觀眾

潛在的中游觀眾

- 家庭成員
- 朋友
- 鄰居
- 同事
- 醫療保健機構
- 藥劑師
- 教師
- 圖書館
- 社區領導
- 教會成員
- 零售商店收銀員

潛在的上游觀眾

· 決策者
· 企業
· 媒體
· 執法
· 名人
· 學區
· 非營利組織

讓我們用愛滋病毒／愛滋病傳播課題來思考。下游，社會行銷人員關注在減少危險行爲（例如：無任何保護措施的性行爲）和增加及早的檢測（例如：在懷孕期間）。此時，如果他們把注意力轉移到上游，他們會注意到的是組織、公司或是社區的領導人和決策者，這將使得這個行動變得更容易或更有可能成功。社會行銷人員可以和其他人一起影響製藥公司更快、更方便地進行愛滋病毒／愛滋病檢測。他們可以與醫生小組合作，制定協議可向患者詢問有沒有保護措施的性行爲，如果是，鼓勵他們進行愛滋病毒／愛滋病檢測。他們可以鼓勵公共教育辦公室把愛滋病毒／愛滋病課程納入中學。他們可以支持針具交換計畫。他們可以向媒體提供流行趨勢和個人故事，甚至可以向目標觀衆中流行的肥皂劇或喜劇情境的製作者投放故事。他們也可尋找一個有興趣的零售企業夥伴合作，提供消費者在他們的零售店進行愛滋病測試。他們可以發起與社區等非營利組織的領導者會面會議，甚至提供捐款給他們分配人力資源進行社區干預。他們可以參觀髮廊和理髮店，鼓勵業主和員工對客戶分享這個訊息。他們可以在參議院委員會作證，主張增加研究經費，或是提供保險套及免費檢測設施。而在中游，他們可能會呼籲父母與青少年討論愛滋病毒／愛滋病傳播方式，鼓勵助產士對孕婦提及有關愛滋病毒測試的重要性。

商業行銷的過程和原則與影響個人行爲的原則並無不同。利用客戶導向建立明確的行爲目標和目的，展開受衆研究、制定立場聲明、開發營銷組合，以及進行監督和評估工作，直到目標受衆已經改變。[33]

章節摘要

社會行銷是一個使用商業行銷原則和技術，改變目標觀眾行爲的過程，行銷的結果可使社會和個人得利。這個策略導向的學科依靠創造、溝通及傳遞，交換對個人、客户、合作夥伴和整個社會具有正面價值的利益。34

社會行銷和商業行銷之間仍然有一些重要的不同。社會行銷人員注重影響社會福祉的行爲，而商業行銷人員專注於銷售商品和服務，以獲得組織的經濟利益；商業行銷人員將他們的產品與其他公司的產品進行對比，而社會行銷人員則與觀眾目前的行爲及其相關的利益相互競爭。

社會行銷常常與其他幾個相關學科相混淆或等同（非營利行銷、公共部門行銷和教育）、新興行爲改變理論和架構（行爲經濟學、推動、社會變革、社區爲基礎的社會行銷、基於社區的預防行銷）和流行的推廣策略（社交媒體、事業推廣）。

社會行銷原則和技術最常用於改善公共健康、預防傷害、保護環境、增加民眾對社區的參與，並強化財務福祉。從事社會行銷活動的人員包括：公共部門機構、非營利組織、企業行銷專業人員。

職場上很少看到社會行銷的職業頭銜，社會行銷最有可能隸屬於計畫管理員或社區關係、溝通專業人員。其他改變行爲和影響社會問題的方法，包括：科技創新、科學發現、經濟壓力、法律、基礎設施改善、企業業務慣例的變化、新的學校政策和課程政策、公共教育和媒體。許多人同意，影響這些因素和受眾是社會行銷人員的職權範圍，甚至是他們的責任。

行銷對話　何時是社會行銷的「社會行銷」時間？何時「還有其他的一些事」（*When Is It Something Else*）呢？

在2010年2月，擁有2,000名以上會員的Georgetown Social Marketing Listserve，其中一位會員寄出一封標題爲「吹皺一池春水」（To Stir the Pot）的訊息，這個訊息中包含一個連接，宣布在加拿大西溫哥華發明了一種新型減速器，名爲Pavement Patty，希望透過Pavement Patty可以有效讓駕車者行經校園時放慢速度。

根據Discovery雜誌的報導，Pavement Patty並不是眞正的減速坡，它其實只是一個兒童路面玩耍的3D圖案，隨著駕駛員接近它，在大約100英尺的距離上，兒童玩耍畫面升起，達到完整的3D眞實感，讓駕駛員產生他們就要撞上小女孩的錯覺，從而達到促進駕駛行經校園能減速的效果。(http://beta.news.yahoo.com/blogs/upshot/canada-unveils-speed-bump-optical-illusions-children.html)

有人則對此論點提出反駁，駕駛員透過減速（成本），得到最大的回報（利益）就是避免撞到兒童的意外機率。此外有可能產生負面效應，有些駕駛員不喜歡這種被捉弄的感覺，不會因此培養減速駕駛的習慣，他們甚至認爲「可能會被騙一次，但是不會一直都被騙」。少數人則認爲Pavement Patty至少達到社會行銷的基本目標——「改變行爲讓個人或社會獲益」。不論如何，我的問題是，這個Pavement Patty是否能夠奏效？本書作者針對許多問題提供以下意見及回應，說明那些行動可算是社會行銷。顯而易見，我們區分社會行銷的定義和最佳實踐爲：

- 是否所有的行動都必須使用所有4Ps才能稱爲社會行銷？不，但這是一種最佳實踐。當你這樣做時，你的努力會更成功，因爲大多數時候，所有四種干預工具都需要克服觀眾障礙，增加收益並在競爭中站穩腳跟。
- 是否所有的行動都必須有狹義的標的受眾群體？不，但這也是一種最佳實踐，很少有行動只須單純面對單一同質群體，所以將人群適度分類，有助於找出其對應的障礙及誘因，實踐不同的干預措施。
- 單純採取文字傳播的行動能算是社會行銷活動嗎？有可能。如果行動旨在影響行爲（例如：讓嬰兒採取背部睡覺姿勢），以使個人和社會受益（例如：可以防止嬰兒猝死綜合症），但僅使用文字宣導〔例如：印在新生兒尿布上的「仰睡」（back to sleep）字樣〕符合社會行銷努力的基本標準。但是，如果還使用其他具有影響力的工具（例如：爲當地醫院新生兒媽媽進行免費示範課程），則更有可能取得成功。
- 究竟要呈現怎樣的努力，才能被稱爲社會行銷行動？當努力旨在影響目標受眾行爲以使社會和目標受眾受益時，這樣的行動就可被視爲社會行銷。此外，我們應該記住，目標受眾有可能是上游的學區或公司。

問題討論與練習

1. 什麼是本章節所稱的「社會行銷」（social marketing）？和你過去心目中的社會行銷有何不同？
2. 分享一個你印象深刻的社會行銷行動案例。
3. 社會行銷和商業行銷最大的不同是什麼？
4. 參考表1.2，還有哪些社會課題是社會行銷可以努力的方向？
5. 參考行銷焦點，你覺得「根除脊髓灰質炎」的行動能夠獲得成功的關鍵因素是什麼？

注釋

1. W. Smith, "Social Marketing and Its Potential Contribution to a Modern Synthesis of Social Change," *Social Marketing Quarterly* 8, no. 2 (Summer 2002): 46.
2. Rotary Down Under (Australia), "Can Rotary End Polio?" (n.d.), accessed July 12, 2013, http://www.rotarydownunder.com.au/latest-news?id=6f4820c6-31a9-1633-e037-51a587753a42.
3. Global Polio Eradication Initiative, "Fact File: Polio Eradication and Endgame Strategic Plan 2013–2018" (n.d.), accessed July 12, 2013, http://www.polioeradication.org/portals/0/docu ment/resources/strategywork/gpei_

plan_factfile_en.pdf.

4. Polio Summit 2012 organized by the Government of India, Ministry of Health and Family Welfare, and Rotary International, *From 200,000 to Zero: The Journey to a Polio-Free India*, accessed July 12, 2013, from http://www.unicef.org/india/Polio_Booklet-final_(22-02-2012)V3.pdf.
5. E. Chhabra, "The End of Polio in India: An Immense Cross-Sector Partnership Is Responsible for the Immunization Success Story," *Stanford Social Innovation Review* (2012), accessed July 12, 2013, http://www.ssireview.org/articles/entry/the_end_of_polio_in_india.
6. S. Deshpande and N. R. Lee, *Social Marketing in India* (New Delhi, India: SAGE, 2013), chap. 15.
7. Chhabra, "End of Polio."
8. Polio Summit 2012, *From 200,000 to Zero.*
9. Rotary International, "Rotary's PolioPlus Program Fact Sheet as of February 2012" (n.d.), accessed July 2013, http://www.rotary.org/RIdocuments/en_pdf/polioplus_fact_sheet_en.pdf.
10. Chhabra, "End of Polio."
11. Ibid.
12. UNICEF India, "Polio Eradication" (n.d.), accessed July 12, 2013, http://www.unicef.org/india/health_3729.htm.
13. Chhabra, "End of Polio."
14. Personal communication from Alan Andreasen to Philip Kotler, April 28, 2011.
15. American Marketing Association, "AMA Definition of Marketing" (December 17, 2007), accessed July 24, 2013, http://www.marketingpower.com/aboutama/pages/definitionofmarketing .aspx.
16. R. Donovan and N. Henley, *Social Marketing: Principles and Practices* (Melbourne, Australia: IP Communications, 2003).
17. Message posted to the Georgetown Social Marketing Listserve, March 16, 2006.
18. Ibid.
19. P. Kotler and G. Zaltman, "Social Marketing: An Approach to Planned Social Change, *Journal of Marketing* 35 (1971, July): 3–12.
20. R. P. Bagozzi, "Marketing as Exchange: A Theory of Transactions in the Marketplace," *American Behavioral Science* (March/April 1978): pp. 535–556.
21. Smith, "Social Marketing and Its Potential Contribution."
22. R. Thaler and C. Sustein, *Nudge: Improving Decisions About Health, Wealth, and Happiness* (New York: Penguin Books, 2009).
23. D. McKenzie-Mohr, *Fostering Sustainable Behavior: An Introduction to Community-Based Social Marketing* (Gabriola Island, BC, Canada: New Society, 2011).
24. C. Lefebvre, *Social Marketing and Social Change: Strategies and Tools for Improving Health, Well-Being, and the Environment* (San Francisco: Jossey-Bass, 2013).
25. R. Hornik, "Some Complementary Ideas About Social Change," *Social Marketing Quarterly* 8, no. 2 (Summer 2002): 11.
26. M. Marchione, "Doctors Test Anti-smoking Vaccine" (2006), accessed July 31, 2007, http://www.foxnews.com/printer_friendly_wires/2006Ju127/0,4675,TobaccoVaccine, 00.html.
27. Distraction.gov: Official US Government Website for Distracted Driving, "State Laws" (n.d.), accessed September 2014, http://www.distraction.gov/content/get-the-facts/state-laws .html.

28. I. Teinowitz, "Pediatricians Demand Cuts in Children-Targeted Advertising: Doctors' Group Asks Federal Government to Impose Severe Limits," *Advertising Age* (December 4, 2006), accessed June 29, 2011, http://adage.com/print?article_id=113558.

29. NBC Connecticut, "Dozens of Girls Rescued in Cross-Country Sex-Trafficking Sweep" (July 2013), accessed July 29, 2013, http://www.nbcbayarea.com/news/nationalinternational/Dozens-of-girls-rescued-in-cross-country-child-sex-trafficking-sweep-217421071.html.

30. G. E. Guindon and D. Boisclair, *Past, Current and Future Trends in Tobacco Use* (February 2003), accessed September 9, 2014, http://siteresources.worldbank.org/HEALTHNUTRITIONANDPOPULATION/Resources/281627-1095698140167/Guindon-PastCurrent-whole.pdf.

31. A. R. Andreasen and P. Kotler, *Strategic Marketing for Non-profit Organizations*, 6th ed. (Upper Saddle River, NJ: Prentice Hall, 2003), 490.

32. A. R. Andreasen, *Social Marketing in the 21st Century* (Thousand Oaks, CA: SAGE, 2006), 11.

33. P. Kotler and N. Lee, *Marketing in the Public Sector: A Roadmap for Improved Performance* (Upper Saddle River, NJ: Wharton School, 2006).

34. N. R. Lee, M. L. Rothschild, and W. Smith, *A Declaration of Social Marketing's Unique Principles and Distinctions* (unpublished manuscript, March 2011).

表1.2注釋

a. Centers for Disease Control and Prevention, "Adult Cigarette Smoking in the United States: Current Estimates" (n.d.), accessed July 30, 2013, http://www.cdc.gov/tobacco/data_statistics/fact_sheets/adult_data/cig_smoking/.

b. Centers for Disease Control and Prevention, "Vital Signs: Binge Drinking, Prevalence, Frequency, and Intensity Among Adults—United States, 2010," *Morbidity and Mortality Weekly Report* (January 13, 2012), accessed July 30, 2013, http://www.cdc.gov/mmwr/preview/mmwrhtml/mm6101a4.htm.

c. March of Dimes, "Illicit Drug Use During Pregnancy" (n.d.), accessed July 30, 2013, http://www.marchofdimes.com/pregnancy/illicit-drug-use-during-pregnancy.aspx.

d. Centers for Disease Control and Prevention, "Exercise or Physical Activity" (n.d.), accessed July 30, 2013, http://www.cdc.gov/nchs/fastats/exercise.htm.

e. Centers for Disease Control and Prevention, "Youth Risk Behavior Surveillance-United States, 2011," *Morbidity and Mortality Weekly Report* (June 8, 2012), accessed July 30, 2013, http://www.cdc.gov/mmwr/preview/mmwrhtml/ss6104a1.htm.

f. Centers for Disease Control and Prevention, "HIV in the United States: At a Glance" (n.d.), accessed July 30, 2013, http://www.cdc.gov/hiv/statistics/basics/ataglance.html.

g. Centers for Disease Control and Prevention, "Behavioral Risk Factor Surveillance System Prevalence and Trends Data" (n.d.), accessed April 27, 2011, http://www.cdc.gov/brfss/index.htm.

h. Centers for Disease Control and Prevention, "Behavioral Risk Factor Surveillance System Prevalence and Trends Data: Cholesterol Awareness—2011" (n.d.), accessed July 30, 2013, http://apps.nccd.cdc.gov/brfss/list.asp?cat=CA&yr=2011&qkey=8061&state=All.

i. Centers for Disease Control and Prevention, "Breastfeeding Report Card, United States: Outcome Indicators" (n.d.), accessed July 30, 2013, http://www.cdc.gov/breastfeeding/data/reportcard.htm.

j. Centers for Disease Control and Prevention, "Behavioral Risk Factor Surveillance System Prevalence and

Trends Data: Women's Health—2010" (n.d.), accessed July 30, 2013, http://apps.nccd.cdc.gov/brfss/list.asp?cat=WH&yr=2010&qkey=4421&state=All.

k. Ibid.

l. Ibid.

m. WebMD.com, "CDC to Young Women: Take Folic Acid" (2008), accessed July 30, 2013, http://women.webmd.com/news/20080110/cdc-to-young-women-take-folic-acid.

n. Henry J. Kaiser Family Foundation, "Percent of Children 19-35 Months Who Are Immunized" (2010), accessed July 30, 2013, http://kff.org/other/state-indicator/percent-who-areimmunized/.

o. Centers for Disease Control and Prevention, "Adolescent and School Health: Youth Risk Behavior Surveillance System (YRBSS)" (n.d.), accessed September 2014, http://www.cdc.gov/HealthyYouth/yrbs/index.htm.

p. Centers for Disease Control and Prevention, "Behavioral Risk Factor Surveillance System Prevalence and Trends Data: Oral Health 2010" (n.d.), accessed July 30, 2013, http://apps.nccd.cdc.gov/brfss/list.asp?cat=OH&yr=2010&qkey=6610&state=All.

q. "Hidden Risk: Millions of People Don't Know They Are Diabetic, *The Wall Street Journal* (2009), accessed July 30, 2013, http://online.wsj.com/article/SB124269507804132831.html.

r. American Heart Association, "High Blood Pressure Statistics" (2013), accessed July 3, 2013, http://www.heart.org/idc/groups/heart-public/@wcm/@sop/@smd/documents/downloada ble/ucm_319587.pdf.

s. National Eating Disorders Association, "National Eating Disorders Association Announces Results of Eating Disorders Poll on College Campuses Across the Nation" [Press release] (September 26, 2006), accessed October 20, 2006, http://www.edap.org/ nedaDir/files/documents/ PressRoom/CollegePoll_9–28–06.doc.

t. Centers for Disease Control and Prevention, "Youth Risk Behavior Surveillance-United States, 2011," *Morbidity and Mortality Weekly Report* (June 8, 2012), accessed July 30, 2013, http://www.cdc.gov/mmwr/pdf/ss/ss6104.pdf.

u. Ibid.

v. Ibid.

w. Safe Kids USA, "Preventing Accidental Injury. Injury Facts: Motor Vehicle Occupant Injury" (n.d.), accessed November 20, 2006, http://www.usa.safekids.org/tier3_cd.cfm?content_item_id=1133&folder_id=540.

x. Centers for Disease Control and Prevention, "Exercise or Physical Activity."

y. Domestic Violence Resource Center, "Domestic Violence Statistics" (2000), accessed July 30, 2013, http://dvrc-or.org/domestic/violence/resources/C61/.

z. M. A. Schuster, T. M. Frank, A. M. Bastian, S. Sor, and N. Halfon, "Firearm Storage Patterns in U.S. Homes With Children," *American Journal of Public Health* 90, no. 4 (2000): 588–594 (see p. 590).

aa. Centers for Disease Control and Prevention, "Exercise or Physical Activity."

bb. National Fire Protection Association, "Home Fires" (2011), accessed July 30, 2013, http://www.nfpa.org/research/fire-statistics/the-us-fire-problem/home-fires.

cc. Centers for Disease Control and Prevention, "Falls Among Older Adults: An Overview" (n.d.), accessed July 30, 2013, http://www.cdc.gov/homeandrecreationalsafety/falls/adultfalls.html.

dd. SAFE KIDS Worldwide, *An In-Depth Look at Keeping Young Children Safe Around Medicine* (March 2013), accessed July 30, 2013, http://www.safekids.org/research-report/depthlook-keeping-young-children-safe-around-medicine-march-2013.

ee. U.S. Environmental Protection Agency, *Municipal Solid Waste—Recycling and Disposal in the*

United States (2011), accessed July 30, 2013, http://www.epa.gov/osw/nonhaz/municipal/pubs/MSWcharacterization_508_053113_fs.pdf.

ff. Bill Moyers reports: Earth on edge, "Discussion Guide" (June 2001), 4, accessed October 10, 2001, http://www.pbs.org/earthonedge/.

gg. A. Gore, *An Inconvenient Truth* (New York: Rodale, 2006), 316.

hh. Northwest Coalition for Alternatives to Pesticides, "Pesticide Use Reporting Program" (n.d.), accessed January 31, 2007, http://www.pesticide.org/PUR.html.

ii. U.S. Environmental Protective Agency, "WaterSense" (n.d.), accessed July 30, 2013, http://www.epa.gov/WaterSense/pubs/fixleak.html.

jj. U.S. Census Bureau, "United States—Selected Economic Characteristics: 2007–2009" (n.d.), accessed July 1, 2011, http://factfinder.census.gov/servlet/ADPTable?_bm=y&-qr_name=ACS_2009_3YR_G00_DP3YR3&-geo_id=01000US&-gc_url=null&-ds_name=ACS_2009_3YR_G00_&-_lang=en&-redoLog=false.

kk. U.S. Environmental Protective Agency, "At Home" (n.d.), accessed January 29, 2007, http://epa.gov/climatechange/wycd/home.html.

ll. U.S. Environmental Protection Agency, "Municipal Solid Waste" (2011), accessed July 30, 2013, http://www.epa.gov/epawaste/nonhaz/municipal/index.htm.

mm. "Only You Can Prevent Wildfires" (n.d.), accessed January 31, 2007, http://www.smokeybear.com/couldbe.asp.

nn. Keep America Beautiful, *Litter in America* (2009), accessed July 30, 2013, http://www.preventcigarettelitter.org/files/downloads/researchfindings.pdf.

oo. P. Wish, "Dog Waste Is More Than a Pet Peeve" (October 2011), accessed July 30, 2013, http://www.heraldtribune.com/article/20111029/columnist/111029516.

pp. United Network for Organ Sharing, accessed July 30, 2013, http://www.unos.org/.

qq. Advancing Transfusion and Cellular Therapies Worldwide, "Blood FAQ" (n.d.), accessed July 30, 2013, http://www.aabb.org/resources/bct/pages/bloodfaq.aspx

rr. U.S. Census Bureau, *The Diversifying Electorate—Voting Rates by Race and Hispanic Origin in 2012* (May 2013), accessed July 30, 2013, http://www.census.gov/prod/2013pubs/p20-568.pdf.

ss. Reading Is Fundamental, "New Survey: Only One in Three Parents Read Bedtime Stories With Their Children Every Night; Children More Likely to Spend Time With TV or Video Games Than Books" (June 20, 2013), accessed July 30, 2013, http://www.rif.org/us/about/press/onlyone-in-three-parents-read-bedtime-stories-with-their-children-every-night.htm.

uu. Identity Theft Info, "Identity Theft Victim Statistics" (n.d.), accessed July 30, 2013, http://www.identitytheft.info/victims.aspx.

tt. Humane Society of the United States, "Common Questions About Animal Shelters" (May 3, 2013), accessed July 30, 2013, http://www.humanesociety.org/animal_community/resources/qa/common_questions_on_shelters.html#How_many_animals_enter_animal_shelters_e.

vv. Get a New Bank Account: Banks That Do Not Use ChexSystems, "The Plight of the Unbanked Population" (n.d.), accessed April 28, 2011, http://www.getanewbankaccount.com/theplight-of-the-unbanked-population.html.

ww. TFGI.com, "The Top Five Causes for Bankruptcy" (n.d.), accessed April 28, 2011, http://www.tfgi.com/201003/the-top-five-causes-for-bankruptcy/.

xx. Retirement Industry Trust Association, "Senior Fraud Initiative" (n.d.), accessed April 28, 2011, http://www.ritaus.org/mc/page.do?sitePageId=77992&orgId=rita.

第二章
策略性社會行銷規劃的十個步驟

我發現社會行銷十個步驟模式對圍繞共同目標聚集在一起的團體和聯盟，產生了刺激作用。這是一個合乎邏輯的循序漸進過程。它爲項目的實施提供了一個清晰的路線圖，並且他們的工作將透過連續監測的程序，使得團隊確信，他們的努力始終走在正確的軌道。

——Heidi Keller

Keller Consulting

雖然大多數人都同意有一個正式的、詳細的社會行銷計畫「會很好」，但事實上這種做法似乎並不是常態。那些負責運籌帷幄的人可能會經常發生這樣的困擾，並發出以下的聲音：

- 我們沒有時間把這一切都寫在紙上。當我們獲得批准時，必須盡快趕在資金用完之前把錢用掉。
- 火車已經駛離車站了。我相信團隊和我的計畫經辦人員已經知道他們想要做什麼。標的受衆（target audience）和溝通管道是早已決定的事實，編寫一份文件來證明這些決定是正當的，其實可以說是浪費資源，雖然這麼說聽起來很不眞誠，但這是現實。

我們以一個鼓舞人心的案例故事作爲本章的開始，這個案例將說明如何在規劃過程中獲得潛在的投資回報。最後，你將能夠回答：

- 社會行銷計畫的十個步驟是什麼？
- 爲什麼系統性計畫過程對成功至關重要？
- 市場調研適合在這個過程中的哪個步驟出現？

我們希望你看到我們所看到的，爲何花些時間去開發一個正式計畫可以獲得無數利益。審看計畫的讀者會發現你所計畫推出的活動，並非空穴來風，而是來自沙盤推演過程的戰略思維，他們將能理解爲什麼你能清楚指出計畫的目標受衆對象群。他們會看到預期的成本是用什麼樣具體可量化的技術來產生的，並且可以轉化爲相關的投資回報。他們肯定會知道，行銷不僅僅是廣告，而且會很高興（甚至感到驚訝）看到你有一個系統、方法、時間和預算來評估你的努力績效。

本章最後的市場行銷對話，將會讓我們看到社會行銷專業人士之間激烈的爭論：這究竟是「社交」，還是「行銷」？

行銷焦點　水意識計畫（*Water Sense*）[1]——節約消費者4,870億加侖水和超過89億美元的能源帳單（2006～2012）

背景

WaterSense是由美國環境保護局（EPA）開發的一項合作項目，旨在幫助民衆以輕鬆的方式達到節約用水的目的，計畫的焦點爲提供節水高性能產品的標章認證。該計畫正在解決的社會問題——水資源保護問題，這類環保問題在美國越來越受到關注[2]。WaterSense與製造商、物流商和公用事業公司合作，將具有WaterSense標章認證的產品推向市場，並與灌溉專業人員合作推廣節水灌溉措施。這個計畫戰略與EPA的能源之星計畫類似，皆是透過ENERGY STAR標章影響消費者選擇家用電器、燈泡、電腦等，計畫重點並包括指定特許認證機構對水效率和性能進行獨立認證。

資料來源：Colehour + Cohen.

案例資訊來源爲Colehour+Cohen以及EPA的 WaterSense計畫的職員。

目標受衆與期望行爲

優先的標的受衆（target audience）是房屋所有人，尤其是那些有興趣節省電費，喜歡爲環境貢獻的屋主。策變行爲（desired behaviors）消費在採購家電時，能夠選擇帶有WaterSense標章的家電產品。儘管計畫的焦點主要還是針對消費者，但該方案仍然將製造商、零售商、企業、建築商和灌溉專業人員視爲計畫推廣重點。

洞察標的受衆（Audience insight）

在推出之前，EPA開展了焦點小組來幫助開發WaterSense品牌，並進一步了解節水型產品的問題。小組討論探討了有關用水器具和固定裝置的購買行爲，以及對節水促銷訊息和標語的偏好。[3]調查結果證實認證標章在購買產品時的價值，潛在的購買者會偏好選擇由可信賴的政府機構獨立認證的產品，他們相信認證過的產品能夠達到節水目標，但不至於失去應有的功能（例如：蓮蓬頭和水龍頭仍然會有足夠的水壓）。

2009年，美國喬治亞州亞特蘭大的一個計畫項目，證實了適用節水設施消費者的利益並未因此打折。美國的幾個標準品牌向二十一個志願者家庭，提供具有WaterSense認證標章的馬桶、水龍頭以及高效蓮蓬頭時，志願家庭的詳細用水報告，確定參與的家庭用水總量平均減少18-27%，而原本家庭的水壓或其他性能並沒有明顯差異。這些家庭對這些節水設備非常滿意，多數人表示他們完全沒有發現水壓有任何的差異出現，甚至讚賞WaterSense標章具有吸引人注意的造型，節水產品甚至能夠提供更優質的舒適性和更多功能利益。[4]

行銷組合策略

產品

認證和標章的主要消費品類別，包括：馬桶、水龍頭、水龍頭配件、蓮蓬頭、男性便斗和智慧型自動灌溉控制器。智慧型自動灌溉控制器就像一個自動噴水滅火系統的恆溫器，透過獲得本地天氣和景觀數據的條件來調整澆水時間表，以適應實際情況。為了使產品獲得功能認證，並貼上WaterSense標章，產品交由第三方獨立認證，以確保產品符合WaterSense規範的效率、性能和標章識別。持有執照的認證機構，也定期接受市場的監督。

價格

價格策略強調水費的節約力道。例如：

- 「廁所是大多數家庭用水的主要來源，約占住宅室內用水量的30%。」[5]
- 「消費者若使用WaterSense標章的產品，可以將自己的水費減少30%。」[6]
- 「使用WaterSense標章的產品替換舊的低效廁所，普通家庭可以將用於廁所的水減少20-60%，每年可為你的家庭節省近13,000加侖的水！估計每年可節省超過120美元的水費，在一生中可減少2,400美元的水費。」[7]
- 「平均家庭每年在水費上花費1,100美元，但若使用WaterSense標章和ENERGY STAR合格家電的固定裝置進行改造，可減少350美元的支出。」

對環境的貢獻是具體的：「在全國範圍內，如果美國所有舊的、低效率的廁所皆能替換為WaterSense標章的型號，我們每年可以節省5,200億加侖的水，這些水可供應尼加拉瓜大瀑布川流不息的水量至少12天。」[8]

WaterSense網站上設有「現金回饋發現」功能，提供了有關購買WaterSense標章產品的回扣計畫訊息，幫助消費者找到提供現金回饋的節水產品。例如：科羅拉多斯普林斯提供購買WaterSense標章的馬桶產品，高達75美元的現金回饋。

通路

貼有WaterSense標章的產品可以在大多數五金行、家電商店找到，包括：美國知名的The Home Depot, Lowe's和Ferguson。這些大型通路商，甚至設置了節水專區，將所有貼有WaterSense標章的成品成立專區，方便消費者集中選購。即使在網站上，也能輕易找到具有WaterSense標章的產品（http://www.ecooptions.homedepot.com/water-conservation/ and http://www.lowes.com/cd_WaterSense_95987783）。

推廣

如前面的「價格」部分所述，關鍵訊息強調水和成本節約。還有一些關鍵訊息可以確保產品的性能與一般常用產品的功能媲美或者更好，而性能的認定，並非由產品廠商說了算，而是由認證機構透過測試判定。

爲了提高民衆對WaterSense標章的認識和有效使用水的需求，該計畫每年在3月分推出「抓漏週」（Fix a Leak Week）。該週的重點是鼓勵消費者採取簡單的步驟找到並修復漏水，據估計不知名的漏水每年浪費1萬億加侖。WaterSense的合作夥伴們均已接受「抓漏週」的提案，並根據自己的產品，制定了自己的活動，以促進其社區的用水效率。例如：2012年，Delta水龍頭廠商與許多夥伴合作，在九個城市舉辦活動，如何利用WaterSense標章的產品修復漏水及改造低收入家庭和社區設施（見http://www.deltafau-cet.com/landing/fix-a-leak-week.html）。

WaterSense已經受到各大媒體青睞與報導，包括各地區的公共服務報導、CNN、The Today Show和Good Morning America、國家地理等節目，此外也多見於消費者雜誌、報章等平面媒體。該計畫的推廣成功應歸功於2,100多家公用事業單位、政府機構、非營利組織、製造商和零售商，他們幫助宣傳WaterSense標章並宣導節水效益的重要性。（見圖2.1）。

圖2.1 WaterSense工具包中的圖例說明，可供合作夥伴即刻使用。

資料來源：Colehour + Cohen.

圖2.2　透過Facebook教導民眾節水技巧

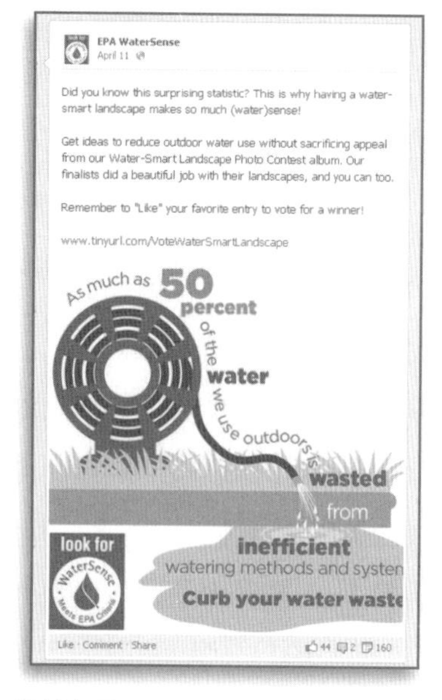

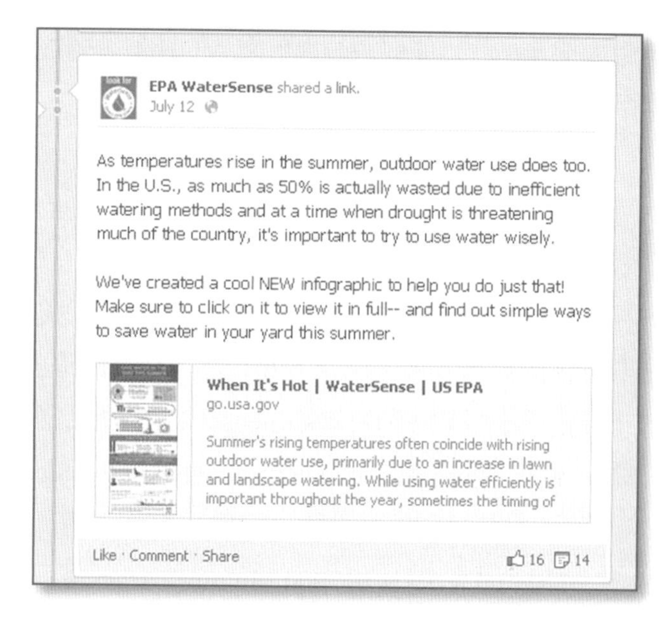

資料來源：Colehour + Cohen.

2010年加強社交媒體策略，包括利用Facebook和Twitter，吸引了近10,000名粉絲（見圖2.2）。2012年，WaterSense主辦了它的第一次年度「抓漏週」Twitter派對，該派對由其合作夥伴推出超過1,000次。在2012年夏季最熱的幾個月裡，來自6個國家的The Huffington Post to Big Green Purse部落客，達到超過32,000名追隨者。[9]

結果

就結果而言，如表2.1所示，透過WaterSense標章的產品數量在該計畫的整個生命週期中穩定增長。

然而所面對的重大挑戰是，消費者對提高水效率的重要性，仍不及於對能源效率的重視，只有約12%認為它是前三個環境住宅改善之一（Shelton Pulse Focus Groups, 2012年6月；Shelton EcoPulse Survey, 2012年7月）。雖然民眾對WaterSense

表2.1　透過節水標章認證的產品數量歷年明細表

產品標章	2008	2009	2010	2011	2012
廁所	252	451	613	905	1,647
水龍頭	703	1,620	2,304	3,053	5,516
淋浴蓮蓬頭	0	0	245	528	1,118
總數	955	2,071	3,162	4,486	8,281

標章的意識遠遠低於ENERGY STAR標章，但對不熟悉WaterSense標章的消費者接觸到它時，他們還是做出了積極的反應（Shelton Pulse Focus Groups, June 2012）。2012年對消費者的調查顯示，30%的人仍然汰換了舊式水管，改採具有節水標章的新產品（Shelton Green Living Pulse Survey, March 2012）。[10]

計畫的影響呢？2012年成就報告估計，自2006年該計畫啓動以來，WaterSense已幫助消費者節省了4,870億加侖的水和89億美元的水和能源帳單。自2006年以來，這些產品的使用促成了減少647億千瓦小時的電力和2,400萬公噸的二氧化碳。[11]

計畫下一步是什麼？WaterSense將繼續加強認證住宅的室內和戶外產品，支持建造節水新家園計畫，並加強其在商業領域的活動。

行銷策劃：過程和影響

爲了制定策略性社會行銷計畫，我們首先必須先描述傳統行銷計畫的過程、行銷理念的演變，以及市場行銷管理理念和實戰的近期轉變。

行銷計畫的過程

從理論上來說，制定行銷計畫時要遵循一個合理的過程——無論是商業、非政府組織、非營利組織，還是公共部門機構。首先你需要先注意到背景訊息導致的計畫發展，並闡明你的努力目的和重點；然後繼續分析相對於這個目的和重點的目前情況及環境，確認標的受衆、確定行銷目標和行爲目標、開展研究、加深你對目標受衆和競爭對手的理解，確定一個期望的報價定位，並設計策略性行銷組合（4Ps）；接著制定評估、預算和實施計畫。有些人認爲使用較廣泛的標題，可以更容易地概念化過程：你爲什麼這樣做？你今天在哪裡？你想去哪裡？你怎麼去那裡？你將會怎樣追蹤你的足跡？

行銷概念的評估

行銷理念的基石是以顧客爲中心的思維模式，讓行銷人員不懈地追求目標受衆的需求和必需品，並解決他們的問題，且要做得比競爭對手更好。行銷人員並不總是這樣想，至少有些仍然沒有如此思考。直到1980年代，這種以客戶爲中心的重點並沒有成爲強大的行銷管理理念，而與Kotler和Keller提供的以下清單中的替代哲學形成對照。[12]我們增加了一些與社會行銷有關的例子來幫助理解。

- 生產概念也許是最古老的理念，並且認爲消費者更喜歡廣泛可用且價格低廉的產品，因此組織的重點應放在降低成本和便於使用。早期鼓勵使用避孕套以防止愛滋病毒／愛滋病的傳播，可能就是屬於這種舊式生產哲學的定位，不幸的是，對於那些沒有將這種行爲看作是社會規範並且擔心伴侶拒絕者而言，他們則是充耳不聞。
- 這個理念強調消費者通常青睞優質、高性能或具有創新功能的產品。然而，這個理念的問題在於，計畫和服務經理經常糾結於他們與產品的戀情之中，而忽略最基本的設計原則應該是基於客戶的需求與慾望。這個理念就是「生產了，就來賣」（Make it and it will sell）的理念，這個迷思可解釋社區運輸機構在試圖增加公共汽車乘客時面臨的挑戰。
- 「銷售概念」則認爲，如果消費者或企業，讓他們自己單獨進行採購，通常不會購買額外的產品數量來滿足商業組織的銷售目標，因此，商業組織必須進行積極的銷售和促銷活動。

  鼓勵成年人每天運動並吃五份或更多份水果和蔬菜的訊息，其實並沒有解決目標受衆中許多人最初所認爲的障礙——例如：如何在全職工作之餘騰出時間，或者根本不喜歡蔬菜。
- 行銷理念與產品和銷售概念形成鮮明對比。它不是「製造和銷售」哲學，而是一種「感覺和回應」的方向。Peter Drucker竟然宣稱：「行銷的目的是讓銷售變得多餘。市場行銷的目的是要非常了解客戶，以使產品或服務符合客戶的需求，也就是讓產品自己賣自己。」[13]如果公園路燈管理處的庭園養護工作坊有令人驚喜的收穫，可使參加者發現原來不使用有害化學物質，也能有效去除雜草，他們肯定會興奮地與鄰居分享他們的熱情和這種新發現的資源，並且不斷回流尋找更多資源！
- 整體行銷概念是21世紀市場行銷的趨勢所在，這個理論認爲市場行銷需要一個有別傳統行銷的概念理論，以便使行銷行動更完整、更具有凝聚力。三個與社會行銷有關的元素分別爲：關係行銷、整合行銷以及內部行銷。美國農業部農夫市場營養行銷計畫（The Farmers' Marketing Nutrition Program）鼓勵參與婦女、嬰兒和兒童（WIC）計畫的客戶，在農夫市場購買新鮮無加工的當地蔬果。成功的關鍵因素包括建立關係（例如：WIC辦公室的顧問與其客戶合作克服在市場上購物的障礙，如交通）、整合行銷（例如：農夫市場上的攤位放置與客戶在WIC辦公室看到的類似標誌和訊息）以及內部行銷（例如：鼓勵WIC辦事處的顧問自己參觀市場，以便他們更容易描述停車場和客戶可能可以買到的蔬果種類）。

行銷管理的轉變

Kotler和Keller描述了他們認為機智的企業，在21世紀所執行的行銷管理過程中的哲學理念轉變。[14]他們其中一些人和社會行銷者，在這個行銷過程中的哲學思維轉變包括如下：

- 從「市場行銷部門執行市場行銷計畫」到「每個人都是商品的市場行銷尖兵」。鼓勵年輕人參加派對時可以指定司機駕駛的計畫，自然獲得主管交通部門機構內的長官支持（甚至資助）。學校、家長、警察、執法人員、法官、醫療服務提供者、廣告公司、酒吧和酒精飲料公司，都樂意幫忙傳播這個有益民眾安全的計畫。
- 從產品導向到目標客戶導向的轉變。顯然，一個有效的預防溺水計畫需要根據不同的兒童年齡策劃不同的戰略，甚至是獨立運作的行銷計畫。行銷焦點可能是推廣幼兒在海灘上穿救生衣，或是鼓勵年幼的孩子參加游泳課；針對青少年則是加強宣傳哪裡可以買到不會「毀掉他們熱愛的棕褐色」救生衣資訊。
- 從透過廣告打造品牌，轉變成透過產品性能結合整合溝通打造品牌。2011年在美國推出的「改頭換面的一英里」（Makeover Mile）則在打造一個誘發積極變革的品牌，這個品牌是透過訊息一致和普遍性的溝通來加以支持運作。這個計畫試圖扭轉近兩年美國日益嚴重的肥胖疾病對三分之二美國人的威脅潮流，2011年2月23日，Ian Smith博士宣布啓動這項基層計畫，該計畫將在全國各地肥胖疾病嚴重的地區舉辦健康博覽會，並在活動時安排以步行一英里的行程作為博覽會的重點。[15]步行的目的主要是影響參與者「把握今天的時刻，讓明天的生活變得更健康」[16]。步行結束後，參與者可參加贊助者提供成人及兒童的各項健康活動，包括成人眼科檢查、血壓檢查、膽固醇檢查和骨密度檢查；健康的烹飪方式示範說明會和健身方式的示範；針對兒童則提供贈品等活動。截至2011年4月1日，在七個城市：休斯頓、達拉斯、洛杉磯、亞特蘭大、費城、芝加哥和華盛頓，共有3,947人承諾參與「改頭換面的一英里」活動。[17]
- 從專注於獲利的交易模式，轉變為專注於客戶的終生價值。我們認為許多城市公用事業公司為提高住宅家庭的回收效能，開始發展建立客戶關係和忠誠度的經營模式。這些事業單位先從提供回收紙的容器開始，然後更進一步地為這些家庭提供回收玻璃和塑料用品的容器，最後，甚至提供庭院樹枝落葉及廚餘回收容器。現在有幾家事業公司，甚至可以回收使用過的烹調油，用來生產生物柴油燃料，一些城市（舊金山）正在考慮蒐集寵物廢物並將其轉化爲甲烷用於提供暖氣和發電。至少有一個州（明尼蘇達州）則提供顧客舊衣物的回收服務，民衆將不需要的乾淨衣物和碎布放入塑膠袋中，並在指定的回收日期將這些塑膠袋放置路邊，即有專車沿路取件，完成資源回收。

- 從本土化轉變爲全球化。美國環境保護局（EPA）鼓勵家庭使用節能設備的努力似乎是一個很好的例子，關於ENERGY STAR標章產品，美國環境保護局成功建立了家庭能源使用和空氣汙染之間的關係連結，讓民衆意識到家庭能源可能產生汙染的問題意識後，又同時提供了詳細的能源標章產品訊息，幫助民衆做出既節省納稅人的錢，又可以節省家庭水電費的雙贏選擇。
- 從貨物導向轉變爲服務導向。作爲服務導向邏輯（S-D Logic），這種思想係由Vargo和Lusch於2004年首次提出，行銷人員將重點放在產品爲客戶提供的服務或價值上，而不是有形或無形商品的本身。他們宣稱有形（產品）或無形提供（服務），只有在客戶「使用」它時才有價值。[18]正如你將在第10章中看到的那樣，產品平臺的概念被提出來了，「核心產品」代表了目標受衆想要換取執行行爲的好處——這正是S-D Logic的論點。它回答了這個問題：「對我會產生什麼影響？」例如：有孩子和寵物的家庭，當他們發現這些化學物質的毒性是多麼可怕時，很可能立即受到啓發而減少使用化學肥料和殺蟲劑，同時也開始關心水質汙染的課題。
- 從傳統的消費者形成性研究技術（traditional consumer formative research techniques）轉變成群衆外包（crowdsourcing）技術。群衆外包技術是指將過去由指定員工完成的工作，公開地交由不固定的一大群人完成，這一群人最好是你的目標受衆，這種即時行銷策略與傳統的焦點小組和高度結構化的訪談有很大差異。目前群衆外包技術越來越受歡迎，主要是因爲線上社團（包括社交媒體）日益增多。發生在巴西的「執法新浪潮」（new wave of law enforcement），就是群衆外包技術的知名案例。一位巴西教授創建了一個網站，讓受害者可以發布他們所經歷之被侵犯權益的種種細節，包括攻擊者出現的時間、地點和犯罪手法。許多民衆認爲，這個網站可以爲民衆提供認識犯罪領域的知識，增加民衆的警覺心。[19]

企劃社會行銷計畫的十個步驟

表2.2列出了本書中的第一個大綱，明列出發展策略性社會行銷計畫的十個獨特而重要的步驟。本章會簡要介紹它們，本書第4章到第17章將提供每個步驟的詳細資訊。附錄則包含工作表（可至以下網站socialmarketingservice.com下載電子檔）。

表2.2 社會行銷計畫入門書

執行摘要表
製作簡明摘要表，點出計畫旨在影響的社會問題（social issue）、目標（purpose）、焦點（focus）、目標受衆（target audience）、主要行銷目標和目的（major marketing objectives and goals）、期望的定位（desired positioning）、行銷組合策略（4Ps）以及評估、預算和實施計畫。
1.0 社會課題、背景、目的（Purpose）和焦點
這個計畫打算影響哪些社會課題（例如：水資源品質）？什麼樣的背景因素導致了這個決定？這個計畫的目的是什麼（例如：減少化學物質排放）？你關注怎樣的人口族群（例如：個別住宅）和／或解決方案（例如：自然庭園草坪養護）？誰是贊助商（例如：公用事業）？
2.0 情況分析（Situation Analysis）
2.1 SWOT分析：organizational Strengths（優勢）、Weaknesses（劣勢）、external Opportunities（機會）、Threats（威脅）。
2.2 從先前的類似計畫和相關的市場，探索研究中獲得重要經驗。
3.0 標的受衆（Target Audiences）
3.1 標的受衆的描述：人口變項、是否隨時準備接受改變、相關行為、價值觀和生活型態、社交網絡以及與計畫目的和重點相關的社區資產。
3.2 市場調研結果可以刻劃出目標受衆的特性，其中包括規模、問題發生率、問題嚴重程度、防禦性、可達性、對市場行銷組合的潛在反應因素、增量成本（incremental costs）和組織匹配（organizational match）等因素，相對於計畫的目的和重點領域。
4.0 行為目標（Behavior Objectives ）及計畫目的（Target Goals）
4.1 期望目標受衆採用的行為（例如：種植本地植物），行為目標本身單純、簡單，且具有普及率低、意願高和最大潛在影響力的特徵。
4.2 SMART智能化目標有助於測量期望的行為結果，在知識、信仰和行為意圖三方面的變化〔SMART：獨特的（specific）、可測量的（measurable）、可達到的（achievable）、有關的（relevant）、時間限制的（time-bound）〕。
5.0 目標受衆障礙、利益和動機；競爭者和其他影響
5.1 期望行為的感知障礙（perceived barriers）和採用行為的成本
5.2 目標受衆希望採用行為可以交換獲得的利益
5.3 目標受衆的識別可能激勵他們採用行為
5.3 競爭行為／力量／選擇

（續前表）

執行摘要表
5.4 其他影響目標受眾的族群
6.0 定位說明
你希望目標受眾如何看待目標行為，突顯獨特的優勢和價值主張。
7.0 行銷組合策略（4Ps）
7.1 產品：採用行為可帶來的好處，或是提供促進採用行為的輔具及服務。 核心產品：採用行為可帶來好處的承諾（例如：兒童和寵物可獲得更安全的環境）。 實體產品（Actual product）：各種提供使用的輔具及服務（例如：一百種本土植物）。 增強產品（Augmented product）：其他為促進採用行為所提供的各種服務及商品（例如：如何設計本土庭園的工作坊）。
7.2 價格：採用行為可能發生的成本及降低成本的策略。 成本：金錢、時間、體力、心理感受、缺乏快樂。 價格相關的策略可以降低成本並增加收益： 貨幣誘因（例如：折扣、現金回饋） 非貨幣誘因（例如：證書、認證、欣賞） 貨幣懲罰（例如：罰款） 非貨幣懲罰（例如：負面公眾知名度）
7.3 通路：方便的管道 為受眾創造便利採用期望行為的機會，包括鼓勵採用行為可能需要的輔具產品或服務，都需要發展通暢的物流管道，方便受眾取得。
7.4 推廣：有說服力的溝通，能夠突顯福利、特色、公平價格。 關於訊息、發訊者、創意策略及傳播管道的決策。 考慮納入可持續性的提示。
8.0 監督評估計畫
8.1 針對目標和受眾進行過程中及最後結果的評估計畫。
8.2 將會測量什麼：投入、產出、結果（來自步驟4）以及（潛在的）影響和投資回報（ROI）。
8.3 如何以及何時採取措施。
9.0 預算
9.1 實施行銷計畫的成本，包括額外的研究和監測／評估計畫。
9.2 任何預期的增量收入、成本節約或合作夥伴的貢獻。
10.0 執行和維持行為的計畫
誰負責執行？何時執行？——包括合作夥伴及其角色說明（在全面實施推動之前，強烈鼓勵進行試點計畫（Pilot Projects）。

注意：這是一個可替代的非線性過程，具有許多反饋循環（例如：行為的障礙如果非常難以克服，則考慮重新選擇新的行為）。市場研究需要執行大部分步驟，尤其是步驟1和2的探索性研究（exploratory research），步驟3至6的形成性研究（formative research）以及最終步驟7的結果預測研究（pretesting for finalizing）。

資料來源：Developed by Philip Kotler and Nancy Lee with input from Alan Andreasen, Carol Bryant, Craig Lefebvre, Bob Marshall, Mike Newton Ward, Michael Rothschild, and Bill Smith in 2008.

雖然這個大綱爲非營利組織的產品經理提供了社會行銷計畫的全貌，但該模型仍有三個重點須注意：

1. 在確定目標和目的之前，先選擇目標受衆（target audiences）。在社會行銷中，我們的目標是影響目標受衆的行爲，因此在確定計畫將促進的具體行爲前（例如：加入慢行組），有必要先確定受衆目標（例如：老年人）。

2. 在情況分析的步驟，我們還不界定競爭對手。因爲我們還沒有決定具體的期望行爲，所以要等到第四步驟。當我們執行與期望行爲有關的受衆調查研究時，才進行競爭分析。

3. 目的（goals）是計畫的量化指標（例如：想加入慢行組的老年人數量）與計畫的更廣泛宗旨（broader purpose）。在該模型中，計畫目的陳述（例如：增加老年人的身體活動）將在步驟一進行。當然，計畫任何部分的術語使用可以而且應該改變，以符合組織的文化和現有的計畫模式，重要的是每一步都要按順序進行。

以下我們使用華盛頓州公路垃圾防治（reduce litter in Washington state ）的案例，來簡要說明社會行銷十步驟。

步驟一：描述社會問題、背景、目的和焦點

首先開宗明義點出打算解決的社會問題（例如：碳排放），然後摘要說明導致該社會問題的因素。問題是什麼？發生了什麼事情？問題陳述可包括與公共衛生危機有關的流行病學、科學或其他研究數據（例如：肥胖症增加）、安全問題（例如：駕車時手機使用增加）、環境威脅（例如：水資源供應不足），或是需要民衆積極的社區參與（例如：需要更多的捐血）。這個社會問題可能是由海嘯等不尋常事件所引發，也可能僅僅是爲了履行組織的職責或使命（例如：提倡海洋永續經營的漁獲品）。

接下來，製作一份宗旨聲明（purpose statement），闡明活動成功可促進的益處（例如：改善水資源）。然後，從可能有助於實現這一目的的大量因素中，選擇一個重點加以發揮（例如：減少農藥的使用）。

以下爲摘錄自垃圾計畫的內容：在21世紀初，據估計每年在華盛頓州，有超過1,600萬磅的「東西」被扔到州際、州和縣道路上。另有600萬磅的垃圾分散於公園和民衆活動中心。生態部（Ecology）每年資助垃圾清除的計畫花費超過400萬美元，但工作人員估計只有25-35%的圾垃被清除。垃圾創造了一個危害野生動物及其棲息地的環境，對單車騎士來說也是一種潛在危害，騎自行車者可能騎車時踢到一個啤酒空瓶或是裝有「卡車司機便便」的加料瓶而造成翻車意外。2001年，生態

部制定了一項爲期三年的社會行銷計畫，目的是減少公路上民眾任意拋棄垃圾的行爲。

步驟二：進行情勢分析（Situation Analysis）

現在，爲了發展出好的計畫之目的和焦點，我們需要對內部和外部環境中的因素（factors）和力量（forces）進行快速檢視，因爲這些因素和力量會對日後的計畫決策產生影響。通常我們使用被稱爲SWOT（優勢、劣勢、機會和威脅）分析的工具，使用這個工具來認識組織的最大優勢進而加以強化、發現組織的劣勢，然後設法削弱其影響性，檢視優、劣勢的因素包括：可用資源、專業知識、管理支持、現有聯盟和合作夥伴、物流系統能力、該機構的聲譽以及問題的優先程序。然後檢視並列出市場上一些可能發生影響效果的外部力量列表，它代表計畫應該利用的機會或者預防的威脅。這些力量通常不在行銷人員的控制範圍內，但確實是必須加以考慮的重要影響因素。主要機會和威脅的因素，包括文化、技術、自然、人口、經濟、政治和法律力量。[20]

在這時間點上花些時間來連繫同事、蒐集電子郵件清單列表、進行文獻調查，甚至在網路上搜尋是否曾經有過類似的專案計畫，從別人的執行經驗學習如何發展正確有效的計畫。

以下爲摘錄自垃圾計畫的內容：組織最大的優勢：政府早有針對亂扔垃圾制定罰則、團隊內人員具有社會行銷專業知識、完善的管理系統提供管理支持，甚至有跨州機構組織的管理介入，像是各州汽機車駕照、牌照管理機構（Department of Licensing）以及巡防隊。組織的弱勢則包括：有限的財政資源、執法部門面臨的競爭（交通安全問題，如酒後駕駛和使用安全帶）以及公共場所缺乏足夠的垃圾箱。

可利用的外部機會：亂扔垃圾的人並不知道亂丟垃圾會被處以重大罰款（透過形成性研究獲知的資訊）、很多公民具有強烈的環境倫理意識以及許多本身就是「問題的一部分」的企業，他們卻同時也是潛在的活動贊助商（如快餐店、飲料公司、小超市）。需要預防的威脅包括：輿論中有垃圾並非社會優先問題的論點，而亂丟垃圾者往往缺乏環境課題的激勵。

步驟三：選擇標的受眾（Target Audiences）

在這個關鍵步驟中，選擇你的行銷工作的靶心。使用變化階段（購買準備）、人口統計、地理位置、相關行爲、心理狀況、社交網絡、社區資產和市場規模等特徵，作爲區隔市場的因素，爲標的受眾提供豐富的描述。理論上，我們期待能夠完全集中市場行銷計畫於主要的目標受衆，此外，我們也會增加額外的二級市場（例如：戰略合作夥伴、標的受衆的意見領袖），並將影響標的受衆的戰略納入計畫之中。正如你將在第5章中進一步閱讀到的內容，達成此一決定是一個三步驟的過程，首先將市場（人口）分成幾個分群，然後根據一組標準評估各分群，最後選擇一個或多個分群，以他們來界定特定期望行爲的焦點、市場定位和行銷組合策略。

以下爲摘錄自垃圾計畫的內容：根據調查結果顯示，我們之中有些人（約25%）永遠不會考慮亂扔垃圾；我們之中有些人（大約25%）有亂丟垃圾的習慣，大部分時間都會隨地亂丟垃圾；我們幾乎有一半人偶爾會亂丟，但可以透過說服，使他們不要發生亂丟垃圾的行爲。[21]該活動有兩個主要的標的受衆：亂丟垃圾者和絕不亂丟垃圾者。亂丟垃圾的標的受衆群常見五項亂丟垃圾的特徵，包括：(1)駕車者或車上乘客：①菸頭、②酒精飲料空瓶罐、③食品食用所剩的包裝廢棄物和其他飲料空瓶；(2)貨運司機：①未正確覆蓋或固定貨物、②在上路前未確實清理貨車後部。活動也把未亂丟垃圾者納入活動計畫中。

步驟四：設定行爲目標（Behavior Objectives ）和標的目的（Target Goals）

社會行銷計畫總是包含行爲目標——我們想要影響目標受衆的行爲目標。這行爲可能是我們希望標的受衆開始採用（accept）（例如：開始把食物垃圾變堆肥）、拒絕（reject）（例如：購買柴油引擎吹葉機）、修正（modify）（例如：將水灌滿和經常性少水澆灌）、放棄（abandon）（例如：使用含有有毒除草劑的肥料）、切換（switch）（例如：使用低飽和脂肪的油進行烹飪），或者繼續（continue）（例如：每年捐血）。通常我們的研究顯示，受衆需要知道一些知識或是相信某些理念，才能被激勵採取行動。知識目標（knowledge objectives）包括我們希望他們察覺的資訊或事實（例如：倒在道路上的機油會透過雨水沖刷流向湖泊——包括可能使他們更願意執行所需行爲的資訊，例如：他們可以在何處正確處理機油）。信念目標（belief objectives）則與感受和態度有關。家庭園丁可能知道他們正在使用的殺蟲劑是有害的，甚至可以流入河流和溪流，但他們可能認爲每年使用一次或兩次不會造成太大的問題。

這時也是行銷計畫中我們針對目標建立量化、可衡量指標的時刻，計畫的目標通常包括：行爲目標、信念目標以及知識目標。它們最好都能具備智能化SMART的特性〔獨特的（specific）、可測量的（measurable）、可達到的（attainable）、有關的（relevant）、時間限制的（time-bound）〕。請注意，在此所確定的內容將引導後續有關行銷組合策略的決策，它也將對預算產生重大影響，並在計畫末期提供評估明確的執行方向與基準。

以下爲摘錄自垃圾計畫的內容：發展活動策略是爲了支持三個獨立的目標：(1)建立一個短期目標，讓民眾認知亂丟垃圾是會被處以重大罰款，並且提供免費檢舉電話號碼來鼓勵檢舉亂扔垃圾；(2)中期目標是說服亂丟垃圾者相信他們的亂扔垃圾是會受監視的，並且可能會被舉發，以及(3)長期的目標是影響亂丟垃圾者改變他們的行爲：能夠妥善處理垃圾，能夠使用篷布繫緊覆蓋貨車的貨物，並在上路前就已經清理貨車垃圾。透過電話訪問調查建立關於亂丟垃圾的公眾意識和信念基準，並且進行實地研究確認當前垃圾的總量和類型。[22]

步驟五：界定標的受眾的障礙、利益、激勵因素（Motivators）；競爭者；和其他重要影響（Influential Others）

此時，你已經很清楚知道你想影響誰，以及你想要他們做什麼。你（理論上）甚至知道希望影響的標的受眾的人口數及百分比。然而，在急於爲這些受眾制定定位和行銷組合之前，花些時間、力氣和資源來了解目標受眾目前正在做什麼或喜歡做什麼？以及他們對期望行爲的眞實感受或感知到的障礙（perceived barriers），他們期望交換到什麼利益，以及能夠激勵他們「購買」它的因素。換句話說，他們對你的想法有什麼看法？他們目前沒有這樣做或不想這樣做的原因是什麼？當他們被問到「你知道這樣做可以得到什麼利益？」，他們的答案會是什麼？他們是否認爲你的潛在策略（potential strategies）對他們有用，還是他們有更好的想法（激勵因素）？他們的答案應該像黃金一樣被視爲禮物。

以下爲摘錄自垃圾計畫的內容：由承認在道路上亂丟垃圾的駕駛者（是的，他們來了）組成的焦點小組表明，對於正確處理垃圾，包括貨車裝載使用篷布覆蓋和上路前清理貨車的理想行爲有幾個障礙：「我不想讓菸頭留在車內，它太臭了。」「如果我的車內留有一個啤酒空瓶，我會被警察開罰單。所以，我寧願抓住機會，把它扔掉。」「我甚至不知道貨車後面有東西，也許有人在停車場使用它作爲垃圾桶！」「我發現用來繫緊篷布的繩索不是那麼有效。」「有什麼問題嗎？不論如何，這不是給過犯者提供社區服務的方法嗎？」

他們可以想出什麼樣的策略來激勵這些亂丟垃圾的司機駕駛呢？「你必須說服我，任何人都會注意到我的亂丟垃圾，並且我可能會被舉發。」「我不知道亂扔點燃的菸頭的罰款可能接近1000美元！如果我知道可能會被罰款，就不會這樣做的。」（注意他們的擔憂，可不是爲了讓華盛頓州保持清潔！）

步驟六：發展定位聲明（Develop a Positioning Statement）

簡而言之，定位聲明描述了你所想要銷售的「行為」。品牌是幫助確保理想位置的策略之一。定位聲明和品牌識別都受到你對目標受眾的描述以及競爭對手名單、障礙、利益和激勵因素的啓發。定位聲明將指導策略行銷組合的發展。此理論在1980年代首次得到廣告執行長Al Ries和Jack Trout的普遍推崇，他們認為定位始於產品，而不是你對產品做什麼：「定位就是你如何面對顧客的心智。也就是說，定位就是你如何把產品放在客戶的心中。」[23]補充說明，「你所想要的位置。」[24]

以下為摘錄自垃圾計畫的內容：「我們希望貨車司機及公路駕駛相信，他們在道路上是全程被監視的，並且當他們亂丟垃圾被舉發所要面對的罰款金額是超乎他們想像的。最後，我們希望他們相信正確處置垃圾是一種更好，尤其是更便宜的選擇。」

步驟七：發展策略性行銷組合（Marketing Mix, 4Ps）

這部分描述活動計畫的行銷組合（4Ps）：產品、價格、通路和推廣的策略。如第1章所述，4Ps是干預工具，用來影響你的標的受眾採用你所提倡行為的干預工具。有些人建議在這個清單中可以增加以P開頭的其他重要元素，像是試點（pilot，執行策略）、合作夥伴（partners，包括潛在的訊息傳送者、資金來源、物流管道和／或執行策略）、決策者（policymakers，目標受眾或有影響力的其他人）。

這些元素的混合組成了你的行銷組合，行銷組合被認為是影響行為（因變數）是否被採納的決定因素（自變數）。因此，注意一定要按照下面的順序開發行銷組合，從產品開始到推廣策略結束。畢竟，推廣工具是你確保目標受眾了解你的產品、價格以及如何使用的重要武器，而這些決定顯然需要在推廣計劃之前做出來。

產品

確實描述產品的核心（core）、實際（actual）和增強（augmented）三層次。核心產品包含受眾相信他們將會因採用行為而體驗到的好處，核心產品往往都是社會行銷計畫的亮點。你所列出的期望福利清單、潛在的激勵因素以及定位聲明，將是你發展核心產品的重要資源。實際產品描述了所需行為的實際特徵（例如：如何確保貨車已經確實繫緊覆蓋貨物），以及支持所需行為的任何有形商品和服務。增強產品是指你在這次計畫活動中會額外提供的有形物品或無形服務，來強化計畫實施的成效（例如：檢舉亂丟垃圾者，檢舉人將受到匿名保護）。

以下為摘錄自垃圾計畫的內容：將為公路駕駛發起一項新服務，即免費電話號碼，公路上的目擊者若看見司機從車輛丟棄垃圾或貨車因為未確實繫緊貨物篷布導致沿路掉落貨物材料，歡迎目擊者檢舉。當目擊者撥打熱線電話時，他們會詢問目擊車牌號碼、車輛款式描述、發生時間、垃圾類型、從乘客或司機駕駛側拋出，以及大概的地點位置。在幾天之內，車牌的登記車主會收到州巡警的信件，內容為警告車主的資訊，大致內容為：「有公民在某日下午3點發現有一個點燃的菸頭從駕駛側被拋出車外，垃圾掉落約在5號州際公路附近的大學區。這封信是告訴你，如果下次再讓我們看見你發生相同的行為，我們會強制你靠路邊停車，並開出一張1,025美元的罰單。」活動發行的主要文宣口號「垃圾帶來傷害」（Litter and it will hurt）以及免費檢舉電話號碼，都會出現在活動的所有宣傳物件上，從路標（見圖2.3）到垃圾袋、貼紙和海報，都能看到文宣口號及檢舉熱線資訊。

圖2.3　舉發亂丟垃圾專線及道路文宣圖誌

資料來源：Courtesy of Washington State Department of Ecology.

價格

本書曾經提及標的受衆將支付任何與計畫有關的貨幣成本（費用）（例如：槍枝密碼箱的成本），並在活動執行期間可能收到貨幣性獎勵（monetary incentives），如由廠商或主辦單位提供的優惠券或現金回饋獎勵。還要注意任何會被強調的貨幣抑制因素（monetary disincentives）（例如：不繫安全帶就罰款）、非貨幣性獎勵因素（nonmonetary incentives），像是公衆認同（例如：後庭園的牌匾宣告）以及負面公衆知名度等非貨幣性抑制措施（nonmonetary disincentives）（例如：公布經由選舉當選政府公職官員的欠稅名單）。正如你將在第11章中看到的那樣，在定價方面，實現這些策略首先要確定標的受衆與採取行為相關的主要成本，包括貨幣成本（例如：支付商業洗車vs.在家洗車）以及非貨幣成本（例如：開車去洗車的時間）。

以下爲摘錄自垃圾計畫的內容：亂丟垃圾的罰款資訊透過各種媒體管道強力發送，目的就是遏止民眾繼續亂丟垃圾的行爲（菸頭1,025美元，食品或飲料空罐103美元，不確實繫緊篷布194美元，非法亂倒垃圾1,000美元至5,000美元並需拘役）。圖2.4是該活動的主要文宣圖像，廣泛使用於廣告牌、海報和垃圾袋。

圖2.4　華盛頓州的垃圾防治活動焦點為舉發熱線及高額罰款

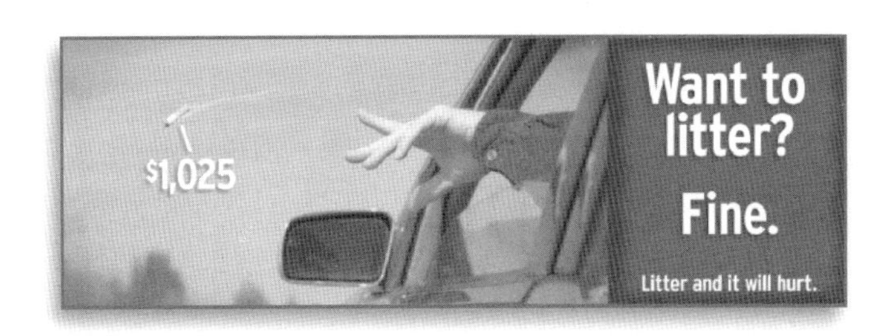

資料來源：Courtesy of Washington State Department of Ecology.

通路

在社會行銷中，通路主要係指標的受眾在何時、何地執行所期望的行爲，以及獲得任何與活動相關的有形物品（例如：城市公用事業提供的雨桶）或任何服務（例如：戒菸諮詢專線服務時間）。通路也被稱爲傳送系統或物流管道，包括所有與傳送及物流管理有關的策略。傳送管道（distribution channels ）不同於傳播推廣訊息的傳播管道（communication channels）（例如：廣告牌、外展工作者、網站）。

以下爲摘錄自垃圾計畫的內容：垃圾檢舉熱線每週服務7天，每天24小時，此外，亦提供舉發亂丟垃圾的線上舉發網站（www.litter.wa.gov/c_hotline.html）。垃圾袋（印有罰款資訊的垃圾袋）將分發到各種場所，包括速食餐廳、汽車租賃機構以及車輛牌照管理辦公室。垃圾袋內還附有空白檢舉函及回郵信封，民眾可以輕易檢舉亂丟垃圾的違規者。

推廣

本節旨在描述具有說服力的溝通策略，包含與關鍵訊息有關的決策（你想要傳達的訊息）、訊息大使（任何發言人、贊助商、合作夥伴、演員，或者將用來傳遞訊息具有影響力的人）、傳播管道（宣傳訊息將出現在哪裡？）以及創意元素（任何視覺符號、品牌主張及圖片）。另包括關於廣告標語（slogans）和品牌主張（taglines）的決定。此時的訊息和決策將會決定你的推廣計畫發展走向，而這推廣計畫將使你的標的受眾了解活動所提供的產品（產品、價格、通路），相信他們將會體驗到你所承諾的福祉，並受到啓發而採取實際行動。

以下爲摘錄自垃圾計畫的內容：垃圾防治計畫選擇以「垃圾帶來傷害」（Litter and it will hurt）作爲傳播的口號，舉凡道路標誌、電視、廣播、宣傳、影片、特別活動、網站，乃至政府機構使用的附屬物件，像是垃圾袋、海報、貼紙，都主打「垃圾帶來傷害」的文宣。甚至在卡車地磅站張貼特殊標誌：「最噁心」的垃圾——每年公路上可拾獲25,000罐裝有尿液的飲料瓶（見圖2.5）。

圖2.5 張貼於貨車地磅站的華盛頓州預防亂丟垃圾計畫海報

資料來源：Courtesy of Washington State Department of Ecology.

步驟八：制定監測和評估計畫（Monitoring and Evaluation）

評估計畫將用來檢驗你所努力推動的計畫是否實施成功，計畫將說明評量的時間以及評量方法。它是在第一次闡明評估目的、界定標的受衆後回溯之前爲活動確立目標之後得出的——在步驟四中所建立的行爲、信念及知識的期待變化情況。監評計畫是在規劃預算計畫前就應納入，以確保獲得監評計畫的資金。評量方式通常分爲四種：投入測量（投入活動的資源）、產出測量（活動運作情況）、成果測量（標的受衆在知識、信念和行爲的變化）以及影響測量（對努力目標的貢獻情況，例如：是否成功改善水質）。

以下爲摘錄自垃圾計畫的內容：計畫將對華盛頓州居民進行基線調查（baseline survey），作爲日後監測、比較的基礎資訊。調查內容包括：(1)察覺亂丟垃圾可能被處以鉅額罰款，以及(2)察覺亂丟垃圾的免費檢舉電話號碼。另外，內部將使用電話紀錄來確認檢舉熱線電話的民衆使用次數，以及定期檢視公路垃圾型態的變化。

步驟九：建立預算並尋求資金贊助

根據產品初步評估效益和特徵、價格激勵、傳送管道，擬定推廣活動和評估計畫、總結資金需求，並將其與可用和潛在資金來源進行比較。這步驟的結果可能需要修訂策略、標的受衆和目的，或需要獲得額外的資金來源。本節僅介紹最終預算，劃定有擔保的資金來源並回應合作夥伴的捐款。

以下爲摘錄自垃圾計畫的內容：本活動主要成本多爲活動廣告（電視、廣播和廣告牌），其他費用包括：道路標誌、政府設施標誌和免費舉發垃圾熱線號碼的營運費用。垃圾袋印製與發送，預期將由媒體夥伴及企業贊助商提供。

步驟十：完成實施計畫

執行計畫包含一份完整文件，明訂誰將做什麼？何時執行？執行數量。它將行銷策略轉化爲具體的行動。有些人認爲這部分是「眞正的行銷計畫」，因爲它提供實質行銷活動（產出）的清晰畫面、責任、時間框架和預算，有些人甚至將其作爲獨立的物件，並與重要的內部團體分享。通常活動執行的第一年將能提供詳細的活動細節，作爲日後幾年的廣泛參考。

以下爲摘錄自垃圾計畫的內容：爲期三年的活動，將活動界定爲三個階段。第一年致力於提高民衆的覺醒。第二年和第三年將延續這努力，並爲信念和行爲改變添加關鍵元素。生態部於2005年5月發布關於華盛頓州垃圾防治活動結果的新聞稿，宣布成功減少「價值400萬磅的垃圾」。爲期三年的垃圾調查與基線調查結果對比，垃圾從8,322噸減少到6,315噸（24%）。這次減少了2,000多噸，也就是在華盛頓的公路上減少了400萬磅垃圾。此外，每年的熱線電話平均爲15,000次。

為什麼系統化、有順序的計畫過程很重要？

只有透過系統的流程來澄清你的計畫目的和重點並分析市場，才能夠爲你的努力選擇一個合適的標的受衆。只有花時間了解你的標的受衆，才能夠建立切合實際的行爲目標。也唯有透過綜合策略的擬定，才能創造眞正的行爲變化成果——這種系統化的方法了解促使行爲變化不僅需要透過溝通（推廣），確認可收穫的產品福祉、哪些有形商品和服務可用來支持期望行爲被採用、最適合的定價激勵和抑制措施，以及如何使採用行爲的過程變得容易，這些都是影響計畫成功的因素。此外，也只有先花時間確定如何衡量業績，才能確保這關鍵步驟的預算和實施。

誘惑通常非常直接地進入廣告或促銷想法和策略，它帶來許多令人迷惑的問題：

- 如果你並不清楚所需要傳播訊息的長度，如何知道公車廣告會是理想的傳播管道？
- 如果你不知道你在賣什麼，如何能知道你要使用怎樣的廣告標語（訊息）？
- 如果你不清楚觀眾的心智狀態，他們對自己當前行爲的利益與成本對比你所宣傳的行爲，你如何確定產品的定位？

雖然計畫是連續的，但你可以更精確地描述它其實是螺旋形而非線性。每一步驟都應該被認爲是一個草案，容許規劃者靈活地根據後續發現的充分理由，回去調整前一步驟，直到計畫完成。例如：

- 對標的受眾進行研究的結果顯示，目的可能過於雄心勃勃，或者應該放棄其中一個標的受眾，因爲你可能無法滿足其獨特需求或克服有限資源的特定障礙。
- 預算準備過程中看似理想的傳播管道，可能會導致成本過高或不符合成本效益。

市場調查研究在規劃過程中的適用時機？

此時你可能納悶市場調查研究在規劃過程中的適用時機？除了進行調查研究確定障礙、福祉、激勵因素和競爭者，正如你將在第3章中進一步閱讀，並且從圖2.6中可以看出，調查研究在每一步驟的發展中都扮演重要的角色。適當的重點行銷研究可使一個計畫顯得光彩奪目，是一個平庸計畫所不能比擬的。它是確保這一規劃過程中每個階段都能成功的核心，它幫助我們看清目標受眾、市場和組織現況。對於那些認爲有現成可用研究資源的人，我們將在第3章Alan Andreasen的《不會讓你荷包大失血的市場研究》（*Marketing Research That Won't Break the Bank*）一書中繼續討論。25

圖2.6 行銷規劃步驟的摘要及研究產出對照表

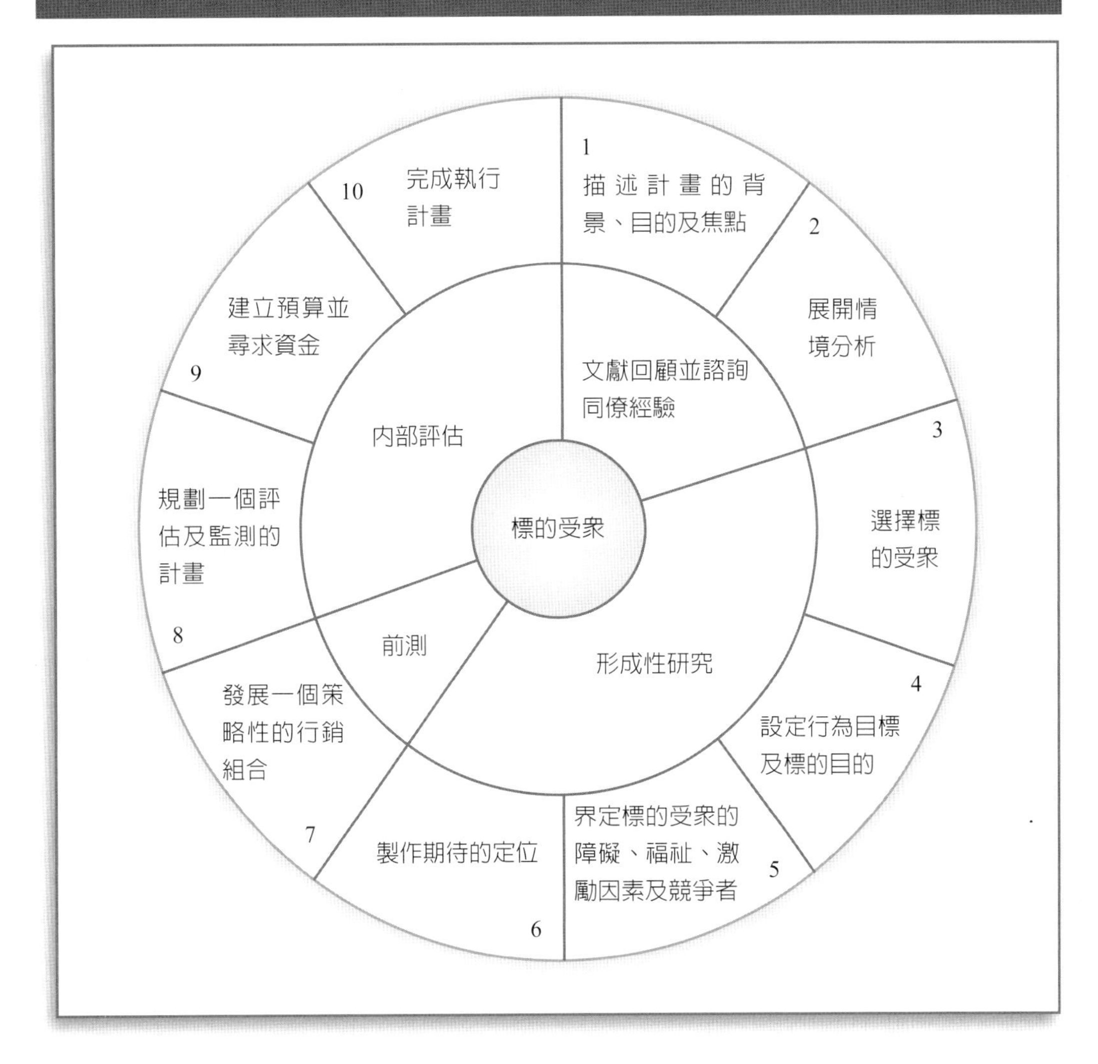

章節摘要

行銷企劃是一個系統化的過程，建議採用十步驟模式來制定社會行銷計畫。首先確定你的計畫打算解決的社會課題，並闡明計畫的目的和重點，然後繼續分析當前的情況和環境、確定目標受眾後建立計畫的行銷目標和目的，透過調查研究了解標的受眾所面臨的障礙、福祉和激勵因素，以及競爭的替代品和有影響力的其他人，以此爲基礎，確立你所期望的市場定位，並設計策略性行銷組合（4Ps），隨後發展評估、預算和實施計畫。

雖然企劃是連續的過程，但是這個過程可更精確地描述爲螺旋形而非線性，也就是剛開始你可以先草擬計畫，使計畫順利被發展，只要在完成計畫之前，隨時可根據需要返回並調整前一步驟。考慮到所有優秀行銷計畫都是以客户爲中心的特點，計畫工作將圍繞目標受眾展開，而研究（無論是外部，還是內部）都將對你的成功至關重要。

行銷對話 社會行銷——「這是關於『行銷』嗎？不，這是關於『社會』！」（"It's About 'Marketing': No, It's About 'Social'!"）

2013年4月，第三屆世界社會行銷學術研討會在加拿大多倫多舉行，來自全球各地近900位的社會行銷從業人員和社會行銷學者齊聚一堂。除了眾多的全體會議和分組演講外，論壇每年還展示另外一個傳統：「大辯論」。

在這場辯論中，英國的會議主席Jeff French招募了四名辯論好手，兩位是辯論甲方、另兩位是辯論乙方。每場會議的辯論主題都不一樣。今年，辯論甲方的命題是：「這是關於『社會』」（It's about 'social'）；辯論乙方的命題是：「這是關於『行銷』」（It's about 'marketing'）。辯論的基本規則強調，即使辯論到一個極爲嚴重的問題，辯論家應該想辦法讓課題變得有趣並有活力。

在開始辯論前，主席通過舉手表決向觀眾進行命題的預先投票（predebate vote），同意「關於行銷」有29%的人舉手，「關於社會」則有44%的人舉手，棄權未表示意見的有27%的人舉手。然後辯方輪流上場，每人有10分鐘論述自己的觀點，四位辯方的主要觀點摘要如下，然後進行辯論後投票（postdebate vote）。

這是關於「社會」：

Craig Lefebvre，任職於socialShift，擔任Chief Maven。

- 社會和公共衛生的領域近年來面對許多挑戰，促使人們尋找新的解決方案，包括應用行銷原則和技術來解決問題。
- 如果社會課題、社會問題乃至最終的社會改善不是行銷的核心，那就不是社會行銷。
- 市場行銷爲解決社會課題提供了一個框架方法。
- 社會理論將行銷推向了一個屬於它的地方，提供了一種促進大量人群變化的方式，並改善了他們所生活的社會和個人身體狀況。
- 行銷本身並沒有這樣的結果期待。這只是一套理論應用了行銷的框架，來決定什麼是亟待解決的社會課題？如何解決？在什麼情況下？爲了什麼目的？（例如：銷售量、重複拜訪、行爲改變、社會轉型）以及與誰一起。

Christine Domegan，任職於National University of Ireland, Galway。

- 這次辯論讓我回想起3月6日——兩次會議的一天。
- 首先是與可口可樂公司和部分公共衛生研究及從業人員，一起聽取公司對肥胖症流行病的反映簡報。他們展示了行銷的潛在力量，包括付費廣告（paid advertising）、參與（engage）和動員（mobilize）。
- 公共衛生代表們懷疑他們的努力，是否能夠有效減少肥胖。
- 第二次會議是和一個與公平貿易有關的小組會議，其中包括兩名來自Malawian的農民，介紹了公平貿易如何使他們、他們的家庭、他們的社區以及他們的社會受益。

這種社會正義帶來的影響，正在向所有人轉移。

- 人類和人類面臨的「社會」問題是巨大且多方面的。他們不僅需要特殊的干預，還需要個人和社區的許可（empowerment）——不僅僅是一個，而且還有許多社會運動可以帶來變化。

這是關於「行銷」：

Jim Mintz，任職於加拿大Centre of Excellence for Public Sector Marketing。

- 社會行銷這個術語不時被誤解，並越來越與社會主義（socialism）和最近的社交媒體（social media）等概念混淆。
- 社會行銷應該被看作是行銷的一個分支的應用領域（例如：體育用品行銷、企業對企業間的行銷及公共部門行銷）。
- 行銷使得社會行銷學科（discipline）與其他行爲改變理論有所不同。如果不是社會和行銷的明確整合，社會行銷只能停留於教育和溝通。
- 專家Bill Smith感嘆道：「社會行銷實踐的問題非常明確，通常很少或根本沒有行銷成分。」
- 所以今天讓我們承認社會行銷有「兩個父母」：「社會父母」和「行銷父母」。

Nancy Lee，任職於Social Marketing Services, Inc., USA和University of Washington。

- 這不是關於社會「或」行銷，這是關於社會「和」行銷。
- 你不能說哪一個更重要，他們是同樣重要，他們只是扮演不同的角色。
- 社會是受益者、行銷是戰略，他們像「馬車」一樣要結合才能發揮作用。
- 社會是一個部門、行銷是一種功能，就像非營利部門行銷、公共部門行銷和私部門行銷一樣。
- 沒有市場行銷（馬），車廂就哪裡也到不了；倘若沒有車廂，馬就沒有任務，而社會行銷工作者（騎馬的人）就沒有地方可去。
- 我們不應該這樣爭論，反而需要更多的團結。

在雙方辯論後，主席要求與會人員再次投票，在Nancy Lee的要求下增加了第三種選擇：「這是關於社會和行銷。」最後，7%投票贊成行銷，7%投票贊成社會，86%投票贊成社會和行銷。（註：辯論影片詳見 http://www.youtube.com/watch?v=m6DT4FOW0YY。第四屆世界社會行銷大會於2015年4月19日至21日在澳洲雪梨舉行，第五屆世界社會行銷大會於2017年在Washington DC舉行。詳見http://wsmconference.com/sydney-2015 so you don't miss the next "Big Debates."）

問題討論與練習

1. 請參考表2.2（社會行銷計畫入門書），回顧並思考十個步驟，然後討論你曾用過但並不在這個被推薦的十個步驟內的工作，或是其他你對系統計畫規劃步驟的問題。
2. 同樣地，參考4Ps的順序：產品、價格、通路、推廣。爲什麼他們建議按照這個順序？
3. 反思垃圾運動的例子。爲什麼他們要開發一個舉發亂丟垃圾的免費熱線？如果違規者收到的通知不是罰單，爲什麼它能阻止亂丟垃圾？

4. 回顧行銷對話。最後，你會如何投票：(a)它是關於社會的；(b)關於行銷，還是(c)關於社會和行銷？

注釋

1. U.S. Environmental Protection Agency (EPA), *WaterSense Accomplishments 2012* (n.d.), accessed August 1, 2013, http://www.epa.gov/watersense/docs/ws_accomplishments2012_508. pdf.
2. EPA, "WaterSense / Every Drop Counts!" (n.d.), accessed July 16, 2013, http://www.epa. gov/WaterSense/pubs/every.html.
3. EPA, *Every Drop Counts: WaterSense 2006 Accomplishments* (n.d.), accessed August 1, 2013, http://www.epa.gov/watersense/docs/2006_accomplishment508.pdf.
4. Responsible Bathroom, *The Results Are In: Serenbe Watersense Conversion Reduces Household Water Usage 27%* (n.d.), accessed August 1, 2013, http://responsiblebathroom.com/education/stream/blue-success-stories/serenbe-watersense-conversion-reduces-household-water-usage/.
5. Colorado Springs Utilities, "WaterSense Toilets" (n.d.), accessed July 16, 2013, https://www.csu.org/pages/watersense-toilets.aspx.
6. EPA, "WaterSense / Every drop counts."
7. EPA, "WaterSense / Toilets" (n.d.), accessed August 1, 2013, http://www.epa.gov/WaterSense/products/toilets.html.
8. Ibid.
9. EPA, *WaterSense Accomplishments 2012.*
10. Communication August 23, 2013, from Colehour+Cohen on behalf of EPA WaterSense.
11. EPA, *WaterSense Accomplishments 2012.*
12. P. Kotler and K. L. Keller, *Marketing Management*, 12th ed. (Upper Saddle River, NJ: Prentice Hall, 2005), 15–23.
13. P. F. Drucker, *Management: Tasks, Responsibilities, Practices* (New York, NY: Harper & Row, 1973), 64–65.
14. Kotler and Keller, *Marketing Management*, 27–29.
15. PR Newswire, "Dr. Ian Smith, Celebrity Physician and Diet Expert, Launches the Makeover Mile to Raise Health and Wellness Awareness in Underserved Communities" [Press release] (February 28, 2011), accessed April 4, 2011, http://thestreet.com/print/story/11025223.html.
16. Accessed April 1, 2011, from Makeover Mile website: http://www.makeovemiles.com.
17. Ibid.
18. C. Lefebvre, *Social Marketing and Social Change* (New York: Wiley, 2013), 28.
19. "Wikicrimes: The New Wave of Law Enforcement" (n.d.), accessed August 2, 2013, http://www.fastcase.com/wikicrimes-the-new-wave-of-law-enforcement/.
20. P. Kotler and N. Lee, *Marketing in the Public Sector* (Upper Saddle River, NJ: Wharton School, 2006), 283–284.
21. Washington State Department of Ecology, "Litter Campaign" (2006), accessed October 10, 2006, http://www.ecy.wa.gov/programs/swfa/litter/campaign.html.
22. Washington State Department of Ecology, *Washington 2004 State Litter Study: Litter Generation and*

Composition Report (Olympia, WA: Author, March 2005).

23. A. Ries and J. Trout, *Positioning: The Battle for Your Mind* (New York: Warner Books, 1986), 2.

24. Kotler and Lee, *Marketing in the Public Sector*, 113.

25. A. R. Andreasen, *Marketing Research That Won't Break the Bank* (San Francisco: Jossey-Bass, 2002).

PART II

分析社會行銷的環境

第三章
界定研究需求及選項

社會行銷人員需要有渴望了解顧客的熱情。雖然盡可能使用現有數據資料庫來認識顧客，會是很經濟且方便的方法，但要完整了解人們對於策變行爲的想法、既有知識、可能付出代價以及誰是影響他們採用策變行爲的重要他人，就只能透過第一手的原始研究（original research）來獲得寶貴的資訊。這些研究未必昂貴或複雜，但必須完成，因爲沒有這些獨特的見解，就不可能制定有效的整合行銷計畫。

——Dr. Carol Bryant
University of South Florida

Georgetown University著名的社會行銷教授，同時也是社會行銷工作者Alan Andreasen，列出了他認爲人們對社會行銷所抱持的迷思清單，他的真知灼見，說出了許多人對於進行研究的心情：[1]

迷思一：「我做的研究已經夠多了。」雖然人們總覺得研究已經做得夠多了，但千萬不要這麼想，其實一個簡單的決策支持系統（decision frameworks）就可以幫助你找出答案來。

迷思二：「只有重大決策時才需要出動研究。」進行研究不單只是爲了做出重要決策，有時候有些重大決定甚至根本不需要進行研究。

迷思三：「市場研究不就是進行調查，而調查的成本是昂貴的。」所有的研究（research）都不只是調查（surveys）而已，而且低成本也能進行調查。

迷思四：「大部分的研究都是徒勞無用的。」研究確實可能導致徒勞無用，但並不一定是這樣的結果，特別是如果你使用正確的系統方法發展計畫，能有效界定出重要的研究需求，就能有助於研究結果的產出。

關於研究的這一章將揭開這些迷思謬論的神祕面紗，透過爬梳科普知識說明研究如何幫助活動順利成功。以下是你讀完後應該要熟悉的重點：

- 常用的研究術語及其區別。
- 發展研究計畫的步驟。
- 一些不會讓你荷包大失血的研究方法。

爲廣泛說明社會行銷的研究方法和應用的範圍，我們在本章及本書其他章節的最後，都會附上解說詳盡的研究案例，這些成功施行的案例在在說明，研究是支持社會行銷活動成功的重要根本。

行銷焦點　減少開車使用手機——全球研究工作者的貢獻

問題

在2011年世界衛生組織（WHO）的報告中，對日益增加的分心駕駛問題分析，從具體統計的趨勢可推論，「從現在到2030年，道路交通傷害將從全球第九大死因躍升成爲全球第五大死因」。[2]事實上，開車使用手機是全球15-29歲年輕人的主要死因。[3]該報告說明駕駛分心是導致車禍意外的重要因素，主要還是直指越來越多的公路駕駛在開車時使用手機……在世界各地。它還參考了許多研究工作來理解和描述這個問題，以及減少問題行爲的策略。

透過研究了解現行行爲的問題

技術研究顯示公路駕駛分心的四種主要類型：(a)視覺（例如：未注視道路前方）；(b)認知（例如：與人聊天）；(c)肢體（例如：駕駛未並手握方向盤）和(d)聽覺（例如：簡訊通知的聲音提示）。駕駛使用手機通話甚至發簡訊，幾乎包括了這四種分心類型，這部分解釋了爲什麼與車內乘客聊天的問題並不那麼嚴重，因爲它並未觸發四種分心情況發生。

確定問題行爲發生率的研究

來自世界各地的一些研究嘗試找出駕駛因駕車時使用電話或簡訊聊天造成意外發生的機率，以便確認社會問題的嚴重性。一項來自南非約翰尼斯堡的研究，使用觀察研究（observation research）來估計發生率，研究者在高峰時段繁忙的十字路口一小時的研究中，發現總數2,497名司機駕駛中，其中有7.8%的人曾經在駕車時看手機、持手機說話或發簡訊。[4]其他研究使用定量調查的自答數據（self-reported），其中包括英國的一項調查結果顯示，45%的司機在開車時會使用簡訊軟體與人溝通；一項在澳洲的研究指出，58%年齡17-29歲的司機經常在駕駛時閱讀簡訊，其中37%的人會回覆簡訊；瑞典的研究則顯示，30%的司機表示在駕車時，每天都會使用手機傳送簡訊。[5]警察記錄交通碰撞的意外事故內部報告可用於追蹤問題發生率，例如：美國有一個州，根據內部統計報告估計，在2001年至2005年間，駕車時使用手機的數量成長了一倍之多。[6]

研究找出優先的標的受衆

世界衛生組織的報告公布了幾項研究結果，說明人口統計變項和相關行爲如何影響分心的發生率和程度，足以突顯易因分心導致肇事的族群輪廓。以英國模擬實驗室的一項研究爲例，該研究以性別與年齡爲變項，研究的結果發現，年輕的駕駛員比年長的駕駛員更不容易同時兼顧開車與電話交談；而透過視頻的觀察，年齡較大的司機（50歲以上）往往因視力和認知能力下降，有同時執行駕駛和電話談話兩項任務的困難，因爲他們反應時間會增加，因此增加風險的機率。[7]就性別而言，另一項研究發現，雖然男性駕駛時常在開車時有發送簡訊的行爲，但相較之下，女性在此過程中更容易發生事故。[8]

研究找出受衆的態度

在2010年和2012年，美國國家公路交通安全委員會（U.S. National Highway Transportation Safety Commission）進行了一項調查，該調查旨在評估分心駕駛（distracted driving）對手機和發簡訊的態度和行爲。[9]調查結果已經被使用於促進制定預防分心駕駛的對策和干預措施。該調查針對16歲以上的司機進行了20分鐘的電話訪問，其中包括使用家用電話以及僅依靠手機的受訪者。2012年，超過6,000名受訪者完成了匿名調查，與受衆態度相關的調查結果重點包括以下內容：

- 駕駛型態。根據10個與分心駕駛有關的問題，受訪者被分爲兩種不同的駕駛型態：易於分心的駕駛者（33%）和厭惡分心的駕駛者（67%）。那些被歸類爲容易分心的駕駛相較於厭惡分心的駕駛，具有年紀較輕、較富裕、較高教育水準的特質。
- 對安全的看法。95%的厭惡分心司機表示，如果他們正在乘車，他們的司機發生正在閱讀或發送簡訊的行爲，將會使他們感到非常不安全；相較之下，只有67%的易分心駕駛會有這種看法。
- 對法律的支持態度。雖然大多數（74%）司機支持州法律禁止駕駛時使用手持式手機通話，但絕大多數（94%）支持州法律明文規定禁止在駕車時發送簡訊或電子郵件。
- 感知被發現的風險。44%的受訪者表示，他們相信駕車時習慣使用手機與人談話的司機，他們並不覺得自己可能會被罰款。而37%的受訪者，甚至不覺得開車發送簡訊或電郵會被開罰單。

測試潛在策略的研究

世衛組織的特別章節記錄關於測試潛在策略（potential strategies）的研究成果，然而儘管關於使用手機的研究急速成長，但迄今仍缺乏有關干預效果的有效證據作爲政策的決策依據。也許是這個現實驅使美國交通部長在2012年資助兩個試點計畫（pilot projects），來測試規模擴大的有效性。

政府將提供加州（California）和特拉華州（Delaware）240萬美元的聯邦經費支持，以增加臨檢警察員額、使用付費媒體和新聞媒體高調報導，期待此規模擴大的活動可以顯著減少分心駕駛的發生。新聞稿評論表示：「我們相信，透過實施」不繫安全帶就吃單「（Click It or Ticket）這樣的交通安全宣導活動，將法律與有效的執法和強大的公共教育活動相結合，可以有效改變駕駛的不安全行爲。」[10]該發布還引用了2012年分心駕駛的態度和行爲調查（在前一節中曾經提及），指出該調查結果爲策劃辦理這項交通安全宣導活動計畫的依據。

這項針對多市場的交通安全宣導活動計畫，實際是反映2011年康乃狄克州（Connecticut）和紐約州（New York）一個較小規模的示範項目，該計畫導致Hartford（康州首府）駕駛開車時發簡訊的行爲減少72%，雪城（Syracuse，紐約州城市）減少32%。這項前測計畫顯示，若擴大規模於更多市場，將可獲得更多的影響效益。

摘要

正如這個案例中所提及使用的諸多研究計畫，許多方法都有助於我們制定減少駕駛不安全駕車行爲的社會行銷計畫，包括：技術和觀察研究、內部記錄（例如：駕車意外事故報告）、電話調查、個人訪談、模擬實驗室研究和試點計畫（pilots）。

常用研究術語

本章的第一部分介紹了一些常用的研究術語（research terminology）（見表3.1）。本章根據在規劃過程中進行的研究，提及研究目標的型態、資料和資訊的來源、使用的技術或蒐集原始數據的方法，爲它們進行分組。接下來的幾節將更詳細說明，並用案例示範介紹。

根據研究目標（Research Objective）進行研究分類

探索性研究（exploratory research）的目標，是蒐集有助於確定問題的初步訊息。[11]當你的問題還沒有明確輪廓和清晰的定義時，探索性研究可以幫助研究者確定計畫的目的和重點。例如：一個想要說服餐館回收其食用油的計畫，可以透過文獻調查（reviewing data）了解目前使用過的食用油倒入下水道或放入垃圾桶的粗估數量，以及如此廢棄方式對於城市基礎建設和環境的影響。

描述性研究（descriptive research）的目標，是描述產品的市場潛力或潛在標的受衆的人口統計及態度等因素。[12]例如：開發食用油回收活動，描述性研究希望可以獲知該城市產生廢棄食用油最多的餐館總數、餐廳型態和位置，以及他們目前在棄置廢棄食用油的場所及處理方式。

表3.1 行銷研究入門

市場行銷研究是針對組織所面臨的特定市場問題，進行系統化研究設計、資料蒐集、資料分析及研究結果報告的過程。[a]
根據研究目標分類
探索性研究幫助界定問題，並建議假設。
描述性研究用於描述族群的人口特徵、情況或市場輪廓，但不提供原因或預測。
因果研究測試關於因果關係的假設。
根據研究階段分類
形成性研究用於幫助選擇標的市場，並理解標的市場、制定行銷組合策略草案。
預測研究用於評估行銷組合策略草案的可行性，在定案最後行銷計畫和溝通元素前進行修改。
監測研究透過定期調查，提供方案成果的持續衡量。
評估研究通常指在活動的設定試點或結束時所進行的研究。
根據資料來源的分類
次級資料是早先為了另一個目的，而蒐集的既存資料數據。
原始資料是為了特定目的或特定研究項目，而新蒐集的資料數據。
根據蒐集原始資料的方法分類
關鍵資訊訪談係訪問與標的受眾有關係的同事、決策者、意見領袖、技術專家以及其他關係人，這些人對標的市場、競爭者和策略可能提供寶貴見解。
焦點小組通常包括8-10人與一位受過訓練的主持人聚集了幾個小時，他們使用討論指南來集中討論。
調查使用各種連繫方式，包括：面對面、郵件、電話、線上互聯網、路上攔截訪問和自填式調查，透過事先設計好的問卷，詢問人們有關其知識、態度、偏好和行為的相關問題。
群眾外包可說是網路時代下的產物，透過募集線上社區力量來進行形成性研究、前測研究和評估性研究（群體研究）。它還可應用於募捐（群眾籌資）、招募工人（群眾勞動）和創造行銷策略的創意元素（創意眾包，creative crowdsourcing）。[b]
參與式行動研究是一種協作式的研究方法，由社區成員和計畫人員共同合作參與研究的過程，目標是界定為了促進正向社會變遷找出對社區最有益的行動。
實驗研究工作，例如：隨機對照試驗（Randomized Controlled Trials, RCTs），被用來確認因果關係的一種研究方式。研究者選擇符合研究課題的樣本，設立實驗組及對照組，實施不同的處置程序，並控制相關因素，然後檢查樣本反應差異，並記錄資料視為原始數據。[c]
觀察是透過觀察標的受眾在相關情況下的行動方式，所蒐集到的資料為原始數據。
民族誌研究被認為是一種全面性的研究方法，主要尋求了解標的市場的全貌觀，研究人員需要全面性地沉浸在屬於研究標的的自然環境中。
神祕客是以假扮顧客為姿態，向受託人報告購物過程中遇到對待方式的細節。
行動技術研究（mobile technology research）為針對工作使用手機進行調查。這對發展中國家特別有益，因為發展中國家普遍使用手機，它們較缺乏家庭互聯網基礎設施以及固定電話。

（續前表）

根據蒐集原始資料的方法分類
隱喻啓發技術（Zaltman metaphor elicitation technique, ZMET）是Gerald Zaltman教授開發的一種深度訪談技巧，旨在挖掘受訪者的右腦和潛意識，並探索深層隱喻所揭示的消費者心智想法。[d]
神經行銷（neuromarketing）是一個相對較新的市場研究領域，研究大腦對行銷方案選項的刺激反應，其目的是突顯產品特點，並發展對消費者最有吸引力的促銷活動。
根據技術的嚴密度來分類
定性研究本質上是探索性的，試圖找出並界定問題。由於樣本量通常過小，因此並不適用於推論較大人口族群。
定量研究是指為有效描述市場、預測因果關係，並獲得方案結果而進行的研究。樣本量通常較大，常用調查方式，且調查程序是在受控制的組織化環境中進行。

a. P. Kotler and G. Armstrong, *Principles of Marketing*, 9th ed. (Upper Saddle River, NJ: Prentice Hall, 2001), 140.
b. C. Parvanta, Y. Roth, and H. Keller, "Crowdsourcing 1010: A Few Basics to Make You the Leader of the Pack," *Health Promotion Practice* 14, no. 2 (January 8, 2013): 163-167, doi: 10.1177/1524839912470654.
c. Kotler and Armstrong, *Principles of Marketing*, 146.
d. P. Kotler, *Marketing Insights From A to Z* (New York: Wiley, 2003), 117-118.

因果關係研究（causal research）是爲了測試關於因果關係（cause-and-effect）的假設。[13]現在我們可以想像城市政府部門已經取得「現行數據」（running the numbers），他們初步假設如果在階段一專注於城市內的中國餐館，與資金用於其他可能方案，可能獲得的結果。

根據規劃的階段進行研究分類

形成性研究，如同它的名字一樣，是指用來幫助形成策略的研究，尤其是用於選擇和理解標的受衆，進而起草行銷策略。它可以是定性（qualitative）或定量（quantitative）的研究；也可以是你爲計畫所進行的新研究〔原始資料（primary data）〕，或是來自其他人的研究成果〔次級資料（secondary data）〕。

例如：2002年6月在華盛頓州的道路觀察研究結果顯示，82%的司機繫著安全帶。雖然有些人可能認爲這個市場比例已經相當足夠了，但其他人，如華盛頓交通安全委員會（Washington Traffic Safety Commission）則認爲，爲了挽救更多的生命，有提升這一比例的重要性。形成性研究幫助選擇目標市場並形成策略。美國國家公路交通安全管理局（National Highway Traffic Safety Administration）透過現有數據，幫助確認安全帶使用率最低的人群特徵（例如：青少年和18-24歲的男性等）。在全州範圍內成立的焦點小組，係由一群曾經發生未繫安全帶行爲的公民組成，他們的意見顯示了當前的活動口號「我們愛你，繫緊安全帶」（We love you.

Buckle up），完全沒有發揮激勵效果。但現行的法規、更嚴厲的罰款以及日趨嚴格的執法，是他們認爲有效的（儘管他們不喜歡它）。

預試研究是爲了評估備選策略（alternative strategies）和策略的可行性，確保日後的執行沒有重大缺陷，並透過預試結果微調執行方法，以便以最有效的方式與標的受衆溝通。[14]它通常採用定性研究（qualitative in nature），像是焦點團體、攔截訪問來了解標的受衆對活動衆多元素的可能潛在反應。沒有什麼比直接接觸你的標的受衆，了解他們的想法來得更有力量了，哪怕只是在旁加以觀察。回顧華盛頓州繫緊安全帶的案例，根據形成性研究時與焦點小組的接觸經驗，重新制定了活動口號、公路標誌和電視廣播概念，然後再與焦點小組進行分享。其中一個概念，使用來自北卡羅萊納州（North Carolina）的成功活動概念「不繫安全帶就吃單」（Click It or Ticket），儘管焦點小組的受訪者肯定「不喜歡它」，（例如：他們因不繫安全帶將會被罰款86美元，並且包括加強執法力道），他們強烈的消極反應顯示，儘管非常不喜歡，但這個訊息肯定會引起他們的注意並可能促使行爲改變。調查結果顯示，北卡羅萊納州的電視和廣播節目的元素，對於焦點小組的受試人員留下深刻的印象，他們知道在美國某個州的角落正在加強繫緊安全帶的執法，但他們也知道這只是地方性的廣告，所以心理上並不以爲意。

監測研究提供方案產出和結果的持續衡量，並經常用於確定基線（baselines）和相關目標的後續基準（subsequent benchmarks）。最重要的是，它可以提供訊息，指出你是否需要進行路線修正（中游）、更改任何活動元素，或增加資源以實現這些目標。一旦活動啓動，州政府的「不繫安全帶就吃單」活動的多種技術就即時上線進行監測，包括：審查州警巡邏隊開出罰單的數量、新聞媒體報導數量的分析；最重要的是，第一年將執行定期正式的觀察研究。調查結果顯示，在活動開始後的前三個月，安全帶使用率從82%上升到94%。儘管策略似乎奏效，但活動仍決定將罰款從86美元增加到101美元，並且提供了更多經費加強執法，希望到2030年能夠達到零交通死亡和嚴重傷害的目標（目標零）。2007年，研究和監測的工作將注意力轉向安全帶使用率較低的夜間司機，夜間駕駛者死亡率比白天駕駛者高四倍。每年兩次的執法宣傳活動強調了夜間繫安全帶的重要性，以及隨時都有州警巡邏隊「在觀察」（見圖3.1）。

根據Andreasen的研究，評估研究與監測研究截然不同，「通常指單個計畫項目或某計畫的特定項目的最終評估，可涉及或不涉及與早期基線研究（baseline study）的比較。」[15]這項努力嘗試在短期內對活動結果進行衡量和報告，並在長時間活動執行期內對所解決社會問題的活動影響進行評估（監測和評估技術兩者均涉及活動的產出，將在第15章繼續討論）。在華盛頓州，每年都會進行一次全國性的安全帶觀察調查，觀察90,000多名車輛司機駕駛和乘客並發布調查結果。根據華盛頓交通安全委員會2006年8月發布的一份新聞稿報導，最新的安全帶使用觀測研究調查結果顯示，使用率已提升至96.3%。這是全國乃至全世界安全帶使用率最高的一項研究結果，研究顯示，繫上安全帶的道路標誌、積極的警察執法以及各級政府的教育活動，均有助於提醒民眾繫好安全帶再上路。並且這個數據在2012年變得更好，達到96.9%。就社會問題的影響而言，最重要的是，車輛乘客死亡人數從2002年的501人下降到2013年的292人，嚴重傷害從2002年的2,336人下降到2013年的1,184人（見表3.2）。

圖3.1 強調夜間安全帶使用的新道路標誌

資料來源：Reprinted with permission from the Washington Transportation Safety Commission.

表3.2 華盛頓州歷年重大車禍死亡和重傷統計表

年分	乘客死亡			乘客重傷		
	全天	白天	晚上	全天	白天	晚上
2002	501	266	231	2,336	1,535	798
2007	401	212	188	1,817	1,136	628
2009	338	164	174	1,705	1,604	641
2010	312	179	133	1,614	1,083	531
2011	286	158	125	1,302	780	522
2012	258	149	107	1,275	762	513
2013	292	151	136	1,184	725	459

根據資訊來源進行研究分類

次級研究（secondary research）或次級資料（secondary data）指的是某些地方已經存在的訊息數據，這些數據是在早期爲另一個目的而蒐集的。[16]總有值得參考的價值。機構的內部紀錄和數據庫將是一個很好的起點，透過文件搜索獲得之前活動的訊息，並詢問以前做了什麼以及結果是什麼，這些都是值得花費時間進行的。但是，你可能需要挖掘各種外部訊息來源，從期刊文章到科技數據，再到爲其他類似目的進行的先前研究。一些最好的資源是世界各地類似組織和機構的同行和同事，他們通常樂意分享之前努力的過程經驗及結果。與商業行銷人員爲爭奪市場營業額和利潤的激烈競爭不同，社會行銷人員圍繞著衆所周知的社會問題進行對抗，並將彼此視爲合作夥伴和團隊成員。可向同行對類似問題和成就請教的典型問題包括：

- 你選擇了哪些標的受衆？爲什麼？你是否使用研究數據和研究結果來描述這些受衆？
- 你促進什麼行爲？你有關於你的標的受衆所感受到的好處、成本和障礙的訊息嗎？你有沒有探索他們對競爭替代行爲的看法？
- 你使用怎樣的行銷組合（4Ps）？
- 活動的成效如何？
- 哪些策略你覺得操作成功？或者應該如何調整？
- 你活動中有哪些元素值得我們加以採用？我們若加以應用會有限制或困難嗎？

這些資訊你也可以考慮透過訂閱社會行銷網路論壇來獲得（如the Georgetown Social Marketing Listserve at http://www.socialmarketingpanorama.com/social_marketing_panorama/georgetown-social-marketi.html, the International Social Marketing Association at http://www.i-socialmarketing.org/, and the Fostering Sustainable Behavior Listserv at http://www.cbsm.com/forums/index.lasso?p=6203），線上資料庫服務（如LexisNexis for a wide range of business magazines, journals, research reports），以及網際網路資料庫資源（如the Centers for Disease Control and Prevention's Behavior Risk Factor Survey Surveillance，這部分將在第6章詳述）。

初級研究（primary research）或初級資料（primary data）係由首次爲特定目的蒐集資訊所組成。由於初級研究往往耗費財力與心力，所以理想狀況應該是實在缺乏次級資料的文獻，才使用此一研究途徑。下面將介紹蒐集這些數據的各種方法，本節將使用一個自來水公司打算推動永續水資源的假設案例加以說明。

根據蒐集原始資料的方法進行研究分類

關鍵資訊訪談主要是指決策者、社區領導者、技術專家及其他重要影響人，這些人對標的市場、競爭者和策略可能提供寶貴見解。他們能夠幫助解讀次級資料，解釋標的受衆的獨特特徵（例如：在你所居住國家以外的其他國家），闡明期望受衆行爲的障礙，並爲活動能夠達到民衆採用策變行爲提供寶貴建議。儘管是非正式的訪談，但通常使用標準調查工具（問卷調查表）來歸納和總結調查結果。例如：一家有意推動民衆修理廁所漏水以節約用水的自來水公司，可能會與工程師員工進行面談，以了解更多關於廁所漏水的原因以及客戶需要修理的選項。然後，他們會採訪一些家庭五金商店的零售經理，以便更進一步地了解顧客房屋漏水原因型態，以及關於廁所漏水五金店經理他們的建議。

焦點小組是一種非常受歡迎的方法，可以幫助你深入了解標的受衆的想法、感受，甚至提供未來工作的潛在策略和建議。進行一次小組訪談，一個焦點小組通常需要8-10人「圍坐在桌子旁」幾個小時參與一場指導性討論——因此稱爲焦點小組。就進行的小組數量而言，以下爲Craig Lefebvre所提供：

> 我的經驗法則是盡可能多針對你所要發展的行銷組合細節，進行焦點小組訪談。我會建議針對每個課題（segments）至少進行三次小組訪談，但是一旦你開始聽到同樣的細節就停下來。17

本章第二部分著重介紹焦點小組術語和關鍵組成元素（詳見表3.3）。對於廁所漏水項目，由屋主組成的焦點小組可以幫助界定他們未測試廁所（障礙）的原因、他們希望用什麼交換行爲（利益），以及說服他們（激勵因素）需要做些什麼？居住在活動地區的住戶可能會與市場調查公司連繫，該市場調查公司會篩選潛在參與者，然後邀請具有以下特徵的人員前來參與：屋主、家中負責水電維修的人員、家中有建於1994年以前的廁所、在過去5年裡從未執行漏水點檢驗，並且擔心廁所是否漏水的人。

表3.3 焦點團體入門

焦點團體：一種研究方法，從茫茫人海中招募小部分人，並由訓練有素的主持人帶領進行一小時至半小時的專題訪談。焦點團體訪談的結果通常被認為是定性的（qualitative），因此不適用於推論大規模人口族群。
規劃：焦點小組規劃過程的第一步是確定小組的目的。這項研究打算支持什麼決定？從那裡？透過規劃好的訊息目標，作為討論主題的指導。
參與者：理想的參與者人數在8-12人之間。參與者少於8人時，討論可能不夠活躍，使得意見內容可能會不夠豐富。超過12名參與者，則通常沒有足夠的時間深入聽取每個人的意見。
招募：通常會招募10-14名參與者，以確保至少8-12人會出現。市場研究公司通常透過開發出來的篩選程序，來尋找具有期望特質的人參與焦點團體訪問，像是人口變項、態度或行為特徵。
討論指南：根據討論主題和相關問題大綱，討論60-90分鐘以確保獲得所需要的訊息目標。它通常以歡迎詞、目的陳述和基本規則作為開場白，並以主持人總結參與者的討論重點結束。這討論可能包含許多探索時間（例如：「請說詳細一些」），以獲得預期的深入理解和見解。
主持人：團隊協調人通常（但不一定是）受過專業培訓的人。主持人應具備的特質，包括：強大的傾聽和群體動力技能，對討論主題有一定程度的認識，對研究結果具有好奇心，並具備歸納及報告討論結論的能力。
設施：許多團體使用市場研究公司的焦點小組會議室舉行，其設施包括單面鏡，以便觀察員（例如：委託人）可以觀察參與者的表情和肢體語言，或者向主持人提供還需要了解問題的便條。團體通常會被錄音，有時會被錄影，以便製作報告並與他人分享調查結果。目前有些焦點小組採用電話，或透過視訊會議進行討論。
激勵措施：通常需要為參與者他們所奉獻的時間提供金錢激勵（例如：50美元到60美元），並在到達時提供點心。此外，受訪者分享意見可以對社會問題做出重要貢獻，也是強大的動力。

調查使用各種連繫方式，包括：郵件、電話、網際網路、攔截訪問和自填問卷，透過問卷詢問人們有關其知識、態度、偏好和行爲的問題。研究結果通常是定量的，因爲調查訪問的目的是將具有人口特徵代表性的研究樣本調查結果推論到更大的人群，所以需要具有足夠大的樣本量，使研究人員能夠進行各種統計測試。這些樣本是透過確定被調查的人（抽樣單位），然後應該調查多少人（樣本量）以及最終如何選擇人員（抽樣程序）。[18]以廁所漏水爲例，可以在焦點小組之後進行電話調查，透過小組人員的回應界定障礙及利益的優先順序與數量，調查結果也可用於界定標的受眾（最有意願檢驗廁所的人）的人口和態度概況，並測試潛在的行銷策略。如果自來水公司舉辦關於如何修理廁所漏水（產品）的示範活動，並且提供金錢獎勵措施（monetary incentives）鼓勵民眾改裝成節水型馬桶（價格），以替代過去高用水量馬桶，並提供協助清除廢棄舊馬桶的清理措施（通路），那麼民眾的興趣是否會提高？

群眾外包可說是網路時代下的產物，透過募集線上社區力量來進行形成性研究、前測研究和評估性研究（群體研究）。一個知名的商業群衆外包例子是星巴克，星巴克旗下有一個特別的網站（MyStarbucksIdea.com）致力於分享、投票和討論想法。近年來，該網站融入形成性研究課題，透過群衆意見分享，蒐集人們對星巴克的想法。於是，滿足民衆求鮮的嶄新覆盆子和焦糖冰淇淋新產品誕生；爲增強民衆體驗，舒適的眞皮沙發成爲星巴克的必備家具，此外，爲善盡企業社會責任，星巴克也展開了植樹活動。對於致力提升民衆免疫能力的社會行銷人員來說，爲因應季節性病毒的時效性，可考慮使用既有線上論壇，目前使用群衆外包配合前測試驗（pretesting）的案例是在流行的「媽咪部落格論壇」（mommy's blog）張貼活動宣傳，以增加訊息的能見度與口碑（messenger credibility）。至於評估，社會行銷人員可以考慮吸引客戶參與婦女、嬰兒和兒童診所的補充營養計畫，以便在線上提供有關於在農夫市集使用優惠券時的問題反饋。在2013年一篇關於健康促進（*Health Promotion Practice*）文章在Crowdsourcing 101刊登，作者Parvanta、Roth和Keller描述了市場研究如何使用線上社區（market research online communities, MROCs）獲得寶貴情報，建議組織可以建立MROC網站，並招募特定人群參與共同感興趣話題的討論。

> 與焦點小組一樣，MROC允許主持人與參與者進行對話並深入探討主題。如同消費者小組一樣，主持人可以在特定的時間內重複與同一個人對話。實施MROC項目可同時有50-500名參與者，如果有需要的話，還可在一週內完成。透過供應商實施一個月的線上社區研究，平均成本爲5,000美元。[19]

實驗研究工作（有時稱爲對照實驗）主要透過選擇各種特徵符合研究需要的受訪者樣本，給予他們不同的處理（對他們實施不同的行銷策略），並控制相關因素，然後檢驗樣本反應的差異，來確認因果關係。[20]有些人甚至將之稱爲試點（pilot），通過實驗研究你可以衡量和比較多種潛在策略在不同的市場區隔的實施結果。例如：讓我們假設自來水公司正在考慮是否需要向屋主提供染料片來進行漏水測試，或者只需要提供如何使用染料片檢測漏水的說明書？如果郵寄染料片的家庭發生漏水的機率並不會比只寄出說明書的家庭高，那麼自來水公司可能傾向選擇不寄染料片來節約成本。

觀察研究，不要覺得奇怪，觀察研究眞的是透過觀察受試者、受試者的行爲和情況來蒐集原始數據。在商業領域，盒裝商品行銷人員訪問超市並觀察購物者，觀察他們在商店消費的模式，拿起產品是否檢查標籤？或者如何做出購買決定。[21]在社會行銷中，觀察性研究廣泛應用於了解人們採用期望行爲的難度（例如：適當回收），衡量並回報行爲的情況（例如：安全帶使用情況），或者簡單地了解消費者如何回應環境的要求（例如：當他們通過機場安全檢查時，會將他們的電腦從行李中取出）。對於發展廁所防漏計畫的管理人員來說，在地方五金行觀察消費者都是購買哪些零件維修馬桶漏水，將對於他們發展計畫十分有幫助。

民族誌研究（ethnographic research）被認爲是一種全貌觀（holistic）的研究方法，爲確實了解標的受衆，研究者需要廣泛地沉浸在受衆所屬的自然環境中，它通常包括觀察以及與受試者面對面的訪談。例如：自來水公司可能希望實際觀察家中有廁所漏水問題的民衆，他們如何檢測漏水並做出修理或是更新設備的決定。實地研究的結果，可作爲開發維修手冊的素材，造福有相同困擾的民衆。

神祕客以顧客的姿態，前往現場消費並提供消費過程經驗的優、缺點。這項技術可能包括與機構內的人員接觸，了解他們所觀察到的情況，包括標的受衆在購物過程中所看到、聽到和感受到的內容，以及人員如何回應受衆的問題。例如：自來水公司管理人員可能自己打電話給他們的客戶服務中心，並詢問他們收到試漏材料如何使用的相關問題，以及有關修理或更換馬桶的決策問題。顧客可能還想瀏覽有計畫細節的網站，發表個人看法或問題，並評論他們問題獲得解決的速度。

行動技術研究（mobile technology research）使用手機進行訪問調查。這種方法在發展中國家越來越受歡迎，因爲這些國家缺乏家庭網際網路基礎設施和固定電話線，所以民衆普遍使用手機。調查方法主要利用手機硬體，可使用電話交談，也可透過簡訊溝通。此外，也可使用混合模式，在採訪期間使用電話、簡訊和網絡進行訪問。服務於世界銀行和Gates基金會的工作者在他們的論文中，描述了一項在非洲使用行動技術進行研究例子。[22]對發展中國家而言，他們非常需要一個具有即時性、高頻率和高質量的社會經濟指標。2010年在坦尚尼亞（Tanzania）和南蘇丹（South Sudan）的一個試點計畫（pilot project），旨在透過大規模手機用戶進行數據蒐集。在南蘇丹的試點，有1,000名持有手機的受訪者，每個月都會從客服中心接到訪問電話，詢問有關飢餓的問題：「在過去一個月裡，你或你的家庭成員有多久沒有吃飽飯了？」另一個關於教育的問題是：「在上個星期，你的孩子是否有收到家庭作業？」根據採訪到的回應，製作總結性評論報告，像這樣的行動調查可以非常即時地蒐集來自廣泛手機用戶的高質量數據。

Zaltman的隱喻啓發技術（ZMET）是Gerald Zaltman教授開發的一種深度訪談技巧，旨在挖掘右腦和潛意識，並探索深層隱喻對消費者心靈的意義。[23]研究參與者通常會被要求蒐集一組代表他們感興趣主題的想法和感受的圖片，然後在面試中討論這些圖片。例如：OlsonZaltman Associates爲羅伯特伍德約翰遜基金會（Robert Wood Johnson Foundation, RWJF）展開一項研究，幫助他們創建了一個新的醫療保健問題討論版的架構（framework），並在各個政治領域引發共鳴。結果，RWJF在其溝通中不再使用不平等的語言，並建立了一個受到共和黨和民主黨重視的討論架構。標語「健康始於你的生活，努力工作和享樂吧！」（Health starts where you live, work and play）使得RWJF獲得了兩黨支持，包括：兒童肥胖、醫療保健和健康家庭飲食等領域的計畫。[24]本章將在末尾的研究焦點提供該技術的深入說明。

根據研究技術的精密度來分類

有時研究項目的特點，將決定它究竟適合定性研究（qualitative）或定量研究（quantitative）。這兩種技術之間的差異將在下一節進行描述，並透過全世界愛滋病患最多的國家之一埃塞俄比亞（Ethiopia）所實施的打擊愛滋病／愛滋病毒社會行銷計畫，加以示範說明。

定性研究通常是指樣本相對較小且研究結果不能可靠地推論到較大母群體的研究，推論大群體並不是他們的目的。定性研究的重點在於界定問題並了解標的受衆的知識、態度、信念和行爲。焦點小組、個人訪談、觀察研究和民族誌研究方法爲常見的定性研究方法。[25]

2005年10月，由Cho和Witte在公共健康教育學會（Society for Public Health Education, SOPHE）發表的〈管理公共衛生運動中的恐懼〉（Managing Fear in Public Health Campaigns）文章[26]，它深入描述形成性研究（formative research）在發展埃塞俄比亞青年（15-30歲）預防愛滋病毒／愛滋病行爲的策略方面所發揮的作用。這項研究基於一種稱爲擴展平行過程模型（Extended Parallel Process Model）的恐懼理論[27]。因此，所研究的變項（variables）不是透過隨機選擇的，而是特意選擇的。一旦研究人員發現人們對這些變項的信念，他們就會從理論上得到具體的指導，提供他們多種足以改變行爲的信念。

首先展開焦點小組，以便透過探索愛滋病／愛滋病毒和保險套使用的知識、態度、信念和行爲等因素，深入了解都市青年對愛滋病／愛滋病毒預防問題的看法。在埃塞俄比亞五個地區的兩個人口最多的城鎮開展了四個焦點小組，主要了解受試者對愛滋病／愛滋病毒感染後果的看法。參加小組的人員界定了各種可能發生的後果：痢疾、體重減輕、家庭破裂、孤兒增多、社會恥辱、長期殘疾和死亡。這些團體還透露了對保險套的負面看法，包括：尷尬、減少性快感、性交過程中斷、親密夥伴之間的忠誠度降低，以及一些人認爲保險套實際上是愛滋病／愛滋病毒的傳播管道。有趣的是，參與者認為感染愛滋病／愛滋病毒風險最高的職業是性工作者、司機、士兵、學校內外的青年、政府雇員和性行為頻繁的青年。最重要的是，「參與者表示，在大多數他們有需求的地方，保險套推廣活動往往是缺席、不存在的」，有些人則完全無視愛滋病的預防訊息。[28]

定量研究是指研究的結果，可以有效推論市場並預測或解釋因果關係。這種可靠性來自足夠大的樣本量，透過嚴格的抽樣程序以及在受控和有組織的環境中進行調查獲致的結果。

對於埃塞俄比亞的愛滋病／愛滋病毒預防研究，在定性焦點小組階段獲得結論後，展開定量研究計畫。該研究計畫包括每個地區160戶家庭樣本，總共800戶家庭接受訪問，其中共有792名15-30歲的受訪者。針對可能改變行為的四種信念陳述表達五點量表（強烈同意、同意、中立、不贊同和強烈反對）的個人感受：

- 知覺敏感度（susceptibility）：「我有感染愛滋病／愛滋病毒的風險。」
- 知覺嚴重性（severity）：「感染愛滋病／愛滋病毒將是人生中最糟糕的事情，並且可能發生在我身上。」
- 知覺反應效果（response efficacy）：「保險套在預防愛滋病／愛滋病毒感染方面能夠發揮作用。」
- 知覺自我效能（self-efficacy）：「我可以使用保險套預防愛滋病／愛滋病毒感染。」

接下來，我們根據理論架構進行數據分析。基於早先的研究，研究人員知道他們需要四個變項都呈現高水準的表現來促進行為改變，如果只有一個變項處於低水準，那麼他們便知道必須在日後的活動中加強該變項。作者採用五個步驟分析數據：

1. 檢驗四個變項的分布頻率（四個變項的同意程度）。

2. 比較每個變項的平均得分（同意程度的平均值），藉此評估四個信念是否都處於高水準（均值4或5以上）。

3. 將這四個變項分為弱、中、強三類。知覺嚴重性獲得高得分，所以在活動中無需特別關注解決。然而，知覺敏感度較弱，知覺反應效果和知覺自我效能適中，因此需要在後續活動中加強。

4. 通過檢驗這些信念的心理、社會、文化和結構基礎，以確定是什麼原因導致低知覺敏感度、中等程度的知覺自我效能和知覺反應效果。例如：研究人員發現，只需願意與親密伴侶討論保險套的使用，便是提高自我效能感的關鍵。

5. 然後，這項研究發展了一個關鍵信念的圖表，是關於信念的導入、改變和加強。這張圖表引導了作者和節目製作人開發了一個26週的電臺肥皂劇[29]（詳見表3.4）。

表3.4 預防愛滋病／愛滋病毒的信念導入、改變和加強

理論變項	導入的信念	改變的信念	加強的信念
敏感度	與伴侶討論愛滋病／愛滋病毒及預防措施	愛滋病／愛滋病毒的預防服務容易取得	與伴侶討論愛滋病／愛滋病毒及預防措施
嚴重性	伴侶相信愛滋病／愛滋病毒是嚴重的問題		伴侶相信愛滋病／愛滋病毒是嚴重的問題
反應效果	使用保險套是安全、有效的預防方式	愛滋病／愛滋病毒的預防服務很好	使用保險套是安全、有效的預防方式
自我效能	1. 與伴侶討論愛滋病／愛滋病毒及預防措施 2. 開始在社區展開愛滋病／愛滋病毒及預防措施的無爭議、正面對話 3. 最好的朋友支持愛滋病／愛滋病毒預防行動	1. 開始在社區展開愛滋病／愛滋病毒及預防措施的無爭議、正面對話 2. 開始使用保險套作為預防方式 3. 愛滋病／愛滋病毒的預防服務很好	使用保險套是安全、有效的預防方式

資料來源：H. Cho and K. Witte, "Managing Fear in Public Health Campaigns: A Theory-Based Formative Evaluation Process," *Health Promotion Practice* 6, no. 4 (2005): 483-490.

發展研究計畫的步驟

Andreasen建議我們開始研究之旅時，應該「以終爲始」（with the end in mind）。他稱之爲「向後看研究」（backward research），並指出：「這裡的祕訣是先做決策，然後想辦法透過研究達成這些決策目標。」[30]

企劃一個研究計畫（research project）時，應採取的九個傳統步驟將在下面的章節中描述，並從研究宗旨聲明（critical purpose statement）開始。我們將用Simons-Morton、Haynie、Crump、Eitel和Saylor在《健康教育和行爲》（*Health Education and Behavior*）發表的案例，來輔助說明這個過程。[31]這是作者群爲美國衛生研究院（National Institutes of Health）所進行的一項綜合研究，旨在評估「同儕和父母對青少年吸菸和飲酒行爲的影響」。

1. 宗旨（Purpose）：這項研究有助於解答哪些決定？你有什麼問題需要這項

研究來幫助解答？

既有的青少年吸菸及飲酒研究報告顯示，過去30天內只有不到10%的六年級學生曾經吸菸或飲酒，而19.1%的八年級學生和33.5%的十二年級學生曾經吸菸，24.6%的八年級學生和51.3%的十二年級學生曾經飲酒。[32]新研究工作的宗旨是確認哪些干預措施，能夠最有效地減少青少年吸菸和飲酒的比例？以及適合透過哪些人來實施干預？這個問題的答案，也就是這個題目的數據：「同儕和父母對青少年吸菸和飲酒行爲的影響有多大？」

2. 受眾（Audience）：研究對象是誰？研究的結果對誰有用處？

研究結果將提供負責青少年的衛教專業人員使用。

3. **訊息目標（Informational objectives）**：你需要哪些具體訊息，來做出決定或回答這些問題？

主要探討與依變項（例如：中學生吸菸和飲酒的發生率）和自變項（例如：同儕和父母）有關的因素。與依變項有關的因素，包括：人口統計（性別、種族、學校、母親教育程度、家庭結構）以及住在家中的成年人是否吸過香菸。與青少年同儕有關的課題，包括來自同儕的直接影響（例如：同伴壓力）與間接影響（例如：受訪者的五個親密的朋友中，有幾個吸菸及喝酒？）。與青少年父母有關的因素，主要與父母對青少年飲酒和吸菸行爲的知覺有關，包括父母的態度、期望、支持、參與和衝突。

4. **受訪者**：你需要哪些人的訊息？誰的意見很重要？

將招募位於華盛頓特區郊區馬里蘭學區，七所中學的六至八年級學生參加這項研究。該地區主要是白人及少部分非裔美國人。研究需要獲得學區、學生和家長的同意，以及國家兒童健康和人類發展研究所（National Institute of Child Health and Human Development）審查委員會審查，並核准同意進行研究。

5. **技術**：蒐集這些訊息效率最高和最有效的方法是什麼？

本研究將使用匿名的自塡問卷調查。

6. **樣本規模、來源和選擇**：根據你所期望統計信度（statistical confidence levels），你應該調查多少受訪者？你可以在哪裡取得潛在受訪者的姓名資訊？你如何從這些人群中選擇（抽取）你的樣本，以確保你的數據能夠代表你的標的受衆？

排除417名具有閱讀困難的特殊教育學生後，共有4,668名學生被選中參與研究。（然而，302名學生的父母拒絕允許他們的孩子參加研究，並有103名學生缺席研究。所以總共有4,268名占總數91.3%的學生完成了調查，其人口統計分布如下：

男生49.1%、女生50.9%；白人67.1%、非洲裔美國人23.5%、其他種族7.2%。）

7. **預試和調查**：誰會參與預試？使用哪些調查工具（例如：問卷、焦點小組）？誰將主導初試？會在何時進行？

在研究開始前的一年，對該校的自願學生進行了多次問卷調查，以廣泛測試問卷的有效性。這些評估包括小組會議，學生被問到問卷中某些單字、片語的陳述，以確認學生們能正確理解問卷內容。對於最後的調查，學生需要在課堂完成問卷調查，兩名訓練有素的監考人員將監督每班20-30名學生的數據蒐集情況。課堂教師要留在教室裡負責學生紀律，但不影響學生完成問卷。

8. **分析**：如何分析數據以及由誰來分析數據，以滿足規劃人員的需求？各種統計程序將被考慮和應用，表3.5爲常用的統計學術語入門。

過去30天內飲酒和吸菸行爲爲本研究的依變項，先進的統計技術將被用來確認每個自變項對這些行爲的影響。

9. **報告**：報告中應包含哪些訊息？以及應使用何種格式撰寫報告？

最終報告和結果討論須包括顯示每個因變數結果的表格（例如：朋友的問題行爲），每個自變項可交叉引用（例如：過去30天有吸菸行爲），說明這些變項影響青少年行爲的「可能性」。討論將包括描述青少年飲酒和吸菸行爲的普及率情況，研究結果是否支持直接和間接的同伴壓力與吸菸和飲酒之間的正相關性。

研究「不會讓你的荷包大失血」

Alan Andreasen的《不會讓你荷包大失血的行銷研究》（*Marketing Research That Won't Break the Bank*）一書提出了250多頁有關減少研究成本的建議，其中一些建議將在下一節中介紹。

- 使用現成可用的數據，因爲它們不需花費用進行蒐集，而且往往「簡單地躺在擁擠的檔案室，等待人們發掘賦予管理行銷新見解」。[33]一個需要看的地方是你的組織之前所執行過的計畫活動存檔，裡面可能有尚未被澈底分析的資料，或是有些你感興趣的新研究問題；可能還有有關內部紀錄或文件，例如：活動出席率、符合研究需求的民眾資料、或者電話客服人員電訪時所蒐集到的軼事評論。此外，在市場上也有專門銷售市場調查數據的機構（例如：*Advertising Age*雜誌），有些甚至不用付費，都可以在網路上輕易地找到（例如：疾病控制和預防中心的行爲風險因素監控系統）。

Table 3.5 統計術語入門

統計學是一門幫助理解數據的學科。統計程序是用來組織和分析數據，使數據具有意義的工具。以下非常簡要地描述本領域使用的幾個術語。[a]
描述數據分布情況（Distribution of Data）的專有名詞
衆數（Mode）：指一組數據資料中，發生頻率最高的反應或得分。
中位數（Median）：一組數據資料的中位數是指將資料從小到大排序後，最中間的數。
均數（Mean）：一組數據資料的平均值，通常被認為最能描述數據分布情況的數字。
範圍：最高分的數值減去最低分的數值所得出。
描述測量變量（Measures of Variability）的專有名詞
誤差界限（Margin of Error）：一組測量說明你的樣本結果與母群體相比，可能產生的誤差範圍（例如：±3.5%）。
信賴區間（Confidence Interval）：統計值加或減去誤差範圍（例如：40%加上或減去3.5%）。
信賴水準（Confidence Level）：與信賴區間有關的機率。以百分比表示，通常為95%，表示母群體落在信賴區間的機率。
標準差（Standard Deviation）：衡量一組數據的離差擴散的程度。它為你提供了所蒐集到的測量值數據是否接近平均值，或數據是否分布廣泛的指標。標準差越小，波動越小，代表得分越「相似」。
描述分析技術的專有名詞
交叉表（Cross-tabs）：用於了解和比較受訪者，提供行和列的雙向數據，每次允許使用兩個變項進行交叉分析（例如：每週運動五次的男性人數百分比與每週運動五次的女性百分比）。
因素分析（Factor Analysis）：用於幫助確定哪些變項（variables）對結果（得分）貢獻最大。例如：這種分析可以用來幫助確定每次選舉中投票（或不投票）族群的特徵。
集群分析：用於幫助識別和描述異質母群體（heterogeneous population）內同質群體的技術，藉此找出態度和行為接近的區隔市場。
聯合分析（Conjoint Analysis）：用於探索各種選項的組合（備案特性、價格、物流管道等）如何影響受訪者的偏好和行為意圖。
判別分析（Discriminant Analysis）：用於幫助找出可區分成兩組或更多組變項的方法。
描述樣本的專有名詞
母群體（Population）：一組用於研究的所有單元（或人），通常從其中抽出樣本。
樣本（Sample）：一組從母群體抽出用於研究的子集合（subset）。
概率抽樣方法（Probability Sample）：基於某種形式的隨機選擇。每個人都有相同的機率被納入樣本。這種人人有機會的抽樣方式，有助於決定解釋數據時的信賴區間。
非概率抽樣方法（Nonprobability Sample）：未隨機選擇的樣本。因此，結果不能代表真實的母群體，在解釋數據時無法確定其信賴區間。

a. *Webster's New World Dictionary* (Cleveland, OH: William Collins, 1980); R. J. Senter, *Analysis of Data: Introductory Statistics for the Behavioral Sciences* (Glenview, IL: Scott, Foresman, 1969); A. R. Andreasen, *Marketing Research That Won't Break the Bank* (San Francisco: Jossey-Bass, 2002); D. Rumsey, *Statistics for Dummies* (Indianapolis: Wiley, 2003); P. Kotler and G. Armstrong, *Principles of Marketing*, 9th ed. (Upper Saddle River, NJ: Prentice Hall, 2001); Ellen Cunningham of Cunningham Environmental Consulting.

- 進行系統的觀察（systematic observations），因為它們代表「廉價但是品質良好的研究」。[34]不需因為它們是「免費的」，就排除使用他們來解釋數據，只要透過系統和客觀的過程加以蒐集，它們會是很好的材料。例如：一個州立溺水聯盟組織可透過觀察公園裡海灘上幼兒是否穿著救生衣的數量，來衡量他們所執行的防溺計畫是否成功。計畫人員為評估計畫實施成效，於活動前和活動後均安排志願者使用標準化的表格，在每週指定的時間和日期進行系統觀察，以獲得有效可信的數據資料。
- 嘗試低成本的實驗，這是私營部門經常使用的一種技術，被稱為「試銷」（test marketing）。在社會行銷部門，它可能更接近「試點」（pilot）。無論哪種情況，目標都是在正式推出產品之前來個牛刀小試，如此有許多優點，包括控制干預，以便所策劃的策略可以按照計畫實施。如果你的實驗經過精心設計，你可以控制許多無關的變數，並且可以使用結果來確認因果關係，而且這種方法「通常比其他方法更快、更有效」。[35]
- 使用配額抽樣（quota sampling）而不是更昂貴的概率抽樣方法（probability sampling），透過對母群體基本輪廓的研究，就可以使用配額抽樣，以使樣本特性符合母群體特徵。例如：一位研究人員希望精神科醫師就各種康復模式提出可推論的意見樣本（a projectable sample of opinions），可能會控制訪談人員以符合醫療保健機構類型（例如：診所設施VS.醫院設施VS.學校設施）。一些人認為，這些結果仍然可以投射到更大的相似人群，「如果配額足夠複雜，採訪員被告知不能便宜行事只採訪簡單或方便的案件」。[36]

要考慮的其他選項，包括：參與共享成本的研究（shared cost studies），有時稱為綜合調查（omnibus surveys）。透過這樣的研究，你可以支付少許費用給調查公司，請他們針對你有興趣的標的受眾進行一些額外問題的調查。

例如：縣立自然資源部門希望獲得願意在當地藥房回收，尚未使用過處方藥的家庭百分比數據（市場需求）。然後，他們可以利用市場研究公司每月例行的家戶調查計畫，要求他們將這個問題添加到原本的調查問卷內。另一種選擇是要求大學教授和學生自願提供幫助，他們可能會因為你的研究計畫與他們現有的計畫和出版目標相近而感興趣。

章節摘要

透過理解研究進行分類的標準，會讓我們更容易記憶（甚至理解）相似的術語。

- 透過研究目標分類：實驗性、描述性、因果性研究。
- 透過規劃過程分類：形成性、預試、監測、評估研究。
- 透過資訊來源：次級資料、初級資料研究。
- 透過蒐集原始數據的方法：關鍵訊息、焦點小組、調查、實驗研究、觀察研究、民族誌研究、神祕客。
- 透過技術的嚴密度分類：定性研究、定量研究。

在制定研究計畫時，你需要採取九個步驟，要訣是「以終爲始」（with the end in mind）：

1. 確立研究的宗旨。
2. 設定研究結果的受眾。
3. 確認訊息目標。
4. 設定研究的對象。
5. 鑑於上述情況，找出最適用的研究技術。
6. 建立樣本量和來源，以及獲得樣本的方法。
7. 起草調查工具，預試後執行田野調查。
8. 設立一個研究資料分析的方法。
9. 概述報告的內容和格式，有助於確保所使用的研究方法可以獲得所需的管理資訊。

研究焦點　ClearWay Minnesota的QUITPLAN®服務加強策略（2013）

本章之前曾經提及Gerald Zaltman教授開發的ZMET訪談技術，被認爲是一種獨特的訪談方法，可以透過深度隱喻探索消費者心智的方式。本節研究焦點將描述如何應用這種方法增加戒菸服務使用率的策略，同時也能說明後續形成性研究的應用。

背景

ClearWay Minnesota是一個獨立的非營利組織，致力透過研究、行動和合作來減少吸菸以及二手菸害，進而提高明尼蘇達州居民（Minnesotans）的健康。該組織於1998年從設立在明尼蘇達州的私人菸草公司獲得3%和解資金資助，該基金將用於幫助明尼蘇達州居民戒菸，並資助有關該州的研究、公共政策和社區發展項目。

QUITPLAN Services於2001年由ClearWay Minnesota宣布啓動，目前已經幫助超過100,000名明尼蘇達居民戒菸。QUITPLAN Services主要提供明尼蘇達州免費的電話戒菸諮詢服務，並可爲個人提供尼古丁貼劑（nicotine patches）、口香糖或錠劑。重要的是，該計畫爲不願意使用電話諮詢的吸菸者提供其他選項，包括個性化的線上互動戒菸計畫，有可商量討論的顧問，也有線上社區論壇，可以從網路汲取戒菸過程的起伏經驗，並追蹤個人戒菸進度，即時寄出電子郵件說明進度並記錄戒菸里程。

雖然這些戒菸服務如此有效，但過去幾年服務量卻一直在下降，估計約有70%居住在明尼蘇達的吸菸者表示想戒菸，但爲什麼這些服務並沒有被更多的吸菸者使用，原因並不清楚。ClearWay Minnesota希望有見解的消費者可以幫助回答這個問題，他們的意見將成爲該組織調整計畫的依據，希望能夠提供一個比吸菸者寧願「自己戒」或繼續抽菸更具有吸引力的服務。

方法學

CultrDig Minneapolis是一家專門從事文化解讀和行爲智能的研究調查公司，他們提出了一個線上公告版論壇的方法。這種方法提供了幾個優點，包括：速度、方便、豐富和坦誠的功能，能夠吸引吸菸者上線討論並理解他們內心的想法。

研究人員利用Dub' IdeaStream™的研究平臺爲來自明尼蘇達州的吸菸者設計了一個爲期一週的在線公告版研究，並透過電話招募癮君子及前吸菸者（former smokers）參與線上研究。他們確定吸菸者和前吸菸者願意參與線上活動，並確保參與者符合州代表性。在線討論招募了31名參與者，受訪者被要求分享他們的生活方式（lifestyles）、環境（surroundings）、觸發因素（triggers）、動機（motivators）和障礙（obstacles），從而提供一個身歷其境的視角（immersive look），觀察吸菸在他們的生活和心理中所扮演的角色。[37]

透過這種方法，研究人員希望了解究竟是什麼因素讓吸菸者考慮戒菸。每天都有新的問題發布在線上公告版上，提供參與者回覆參與評論以及張貼圖片的機會。專欄3.1中說明了三個樣本問題和答案，答案全部來自同一個參與者。

專欄3.1　線上社群討論版的問題

與觸發因素有關的問題

「今天是星期天，你可以用你的相機或手機拍一些照片並分享它們！請拍攝並上傳5～10張促使你想要吸菸的東西，像是：景點、聲音、氣味或某些活動。你也可以上傳網路上的圖，只需要解釋這張圖片是如何勾起你的吸菸慾望。」

一個參與者的回應

「壓力總是讓我想吸菸！具體來說，現在是來自研究所的壓力。任何時候只要我在汽車上，我就想要吸菸。我特別想在社交場合如音樂會或提供酒精飲料的派對活動中吸菸。另外，我在度假時也很享受吸菸。最後，用餐後我就是渴望來根菸啊！」

（見圖3.2）

圖3.2　觸發民眾產生抽菸動機的圖片

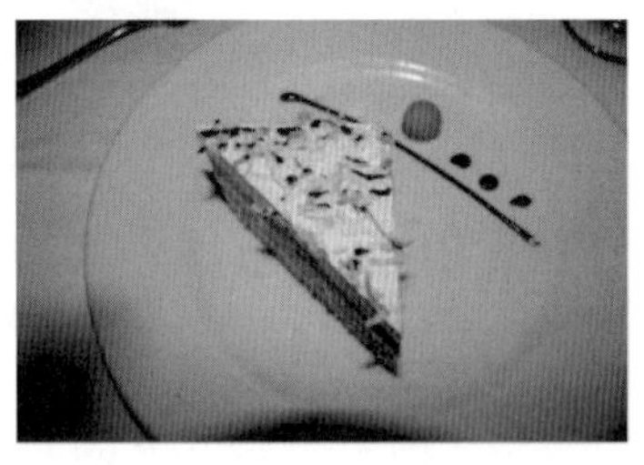

資料來源：ClearWay Minnesota.

與動機有關的問題

動機：「請拍照並上傳5～10張會刺激你想戒菸的圖片，並在文本中解釋爲什麼這些圖片會讓你考慮戒菸。」

一個參與者的回應

「我不希望我的孩子認爲抽菸是可以的……因爲它不是！這是一種不健康的上癮習慣。我喜歡活躍，我喜歡健康。我不希望有任何健康問題，影響我不能看著孩子長大或影響我丈夫的生活。吸菸是需要財力支持的嗜好。」（見圖3.3）

圖3.3 觸發民眾產生戒菸動機的圖片

資料來源：ClearWay Minnesota.

與退出訊號有關的問題

退出訊號：「你會告訴我哪些線索會成爲你想要退出的訊號？請拍攝圖片或使用畫面截圖，盡可能詳細地分享這些圖片。有沒有物品可以作爲替代品，像是：口香糖、糖果或尼古丁貼劑？這些圖片可能存在於你手機的應用程式？或是你曾經張貼在Twitter或Facebook上分享的貼文？」

一個參與者的回應

「選擇一個適合戒菸的日子，懷孕、獲得每月臉部按摩的獎勵都能讓我戒菸。我會用在跑步機上跑步或是吃一大堆焦糖風味（Caramello）的零食來替代抽菸。」（見圖3.4）

圖3.4　吸菸者想要退出的訊號圖片

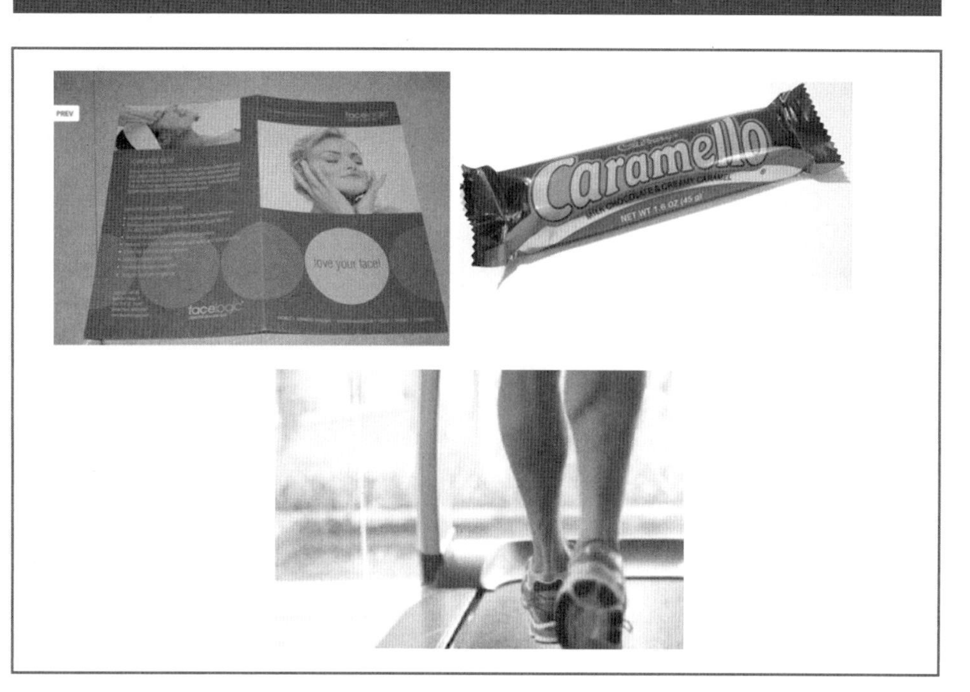

資料來源：ClearWay Minnesota.

來自線上公告版的調查結果隨後被用來作爲焦點小組討論指南的訊息，進一步探索其中所隱含的關鍵訊息和潛在解決方案。例如：與焦點小組的受訪者進行了深入的討論，討論了什麼能夠讓人們「度過難關」（over the hump），從考慮退出到實際做出退出嘗試。與會者分享，讓他們不費吹灰之力獲得他們想要的幫助是非常重要的，他們詳細說明不想要填寫大量表格，並提供大量有關他們自己的資訊後，才能在線上社群看人發文。

啓示

這項研究的結果被用來重新設計ClearWay Minnesota的QUITPLAN戒菸服務計畫。從2014年3月開始，QUITPLAN戒菸服務計畫推出了一系列嶄新的服務，重點放在正在戒菸過程中的吸菸者，並盡可能讓居住在明尼蘇達的吸菸者能夠接觸到戒菸服務，服務的主要變化包括：

- 減少個人接收戒菸服務的障礙。例如：用戶不再需要冗長的註冊及登錄程序，就能使用QUITPLAN 提供的線上戒菸服務。
- 提供更多樣化的戒菸工具來幫助吸菸者做出戒菸嘗試。包括：個人化簡訊和電子郵件發送、可在Facebook頁面或QUITPLAN網站獲得戒菸教練的支持，或發送用戶戒菸指南。

- 鼓勵更多的吸菸者做出戒菸的嘗試。包括：免費爲吸菸者提供爲期兩週的尼古丁替代入門療法（尼古丁貼劑、口香糖或錠劑）。
- 提供吸菸者更多的戒菸激勵。這些服務幫助吸菸者克服戒菸的矛盾心態，向他們展示吸菸成本如何超過吸菸的好處。

資料來源：Information for this highlight was provided by Marietta Dreher, director of marketing and communications for ClearWay Minnesota; Molly Hull, brand development supervisor at Clarity Coverdale Fury; and Valeria Esqueda at CultrDig Minneapolis.

問題討論與練習

1. 根據你的經驗，在社會行銷工作中進行研究的最大障礙是什麼？
2. 最常進行哪種類型的研究？形成性、前測或監測／評估研究？哪個最不經常進行？爲什麼？
3. 爲什麼作者強烈建議進行研究項目應該先提出一個問題：「這項研究的主要宗旨是什麼？」
4. 群眾外包是一種相對較新的研究技術，你是否熟悉這項技術的應用？
5. 在研究焦點中，你認爲計畫策劃者從這種ZMET技術中學到了什麼？他們可能沒有發現或許可以使用更傳統的技術，像是面對面訪談或焦點小組嗎？

注釋

1. A. R. Andreasen, *Marketing Research That Won't Break the Bank* (San Francisco: Jossey-Bass, 2002), 6–11.
2. World Health Organization, *Mobile Phone Use: A Growing Problem of Driver Distraction* (2011), 5, accessed August 7, 2013, http://www.who.int/violence_injury_prevention/publications/road_traffic/distracted_driving/en/index.html.
3. Ibid., 5.
4. Ibid., 16.
5. Ibid., 16–17.
6. Ibid., 15.
7. Royal Society for the Prevention of Accidents, *The Risk of Using a Mobile Phone While Driving* (2002), accessed August 8, 2013, http://www.rospa.com/roadsafety/info/mobile_phone_report.pdf.
8. U.S. Department of Transportation, "NHTSA Survey Finds 660,000 Drivers Using Cell Phones or Manipulating Electronic Devices While Driving at any Given Daylight Moment" (2013), accessed August 8, 2013, http://www.dot.gov/briefing-room/nhtsa-survey-finds-660000-drivers-using-cell-phones-or-manipulating-electronic-devices.
9. Ibid.

10. U.S. Department of Transportation, "U.S. Transportation Secretary Lahood Issues Blueprint for Ending Distracted Driving" (June 7, 2012), accessed August 8, 2013, http://www. distraction.gov/content/press-release/2012/06-7.html.
11. P. Kotler and G. Armstrong, *Principles of Marketing*, 9th ed. (Upper Saddle River, NJ: Prentice Hall, 2001), 140.
12. Ibid.
13. Ibid.
14. A. R. Andreasen, *Marketing Social Change: Changing Behavior to Promote Health, Social Development, and the Environment* (San Francisco: Jossey-Bass, 1995), 120.
15. Andreasen, *Marketing Social Change*, 127.
16. Kotler and Armstrong, *Principles of Marketing*, 141.
17. C. Lefebvre, message posted to the Georgetown Social Marketing Listserve, January 21, 2007.
18. Kotler and Armstrong, *Principles of Marketing*, 152.
19. C. Parvanta, Y. Roth, and H. Keller, "Crowdsourcing 101: A Few Basics to Make You the Leader of the Pack," *Health Promotion Practice* 14, no. 2 (January 8, 2013): 163–167, doi: 10. 1177/1524839912470654.
20. Ibid., 146.
21. Ibid., 144.
22. K. Croke, A. Dabalen, G. Demombybes, M. Giugale, and J. Hoogeveen, "Collecting High Frequency Panel Data Using Mobile Phones" (2012), accessed October 6, 2014, https://editorialexpress. com/cgi-bin/conference/download.cgi?db_name=CSAE2012&paper_id=299.
23. P. Kotler, *Marketing Insights From A to Z* (New York: Wiley, 2003), 117–118.
24. OlsonZaltman Associates, "Success Stories" (n.d.), accessed August 9, 2013, http://www.olsonzaltman.com/process.htm.
25. P. Kotler and N. Lee, *Marketing in the Public Sector: A Roadmap for Improved Performance* (Upper Saddle River, NJ: Wharton School, 2007), 259.
26. H. Cho and K. Witte, "Managing Fear in Public Health Campaigns: A Theory-Based Formative Evaluation Process," *Health Promotion Practice* 6, no. 4 (2005): 483–490.
27. K. Witte, "Putting the Fear Back Into Fear Appeals: The Extended Parallel Process Model," *Communication Monographs* 59 (1992): 329–349.
28. Cho and Witte, "Managing Fear," 484.
29. Ibid., 484–489.
30. Andreasen, *Marketing Social Change*, 101.
31. B. Simons-Morton, D. Haynie, A. Crump, P. Eitel, and K. Saylor, "Peer and Parent Influences on Smoking and Drinking Among Early Adolescents," *Health Education and Behavior* 23, no. 1 (2001): 95–107.
32. L. D. Johnston, P. M. O'Malley, and J. G. Bachman, J. G., *National Survey Results on Drug Use From the Monitoring the Future Study, 1975–1994: Vol. 1. Secondary School Students*, NIH Pub. No. 95–4206 (Rockville, MD: United States Department of Health and Human Services, National Institute on Drug Abuse, 1995).
33. Andreasen, *Marketing Research That Won't Break the Bank*, 75.
34. Ibid., 108.
35. Ibid., 120.
36. Ibid., 167.

37. Dub, "Evolution of an Insight: A Tale of Mixed Methodologies" (June 24, 2013), accessed September 6, 2013, http://www.greenbook.org/marketing-research.cfm/mixed-methodologiescultrdig-39086.

第四章
選擇社會課題、宗旨和焦點，並展開情勢分析

盡你所能在計畫起始時，把所有與相關學科有關的人拉到檯面上來細思考量……並找出他們認爲怎樣才算是初步的成功？

——Dr. Katherine Lyon Daniel[1]

Associate Director for Communication, CDC

如同第2章所介紹的策略性社會行銷計畫十步驟，本章將詳細說明步驟一及步驟二。無論你是正在學習規劃社會行銷或是正在從事社會行銷工作的人員，這套系統化規劃方法可以幫助你訂定出「好樣的」（do good）最終產品。（參考附錄，提供系統化社會行銷規劃工作表。）你也可以從網站下載電子版的文件（www.socialmarketingservice.com.）。對那些「僅僅爲了樂趣」而閱讀本書的讀者而言，這個系統規劃過程透過各種案例進行解說，故生動鮮明、易於閱讀。

本章大綱：

- 步驟1：描述社會課題、背景、宗旨和計畫的焦點
- 步驟2：進行情勢分析（SWOT）

因爲二個步驟程序都比較簡短，所以他們將合併在本章中討論。正如前面章節所提到的，這種「以終爲始」（with the end in mind）的模式，可以讓審閱計畫的決策者快速了解計畫將解決的問題，以及實現這個計畫的可能性。有了這樣的前提，接下來你就只需要好好生動描繪你將要運作的市場，並誠實面對你面臨的挑戰及需要解決的問題，且爲獲得成功做好準備。

在我們每章開始的行銷焦點，一個令人感動的拯救生命計畫，即將展開。

行銷焦點　增加兒童即時接種疫苗率：Every Child By Two——計畫淵源及現況分析（2013）

背景

每個小孩需要兩滴（Every Child By Two）：Carter/Bumpers的兒童疫苗計畫（ECBT）是由前第一夫人Rosalynn Carter和阿肯色州的前第一夫人Betty Bumpers於1991年創建的兒童疫苗接種教育組織，Rosalynn Carter和Betty Bumpers有鑑於1991年的麻疹流行病造成120人死亡，其中多數是兒童，遂倡導成立該組織。該組織的使命是「透過提高家長對嬰幼兒即時接受疫苗接種的需求認識，建立兒童疫苗接種系統及提升疫苗接種服務便利性，來保護所有兒童可即時接受疫苗接種達到預防疾病的目的。[2]本節將介紹他們所完成的工作……以及他們目前的工作、標的受眾和期望的行爲。

標的受衆和期望行爲

ECBT的消息和教育資訊網站（www.ecbt.org and www.vaccinatey-ourbaby.org）內容，明確說明他們的三個主要標的受衆——父母（下游）、醫療保健提供者（中游）和倡導者（上游）——並針對三個受衆群分別提供消息、宣傳活動、資源和「鼓勵的話語」。

家長：Vaccinate Your Baby網站，主要針對父母親，鼓勵他們在帶小孩就診時，與照護孩子的醫護人員討論孩子的疫苗接種時間表或任何與疫苗接種有關的問題，並建議父母能夠遵循美國疾病控制和預防中心（CDC）推薦的免疫時程表。該網站也關注於人們對疫苗的疑惑與憂慮課題，並提供以證據爲基礎的訊息和個人呼籲，以鼓勵父母能即時爲嬰幼兒接種疫苗。鼓勵有嬰幼兒的家庭每年應接種流感疫苗和百日咳疫苗（Tdap），以幫助全國百日咳疫情能夠受到控制，並預防未來的疫情暴發。

醫療保健提供者：被認爲是計畫成功的關鍵因素，並鼓勵他們利用與兒童的每次接觸（不論是健康檢查或是病患訪問），檢視兒童接受疫苗接種的狀況，且根據情況協助疫苗補打。他們也被鼓勵與孩子的父母交談，傾聽他們的意見，然後提供經過證實的證據訊息來解決他們的擔憂，這些證據證明接種疫苗能夠有效預防疾病，這些對話措施可以緩解父母對疫苗安全性的擔憂。此外，他們鼓勵醫療保健提供者加入當地的免疫訊息系統（例如：只有醫護人員可以查看的疫苗施打紀錄資料庫），以便能夠正確了解就診幼童的疫苗施打情況，避免錯失補打疫苗的機會。

倡導者（Advocates）：被認爲是影響疫苗政策制定的關鍵人物，特別是年度疫苗接種經費預算的爭取及疫苗接種的立法。該網站鼓勵倡導者與媒體長期合作，發表以科學實證爲基礎的疫苗報告，並在地方社區辦理疫苗施打宣導活動。

了解受衆

家長們心中可能有些關於接種疫苗的心理障礙，導致無法即時爲孩子接種疫苗，有些人擔心疫苗的安全性，最近盛傳的誤解之一是疫苗與自閉症的發生可能有關係；有些家長則誤認爲他們的孩子已經完成疫苗接種；此外，語言障礙和社會經濟因素均可能導致兒童疫苗接種的疏漏。隨著兒童疫苗計畫（Vaccines for Children Program, VFC）的推出和即將實施的平價醫療法案，疫苗接種的經濟障礙不再成爲一個重要的課題。

醫療保健提供者則反映，對兒童進行免疫接種的主要障礙之一，是醫護人員需要費盡口舌才能減輕家長們對疫苗的疑慮與擔憂。婦產科醫護人員是疫苗接種的新兵，需要較多有關疫苗儲存及施打的指導，以免失去爲青少年和成人接種疫苗的機會，特別是孕婦。根據醫師的建議，孕婦在孕期若能接受疫苗接種，不僅可以保護自己，也能預防嬰兒免受百日咳和流感的侵襲。

倡導者並非每次都能有效開發出提升疫苗接種率的策略，也無法始終保持對政策制定的影響力。

策略的例子

解決父母障礙的策略，包括編寫和分發關於疫苗安全性的文章，教導民衆如何評估疫苗及解讀研究，以確定所接收到的疫苗安全資訊的可信度；開發、分發和推廣以科學爲基礎的疫苗接種資源，如CDC推薦的免疫接種時間表和疾病資相傳單；製作宣傳視頻和書面故事，讓失去孩子的父母親現身說法缺席疫苗接種的嚴重性；具有創意的廣告短片，能夠讓專家回應並澄清有關疫苗及其安全的常見問題，以及爲無法負擔疫苗的人提供有關政府推廣疫苗接種的資訊（例如：兒童疫苗計畫）。ECBT還利用社會媒體向民衆傳播疫苗訊息。該組織的Vaccinate Your Baby Facebook頁面已有超過75,000個人按「讚」，每週可對500,000人傳播疫苗接種消息。「注射預防針」（The Shot of Prevention）的部落格，每週大約發表三篇關於各年齡組疫苗相關問題的文章。兩個推特帳號@ EveryChildBy2和@ShotofPrev，被專門使用於傳播部落格文章和疫苗相關新聞報導（見圖4.1）。

醫療保健醫護人員策略包括爲父母提供便利的教育宣導資料，並提供培訓資源，教導醫護人員如何與猶豫不決的父母進行有關免疫接種的溝通。ECBT網站還提供參加免疫訊息系統的會員有關接種疫苗的諸多權益，包括：提供更多適當的疫苗接種費用補貼、減少新患者過度接種疫苗、自動計算所需接種疫苗劑數、發送提醒疫苗注射的明信片，以及線上查詢接種疫苗歷史，避免過去因需向前診所調閱資料的時間浪費。此外，ECBT鼓勵服務醫療保健業者訂閱他們的每日新聞消息，以便能夠正確回應家長提出的問題，因爲這些問題往往來自當地和全國的新聞報導。

ECBT的倡導策略包括促進疫苗事業合作夥伴成立317聯盟，並將317聯盟推廣給潛在的倡導者，並激勵他們參與聯盟。317聯盟主張增加聯邦資助的疫苗種類。這種資助方式就是大家所熟悉的「公共衛生服務法案」（Public Health Service Act）第317條，免費疫苗的資助將爲各州提供了一個「安全網」（safety net），使沒有能力支付疫苗費用的兒童、青少年和成年人，也能有機會接受疫苗的接種。[3]

圖4.1 ECBT使用社會媒體傳播的範圍

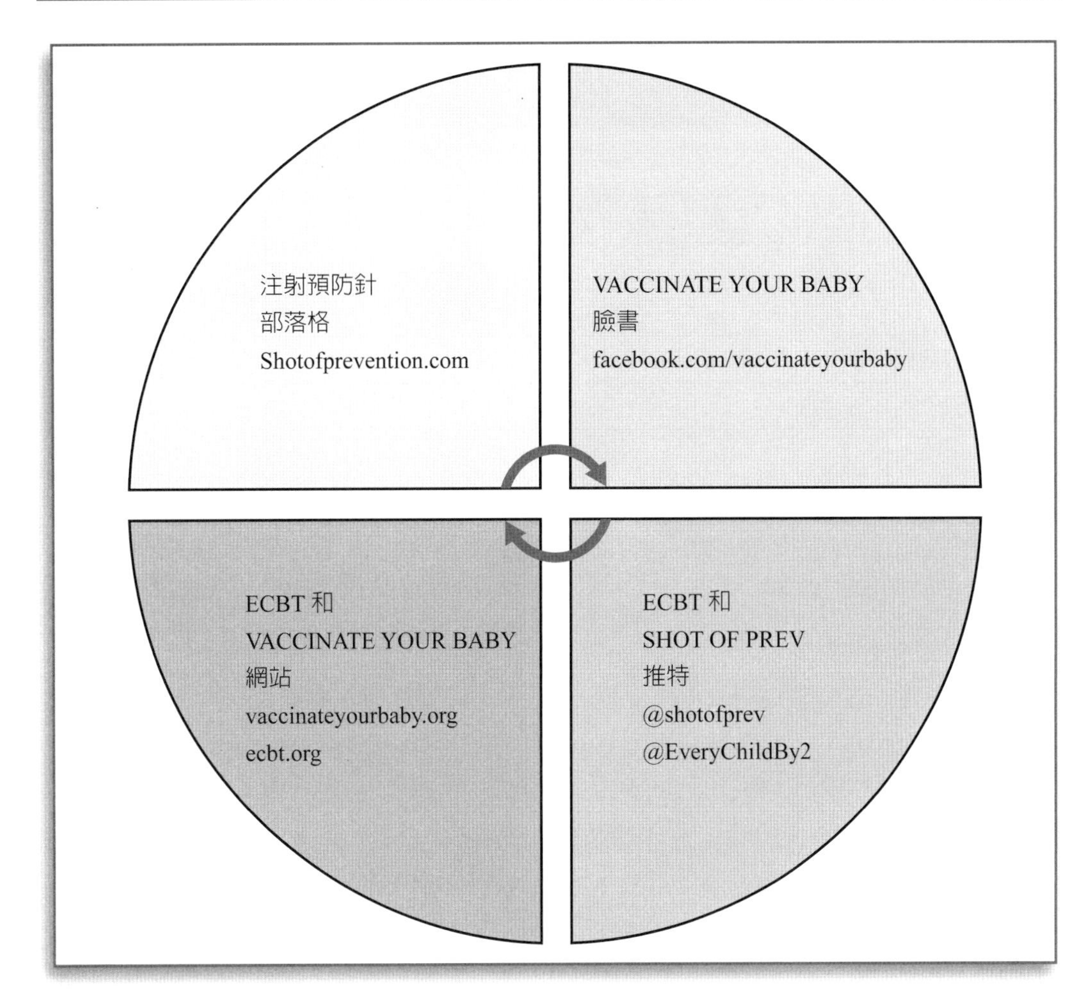

資料來源：Every Child By Two.

情勢分析

美國健康人（The U.S. *Healthy People 2020*）設定了表4.1所示，兒童免疫接種目標。美國疾病控制和預防中心的年度全國免疫接種調查（NIS）使用隨機數字撥打的電話號碼爲樣本，追蹤在50個州內有19-35個月幼兒的家庭，追蹤這些目標的實現進展情況，隨後並寄出問卷調查郵件給幼兒疫苗施打的醫療保健業者，以了解疫苗接種的現場情況。

表4.1 美國19-35個月幼兒疫苗接種普及率2012年評估調查結果

疫苗	劑量	2012	2020美國健康人目標
五合一疫苗（白喉、破傷風、非細胞性百日咳、b型嗜血桿菌及不活化小兒麻痺混合疫苗）	≥4	82.5%	90%
麻疹、腮腺炎、德國麻疹混合疫苗	≥1	90.8%	90%
B型肝炎疫苗	≥3	89.7%	90%
小兒麻痺疫苗	≥3	92.8%	90%
水痘疫苗	≥1	90.2%	90%
b型流感嗜血桿菌疫苗	全系列	80.9%	90%
肺炎鏈球菌疫苗（結合型）	≥3	81.9%	90%
A型肝炎疫苗	≥2	53.0%	85%
輪狀病毒疫苗	1	68.6%	80%

資料來源：Centers for Disease Control and Prevention, "National, State, and Local Area Vaccination Coverage Among Children Aged 19-35 Months－United States, 2012," *Morbidity and Mortality Weekly Report*, accessed September 13, 2013, http://www.cdc.gov/mmwr/preview/ mmwrhtml/mm6236a1.htm?s_cid=mm6236a1_w

2012年的調查結果顯示，美國兒童疫苗接種率已經接近全國普及率的有四種疫苗〔麻疹（MMR）、B肝（HepB）、小兒麻痺疫苗（poliovirus vaccine）、水痘（varicella）〕，然而仍然有五種疫苗低於2020年目標〔五合一（DTaP）、B型流感噬血桿菌（Hib）、肺炎鏈球菌疫苗（PCV）、A型肝炎疫苗（HepA）、輪狀病毒（Rotavirus）〕。正如研究結果報告指出，各州的普及率差異很大，而收入低於聯邦貧困線（federal poverty level）的家庭，其兒童的疫苗接種率往往較低。CDC關於這些研究的調查結果報告，提供了對公共衛生實踐的建議：維持目前的疫苗接種普及率，對於目前尚未達到全國普及率的疫苗則須加強提升普及率，以維持疫苗可預防疾病（vaccine-preventable diseases）的低發病率，並防止這些疾病再度出現於美國領土。[4]

SWOT分析

SWOT（優勢、劣勢、機會和威脅）分析可幫助組織認識自己的處境情勢，進而將組織優勢極大化、劣勢極小化，像是：可用資源、專業知識、管理支持、當前聯盟和合作夥伴、寄發系統能力、組織聲譽和醫學課題優先等因素。另一個類似的清單是由市場的外部力量所構成，這些力量代表計畫應該把握利用的機會或者應該預防準備的威脅，雖然這些力量通常並非能夠完全由行銷人員控制掌握，但仍然必須予以考慮。這些力量包括：文化、技術、自然、人口、經濟、政治和法律的力量。

ECBT需要最大化的潛在組織優勢

- 繼續與ECBT的名人發言人Amanda Peet合作，Amanda Peet曾經協助ECBT提高Vaccinate Your Baby計畫的知名度，並帶來了超過5億的新聞報導和電視印象。
- ECBT聯合創始人前第一夫人Rosalynn Carter和阿肯色州前第一夫人Betty Bumpers繼續奉獻。
- 該組織在動員基層活動方面享有盛譽。
- 該組織具有影響州和聯邦公共政策決定疫苗經費的能力，包括由政府提供州內無保險與保險不足兒童的疫苗接種資金。
- 與疾病控制和預防中心合作，爲醫療保健業者提供教育計畫，並在全國範圍內推動實施和使用免疫訊息系統（IIS）。
- 獲得總統直接指示確保婦嬰童營養補充計畫（WIC）中受益的兒童，每次就診都能獲得疫苗接種篩檢，以確保均能獲得及時疫苗接種。
- 擁有一個強大的董事會，其中成員包括：美國兒科學會執行主任、衆多醫學院教授以及高知名度兒科醫生和其他疫苗專家。
- 與317聯盟的衆多疫苗宣導組織建立夥伴關係。

ECBT需要最小化的組織劣勢

- 由於組織資金來源不穩定、波動的資金不利於開展大型項目，特別是針對全國民衆的項目。
- 不穩定的國會預算和持續的預算赤字，成爲317聯盟爭取疫苗接種計畫的障礙。
- 遇到流行病盛行季節，像是麻疹、百日咳，ECBT往往需要集中精力加以對付，難免耽誤正在執行計畫的目標。

組織應掌握的潛在外部機會

- 許多成本效益的研究分析報告顯示，兒童接種疫苗確實可防止常見疾病的發生，並帶來巨大的投資回報，平均每投資1美元可獲得16.5美元醫療費用的回報，並減少造成殘疾等不必要的間接成本。[5]
- 聯邦平價醫療法案（The federal Affordable Care Act）可提高疫苗接種的可及性和及時接種機會，特別是對貧窮的民衆有利。

- 免疫訊息系統（Immunization information systems, IIS）可以篩檢低疫苗接種率的社區。這有助於針對這些社區提供干預措施，從而保護更多的兒童免受疾病的侵害。許多免疫訊息系統還有提供預約提醒的功能，並整合疫苗接種服務與其他公共衛生功能（例如：前期篩檢和視力檢查）相結合，使寶貴財務資源的利用更有效。
- 低疫苗接種率的社區易於爆發流行性疾病，是提升及時接種疫苗動機的機會。

組織應減除的外部威脅

- 在國家、州政府和地方層級的預算不斷被削減。聯邦政府對免疫接種的撥款不能與疫苗接種的實際成本保持同步。
- 流行病爆發。
- 人們對疫苗不斷的疑慮。
- 研究建議接種新疫苗的數量持續增加，這會提高每個兒童的全部接種成本，並且需要持續的資金提供者和公眾教育。
- 廢除「平價醫療法」的可能性。
- 疫苗生產的製藥公司數量持續減少。
- 出現疫苗短缺、延遲和物流的問題。
- 儘管疫苗是重要的疾病預防工具，具有顯著的社會價值，但生產疫苗的收入往往低於其他藥物。

資料來源：Case information was provided by Jennifer Zavolinsky and Amy Pisani of ECBT.

爲了說明計畫的前兩個步驟，我們選擇人口及幅員相當的中國情景來示範如何應用社會行銷技術來解決各種社會問題。我們的目的是讓你了解這種便攜式模型的全球適用性。

步驟一：描述社會課題、背景、目的和計畫的焦點

社會課題和背景

簡明地界定社會課題，這些課題有時被稱爲邪惡問題，界定課題是展開社會行銷計畫的第一部分——常見社會行銷問題不外乎是公共衛生問題、安全問題、環境威脅或社區需求。然後說明組織參與此項計畫執行，並繼續介紹導致組織發展此計畫的原由和事實。有什麼問題？它有多糟糕？發生了什麼事？什麼導致了這個問

題？你怎麼知道的？這些問題的描述可能依據來源可信的流行病學、科學或其他研究數據——經過證實和量化的數據。計畫的發展可能是由於類似校園槍擊案等不尋常事件而引起的，或者可能只是讓讀者了解爲什麼你要制定這個計畫，以及你打算如何做，來解決這個社會問題。

這樣做並不奇怪，你可以參考以下爲減少中國空氣汙染而制定的社會行銷計畫案例的第一部分，以及宗旨與焦點選擇的說明。

2013年9月，《紐約時報》[6]的一篇文章中，描述了中國政府遏制空氣汙染的新計畫（社會課題）。背景訊息說明了中國城市如何遭受世界上最嚴重的空氣汙染侵害，中國最大城市的居民「正在與日復一日、年復一年無窮盡、令人窒息的煙霧對抗」。有人估計空氣汙染造成120萬人提早死亡一年，不論如何空氣汙染改變了人們的日常生活，並使得面罩變得無處不在。[7]很明顯地，中國政府內充斥各種嚴格的環境標準，領導人看起來似乎非常擔心環境的問題，然而執法並不嚴格。有趣的是，該文章提到，這個新計畫的一個推動力量是來自美國大使館的推特消息，該消息公布了每小時細懸浮微粒級別情況（the hourly fine-particulate matter level），也就是俗稱的PM 2.5，加上中國公民不斷增加向政府施壓，考慮細懸浮微粒滲入肺部和進入血液深處的傷害，要求政府應有降低PM 2.5指數的作爲。

文章接著描述政府減少這種汙染的意圖（宗旨），其中一項計畫將透過遏止燃煤（焦點）來減少這種汙染。顯然，中國燒掉了全球一半的煤炭量。[8]第二個計畫的焦點是消除所有高汙染的「黃標」車輛（2005年底之前註冊的車輛）。

宗旨

鑑於這樣的問題背景，你現在爲這個計畫製作了宗旨聲明（purpose statement）。它回答了以下問題：「活動成功帶來的潛在影響是什麼？」以及「它會帶來什麼不一樣的情況？」這個陳述有時會與目標（objective）及目的（goal）的陳述混淆。在社會行銷這個計畫模型中，它們彼此是不同的。社會行銷的目標是我們希望標的受衆（target audience）要做的事（behavior objective，行爲目標），以及他們可能需要知道的知識（knowledge objective，知識目標）或相信的信念（belief objective，信念目標）。我們的目的是建立計畫和行動所希望達到的行爲改變層次，它們是可量化的和可衡量的。相反地，活動宗旨是如果所有目標受衆都能在預期水平上執行所需的行爲，這個計畫將能實現的最終影響（利益）。典型的宗旨陳述，含有較多背景資訊，能夠產生支持計畫說明的功用，所以不需要太長或過於精密。以下是幾個例子：

- 減少愛滋病／愛滋病毒在非洲裔美國人的傳播。
- 減少通過機場安全檢查所需的時間。
- 提高縣內寵物結紮的比例。
- 消除人們對精神疾病的恥辱觀感。

這裡將透過一個中國道路行人意外傷害的案例，說明社會行銷計畫發展宗旨構想時的一連串思維過程。計畫的背景可以引用研究數據，描述民眾受到傷害的情況、造成傷害發生的地點以及受影響的人口統計數字，例如：根據2004年時的交通評估報告顯示，每年有超過18,500名14歲以下的中國兒童因交通意外造成傷害。針對機動車碰撞的進一步分析則指出，造成兒童交通意外傷害的兩個主要原因是：兒童(a)突然跑到車道或(b)突然穿越馬路。調查還指出，65% 8-10歲的兒童走路上學，但其中只有15%的兒童有成年人伴隨。在接受調查的兒童中，有40%的兒童表示有過馬路時道路缺乏交通標誌和斑馬線的問題。[9]

這時就可以考慮幾個可行的宗旨陳述，包括：增加學生使用斑馬線穿越馬路和減少兒童在車道上的意外事故。正如你可能知道的後果，這些宗旨的陳述每一個都可能會導致不同的焦點，斑馬線的問題可透過加強紅、綠燈道路號誌等基礎設施來解決，而車道意外事故問題則適合透過宣導父母陪同孩子上學並教導他們遵守道路號誌指示。最後，在這些方案中選擇一個作爲計畫的宗旨（作爲開始）。

焦點

爲了縮小計畫的範圍，從大量符合計畫宗旨的可能方案中選擇一個焦點（例如：減少兒童在車道上的意外事故）。這個決策過程可使用腦力激盪的方法，把符合計畫宗旨的可能方案全部激發出來。這些方案可能是過去某些機構曾經討論或採取的方法，但它們對組織來說是嶄新的，這些方案在最近被組織認爲是發展新興需求領域的好機會，或是它們曾經被其他組織執行過，但你的組織也可能考慮發展看看。表4.2列出了不同的社會課題和每個可能的焦點。潛在的焦點領域可能與行爲有關，或以人口爲基礎（雖然尚未選擇目標細分市場），或與產品相關的策略，在這時點上它們顯得很廣泛，但在隨後的計畫過程中，它們將進一步縮小。

可以使用幾個標準從你最初所列的方案列表中，選擇最合適的焦點：

- 行爲改變潛力：在這個焦點領域內是否有明確的行爲，可以促進解決這個問題？
- 市場供應：這個焦點的領域是否已經被其他組織和活動充分發展過了？

表4.2 為你的計畫選擇焦點

社會課題（及潛在贊助組織）	活動宗旨	活動焦點的選項
家庭計畫（非營利組織）	減少青少年懷孕	保險套 避孕丸 禁慾 預防性侵犯 與你的孩子談性愛
交通意外事故 （國家交通安全委員會）	減少酒醉駕車	找人代駕 青少年酒醉駕車 向立法委員倡導制定更嚴格的新法律 軍事人員酒駕 重複酒駕罪犯
空氣汙染（地區空氣品質諮議組織）	降低燃料排放量	汽車共乘 大衆交通工具 走路上班 在家上班 加油時油槍跳停不要再強加 柴油吹葉機
老年福利（社區及家庭部門）	增加社區老人聚會機會	公園的太極拳班 在商場的步行小組 迪斯可舞蹈 社區內觀看節目

- 組織匹配：這與贊助組織的屬性是否匹配？是否符合其使命和文化？該組織的基礎設施是否能夠支持推動行為改變的相關推廣活動？是否有專業的員工來開發和管理這些工作？
- 募集資金潛力：哪個焦點領域具有最大募集資金的潛力？
- 影響：哪個領域可能為社會課題做出最大貢獻？

最適合發展社會行銷活動的焦點，應該具有高度的行為改變潛力、能夠塡補市場上的空白和強烈需求、符合組織的能力、具有較高的資金募集潛力，並能對緩解社會課題做出最大的貢獻。（詳見表4.3）

步驟二：進行情勢分析

現在你的計畫已經產生一個宗旨和重點，那麼你的下一步就是對組織後續計畫決策產生一定影響的優勢、劣勢，以及外部機會和威脅進行快速審視。現在，你可

表4.3　選擇活動焦點的潛在理由

活動宗旨	活動焦點	焦點的合理性
減少青少年懷孕（非營利組織）	禁慾	最近政府為中學和高中提供推廣禁慾活動的資金 在學校環境中推廣「安全性行為」活動的爭議性
減少酒後駕駛（國家交通安全委員會）	找人代駕	與餐館和酒吧合作的機會 熟悉的活動，但近幾年沒有太多推廣活動
減少燃料排放（區域空氣質量委員會）	在油槍加滿自動跳停後，不要硬加滿油箱	其他地區的消費者研究顯示，在聽到可省錢和其他潛在利益後，消費者樂意在油槍加滿自動跳停後，不會硬加滿油箱 易於與加油站合作獲取訊息
增加社區老人聚會的機會（社區及家庭部門）	公園內為老人開設的太極拳班	公園空間的可用性和現有太極拳教員名單 這種形式的鍛鍊和培養老人間的友情越來越受歡迎

以看出來，一開始你為計畫所選擇的一個宗旨和焦點是至關重要的，因為它們完全決定了這個活動的戰場。沒有它們，你只是了解環境的各方面情況，而不是從檢視環境中找出與你的計畫具體有關的優勢、劣勢、機會和威脅（SWOT），而這些因素確實對發展計畫來說是太重要了。

圖4.2顯示各種因素及力量對你的標的受眾的影響概況，這些因素及力量從而也會影響到你的努力成果。如圖所示，你的標的受眾是你計畫過程的核心。（根據這些力量的分析，將影響步驟三中區隔市場的選定。）在第一個同心圓中，4Ps是你作為行銷人員所能控制的變項。接下來，第二個同心圓，是與該活動所贊助的組織有關的因素，被認為是微觀環境。而最外圍的同心圓則描繪了宏觀環境，宏觀環境的力量是行銷人員難以控制的，但對標的受眾有影響，因此也會影響你的努力。

微觀環境：組織的優勢和劣勢

微觀環境由發起組織（sponsoring organization）或與社會行銷的經營管理努力有關的因素組成——因此被認為是內部的影響力：

- 資源：你的項目所募集的資金如何？有足夠的員工時間可供使用嗎？你是否有機會獲得與社會課題有關的專業知識？或者你可以很容易接觸到標的受眾？
- 服務傳遞能力：組織是否有可用於當前產品和服務的發送管道或具有開發、發送管道的潛能？目前服務傳遞的能力是否存在質量問題或隱藏任何疑慮？
- 管理支持：管理階層是否支持這個項目？項目是否已經被介紹過？
- 課題優先性：在組織內部，你計畫解決的社會課題是否是組織優先考慮的課題？是否還有其他課題會與你競爭資源和管理支持？還是名單上的唯一？

- 內部關係：在組織內部，誰可能會支持這個計畫？誰不可能？是否需要聘僱哪些團隊或個人，才能促進計畫成功？
- 現有合作聯盟夥伴：發起組織擁有哪些聯盟和合作夥伴可提供額外的資源，例如：資金、專業知識、對標的受眾人群的訪問、授權、訊息傳遞和／或物質發送？
- 過去績效：組織在發展項目這方面的聲譽如何？可能的成功和失敗因素是什麼？

圖4.2 組織因素（微觀環境）和外力（鉅觀環境）

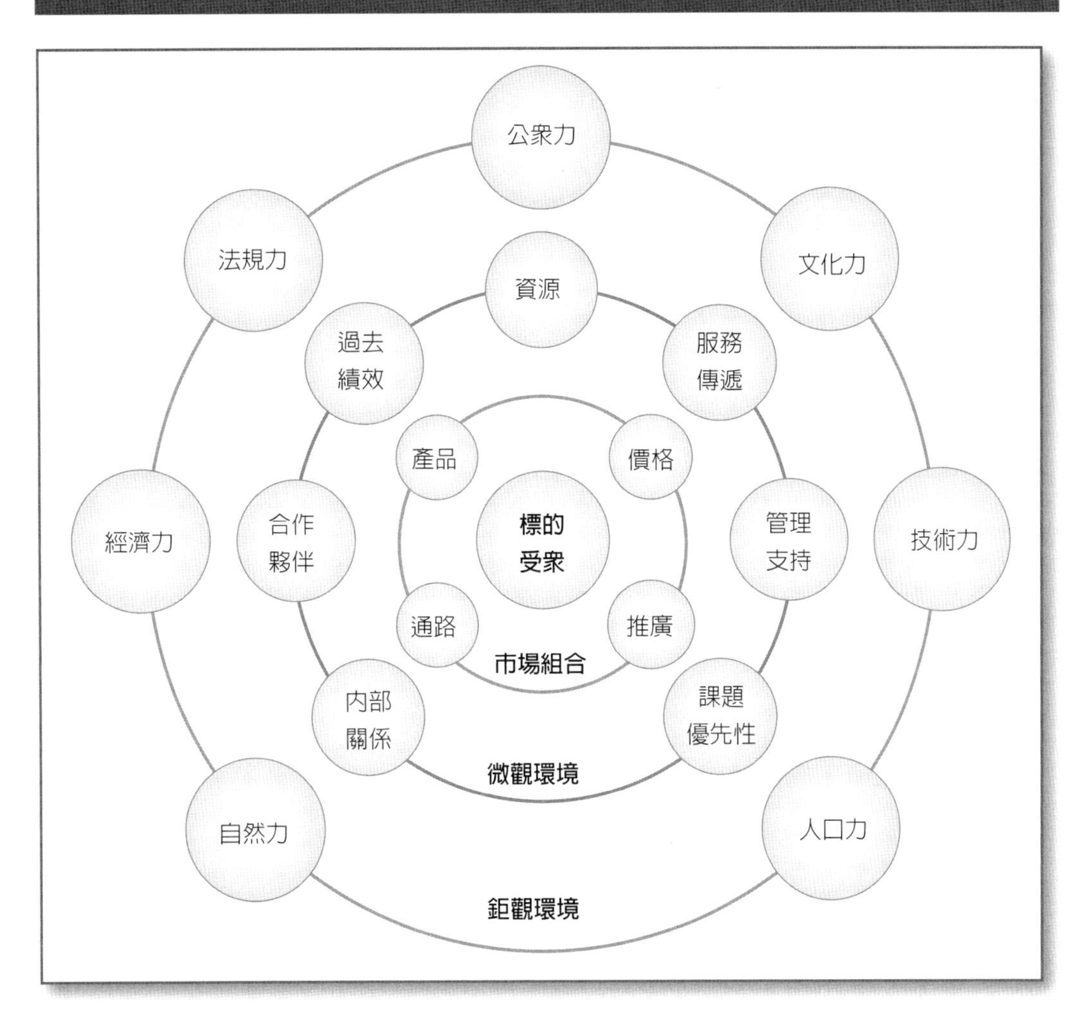

優勢

在檢視這七個內部因素後，你可以列一張與本計畫相關的主要組織優勢清單，這些清單上的因素將來會是你發展計畫的重要資產，請設法做讓它們最大化的處理，因爲它們將指導你進行許多後續決策，例如：找到你最容易接觸和服務的標的受眾、哪些產品（計畫和服務）是你擁有最多資源支持開發？你應該如何定價及收費？你有能力支付的激勵機制是什麼？你可以與哪些聯盟夥伴合作來分工派送你的產品、服務、推廣材料及新聞消息。

來自中國的另一個案例，一個旨在減少能源消耗並將焦點設定爲減少商業用電的計畫。這個計畫主要受到2004年的能源統計數據刺激而產生，該數據顯示中國的能源效率只有33%，遠低於先進國家10個百分點。[10]我們可以想像，負責制定該計畫的國家組織能充分意識到自己可最大化的主要優勢之一——由於幾十個省級政府都曾經經歷斷電事件，節能課題遂成爲政府提前十年發展的重要議程。（當然，這種重視程度可能導致地方許多基礎設施產生變化，例如：飯店改採用感應式的電動手扶梯，飯店房間需要插入房間鑰匙才能啓動照明，並在客人外出、鑰匙抽出時自動關閉電源。）這個方案無異是提醒政府之前對節能的看法，對該組織是極爲有利的因素。

劣勢

另一方面，另外一個類似的列表清單是由組織內看起來並不正面的因素所組成的，你可能需要一些行動，甚至是策略，來想辦法減少它的影響。這個劣勢清單須透過檢視相同的七個內部組織因素來列舉，列舉可能妨礙計畫實施成功的潛在疑慮。對政府機構和非營利事業組織而言（他們通常是社會行銷組織的贊助金主），他們最常關心的問題是資源的可用性及課題的優先次序，將在以下例子說明。

對那些負責制定減少中國青少年吸菸計畫的人，他們的計畫是要面對超過1億名年齡18歲以下的吸菸者，他們會面對哪些組織因素的挑戰呢？[11]根據2006年5月《中國日報》（*China Daily*）的一篇文章，一個非政府組織中國菸草控制協會（China Tobacco Control Association）希望向民眾宣傳青少年吸菸的傷害，「但沒有錢，我們該怎麼辦？」[12]文章指出缺乏反吸菸教育的政府資金（資源）和慣例上缺乏對此課題的優先考慮。例如：在北京，十年前曾經頒布了一項禁止在公共場所吸菸的法規，但執法顯然薄弱（本案例關鍵合作夥伴的優先課題），所以「在這些地方吸菸者依然猖獗」。[13]

鉅觀環境：外部機遇與威脅

鉅觀環境是一組通常不受社會行銷人員影響的力量，但仍必須予以考慮，因爲它們不是此刻正影響著標的受眾，就是在不久的將來，也會對標的受眾產生重要影響。在以下七個類別中，你將注意到可能會想要利用（機會）或準備（威脅）的主要趨勢或事件。請記得，你始終關心與計畫宗旨和焦點有關的所有因素。

- 文化力：與價值觀、生活方式、偏好和行爲有關的趨勢和事件，往往受廣告、娛樂、媒體、消費品、企業政策、時尚、宗教運動、健康問題、環境問題和種族問題等因素影響。
- 技術力：導入新技術或產品，可能對你執行計畫產生支持或妨礙的力量。
- 人口力：人口特徵的趨勢和變化，包括：年齡、種族、家庭組成類型、就業狀況、職業、收入和教育。
- 自然力：與「自然」有關的力量，包括：饑荒、火災、乾旱、颶風、能源供應、供水、瀕危物種、海嘯和洪水。
- 經濟力：影響購買力、支出和經濟福利感的趨勢。
- 法規力：潛在或新的法律及行動，可能影響計畫的成效或標的受眾。
- 公眾力：除目前合作夥伴和聯盟（包括潛在的新合作夥伴）之外的組織外圍團體，這可能會對計畫的執行和標的受眾產生一些好或壞的影響。

正如第一章所討論的那樣，社會行銷專家現在建議你也應該考慮具有影響標的受眾力量的上游決策者可能發揮的作用（例如：學區管理者有權增加小學課程的體育活動）。

機會

檢視外部環境的主要目的是發現你可以利用的機會，並將其納入你的計畫中。透過良好的操作，這些外圍組織能爲你的活動帶來能見度及其他可利用資源，或者協助提升民眾的覺醒及對議題嚴重性的警覺心，正如以下範例所示。

根據2006年5月《中國日報》的另一篇文章，中國寵物主人的數量一直在飆升，而衍生的社會問題也是直線上升——當人行道上四處留下的寵物糞便、狂犬病不斷增加以及寵物棄養問題日益嚴重之際，這些寵物主人卻爲了要承擔這些責任感到極爲不適。幾個組織決定挑戰這個社會課題，包括：中國衛生部（Ministry of Health）和國際動物福利基金會（International Fund for Animal Welfare）。他們檢視環境後，界定出幾項影響標的受眾的外部因素，這些因素可能成爲他們影響公眾行爲的重點。在糧食配給制度廢除後，中國大部分城市取消了上世紀80年代城市地區的養狗禁令（法規力），2006年是中國年曆上的狗年（文化力），擁有寵物是興旺的象徵，並被看作是資產階級的生活方式（經濟力）。一些人將寵物的普及歸因於城市居民日益增長的孤獨感，特別是獨居老人和單身白領（人口力）。[14]

威脅

另一方面，這些力量中的一些力量，則將對你的項目構成潛在威脅，你會希望你的計畫能夠注意到這些威脅的存在，並爲他們可能產生的影響做好了防範的準備。了解對標的人口的影響，可以提供你對這些威脅的眞知灼見，以下範例將進一步說明。

再次提到中國吸菸課題以及如何減少青少年吸菸的問題，許多外部因素及之前提及的組織弱勢都威脅到活動的成功。想像一下在2006年5月《中國日報》的文章中提到諸多運作於市場的強大力量：文化力、經濟力及法規力。[15]

- 人們從小就效法身邊的人開始吸菸，尤其是在菸草種植區。
- 父母和老師在孩子面前吸菸。
- 中國是世界上最大的菸草生產和消費國，所以吸菸行爲不但被接受，甚至得到支持，因爲菸草的生產和消費與國民經濟之間有密切關係。
- 香菸公司仍然被允許宣傳他們的品牌。
- 中國沒有禁止向年輕人銷售香菸的國家法律或法規。

對過去類似活動的經驗回顧

一個成功的社會行銷原則是在展開你的計畫前，先做好文獻回顧的工作，包括搜尋並回顧你的組織以及其他組織曾經發起相關活動的經驗。回顧經驗的過程其實就是學習教訓的過程，哪些很值得學習？哪些可以改善？前輩認爲可能採取什麼不同的做法？是否缺少什麼？在公共和非營利部門工作的好處之一是，世界各地的同行和同事總是樂意幫助你成功。他們可以分享研究、計畫、宣傳材料、成果和戰爭故事，發現這些資源（和人）可以像訂閱社會行銷電郵列表服務（social marketing listservs）一樣簡單。回顧過去經驗的過程，也可以像瀏覽他人做事歷程那樣簡單，茲藉由一個來自中國的例子做說明。

世界各國對於增加騎車的人口（特別是作爲通勤方式）有高度興趣，這個案例將介紹中國在過去幾十年中，如何使騎腳踏車成爲社會規範。他們提供自行車專用車道，並設計防止汽車打開車門造成傷害的柵欄設施（見圖4.3）。在許多交叉路口，提供僅供騎自行車通行的交通信號，確保自行車騎乘者的空間和權益受到保障（見圖4.4）。在北京，有老山自行車體育館，曾用於2008年奧運比賽，增加了騎自行車的興奮（和地位）。對於那些關心「過勞」（overexertion）的人來說，電動自行車的價格與手機接近，並且每加侖汽油可以跑出1,362英里的路程，這種情況很普遍，當然不會是「軟弱的跡象」。對於那些關心成本的人來說，政府透過提高汽油價格和高昂的車輛牌照費用，提升自行車相對於汽車的競爭力，例如在上海地區，駕車許可費用爲5,000美元，在寫這篇文章時，牌照申請費用還處於低檔價格，估計目前應該漲價一倍以上。[16]對於那些關心下雨的人來說，他們已經想到了所有的防護道具，包括保護全身免於雨淋的耐用雨衣，甚至開發出雙人兩穿的特殊規格雨衣（見圖4.5）。

圖4.3　自行車專用車道

圖4.4　交通號誌

探索性研究在步驟一和二中的角色

圖4.5　雙人兩穿的特殊規格雨衣

正如第3章所提到的，探索性研究的目的是描述你所關注的社會課題的市場輪廓，這個過程有助於決定你的計畫宗旨和焦點（步驟一）。例如：一個計畫經理打算發展一個計畫來解決國家持續增加的愛滋病／愛滋病毒個案。探索性研究可透過回答幾個重要問題來幫助確定計畫的宗旨和重點：(a)每年有多少新病例？(b)哪些人口增加最快？(c)過去一年這種疾病的主要傳播方式是什麼？(d)感染者中有多少人知道他們的狀況？調查結果正如2006年疾病控制和預防中心（CDC）的工作重點，他們所發起的社會行銷計畫，宗旨在於增加非洲裔美國人的篩檢，因為根據研究結果顯示，他們屬於當時新病例成長最多的人口族群。[17]（注意：在步驟三中將選擇此人口族群為標的受眾）

探索性研究還可以協助界定組織的優勢與劣勢（步驟二），包括：管理階層的支持程度、內部關係、資源可用性、組織過去績效或類似努力以及服務傳遞的增量成本（capacity for incremental service delivery）等。例如：探索性研究曾經幫助一個位於城市的大型飯店，成功地發展了節水計畫。該飯店考量到用於客房浴巾和床單的洗滌費用是經營成本的重要支出，於是產生了發展節水計畫的興趣（宗旨）。在選擇目標受眾和期望的行為之前，工作團隊想要先了解房客可能會對這個計畫的觀感和反應，於是在客房內留下說明卡片，鼓勵房客如果願意支持節水計畫，就把不需要洗滌的浴巾留在原來的掛桿上，並把節水卡片放在不需要更換的床單上，這樣房務清潔人員就不會去處理這些浴巾和床單了，此外，他們也歡迎客人留下他們對這個計畫的任何意見與評論。

最後，探索性研究可以強化爭取機會和應對威脅的外部力量。一個有意讓立法機構立法開車不發簡訊的公民倡導組織，在前往參議院小組委員會聽證會上發言（senate subcommittee hearing）之前，先進行非正式訪談將有助於日後聽證會的舉行。例如：如果他們事先知道委員會中的八名成員中有四名打算反對該法案，這種潛在的威脅肯定會指導他們即刻選擇他們的標的受眾（步驟三），並迫切與這四位委員進行後續的形成性研究，以了解他們對贊成法案的感知障礙、期望收益和潛在動機（步驟五）。

在為你的計畫選擇焦點時的道德考慮

無論在規劃和實施過程中，有良心的社會行銷人員無疑都會面臨道德困境和挑戰。儘管道德因素的層面各不相同，但有幾個主題是常見的：社會公平、意想不到的後果、競爭優勢、全面披露、負責任的管理、利益衝突以及是否採用公義的手段。

對於接下來本文所提及的每一個規劃步驟，大部分章節都會重點介紹主要可能發生的道德問題和疑慮。我們將提出更多值得思考的問題而不是問題的答案，目的是爲了提高讀者對「道德時刻」的認識，期待你的決定能以社會良知爲基礎，讓我們所有人都能獲得「更高的地位」。

當你對所有可能的焦點方案腦力激盪，然後精心選中一個作爲即將展開的計畫焦點，你的第一個道德問題和挑戰可能就會出現：「爲什麼我們沒有選擇其他方案？他們會導致什麼後果嗎？」爲了減少酒醉駕駛，潛在的焦點包括：找人代駕、制定更嚴格的新法律、鎖定特定族群，如：軍人或屢犯者。由於每種選擇都會導致不同的行銷策略組合，因此你只能一次處理一個。應對此一挑戰的可能方法是爲這個社會問題提出一個全面性的組織計畫，說明處理這些焦點的時程表以及爲什麼要優先處理目前的焦點。

此外，你所關注的焦點也可能引起常見的問題和挑戰，通常來自同事或同行：「如果你成功地完成了這個計畫，不是讓我更難完成我的任務嗎？」例如：如果你選擇鼓勵青少年喝酒後找人代駕的焦點，這樣會不會導致增加喝酒的青少年人數？因爲，這看起來不就像是「政府」批准青少年喝酒嗎？這是否意謂：只要你能找到有人代駕就可以放心喝酒了？好問題。並且應該予以回應，爲回答這些問題，你需要準備好計畫的背景調查資訊和SWOT數據，以及其他機構在其他市場進行的類似活動成果，來支持並說明你的決策。

章節摘要

本章介紹了社會行銷計畫模型中，十個步驟中的前兩個步驟。

第一步驟旨在幫助闡明你爲什麼要著手這個項目，並且以廣義和簡短的術語說明你想要完成的任務以及你的工作焦點。內容將包括：

- 界定你的計畫可解決的社會課題。
- 注意將贊助這計畫的組織。
- 蒐集和呈現與社會課題相關的背景訊息。
- 選擇活動宗旨。
- 集思廣益，然後爲此計畫選擇一個焦點。

步驟二提供關注市場的豐富描述，並透過以下分析，讓你對組織所面臨的外部挑戰形成共識：

- 組織優勢的極大化與劣勢極小化，包括：組織資源、服務傳遞、管理支持、課題優先性、內部關係、當前聯盟和合作夥伴以及過去績效等因素。
- 外部機會的利用，並爲外部威脅做好因應準備，這些外部影響力量，包括：文化、技術、人口、自然、經濟和政治／法律，以及除當前合作夥伴和聯盟以外的外部公眾等因素。
- 之前類似活動的經驗，是值得學習的功課，並有機會使用其他人所開發的既有研究數據、計畫內容和相關材料。

探索性研究採用情境分析過程來確定宗旨和焦點，並爲你的決策提供了理論的基礎。

研究焦點　和平豬——改善剛果民主共和國受暴力衝突影響人民之健康和福祉（2008～至今）

本研究案例說明參與式行動研究（participatory action research）的力量，能夠透過計畫干預使焦點更爲鮮明。正如第3章所提到的，參與式行動研究是對社區課題進行系統研究，目的是爲即將倡導的社會變革提供基礎數據。這個案例示範以社區爲基礎的研究方法，並與當地土著專家和地方組織建立了牢固的夥伴關係。你會看到這將會有多麼的不一樣！

背景

在過去的十年裡，中部非洲剛果民主共和國東部省分的居民「遭受了殘酷的襲擊，包括：強姦、酷刑和斷肢——反叛分子和士兵使用戰爭武器施加傷害。倖存者往往因感染傳染病、貧窮、受到屈辱和被社會孤立而受到進一步的傷害。男性可以離開妻子、婦女受到精神創傷、家庭重創，整個社區因衝突導致的暴力行爲而受到影響。」約翰霍普金斯護理學院（Johns Hopkins School of Nursing）的博士Nancy Glass說明此一情況。[18]

2008年，一個研究的夥伴關係誕生，研究旨在獲得可持續干預措施的證據，以確保剛果得以獲得健康社會的基礎，包括：協助剛果民主共和國東部倖存者及其家屬的貧困和創傷性壓力釋放。合作夥伴包括兩家總部設在美國的組織（Johns Hopkins University School of Nursing和Great Lakes Restoration）和兩個剛果地方組織（Programme d'Appui aux Initiatives Economiques du Kivu [PAIEDEK]和Rama Levina Foundation）。

方法

這些社區和學術合作夥伴在一年內彼此展開多次會面，討論研究計畫內容，包括：訊息目標、受訪者輪廓和抽樣技術、資訊蒐集的方法、焦點小組訪談的問題，以及分析和傳播調查結果的方法。一旦小組就研究問題和程序達成一致的共識，合作夥伴就會培訓住在剛果民主共和國的研究助理，讓他們與50位暴力衝突下的倖存者進行面對面的訪談，甚至包括性侵的話題。訪談也包括與他們的丈夫、醫療保健提供者和村莊領導人進行面談——所有人都開始「了解有許多相互關聯的因素影響了暴力倖存者重返社會的複雜度」。[19]

與倖存者在安全和便利的地點進行訪談，時間長達60-90分鐘，其中考察了幾個關鍵因素：

- 個人因素，包括倖存者所經歷到的衝突暴力經驗，主要是性暴力、心理健康、恥辱、放逐和重新融入家庭和村莊。
- 家庭因素，包括：足夠糧食、就業、收入、小孩上學和是否獲得醫療保健。
- 村級因素，包括：保健服務的提供情況、學童上學情況以及接納放逐與倖存者融入就業的情況。

與衛生保健提供者、宗教領袖和村莊領導人進行面對面的訪談，他們提供關於倖存者及其家屬的健康、經濟和社會差異的進一步訊息。所有訪談過程都以數位形式加以記錄，並爲受訪者貢獻寶貴時間提供津貼。每天結束時，研究團隊會與面試官進行總結會議，討論所有需要調整的事項，並在第二天的研究進行修正。

結果

在充分分析和討論所蒐集的研究資料後，研究人員確定了兩個主題。首先與倖存者和家庭成員健康有顯著關係的因素：生殖健康、愛滋病／愛滋病毒等傳染病和心理創傷。第二個主題是婦女的價值，這意謂著倖存者需要透過生產性貢獻來恢復她在家庭和村莊的「價值」。基於與各種利益相關者的後續討論，決定採用協助婦女及其家庭重建經濟資源作爲優先考慮的焦點，然後再爲她們及其家人促進健康和福利。面臨的挑戰是發展一個能夠落實協助經濟發展的計畫，目前的情況是參與者無法獲得負擔得起的金融服務，而原本村莊內所提供的傳統小額信貸（貸款），對這個飽受經濟衝擊和壓力傷害的群體而言並不具有吸引力。這個村莊需要一個新的小額信貸計畫，一個專門爲這個創傷族群設計的信貸計畫，於是一個以村莊爲單位的畜牧業方案雀屏中選。

計畫回應

這個以村莊爲單位的畜牧業小額信貸的目的，是爲了改善受暴婦女及其家庭的經濟、健康和社會福利。計畫的焦點是提供飼養豬的「貸款」，讓豬隻飼養作爲營生牟利的方式。爲什麼選擇豬？因爲母豬每年可分娩6-12頭仔豬，預期可提供持續性的收入補充。此外，沒有文化禁忌，婦女可以從事管理豬隻的行業，豬不需要太多空間，牠們吃香蕉和紅薯等地方特產。該計畫被命名爲和平豬（Pigs for Peace, PFP），並且是一個簡單的計畫，村民透過PAIDEK小額信貸邀請PFP協調員向村民解釋該計畫（推廣）。如果一個村莊決定加入，計畫會創建一個以村爲單位的協會來支持男性和女性共同合作從事生產的活動。然後將一頭母豬送到村裡的家庭（產品和場所），女戶主將成爲主要標的受衆。家庭同意透過提供兩隻小豬當作償還他們的「貸款」（一隻償還貸款本金和一隻支付貸款利息）。還款後，原來的那隻母豬和所生下的仔豬都將成爲家庭成員，爲家庭提供財務資源，可以在市場上出售，或者使用公豬提供種豬服務。該計畫還提供種豬到村裡促進生產。村協會支持婦女及其家屬管理豬，從協助建築圍欄到獸醫服務，乃至豬隻的食物和健康教育，並指導村民如何介紹更多人加入協會（產品）。

後記

該計畫於2008年12月開始實施，剛開始只有一個農村的四個家庭從該項目接收到「貸款」小豬。2013年8月，South Kivu已有23個村莊的492個家庭加入和平豬計畫（詳見圖4.6）。

2011年7月12日，約翰霍普金斯大學護理學院Nancy Glass教授在他的部落格發表關於該項目持續成功

圖4.6 住在Bulenga村的Cebeya女士：「我會像寶寶一樣照顧牠。」

資料來源：Great Lakes Restoration.

的評論：

> 目前仍然有許多家庭在觀望，但前65次的訪問讓我深信低成本、由村莊主導發展的項目，是具有力量的。我們目前有186個家庭參與計畫，每個家庭平均有8位成員（父母和6個孩子）。因此，我們提供了可能影響186×8＝1,488位村民的家庭收入資源，其成本爲14,000美元，也就是每人平均9.40美元。我認爲我們在剛果民主共和國東部的和平豬項目提供了經濟影響的成本數據，因此我認爲這是一個可持續的發展模式。令人興奮！[20]

問題討論與練習

1. 社會課題（social issue）與活動宗旨（campaign purpose）有何不同？
2. 請嘗試界定減少青少年槍枝暴力計畫的四個潛在焦點領域。
3. 如何透過機會和威脅，區分優勢和劣勢？
4. 舉一個「已經存在」的活動（already out there）案例，若組織打算辦理類似計畫可以利用這個計畫的地方。

注釋

1. National Social Marketing Centre, *Effectively Engaging People: Views From the World Social Marketing Conference 2008* (2008), 10, accessed July 15, 2011, http://www .tcp-events. co.uk/wsmc/downloads/NSMC_Effectively_engaging_people_conference_version.pdf.
2. Every Child by Two [website], accessed September 13, 2013, http://www.ecbt.org/index. php/about/index.php.
3. 317 Coalition, "Removing Financial Barriers to Immunization," accessed September 13, 2013, http://www.317coalition.org/.
4. Centers for Disease Control and Prevention, "National, State, and Local Area Vaccination Coverage Among Children Aged 19–35 Months—United States, 2012," *Morbidity and Mortality Weekly Report*, accessed September 13, 2013, http://www.cdc.gov/mmwr/preview/mmwrhtml/mm6236a1.htm?s_cid=mm6236a1_w.
5. F. Zhou, J. Santoli, M. L. Messonnier, H. R. Yusuf, A. Shefer, S. Y. Chu, L. Rodewald, and R. Harpaz, "Economic Evaluation of the 7-Vaccine Routine Childhood Immunization Schedule in the United States, 2001," *Archives of Pediatric and Adolescent Medicine* 159 (December 2005): 1136–1144.
6. E. Wong, "China's Plan to Curb Air Pollution Sets Limits on Coal Use and Vehicles," *The New York Times* (September 12, 2013), accessed September 19, 2013, http://www.nytimes. com/2013/09/13/world/asia/china-releases-plan-to-reduce-air-pollution.html?_r=0.
7. Ibid.
8. Ibid.
9. C. Qide, "Campaign to Teach Kids About Road Safety," *China Daily* (April 1, 2004), accessed November 20, 2006, http://www.chinadaily.com.cn/english/doc/2004–04/01/content_319588.htm.

10. U.S. Energy Information Administration, "International Energy Outlook 2013" (July 25, 2013), accessed September 19, 2013, http://www.eia.gov/forecasts/ieo/world.cfm.

11. Q. Quanlin, "Campaign Aims to Smoke Out Young Addicts," *China Daily* (May 30, 2006), 1, 5.

12. Z. Feng, "Current Anti-smoking Efforts Failing to Make an Impact," *China Daily* (May 30, 2006), 1.

13. Ibid.

14. L. Qi, "Pets Bring Host of Problems," *China Daily* (May 29, 2006), 5.

15. Feng, "Current Anti-smoking Efforts," 1, 5.

16. K. Holder, "China Road," *UCDAVIS Magazine Online* (2006), accessed November 28, 2006, http://www-ucdmag.ucdavis.edu/current/feature_2.html.

17. P. Kotler and N. Lee, *Social Marketing: Influencing Behaviors for Good*, 3rd ed. (Thousand Oaks, CA: Sage, 2007), 132–134.

18. Johns Hopkins Center for Global Health, "Healing the Heart of Africa, One Pig at a Time" (February 1, 2011), accessed September 11, 2013, http://www.hopkinsglobalhealth.org/news_center/headlines/2011/nancy-glass.html.

19. N. Glass, P. Ramazani, M. Tosha, and M. Mpanano, "A Congolese–US Participatory Action Research Partnership to Rebuild the Lives of Rape Survivors and Their Families in Eastern Democratic Republic of Congo," *Global Public Health: An International Journal for Research, Policy and Practice* 7, no. 2: 184–195.

20. Johns Hopkins School of Nursing, "Pigs for Peace Success Stories in Congo" (July 12, 2010), accessed September 12, 2013, http://blogs.nursing.jhu.edu/pigs-for-peace-success-storiesin-congo/.

PART III

選擇標的受眾、目標及目的

第五章
區隔、評估並選擇標的受眾

我們需要把區隔市場的價值看成是超越容貌和聲音的「試鏡通告」，因爲它將影響行爲產品、產品和服務設計、提供的利益以及發送策略。

——Dr. Craig Lefebvre[1]

University of South Florida

現在你知道選擇標的受衆的重要性，聽起來似乎不錯，但對許多人來說，這個過程卻常是備受困擾的程序。以下是常見的想法，由此你可以知道這個步驟爲何如此令人困擾。

- 我們是一個政府機構，期待公平地對待每一個人。現在要我們如何將資源分配給少數幾個人群？更糟的是，我們還必須決定取捨某些被細分出來的區隔市場？
- 「我一直聽到『低垂的果實』的聲音，我知道我們應該要先追蹤這些唾手可得的果實。在我的社區診所，這意謂著我們會將資源集中在想要減肥並已經做好運動準備的客戶身上。我只是不明白，難道那些沒有準備好的人，我們不需要費盡脣舌去說服他們嗎？」
- 「如果行銷計畫是圍繞特定區隔出來的人群量身訂做的，那麼這是否意謂著我們需要爲每種受衆類別分別訂做行銷計畫？這樣似乎是不恰當的。」
- 「有時候，這聽起來像是從未實現的奇幻仙夢。當我們爲器官捐贈做行銷廣告牌，不如把它掛在重要交通要道上，這樣在城市裡生活的每個人都會看到它。這樣算是標的行銷（target marketing）嗎？」

在本章中，你將深入閱讀區隔市場的好處，並學習選擇目標受衆的三步驟：

1. 將人口分爲幾個同質群體（homogeneous groups）。
2. 根據各種因素評估各區塊（segments）。
3. 選擇一個或多個區塊成爲標的（target）。

我們相信這個打破傳統區隔市場的方式，會令人感到振奮，選擇做好行爲改變準備的民衆成爲你的標的受衆。

行銷焦點　增加波特蘭奧勒岡新居民的交通方案選項（2011～至今）

資料來源：Portland SmartTrips.

背景

奧勒岡州波特蘭市（Portland, Oregon）是一個以具有強大基礎設施而聞名的城市，這些基礎設施足以支持包括騎自行車、步行和搭車在內的主動及替代交通模式，他們甚至還有街車（street car），波特蘭市政府認爲這些投資是明智的，因爲該地區的經濟發展極度依賴貿易和貨運，若能減少交通阻塞無異就是增加經濟利益，並且這種交通模式也可以建立更健康、安全的生活模式，及促進更多社區發展。

然而，計畫管理者知道僅有「建造它，利益就會來」的認知是不夠的。因此，他們將工作重點放在獨特的目標受衆，然後利用他們對決策過程和障礙識別的特殊見解，來創造創新策略。2002年，波特蘭交通處從澳洲和歐洲引進了名爲TravelSmart的個性化行銷計畫。在2004年進行試點研究後，該計畫進行調整修改並加上了SmartTrips品牌。在接下來的八年裡，該計畫成功幫助了城市內80%的家庭，並減少了數百萬英里的汽車行駛里程。[2]然而，規劃人員知道，即使項目成功也必須不斷改變和因應新的市場機遇。他們在2011年回應了這樣的機會，是一個爲獨特而有吸引力的群衆制定創新策略的機會：波特蘭地區的新居民。

案例內容由項目專家Andrew Pelsma和計畫負責人Linda Ginenthal提供，他們服務於波特蘭交通運輸處機動運輸部門（Portland Bureau of Transportation, Active Transportation Division），以及服務於工具變革及Cullbridge 行銷傳播公司（Tools of Change and Cullbridge marketing and communication）的Jay Kassirer。

標的受衆及策變行爲

爲什麼選擇新居民？首先，美國平均每年有15%的人口在進行遷徙，新居民代表了一個重要的、可識別的受衆群體，一個使用生命階段變項定義的受衆群體。[3]第二個原因是他們的處於「準備行動」（readiness for action）。當一個人改變住所時，需要做出許多新的決定，包括：如何去上班、上學和到商店購物。換句話說，新居民在這個變化的時刻，已經有改變的心理準備，這時候來創造新習慣（行爲）的機會是最大的。例如：對於那些新居民來說，需要彌補交通知識的落差，比如需要知道公共汽車的路線、如何搭乘，以及需要多少費用。SmartTrips的機會是填補這些空白（需求）。第三個原因是透過預測長期計畫的運作，增量成本會降低，以達到長期經濟計畫的效益。

對於這個計畫，新居民被定義爲在計畫實施之前的六個月期間內搬到波特蘭者，姓名和地址的資料是從美國郵政服務機構國家地址變更數據服務公司（U.S. Postal Service's National Change of Address Database）購買取得的。新居民進一步根據居住地理位置分爲三個不同族群。北波特蘭距市區約7英里，是集合住宅、商業和工業區的多元化社區。對於計畫規劃者而言非常重要的是，地形的特徵主要是平坦的人行道和友善的自行車街道，該地區還包括服務頻繁的巴士公車以及輕軌。相較之下，波特蘭西南部主要由住宅、商業區和大學等大型機構組成。它陡峭的山丘地形，不利於騎乘腳踏車和步行者。另一方面，該地區的巴士服務良好。最後，波特蘭東部是住宅區和商業區的混合社區。儘管存在自行車友善路線，但未鋪砌的道路和缺乏人行道連通性，是該地區的交通障礙。該地區的巴士和輕軌均服務良好。這三個地區均被選中爲標的，因爲這裡的交通方式與波特蘭市區相比，不能算是健康和活躍的交通方式，計畫規劃者希望能夠關注過去沒有注意到的住宅社區。爲了減少車輛行駛里程，該計畫提出了多種個人行進方式的替代方案：步行、騎自行車、共乘、拼車、公共汽車和輕軌。儘管許多交通需求管理項目都將工作重點放在通勤路線上，但該項目還關注以家爲基地的交通路程，如購物。正如你將會讀到的，考慮到他們的獨特需求和偏好，計畫開發了一種高度個性化的互動策略，以幫助個人居民選擇對自己最有吸引力的方式。

洞悉受衆

交通替代方式的隱藏障礙可以開出一張長清單，從浪費時間到天氣破壞、人身安全風險、設備故障（例如：自行車故障）以及對社會經濟汙名的擔憂。這個長清單加深了新居民對系統的恐懼，因爲新居民很容易被波特蘭這樣龐大系統的複雜性所淹沒。知識也是一個障礙，因爲人們對於可以選擇怎樣的交通方式缺乏認識，他們需要知道哪裡可以找到自行車友善車道、安全的慢跑步行路線以及交通接駁的地點、可達目的地和成本等更多訊息。加上居住環境改變導致生活安排的變化，新居民初來乍到一個地方的思維模式是混亂的，這使得人們並不容易捕捉到他們的注意力。活動企劃人員清楚地知道他們所面對的是什麼情況，這些知識爲他們的策略提供了啓發的靈感。

規劃者也知道他們的受衆所期待的價值利益，包括：想要更健康、省錢、能爲環境做貢獻，並享受當地社區。有鑑於認知效益必須超過預期成本才能進行交換，策略規劃人員面臨挑戰——他們即將遇到的挑戰，你將會讀到。

行銷策略組合

波特蘭的新居民計畫，品牌名稱爲「SmartTrip Welcome」，於2011年推出，主打透過量身訂做的個人訊息，提供符合個人需求的行程選擇「錦囊」，並樂意與新居民進行對話。行程方案（program options）按照交通運輸模式分類，並與各種產品（貨物和服務）、激勵措施（價格）和宣傳材料（見圖5.1）一起打包，稍後你會閱讀到該計畫的獨特發送系統（地點）。

圖5.1 行程方案的推廣素材

資料來源：Portland SmartTrips.

- 步行方案。「十趾散步」（Ten Toe Walking）錦囊內容，包括一個區域步行地圖、一本《奧勒岡州行人守則》手冊、鄰近的步行團時間表，其中還包括一個行動不便的老人步行輔助車團、「走向健康」宣傳手冊、行走日誌可記錄每日行走步數，以及由Kaiser Permanente捐贈的免費計步器。
- 自行車方案。「騎乘波特蘭」（Portland by Cycle）錦囊內容，包括全城街區自行車路線地圖、自行車騎士的道路規則和技巧、自行車隊行程時間表及工作坊資訊、「自行車頭盔」選購手冊和「女士自行車騎士」資源指南。
- 乘車方案。錦囊內容包括巴士和輕軌時刻表，特別針對老年人的《銀髮族指南》，以及一張個性化的追蹤卡，提供最靠近居家的四個巴士站車號和時間表。
- 駕車方案。錦囊內容提供有關汽車共享（car sharing）和拼車（carpooling）的訊息，以及老年人的道路安全手冊。

計畫規劃人員認爲，多年來SmartTrips努力取得成功的衆多原因之一是參與者獲得了「他們想要的」訊息和服務。因此計畫人員將他們與新居民的溝通方式分爲三個步驟：(1)與新居民連繫；(2)處理並填寫訂單，以及(3)寄發個人的相關材料。他們以一張有趣的明信片「嘿，我們知道你是新來的鄰居……」，表現了幽默並引人注目，使這些明信片從典型的垃圾郵件中脫穎而出，引起新居民上網進一步了解活動內容的興趣（見圖5.2）。然後，居民可以從回應線上訂購單指出他們的偏好，也可以透過郵寄表明他們的興趣，他們的個人資訊將會輸入到數據資料庫中，以便追蹤後續情況和進行未來的溝通。一旦新居民的訂購單被接受處理，每個新居民將會收到一封感謝信、確約書（pledge form）和當地折扣優惠券。根據參與者的興趣，活動為每個人準備了一個個性化的包裹，並且在保持個人化的方式下，這些材料被放在可重複使用的手提包內，噹噹！這時候，活動最有趣的部分開始了——自行車運送！是的，工作人員透過自行車派送個性化包裹，這種方式被活動企劃人員認為是最具有成本效益和高效率的方法。計畫負責人認為這種方式為波特蘭交通運輸局的積極運輸承諾提供了可信性，並為項目參與者提供了一個與交通專家面對面交流的機會（見圖5.3）。

圖5.2　寄給新居民的有趣明信片正面

資料來源：Portland SmartTrips.

圖5.3　計畫工作人員使用腳踏車遞送個人化交通錦囊包裹

資料來源：Portland SmartTrips.

後續主動的跟進措施，使計畫更有效地獲得參與者的回應。他們在派送材料兩週後，主動打電話給新居民問候，讓居民有機會提出其他問題並提供持續的支持和鼓勵。接下來根據新居民的知識水準、態度、需求、假期和人口特徵，陸續發出個人化的電子郵件，第一封客製化的個人電子郵件，強調他們所選擇的通勤模式的相關資訊，第二封則提供他們關於鄰里環境的交通生活資訊。

結果

這個活動採用三種方法來衡量從2011年秋季開始啟動的項目成果：新居民分析、區域分析和長期分析。

- 新居民分析。將新居民的樣本人口分成兩組：對照組和調查組。這個分類可幫助控制可能影響新居民社區的因素，包括：天氣、失業率和天然氣價格。在項目啓動前三週，將一份調查問卷郵寄至目標調查組（n = 5,400）和對照組（n = 1,352），其中有953個（18%）調查組和230個（17%）對照組回覆問卷，這份問卷主要調查他們對工作通勤和居家交通資源資訊覺醒的情況。在完成SmartTrips歡迎計畫的試點研究後，研究人員採用郵件方式向原來的目標調查組和對照組寄出後續調查問卷，並提供50元購物券激勵回覆調查。
- 區域分析。該分析側重比較三個標的地理區域，旨在了解區域差異的影響，包括不同的地形、交通服務和交通基礎設施。
- 長期分析。以一年期間縱向（longitudinal panel）測量和記錄參與者的長期進展情況。研究選擇一組（356名）線上受訪者要求其填寫通勤日記（a trip diary）並回覆調查問卷，以建立評估基準數據（baseline data）。在實施個性化行銷錦囊包裹派送，並在全年提供持續鼓勵和加強後，一年後參與者將須進行同樣的調查。

根據953份新居民回覆問卷的調查結果與230份對照組調查相比，顯示車輛行駛里程減少1,076,118哩，相當於每位新居民每年200英里，空車駕駛減少10.4%。三個地區（北部、西南部和東部波特蘭）都顯示出在這些地區的對照組的改善。長期調查結果則顯示調查一年後，居民空車駕駛減少7%，採用環保交通方式則增加9%。

步驟三：選擇標的受眾

在規劃過程的這個時間點，你應該已經確定了計畫內的以下元素（括號後爲使用假設案例作爲示範說明）：

- 目的（例如：減少垃圾填埋和運輸成本）。
- 焦點（例如：將廚餘變成後院的堆肥）。
- 優勢最大化（例如：讓家庭後院變成能源中心）。
- 弱勢最小化（例如：城市內的垃圾回收服務也開始蒐集廚餘）。
- 把握機會（例如：社區持續對自然園藝的興趣）。
- 預防威脅（例如：增加囓齒動物種群）。
- 可能發現對你計畫有幫助的現有活動（例如：來自州生態部門網站上的成功案

例）。

你現在已準備好爲你的計畫選擇一個或多個標的受衆，標的受衆的定義是公司決定服務的一組具有共同需求或其他特徵的買家組合。他們是一個更大的人口組合中（母群體）的子集合，將成爲你服務的對象。在城市公用事業管理處（utility）的案例中，住宅家庭是在後院製作堆肥活動焦點的潛在人群（implied population），但還不能算是標的受衆。你的活動必須針對這個潛在人群進行細分後，選擇一組或多組的區隔市場，然後根據他們的特性進行策略企劃。

選擇標的受眾的步驟

爲你的活動確定這些標的受衆需要三個步驟，分別是：區隔、評估及選擇。這些步驟將在以下部分進行簡要介紹，並在本章其他章節進行詳細說明。

1. 區隔市場

首先，活動中最相關的（較大的）人口應該被分成幾個較小的群體，因爲他們可能需要獨特的策略才能被說服他們改變行爲。你最終選取的小群體應該有一些共同的東西（需求、慾望、障礙、動機、價值觀、行爲或是生活方式等）——這使得他們可能對你所企劃的活動能夠做出類似的回應。根據關於堆肥案例的背景訊息，顯示熱情的園丁對利用廚餘製作堆肥最感興趣，於是這個城市的公用事業管理處初步界定了四個細分市場。正如你所見的，他們的市場細分是基於價值觀、生活方式和行爲變項的組合：

- 熱情園丁會將大部分廚餘放在庭園廢物袋內（yard waste container）。
- 熱情園丁會將大部分食物廚餘丟棄於垃圾桶或倒入下水道。
- 熱情園丁將大部分廚餘放在後院堆肥器皿中（backyard composter）。
- 其他家庭，但沒有熱情園丁。

2. 評估市場

然後根據本章後續所介紹的各種因素對每個細分市場進行評估，這些因素將幫助你確定優先順序（甚至可能會刪除一些細分市場）。對於食物垃圾堆肥的情況，企劃者應該非常渴望了解更多關於這些細分市場的更多訊息，首先是規模（小群體中的家庭總數），藉此了解該細分市場對固體廢物流（solid waste stream）的影響。他們同時也需考慮是否能夠接觸到細分市場的群衆，以及他們對在自家後院用廚餘堆製堆肥的看法與接受程度。例如：熱愛園藝的人可能會對這種新做法感興趣，因爲他們能夠在他們的花園內看到堆肥的價值。

3. 選擇一個或少數幾個區隔市場

理想情況下，你只能選擇一個或少數幾個區隔市場（segments）作爲活動的標的受衆，然後針對他們明顯的特性開發出能夠有效吸引他們的獨特策略。請記住，如果你選擇多個受衆群體，則可能需要針對每個受衆群體制定不同的行銷組合策略。一個影響熱情園丁將他們的廚餘倒在庭院廢物袋或是放在後院製作堆肥，兩種活動的訴求是不同的，因此需要不同的激勵因素和訊息，甚至傳播管道也不同，更不同於對於非熱情園丁的普通人，說服他們回收廚餘製作堆肥。事實上，公用事業公司可能會讓後者成爲最後的優先考慮對象，因爲他們希望能透過活動的努力，創造出不一樣的成果。

這種區隔和市場定位的過程雖然有時是單調乏味和複雜的，但卻提供了許多好處，資深的市場行銷人員都知道「他們無法吸引市場中的所有買家，千萬別妄想以同樣的方式就想要吸引所有的買家」。[4]

- 提高效能（effectiveness）：結果（成功影響行爲的數量）會更大，因爲你設計的策略能夠滿足標的受衆的獨特需求和偏好，因此「成功」。（就像釣魚一樣，如果你使用魚兒愛吃的誘餌，就能得到你想要的魚……越來越多！）
- 提高效率（efficiency）：與產出相關的成果（花費的資源）可能更大，同樣是因爲你付出努力把資源做了正確的調配，使得區隔市場能夠快速回應你的策略。（同樣以釣魚爲例，因爲選對魚餌，你甚至可能在最短時間內，用最少的魚餌捕捉到所有的魚！）
- 資源合理配置：將市場細分的好處，就是你可以根據客觀訊息將資源進行合理的分配。
- 發展策略：區隔市場後，你可以在探索細分市場特性後，產生能夠影響受衆購買你的策變行爲的想法，並將其發展成爲行銷策略。

即使出於各種目的，必須對所有市場發展行銷計畫，區隔市場至少會爲組織提供一個框架，讓你各個擊破，能分別在每個市場發展出獲得成功的策略。

用來區隔市場的變量

區隔市場的潛在變量和模式是巨大的，並且還在不斷擴大。本節除說明傳統商業行銷人員使用數十年的市場區隔方法外，亦會將社會行銷學者及從業者成功發展的獨特模型在此一併介紹。

請記住在最初區隔的過程中，在你確認選擇標的受眾之前，你的目標是盡可能創造出多個具有吸引力的潛在區隔市場（potential segments）。你將透過變量（variables）來細分群體，產生具有市場行爲預測意義的區隔（segments）市場，這些被細分出來的市場會對你的報價（產品、價格、地點）以及你的推廣元素（訊息、信使、創意元素和傳播管道）有類似接近的一致反應。

傳統變量（Traditional Variables）

表5.1列出傳統上對消費者市場進行分類和描述的常用變量列，每個細分出來的變量也適用於社會行銷環境（市場）。[5]

人口分類根據人口普查形式常見的變量，將市場分爲幾組：年齡、性別、婚姻狀況、家庭規模、收入、職業（包括：媒體、立法委員、醫生等）、教育、宗教、種族和國籍。人口變項有時被稱爲社會人口（sociodemographic）或社會經濟（socioeconomic）因素，這些因素是分組市場最受歡迎的基礎，原因說明如下。首先，它們是需求、慾望、障礙、利益和行爲的最佳預測因素。其次，這類關於市場的訊息比其他變量如個性特徵或態度更容易獲得，最後，這些變量非常易於描述並找到市場，可快速與他人共同發展和實施計畫策略。

範例：針對免疫活動，人口變項即是非常適用的區隔變量，因爲免疫時間表根據年齡會產生很大的差異。企劃人員可以根據以下區隔市場的人口群體，發展適合他們的市場行銷策略：

- 出生至2歲（3%）。
- 3-6歲（5%）。
- 7-17歲（20%）。
- 18-64歲的成年人（52%）。
- 65歲及以上的老年人（20%）。

地理變量使用地理區域來區隔市場，例如：大陸、國家、州、省、地區、縣、城市、學校和社區及相關要素，例如：通勤模式、工作地點和鄰近地區地標。

表5.1 消費者市場常見的主要區隔變量

變量	樣本分類
地理	
世界區域或國家	北美、加拿大、西歐、中東、環太平洋、中國、印度、巴西
國家或區域	太平洋、高山區、西北中央區、西南中央區、東北中央區、東南中央區、南大西洋、大西洋中央區、新英格蘭
城市或都市規模	小於5,000、5,000～20,000、20,000～50,000、50,000～100,000、100,000～250,000、250,000～500,000、500,000～1,000,000、1,000,000～4,000,000、超過4,000,000
密度	城市、近郊區、遠郊區、鄉村
氣候	北方的、南方的
人口	
年齡	6歲以下、6～11歲、12～19歲、20～34歲、35～49歲、50～64歲、65歲以上
性別	男、女
家庭人口數	1～2人、3～4人、5或更多人
家庭生命週期	青少年、單身；已婚，沒有孩子；已婚與孩子同住；單親家長；未婚伴侶；已婚老人，沒有18歲以下的孩子；單身老人；及其他
收入	低於$10,000、$10,000～$20,000、$20,000～$30,000、$30,000～$50,000、$50,000～$100,000、$100,000～$250,000 、超過25萬美元
職業	專業和技術；經理、官員、業主；辦事員、銷售、手工藝；管理員；作業員；農民；退休；學生；家庭主婦；失業的
教育	小學或以下、國中、高中、大專、研究所
宗教	天主教、基督教、猶太教、穆斯林、印度教、其他
種族	亞洲人、西班牙裔、黑人、白人
世代	嬰兒潮、X代、千禧代
國籍	北美、南美、英國、法國、德國、俄羅斯、日本等
心理	
社經地位	低階、中低階、工人階級、中等階級、中上階級、次高階、高階
生活型態	成就者、奮鬥者、掙扎者
個人特質	強迫性、外向、專制、雄心
行為	
時機	經常性場合、特殊場合、假期、季節性
利益	品質、服務、經濟、便利、速度
使用狀態	非用戶、前用戶、潛在用戶、初次使用者、普通用戶
使用率	輕度使用、中等使用、重度使用
忠誠度	無、中等、強壯、絕對
準備階段	不知道、意識到、知情、感興趣、渴望、有意購買
對產品態度	熱情、積極、漠不關心、消極、敵對

資料來源：From *Principles of Marketing*, 9th ed. (p. 252), by P. Kotler and G. Armstrong. Copyright © 2001. Reprinted by permission of Pearson Education, Inc., Upper Saddle River, NJ.

範例：一個致力減少通勤族空車駕駛情況的組織可能會發現，如果根據員工居住地與工作地點的距離、現有汽車共乘路線、現有休旅車共乘路線來企劃策略，將會非常管用。然後，企劃人員可能會決定前四組員工代表最有可能改變原來空車駕駛行爲：

- 居住在休旅車共乘路線上的員工（10%）。
- 居住在距離汽車共乘路線上5英里內的員工（5%）。
- 彼此住家相距5英里以內的員工（15%）。
- 居住在步行或騎自行車可達工作場所距離的員工（2%）。
- 所有其他員工（68%）。

心理變項使用社會階層、生活方式、價值觀或個性特徵來區隔市場。你可能會發現，你的市場往往因個人價值觀而異，像是對環境的關注，而不是某些人口特徵（如：年齡）。

範例：減少家庭暴力的活動可能會發現，根據潛在受害者內在的自尊來進行市場區隔，可能會是不錯的方式：

- 高度自尊（20%）。
- 中度自尊（50%）。
- 低度自尊（30%）。

行爲變量使用對產品相關的知識、態度和行爲來區隔市場。在這種方法中可以考慮幾個變量：根據時機（occasion)（正在使用產品或決定使用產品）、追求利益（benefit sought）（使用產品期待獲得怎樣的利益）、使用率（使用頻率）、準備階段（相對於購買）和態度（對產品／報價）。

範例：捐血中心可根據捐贈歷史優先分配資源，進而提高效率，並將最多的資源分配給忠誠的捐血者：

- 過去五年中捐血超過10次（10%）。
- 過去五年內捐血2至10次（10%）。
- 僅在五年內曾經捐血一次（5%）。
- 僅在五年前曾經捐血一次（5%）。
- 從未捐血者（70%）。

事實上，行銷人員很少如上述的案例示範般，僅使用一個變量來區隔市場。

他們更經常使用變量的組合來提供區隔市場的豐富輪廓，或創造一個更小、更好定義的區隔市場。[6]例如：即使血液中心最後決定針對在過去五年內不止一次捐血的20%市場，如果某種特定血液類型的供應不足且需求量很大，他們可能會進一步按血型進行細分。

改變的階段

改變模型的階段（The stages of change model）過去也被稱爲跨理論模型（transtheoretical model），最初是由Prochaska和DiClemente在20世紀80年代初開發的[7]，並且在過去的幾十年中經過測試和改進。在1994年的出版物《永久變革》（*Changing for Good*）中，Prochaska、Norcross和DiClemente描述了人們經歷改變行爲的六個階段。[8]當你閱讀每一個階段的說明時，請先假想你正在針對一個特定族群進行策變，如果你是一名學生，你可以假想策變的群體是班級同學。

思考前期（precontemplation）：「在這個階段的人通常無意改變他們的行爲，並且通常否認有問題。」[9]對於你想「銷售」的行爲，你可以把這個市場想像成「聽起來睡得很熟」（sound asleep）。他們可能在過去曾經醒過來想過購買這個產品，但不論如何他們已經又回去睡覺，並睡得很沉。倡導戒菸的活動中，這個區隔市場沒人考慮戒菸，不認爲他們吸菸有任何的問題，或者當中有人曾經嘗試過，但決定不再嘗試。

思考期（contemplation）：「人們承認自己有問題，並開始認眞思考如何解決問題。」[10]或者他們可能有需求或渴望，並一直在考慮如何實現它。他們「清醒但沒有行動」（awake but haven't moved）。這部分吸菸者正因爲任何原因而考慮退出，但尚未明確決定並且沒有採取任何措施。

準備期：「準備階段的大多數人計畫採取行動……並且在他們開始改變他們的行爲之前做出最後的調整。」[11]回到我們的睡眠比喻，他們已經「坐起來」（sitting up）——甚至他們的腳已經從床上下到地上了。在這個區隔市場，吸菸者決定戒菸，並可能已經告訴其他人有關他們打算戒菸的意圖。他們可能已經決定將如何戒菸，以及什麼時候開始戒菸。

行動期（action）：這是人們明顯改變行爲和周圍環境的階段。在這個階段，他們停止吸菸，並將所有甜點從房屋中取出，倒入最後一杯啤酒，來面對他們的恐懼。也就是說，他們做出了他們一直在準備的動作。[12]他們已經「下床」了，喊要戒菸的人也開始停止吸菸了，然而，這可能還不是一種習慣。

維持期（maintenance）：「在維持期間，個人的工作是鞏固在行動和其他階段所獲得的成果，並努力防止失誤和復發。」[13]戒菸的人在六個月或一年內不曾吸過菸，並且致力於不吸菸。然而，有時他們不得不努力提醒自己，當他們菸癮復發時，他們必須努力分散注意力。

終止期（termination）：「終止期是所有尋求改變的人的終極目標。在此階段，以前的菸癮問題將不再存在任何誘惑或威脅。」[14]這個階段的人不想再回到過去吸菸的日子，他們現在是終身的「戒菸者」。

這種模式吸引人的特點是，作者提供了一種評估市場階段相對簡單的方法。他們建議提出四個問題，並根據問題的回答將受訪者分為四個階段中的一個。[15]表5.2總結四個問題的答案及回答，對應所處的五個改變階段。

專欄5.1顯示的模型，「市場提名遊戲」（name of the marketer's game）是將區隔市場移動到下一個階段。作者（Prochaska、Norcross和DiClemente）提出警告：

> 現實生活中，線性進展是一種可能但相對罕見的現象。事實上，人們通常從思考期到準備行動期再到維持期。然而，大多數情況下，在某些時候滑落，需要重新回到思考期開始，有時甚至回到思考前期的階段。[16]

表5.2 改變階段的定義

決定/回答	決定/回答				
	思考前期	思考期	準備期	行動期	維持期
我六個月前就已經解決這個問題	否	否	否	否	是
我在過去六個月內曾經採取行動	否	否	否	是	是
我打算在最近採取行動	否	否	是	是	是
我打算在六個月後再來行動	否	是	是	是	是

專欄5.1 改變進度的階段

思考前期⇒思考期⇒準備期⇒

行動期⇒維持期⇒終止期

圖5.4是Prochaska等人對更可能的變化模式所列的圖示，這是一種螺旋形的變化。

創新的擴散

商業行銷人員長期以來總是提到Everett Rogers的創新擴散理論（diffusion of innovation），該理論指出，當產品進入市場時，首先購買的是創新者（innovators）和早期採用者（early adopters）。接下來是早期和晚期的多數，最後，還有落後者（laggards），甚至從不購買的人。有些人認爲這種模式是區隔市場，進而影響大衆行爲的最重要理論。Kotler和Roberto採用多數人引用的Rogers和Shoemaker的理論，描述擴散的概念並說明行爲採用的階段。

圖5.4 螺旋形的改變

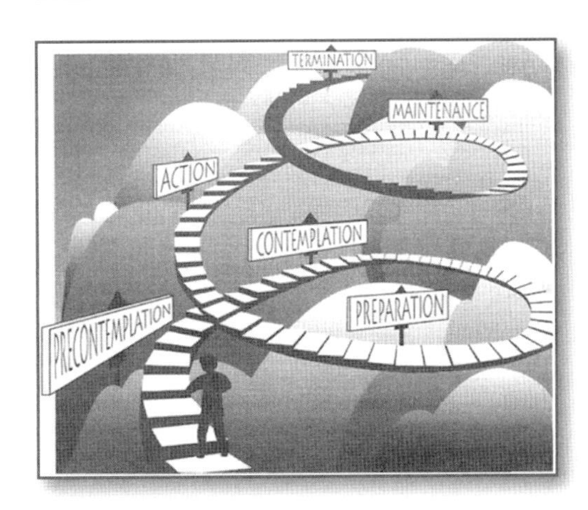

資料來源：J. Prochaska, J. Norcross, and C. DiClemente, *Changing for Good* (New York: Avon Books, 1994), 40-56.

社會行銷人員需要有計畫和管理大眾的採用行為能力，採用擴散理論說明了個人行為及新想法或新方案向大眾擴散的機制……。

創新的擴散研究顯示，不同採用時間次序的採用者，在不同時間接受創新。表5.3總結不同階段採用者的規模（size）、採用時間次序（adoption）及採用動機（motivations）。擴散的過程從極少數具有創新意識的採用者開始（2.5%），這些創新者被創新物的新穎性所吸引，並且有追求與眾不同的需

表5.3 對創新擴散有用的創新擴散理論及其元素內涵

目標採用者區隔	假設規模（%）	採用的時間次序	採用的動機
創新者	2.5	第一	需要新穎及與衆不同
早期採用者	13.5	第二	與創新者的接觸中發現創新物的內在／便利價值
早期多數者	34.0	第三	刻意模仿的特質及需求
晚期多數者	34.0	第四	加入由採納對象多數引發的潮流的需求
落後者	16.0	最後	尊重傳統的需求

資料來源：Adapted with permission of The Free Press, a division of Simon & Schuster, Inc., from *Communications of Innovations: A Cross-Cultural Approach* (2nd ed.), by Everett M. Rogers, with F. Floyd Shoemaker. Copyright @ 1962, 1971 by The Free Press.

求；他們之後是早期採用者（13.5%），他們看出社會產品的內在價值後便被其吸引；第三個採用創新物的是早期多數（34%），他們基於模仿、從眾的需求，當發現產品時，便決定購買它；晚期多數者（34%）緊追在後；然後是落後者（16%），因爲這時該產品已經普及並被廣泛接受。17

社會行銷人員也使用這種模式解讀創新的傳播。請參閱專欄5.2，了解社會行銷的創新理論版本。

健康生活型態的市場區隔

表5.4爲以健康生活型態進行市場區隔的理論示範。該系統內包含幾個區隔市場變量，包括：人口統計學、心理學以及與個人健康有關的知識、態度和目前行爲。由此產生的區隔市場爲企劃人員描繪出每個區隔市場受眾的豐富圖像，讓企劃人員更能規劃出奇制勝的策略。

例如：一個體適能的活動想要影響體面懶漢族（Decent Dolittles）養成運動的習慣，活動將會強調適度運動對身體的益處，以及如何將運動融入日常生活的活動，讓人可以邊運動邊和朋友「閒扯」。相較之下，影響緊張卻勇於嘗試族的策略會將重點轉移到運動對身體健康的益處，特別是與壓力有關的疾病。

環境的區隔市場

喬治梅森大學（George Mason University）的Mason教授熱衷於受眾的市場區隔：

> 選擇合適的受眾群體，可能是你辦活動的最重要決定。不管是針對上游或下游受眾的社會行銷計畫，界定你能影響的族群以及他們是誰，將是非常重要的工作，如果你成功影響他們，那意謂著你將極大程度地改變你所想解決的社會課題現況。18

爲了改善公眾參與氣候變遷，Maibach、Leiserowitz和Roser-Renouf進行了一項全國性研究。19在2008年秋季，他們開展了一項全國性的網絡調查，以衡量美國人對氣候變遷的信念、課題參與、政策偏好和行爲，然後使用市場區隔技術，界定了六個不同的組別，描述如下（請參閱圖5.5）：

專欄 5.2

「讓我知道」/「幫幫我」/「讓我不得不」：創新模式擴散的社會行銷版本

當一種新行爲導入市場時，前兩個小組（創新者和早期採用者）通常只要有人向他們展示如何做才能獲得健康、預防傷害、保護環境，並爲他們的社區做出貢獻。所以通常只要使用訊息和教育就能獲得良好效果，因此我們稱他們爲「只要讓我知道族」（just Show Me group）。

兩個位於中間、通常人數比例最多的群體（早期和晚期多數）對某些行爲可能有興趣，或者至少不反對，但他們的問題是行動障礙，因此他們需要實體商品和接觸服務來幫忙戒菸，戒菸熱線就是不錯的點子；他們需要激勵措施來幫助他們處理做好牆壁和閣樓的隔離以減少電費；他們需要更方便的時間和地點來回收他們不需要的處方藥，最好就是在藥房，我們稱這個族群爲「幫幫我族」（please Help Me group），他們是社會行銷人員「爲何存在」的原因，應該得到我們最大的關注和資源。

最後一批（落後者）對這些行爲毫無興趣，除非我們透過法律和罰款，否則他們很可能不會理會你的呼籲，我們稱他們爲「讓我不得不族」（you'll have to Make Me group）。

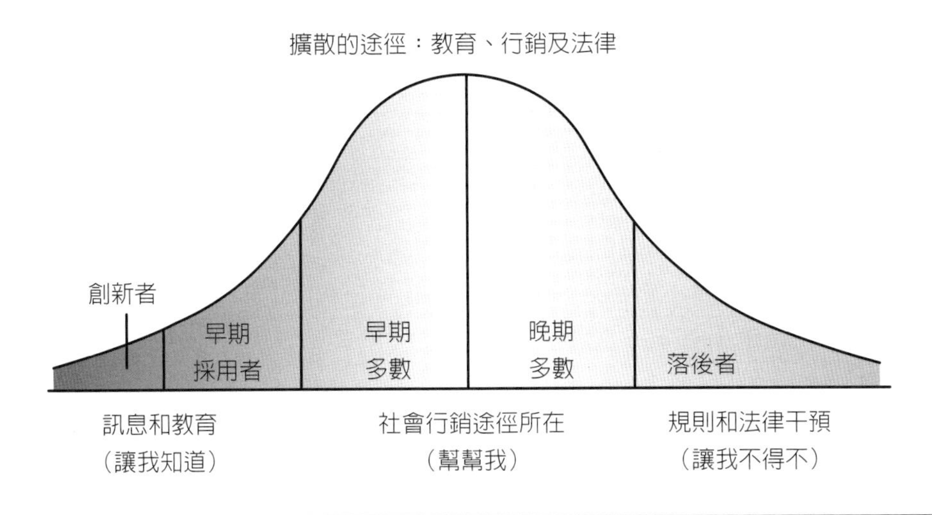

資料來源：Graphic based on Everett Rogers's diffusion of innovations model, reinterpreted by Jay Kassirer, Mike Rothschild, Dave Ward, and Kristen Cooley.

表5.4 健康生活型態市場區隔系統用於美國民衆健康生活區隔市場的項目

體面的懶漢族（Decent Dolittles）（24%）
他們是最不愛運動的群體之一。雖然不太會吸菸或喝酒，但他們不愛運動、吃營養的食物，並運動來保持理想的體重。體面的懶漢族知道他們應該做這些事情來促進他們的健康，但他們就是不覺得自己有能力做這些事，他們的朋友和家人也傾向於避免這些行為，他們將自己形容為「宗教的」、「保守的」和「乾淨的」。
積極魅力族（Active Attractives）（13%）
他們以好看的外表和容易相處讓人印象深刻。積極魅力族渾身總是洋溢青春活力，他們通常不吸菸，並有較其他組別更嚴格的脂肪攝取控制標準，他們很有動力，總是透過運動保持體重，雖然並非總是成功。品酒是他們生活方式的重要型態，積極魅力族經常透過冒險來追尋生命的感動。他們將自己描述為「浪漫的」、「充滿活力的」、「青春洋溢的」和「虛榮的」。
艱難生活享樂主義族（Hard-Living Hedonists）（6%）
他們對追求健康並不感興趣，並且比其他人更愛吸菸和飲酒。他們嗜吃高脂肪食物，並不在乎脂肪攝入量，儘管如此，他們的體重並不會超重，同時能夠適度運動。雖然他們是對自己的生活最不滿意的群體，但他們並不想做任何與健康有關的行為改變。艱難生活享樂主義者與其他群體相較，更容易使用興奮劑和非法藥物來麻痺生活。他們形容自己為「大膽的」、「喜怒無常的」、「粗獷的」、「獨立的」和「激動人心的」。
緊張卻勇於嘗試族（Tense but Trying）（10%）
他們與健康導向的區隔市場非常類似，除了他們是菸槍。他們積極運動並且努力控制他們的脂肪攝入量和體重，他們樂意運動、吃健康食物，並且能有效控制體重。緊張卻勇於嘗試者往往比其他群體更容易焦慮，這個群體問身體有潰瘍問題，且使用鎮靜劑的人數比例最高，並且經常到醫院向精神健康顧問進行諮詢。他們將自己描述為「緊張的」、「易激動的」、「敏感的」和「嚴肅的」。
無興趣的虛無主義族（Noninterested Nihilists）（7%）
他們是對健康生活最沒興趣的人，並不認為人們應該採取措施來改善他們的健康。因此，他們大量吸菸、從不運動、吃高脂肪食物，並且從不努力進行體重控制，儘管如此，他們並不酗酒，只有偶爾小酌。在所有的群體中，無興趣的虛無主義者的身體最不好、經常生病臥床，到醫院看病治療的次數最多。他們形容自己是「沮喪的」、「喜怒無常的」、「戀家的」。
體能幻想族（Physical Fantastics）（24%）
他們是最重視健康的群體，努力保持著健康的生活型態。他們從不吸菸或飲酒，平時運動，重視營養飲食和努力控制體重。他們大多處於成年後期，並且有相當多的慢性健康狀況。體能幻想者總是遵循醫生的建議來調整飲食，並定期與其他人討論和健康有關的話題。
被動健康族（Passive Healthy）（15%）
他們的身體非常健康，儘管他們並不注重健康的生活型態。他們從不吸菸或喝酒，是所有群體中最活躍的一族，雖然他們攝取大量的脂肪食物，但他們卻是所有群體中身材最瘦的。被動健康族並不重視身體健康，所以也完全沒有動力去改變他們的行為。

資料來源：Reprinted by permission of Sage Publications Ltd. from Maibach, E. A., Ladin, E. A. K., and Slater, M., "Translating Health Psychology Into Effective Health Communication: The American Healthstyles Audience Segmentation Project," in *Journal of Health Psychology*, I, pp. 261-277. As appeared in Weinreich, N., *Hands-On Social Marketing: A Step-by-Step Guide* (p. 55).

圖5.5 美國成年人分布於六種全球暖化見解族群的比例圖示

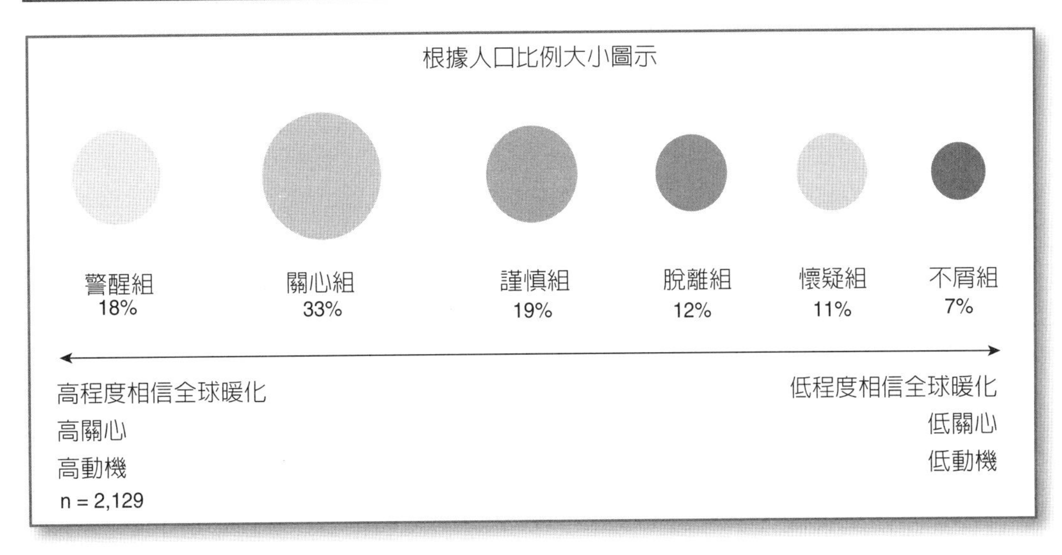

資料來源：A. Leiserowitz and E. Maibach, Global Warming's "Six Americas": An Audience Segmentation (Fairfax, VA: George Mason University, Center for Climate Change Communication, 2010).

- 警醒組（18%）是參與全球暖化問題最多的群組。他們完全相信這是由人類造成的，對人類而言是一種嚴重和緊迫的威脅。警醒族的成員已經在改變自己的日常生活，並積極支持國家對氣候變遷的反應。
- 關心組（33%）他們適度地相信全球暖化是一個嚴重的問題，儘管他們強力支持國家的應對，但他們明顯較少參與此問題，並且不像警醒族，他們較缺乏個人行動。
- 謹慎組（19%）他們雖然認爲全球暖化是一個問題，但他們並不覺得很嚴重，不會把這問題看作是對個人的威脅，因此並沒有需要透過個人或社會行動處理它的急迫感。
- 脫離組（12%）他們從來不曾對這個問題多加考慮，同時也是最有可能可以輕易改變對全球暖化想法的族群，他們通常選擇「不知道」選項來回應所有關於全球暖化的調查問題。
- 懷疑組（11%）平均分布在那些認爲全球暖化正在發生、全球暖化並未發生及那些認爲不知道的人當中。這個族群內的許多人都認爲，如果全球暖化正在發生，它是由環境的自然變化引起的，因此在未來不會造成人類傷害，就算有可能造成傷害，美國政府已經做出足夠應對威脅的措施。
- 不屑組（7%）他們和「警醒組」一樣積極參與了這個問題，只是站在另一端。

這族群的人絕大多數人認爲根本沒有全球暖化的問題，全球暖化既不會對人類造成威脅，更不是人類造成的，所以根本不需要多加理會這個問題，無論個人或社會都不需要。

隨後，Maibach及其同事開發了一個簡短的（15題問題）調查工具，並附帶SPSS和SAS統計巨集，以便其他研究人員和活動企劃人員可以快速了解所針對的標的受衆人口在這六種型態的分布情況。

世代的區隔市場

一些研究人員和理論家指出，世代（generation）在區隔市場上所發揮的力量。每一世代的人都深受其成長時期的環境因素影響——音樂、電影、政治、科技發展、經濟和當時的特殊事件（例如：大蕭條、911、世界大戰）。人口統計學家將世代群體稱爲同期群（cohorts），其成員具有類似的重要文化、政治和經濟經驗。[20]表5.5中的五個小組說明目前流行的世代區隔市場及特徵。[21]

對社會行銷人員來說，這些同期群體的區隔市場及特徵，可以說明他們的當前信仰、態度和行爲。然而，Kotler和Keller建議我們考慮一些其他變量對這些同期群體的影響。例如：來自同一同期群體（嬰兒潮世代）的兩個人的人生階段可能完全不同（例如：最近一個離婚，另一個未婚）；身體狀況，也就是跟年齡有關的狀況（例如：一個禿頭，另一個有糖尿病）；或者社會經濟地位（例如：一個最近失業，另一個最近獲得一筆遺產）。[22]更多的多變量分析勢必導致更多的見解，也就能更有效的進行市場區隔，本章末尾研究焦點將深入闡述這項市場區隔技術。

表5.5　以世代區隔市場

出生	命名	年齡（2014）	主要特徵
1927-1945	傳統派	69～87歲	忠誠、勤勞、守紀律、愛國、有公德心的
1946-1964	嬰兒潮	49～68歲	樂觀、主動、有競爭力、工作導向的
1965-1977	X世代	27～49歲	憤世忌俗、自我啓發、獨立、足智多謀、媒體達人
1978-1994	Y示代	20～26歲	前衛的、重視都市風格、比X世代更理想主義
1995-2002	千禧代	12～19歲	科技達人、多元文化、在富裕社會長大

集群系統：PRIZM和VALS

PRIZM和VALS產品是兩種用於將消費者市場分成同質區隔市場的著名商業模式，所分出來的群體通常被稱爲集群（clusters）。

PRIZM是Claritas公司提供的一種地理人口分類系統，它根據66種不同的社會群體類型描述每個美國社區，稱爲「區隔市場」（segments）。[23]有相同社會經濟特徵（socioeconomic）的地區會被集合在一起，成爲66個集群中的一個。這個系統是「物以類聚」（birds of a feather flock together）的原理應用，也就是人們在選擇居住地時，會傾向於尋找與他們的生活方式相近的鄰居，他們會尋找類似環境中有類似消費行爲模式的鄰居。區隔市場上使用了諸如「神的國家」、「紅色、白色和藍色」、「兒童和死胡同」及「藍血遺產」等活潑可愛的名字來命名，並爲集群描述特徵，提供人口統計數據以及與生活方式有關的行爲模式。例如：國家生態部門想要發起一個減少亂丟垃圾的活動，那麼採用Claritas分析可以找出哪些城市的居民有最多的亂丟垃圾罰單，如此就可以找出最有廣告價値的公車路線，進行亂丟菸頭罰款1,025美元的活動宣傳了。

知名的VALS市場區隔系統使用人格特質，將美國成年消費者分爲八個區隔市場。圖5.6顯示了八種主要的VALS消費者類型。圖中的橫軸表示主要動機，而垂直軸表示資源。利用主要動機和資源，VALS定義了八種主要類型的成人消費者，他們有不同的態度、行爲表現和決策模式。你會如何使用它？如果你任職於任務是增加選民投票率的非營利性組織，這個系統可能會帶給你非常大的幫助。首先你可以找出投票機率最大的區隔市場，透過GeoVALS系統，針對他們所分布的郵遞區號密度最高的地區，發動鼓勵投票的活動。

圖5.6 VALS 市場區隔系統

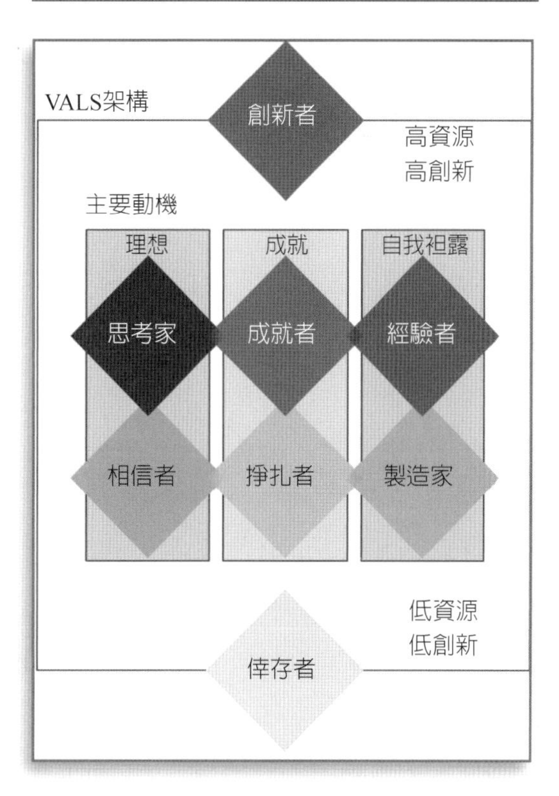

資料來源：SRI Consulting Business Intelligence (SRIC-BI).

爲中、上游受衆區隔市場

在這個時間點，我們一直專注於如何使用區隔變量來區隔市場，希望能挖掘出那些眞正對採用行爲有興趣的人（有時我們稱他們爲下游受衆群體）。然而，正如你在第1章中所看到的，市場中能產生對個體巨大影響力的中、上游受衆，才是社會策變策略成功之所在。

- 中游受衆包括家庭成員、朋友、鄰居、教會領袖、醫療保健提供者、教師、執法人員、演藝人員、媒體、Facebook朋友以及其他接近標的受衆的人群，特別是能傾聽、觀察他們或他們所仰望的人群。
- 上游受衆包括政策制定者、學區、公司、基金會和其他具有決策權力和／或資源的群體，他們可以建設支持行爲改變的基礎設施、商業實踐及環境（例如：自行車道、包裹上的標籤、酒吧內的酒精測試儀、在學校餐廳內提供健康食品）。

這些人群的區隔過程是相同的，但使用變量可能會有所不同。例如：家庭成員可能會細分成配偶與子女；醫療服務提供者可能會分成藥劑師與兒科醫生；政策制定者可能會根據他們所屬的政黨進行區隔；企業市場可能按行業型態區隔；學校按照行政級別區隔；基金會則按照地區來區隔。一旦市場被區隔出來，你就可以繼續進行下一步的評估和選擇。

變量的組合

如前所述，僅使用一個變量來區隔市場是非常罕見的情況。不論如何，一個變量仍經常被用來作爲市場分組的主要方式（例如：免疫接種的年齡）；並使用描述性變量（例如：相關行爲）進一步描繪每個區隔市場，接下來透過使用對策略的反應預測或其他重要相關變量（例如：各疫苗接種組內的教育和收入水平）來縮小區隔市場。

「最適合用來區隔市場的是那些最能表現出標的受衆行爲差異的變量。」[24]對於社會行銷計畫，我們鼓勵你考慮使用與行爲相關的區隔變量作爲市場剖析的主要基礎，類似於之前描述的改變模型階段（the stages of change model），然後使用其他有意義的變量對區隔出來的市場進行分析。表5.6列舉了規劃人員在規劃階段可能選用的各區隔市場概況假設，這個階段的區隔變數係採用Andreasen的改變模型階段版本，並將六個階段分解爲四個階段，使某些程序更易於管理。這個範例是以解決國道上亂丟垃圾的課題，並以車內的吸菸者爲市場。25

表5.6 使用改變階段作為主要區隔變項的假設

改變階段	思考前期（讓我不得不）	思考期（幫幫我）	準備期（幫幫我）	維持期（讓我知道）
行為及意向	任意將菸頭拋出窗外，毫不介意	覺得隨手亂丟菸頭不太好，也想不要這麼做	偶爾會隨手亂丟菸頭，但有時也會使用菸灰缸，或者盡量使用菸灰缸	從不隨手亂丟菸頭，總是使用菸灰缸
比例	20%	30%	30%	20%
地理（居民）	鄉村（10%） 郊區（40%） 都市（50%）	鄉村（8%） 郊區（55%） 都市（37%）	鄉村（6%） 郊區（65%） 都市（29%）	鄉村（5%） 郊區（70%） 都市（25%）
人口（年齡）	16～20 (60%) 21～34 (25%) 35～50 (10%) 50以上(5%)	16～20 (53%) 21～34 (22%) 35～50 (15%) 50以上(10%)	16～20 (45%) 21～34 (20%) 35～50 (20%) 50以上(15%)	16～20 (30%) 21～34 (18%) 35～50 (27%) 50+ (25%)
心理（環境道德觀）	關心環境（10%） 中立（30%） 不關心（60%）	關心環境（15%） 中立（45%） 不關心（40%）	關心環境（30%） 中立（40%） 不關心（30%）	關心環境（60%） 中立（30%） 不關心（10%）

評估區隔市場的標準

一旦市場已經被劃分爲有意義的人口群體，下一個任務就是評估每個被區隔出來的市場，爲選擇標的受衆的決策做好準備。

對於社會行銷人員而言，Andreasen使用了九個因素來評估被細分出來的區隔市場。26下面列出了這些因素，並列出了測量每個因素的典型問題。爲了進一步說明每個因素，使用國家衛生機構正在決定中學生是否是促進安全性行爲的最佳受衆作爲示範案例，然後將這區隔市場與高中生市場進行比較。

1. 區隔市場的規模（segment size）：這個區隔市場有多少人？他們代表的人口百分比是多少？（有多少中學生有活躍的性行爲？）

2. 問題發生率（problem incidence）：在這個區隔市場內有多少人參與「與問題有關的行爲」或者沒有參與「期望的行爲」？（有多少比例的中學生正在進行無保護的性行爲？）

3. 問題嚴重程度（problem severity）：問題行爲的後果有多嚴重？（中學生傳播性病和懷孕的機率是多少？）

4. 無防禦性（defenselessness）：這個區隔市場有多少人可以「照顧好自己」，而不需要別人的幫助？（有多少比例的中學生可以輕易取得保險套？）

5. 可達性（reachability）：這是一個容易識別和接觸的受衆嗎？（我們可以有專門針對中學生宣導安全性行爲溝通管道或其他場所嗎？）

6. 普遍響應的能力（general responsiveness）：這個區隔市場的「準備、願意和能夠」（ready,willing, and able）的響應能力如何？（中學生對性傳播疾病和懷孕的關注程度如何？他們在這方面與高中生或大學生相比如何？過去哪些群體宣導類似的消息獲得最強烈的反應？）

7. 增量成本（incremental costs）：接觸並影響此一區隔市場的大約成本與其他區隔市場相比如何？（中學生是否有免費或低價的保險套發布管道？若與高中生和大學生相比有什麼不同？是否有來自其他州的活動證明宣導中學生安全性行爲的效果良好？或者需要從頭開始？）

8. 對行銷組合的反應（responsiveness to marketing mix）：這個市場對社會行銷策略（產品、價格、通路和推廣）的響應能力如何？（對中學生安全性行爲影響最大的因素是什麼？中學生的家長是否比高中生或大學生的父母更關心活動和相關訊息？）

9. 組織能力（organizational capabilities）：在協助開發和執行這個市場的活動，我們的員工專業知識和外部資源可用性有多大？（我們對中學生的經驗和專業知識與高中生和大學生一樣強大嗎？）

我們將針對這九個因素對每個區隔市場進行評分，以便以一個合理的方法來對它們進行排序。這個評分程序包括兩個主要步驟。首先計算潛在效能評分（effectiveness score），然後計算潛在效率評分（efficiency score）。

1. 效能評分是根據以下四個因素的統計數據和發生率加以計算：區隔市場規模、問題發生率、問題嚴重程度和無防禦性。該區隔市場的人口規模乘以發病率、嚴重程度和無防禦性的百分比（即規模×發病率×嚴重程度×無防禦性）。由此得出的數字，成爲區隔市場相對「眞實」的效能。

2. 效率評分取決於對以下五個因素的評估：可達性、響應能力、增量成本、對行銷組合的反應能力和組織能力。這個過程需要爲每個因素指定一些定量值或分數。

如何選擇目標受衆

現在已經透過市場區隔技術界定了幾個相關的市場，即將透過評估選擇其中的市場成爲標的受衆群體，評估活動有助於你進行下一步：決定哪些市場成爲你的標的受衆群體。

商業行銷人員通常採用三種方法，這同樣也適用於社會行銷人員：[27]

- 無差異行銷（undifferentiated marketing）：組織決定以一種策略用於所有的區隔市場，因爲他們認爲「消費者中有相同需求的人大於不同需求者」。[28]這種行銷方法通常也稱爲大衆行銷（mass-marketing），都是企圖在一個時間點上影響所有的群衆。（例如：每天喝八杯水、上車繫好安全帶、醉不上道、刷牙時使用牙線、使用防曬乳預防曬傷、水資源保育、學習心肺復甦術、投票、器官捐贈。）
- 差異化行銷（differentiated marketing）：組織針對不同的區隔市場發展不同的策略，這個方法通常會分配更多資源給有優先級的區隔市場，差異化策略適用於那些對策變行爲具有明確需要和需求的區隔市場。這個策略可用於：安全用水、體適能、乳癌掃描以及減少通勤。
- 集中行銷（concentrated marketing）：也稱爲利基行銷，有些區隔市場將被剔除，以使資源集中於一個或數個關鍵區隔市場。如此活動範圍得以縮小並且集中焦點，適用的計畫包括：婦女孕期服用葉酸、鼓勵農場場主對廄肥覆蓋帆布避免雨水沖刷、向吸毒者提供AIDS的預防宣傳計畫、招募單身青年擔任志工、指導處於風險中的青年。

如同上一章節所言，區隔市場可根據效能與效率給予優先級權重並計算得分。對於計畫而言，這種方式可以很輕易根據無差異或集中行銷的方法，找到我們希望獲得有效率或是有效能的標的區隔市場。

應該選擇哪些方法？

多數的社會行銷部門（公部門機構或是非營利組織）都會面臨預算有限，因此區隔市場需要給予優先順序的考量，有效地將資源分配給最具效能和效率的區隔市場，有些區隔市場甚至必須予以剔除。

標的受衆（有最大機會的市場）應該是最有需要的人群，他們已經準備好行動，同時也最容易接觸到，他們是組織最適合運作的市場。茲將這些衡量方法說明如下：

- 最大需求（greatest need）：區隔市場規模、問題發生率、問題嚴重程度及無防禦性。
- 準備好行動（greatest readiness for action）：已經準備好、樂意且能夠回應。
- 最容易接觸到（easiest to reach）：可識別及使用的派送與傳播管道。
- 最佳匹配（best match）：組織使命、專業與資源。

具有最大機會的標的市場往往並不是社會行銷人員心目中的首選，並且有時甚至違反他們的信念：(a)確保所有團體都能接收到服務（市場應該得到平等的對待），或(b)將資源集中於問題發生率最高和最嚴重的區隔市場（最需要的市場）。這些問題可以透過釐清追求效能還是效率來決定資源配置的方式，使有限的資源獲得合理利用，你可以向民眾解釋區隔市場可以幫助計畫容易成功，並隨著時間推移陸續解決其他市場問題，你目前只是以客觀、系統化和具有成本效益的方式優先考慮資源配置和應用。

選擇標的受眾時的道德考慮因素

本章開頭曾經提及幾個社會行銷工作對資源分配的迷思，充分表達發展計畫在這個階段所面臨的道德困境。當大部分資源分配到一個或幾個區隔市場的活動中，你如何解決對社會不平等的憂慮？或者另一種相反情形，資源平均分配到所有的市場，但實際上只有一個或幾個區隔市場有最大的需求？例如：水資源保護工作人員可能會向所有居住在該州的居民發送訊息，在接下來的六個月內需要有人自願減少10%的用水量：縮短淋浴時間、減少馬桶沖洗水量或次數。但是如果居住在該州中，一半州地區的水位和資源實際上並不匱乏呢？這樣是否還是要求居住在山的一側（「一直下雨」）的居民做出這些犧牲？什麼叫公平呢？

我們的建議如同爲行動選擇焦點，當你提出（或至少提及）一項長期計畫，最終將解決你在這個階段無法解決的群體問題（eventually address groups you are not addressing in this phase）。

章節摘要

選擇標的受眾有三個步驟：(1)市場區隔；(2)評估區隔市場；(3)選擇一個或多個區隔市場成爲標的。用於描述消費者市場的傳統變量包括：人口統計學、地理學、心理學和行爲變量。社會行銷從業人員經常使用的另外五種模式，包括：改變階段、創新擴散、健康風格型態、環境的區隔市場和世代的區隔市場。

目標受眾的決定以效能和效率的考量爲基礎，使用Andreasen在本文所提的九個變量進行評估：規模、問題發生率、問題嚴重程度、無防禦性、可達性、一般反應、增量成本、對行銷組合的反應及組織能力。

三種常見的目標受眾選擇方法，包括無差異行銷（所有區隔市場都採用相同的策略）、差異化行銷（針對不同受眾採取不同策略）以及集中行銷（只對少數關鍵區隔市場採取獨特策略）。

「最大機會」的市場有以下幾個特徵：需求最強、已經準備好行動、最容易接觸到，是最適合組織運作的市場。（有如何選擇優先級標的受眾工作表，請參閱附錄。）

研究焦點 運用心理市場區隔策略減少大學生藥物濫用（2010）

商業行銷人員比社會行銷人員更偏好根據心理特徵將人群區隔爲不同的群體，如本章前面所述，該技術根據共同的價值觀、生活方式和個性特徵，將個人分爲同質化的區隔市場。商業行銷人員發現，與傳統的人口統計學和地理特徵相比，這些變量更經常表現出優異的預測力。本研究焦點將介紹公共衛生領域如何應用心理變項進行市場區隔。這是發表於2013年9月《社會行銷季刊》（*Social Marketing Quarterly*）中的一篇文章摘要〈大學女性和男性的心理區隔市場與藥物濫用行爲〉（Psychographic Segments of College Females and Males in Relation to Substance Use Behaviors）（作者：Tiffany Suragh, Carla Berg和Eric Nehl）[29]。

背景

公共衛生領域在致力預防青少年吸菸、酗酒和大麻濫用的努力，通常根據特定人群的人口特徵（例如：大學生）、改變的階段（例如：對減少醉酒不感興趣），和／或健康信念（例如：對風險不敏感）。然而，本研究的作者們對菸草和酒精工業如何使用心理變項區隔市場產生了興趣，並想知道是否有公共衛生努力的空間。例如：他們透過文獻了解到，在20世紀90年代，當時許多私營菸草廠商已經懂得如何利用年輕人的心態製作廣告，來吸引他們使用廠商的菸草產品。

2010年，作者們展開了一項研究工作，他們利用心理區隔因素來描述女大學生和男大學生市場的特徵，然後檢驗他們在藥物濫用的行為上是否有差異。

方法學

研究者從該州東南部的六所大學招聘受訪者，總共選中兩所州立大學、三所技術／社區學院和一所歷史性黑人大學作為本研究的便利樣本（convenience sample）。其中，三所大學位於都市地區、三所位於農村。每所學校隨機從通訊錄選取5,000名學生，然後寄出邀請回答問卷並附有問卷連結的電子郵件，為提高問卷回覆率，研究提供每所學校參與問卷訪問的學生獲得抽獎的機會，獎項包括：現金獎1,000美元（1人）、500美元（2人）和250美元（4人）。研究陸續寄出共三次電郵催促回覆，調查期結束後總共獲得4,840（20.1%）名學生回覆問卷，扣除未完整回覆問題的無效問卷，實際有效問卷是3,469份。

線上問卷調查時間需花20-25分鐘，回答230項有關以下型態的問題：

- 健康行為：包括吸菸、其他菸草、酒精及大麻的使用。
- 社會人口特徵：年齡、性別、種族及學校類型。
- 心理特徵：包括改編自Philip Morris菸草行業調查的九個問題，內容主要評估個性特徵，包括：自我描述（例如：叛逆性格）、朋友描述（例如：朋友多酒鬼）、未來目標（例如：建立幸福家庭生活）和是否有宗教信仰。

另外兩個評估用於集群分析，包括：簡要感覺量表（Brief Sensation Scale）。[30] 這個量表主要評估感官追求行為（sensation-seeking）的力度，例如：「我喜歡探索奇怪的地方」和「我喜歡令人興奮的新奇經歷，即使犯規也無所謂。」第二個評估量表是含有十道題目的人格量表。[31]人格量表主要測量外向性（extraversion）、友善性（agreeableness）、嚴謹自律性（conscientiousness）、情緒穩定性（emotional stability）和開明性（openness to experience），每個因素均包含兩道題目。

結果

研究最後界定並描述三個有關藥物濫用的心理群體，並透過統計檢定發現男性和女性之間存在顯著差異（見表5.7）：

表5.7 以心理變項進行市場區隔的男女藥物濫用行為比較摘要表

	女性			男性		
	安全責任	斯多葛派個人主義	刺激追求社交者	安全責任	斯多葛派個人主義	刺激追求社交者
吸菸	15.1%	19.8%	26.4%	26.1%	32.1%	27.6%
其他菸草	11.5%	11.1%	6.6%	24.8%	68.5%	31.5%
醉酒	14.6%	17.4%	27.1%	27.5%	35.8%	36.2%
大麻	8.1%	9.6%	16.5%	14.6%	27.0%	22.0%
藥物濫用	30.6%	35.5%	48.6%	46.4%	56.1%	56.8%

- 「安全責任」（safe responsibles）的特徵是具有高度的友善性、嚴謹自律性和情緒穩定性，有高學術成就及穩定參加宗教聚會。在這小組中，藥物濫用的程度最低。
- 斯多葛派個人主義者（Stoic individualists）在外向性、感官追求、開放性得分較低，對未來職業和家庭成功較爲悲觀。在這小組中，女性的吸菸、大麻和飲酒率低於女性尋求刺激追求社交者（thrill-seeking socializers），但與男性尋求刺激追求社交者相比，男性的菸草和大麻使用率更高。
- 尋求刺激社交者的特徵是高度感官追求行爲和外向性。在女性中，這一組使用菸草、酒精和大麻的比例最高，而這一組中男性的醉酒率最高。

應用

作者結論這項研究採用心理特質來區隔人群，並應用集群分析了解男性與女性大學生在藥物濫用課題上的差異性。他們鼓勵針對不同的小組，可使用不同而有獨特性的策略來推廣活動。例如：針對安全責任群體中有藥物濫用的小組，應該透過利用他們渴望高學術成就的心理來預防藥物濫用行爲。對斯多葛派個人主義者來說，男性與女性須使用不同的策略。對男性來說，可考慮透過運動或增加人際交往來增加他們的外向性行爲。對於女性來說，可考慮推廣與情緒和困難有關的替代方法，比如建議他們敞開心胸與朋友或家人談話。而對尋求刺激追求社交者，規劃師可以建議他們採用其他更健康的方式來追求快樂和快感，最好是融入群體的活動，因爲社交互動對這些人極有益處。

問題討論與練習

1. 請用自己的話，說出人口（population）和標的受眾（target audience）之間有什麼區別？舉個例子。
2. 你最熟悉和／或常使用哪些區隔變量？哪些新讀到的區隔變量勾起你未來應用的興趣？
3. 描述區隔變量（segmentation variable）和描述性變量（descriptive variable）之間的區別。
4. 參考波特蘭增加交通替代方案的行銷焦點案例。你如何評價工作人員透過自行車親自向居民發送活動錦囊包材料？或者你能／你會嗎？
5. 在許多潛在的標的受眾中，你將使用哪些標準來決定你的標的受眾？

注釋

1. R. C. Lefebvre, "An Integrative Model for Social Marketing," *Journal of Social Marketing* 1, no. 1 (2011): 62.
2. Tools of Change [website], http://toolsofchange.com/en/case-studies/detail/658.
3. Ibid.
4. P. Kotler and G. Armstrong, *Principles of Marketing* (Upper Saddle River, NJ: Prentice Hall, 2001), 265.
5. Ibid., 244.
6. Ibid., 253–259.
7. J. Prochaska and C. DiClemente, "Stages and Processes of Self-Change of Smoking: Toward an Integrative Model of Change," *Journal of Consulting and Clinical Psychology* 51(1983): 390–395.
8. J. Prochaska, J. Norcross, and C. DiClemente, *Changing for Good* (New York: Avon Books, 1994), 40–56.
9. Ibid., 40–41.
10. Ibid., 40–41.
11. Ibid., 41–43.
12. Ibid., 44.
13. Ibid., 45.
14. Ibid., 46.
15. Ibid., 47.
16. "The Spiral of Change" from *Changing for Good* by James O. Prochaska, John C. Norcross, and Carlo C. Copyright © 1994 by James O. Prochaska. Used by permission of the author.
17. P. Kotler and E. L. Roberto (1989), *Social Marketing: Strategies for Changing Public Behavior* (New York: Free Press, 1989), 119, 126–127.
18. Personal communication from Edward Maibach to Nancy Lee, October 30, 2013.
19. A. Leiserowitz and E. Maibach, *Global Warming's "Six Americas": An Audience Segmentation* (Fairfax, VA: George Mason University, Center for Climate Change Communication, 2010).
20. P. Kotler and K. Keller, *Marketing Management* (Upper Saddle River, NJ: Prentice Hall, 2006), 251–252.
21. B. Tsui, "Generation Next," *Advertising Age* 72, no. 3, (January 1, 2001): 14–16; Anna Liotta, Resultance Incorporated, www.resultance.com.
22. Kotler and Keller, *Marketing Management*, 251–252.

23. SRI Consulting Business Intelligence (SRIC-B1).

24. Kotler and Roberto, *Social Marketing*, 149.

25. A. R. Andreasen, *Marketing Social Change: Changing Behavior to Promote Health, Social Development, and the Environment* (San Francisco: Jossey-Bass, 1995), 148.

26. Ibid., 177–179.

27. Kotler and Armstrong, *Principles of Marketing*, 265–268.

28. Ibid, p.266.

29. T. Suragh, C. Berg, and E. Nehl, "Psychographic Segments of College Females and Males in Relation to Substance Use Behaviors," *Social Marketing Quarterly* 19, no. 3 (2013): 172–187.

30. M. T. Stephenson, R. H. Hoyle, P. Palmgreen, and M. D. Slater, "Brief Measures of Sensation Seeking for Screening and Large-Scale Surveys," *Drug and Alcohol Dependence* 72(2003): 279–286.

31. S. D. Gosling, P. J. Rentfrow, and W. B. Swann, "A Very Brief Measure of the Big-Five Personality Domains," *Journal of Research in Personality* 37 (2003), 504–528.

第六章
設定行為目標及標的目的

焦點。一次處理一個「不可還原」（non-reducible）的行爲。顧名思義，正如Doug McKenzie-Mohr所說的，一個不可還原的行爲是指一個無法再分解成更具體部分的行爲，這是非常重要的，因爲每一個行爲都有他們的障礙和好處。

——Dr. Ed Maibach[1]

Director, Center for Climate Change Communication

George Mason University

我們知道當計畫過程來到這個階段——設定活動目標（策變行為）和標的目的（行為改變的層次）時，你可能會遇到一些挑戰，甚至是阻力。以下的心聲，你是否聽起來很熟悉？

- 「在這麼多看起來值得推廣的好行為中，我眞的很難做決定只選擇一項。為什麼我們需要不斷地縮小我們的焦點，就像不斷縮小我們的標的受眾群一樣？在我看來，我們能讓他們更多的人採用更多的好行為不是更好嗎？」
- 「當我看著這個理論以及這本書所使用的術語：目標和目的時，我感到困惑甚至感到沮喪。我們在公共衛生課程中教授說，目的（goals）就是我們正在努力實現的事情，像是減肥。但這個理論卻說目的是你目標可量化的測量。這有關係嗎？」
- 「根據我的經驗，這個目的設定理論上聽起來不錯，但接近不可能。如果我們以往不曾執行過類似的行為改變活動，我們怎麼可能知道要設定一個怎樣的標的目的（target goal）或里程碑呢？」

在這章中，我們所要進行的步驟為：

- 選擇一個你即將要為他們奮戰的具體行為。
- 確定知識和信念目標，你會需要靠他們來影響人們採用策變行為。
- 設定行為改變層次的標的目的，作為努力的成果。

我們選擇了這個開放案例來強調為你的受眾設定行為優先順序的重要性，你會讀到，過去我們所關注的是標的受眾而不是「要購買」（buying）的行為。

行銷焦點　使用神經科學方法減少印度鐵路路口的死亡人數（2010）

背景

孟買不僅是一個擁有每天載客近七百萬人次鐵路系統的城市，它同時也是一個大城市，在鐵路旁邊有很多人住在貧民窟裡。對於數以百萬計的居民來說，最短的上班路線是直接穿越鐵路軌道，整個孟買城市有超過1,000個可以非法通過的軌道點（見圖6.1）。這種穿越常常導致日常死亡事件；僅在2009年就有3,706人死亡，平均每天超過10人。印度鐵路局實施了許多防範措施策略，包括：建設隔離牆、監禁非法穿越者、阻止非法穿越的鐵鍊、警示標誌、圍牆、廣告宣傳和天橋。然而，這些努力並未能有效改變行為，例如：中央鐵路曾經發生過最大數量的非法穿越死亡事件，事件發生地點就是在一座天橋下。

2009年6月，印度鐵路局連繫總部位於孟買的行為改變顧問公司FinalMile Consultants，請求他們推薦新方法。正如你將會讀到的，該公司蒐集了大量的民族誌研究和相關的文獻評論，然後推薦了三種使用認知神經科學（cognitive neurology）和行為經濟學（behavioral economics）原理的干預措施應用於行為改變策略。

圖6.1 穿越鐵路導致每日都有死亡意外發生

資料來源：Photo courtesy of FinalMile Consulting.

標的受眾、策變行為和受眾洞察

該團隊首先了解關於致命非法穿越事件發生的地點和時間，以及主要穿越者的身分。根據鐵路局的內部紀錄，顧問公司發現絕大多數非法穿越的死亡事件都發生在車站附近。事實上，事故發生地點往往是在較少人穿越的鐵軌，且幾乎所有的意外事故都是發生在白天，而發生這類意外事故的人年齡多介於15-39歲之間。

超過200小時直接觀察的民族誌研究，甚至有團隊成員與其他穿越者一起以身試法穿越鐵路軌道，並探訪發生事故的確切位置，且試著找出可能的事故原因。他們的研究發現了三種主要影響人們穿越而行的想法：(a)這是一種社會規範，那麼多人以這種方式穿越軌道並且已經維持極長的時間；(b)穿越軌道已成為許多人的無意識行為，許多人在穿越軌道時，甚至還在使用手機說話或與朋友聊天；(c)存在過度自信偏見，大多數人認為自己早就成功穿越軌道不下成千次，並認為「這不會發生在我身上。」

有關認知神經科學文獻的詳細回顧也令人鼓舞，例如：Leibowitz的假設指出，人們通常認為若相同速度的大、小（例如：火車）兩物體同時前進，較大的物體前進的速度會比小物體慢。[2]此外，研究認為，人們並不能準確估計他們與接近物體（如火車）之間的速率。有趣的是，關於根深柢固的無意識機制中的戰鬥或逃跑反應（fight / flight response），一旦人們聽到鳴笛聲產生警覺，人們就會以更快的速度穿越鐵軌，但那警鈴聲是來自另一頭迎面而來的火車。另外還有雞尾酒派對效應（cocktail party），在這種情況下，當左、右兩方向都有火車即將行駛通過，若民眾當時正專注於自己即將搭乘方向的火車，那麼民眾的大腦，很可能會下意識忽略來自於平行軌道另一頭的火車所發出的警笛聲。

基於這些深刻的見解，小組得出結論認爲，因爲非法穿越行爲已經是不可避免的規範行爲，所以該項目不應該著眼於減少非法穿越，而是應該促進一種可以在非法穿越時減少事故的行爲：讓民眾在最安全的情況下穿越鐵軌。

策略

爲了擬定促進更安全穿越鐵軌的策略，方案規劃者制定了四項干預措施，並在孟買中部的Wadala車站進行了爲期12個月的試點研究：

1. 透過與以往完全不同的交通標誌，來打破穿越者的自信。這是以眞人拍攝的驚恐表情（代表標的受眾），然後不斷地在穿越處呈現它們（見圖6.2）。

2. 重新設計火車的喇叭，以提高穿越者的警覺性。鼓勵車長將喇叭聲拆成兩個截然不同的不連續音，研究顯示，當聲音中斷時，腦部將更加警覺，從而產生斷奏效果，吸引人們的注意。

3. 在距離軌道120公尺的地方安裝鳴笛警示標誌，以便在穿越者通過前警告穿越者。 這是爲了對付戰鬥/逃跑反應，提高穿越者的警覺性，避免產生雞尾酒派對效應，並勸阻個人穿越鐵道（見圖6.3）。

4. 提供更強大的速度參考，以便人們可以正確判斷火車的速度。軌道上畫有螢光黃線，協助穿越者判斷迎面而來的列車速度。如圖6.4所示，隨著火車靠近，螢光黃線愈加明顯。

圖6.2 入口處的警告標誌，可以避免民眾穿越鐵軌的過度自信。

資料來源：Photo courtesy of FinalMile Consulting.

圖6.3 火車月臺前一定的距離，設置提醒火車駕駛必須鳴笛的標誌。

資料來源：Photo courtesy of FinalMile Consulting.

結果

在Wadala車站附近，一個高意外事故地區的前12個月實驗期間，死亡人數減少了75%。但有人質疑，違規穿越的數量並沒有減少，那是因爲本案例強調實施的策略是爲了改變穿越鐵軌的時機。截至2014年，印度鐵路中央鐵路區已經全面擴大實施至孟買的51個地點。

圖6.4 在軌道上繪製螢光黃線，幫助人們正確評估火車與月臺之間的距離。

資料來源：Photo courtesy of FinalMile Consulting.

這些資訊是由Biju Dominic of FinalMile Consulting所提供，並從S. Deshpande和N. Lee所發表的《社會行銷在印度：讓人們永久改變行爲》（*Social Marketing in India: Influencing Behaviors for Good*）一書之個案研究所摘錄。

步驟四：設定行為目標及標的目的

一旦選定活動的標的受眾，下一步就是設定活動目標，這個目標是你想要影響受眾接受、修改、放棄、拒絕、轉換或繼續的明確具體行爲。社會行銷人員也被鼓勵考慮所謂的「耦合行爲」（coupling behaviors）（例如：當你更換時鐘電池時，可以順便更換煙霧警報器的電池）。正如你會讀到的，成功的關鍵是選擇單一的、可行的行爲——然後以簡單清楚的方式解釋它們。

本章將示範社會行銷活動常用的三種目標型態：

1. 行爲目標（你要你的受眾做什麼？）。
2. 知識目標（你要你的受眾知道什麼？）。
3. 信念目標（你要你的受眾相信什麼？）。

社會行銷活動總會有一個行爲目標，如果你確定你的受眾需要知道或相信才能「採取行動」（act），那麼這個知識或信念目標也應該被納入。很明顯地，活動行爲目標（例如：等到最安全時才穿越鐵路軌道）與活動宗旨並不同（例如：減少鐵道死亡率），如同本書之前的章節曾經提及，它們能夠影響社會行銷活動成功解決社會課題。

確定活動目標後，就可以進一步確定具體的（specific）、可衡量的（measurable）、可實現的（attainable）、具有相關性（relevant）和時間敏感（time sensitive）的活動目標（SMART）。[3]理想情況下，最好明確指出在多少時間內標的受眾人數實踐策變行為的增加數量，此外也可增加知識和信念的變化目標，特別是需要長期努力的計畫。我們知道，在一些像是公共衛生領域中所使用的模式，目的（goals）是活動中不可量化（nonquantifiable）的組成部分，於是，這些通常被稱為「總體目標」（overarching goals）。規劃過程中的這一個步驟所指的活動目標是標的目的（target goals），由於社會行銷模式奠基於商業行銷模式，所以它的目標也可以說是「銷售目的」（sales goals）；不論如何，你可以隨意使用這些名稱，只要他們符合組織的語言和文化偏好。

還記得第2章，這個系統化規劃理論應該被看作是螺旋形的模式嗎？在這個設定目標及目的的時間點，你可以把他們當作目標及目的草案。例如：你在步驟五曾經學習到，當你與標的受眾「談論」到這些理想的行為時，對方的反應是否讓你感到你的目標和目的不夠眞實、清晰或者不夠適合他們，如果是這樣，應該要修改。你的受眾也有可能反映一些問題，認為這需要額外的知識目標或者新信念目標，這時你會發現，由於受限實際資金情況，你必須要減少目標。

作為此步驟的最後瀏覽，請記住目標和目的會影響你的考評策略。有鑑於活動目的代表活動評估的基礎，目的必須與活動努力相關並且能夠衡量是至關重要的。

表6.1以國家交通部即將採取「減少發簡訊導致司機分心引起交通傷害和死亡的措施」為例，簡明指出本章將要介紹的關鍵概念。

表6.1　活動宗旨、焦點、目標及目的的範例

活動宗旨	降低交通意外事故傷害及死亡率
焦點	開車時使用手機發簡訊
活動目標	
行為目標	等抵達目的地再發簡訊
知識目標	知道每年因開車發簡訊造成交通意外事故的比率
信念目標	相信開車時發簡訊一定會導致分心
標的目的	每年減少25%因開車時發簡訊所導致的交通意外傷害

行為目標

所有的社會行銷活動都應該在設計和規劃時，考慮到具體的行爲目標。即使企劃者發現活動需要包含額外的知識和信念目標，也需要界定清楚這些額外元素所能支持的行爲目標。當你在爲活動界定這些潛在的行爲目標時，以下五個標準能幫助你選擇一個最有潛力帶動變革的目標，或者至少幫助你優先考慮它們：

1. 影響：如果你的受衆採取策變行爲，它是否會對你的活動宗旨產生影響（例如：減少青少年懷孕）？這與其他正在考慮的行爲相比效果如何？

2. 意願：你的標的受衆是否聽說過此行爲？他們對這種行爲有多大的意願或興趣？他們是否認爲它能夠解決一些問題或煩惱，或者能夠滿足一些尚未被滿足的需求？

3. 可衡量性：這些行爲可以透過記錄或自我報告來加以衡量嗎？你應該能夠「描繪」出標的行爲的表現（例如：在分類回收之前，能夠從麥片盒中取出塑膠物），而你的標的受衆能夠界定他們是否已經在實踐這種行爲（例如：讓嬰兒仰睡以降低猝死的風險）。

4. 市場機會：標的受衆中有多少人目前沒有實踐這種行爲？以其他的話來說，就是目標受衆群體中目前這種行爲的滲透率如何？若是很少有人有這種行爲表現，那麼這將在市場機會方面獲得高分。

5. 市場供應：行爲是否需要更多的支持？如果其他一些組織已經「爲此做了所有可以做的事」來推廣這種行爲，那麼選擇其他不同的行爲，可能會對社會課題更有幫助。

在Al Gore的《難以忽視的眞相》（*An Inconvenient Truth*）一書結尾，列出了30種減少碳排放的策變行爲，並選擇了十項行爲作爲「Tenthingstodo」的講義，我們可以使用表6.2來練習如何決定焦點的優先順序。[4]活動一旦開始啓動，那麼我們可以根據剛剛提到的五個標準中，分數較高的兩種行爲來進行。爲了簡單起見，每個行爲可以按照每個標準評分爲重要(3)、中等(2)或不重要(1)。在此情況下，這些評等活動的程序最好使用客觀資訊（例如：公民調查、科學數據）來進行。實際上，這樣的評等本質上可能就是蠻具主觀性的——但即使如此，仍然優於使用更不嚴謹的方式來評等，例如：非正式對話或個人預感（hunches）。

表6.2　評等行為目標的程序：重要(3)、中等(2)、不重要(1)

行為	影響力	意願	測量度	市場機會	供應	平均
改換燈泡	2	3	3	3	1	2.4
減少開車						
資源回收						
檢查輪胎						
熱水減量						
包裝減量						
調整溫度						
植　　樹						
關閉電器						
宣傳減碳						

爲了增加練習的嚴謹性（和價值），你可以對這些標準進行加權。例如：你認爲「影響力」比其他標準更重要，那麼可以給予這個標準加權（2×2 = 4）。那樣的話，有時候如果一個項目在影響力得分不高(1)，但在其他的標準得分很高，加權後這個項目也不會自動成爲首要優先事項。在本章的研究焦點中，你將會更詳細地閱讀系統應用此過程所涉及的步驟。

行爲目標應該與其他幾個計畫元素有明顯區隔，儘管它時常同時應用於活動口號（campaign slogan）或活動訊息（campaign message），但他們仍然是不同的。（例如：提倡「每天吃五種或更多的水果和蔬菜」的行爲，變成「每日五蔬果」的活動口號）。由於行爲目標正是由我們界定它，所以它是無法量化的，但行爲目的卻是可量化、可測量的元素，對策略和預算決策有影響，並爲監測和衡量計畫是否成功提供了度量的基準（例如：活動到2010年，水果和蔬菜的每人每天平均消費量從2.5增加到4）。

如果你熟悉邏輯模型（logic model），你可能會好奇社會行銷目標在模型中的位置。在傳統模式中它們被當作「結果」（outcomes）來看，作爲反映行爲改變的計畫「產出」（outputs）。

對於那些不熟悉邏輯模型的人來說，這些是視覺化的基模，代表了程序的過程〔投入（inputs）、運作（activities）和產出（outputs）〕，以及程序的結果和影響之間的連繫。這個工具將在第15章中進行更深入的討論，其中包括評估（evaluation）。

儘管一項活動可能會推廣多種行爲，但我們應該將它們看做不同行爲的特質（tactics），而需要不同的策略來處理他們（例如：讓人們在汽車內使用垃圾袋的方式與鼓勵司機在貨車上裝載貨物時可以覆蓋帆布，行爲特質不同、策略不同，應該分別處理）。表6.3列出了我們熟悉的健康領域、預防傷害、環境保護以及社區和財務管理的潛在行爲目標範例。

表6.3 對特定受衆的潛在行為目標範例

促進健康	
菸害防治	不要輕易嘗試抽菸
過度飲酒	每次不要喝超過五杯
孕期藥物及酒精濫用	懷孕期間不要喝含有酒精的飲料
糖尿病預防	每天適度運動30分鐘，每週至少五次，每次至少10分鐘
青少年懷孕	選擇節制慾望（abstinence）
性病傳染	使用保險套
脂肪攝取	注意自己每日的脂肪攝取總量，不要超過每日卡路里的30%
蔬菜水果攝取	每日至少食用五種蔬菜水果
水分攝取	每天喝八大杯水
肥胖	由醫療保健專業人員測量你的體重指數
乳癌	學習檢驗乳癌的正確程序知識
前列腺癌	如果超過50歲，應每年進行前列腺癌檢查
口腔衛生	使用杯子代替瓶子餵食嬰兒果汁
骨質疏鬆症	每天攝取1,000～1,200毫克的鈣質
傷害防範	
酒醉駕車	每次喝酒注意血液中酒精濃度不要高過於0.08%
繫安全帶	開車前需繫好安全帶
跌倒	在例行的運動過程中，增加強化延展能力的訓練
槍枝儲藏	將槍枝儲存在有上鎖的盒子中或安裝槍枝鎖
家庭暴力	有離家的行李準備及安全地方可去的計畫
家庭毒物	將家中所有的有毒物品均貼上識別標籤
火災	每月檢查火災鳴報器
霸凌	向父母及老師報告遭受霸凌傷害
環境保護	
減少垃圾量	盡量買沒有包裝的商品
保護野生動物棲息地	在野外散步不要任意離開園區內的路徑

（續前表）

環境保護	
森林破壞	使用回收的輪胎和玻璃當做材料，做成用於花園的步道
使用有毒殺蟲劑	盡量按照指示說明書操作
節約用水	改裝低用水量的廁所設備
來自汽車的空氣汙染	油槍跳停時，不要再硬加油
來自其他來源的空氣汙染	使用電力割草機替代瓦斯割草機
節約電力	工作結束時記得將電腦螢幕開關關掉
森林火災	盡量採切絞碎樹枝葉作為堆肥，取代燃燒法
垃圾	盡量將貨車開篷式車廂清理乾淨，避免垃圾亂飛
社區參與	
志工參與	每週花5小時服務社區
以老帶新（mentoring）	鼓勵與支持小孩建立與非父母成人的親密關係
恐怖主義行為	如果你看到什麼不尋常的，要立刻向人反應
財務管理福祉	
銀行帳戶	到銀行開戶
存款	銀行帳戶內應該有至少六個月的收入存款
記帳	建立每月預算並且遵行

知識及信念目標

當我們完成背景數據蒐集並進行優勢、劣勢、機會和威脅（SWOT）的分析時，企劃人員應該可以從以往的活動執行經驗或二手資料發現目標對象需要一些協助，來幫助他們執行策變行爲。他們在採取行動前，也許需要知識（可能是資訊或事實）、信念（價値觀、意見或態度）來說服他們策變行爲値得被採用的理由。那些處在無意圖期（precontemplation）的民衆，他們根本不認爲自己本身有任何問題；而在意圖期的民衆則並不認爲行爲的好處，値得他們付出努力的代價來獲得行爲的好處；即使是已經處在行動期的民衆，由於對所做的事情並沒有眞正了解意義，可能導致在受到挫折後也是非常容易故態復萌的。

知識目標是指目標對象所需要知道的重要資訊，可能是研究結果、統計資料、事情的眞相，甚至是執行某項行爲所需要的技能，這些資訊有助於目標對象對行爲重要性的認知，同時能產生採用行爲的動機。傳統上，這些知識往往是目標對象不容易接觸到或是容易被忽略的，例如：

- 與目前行爲相關的風險統計數據（例如：肥胖女性心臟病發作的比率高於未過胖的女性）。
- 與提倡行爲有關的利益統計數據（例如：透過每月小額存款，你可以一年存到的資金數目）。
- 與替代方案有關的事實（例如：能抗乾旱和節水的當地作物清單）。
- 修正錯誤觀念的事實（例如：菸頭無法在十年內完全分解）。
- 可激勵的事實（例如：適度運動可達到與活力運動相同的醫療效益）。
- 執行改變行爲之資訊（例如：如何準備提供地震避難的空間）。
- 輔助的可用資源（例如：提供婦女尋求短期庇護所的諮詢電話）。
- 購買服務或產品的服務點資訊（例如：購買槍枝鎖的商店清單）。
- 民眾可能不清楚的現行法律條款及罰責（例如：亂丟菸頭垃圾可處罰1,025美元）。

信念目的指標的受眾所持有的態度、意見、感覺及價值觀，有些受眾目前所持有的信念可能是企劃人員須加以注意提醒或改變，才能幫助他們採用策變行為，有些則是我們可能錯過的重要信念，但對幫助他們採用策變行為極有幫助，像是：

- 他們將能透過採用策變行為經歷到策變行為的效益（例如：睡前做簡單的運動，有助於睡眠）。
- 他們正在冒險（例如：他們當中可能有人相信當血液中酒精濃度超過.08%時，他們仍舊可以把車開得很好）。
- 他們能將策變行為做得很好（例如：他們可以和家中青少年的孩子侃侃而談有關自殺的議題）。
- 他們個人的行為可能讓世界變得不一樣（例如：人人都搭乘大眾捷運交通工具去上班）。
- 他們如果採用策變行為不會被別人另眼看待（例如：婉拒他人的敬酒）。
- 值得為策變行為付出代價（例如：每年定期做乳房攝影）。
- 負面結果會被降至最低（例如：簽署捐贈器官的同意書不會被有心人士竊取個人資料）。

這些知識及信念目標提供企劃者後續的發展策略方向（定位和行銷組合）。它們具有重要的意義，特別是品牌定位和關鍵訊息，能提供最具激勵性的訊息和論證。例如：廣告的文案撰寫員會參考這些目標發展活動的口號、劇本及文案。除此之外，它們也可能成爲支持行銷組合其他元素的輔助工具，例如：在疫苗活動的產品策略中，他們可以鼓勵父母下載免費疫苗接種時間提醒軟體，提醒父母不要忘記小孩施打疫苗的時間；公用事業機構提供購買電動割草機的折扣或優惠激勵措施，以免汽油式割草機對環境造成危害；由兒童醫院贊助的專門網站指導如何選購兒童汽車座椅，提供安全見證。表6.4提供了所有目標的舉例說明示範，值得注意的是，儘管每個活動都有知識和信仰目標，但這既非典型，也不要求一定要有，如前所述，行爲目標（behavior objectives）才是眞正主要的焦點。

表6.4　宗旨、受衆與目標

活動宗旨（Campaign Purpose）	標的受衆（Target Audience）	行為目標（Behavior Objective）	知識目標（Knowledge Objective）	信念目標（Belief Objective）
預防老人跌倒	75歲以上的老人。	每週運動五次，包括延展和平衡訓練。	65歲以上的老人，每年有三分之一以上的人發生跌倒意外。	人們可以透過鍛鍊延展和平衡的能力，來降低跌倒的意外。
預防兒童的交通意外事故	家中有4～8歲幼童的父母。	讓4～8歲及體重18公斤以下的幼童，坐在兒童汽座增高墊上。	交通意外是4～8歲幼童致死的主要原因。	4～8歲幼童不適用成人安全帶。
改善水資源	距河川、湖泊等水域五公里的馬場。	下雨時使用篷布覆蓋馬糞。	暴雨會沖刷馬糞，導致水源汙染。	即使馬糞數量不大，仍然有汙染的問題。
增加器官捐贈的數量	前往監理所換照的駕駛。	換照時註冊同意捐贈器官。	即使註冊捐贈器官，日後意外發生時，仍會徵詢家人的同意。	註冊資訊不公開，只有少數被授權的官員可以查詢。
減少舊金山未在銀行開戶的民衆數量	目前仍主要使用現金，並承受銀行高利率、高服務費的民衆。	到銀行開戶，開始和銀行建立關係。	銀行提供這些帳戶低成本或免費的服務，不須最低存款；非美籍的身分證可被接受為主要身分證明。	可輕易找到提供服務的銀行，並且樂意提供申請服務。

標的目的（Target goals）

理想情況下，標的目的希望透過對計畫的付出努力，可以獲得行爲改變的結果（例如：每年檢查漏水廁所的屋主數量，從目前10%到一年20%）。爲了確定這個變化的數量或百分比目標，你當然需要知道目標受眾當前的行爲水平。在這方面，你就像一位商業行銷人員，在爲你所銷售的產品制定年度的行銷計畫及產品銷售目標，並擬定能夠幫助達成目的的策略發展和資源分配。以下目的特性會幫助你了解社會行銷目的的特殊性和時間限制，它們如何激發並指導規劃，最終幫助你證明資源支出的合理性。

- 在兩年內，讓年齡超過50歲的婦女定期做乳房攝影人數的百分比成長25%。
- 讓繫安全帶的人數百分比，從2011年的85%成長至2014年的90%。
- 在兩年內，讓高速公路上的玻璃瓶、紙張、鋁罐及塑膠袋等垃圾總量減少至400萬磅以下。
- 在三年內，讓青少年擁有非父母成人友誼的平均人數，由1.5人提升至3人。

標的目的（target goals）也可以是知識和信仰目標，如表6.5所示。雖然目的是爲了這個例證的宗旨而假設的，但增加葉酸的攝入量確實是防止出生缺陷的一種方法。美國公共服務部和出生缺陷基金會（March of Dimes）建議所有育齡婦女除了健康飲食之外，每天還要攝取400微克葉酸，並攝入多種維他命（見圖6.5）。

圖6.5 推廣懷孕前每日服用維他命

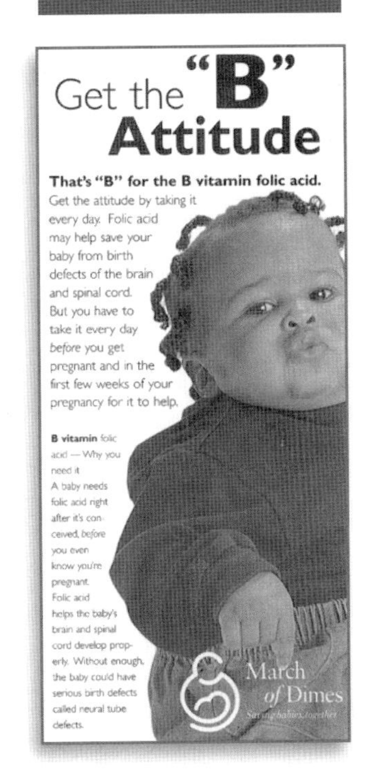

資料來源：Copyright@March of Dimes Birth Defects Foundation, 1999. Reprinted with permission.

事實上，對許多社會行銷工作者來說，這個過程是相當困難而不切實際的，因爲未必會有現行行爲的基線數據（baseline data），或此時基礎基線數據有使用上的經濟困難。指出活動理想的行爲發展層次（目的設定），經常需要仰賴對以往活動成效的多年分析與經驗追蹤，而許多社會行銷活動是初次辦理，並沒有歷史資料；若有，也未留下文字紀錄。

此時，社會行銷工作者必須想辦法發掘資料來建立基線數據及活動目的。以下提供在公共健康領域的幾種優秀資源：

表6-5　假設的目標及標的目的

宗旨	行為	知識	信念
減少出生缺陷	我們希望他們做什麼？	他們做之前，需要知道什麼？	他們做之前，需要相信什麼？
目標	每天服用400微克（micrograms）的葉酸。	懷孕前就開始服用，會有更好的效果（見圖6.5）。	未服用足夠的葉酸量，新生兒會有嚴重的出生缺陷風險。
標的目的	增加18-45歲的女性每日服用含葉酸維他命的比率，從2008年的39%提升至2014年的50%。	增加18-45歲的女性知道含葉酸維他命應在懷孕前就開始服用的比率，從2008年的11%提升至2014年的15%。	增加18-45歲的女性相信每日服用含葉酸維他命可降低新生兒出生缺陷的比率，從2008年的20%提升至2014年的30%。

- 行爲風險因素監視系統（The Behavior Risk Factor Surveillance System, BRFSS）是由疾病控制中心所建置的系統，它的總部位於喬治亞州的亞特蘭大，它的主要功能是追蹤全美民衆的風險行爲，包括：菸草使用、性行爲、傷害預防、身體活動、營養及預防行爲，像是乳癌、頸椎關節、攝護腺癌預防（詳見專欄6.1）。
- 健康美國人2020（*Healthy People 2020*）是由美國健康促進及疾病預防中心與衛生署共管的計畫。這是一套旨在指導國家健康促進和疾病預防工作，以改善所有美國人健康狀況的10年標的目的（詳見專欄6.2）。它被聯邦政府、州、社區和其他公共、私營部門合作夥伴作爲公共衛生策略管理的工具。其目標和指標用於衡量特定人群健康問題的進展情況，並作爲各部門和聯邦政府內部預防和保健活動的基礎，以及州和地方各級的衡量模型。[5]對社會行銷人員最有幫助的是，社會行銷三目標的陳述（詳見專欄6.3）。
- 向執行類似計畫的其他機構同業徵詢可用的資料。
- 向有類似使命的非營利組織及基金會徵詢可用資料。

專欄6.1　疾病預防控制中心的州監測系統

在1980年代早期，美國疾病預防控制中心（Center for Disease Control and Prevention, CDC）與各州合作開發了行爲風險因素監測系統（BRFSS）。這種以州爲基礎的系統，首次提供了美國全境內與風險有關的行爲盛行率資訊，以及民衆對各種健康問題的看法（詳見圖6.6）。

目前在全美50個州，BRFSS仍然是美國境內主要健康風險行爲訊息的主要來源。州和地方衛生部門完全依賴BRFSS數據：

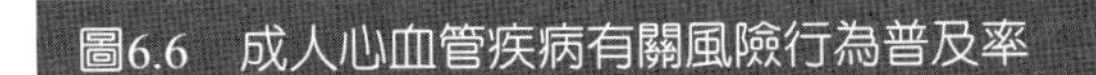
圖6.6 成人心血管疾病有關風險行為普及率

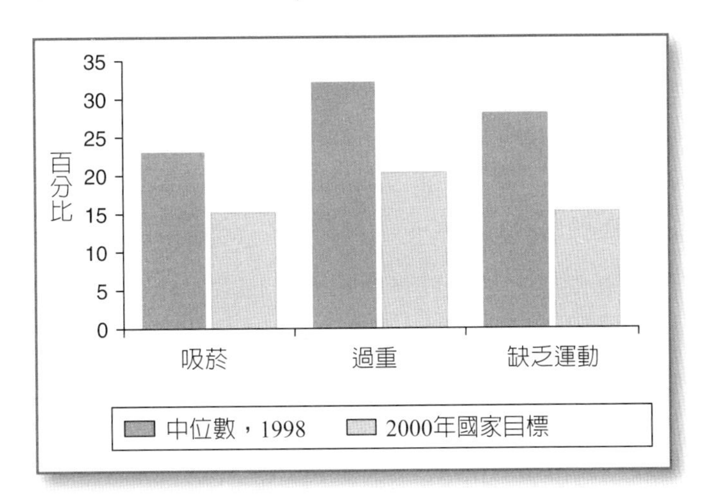

資料來源：Northeast Center for Agricultural and Occupational Health.

- 決定健康課題的優先順序，並界定高風險人群。
- 發展策略計畫和主要預防計畫。
- 監督干預策略的有效性和進度，以達成功預防目的。
- 教育民衆、健康社區（the health community）和政策立法者有關疾病預防的課題。
- 支持促進健康和預防疾病的社區政策。

此外，公共衛生專業人員能夠根據BRFSS數據，監測「2020年健康人：國家健康促進及疾病預防」中所列舉之國民健康目標的進展情況。BRFSS數據訊息也被研究人員、志願者、專業組織，以及託管機構用於主要的預防工作。

BRFSS對各州的益處包括：

- 數據可以透過多種方式進行分析。BRFSS數據可以透過各種人口變量進行分析，包括：年齡、教育程度、收入以及種族和民族背景。確定高風險人群的重要能力，可幫助稀有資源獲得更有效的利用。
- BRFSS能夠推估隨著時間推移所形成的趨勢。例如：來自BRFSS的國家數據顯示，全國將會盛行肥胖症。
- 州政府可以促進地方解決問題與獲得福祉。例如：在奧克拉荷馬州Alfred P. Murrah的聯邦大樓發生炸彈爆炸後，奧克拉荷馬州的BRFSS數據顯示，民衆正承受包括諸如壓力、惡夢和絕望感等問題，這些資訊能夠幫助衛生部門人員更好地解決災難衍生的相關課題。
- 各州可輕易解決緊急及新出現的健康課題。可爲健康課題擴充健康問題的內容，包括：糖尿病、口腔健康、關節炎、菸草使用、葉酸攝取、預防性服務的使用以及醫療保健普及率。1993年，在密西西比河沿岸遭受洪水肆虐，密蘇里州增加了一些問題來評估洪水對人們健康的影響，並評估社區應對災難的能力。

雖然BRFSS具有靈活性，並且可以隨時添加標準核心問題，使得衛生專業人員能夠在各州之間進行比較並獲得國家級結論，但BRFSS數據也突顯了各州在主要健康問題上的巨大差異。例如：2012年，美國成年人當前吸菸率從猶他州（Utah）11%的低位到肯塔基州（Kentucky）28%的高位，這些數據目前已經應用於評估菸草控制的工作中。例如：從BRFSS數據來看，麻薩諸塞州（Massachusetts）成年人吸菸的年度流行率在消費稅增加和禁菸運動實施後明顯下降。

專欄6.2　健康人2020：主題領域

「健康人2020」的這些主題領域，強調具體的課題和人群。每個主題領域都分配給聯邦政府內的一個或多個領導機構，負責開發、追蹤、監控和定期報告目標。

1. 獲得保健服務。
2. 青少年健康問題。
3. 關節炎、骨質疏鬆症和慢性背部疾病。
4. 血液疾病和血液安全。
5. 癌症。
6. 慢性腎臟疾病。
7. 癡呆症，包括：阿茲海默症（Alzheimer's disease）。
8. 糖尿病。
9. 殘疾和健康。
10. 早、中期童年。
11. 教育和社區計畫。
12. 環境健康。
13. 計畫生育。
14. 食品安全。
15. 基因學。
16. 全球健康。
17. 與健康醫療相關的感染。

18. 健康傳播與健康訊息技術。
19. 健康的生活質量和福祉。
20. 聽力和其他感覺或交流障礙。
21. 心臟病和中風。
22. 愛滋病毒。
23. 免疫和傳染病。
24. 傷害和暴力預防。
25. 女同性戀、男同性戀、雙性戀和跨性別者的健康。
26. 孕產婦、嬰兒和兒童健康。
27. 醫療產品安全。
28. 精神健康和精神障礙。
29. 營養和體重狀況。
30. 職業安全與衛生。
31. 老年人。
32. 口腔健康。
33. 身體活動。
34. 必要的準備。
35. 公共衛生基礎設施。
36. 呼吸系統疾病。
37. 性傳染疾病。
38. 睡眠健康。
39. 健康的社會決定因素。
40. 藥物濫用。
41. 菸草使用。
42. 願景。

資料來源：U.S. Department of Health and Human Services, Office of Disease Prevention and Health Promotion, http://www.healthypeople.gov/2020/topicsobjectives2020/default

專欄6.3　健康人2020：與社會行銷相關的健康傳播和健康資訊技術目標

#13 增加社會行銷在健康促進和疾病預防的應用：

13.1 提高州衛生部門使用社會行銷活動應用於健康促進和疾病預防計畫的比例。

13.2 增加社會行銷課程比率，至少在公衆健康領域或公共衛生碩士（MPH）課程提供一門或多門與社會行銷有關的課程。

13.3 提高爲公共衛生從業人員提供公衆健康領域或公共衛生碩士（MPH）課程中有關社會行銷的勞動力發展活動的比率。

資料來源：HealthyPeople.gov, "Health Topics & Objectives," http://www.healthypeople.gov/2020/topicsobjectives2020/overview.aspx?topicid=18.

試點研究作爲設定目的的一種方式

試點研究最常用於在活動推出之前對問題的識別和解決，並測試各種可能的策略，以確定哪一種策略最有效。試點也可以作爲設定標的目的的參考點。例如：在一個學區內的一所學校（試點）試行一項旨在影響家長不要在孩子身旁抽菸的活動，焦點是向小學生分發宣導單，讓他們帶回家給家長看。然後展開定量的問卷調查，了解家長的行爲變化情況，這樣試點研究的結果可協助確認目的的合理性，以便拓展至其他學校實施。這種方法的好處不僅在於從標的受衆那裡獲得有關活動的反饋，也能提升活動的可信度，進而在行爲變化的程度上獲得期望的投資回報率。試點研究的方法將在第17章中詳細介紹。

設定目的的替代方案

如果基線數據不可用，或者所設定的目的相對於行爲變化顯得不切實際或不可行，則可以考慮採用以下替代方案來設定目的：

- 建立活動知覺及印象的標的目的。例如：全州範圍的菸草預防計畫爲廣告活動的前三個月制定了一個活動目的，即75%的標的受衆（吸菸的成年人）能正確說出活動的標語口號以及四個電視廣告中的兩個。然後結果將提交給州立法機關，以爭取對活動的持續贊助。
- 建立知識層級的標的目的。例如：一項改善低收入家庭營養狀況的計畫，設定參加試點項目的婦女中，有50%能正確識別和描述所推薦的每日蔬果分量。
- 建立接受信念的標的目的。例如：一個連鎖加油站正展開一項試點項目，希望能影響顧客當油槍跳停時，不要再強壓油槍加滿油箱，他們設定了一個信念目的，即80%的客戶（而不是活動開始前的25%）會回應他們相信強壓油槍加滿油箱可能會對環境造成危害。

- 建立回應活動元素的標的目的。例如：在一個水資源保育的活動中，25%的居民會撥打活動所宣傳的免付費電話或上網查詢庭園中耐乾旱的植物類型。
- 建立意圖改變行爲的標的目的。例如：在一個由州聯盟發起的促進體適能健康計畫中，有一個爲期六週的試點項目想要了解活動是否能促進民眾對體適能活動的興趣。他們制定了一個活動目的的衡量指標：「受訪民眾回應願意在未來六個月內參與體適能活動由20%增加到30%，行爲意圖增加50%。」
- 建立活動過程的標的目的。例如：一個以學校爲基礎的促進性節制的計畫目標是在即將到來的學年期間，全州內的中學和高中青少年將實施40次的禁慾運動（abstinence campaigns）。

在這些情況下，由於活動標的目的（campaign goals）與行爲改變沒有明確的直接關聯，所以活動目標（campaign objectives）應盡可能強調所包含的行爲目標（behavior objective）。有些活動的替代目標，也能支持和促進策變行爲。

在這個階段，目標及目的仍是草案

在此計畫流程的第五步驟，你將更深入地認識標的受眾，更清楚知道他們所擁有的知識、信念和目前行爲與此時建立的目的和目標關聯的情況，以及他們認知到的障礙、期望獲得的利益和潛在有幫助的激勵因素。這時，通常有必要對目標和目的加以修改，以使他們看起來更加真實、清晰和恰當。

目標和標的目的將成為活動評估計畫的基礎

發展社會行銷計畫的其中一個步驟（步驟八）將擬定一個評估計畫，這個過程將會在第15章探討。然而，在這時間點上需要強調的是，企劃者需要返回計畫的步驟四：設定行爲目標及標的目的，並選擇方法學發展計畫來衡量這些既定的目標。這裡使用範例說明需要測量的項目內容包括：

- 試點社區中婦女接受乳房攝影的數量。
- 在檢查站接受檢查時，有繫上安全帶的人數。

- 道路上特定類型垃圾的磅數。
- 中學生擁有非父母成人友誼的人數。
- 孕期婦女服用葉酸的人數。
- 舊金山的無人銀行帳戶開設數量。

訊息是簡單的，但需要建立對活動有意義且能被測量的目的。

設定目標和標的目的時的倫理考慮

如果趨勢指出你計畫支持的行爲目標（例如：將廚餘直接倒入垃圾桶中）與其他機構計畫（例如：後院堆肥）的策劃行爲相衝突，或者如果你的研究顯示贊助商所願意支持的目的，對你的標的受衆而言是不符合現實或無法實現呢？例如：社區診所會鼓勵孕婦完全戒菸，但如果研究顯示對那些不可能戒菸的老菸槍來說，每天能減到9支香菸就是很理想的情況，那又怎麼辦呢？如果診所說服老菸槍孕婦每天從抽24支菸減少到9支，那麼診所可以說他們的努力取得成功嗎？他們是否會爲這個區隔市場提供一個更有可行性的行爲（也許使用腳踏實地的技術），而不是只是簡單地發送一個「退出」消息？

章節摘要

社會行銷活動的主要目標是行爲改變。所有的社會行銷活動都應該在設計和規劃時考慮到具體的行爲目標——一些我們希望標的受眾去做的事情。行爲目標應該是清晰、簡單、可行的行爲——一個可以測量的行爲，並且是標的受眾做完後能夠清楚知道他們已經完成的行爲。

有時候，社會行銷人員還需要建立一、兩個額外的目標。知識目標（你希望標的受眾應該要知道的事情）通常是統計數據、事實，或標的受眾發現後能獲得激勵或其他重要意義的事情；信念目標（你希望標的受眾應該相信的事情）是標的受眾所持有的態度、觀點或價值觀相關的事情，有些標的受眾所持有的信念，行銷人員可能需要想辦法轉變它，以使受眾能改變行爲，有些失落的信念，則需要找回。

標的目的是可量化的、可衡量的，並與活動焦點、標的受眾及時間框有具體關係。理想情況下，他們會建立期望行爲改變的層次，作爲計畫努力的結果。當建立衡量行爲變化的指標不切實際或具有經濟難度時，可考慮採用其他替代方案，包括：衡量活動意識、反應、過程和／或增加知識、信念和意圖。

鑑於活動的標的目的代表活動評估的基礎，因此目的必須與計畫的努力付出有關，並且能夠加以測量。

研究焦點 減少澳洲的能源使用——以社區為基礎的社會行銷方法之行為選擇（2011）

背景

Doug McKenzie-Mohr是環境心理學家、社區型社會行銷的創始人，也是《培養永續行爲》一書的作者。[6]在選擇標的受衆後，你的第一個也是最重要的決定是，決定你的計畫將採用那些策變行爲？他的過程非常嚴謹，依靠大量科學數據和量化的受衆研究來識別潛在行爲，然後選擇投資報酬率最高的行爲。這個研究焦點，將介紹他是如何透過五個步驟應用於澳洲的社區，來達到減少能源使用的成果。

方法學

1. 列出候選行爲清單（identify potential behaviors），能確實產生環境效益的行爲。他使用兩個因素來成爲候選行爲的指標。首先，每個行爲都應該是不可分割的（nondivisible），也就是說行爲不能再包含次行爲。例如：想要建設一個節能省碳的家庭，可考慮推廣爲房子添加額外的絕緣材料，然而爲家庭添加絕緣材料的行爲，可以進一步分解爲三個家庭空間：閣樓、外牆或地下室。由於這三種空間的絕緣行爲障礙不盡相同，推廣策略勢必不同，所以有必要進一步縮小。其次，每個行爲都應該有一個結束狀態（end state）；也就是說，它應該能夠對解決環境問題發揮具體實質的效用。例如：購買省電燈泡（compact fluorescent lightbulb）不能算是具有結束狀態的行爲，但是安裝一個省電燈泡，就能算是。Doug建議，要確定行爲是否具有結束狀態，你必須問：「如果大家都參與這種行爲，會產生所期望的環境結果嗎？」如果還需要配合另一個行爲才能獲得你所期望的環境效果，這個行爲就不能算是具有「結束狀態」的行爲。

2. 確定影響（determine impact），評估每種候選行爲對環境的可能效益。Doug建議以兩種方法來評估所考慮的每種行爲可能產生的影響。第一種方法，也是大家偏好的方法是蒐集現存資訊（access existing information）。例如：如果你的活動目的是減少二氧化碳排放量，你應該蒐集所有可減少二氧化碳排放行爲的訊息（例如：安裝和配置空調程式調溫器或降低熱水器溫度）。如果無法找到可靠的訊息（通常是這種情況），那麼你應該尋求技術專家的協助，並要求他們對每種候選行爲進行評估。他建議使用類似五點量表的評分表，來獲得專家意見。

3. 確定可能性（determine probability），標的受衆採取行爲的可能性。這個程序也有一個偏好的替代方法，一種評分的方法。理想的情況是，每個候選行爲都曾被舉辦過活動，有相似的標的受衆和可衡量的結果，然後使用這些數據評估標的受衆採用該行爲的百分比率。當這些訊息不存在時，特別是當候選行爲名單很長時，可考慮使用第二種方法：從受衆中選擇具有代表性的可靠樣本，進行問卷調查，讓他們評估自己參與每項行爲的可能性，同樣可以使用五點量表，其中0等於「不可能」，4等於「高可能」。

4. 確認滲透率（determine penetration），滲透率是指目前採用該行爲的比例。確定滲透率可靠而現實的方法是調查標的受衆，透過調查來確認採用率。正如Doug所闡述的那樣，這些受衆調查的結果，可以爲每種行爲提供相當可靠的測量數據，雖然並非精確的百分比機率。這是因爲調查受訪者可能誇大自己採用該行爲，同時也不可能準確報告他們對該行爲的重複性（例如：用冷水洗衣服）。

5. 計算並選擇結果，找出最高影響力、最有可能採用及最低滲透率的行爲。獲得最高權重的行爲就是預期會產生最大的相對影響、具有最大相對被接受的機會，並且具有最大的潛在市場機會。表6.6舉例說明了四個步驟，爲蒐集訊息的理想格式：

第1欄：目前正在考慮中的所有候選行爲。

第2欄：環境影響的得分（請注意，表6.6是眞實的二氧化碳影響得分，如前所述如果沒有可靠的估計值，可以使用五點量表的科學專家的平均分數，如表6.7所示）。

表6.6　使用澳洲環境的假設案例，並以實際影響的真實數據示範五步驟的應用

1 候選行為	2 影響（公斤／戶／年）	3 可能性（0-4）	4 可滲透率（不參與行為%）	5 權重
購買節能電器	8,700	2.15	85	15,899
安裝三個高效能蓮蓬頭	650	2.5	35	569
用冷水洗衣服	450	3.09	63	876

第3欄：採用可能（probability of adoption）的得分，根據標的受衆的調查結果計算得出的平均分數，對每種行爲使用五點量表，其中 4 表示最高可能。

第4欄：當前行爲滲透情況的得分，數字表示尚未採取行爲的市場百分比。第

4欄中的實際得分是透過從1.0減去滲透百分比來獲得數據，用以表示尚未參與該行爲的市場百分比。例如：如果20%的家庭已經安裝了節水型淋浴蓮蓬頭，滲透率的數據將爲80%。

第5欄：加權分數係透過環境影響×採用可能性×可滲透率來確定，如果不知道環境影響而使用技術專家的五點評估，則採用類似的計算方法（見表6.7）。

表6.7　使用澳洲環境的假設案例，並以專家對環境影響的意見數據示範五步驟的應用

1 候選行為	2 影響（0-4）	3 可能性（0-4）	4 可滲透率（不參與行為%）	5 權重
購買節能電器	4	2.15	85	7.31
安裝三個高效能蓮蓬頭	2	2.5	35	8.75
用冷水洗衣服	1	3.09	63	1.9467

資料來源：D. McKenzie-Mohr, *Fostering Sustainable Behavior: An Introduction to Community-Based Social Marketing*, 3rd ed. (Gabriola Island, BC, Canada: New Society, 2011), 11～20. This table is adapted from one on p.19, which includes the following note:"On behalf of Local Government Infrastructure Services of Queensland, Australia, the Institute for Sustainable Futures estimated the CO2 emission reductions associated with a variety of energy-efficiency behaviors. The probability values are from a state-wide survey conducted in Queensland, Australia by Local Government and Infrastructure Services. The penetration values are fabrications as these values were not available."

問題討論與練習

1. 爲什麼作者強調策變的行爲需要非常具體，或者如Doug McKenzie-Mohr所説的「不可分割」？
2. 針對打算解決自殺問題的社會行銷活動，請分享潛在宗旨（potential purpose）、焦點（focus）、標的受眾（target audience）、行爲目標（behavior objective）和標的目的（target goal）。
3. 請分享你使用專有名詞目的（goal）的相關經驗？
4. 在開場的案例焦點中，爲什麼行爲目標（behavior objective）不是説服穿越者停止非法穿越的行爲？

注釋

1. National Social Marketing Centre, *Effectively Engaging people: Views From the World Social Marketing Conference 2008* (2008), 8, accessed July 15, 2011, http://www.tcp -events.co.uk/wsmc/downloads/NSMC_Effectively_engaging_people_conference_version.pdf.
2. H. W. Leibowitz, "Grade Crossing Accidents and Human Factors Engineering," *American Scientist* 95 (1985),

558–562.

3. Project Smart, "Smart Goals" (n.d.), accessed August 11, 2007, http://www.projectsmart.co.uk/smart-goals.html.
4. Climate Crisis, "Ten Things to Do" (n.d.), accessed 2006, http://www.climatecrisis.net/pdf/10things.pdf.
5. *Healthy People 2020*. *Source*: U.S. Department of Health and Human Services, Office of Disease Prevention and Health Promotion, ODPHP Publication No. B0132 (November 2010), www.healthypeople.gov.
6. D. McKenzie-Mohr, *Fostering Sustainable Behavior: An Introduction to Community-Based Social Marketing*, 3rd ed. (Gabriola Island, BC, Canada: New Society, 2011), 11–20.

第七章

界定障礙、福祉、激勵因素、競爭者及重要影響他人

如果你有以下情況，你將有更多的機會影響人們採用行爲：你比別人更懂他們，知道並非所有人都處於相同的起跑點；考慮競爭者，想辦法讓產品具有更多吸引力並且容易採用；與有影響力的人合作；能夠和多數人有效溝通；總能從長遠角度來看事情。

——Francois Lagarde[1]

Vice President, Communications

Lucie and Andre Chagnon Foundation

當你在規劃過程中到達這個階段時，你可能（可以理解）只想趕快「開始」。你渴望趕快設計產品，大家集思廣益找出激勵因素，尋找方便的地點來派送資材，夢想著上口的標語和美麗的活動廣告牌。畢竟，你已經分析完環境，也選擇了目標受衆，並且你知道你想讓受衆做什麼行爲。你可能會認爲現在他們就只需要知道、相信，然後行動。問題是，除非你本身就是標的受衆，否則你永遠不可能知道他們此時此刻的眞正想法，或者他們在遇見像這樣的「事情」（behave）發生時會怎麼想：

- 在到達安全檢查點之前，將所有液體放入一個夸脫大小的拉鍊袋中。
- 將你家中的草坪面積減半。
- 每天吃五種不同顏色的蔬果。

你無法猜出當他們第一眼看到你的方案時，心中眞正的想法是什麼？然而，現在是時候了解，你應該要知道五個重要的受衆洞察（audience insights），將在本章中描述與說明：

- 感知障礙（perceived barriers）。你的目標受衆不願意做這個行爲，或不認爲他們可以做到這個行爲的理由。
- 期望福祉（desired benefits）。如果他們做了這些行爲，他們會感到「這樣做眞好」（in it for them）！
- 潛在激勵因素（potential motivators）。你的標的受衆會期待有人或許是對他們說、或做給他們看、或爲他們做、或做任何會增加他們採取行爲可能性的事情。
- 競爭者（competition）。你的標的受衆偏好去做，並且一直「未停止」在做的行爲，是和組織倡導行爲對立或相反的行爲。
- 有影響力的其他人（influential others）。你的目標受衆願意傾聽、注視或期待的人。

透過品質良好的調查，你的其他企劃過程將以實際事實爲基礎、顧客客觀事實爲指導，如同下面的案例所述。

行銷焦點 不要弄髒德州——減少亂丟垃圾新行動（2013）

背景

早在1986年，德州交通部門（TxDOT）決定解決他們最大困擾：公路上亂丟垃圾的問題。在大數據的觀察研究和受衆調查基礎上，他們界定出該州亂丟垃圾最嚴重的對象，然而如何與他們接觸？接觸後在這種情況下，如何好好地「與他們談一談」？這時候由奧斯汀一家廣告公司GSD&M所開發的狠話（tough-talking），並獲廣告標語獎的活動口號「不要弄髒德州」（Don't mess with Texas）出現了，同時也是「不要惹惱德州」的雙關語，當時GSD&M被要求活動應至少能將道路垃圾量降低5%。[2]活動的焦點是說服德州人將他們的垃圾放在車內，12個月後，公路上的道路垃圾減少了29%。[3] 1995年至2001年期間，垃圾減少50%以上，菸頭廢棄物減少70%。[4]

圖7.1 我討樣那種感覺：不要弄髒德州垃圾桶

資料來源：Texas Department of Transportation.

然而來到2013年，當時交通機構委託進行的一項研究發現，德州道路上有4.34億件垃圾。[5]同年，他們兩年一度的亂丟垃圾態度和行爲研究結果顯示，儘管幾乎所有德州人都曾聽過活動口號「不要弄髒德州」（98%），然而大多數人（62%）還記得過去一年曾經在公共場所看過這個標語，而三分之一的居民承認在過去一個月曾經亂丟垃圾。[6]研究者感到有意思的是，大多數被承認亂丟的垃圾是食物等有機物質、小紙片（例如：收據、口香糖包裝紙）和菸頭，大約30%的吸菸者在開車時，承認將菸頭從窗戶扔出去。並且區隔市場中存在明顯的差異，獲知這個消息，TxDOT正式宣布改造該州的防亂丟垃圾活動，將以全新面貌重新登場，以吸引更多新的標的受衆。

標的受衆與策變行爲

誰是垃圾製造者？一項透過網際網路的態度和行爲調查研究發現，由1,206名16歲及以上的德州居民回覆問卷的結果統計顯示，亂丟垃圾發生率最高的四個群體：千禧一代（1980-2000年出生，2013年時年齡爲13-33歲）、西班牙裔美國人、單身和有小孩的家庭。亂丟垃圾的發生率也存在男性傾向、千禧代，其中大多數人在27年前的活動發布時還沒出生或者才幾歲大，獲選爲活動復興的「牛眼」（bulls-eye）標的受衆，他們當中48%的人承認，曾在過去一個月內亂丟垃圾，勝過34歲以上的成年人26%。[7]他們的年齡看起來與1986年活動的標的對象（18-34歲的男性）相彷，可能是幾代人在這般年紀都具有相同獨特的個性，千禧代也不例外。根據Pew研究中心的數據顯示[8]，他們有以下特性：

- 與老年人相比，更能包容多元化的種族。
- 有自信、開明，能接受改變。
- 勇於自我表達，四分之三的人擁有社群網站的會員資格。
- 有望成爲美國歷史上受教育程度最高的一代。

正如前面提到的，1986年開始的活動焦點行爲是避免把廢棄物扔出車外。重新打造後的活動著重於將垃圾「放在屬於它的地方」（where it belongs），並讓新世代的人參與其中。

洞悉受衆

這個關於態度和行爲的研究採用大樣本量（N = 1,206），其中千禧代樣本（n = 285），以便能有效地與老年人（n = 921）進行比較。以下爲感知障礙、期望福祉和潛在激勵因素的調查結果，並爲這區隔市場的策略提供了靈感。

感知障礙

對千禧代來說，適當處置垃圾的主要障礙包括時間倉促；跟多數人相較，較多人不知道違法；此外也不太關心垃圾亂丟的嚴重性，尤其是小紙片、食物和菸頭。目前常見的垃圾型態見表7.1。

表7.1 感知障礙的檢驗

就垃圾而言，你認為以下這些垃圾嚴重嗎？		
非常嚴重的垃圾項目	千禧代（16～33歲）	較年長成人（34歲以上）
	$n = 285$	$n = 921$
啤酒罐或瓶子	79%	86%
塑膠袋／其他塑料	79%	83%
建築垃圾	80%	82%
蘇打水或其他非酒精飲料罐或瓶	75%	82%
較大的食品包裝（洋芋片包裝袋或糖果包裝等）	70%	76%
快餐包裝	68%	73%
菸頭	65%	71%
厚紙板	56%	61%
小紙片（收據、彩券、口香糖包裝紙等）	34%	50%
食物、食品/有機物質	21%	32%

資料來源：Texas Department of Transportation, "2013 Litter Attitudes and Behaviors" (April 3, 2013), 31, accessed November 27, 2013, http://www.dontmesswithtexas.org/docs/DMWT_2013_Attitudes_Behaviors_Full_Report.pdf.

期望福祉

如表7.2所示，大多數千禧代都知道不亂丟垃圾有許多好處，特別是保護環境、成為兒童榜樣還能保持德州的美麗，並且不會想去做不被社會接受的行為。

表7.2 潛在福祉的檢驗

你認為保持德州乾淨和沒有亂丟垃圾是……？				
	過去一個月內曾亂丟垃圾者	無亂丟垃圾者	千禧代（16～33歲）	較年長成人（34歲以上）
	$n = 353$	$n = 853$	$n = 285$	$n = 921$
環境的課題	21%	19%	31%	16%
德州驕傲的課題	18%	11%	14%	13%
是環境課題也是德州驕傲課題	60%	70%	55%	71%
請根據你的同意程度給予評分				
	過去一個月內曾亂丟垃圾者	無亂丟垃圾者	千禧代	較年長成人
	$n = 353$	$n = 853$	$n = 285$	$n = 921$

（續前表）

「從小時候開始為兒童灌輸價值是非常重要的。」	81%	88%	74%	89%
「我以不亂丟垃圾感到驕傲。」	76%	86%	72%	87%
「我不會在路上亂丟垃圾，因為我想『保持德州美麗』。」	74%	87%	71%	87%
「在我們的道路上堆積垃圾，對德州人來說是貧窮的象徵。」	73%	83%	68%	84%
「亂丟垃圾是一種被社會所不接受的行為。」	68%	81%	69%	79%

資料來源：Texas Department of Transportation, "2013 Litter Attitudes and Behaviors" (April 3, 2013), 36, accessed November 27, 2013, http://www.dontmesswithtexas.org/docs/DMWT_2013_Attitudes_Behaviors_Full_Report.pdf.

潛在激勵因素

若知道被捕和罰款的可能性很大（見表7.3），大多數千禧代都很有動力處理亂丟垃圾。調查檢舉亂丟垃圾者的想法，儘管大多數人表示，他們不會檢舉亂丟垃

表7.3　潛在激勵因素的檢驗[a]

「這裡有一些關於德州亂丟垃圾的事實。你覺得若亂丟垃圾可能會導致什麼後果？」		
	千禧代（16～33歲）	較年長成人（34歲以上）
	$n = 285$	$n = 921$
「如果你在德州公路亂丟垃圾，你可能會被罰款500美元，甚至更多。」	59%	67%
「德州政府每年花費4,600萬美元撿拾垃圾。」	50%	58%
「在德州亂丟垃圾是違法的。」	44%	57%
「每年在德州維護的高速公路上可發現11億個垃圾。」	49%	55%
「每年在德州維護的高速公路上可發現4,700萬個菸頭。」	47%	54%
「你覺得想要在德州減少亂丟垃圾的發生，哪個方法最適合？」		**所有受訪者**
處罰／強制執法		33%
罰款		26%
教育／知覺（關於亂丟垃圾更多／更好的教育方式，更多的學校參與，辦理更多關於亂丟垃圾的學校宣導教育計畫。）		20%
廣告（定期宣導勿亂丟垃圾／新聞／強制處罰）		11%

a. 百分比是指認為此聲明可能對他們亂丟垃圾行為產生影響的人數。

資料來源：Texas Department of Transportation, "2013 Litter Attitudes and Behaviors" (April 3, 2013), 29, 37, accessed November 27, 2013, http://www.dontmesswithtexas.org/docs/DMWT_2013_Attitudes_Behaviors_Full_Report.pdf

圾的人，但如果採用匿名檢舉制度並直接將違規信件發送給違法者，那麼檢舉的可能性會增加。（正如你將閱讀行銷組合策略一樣，此一發現再次加強他們打算開發「檢舉亂丟垃圾」計畫的興趣。）

行銷組合

主要策略依賴四種干預工具。

產品

爲了解決大量的小型垃圾問題，包括：快餐食物包裝垃圾、菸頭、糖果盒、廢紙和塑膠瓶在內的大量小型垃圾，特殊的紅白藍三色桶成爲活動的中心部分（見圖7.2）。

價格

亂丟5磅以下的垃圾者可能被罰款高達500美元，亂丟5～500磅垃圾者恐面臨高達2,000美元罰款和180天監獄服役。爲了利用被檢舉和罰款的恐懼，他們建置了一個匿名檢舉亂丟垃圾者的活動網站，並正式發布相關訊息：

> 當你看到垃圾正在風中飄揚，最終落在我們德州高速公路的一剎那時，你能爲德州做些什麼事情？你不需要使用自己的正義方式，我們建議你就發一封投訴的信到德州交通部的亂丟垃圾專責信箱，我們會用匿名的方式提醒亂丟垃圾的人，讓他們「不要弄髒德州」（Don't mess with Texas）。當你有意或無意地看到垃圾從車內被拋出時，請記下以下訊息——車牌號碼、車輛的顏色、日期和時間、地點、扔垃圾的人以及扔掉的東西。9

居民隨即被引導使用線上的舉發表格提供訊息，然後TxDOT透過機動車輛登記數據庫比對這些訊息，若發現比對結果正確時，隨即會向被檢舉亂丟垃圾的車主發送一個「不要弄髒德州」的活動專用垃圾袋，以及一封提醒他們不要在高速公路留下任何垃圾的提醒信。這封信還包括告知亂丟垃圾可能被罰款金額的訊息，並提供可向合作夥伴訂購免費可重複使用的口袋菸灰缸資訊。

通路

活動希望德州人可以在德州各處看到「CANpaign」的標誌，全州有超過300多個印有活動宣傳的大桶出現在各地，包括：旅遊訊息中心、熱門旅遊景點、體育場館和其他高交通流量的場所，提醒道路駕駛妥善處理垃圾。

推廣

TxDOT在一次新聞發布會上正式宣布活動登場，這場新聞發布以跳舞的紅藍白「不要弄髒德州」垃圾桶標誌爲特色。主要的推廣管道包括英語和西班牙語的電視及廣播節目、廣告牌、新聞報導，並主打社交媒體。如圖7.2所示，垃圾桶上的訊息與千禧代產生了特殊的共鳴，爲了吸引學生，一項校園清理計畫獲得贊助，並將在專欄7.1中介紹。

圖7.2 CANpaign的各種口號印製於大型垃圾桶，出現在全德州各處。

資料來源： Texas Department of Transportation.

專欄7.1 吸引高中和大專學生及千禧代的校園清理計畫

校園清理計畫是一個以學生爲中心的計畫，旨在幫助大學和高中的年輕千禧代參與支持「不要弄髒德州」的計畫。工具箱中包含各種幫助學生組織起來，並發起活動的材料和建議。該計畫前兩年，主要挑戰德州全州的大專院校學生能清除校園內的垃圾。TxDOT將該計畫描述爲一種「幫助同學改變亂丟垃圾的想法，最好的方法就是走出去，並爲我們的校園做點事！你不僅可以得到乾淨的校園，還能獲得履歷上的良好紀錄！」[10] 推薦地點包括：體育賽事、鄰居、宿舍、公寓、希臘房屋、路邊和校園熱點，如：學生會、圖書館、餐廳或食物販售區、公園等其他公共區域。

圖7.3 吸引學生參與校園清潔計畫的海報

資料來源： Texas Department of Transportation.

對於CANpaign來說，有趣的罐頭口號是爲吸引那些特別的千禧代所製作的：

- 最後的一些清潔樂子！（Finally some GOOD CLEAN FUN.）。

- 享受大量輕鬆的拾取樂！（Enjoy lots of EASY PICK UPS.）。
- 讓我們下來弄髒吧！（Let's get DOWN and DIRTY.）。
- 撿垃圾日就是約會日！（Pick up LITTER. Pick up DATES.）。

活動工具包還包括招募同學參加活動的海報（見圖7.3）。

資料來源：Texas Department of Transportation.

結果

初期參與新活動的Facebook粉絲從2013年3月的15,000，到2014年1月已經超過31,000，在YouTube播放的垃圾桶廣告也有超過232,000人次收看，結果令人鼓舞。

以上活動的相關資訊，是由TxDOT的節目經理Brenda Flores-Dollar所提供。

步驟五：界定標的受眾的障礙、福祉、激勵因素、競爭者和其他影響者

獲勝者幾乎總是有一個共同的「機動」：以客戶爲中心的焦點。最好有一個眞正的好奇心，甚至飢餓，知道潛在客戶對他們的報價有什麼想法和感覺。規劃過程中的第五步驟，旨在做到這一點——加深對目標受衆的理解。在社會行銷市場中，獲勝者幾乎都有一個共同的「習性」（maneuver）：以客戶的想法爲尊。你最好有一顆好奇心，甚至飢渴的心，渴望知道潛在客戶對他們的活動方案有什麼想法和感覺。規劃過程中的第五步驟旨在做到這一點——加深你對標的受衆的理解。

本章首先會討論受衆目前的知識、信仰、態度和做法，然後你將閱讀如何蒐集這些訊息，最後並知道如何使用這些洞悉見地來發展你的策略。首先，了解交易理論（the exchange theory），這是另一個行銷磐石——可以幫助你假想這個「交易撮合」（deal-making）的過程。

交換理論

傳統的經濟交換理論假定，爲了進行交換，標的受衆所感知的福祉（perceive benefits）必須等於或大於所感知成本（perceived costs）[11]。換句話說，他們必須相信會得到或超過他們所給予的收益。1972年，Philip Kotler在《行銷期刊》（*Journal of Marketing*）上發表了一篇文章，聲明交換是市場行銷的核心概念。當標的受衆認爲他們能得到比他們提供的更多時，自由交換（free exchange）就會發

生。[12]早在1969年，Kotler就認爲交換理論不僅僅適用有形商品的購買和服務，它實際上也適用於無形或象徵性產品（例如：回收），甚至金融產品及服務（例如：時間和精力可能是主要被感知到的成本）。[13]在1974年和1978年，Richard Bagozzi擴大這個理論的框架，他認爲交換也可能發生在兩個以上的當事方，而交換的主要受益人實際卻是第三方（例如：環境）。[14]這當然與本文中使用的社會行銷定義一致，因爲它的論點有利於社會以及標的受衆。

因此，本章開頭提出的五個受衆洞察觀點極爲重要，並將在本章下一節詳細闡述。

你還需要知道有關標的受眾的更多資訊嗎？

感知障礙（Perceived Barriers）

從觀衆對各種問題的回應可以看出他們的障礙所在，他們對策變行爲有什麼擔憂？他們覺得若他們實踐了這種行爲將不得不放棄什麼？他們覺得自己能做到嗎？他們過去爲何不做？或許他們曾經做過，爲什麼又放棄這樣做？這些也可以被認爲是標的受衆所感知到的「成本」。第6章的環境心理學家Doug McKenzie-Mohr曾經指出，個體本身可能存在執行行爲的障礙，例如：缺乏進行某項活動所需的知識或技能，或者外部障礙，例如：爲執行行爲需要進行一些結構性的改變。他還強調，這些障礙會因標的受衆和行爲而有所不同，在我們的規劃過程中，這就是爲什麼標的受衆和策變行爲需要事先被確定的原因。[15]

障礙可能與多種因素有關，包括：知識、信仰、技能、能力、基礎設施、技術、經濟地位或文化影響。它們可能是眞實的（例如：乘坐公共汽車比單獨駕駛要花費更多的時間），或者只是個體的感覺（例如：乘坐公共汽車的人是無法負擔其他交通工具費用）。無論從哪種情況來看，那都是來自標的受衆的觀點，需要你善加利用。

範例：安全水計畫

2006年，在非洲東南部的馬拉維（Malawi），由國際非營利組織PATH開發的一項試點項目中，90%的女性都知道一種名爲WaterGuard的濾水處理器，但目前只有2%的人使用它。試點計畫執行的九個月時間裡，有61%的人開始使用它，其中25%受訪者的朋友和親戚也開始使用。[16]這是怎麼發生的？因爲計畫成功透過干預解決最早的障礙，然後專注於一個簡單的解決方案。

計畫最早探訪母親的樣本，明確界定了主要障礙爲：可負擔性、可用性、味道和氣味。免費試用優惠包括提供WaterGuard樣品、一個安全的儲存容器，以及最多三個補充包。這段試用期讓女性親身體驗該產品的方便性以及對改善家庭健康狀況的程度，這也給了她們足夠的時間來適應這種氣味，隨著時間的推移，許多人已經習慣使用經過處理的安全的水。衛生工作者非常仔細指導婦女如何使用WaterGuard，透過正確的使用方式，可有效降低導致氯氣過量的氣味。衛生工作者同時向孕婦傳授安全飲水對健康的益處，並透過外展工作人員進行後續家訪來強化這個訊息。

三年過後，在體驗期滿時，26%的參與者（相較試驗前的2%）和18%的親友繼續購買與使用WaterGuard，而其他人則採用由政府提供的免費解決方案處理他們的水氯氣問題。[17]

期望福祉

福祉是你的標的受眾所期望或需要獲得的東西，是你策變行爲所可能提供的價值。[18]社會行銷人員所需要的只是解答所有受眾的疑惑，但他們實際上只會體驗到行爲所帶來的福祉。再次強調，對受眾而言，福祉之所在不一定與你的看法相同。Bill Smith曾說，這些利益可能並不是非常顯而易見的。舉例來說：

> 全世界都認爲健康是一種福祉。但是，對我們來說，公共衛生領域所謂的健康對於消費者來說並不重要，甚至對高端消費者也是如此的，至少他們自己這樣認爲，他們所關心的是看起來夠不夠體面（緊縮的腹部和翹臀）。健康就是性感、青春和火辣的代名詞，這就是爲什麼健身房廣告會選在洗澡時間主打的原因。天氣升溫時不會帶來更多的疾病，只會帶來更多人展現健康胴體。[19]

在2014年巴西國際社會行銷協會的網絡研討會上，巴西的社會行銷人員Hamilton Carvalho分享了他的基本人類需求清單（checklist of fundamental human needs），我們可以把它看成人們期望福祉的種類：(a)自主（autonomy）；(b)能力（competence）；(c)歸屬（belonging）；(d)意義（meaning）；(e)身分（identity）；(f)正義（justice）；(g)積極情緒（positive emotion）和(h)認知經濟（cognitive economy）。[20]

範例：Chesapeake海灣的螃蟹保育[21]

幾個世紀以來，Chesapeake的藍螃蟹（blue crabs）被公認是世界上最好的藍螃蟹，但在2003年，Chesapeake的收穫量創下了歷史低點。有了這個資訊，一個針對「拯救海鮮」（saving the seafood）的活動主題誕生了。雖然華盛頓特區的人們對海灣生態的關心程度有限，但許多人對他們的海鮮可是充滿了熱情，整個華盛頓特區及馬里蘭州、維吉尼亞州郊區的海鮮餐館可以證明這一點。將汙染的海灣問題重新定位爲烹飪問題而非環境問題，是非營利機構教育發展研究院（Academy for Educational Development, AED）展開活動的基石。

他們提出「養肥螃蟹，然後吃掉」（Save the Crabs. The Eat ’em）的推廣訊息，強調居民春季不對庭園草坪施肥、等到秋季再施肥來維護海洋水資源。他們同時製作了三支電視廣告，每支廣告都用幽默的訊息來鼓勵觀衆等到秋天再施肥。一則廣告是這樣說的：「不應該有螃蟹是這樣死」（no crab should die like this），然後當一個男人咬了一口沒肉的蟹肉堡時，他說：「螃蟹最好的歸宿應該是在熱的可口奶油中」。廣告同時刊登在《華盛頓郵報》，並在地鐵站免費發放（見圖7.4）。當地的海鮮餐廳則發放免費印有活動宣傳的飲料杯墊（見圖7.5）。

圖7.4　戶外廣告推廣秋季施肥

資料來源：Academy of Educational Development for Chesapeake Bay Club.

圖7.5　當地海鮮餐廳發放免費飲料杯墊

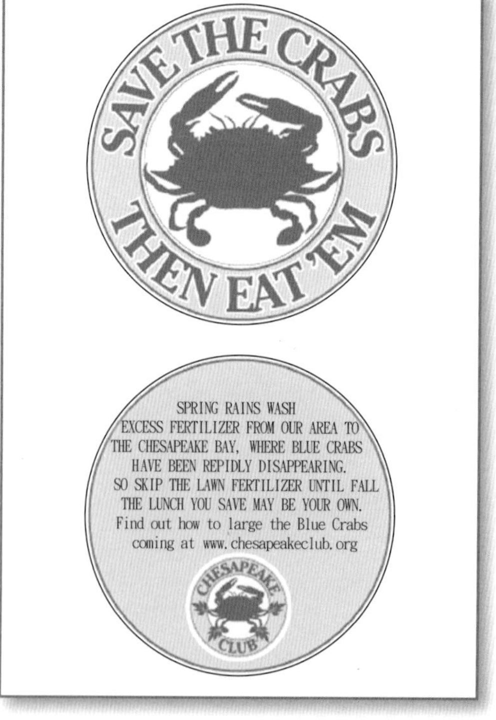

資料來源：Academy of Educational Development for Chesapeake Bay Club.

爲監測活動結果，在活動開始前和執行後，執行隨機撥號電話調查以測量行爲意圖。活動共訪問當地600名有僱用工人照顧草坪的居民。在活動前的2004年，52%的受訪者表示，他們預計在即將到來的春天進行草坪施肥；在活動推出後的2005年，此一數字下降到39%，活動成功改善25%。

潛在的激勵因素

激勵因素（motivators）與受眾福祉（audience benefits）截然不同。激勵因素是標的受眾跟你分享，如何能夠讓他們更願意採用策變行爲的想法。受眾對四個問題的回答，將提供你如何發展行銷組合的策略（4Ps）：(1)「你希望有人會對你怎麼說？才會讓你有可能考慮採用這種行爲？」；(2)「你希望有人會對你做什麼？才會讓你更願意採用這種行爲？」；(3)「有哪些人可以給你幫助，讓你採用這種行爲？」和(4)「你希望有人會對你怎麼做？才會讓你有可能考慮採用這種行爲？」他們的答案可能會成爲行銷組合之一。我們將舉一個例子來說明。一個試圖影響海岸線業主拆除海灘上所有海堤（seawalls）和擋土牆（bulkheads）的計畫，希望透過業主採用這些行爲，可以改善海洋水源水質，並保護野生動物棲息地。受眾知悉此計畫可能會提議，你可以爲他們提供所需的本地植物及相關技術支援，來幫助減少海浪侵蝕（產品策略）。此外，最好能夠將這些植物直接運送到業主家中，並直接在那裡指導協助（地點策略）。他們也可能會提到，如果他們還能夠獲得減少房產稅的優惠（價格策略），他們就更樂意做這事情。他們會說，如果能聽到房產價値有可能會增加的數據〔訊息（message）〕以及在說明會（溝通管道）能有其他屋主分享成功經驗和滿意度的報告〔代言人（messengers）〕，那麼這活動會變得很有說服力。

値得一提的是，在這種創意構思（idea-generating）的訪問過程中，你還可以測試一直想測試，但受訪者卻未提及的想法，這跟正式計畫的前測工作（pretest）不同，前測是在策略起草之後、正式執行之前所進行的效果測試，而這個構思階段是用來蒐集受眾想法，來形成策略草案的。

範例：哺乳

研究顯示，母乳餵養6個月的嬰兒比較不容易罹患耳部感染、腹瀉和呼吸系統疾病。非母乳餵養的嬰兒則容易有較高的肥胖、糖尿病、白血病和哮喘發生率。然而，2004年在美國僅有約33%的母親在產後6個月哺育母乳，這是發達國家中最低的母乳哺育率。[22] 2010年美國健康人的目標是將此一比例提高到50%，美國衛生和人類服務部婦女健康辦公室接受了此一挑戰。

活動前的研究結果，爲活動提供了方向和重點，根據研究結果顯示民衆對母乳哺育的持續時間沒有明確的觀念，也沒有認知母乳哺育的優勢。此時，活動訊息的功能主要就是解決這種混亂問題，來突顯最具激勵性的優勢。媒體宣傳活動於2004年6月在廣告委員會（Advertising Council）的支持下，發起廣告宣傳「嬰兒生來要吸奶」（Babies were born to be breastfed）的訊息，並強調喝母奶才能得到眞正的健康優勢——有一點幽默感（見圖7.6）。[23]

圖7.6　母乳哺育的活動廣告[24]

除了大衆媒體和網際網路播放廣告，相關資源也被用於支持全國各地的社區示範項目（community-based demonstration projects, CDPs）。母乳哺育計畫爲地方聯盟、醫院、大學和其他組織提供資金，以便他們能夠提供母乳哺育的外展宣導教育服務、培訓醫療保健業者、執行媒體活動，並追蹤社區內的母乳哺育率。

活動第一年後的調查結果令人鼓舞，母乳哺育意識從28%上升到38%，超過一半的受訪者（63%）明確知道母乳哺育嬰兒的時間應不少於六個月，或者最好能夠持續超過六個月。同意嬰兒在出生後六個月內應完全接受母乳哺育的人數，從活動前的53%增加到活動後的62%。而最重要的是，2005年的研究中，曾經哺育母乳的母親有73%，比2004年的研究更高（63%）。2012年更新的「成績單」顯示母乳哺育率仍持續上升，持續哺育母乳六個月的比例高達47.2%，健康人2020（*Health People 2020*）目標則訂在60.6%。[25]

競爭者

界定競爭者

你還需要與標的受衆一起探索的第四個領域是競爭者。社會行銷人員擁有強大的競爭對手，因爲我們將競爭定義如下：

- 標的受眾可能會偏好不是我們正在宣傳的行爲（例如：爲避免意外懷孕，人們可能偏好使用保險套而不是我們所策變的節制性慾行爲）。
- 標的受眾已經有成爲日常生活習慣的行爲（例如：每天自己開車上班或早晨喝杯咖啡、配根香菸）。
- 某些組織或個人發送與我們策變行爲對立的訊息（例如：萬寶路香菸廣告）。

表7.4舉出你所可能面臨挑戰的例子，請思考它們所帶來的歡愉性，而那卻是你正要他們放棄的東西。有些發送對立訊息的組織和贊助商的經濟實力，可能遠遠在你之上；想想典型關鍵代言人的說服力和影響力；有時競爭者可能就是你自己的組織，我們稱之爲「友好」的競爭，像是組織內的一個計畫（例如：針頭交換計畫）實際上可能會削弱另一計畫的成功率（例如：減少藥物使用計畫）。

表7.4 你可能要面對的競爭者

行為目標	競爭行為	競爭訊息與信使
一次不要喝超過五杯酒	喝得酒酣耳熱茫茫然	百威啤酒
穿救生衣	想要曬黑	流行廣告展現曬得黝黑的肩膀、腹部及手臂
一個禮拜擔任5小時志工	與家人相聚時光	受衆的小孩
製作有機堆肥	直接把果皮爛葉丟到鐵胃攪碎沖進下水道	鄰居覺得後院製作堆肥會引來老鼠

另一個識別競爭的理論是由 Cardiff大學的Sue Peattie和Ken Peattie所提出[26]，他們認爲在社會行銷中，可以把競爭當作是「思想之戰」（battle of ideas），而這些隱藏的競爭有四個主要型態：(1)對立的商業行銷（例如：香菸公司）；(2)社會對你策變的行爲並沒有好感（例如：反對持有槍枝）；(3)冷漠（例如：考慮是否去投票時）；以及(4)非自願反對（例如：身體隱疾）。

識別來自競爭者的障礙和好處

一旦找到了競爭對手，你就會知道得更多。 McKenzie-Mohr和Smith提供了一個有用的理論來加強你的研究成果——並幫助你完成步驟六、七開發產品的定位和4Ps行銷組合策略。這個行銷遊戲的名字是：改變行爲福利的比例，讓標的行爲變得更具吸引力。McKenzie-Mohr和Smith提出了四種方式（策略），彼此並非相互排斥：

1. 增加標的行爲的福祉。
2. 減少標的行爲的障礙（和／或成本）。
3. 減少競爭行爲的福祉。
4. 增加競爭行爲的障礙（和／或成本）。[27]

表7.5是一個簡單的例子，說明實際情況（理想情況下）從受衆調查中所獲得被受衆認知到的福祉和障礙／成本清單。請記住，可能會有一個或多個被界定爲主要競爭者。

表7.5　界定被認知的障礙與好處

受眾知覺	策變行為：在車內使用垃圾袋	競爭行為：直接把垃圾丟到窗外
認知的福祉	這對我的孩子來說是很好的行為示範。 我正在盡我對環境的本分。 我可以不用被罰錢。 我不會覺得有罪惡感。	這比較簡單、方便。 可以避免車內都是食物氣味。 不會弄得車上都是垃圾。 這讓某些人有工作做。
認知的障礙／成本	必須找到一個垃圾袋，要記得把它放在車內。 可能導致液體溢出。 看起來像一個帶著白色塑膠袋的書呆子。	我可能會被罰做社區服務和撿垃圾。 我可能被逮到並罰款。 我正在為道路製造垃圾做出貢獻，並且有人必須要去清理它。

這個研究過程的一個重要成分，包括試圖在每個象限（quadrants）內事先考慮好這些福祉和障礙／成本的優先順序，你最重視的「價值」是什麼？——是獲得最重要的價值效益，還是剷除採用策變行爲的障礙。在表7.5的例子中，你要確定每個象限中的優先順序排名（例如：受衆心中頭號使用垃圾袋的福祉內容是什麼？）之後，你的研究才算完成。

範例：寵物收養

2006年10月14日星期六上午，在華盛頓州西雅圖的一家電臺採訪了The Humane Society for Tacoma and Pierce的發言人，發言人強調了無作爲（doing nothing）的代價：「我們的寵物庇護所有超過一百隻貓咪，如果在今天晚上牠們沒有被人領養，就只能接受被處以安樂死的命運了。」電視新聞節目、報紙文章和部落客也樂於幫助傳播這個消息，「透過領養無家可歸的貓咪來幫助我們不需要經歷安樂死的心痛。」該活動將場地布置得充滿節日歡樂氣氛，使用氣球裝飾並爲兒童們提供免費畫臉服務，獎勵措施還包括提供最好的優惠——補貼定期收養費20美元，當天現場還提供許多寵物免費服務項目，包括：結紮服務、獸醫檢查、寵物袋，甚至貓玩具。

在接下來的星期一，這個活動宣布創下在短短8個小時內，找到了180隻寵物新家園的紀錄，顯然這個庇護所已經終結了「無作爲」（冷漠）的代價。後續新聞報導和網站向那些錯過認養寵物的民衆承諾「沒問題」，這個庇護所將全部開放，讓所有想要認養的人肯定會有新的和充足的可認養動物供應。[28]

重要影響他人

此時要考慮的第五個層面是標的受衆所傾聽、注視和／或追尋的內容，尤其是與策變行爲有關的內容。我們認爲他們是中游受衆（midstream audiences），他們包括：標的受衆所屬的社交群體（例如：媽媽們的支持團體或Facebook朋友）以及同事、同學、鄰居、家人、醫生、輔導員、藥劑師、媒體和藝人。在某些情況下，也有可能是標的受衆認爲值得信賴、可愛和具有專業知識的個人（例如：一位備受好評的科學家或藝人）。了解這些團體和個人對於策變行爲的評論和做法，將會產生重大的影響，特別是對於推廣策略，可能會需要爲計畫增加額外的標的受衆。

範例：能源節約[29]

在2001年冬季美國西海岸能源危機期間，華盛頓西雅圖97.3 FM的一位受人歡迎的廣播脫口秀主持人Dave Ross，他興奮地分享以色列曾經在20年前成功地推動能源節約的工作，於是他蠢蠢欲動地嘗試了一個類似的策略，當時他的聽衆有數十萬人。

以色列的這場活動是在一個流行電視節目播放後，以色列人正在過度使用電力之後立即戲劇性發生的，當時該節目的主持人要求觀衆離開電視機，到房子內其他房間，並關掉房子內所有不需要使用到的額外燈光，然後觀衆從電視螢幕上看到以色列電力公司電力消耗量表的畫面，正播放了他們所進行行爲的影響力，幾秒鐘內，電力儀表急劇下降。這項試驗改變了「我的燈光有沒有關，沒有差別」（my lights don't make a difference）的信念，在活動的八個月中，總用電量估計節省了6%。[30]

Dave採取了類似的做法，他在節目預告中宣布，將在當天上午11點30分進行實驗，要求聽衆關閉並拔掉任何未使用的電器電源。他強調不希望人們特別做出任何犧牲，只是想讓他們關掉他們不需要的東西，11點28分電力公司工作人員唸出當前使用的兆瓦級別水平：「我們現在是1400兆瓦。」11點30分，脫口秀主持人發號施令：「GO！」並在接下來的5分鐘，他帶著一個手持式麥克風在電臺工作室裡走了一圈，關掉了空蕩蕩辦公室、會議室內的燈光和電腦顯示器，然後，他給家裡打了電話，以確保他的妻子也參與其中。

11時35分城市公用事業的官員回到電臺了，並報告了令人印象深刻的結果，用量減少了40兆瓦，達到1,360兆瓦。此一下降足以爲40,000個家庭提供電力，並代表價值30萬美元的電力。令人感到興奮的是，這項活動刺激了第二天產生了一個1小時教導人們節約用電的節目（例如：在非高峰期洗衣服及購買節能設備）。Dave邀請市議會議員上節目介紹能源保育的認證產品，此後幾週，當地的家庭和花園供應商店都配備了這些節能電器和燈泡。

你如何從標的受眾身上學到更多？

顧名思義，形成性研究將幫助你深入了解受眾所知覺到的障礙、福祉、激勵因素、競爭者和有影響力的其他人。它將幫助你制定策略草案，然後進行前測（pretest）。現有的行爲改變理論和模型將在下一章中討論，這將有助於加深你對顧客的理解——甚至可以培養同理和同情心。

形成性研究

像往常一樣，首先你應該回顧現有文獻，並與同行和同事進行研究及討論。如果在回顧文獻之後，發現獲得的資訊與現實似乎依然存在差距，試著使用定性方法（如焦點小組和個人訪談）進行原創研究，以確定障礙、福祉、激勵因素、競爭者和重要的其他人。電話和網路調查等定量工具則非常適合用在決定這些因素的優先順序，請參考表7.5所列出來的清單。

一個受歡迎的調查方法爲KAPB模式，知識、態度、實踐和信念（knowledge, attitudes, practices, and beliefs, KAPB）。如Andreasen所說：

> 這是對標的人群的代表性樣本進行全面深入的調查，目的是深入了解標的受眾的知識、態度、實踐、信念，並發展出合適的活動語言。KAPB研究在社會行銷環境中相對普遍，特別是在健康領域。它們通常由地方政府、世界銀行或聯合國習慣採用，基於這個原因，它們有時可作爲輔助數據庫的一部分提供給社會行銷人員。31

例如：從1995年開始，蓋洛普組織（Gallup Organization）在疾病控制和預防中心（Centers for Disease Control and Prevention）的贊助支持下，爲出生缺陷基金會（March of Dimes）展開了KAPB型研究。[32]在全國針對18-45歲的婦女進行電話訪問，旨在追蹤婦女是否了解懷孕前服用葉酸可減少嬰兒出生缺陷的機會，請思考2008年這些調查結論如何影響活動策略和優先順序：

- 十名女性中有九名（89%）不知道在懷孕前需要服用葉酸。
- 十名女性中有八名（80%）不知道葉酸可以幫助預防出生缺陷。
- 調查時只有三分之一的女性（39%）在受訪時刻並未懷孕，但仍每天服用含有葉酸的綜合維他命。

斯特林大學（University of Stirling）社會行銷學院的MBA候選人Michael Jortner進行了一項定性研究方法來理解標的受眾。Michael對這個問題的答案很感興趣：「是什麼好處讓城市中的遛狗者喜歡繫牽繩子遛狗？爲什麼有些人則不喜歡如此做？」他透過個人採訪得到以下結果，喜歡繫牽繩子遛狗的人，喜歡享受這過程中的「和平」（peace）感受，而那些不喜歡繫牽繩子遛狗的人，則喜歡享受這過程中的「快樂」（joy）感受。[33]也許那些想要影響「不繫牽繩子遛狗者」（nonleashers）成爲「繫牽繩子遛狗者」（leashers）會想挑戰自己回答這個問題：「我們怎樣才能獲得更多的快樂，當我們遛著繫著牽繩的狗？」

這將如何幫助你制定策略？

如果你已經理解標的受眾針對策變行爲所眞實感知到的障礙、福祉、激勵因素、競爭者和有影響力的他人，你就可以開始擬定4Ps策略與定位聲明（positioning statement），我們會用一個簡短的案例來說明這個應用過程。[34]

2006年，華盛頓州衛生部（Washington State Department of Health）制定了一項社會行銷計畫，旨在減少老年人的跌倒意外，並發展社區組織可以提供老人健身課程。試點（第一年）的標的受眾是居住在該州某縣70-79歲的老年人。針對標的受眾所進行的形成性研究，確定了影響老年人是否參加健身課程的感知好處、障礙、激勵因素、競爭者以及重要影響他人：

- 期待的益處：「這可以增強我的伸展能力、平衡和體適能，也許我可以獨立生活更長的時間，我希望課程很有趣，並有機會可以結交新朋友。」

- 加入的障礙：「這取決於課程價格、提供課程的場所位置、課程時間以及授課的教練，我可不想讓不了解老人需求的年輕教練來指導我！」
- 定期參加的障礙：「如果課程太難、太費勁，會造成傷害自己，或者無法跟上，那麼我可能會退出，課程應該能讓我看到我的健康狀況有所改善，這樣才有價值。」
- 定期參加的動機：「如果課程費用每月少於50美元，並且位於我家附近，有免費的停車場，課程的學員都是和我年紀一般的人，並由了解老年人狀況的教練授課。」
- 競爭者：「我可以自己在家看電視或出去散步，以自己的節奏在家免費做自己想要做的事情。我想這個課程的優點是：確保我定期運動的一種方式！」
- 有影響力的其他人：「我的鄰居說，健身教練比他的孫子還年輕，並且精力充沛，這樣我可能無法跟上進度。」

定位聲明（positioning statement），正如你將在第9章中看到的，描述你希望你的標的受衆以怎樣的方式看到你的策變行爲。企劃者希望健身課程能夠被70-79歲的標的受衆看到。

作爲適合老年人的健身課程，需要能夠以安全的方式增強身體的伸展和平衡，所以課程由經驗豐富的教練提供經過測試的安全運動，同時還有趣味性，因爲它提供了一個與其他人認識並且走出家門的機會。對於希望保持獨立性、積極性和預防跌倒的老年人來說，這是一項重要而有價值的活動。

產品平臺包括核心（core）、實際（actual）和增強（augmented）產品的描述，這些都來自你調查而得的福祉、障礙、激勵因素和競爭者的啓發。對於老人健身課程，核心產品（課程的福祉）隨後被描述爲「保持活躍、獨立並預防摔倒」。實際產品（課程的特性）將是一小時健身課與20名學員每週上課三次。這些課程包括手腕和腳踝關節延展練習、平衡練習以及中度有氧運動。運動時可以站立或坐著，健身教練則是一名曾經獲得老年人體適能特殊訓練認證者，增強產品（額外價值）將包括一本小冊子，其中提供了有關跌倒預防的訊息，並指導如何針對跌倒風險進行自我評估（詳見圖7.7），外部安全效能評估也適用。

定價策略包括產品成本、服務費用以及任何貨幣（monetary）和非貨幣（non-monetary）的刺激和抑制措施。根據標的受衆的意見，確定每堂課程的建議費用應爲2-2.50美元，這費用足以支付教練薪資、增加老人的感知價值並建立承諾。研究還建議除了提供第一堂課程可以免費試上的優惠券，活動可以使用上課卡，每上滿11堂課可免費獲得1堂課程，另外每個月若上滿10堂課程，還可以額外獲得1堂免費課程，以鼓勵老人勇於參加課程。

圖7.7 預防老人跌倒手冊的封面

資料來源：Washington State Department for Health.

通路策略指的是行爲在何時、何地被執行，並提供相關的有形物體和服務。對於健身課程，選擇了九個地點，其中八個在老人活動中心，一個在老人退休社區。建議的理想課程時間爲上午9點、10點或下午1點、2點、3點，每個地點都應有免費的停車場。

推廣元素包括訊息（messages）、代言人（messengers）和媒體管道（media channels）。推薦該計畫的名稱是S.A.I.L.〔Stay Active and Independent for Life（保持活躍而獨立的生活）〕，標語是「老年人的延展和平衡健身課程」。與期望的定位一致，其中須包含在宣傳材料中的關鍵訊息有：

- 「有用！你將會變得更強壯、更平衡、感覺更好，這將幫助你保持獨立和積極，並預防跌倒。」
- 「它是安全的！教練經驗豐富熟練，運動內容已經通過老人測試，安全有效！」
- 「好有趣！你可以在這裡認識新朋友，每週出門三次活動筋骨。」

媒體管道的類型將包括：傳單、海報、通訊、當地報紙上的文章、網站資訊、老人中心的夾板廣告及提供老人中心工作人員的問答手冊。

標的受眾和目標的潛在修訂

對標的受衆新的深入理解可能導致需要修改標的受衆（步驟三）和／或目標（步驟四），因爲它可能會揭示以下一種或多種情況：

- 標的受衆可能有一個導致難以改變的信念，或者認爲「像這樣適度的運動是懦弱的，我寧願自己每週找時間運動兩到三天。」
- 對於一些標的受衆而言，策變行爲有太多難以克服的障礙：「我無法到農民市場使用我的優惠券，因爲我下課他們就關門了。」
- 受衆告訴我們行爲目標不夠明確：「我甚至不明白減少我的BMI代表著什麼意義？」
- 感知成本太高：「我不可能在懷孕期間戒菸，但我能做到的是每天減少到只抽半包菸。」
- 行爲目標已經得到滿足：「我的孩子已經有五個非父母成人關懷的關係，所以你建議我去爲我的孩子再找一個有愛心的成年人？我想你是找錯人了！」
- 一個錯誤的信念：「我知道吸菸者有三分之一將死於與抽菸有關的疾病，但我相信我會成爲三分之二的人之中的一個！」
- 原來的行爲目標並不能解決問題：「我總是用篷布覆蓋貨車後面的負載物，問題是它仍然不能防止東西飛出，我們需要的是一個網罩或纜繩來加強綑綁篷布。」
- 目標太高：「根據最新的研究調查顯示，75%的高年級高中生是性活躍的，所以想要達到50%的高中生選擇節制性慾的目的，這看起來不太可能！」

研究標的受眾時的道德考慮

研究標的受衆的過程本身，或許就是活動的最大道德問題。從問題是否會使受訪者感到不舒服或尷尬，或者欺騙受訪者研究的目的，以確保匿名和保密。機構審查委員會（IRBs）已經成立，以幫助避免這些道德問題的發生。IRBs是一個正式指定的組織，負責審查和監測涉及人體受試者的行爲和生物醫學研究。IRBs審查的目的是確保採取適當措施，保護研究對象的人權和福利。在美國，IRBs於1974年由「研究法案」授權，並要求它們監督所有直接或間接從衛生和人類服務部（HHS）獲得資金的研究。這些IRBs本身受人類研究保護辦公室（the Office for

Human Research Protections within HHS）的管理，可能以學術機構或醫療機構爲基礎，或由營利性組織進行。[35]

章節摘要

在行銷企劃過程中的此一重要步驟，你需要花些時間來深入了解標的受眾的感受。你最應感興趣的知識是他們所知覺到的障礙、福祉、激勵因素、競爭者和有影響力的他人。你最應感興趣的感受是同情心和開發行銷策略的願望，這些策略可以減少障礙、增加福祉，並因了解能激勵標的受眾的因素而受到啓發，能面對你的競爭者並善用對受眾有影響力的其他人。

這些見解可透過文獻回顧或其他二手研究資源加以蒐集而得。若能從一些定性調查，如焦點小組或個人訪談來獲得研究結果也很好。此外，諸如KAPB（知識、態度、實踐和信念）調查等定量調查，將幫助你決定調查結果的優先順序，並爲你的定位和行銷組合策略提供重點。

研究焦點 保護後院的水資源品質：南佛羅里達州——透過焦點小組研究識別障礙、福祉和潛在的激勵因素（2011～2013）

本研究案例突顯了幾項形成性研究的工作重點，以確保能爲保護佛羅里達州西南部住家附近的滯洪池（storm-water ponds）水質品質提供社會行銷努力方向的建議。這個過程始於焦點小組，透過討論列出有關策變行爲的知覺障礙、福祉和潛在激勵因素的「清單」，然後使用定量調查以驗證調查結果的優先順序。

這個案例由佛羅里達大學農業教育與傳播系助理教授Paul Monaghan所提供。該研究和推廣計畫的資金，由佛羅里達大學景觀保護與生態中心、國家魚類和野生動物基金提供。

背景

佛羅里達州的大部分湖泊、溪流、河流和河口，都被發現受到來自城市廢水、化糞池、農業和市郊雨水造成優養化的損害。[36]屋主是這次社會行銷活動的努力重點，由於屋主每年都會在他們的草坪上施用約3,500萬磅氮肥，將隨雨水沖刷，流至河流湖泊。[37]透過營養物質的控制，像是生活在滯洪池附近的屋主，應注意控制庭院內的肥料和化學物質，因爲這些滯洪池在下雨的時候能發揮調節洪水的功能，並能過濾受汙染的雨水，使其可以乾淨地流入溪流。規劃師面臨的挑戰是，雖然滯洪池是人造的，但屋主認爲它們是能提供審美效益和增加房產價值的「湖泊」。

在這項研究中認爲理想的策變行爲是住在這些滯洪池附近的屋主，對其當前景觀應該進行若干重大改變：(a)在池塘中種植水生植物；(b)沿池塘岸邊種植推薦的植物；(c)在池塘周圍維持一個10英尺的「免維護」（maintenance-free）區域，該區域不需進行割草或施肥。研究透過焦點小組來了解障礙、福祉和潛在激勵因素。

方法學

在佛羅里達州西南部兩個社區的退休人員進行了五個焦點小組會議，研究使用滾雪球的技術來招募受訪者，這聽起來像是一個小的告密集團，負責推薦他們社交網絡中可能符合資格標準、也有意願參加研究的人選。在這種情況下，許多參與者透過他們的社區管委會認識彼此，其中有幾個人是同一個地方景觀委員會的成員。共有38位居民參與了這項研究，其中27人直接居住在滯洪池附近，多數受訪者居家後面就是滯洪池。有相當一部分人，生活在「免維護」區域。其中很多人住在「免維護」區域，該區域直接由社區管委會僱用承包商負責照料景觀、維護和施肥。受訪者的身分是保密的，這被視爲獲得受衆信任和受衆持續參與活動的重要關鍵因素。透過問題討論探索的領域包括：

- 關於滯洪池功能的一般知識。
- 認識滯洪池潛在效益的重要性，包括：過濾沉積物和汙染物、控制洪水、增加財產價值、吸引鳥類和其他野生動物，並創造開闊的水景。
- 居民執行或要求承包商改變滯洪池景觀的可能性，他們可能不會執行的原因是什麼？什麼因素能夠激勵他們做出這些改變？推薦改變景觀的參考圖片是共享的，如圖7.8所示。

結果

來自焦點小組的談話轉錄共有400頁，然後使用MaxQDA（http://www.maxqda.com/products/maxqda11）軟體對談話內容進行分析，並附帶引用和評論，然後將其分類爲障礙、福祉和潛在激勵因素（4Ps），總結詳見表7.6。

這些調查結果隨後被用來爲「保護我們的池塘」（Protect Our Ponds）活動提出初步建議，該活動將由合作推廣處（Cooperative Extension Service）開發和實施。規劃人員的報告強調，他們應該預先警告屋主，他們一開始所購買的景觀庭園將面臨改變。好消息是，當顯示替代性的滯洪池景觀時，他們的回應顯示，他們偏

圖7.8 推薦美化滯洪池實際做法的參考圖片

現況

1.推薦：種植水生生物

2.推薦：種植沿岸植物

3.推薦：免維護區域

資料來源：Paul Monaghan and Shangchun Hu.

表7.6 焦點團體的訪談結果總結

障礙	福祉	激勵因素
· 喜歡目前的池塘景觀，並為購買景觀房付出較高房價。 · 擔心鄰居的潛在負面反應，大多數湖濱地區居民喜歡目前的外觀。 · 建立植物生態區和維持草坪的成本不同。 · 可能吸引不受歡迎的野生動物，包括：蛇、囓齒動物、短吻鱷和蚊子。 · 可能造成侵蝕問題，因為草根具有密集的根系，並且是可提供沿岸避免被侵蝕的有效屏障。	· 清潔的池塘，沒有藻類問題。 · 有助於保護該地區的水質。 · 如果提高美觀性和水質，能增加房產價值的潛力。 · 可能會吸引更多的野生動物。 · 改進了美觀性，其評論包括：「水中的植物使它看起來像是舞動」、「沿著池塘邊緣種植多樣性植物看起來很有趣，並使它看起來更健康。」	· 來自社區管委會的鼓勵、批准和技術援助支持。 · 口碑和推薦。 · 信使，包括：園藝師和土壤植物學會及花園俱樂部的代表。 · 個案示範，每次公布一個或兩個作為試點研究。 · 監測不同景觀轉化過程的網頁，並包含業主的推薦信。 · 庭園設計及選項的教育材料。

好沿水岸種植的植物美景勝於當前的草坪景觀，屋主顯然更欣賞多樣化的植栽景觀，並了解這樣的改變將爲屋主、野生動物和水質帶來的福祉。

後記

這些調查結果陸續爲800多名居民提供了線上調查，以評估他們對不同景觀的知識和偏好，並根據調查結果評量最佳實踐方案。

問題討論與練習

1. 本章認爲，執行策變行爲的標的受眾所認知的福祉可能與活動贊助商不同。回顧研究焦點，屋主在池塘附近改變景觀的主要內容是什麼？對於支持此一努力的環保組織來說，它的內容是什麼？
2. 知覺福祉（perceived benefits）與潛在激勵因素（potential motivators）之間有什麼區別？你爲什麼需要知道兩者？
3. 討論你可能會如何影響那遛狗時，重視「快樂」而不願繫牽繩子的遛狗者？
4. 你對德州交通部更新他們活動的行爲目標，從不要亂丟垃圾到把垃圾放到適當地方，有什麼看法？

注釋

1. F. Lagarde, "Views From the World Social Marketing Conference 2008" (2008), 15, accessed July 11, 2011, www.nsmcentre.org.uk.
2. "Don't mess with Texas" is a registered trademark owned by the Texas Department of Transportation.
3. Goodman Center, "Don't mess with Texas" (n.d.), accessed November 26, 2013, http://www.thegoodmancenter.com/resources/newsletters/dont-mess-with-texas/.
4. Tuerff-Davis EnviroMedia Inc., "'Don't mess with Texas' Litter Prevention Campaign" (n.d.), accessed August 25, 2003, http://www.enviromedia.com/study4/php.
5. S. Tressler, "Don't mess with Texas Re-launches Anti-litter Campaign," *San Antonio Express-News* (April 4, 2013), accessed November 26, 2013, http://www.mysanantonio.com/news/local_news/article/Don-t-Mess-With-Texas-re-launches-anti-litter-4409508.php.
6. Don't mess with Texas Research [website], accessed November 26, 2013, http://www.dontmesswithtexas.org/research.php.
7. Ibid.
8. PewResearch: Social & Demographic Trends, "Millennials: Confident. Connected. Open to Change" (February 24, 2010), accessed November 27, 2013, http://www.pewsocialtrends. org/2010/02/24/millennials-confident-connected-open-to-change/.
9. Texas Department of Transportation, "Report a Litterer" (n.d.), accessed November 27, 2013, http://www.dontmesswithtexas.org/programs/report-a-litterer.php.
10. Don't mess with Texas®, "Don't mess with Texas Campus Cleanup" (n.d.), accessed November 27, 2013, http://

www.dontmesswithtexas.org/programs/campus-cleanup.php.

11. R. P. Bagozzi, "Marketing as Exchange: A Theory of Transactions in the Marketplace," *American Behavioral Scientist* 21 (March/April 1978): 535–556.

12. P. Kotler, "A Generic Concept of Marketing," *Journal of Marketing* 36 (April 1972): 46–54.

13. P. Kotler and S. J. Levy, "Broadening the Concept of Marketing," *Journal of Marketing* 33(January 1969): 10–15.

14. R. P. Bagozzi, "Marketing as an Organized Behavioral System of Exchange," *Journal of Marketing* 38 (1974): 77–81; Bagozzi, "Marketing as Exchange."

15. D. McKenzie-Mohr, *Community Based Social Marketing: Quick Reference* (n.d.), accessed January 30, 2007, http://www.cbsm.com/Reports/CBSM.pdf.

16. PATH, "Promoting Water Treatment in Malawi" (n.d.), retrieved April 7, 2011, http://path.org/projects/safe-water-malawi.php.

17. Ibid.

18. P. Kotler and N. Lee, *Marketing in the Public Sector: A Roadmap for Improved Performance* (p. 199). (Upper Saddle River, NJ: Wharton School, 2006).

19. Smith, B. (2003). Beyond "health" as a benefit. *Social Marketing Quarterly* 9(4), 22–28.

20. See ww.procurandorespostas.com/checklist.xlsx or http://www.i-socialmarketing.org/index.php?option=com_community&view=profile&userid=24479552#.VBdYm3l3uUk.

21. Adapted from the Marketing Highlight "Save the Crabs. Then Eat 'em (2005–2006)," by Bill Smith, in the 3rd edition of this book (pp. 4–7).

22. U.S. Department of Health and Human Services, "Public Service Campaign to Promote Breastfeeding Awareness Launched" [Press release] (June 4, 2007), accessed April 6, 2007, http://www.hhs.gov/news/press/2004pres/20040604.html.

23. U.S. Department of Health and Human Services, "National Breastfeeding Awareness Campaign: Babies Are Born to Be Breastfed" (2005), accessed April 2007, http://www.4woman.gov/breastfeeding/index.cfm?page=campaign.

24. The National Women's Health Information Center (womenshealth.gov), a service of the Office on Women's Health in the U.S. Department of Health and Human Services.

25. Centers for Disease Control and Prevention, "Breastfeeding Report Card–United States, 2012," (n.d.), accessed November 22, 2013, http://www.cdc.gov/breastfeeding/data/reportcard/reportcard2012.htm.

26. S. Peattie and K. Peattie, "Ready to Fly Solo? Reducing Social Marketing's Dependence on Commercial Marketing Theory," *Marketing Theory Articles* 3, no. 3 (2003): 365–385.

27. D. McKenzie-Mohr and W. Smith, *Fostering Sustainable Behavior: An Introduction to Community-Based Social Marketing* (Gabriola Island, BC, Canada: New Society, 1999), 5.

28. The Humane Society, Tacoma and Pierce County, "Kittenkaboodle" (n.d.), accessed October 25, 2006, http://thehumanesociety.org/2006/09/kittenkaboodle/.

29. Case source: Nancy Lee, Social Marketing Services, Inc.

30. P. Kotler and E. L. Roberto, *Social Marketing: Strategies for Changing Public Behavior* (New York: Free Press, 1989), 102.

31. A. Andreasen. *Marketing social change: Changing behavior to promote health, social development, and the environment* (San Francisco, CA: Jossey-Bass, 1995, 108–109).

32. March of Dimes, "United States: Quick Facts: Folic Acid Overview" (2001), accessed December 23, 2010, http://www.marchofdimes.com/peristats/tlanding.aspx?reg=99&top=13&lev=0&slev=1%20.

33. Personal email communication from Michael Jortner, May 2013.

34. This case was taken from a draft of a social marketing plan for the Washington Department of Health, 2006. Ilene Silver, lead project manager.

35. "Institutional Review Board," *Wikipedia* (n.d.), accessed January 16, 2007, http://en.wikipedia.org/wiki/Institutional_Review_Board.

36. E. Stanton and M. Taylor, "Valuing Florida's Clean Waters" (Stockholm Environmental Institute-U.S. Center, 2012), citing Florida Department of Environmental Protection reports; the study found that 53% of river miles, 82% of lake and reservoir acres, and 32% of estuaries that had been assessed were considered impaired by nutrients.

37. Florida Department of Agriculture and Consumer Services, "Florida Consumer Fertilizer Task Force, Final Report" (2008), http://consensus.fsu.edu/Fertilizer-Task-Force/pdfs/Fertilizer_TF_EMail_Coms_12-13-07.pdf.

第八章
初探行為改變理論、模型和架構

了解有關解釋影響行爲的理論以及描述行爲形成或變化過程的模式，對社會行銷的實踐來說是非常重要的。但對所有從業人員、規劃者和策略家而言，如果想要發展一套有效的社會行銷干預措施，至少需要先具備行爲理論的基礎知識。雖然通常沒有一種理論或模型能夠完全符合你正在使用的問題和標的群體，但透過回顧一些模型和理論，至少能確定社會行銷計畫的關鍵觸發因素和可能的干預點。

——Professor Jeff French[1]

本章旨在說明十七個與行為有關的理論、模型和架構，以便能提供發展社會行銷策略的參考指南，並激勵社會行銷人員。

理論（Theories）	模型（Models）
1. 創新的擴散理論（Diffusion of Innovation Theory）	9. 健康信念模型（Health Belief Model）
2. 自我控制理論（Self-Control Theory）	10. 改變階段模式（Stages of Change Model）
3. 目的設定理論（Goal-Setting Theory）	11. 服務主導邏輯模型（Service Dominant Logic Model）
4. 自我感知理論（Self-Perception Theory）	12. 生態模型（Ecological Model）
5. 社會認知理論／社會學習理論（Social Cognitive Theory/Social Learning Theory）	13. 社區就緒模式（Community Readiness Model）
6. 理性行為理論／計畫行為（Theory of Reasoned Action/Planned Behavior）	14. 效果階層模式（Hierarchy of Effects Model）
7. 社會規範理論（Social Norms Theory）	**架構（Frameworks）**
8. 交換理論（Exchange Theory）	15. 行為經濟學與推動策略（Behavioral Economics & Nudge Tactics）
	16. 習慣的科學架構（Science of Habit Framework）
	17. 胡蘿蔔、棍棒和承諾（Carrots, Sticks, and Promises）

儘管多數這些理論、模型和架構都可以為策略規劃過程中的多個步驟提供資訊，但我們在本章中將根據它們的用途來進行分類；也就是說，它們將透過以下用途種類來進行分類：

1. 選擇目標受眾。
2. 設定行為目標和目的。
3. 了解受眾的障礙、福祉和激勵因素、競爭者和有影響力的他人。
4. 發展社會行銷組合策略。

行銷焦點　西非的婦女家庭暴力預防——家庭規範途徑（2010～2012）

社會規範理論指出，我們的許多行為都受到我們對「正常」或「典型」的行為看法所影響。[2]「（為什麼在寒冷的冬季，美國的高中生會穿著短褲上學？）規範（norms）通常被認為是一個群體，用來確定行為適當或不適當行為的「準則」。這個行銷焦點示範了如何透過社會行銷的策略努力，來改變長期被社區民眾所允許的行為。環境是西非的科特迪瓦（Cote d'Ivoire），社會課題是家庭暴力，而結果令人鼓舞。

背景

2010年，科特迪瓦國際救援委員會性別暴力小組（International Rescue Committee's Gender-Based Violence, GBV）對1,271名當地婦女進行了一項社區訪問，以評量該國的家庭暴力問題。三分之二（66.8%）的女性表示，在她們的一生中曾經經歷過感情、身體和／或性暴力。[3]調查還證實，親密伴侶對婦女的暴力行爲被視爲一種社會規範和「生活的一部分」，而這些婦女也認爲這是「可以容忍的事情」。

> 此外，研究發現對男性而言，他們擁有一種嚴重功能失調的規範，即夥伴關係中的暴力，特別是婚姻中的暴力，偶爾的暴力可使他們的女人對爭執的事情就範……而當地的社會規範也傾向於在暴力事件發生後，對報導無動於衷並保持沉默。[4]

在接下來的兩年裡，在社會行銷顧問Virginia Williams的指導下，該團隊開發並展開了一場社會行銷活動，以糾正這些功能失調的社會規範。[5]該計畫的焦點以及兩年後的活動評估調查結果，是這個行銷焦點的亮點。

標的受衆、策變行爲和受衆洞察

表8.1摘要說明兩個主要目標受衆群體的輪廓、活動希望影響的兩種策變行爲，以及透過焦點小組確認的受衆洞察，並發展出定位聲明。

策略

爲配合活動目標，社會行銷活動以「打破沉默」（Break the Silence）命名。2012年3月5日在阿比讓（Abidjan）的文化中心（Palais de la Culture ）舉辦了一場發表會，來自14個都會區社區中心參加的人員超過1,200人，發表會的活動包括由縣長介紹國際救援委員會的使命；GBV經理介紹該活動；一場表示支持衛生部長和婦女事務的演說；示範活動的廣播草案；來自勇敢受害者的見證分享；最後是嘻哈／雷鬼音樂藝術家Nash、DJ Mix和Kajeem爲熱情的人群所創作的宣傳歌曲，該活動受到國家電視臺和幾家當地報紙的報導。鼓勵檢舉家庭暴力事件的活動行銷組合策略以及改變現有規範內容，如下節所示。

表8.1 受眾簡介、策變行為和受眾洞悉

標的受眾	女性18～25歲	男性18～25歲
描述	‧最脆弱的群體：與伴侶結婚或同居，沒有工作，生活在農村，教育程度低，對人權的認識不足 ‧重視家庭福祉，孩子的未來，並期望受到尊重	‧關心家庭暴力對婦女的傷害，包括他們的妻子、女朋友和／或他們所在社區和社區的其他人 ‧重視他們的妻子和女朋友的福利，財務無虞狀況，尊重父母，並為子女提供安全的生活環境
策變行為	‧檢舉家庭暴力 ‧推行（家庭）不應該容忍暴力的（新）標準，這對兒童的福祉構成威脅	‧支持社區內的家暴事件舉發，並支持遭受家暴的受害者 ‧勸阻男性同儕的家暴行為
洞悉		
障礙	‧擔心舉發會遭受來自家人或社區的報復 ‧感覺恥辱 ‧個人尷尬或恐懼舉發	‧擔心舉發會遭受家暴受害者的家人或家暴者的報復 ‧感覺恥辱 ‧怕被當成支持婦女
利益	‧打造自己的幸福／自尊 ‧為自己的孩子創造一個更加穩定的家庭 ‧希望孩子在健康的環境中長大 ‧得到夥伴尊重 ‧透過健康，她們能夠更好地為家庭工作和賺錢	‧改善自己的地位 ‧被視為模範公民 ‧為自己感到驕傲 ‧保護自己的伴侶
競爭者	‧保持沉默 ‧在目睹或遇到暴力事件後無所作為	‧保持沉默 ‧在目睹或遇到暴力事件後無所作為
定位	我們希望這些女性知道基於性別的暴力是錯誤的，為了自己和家人的福祉，她們應該要舉發家暴。	我們希望這群人看到家暴檢舉並鼓勵女性受害者舉報家暴行為，這將有助於保護婦女，並有助於改變社區規範。

產品

鼓勵標的受眾（女性和男性）使用專線尋求當地社會中心的幫助，國際救援委員會（IRC）也在當地成立了九個辦事處，並在每個社區設立社會服務設施提供標的受眾使用。此外，舉發程序相當精簡，只須說明「何時、如何、爲何原因」，這讓標的受眾更容易進行舉發。

價格

社會服務設施提供的一項措施是，緊急協助家暴受害者尋求臨時庇護所或醫院治療的服務（這服務能產生監測和跟蹤機制，可藉此了解活動干預措施的發生率）。如果婦女需要醫療證明等證書，IRC也會幫忙負擔費用（約60美元），婦女只需再付很少的一點錢，不管是否需要醫療證明，這個證書是有價值的，因為它可以提供法院指控性侵犯的證據。

通路

超過一半的科特迪瓦人手一機，這項活動便利用通訊的便利性，提供科特迪瓦所有地區24/7的專線電話，並在整個地區進行訪問，然後將家暴受害者轉介給IRC的9個辦事處、25個社會中心。

推廣

訊息：活動為兩個受眾群體分別設計了兩則訊息，一則影響行動，一則影響新的社會規範。婦女的行動訊息是：「站起來反對暴力！」規範訊息是：「在我們的家裡，暴力沒有立足之地。」（見圖8.1）對於男性受眾來說，行動訊息是：「保護女性，這也是你的事情！」規範訊息是：「我們是一個反對家庭暴力的團隊！」

圖8.1 帶有規範訊息的海報：「在我們的家裡，暴力沒有立足之地。」

資料來源：New View Media LLC for International Rescue Committee.

圖8.2　影響他人重要的呼籲：「我們是一個反對家庭暴力的團隊！」

資料來源：New View Media LLC for International Rescue Committee.

代言人：選擇對標的受眾有影響力的成員成爲該活動的代言人，讓他們出現在電視廣告、廣告牌和海報上對受眾喊話。這些代言人是根據來自標的受眾成員（女性和男性）組成的焦點小組選出的，他們表示這些人是社區中備受尊敬的領導者或模範，包括女演員、足球明星和他的妻子、全國最受尊敬的三位宗教領袖以及三位音樂藝術家。

傳播管道：發送有關新社會規範訊息的傳播管道，包括電視和廣播的公共事業服務（PSAs），在當地廣播電臺播放「打破沉默」的歌曲，電臺節目邀請來賓參與討論並接受聽眾call-in，廣播新聞專題報導、廣播節目競賽、透過發送簡訊推廣活動、公路大型廣告看板和報紙上的文章宣傳活動推出和名人參與，並快速發行口袋日曆、手鐲、T恤和汽車貼紙宣導活動。該活動並出現在Facebook、YouTube和Twitter等社會媒體，隨著活動的如火如荼，科特迪瓦人紛紛透過手機撥打專線。

結果

由65名訓練有素的志願工作者，針對全國居住範圍內的1,500位民眾進行活動評估訪問調查，他們分別在各自負責的地區工作了兩天。在標的群體中，受訪者中有60%是女性，40%是男性。[6]調查問卷使用了12個衡量活動辦理的相關問題，是否理解活動所要發送的訊息，對家庭暴力的態度和信念，所認知與家庭暴力有關的社會規範以及與支持家暴受害者和舉發家暴的行動。活動結果是既豐富又令人鼓舞：

- **活動意識**：大多數標的受衆（78.5%）表示，他們看過這些訊息達五次或更多，通常是透過公路大型廣告看板和電視最多。
- **向新的社會規範看齊**：絕大多數（88%）認同暴力是「社區無法接受」的說法。
- **行動意向**：幾乎所有的人（90%）表示，當有人遭遇暴力時，他們會採取行動。
- **撥打專線電話**：專線電話平均每月收到226通來電，被認爲是女性和男性受衆訪問社會中心的關鍵環節，因爲它提供了一個匿名提問的機會；它也被證明是衡量活動訊息如何影響實際行爲變化的寶貴工具，他們表示海報、電視節目、汽車貼紙和日曆是獲知專線電話的主要資訊來源。值得注意的是，有相當多的電話來賓是男性（35%）呼籲譴責暴力侵害婦女的行爲，甚至表示有興趣改善夫妻的溝通（見專欄8.1）。
- **拜訪社會中心**：在前來社會中心舉報暴力事件的人中，有近92%的人參與了這場活動（見專欄8.2）。

專欄8.1　八月案例研究：男性在打擊暴力對女孩的傷害行爲中可以發揮的作用

X先生請求爲Z女士辯護，當她懷孕六個月時，她因被男友毆打受傷而死。X先生，是這個家庭的朋友，他正在撥打專線電話以獲得該如何做才能讓正義伸張的資訊，因爲對他而言，釋放這種暴力的人是不可接受的，他提請至法院採取正確的程序。

感想

Virginia Williams在她的評估報告中評論說：

該活動的結構包括爲家庭暴力工作人員，舉辦爲期一週的社會行銷培訓班。回顧一下，爲員工裝備這種能力，讓他們在企劃策略性社會行銷計畫發揮

專欄8.2　十月案例研究：X女士的死亡威脅

X女士是達洛亞（Daloa）的一名教師。與丈夫結婚後，她和他一起住在達洛亞，婚後X女士與她的丈夫經歷了困難的相處時期。有一天，她收到她丈夫發來的一條短訊，威脅說：「就像我前面的兩個未婚妻一樣，妳會死於非命的。」收到這位丈夫的死亡威脅，X女士驚恐地告訴一位朋友，朋友鼓勵她打電話給「打破沉默」的專線檢舉電話，她的舉發被受理之後，她透過司法程序得到當地社會中心的協助，經過法庭聆訊後，她的丈夫被關進監獄。

了非常好的作用。[7]

行銷焦點的資訊，係由新視野傳播顧問Virginia Williams所提供。

受眾群體的市場區隔和選擇：創新擴散理論與改變階段／跨理論模式

創新擴散理論（The Diffusion of Innovations Theory）

有些人認爲，就像Craig Lefebvre所說的那樣，「創新擴散理論爲行爲改變提供了強大的理論，他成功地把創新從想法、行爲和實踐轉變成可衡量的數據。」[8]正如第5章所指出的，Everett Rogers在1960年代早期首次將此一理論概念化，並在他的《創新擴散》（*Diffusion of Innovations*, 2003）第五版中，Rogers將擴散定義爲一個過程，此過程包含：(a)創新；(b)透過某些管道；(c)隨著時間的推移；(d)在社會系統的成員之間。創新擴散研究顯示，不同類型的採用者在不同時間接受創新，目前已經確定了五個採用型態：

1. 創新者的動機是需要新穎性和與衆不同。
2. 早期採用者是根據產品的內在價值而採用。
3. 早期大多數人接收產品的傳播，並決定配合和模仿。
4. 在意識到「大多數人」都在做這件事後，晚期多數者加入了此一行列。
5. 隨著產品的普及和廣泛接受，落後者終於願意效仿。

這個理論對社會行銷人員的意義是，面對一種相對較新的行爲，你首先應該針對的是創新者和早期採用者，然後在推廣採用成功後，轉向早期大多數，接下來針對後期大多數，在這些人加入後，推廣任務將變得更加容易，因爲落後者將會「寡不敵眾」。例如：自2010年1月華盛頓特區開始對食品雜貨袋徵收5美分的稅收，當年10月，《華爾街日報》報導結果，零售業者從每季必須發放6,800萬個袋子急速降爲1,100萬個；雖然，這篇文章將這成功歸因於5美分的稅收，但事實上「再沒有人自動收到袋子了，與過去行爲完全相反，購物者需要自己提出需求。」[9]文章的結論是，神奇的成分不是財務誘因，而是「同儕壓力」（peer pressure）。

改變階段／跨理論模式（The Stages of Change/Transtheoretical Model）

改變階段模型最初是由Prochaska和DiClemente兩人在1980年代初期開發的[10]，並在過去的幾十年中經過不斷測試和改進，它描述了人們經歷改變行爲的六個階段，這些階段將創造獨特的區隔市場：

1. 思考前期（Precontemplation）：「在這個階段的人無意願改變他們的行爲，並且通常會否認自己有問題。」[11]
2. 思考期（Contemplation）：「人們承認自己有問題，並開始認眞思考如何解決問題。」[12]
3. 準備期（Preparation）：「準備階段的大多數人計畫採取行動……並且在他們開始改變行爲之前做出最後的調整。」[13]
4. 行動期（Action）：「行動階段是人們最明顯地改變他們的行爲和周圍環境的階段。在這個階段，他們停止抽菸，並將所有甜點從房屋中取出，倒入一杯啤酒來面對他們的恐懼。總之，他們終於展開準備已久的行動了。」[14]
5. 維持期（Maintenance）：「在維持期間，個人的工作是鞏固在行動和其他階段所獲得的成果，並努力防止失誤和復發。」[15]
6. 終止期（Termination）：「終止期是所有尋求改變者的終極目的。在此階段，以前的菸癮問題將不再存在任何誘惑或威脅。」[16]

對於社會行銷人員選擇標的受衆，最具吸引力的區隔市場可能是處於行動期、準備期和思考期的受衆（按此順序），當然其假設前提是，該區隔市場的規模足夠大到能實現策變行爲被採納的目的。按這優先順序的理由是，處於這些階段的人至少知道這些行爲，並且對此行爲抱持開放的態度，你不需將稀少的資源花在喚醒思考前期的受衆上，也不需要費盡工夫說服他們你的想法是一個好主意，這三個優先群體「簡單地」擁有我們需要協助解決的障礙和我們需要保證提供的利益。

選擇行為和目的：自我控制理論、目的設定理論和自我感知理論

自我控制理論（Self-Control Theory）

自我控制理論鼓勵規劃者考慮個體擁有自我控制的力量資源極其有限，當他們在抗拒誘惑或對抗「壞事」時，他們正在消耗自己有限的自我控制力量。[17]根據這一理論，若強制個體進行自我控制，他們將在短時間內耗盡這些有限資源，結果導致個體在眞正需要自我控制的同時或後續任務中表現得更差。這理論對社會行銷選擇行爲的意義在於，你應該避免要求目標受衆一次採取多於一次「耗盡」行爲的努力；相反地，當行爲循序變化而不是同時進行時，干預措施的成功機率可能會更大。[18]

例如：醫生試圖影響最近心臟病發的45歲男性患者停止抽菸，並拒絕速食食品的消費。自我控制理論認爲，我們應該建議患者首先關注一種行爲（戒菸），暫時忽略體重管理，直到他確信自己不會復發。

目的設定理論（The Goal-Setting Theory）

目的設定理論爲發展行爲目的，提供了既激勵又富教育意涵的見解。Edwin Locke博士在1960年代後期的開創性研究發現，具體而明確的目的是切實可行的，勝過模棱兩可的簡單目標。[19]

請想想以下這些行爲之間的區別：「每天多吃水果和蔬菜」和「每日五蔬果」；「經常運動」和「每週運動五天，每次至少運動30分鐘」；「把你院子內的寵物糞便撿起來」和「每天把你院子內的寵物糞便撿起來並放在垃圾箱中」；「不要淋浴太久」和「花5分鐘淋浴」。策變行爲應該在初次與受衆溝通時，就能清楚表達出具體的、可測量的、可實現的、眞實的和有時間限制的（SMART）行爲，這樣我們才能知道他們是否會有問題，並能在日後確認他們是否已經完成了。

自我感知理論（Self-Perception Theory）

自我感知理論認爲，我們越鼓勵人們加入策變行爲的行列（例如：健康行爲、環境友好行爲），他們承擔這些行爲的機會就越大，甚至承擔更多的行爲。當他們開始認爲自己是參與這些行爲的人時，就會發生這種情況，經過反思，他們會改變他們對自己的信念。[20]

Doug McKenzie-Mohr建議我們利用這種趨勢，爲人們提供方便的機會來參與

行爲。他舉了一個例子：

在導入資源回收行爲之前，大多數人對於減少廢物的重要性並沒有強烈的信念。然而，當這些人開始執行資源回收利用時，他們認爲自己是對環境有貢獻的重要人物。此外，如果有機會經常參與這些行動，這些信念將會根深柢固地持有。21

當有人參與資源回收利用和不用電腦就關機的行動時，這將增強人們對減少垃圾和節約能源兩個信念的重視。

深化你對觀眾障礙、好處、激勵因素、競爭者和重要影響他人的理解：健康信念模型、理性行為理論、計畫行為理論以及服務主導的邏輯模型

健康信念模型

Kelli McCormack Brown清楚地描述了最初由社會心理學家Hochbaum、Kegels和Rosenstock開發的模型，他們深受Kurt Lewin理論的影響：

健康信念模型指出，個人對威脅健康行爲的認知至少受到三個因素影響：一般健康價值觀，其中包括對健康的興趣和關注；針對特定疾病威脅的特殊信念；以及對健康問題後果的信念。一旦個人認爲威脅到自己的健康而盡快採取行動可以預防生病，這樣他／她的預期收益超過了他／她的預期成本，那麼該個體最有可能採取推薦的預防性健康行動。健康信念模型的關鍵描述包括：

- 自覺感知性（Perceived Susceptibility）：指個人主觀評估自己是否導致某種不健康疾病的可能性。
- 自覺嚴重性（Perceived Seriousness）：對某項不健康狀態嚴重性的感受程度，如身體的、情緒的、財務的和心理的。
- 自覺行動利益（Perceived Benefits of Taking Action）：對不健康狀態的感知性或嚴重性，尚不足以促使人們產生因應的行爲，除非他們確定所採取的行動能有效改善不健康的狀態。

- 自覺行動障礙（Perceived Barriers to Taking Action）：個體評估自己採取行動可能會碰到的障礙，因爲治療或預防措施可能被視爲不方便的、昂貴的、令人不愉快的、痛苦的或令人不安的。
- 行動提示（Cues to Action）：促使個人採取行動的策略和事件，可分爲內部的和外部的提示。[22]

健康信念模型建議在制定活動策略之前，應先從回顧文獻或進行一項研究來定義這些因素（自覺感知性、自覺嚴重性、自覺行動利益、自覺行動障礙以及受衆對有效「行動提示」的看法）。國家高血壓教育計畫（NHBPEP）能示範這個信念模式的應用，請參考以下社會行銷活動如何透過努力獲得成功。

2006年美國有超過6,500萬名成年人患有高血壓，其中不到30%的人有效控制他們的病情。[23]促進策變行爲被採納（保持血壓監測的生活方式以及藥物計畫）的關鍵，是對受衆自覺感知性、自覺嚴重性和自覺行動障礙的了解，說明如下：

- 「我很難改變飲食習慣，並找到運動的時間。」
- 「我的血壓難以控制。」
- 「我的血壓變化很大，這可能不準確。」
- 「藥物可能會產生不良副作用。」
- 「爲了檢查血壓，去看醫生太貴了。」
- 「這可能是過著充實而積極生活的結果，並非每個人都死於此疾病。」

隨著你繼續閱讀，則會看到NHBPEP使用的材料和相關策略中的訊息，是如何反映他們對這些看法的理解：

- 「你不必立即進行所有改變，可以一次只做一個或兩個建議行爲；一旦它們成爲你日常工作的一部分，再繼續下一步的改變。有時候，一個改變會自然地導致另一個改變。例如：增加運動量就自然可以幫助你減輕體重。」[24]
- 「你不一定要讓醫生檢查血壓，你可以在隨時隨地於非醫院的地方自我檢查。」[25]
- 「你不需要挑戰馬拉松來鍛鍊身體。任何活動，只要每天至少完成30分鐘，你就可以從中受益。」[26]

這個計畫開始於1972年，當時只有不到四分之一的美國人知道高血壓、中風和心臟病之間的關聯性。2001年，已經有超過四分之三的人口意識到了這種關係，因此，現在幾乎所有的美國人都曾經測量過血壓，高血壓患者群體中有四分之三的人每六個月至少測量一次。

理性行爲理論與計畫行爲理論

1975年由Ajzen和Fishbein開發，並在1980年重申的理性行爲理論（The theory of reasoned action, TRA）表示，一個人行爲的最佳預測因素是他或她的行爲意圖（intention to act）。這種意圖是由兩個主要因素決定的：一個人對於行爲結果的信念以及個人認知自己所關心的人對該行爲的看法。如使用本文介紹行爲理論時所使用的術語，理性行爲理論採用行爲的可能性將受到感知利益、成本和社會規範的影響。1988年，Ajzen將TRA擴展到控制（control）——個人對自己執行該行爲能力的信念（例如：自我效能）的影響。這個被擴充的理論，被命名爲計畫行爲理論（The theory of planned behavior, TPB）。[27]簡而言之，標的受衆最有可能採取的行爲是，當他們對此行爲抱持積極態度，並認爲「重要他人」會贊同，且相信他們能成功地執行它。

社會認知理論／社會學習

Fishbein總結Bandura對社會認知理論（也被稱爲社會學習理論）的描述，說明如下：

> 社會認知理論（The Social Cognitive Theory）指出，兩個主要因素會影響人們採取預防措施的可能性。首先，如同健康信念模型，一個人認爲執行行爲的好處大於成本（即一個人擁有正面結果期待多於負面結果）。〔這應該讓你想起在本書中經常提到的交換理論。〕第二，也許最重要的是，這個人必須對於執行預防行爲有自我效能感……〔並且〕必須相信他或她具有在各種情況下執行行爲所必需的技能和能力。[28]

Andreasen補充說，這種自我效能部分來自學習特定技能和觀察社會規範，因此被稱爲「社會學習」（social learning）。他解釋說，這種對特定新行爲的學習有三個主要組成部分：順序相近（sequential approximation）、重複（repetition）和強化（reinforcement）。順序相近認爲個人不會立即從「不做行爲」跳躍到「做行爲」這一點，他們可能更喜歡按照自己的方式來進行行爲。例如：教導吸菸者如何改變成爲不吸菸者，方法是鼓勵他們逐步減少消費，也許一次只吸一支菸，從最簡單的行為開始，並持續努力到最困難的階段。鼓勵重複（實踐）並提供強化策略，將使其更有可能成為「永久性行為」。[29]

服務主導邏輯模型（The Service-Dominant Logic Model）

服務主導邏輯模型是2004年由Steve Vargo和Robert Lusch在一場研討會提出這個概念，他們認為產品（無論是有形商品還是服務）只有在客戶「使用」它，而且當他做了這件事時，他會透過某種方式得到改善的狀況或幸福感；他們還強調，這個價值取決於顧客，而不是行銷人員，因此建議顧客應該參與產品的設計和物流過程。[30]

本書所提倡的十步驟社會行銷模式中，價值即是核心產品，並在進行標的受眾感知障礙和利益的研究時透過結果得到確定。如第10章所述，確定產品策略包括三個決定。我們將以計畫生育來舉例說明。首先，標的受眾想要獲得什麼樣的主要利益（價值），才願意採取策變行為（例如：當自己有能力可以提供孩子較佳生活條件時，再來生小孩），這將成為核心產品。其次，你會推銷什麼有形的物品或服務，這是實際產品（例如：避孕藥）？第三，你會提供哪些額外的商品和服務（增強產品），來使標的受眾更有可能採用行為（例如：計畫生育諮詢員）？然後應用核心產品（理想的利益／價值）來誕生產品品牌（例如：家庭福利維他命）[31]以及其他的推廣訊息。

發展社會行銷組合策略的相關理論：社會規範理論、生態模型、行為經濟學架構和微調策略、習慣架構科學、效果層級模型、交換理論、社區就緒模型和胡蘿蔔、棍棒與承諾架構

社會規範理論（The Social Norms Theory）

社會規範理論指出，許多人的行為受到他們對「正常」或「典型」的看法所影響。[32]社會規範通常被認為是一個團體用來確定行為恰當或不恰當的「規則」、價值觀、信念和態度。[33]一些專業術語的說明如下：

- 強制性規範（Injunctive norms），即能實施某些行為必須經過群體的其他人所允許。
- 期望性規範（Descriptive norms），即對群體中其他人實際上或通常參與行為的認知，這些行為與群體其他人是否無關。

- 公開性規範（Explicit norms），即文字性或口頭性的行為推測。
- 暗示性規範（Implicit norms），即雖然沒有明確的文字或口頭表達，但是群體內的人對該行為都有共識，猶如不成文的規定。
- 主觀規範（Subjective norms），即對群體中某重要成員如何看待某行為的心理預期。
- 個人規範（Personal norms），即個人自身行為準則。

Linkenbach描述了使用社會規範進行預防的方法，這提供我們發展策略的諸多思考：

> 1980年代中期，使用社會規範理論為基礎的社會行銷方法出現在大學校園環境中，用來應對大學生高風險飲酒此一看似棘手的問題。Hobart、Williams和史密斯學院的社會科學家Wesley Perkins和Alan Berkowitz發現，大學生實際飲酒情況和他們對其他學生飲酒的看法兩者之間存在顯著差異；也就是說，大多數大學生認為豪飲符合同學期待，儘管他們本身並不太愛喝酒。
>
> 這些發現的主要涵義是，如果一個學生認為豪飲是多數學生的常規和期望，那麼無論這種看法是否有正確性，他或她都很有可能捲入豪飲的行為——不論他或她是不是愛喝酒的人。Perkins把這種誤解模式稱為「錯誤的統治」（reign of error），並認為它可能對學生的飲酒行為產生不利的影響。Berkowitz認為，如果學生們都認為「每個人都在這樣做」，那麼由於「想像中的同伴」（imaginary peers）的影響，將會導致嚴重的飲酒率上升。[34]

這種規範理論說明了了解標的受眾感知（perceived）與實際情況（actual）之間的重要性，調查的結果可能會發現糾正這種看法的機會。本章結尾部分的研究重點，將介紹這一類以社會規範為理論基礎的社會行銷案例。

生態模型（The Ecological Model）

生態模型認為許多行為變化理論和模型強調個體行為改變的過程，但很少注意到社會文化和自然環境對行為的影響——也就是透過生態學視角看行為的改變。[35]生態學方法非常重視支持性環境的作用，其中包含四個主要影響因素：(1)個人因素（人口變項、人格、遺傳學、技能、宗教信仰）；(2)關係因素（朋友、家庭、同事）；(3)社區因素（學校、工作場所、醫療保健組織、媒體）；(4)社會因素（文化規範、法律、治理）。這個模型認為，最有力的行為變化干預是那些同時影響這些多層次因素的干預，這種變化不僅劇烈並且持久。社會行銷成功的關鍵在於評估這四個因素的影響程度，並確定能夠對策變行為產生最大影響的因素。[36]

行為經濟學架構和微調策略（The Behavioral Economics Framework and Nudge Tactics）

行為經濟學是一個被越來越多人認同的科學，研究環境和其他因素如何促使個人做決定。幾十年前，Daniel Kahneman、Amos Tversky等人曾經提出了人類無法像「理性人」（rational economic agents）那樣行事的核心概念，中心理論就是人們常在感情冷熱的狀態之間游移；也就是說，當我們處於感情豐富狀態時，我們熱情澎湃（非理性），處於感情冷漠狀態時，我們冷靜或中立（理性）。正如所預期的那樣，熱情往往會超越理性。一位青春洋溢的女性根據她的預算，規劃去商場血拼時只購買有半價折扣以上的服飾與鞋子，然而當她到達那裡並看到最新、最流行的時裝時，她很可能被慾望戰勝而買了原價的服飾。

Bill Smith在2010年夏季《社會行銷季刊》中發表的一篇文章中指出，「我們在行為經濟學中擁有新的盟友」——他感到特別興奮，因為它有可能鼓勵政府「重新安排生活條件……並建立突發事件的處理政策，以便人們做出正確、有趣、輕鬆和流行的決策。」[37]

為了區分行為經濟學和社會行銷，Philip Kotler在一篇名為〈行為經濟學或是社會行銷〉的文章中提出了以下想法：「後者，社會行銷才是！」

> Kotler認為行為經濟學並不具備豐富的工具來影響個人和團體的行為……行為經濟學只對證明人類決策不合理性行為感興趣，而不是找到一個能夠更全面性來影響個人和群體的行為方法……行為經濟學只是市場行銷人員所使用「消費者行為理論」的代名詞……那些想要影響社會行為的人，還是需要運用社會行銷的思維，這是一個比行為經濟學更大的系統。[38]

在他們微調策略的書中，Richard Thaler教授和Cass Sunstein教授超越了以心理學為導向的行為經濟學理論，提出了具建設性的具體公共政策改善策略，他們稱他們為「微調」（nudges），例如：歐洲國家的器官捐贈活動。他們指出，在德國只有大約12%的公民同意在獲得或更新駕駛執照時，在駕照上標記捐贈器官。相比之下，在奧地利幾乎所有人（99%）都願意在駕照上標記捐贈器官。[39]為什麼會產生這種差異？原因是實踐方法的些許差異，在德國駕照上提供「同意」他們成為器官捐贈者的勾選框；而奧地利公民駕照上是「不同意」的勾選框。正如作者所說，這樣的「選擇架構」廣泛運用在我們的日常生活中，可用來支持退休儲蓄計畫（公司的自動設定，除非你表態其他意見）或增加學校餐廳學生選擇更健康食品的機會（健康餐點放在菜單的前幾個選項）。

為了區分微調策略和社會行銷，Jeff French在2010年秋季策略性社會行銷出版刊物中，發表一篇文章〈思考篇〉（Think Paper）：

> 透過微調策略來推動人們變得更健康或者遠離犯罪，所能影響的人口數量有限，因為根據許多情況的證據和執行經驗，說明人們需要各種形式的干預。因此，微調策略應該被看作解決問題的一個工具，但不是一顆神奇子彈……它不可能代表形式完整的干預工具箱……選擇哪種形式的干預或干預種類的組合，應該透過對標的受眾洞察的了解及其他證據來決定。40

相對於本文介紹的十步驟模型，微調策略通常可以歸類為4P的干預工具之一，因此只是眾多干預措施中的一種，應用於透過消費者調查（consumer insight research）或試點研究（pilots）中，所獲得消除障礙、增加利益及增加激勵因素的策略之中。以下微調策略是其中最為人們所熟悉的應用：

- 產品微調：簡化大學獎學金援助申請的程序。
- 價格微調：為勞工儲蓄計畫提供較低的扣存金額。
- 地方微調：在學校餐廳明顯的位置放置健康的「美食」。
- 推廣微調：讓潛在的器官捐獻者選擇「同意」或選擇「不同意」。

我們希望參與制定行為變化策略的活動管理者知道，「微調」只是一系列改變行為的行銷策略之一，Jeff French 認為這種策略在本質上是自動設定的，並無意識可言。41

習慣架構科學（The Science of Habit Framework）

Charles Duhigg在2008年《紐約時報》發表一篇文章〈警告：所謂可能對你有好處的習慣〉（Warning: Habits May Be Good for You），鼓勵那些有興趣影響「良好行為」的人，從世界知名品牌寶僑（Proctor & Gambles）和聯合利華（Unilevers）的遊戲劇本中汲取教訓：

如果你認真觀察，你會發現我們每天使用的許多產品——口香糖、皮膚保濕霜、消毒紙巾、空氣清新劑、淨水器、止汗劑、古龍水、牙齒增白劑、衣服柔軟精、維他命——都是習慣的結果。一個世紀以前，很少有人每天經常刷牙多次。今天……許多美國人習慣每天使用預防蛀牙的牙膏刷牙兩次。[42]

這現象對社會行銷人員有用嗎？你可以考慮「製造」新的習慣（例如：每天遛狗30分鐘），或嘗試在現有習慣中嵌入新行爲（例如：在晚上追劇時順便用牙線清潔牙齒）。

效果層級模型（The Hierarchy of Effects Model）

效果層級模型是由Robert Lavidge和Gary Steiners在1960年代初期創建的一種傳播模式，指出潛在客戶從第一次看到產品促銷廣告到最後購買產品需要經過六個步驟（詳見圖8.3）。[43]

效果層級模型對社會行銷人員的啓示是，制定推廣策略時，應該將標的受衆採用策變行爲的過程當成「買方準備階段」，依步驟層次推動前進。

交換理論（The Exchange Theory）

正如第7章所提到的，傳統的經濟交換理論假定，爲了進行交易，標的受衆必須感知採用策變行爲的利益（價値）等於或大於所感知的成本代價。換句話說，他們必須相信他們會得到相當所付出的代價或更多的東西。

交換理論對於社會行銷人員的意義是重大的，並且成爲發展社會行銷組合策略的重要指導方針，因爲如果標的受衆沒有意識到採取行爲的利益（例如：每週運動五次，每次30分鐘）等於或大於他們所付出的成本代價，行銷人員就「有工作要做」了。我們必須降低成本和／或增加收益，並且可以使用四個工具來成就這件事情：產品（例如：發展讓老年人感覺有趣的運動課程）、價格（例如：免費）、通路（例如：就在當地社區中心）以及推廣（例如：行銷定位爲運動讓身體感覺更好、壽命更長）。

社區就緒模型（The Community Readiness Model）

社區就緒模型提供一個評估社區準備程度的過程，讓社會行銷人員可以根據社區就緒程度，制定和實施各種方案來解決各種社會問題，像是：健康問題（例如：吸毒和酗酒、愛滋病／愛滋病毒）、預防傷害（例如：家庭暴力、自殺）、環

圖8.3　效果層級模型：從知覺到購買的六個步驟，引用自www.learnmarketing.net

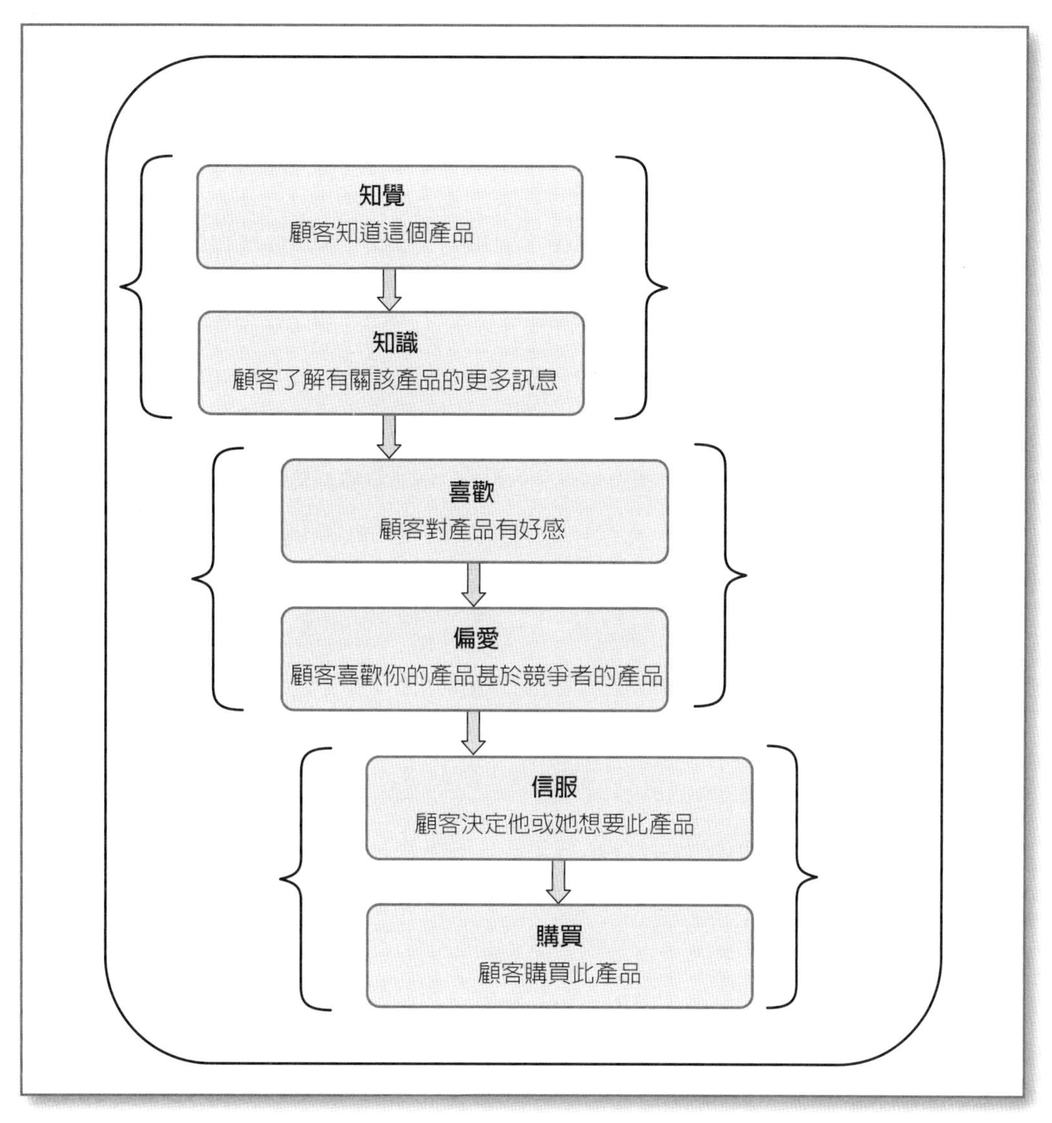

資料來源：Learn Marketing.net, "Hierarchy of Effects Model" (n.d.) accessed December 17, 2013, http://www.learnmarketing.net/hierarchy_of_effects_model.html.

境保護（例如：替代交通模式）和社區發展（例如：動物控制）等課題。支持者認為這種社區就緒模型對社區發展很有幫助，因為它鼓勵使用當地專家和資源，並有助於創建針對特定社區和特有文化的干預措施。它是由科羅拉多州立大學三族中心（Tri Ethnic Center at Colorado State University）所開發的，可作為「評估整個社區群體準備程度的研究工具，或作為指導社區進行預防工作的工具」。[44]準備就緒程度是根據六個主要面向的評估來決定的：(a)過去的努力（past efforts）；(b)社區對新課題的認識（community knowledge of efforts）；(c)領導力（leadership）；(d)社區氣氛（community climate）；(e)社區對這些問題的了解（community knowledge of the issues）以及(f)資源（resources）。爲每個面向給予1到9的準備就緒分數。評分是透過深入訪談重要受訪者來確認的，他們被選爲代表社區的重要成員（例如：學校、政府、醫療）。策略開發將基於這些社區就緒評分，通常會先解決就緒程度最低的面向問題。

胡蘿蔔、棍棒與承諾架構（The Carrots, Sticks, and Promises Framework）

威斯康辛大學（University of Wisconsin）商學院名譽教授Michael Rothschild在1999年10月的《行銷雜誌》（*Journal of Marketing*）上發表了一篇名爲〈胡蘿蔔、棍棒與承諾：一個有關公共衛生管理與社會問題行爲的概念架構〉（Carrots, Sticks, and Promises: A Conceptual Framework for the Management of Public Health and Social Issue Behaviors.）的文章，該文章「震撼」了整個社會行銷界。[45]該架構區分了政府目前使用的三個明確工具來影響行爲：行銷（胡蘿蔔）、法律（棍棒）和教育（承諾），並表示擔心「當前的公共衛生行爲管理嚴重依賴教育和法律，而忽視了行銷和交換的基本理念。」[46]

Rothschild認爲，教育是指試圖告知和／或鼓勵自願行爲的訊息。他們幫助認識採取行爲能獲得的利益，但無法實現採取行爲；法律則是透過威脅來實現採用行爲或威脅，對違規、不恰當行爲實施懲罰；不論如何，唯有市場行銷是透過提供激勵因素來交換自願行爲。

> 透過開發具有比較優勢的（產品和服務）、有利的成本效益關係（定價）以及時間和地點來增強效用（物流管道），塑造適合採用適當行爲的環境，當交易完成時，也得到正面效益的強化。[47]

所有主題

Fishbein的行爲改變干預融合了本章介紹的多數理論、模型和架構的主題，並爲衡量標的受衆是否「準備好採取行動」提供了快速參考——如果還沒有準備好，則可能需要做什麼來幫助他們。[48]

一般來說，爲了讓一個人實踐某一特定行爲，必須具備以下一項以上的事實：

1. 個人必須形成強烈的積極意願（或做出承諾）來履行該行為。
2. 沒有任何環境限制使得行為無法被履行（環境條件甚至需要更好，在環境基礎設施中實施「微調」，使得受眾更有可能選擇策變行為）。
3. 個人具有履行行為所必需的技能。
4. 個人認為履行行為的優勢（利益，預期的積極結果）勝過劣勢（成本，預期的負面結果）。
5. 個人所感知應該履行該行為的社會（規範性）壓力比不履行該行為更大。
6. 個人認為履行行為應該符合他（她）個人的自我形象，也就是履行行為不能破壞個人標準，導致激發消極的自我行動。
7. 個人履行行為會產生更積極的情緒。
8. 個人認為他（她）有能力在各種不同的情況下履行該行為。

根據習慣架構科學，我們將增加第九點：透過將新行為與現有的或新的環境提示連繫起來，可鼓勵個體形成新習慣。

章節摘要

本章旨在提供認識和理解各種理論、模型和架構的快速指南，這些理論、模型和架構可以作為發展社會行銷策略的啓發，大致內容包括：

- 步驟三：選擇標的受眾（創新傳播理論、改變階段模式／跨理論模型）。
- 步驟四：設定行為目標和目的（自我控制理論、目的設定理論、自我認知理論）。
- 步驟五：了解受眾感知障礙、好處、激勵因素、競爭者和重要影響他人（健康信念模型、理性行為理論、計畫行為理論以及服務主導的邏輯模型）。
- 步驟七：發展社會行銷組合策略的相關理論（社會規範理論、生態模型、行為經濟學架構和微調策略、習慣架構科學、效果層級模型、交換理論、社區就緒模型和胡蘿蔔、棍棒與承諾架構）。

作為一個實用的技巧，我們建議你在開始制定規劃模型中的相關步驟時，先查看這些理論、模型和架構。當你參考這些指南發展行銷步驟時，它們不僅能夠激發你的思維，而且你對他們的引用也將有助於建立資助者、決策者和合作夥伴對你所提策略的信心。

研究焦點 在蒙大拿州減少酒駕——使用社會規範評估方法（2003）

背景

當社會行銷努力使用社會規範理論來激發活動策略的思維時，這種方式通常被稱爲社會規範行銷（social norms marketing）。2001年，《紐約時報雜誌》（*New York Times Magazine*）將社會規範行銷列爲當年最重要的創意之一，並將其形容爲「社會規範行銷是一門說服人們與人群相處的科學。這種技術是有效的，因爲人們彼此是相似的——就像母牛和其他草食動物是一樣的，我們的行爲也受到周圍其他人行爲的影響。」[49]

這個理論最初是由社會學教授H. Wesley Perkins的一項研究結論得出，他發現學生們一直高估同學們的酒量，然後爲了讓自己變得更「正常」，他們讓自己喝得更多。該理論指出，

> 對問題行爲的高估會導致增加這些問題行爲的發生，而對健康行爲的低估，則會影響個體參與活動。因此，糾正受眾對群體規範的錯誤認知可減少問題行爲的發生，並促進健康行爲的增加。[50]

北伊利諾大學（Northern Illinois University）在1990年代舉辦了早期的社會規範活動之一，其中「學生聚會喝酒應少於5杯」（most students have fewer than five drinks when they party）的活動訊息透過報紙廣告、海報和講義四處發送；1999年豪飲行爲（一次喝5杯以上的酒）減少了44%。[51]

儘管大學生對其他同學的酒量有明顯誤解，但全州年輕成人從未發現此一現象。[52]如果大學生之間確實存在這種誤解，那麼發動全州範圍的活動將有助於產生積極的影響。

以下案例說明對釐清規範誤解的努力，並提出了令人印象深刻的結果，證實此方法的行爲改變潛力。

綜觀活動

2002年蒙大拿州在酒駕死亡率方面排名全國第一，從1999年的第四位上升至全國首位。[53]酒駕和毒品使用造成的車禍約占全州所有車禍碰撞事件的10%。[54]年輕人是這些由酒精和藥物造成車禍事故的主角，21-30歲的人占了蒙大拿州這種車

禍事故型態的一半人數。爲遏止這現象，2001年完成社會規範媒體宣傳材料製作，並於2002年1月至2003年3月（15個月）開始實施，以測試該模式對21-34歲年輕人減少酒駕的潛力。活動內容包括：電視、廣播、報紙、電影院幻燈片播放、道路大型廣告牌、推廣素材（如：T恤、鑰匙圈、鋼筆、擋風玻璃刮板）以及餐廳的室內廣告（見圖8.4）。一個電視廣告描摹滑雪場落雪紛飛的窗口。男性旁白：「在蒙大拿州你需要知道關於雪的兩件事：如何開車和如何滑雪。經過一天的滑雪，我的朋友和我輪流被指定爲司機。」然後畫面帶到窗戶上的訊息——「我們當中的大多數人（4/5）喝酒不開車。」最後廣告以旁白「你今晚怎麼回家？」結束；其他的活動訊息則強調，蒙大拿州年輕人喝酒知道要採取保護行爲，例如：搭乘出租車或找人代駕。

圖8.4　在蒙大拿州進行為期15個月的宣傳活動中所使用的海報

資料來源：J. W. Linkenbach and H. S. Perkins, “Most of Us Prevent Drinking and Driving: A Successful Social Norms Campaign to Reduce Driving Among Young Adults in Western Montana,” DOT HS 809 869 (U.S. Department of Transportation, National Highway Traffic Safety Administration, 2005).

研究方法

研究人員Perkins、Linkenbach、Lewis基於幾個理由，利用這個機會進行研究。[55]首先，迄今尚未有一篇由同儕審查評估在全州範圍內實施社會規範行銷活動的出版刊物；其次，鑑於社會規範行銷活動在美國，特別想要在大學校園廣泛實施，需要嚴格的評估結果。第三，絕大多數採用社會規範方法的干預措施僅限於校園設施，因此這將是衡量該方法是否可應用於大衆市場的早期研究。研究目標是評估社會規範媒體行銷活動是否接觸到標的受衆？它是否有效糾正誤解？是否導致採用關鍵的策變行爲，包括：找人代駕、不在喝酒一個小時之內酒駕。

研究使用了準實驗設計（quasi-experimental design），蒙大拿州的所有地區被分配到三個組群，其中蒙大拿州西部地區的15個縣被選爲需要干預介入的「高劑量」群組。選擇這些縣是明智的選擇，因爲大多數21-34歲的蒙大拿州年輕人都生活在這些縣。由於廣播和電視訊息無法完全覆蓋所有的縣，緩衝區（蒙大拿州中部）被用來調整規範訊息的傳播；控制區內的縣是蒙大拿州東半部的縣，因此與活動區內的縣不在相近的地理位置。

選擇和調查標的群組共四次：一次是活動前（n = 1,000），一次是媒體干預時（n = 1,000），一次是媒體干預後（n = 1,005），最後一次是活動完成的三個月之後（n = 517）。由於成本考慮，最後這組的樣本被減少，每次電話訪問約10-12分鐘。樣本結構來自所購買的蒙大拿州居民清單，隨機選擇居民爲21-34歲的年輕成年人。

結果

如表8.2所示，調查結果令人鼓舞。總體而言，結果顯示標的受衆注意到並記得一個或多個活動訊息（干預縣爲70.5%，對照縣爲42.6%）。（應該說明的是，過去幾年裡，全美各地都有MOST of Us®活動。因此，基準線的一些認知或回憶並非意外。所以對調查結果的分析主要集中在變化的差異上。）對同伴規範的誤解減少了，干預縣的受訪者覺得跟他們年紀相仿的人，過去幾個月，會在酒後一小時開車的比例（86.7%比94.3%），並且相信他們會在酒後找人代駕（39.2%比23.2%）。此外，行爲也有所改變，在過去的一個月中，在喝酒後一小時內開車的行爲，干預縣的受訪者的百分比在活動後下降了10%，而他們使用司機代駕的百分比上升了11%。而且，最重要的是，在2003年，干預縣的酒精相關事故比2001年下降了5%，而在對照縣，實際上則增加了2%。[56]

表8.2 2001年11月（活動前）和2003年6月（活動完成後三個月）干預及控制縣之間感知和行為的差異

	西部干預地區			東部控制地區			改變的差異
	11月	6月	改變	11月	6月	改變	
記得社會規範媒體的主要傳播訊息的百分比	53.8	70.5	16.7	50.7	42.6	-8.1	24.8
認為過去幾個月內其他蒙州人喝酒一小時後會駕車的比例	91.8	86.7	-5.1	91.9	94.3	2.4	-7.5
覺得同儕喝酒後有找人代駕的百分比	29.9	39.2	9.3	24.9	23.2	-1.7	11.0
過去幾個月內曾在喝酒一小時後駕車	22.9	20.9	-2.0	16.9	28.6	11.7	-13.7
喝酒後會找人代駕	41.7	46.4	4.7	42.3	32.0	-10.3	15.0

有關實施這種方法的詳細訊息可以在Linkenbach的工具包中找到，標題爲「如何使用社會規範行銷以防止酒後駕駛：美國最有效的工具包」（How to Use Social Norms Marketing to Prevent Driving After Drinking: A MOST of Us®）（美國蒙大拿州立大學博茲曼分校的MOST of Us® Institute, 2006，可在www.mostofus.org上查閱）。

案例資訊由健康與安全文化中心主任Jeffrey Linkenbach博士提供，他同時也是蒙大拿州博茲曼蒙大拿州立大學高級研究科學家，他指導全國備受讚譽的MOST of Us® Campaign (www.mostofus.org)。

問題討論與練習

1. 在本章所介紹的十七種理論、模型和架構中，你最感興趣的是哪一個？爲什麼？
2. 爲什麼你認爲行爲經濟學迄今獲得的知名度比社會行銷更多？用你自己的話說明它與社會行銷有什麼不同？作者認爲社會行銷與行爲經濟學之間的區別是什麼？
3. 創新理論傳播（diffusion of innovations theory）與胡蘿蔔、棍棒和承諾（carrots, sticks, and promises）以及本文曾經提出的「做給我看」（Show me）／「幫幫我」（Help me）／「讓我不得不」（Make me）有何相關？

注釋

1. Personal communication from Jeff French, December 2013.
2. MOST of Us, "What Is Social Norms Marketing?" (n.d.), accessed December 18, 2013, http://www.mostofus.org/about-us/what-is-social-norms-marketing/.
3. M. Hossain, C. Zimmerman, L. Kiss, and C. Watts, "Violence Against Women and Men in Côte d'Ivoire: A Cluster Randomized Controlled Trial to Assess the Impact of the 'Men & Women In Partnership' Intervention on the Reduction of Violence Against Women and Girls in Rural Côte d'Ivoire—Results From a Community Survey" (London: London School of Hygiene &Tropical Medicine, 2010).
4. V. Williams (communications consultant, New View Media), "Break the Silence: Social Norms Marketing Campaign for the Prevention of Violence Against Women in Cote d'Ivoire" (December 2012), 7.
5. Virginia Williams, communications consultant, New View Media.
6. V. Williams, "Break the Silence."
7. Ibid.
8. C. Lefebvre, *Social Marketing and Social Change* (San Francisco: Jossey-Bass, 2012), 98.
9. S. Simon, "The Secret to Turning Consumers Green," *The Wall Street Journal* (October 18, 2010), accessed July 16, 2011, http://online.wsj.com/article/SB10001424052748704575304575296243891721972.html.
10. J. Prochaska and C. DiClemente, "Stages and Processes of Self-Change of Smoking: Toward an Integrative Model of Change," *Journal of Consulting and Clinical Psychology* 51(1983): 390–395.
11. J. Prochaska, J. Norcross, and C. DiClemente, *Changing for Good* (New York: Avon Books, 1994), 40–41.
12. Ibid., 40–41.
13. Ibid., 40–41.
14. Ibid., 41–43.
15. Ibid., 43.
16. Ibid., 44.
17. D. Shmueli and J. Prochaska, "Resisting Tempting Foods and Smoking Behavior: Implications From a Self-Control Theory Perspective," *Health Psychology* 28, no. 3 (2009): 300–306.
18. B. Spring, S. Pagota, R. Pingitore, N. Doran, K. Schneider, and D. Hedeker, "Randomized Controlled Trial for Behavioral Smoking and Weight Control Treatment: Effect of Concurrent Versus Sequential Intervention," *Journal of Consulting and Clinical Psychology* 72 (2004), 785–796.
19. E. A. Locke, "Toward a Theory of Task Motivation and Incentives," *Organizational Behavior and Human Performance* 2, no. 3 (1968): 157–189.
20. D. McKenzie-Mohr, *Fostering Sustainable Behaviors: An Introduction to Community-Based Social Marketing* (Gabriola Island, BC, Canada: New Society, 2011), 45.
21. McKenzie-Mohr, *Fostering Sustainable Behaviors*, 45.
22. K. R. M. Brown, *Health Belief Model* (1999), accessed April 2, 2001, http://www.hsc.usf .edu/-kmbrown/Health_Belief_Model_Overview.htm.
23. United States Department of Health and Human Services, National Institutes of Health, National Heart Lung and Blood Institute, *National High Blood Pressure Education Program (NHBPEP)* (n.d.), accessed September 18, 2001, http://hin.nhlbi.nih.gov/nhbpep_kit_about_m.htm.
24. Ibid.
25. Ibid.

26. Ibid.
27. I. Ajzen, "The Theory of Planned Behavior," *Organizational Behavior and Human Decision Processes* 50 (1991): 179–211.
28. A. R. Andreasen, *Marketing Social Change: Changing Behavior to Promote Health, Social Development, and the Environment* (San Francisco: Jossey-Bass, 1995), 266–268.
29. Ibid., 266–268.
30. Service-Dominant Logic [website], http://www.sdlogic.net/.
31. "Interview with Mechai Viravaidya" (July 23, 2007), *CNN.com/Asia*, accessed December 17, 2013, http://edition.cnn.com/2007/WORLD/asiapcf/07/22/talkasia.viravaidya/index.html?iref=allsearch.
32. MOST of Us, "What is Social Norms Marketing?"
33. Changing Minds.org, "Social Norms," (n.d.), accessed December 18, 2013, http://changingminds.org/explanations/theories/social_norms.htm.
34. Personal communication, 2001.
35. J. Grizzell, "Behavior Change Theories and Models" (n.d.), accessed June 9, 2008, http://www.csupomona.edu/~jvgrizzell/best_practices/betheory.html#Ecological%20Approaches.
36. P. Kotler and N. Lee, *Up and Out of Poverty: The Social Marketing Approach* (Upper Saddle River, NJ: Wharton School, 2009), 151.
37. B. Smith, "Behavioral Economics and Social Marketing: New Allies in the War on Absent Behavior," *Social Marketing Quarterly* XVI, no. 2 (Summer 2010), 137–141.
38. P. Kotler, "Behavioural Economics or Social Marketing? The Latter!," *The Sunday Times* (May 22, 2011), accessed December 28, 2013, http://www.sundaytimes.lk/110522/BusinessTimes/bt36.html.
39. R. Thaler and C. Sunstein, *Nudge: Improving Decisions About Health, Wealth, and Happiness* (New York: Penguin Group, 2009), 180–181.
40. J. French, "Why 'Nudges' Are Seldom Enough" (Strategic Social Marketing, 2010).
41. Ibid.
42. C. Duhigg, "Warning: Habits May Be Good for You," *The New York Times* (July 13, 2008), accessed July 16, 2011, http://www.nytimes.com/2008/07/13/business/13habit.html.
43. Learn Marketing.net, "Hierarchy of Effects Model" (n.d.) accessed December 17, 2013, http://www.learnmarketing.net/hierarchy_of_effects_model.html.
44. College of Natural Sciences, Tri-ethnic Center, "Community Readiness Model" (n.d.), accessed December 17, 2013, http://triethniccenter.colostate.edu/communityReadiness.htm.
45. M. Rothschild, "Carrots, Sticks, and Promises: A Conceptual Framework for the Management of Public Health and Social Issue Behaviors," *Journal of Marketing* 63 (October 1999): 24–37, accessed December 31, 2013, http://www.social-marketing.org/papers/carrot article.pdf.
46. Ibid, 24.
47. Ibid., 25–26.
48. M. Fishbein, in *Developing Effective Behavior Change Interventions* (pp. 5–6), as quoted in The Communication Initiative, *Summary of Change Theories and Models* (Slide 6), accessed April 2, 2001, http://www.comminit.com/power_point/change_theories/sld005.htm.
49. M. Frauenfelder, "The Year in Ideas: A to Z: Social-Norms Marketing," *The New York Times* (December 9, 2001), accessed July 16, 2011, http://www.nytimes.com/2001/12/09/magazine/the-year-in-ideas-a-to-z-social-

norms-marketing.html.

50. A. Berkowitz, *The Social Norms Approach: Theory, Research, and Annotated Bibliography* (August 2004), accessed July 16, 2011, http://www.alanberkowitz.com/articles/social_norms.pdf.

51. Frauenfelder, "The Year in Ideas."

52. J. Linkenbach and H. W. Perkins, "Misperceptions of Peer Alcohol Norms in a Statewide Survey of Young Adults," in *The Social Norms Approach to Preventing School and College Age Substance Abuse: A Handbook for Educators, Counselors, and Clinicians*, ed. H. W. Perkins (San Francisco: Jossey-Bass, 2003).

53. U.S. Department of Transportation, National Highway Traffic Safety Administration, *State Alcohol-Related Fatality Rates 2002* (Washington, DC: Author, 2003).

54. Montana Department of Transportation, *Traffic Safety Problem Identification (FY 2004)* (Helena, MT: Author, 2003), State and Local Traffic Safety Program section.

55. H. W. Perkins, J. W. Linkenbach, M. A. Lewis, and C. Neighbors, "Effectiveness of Social Norms Media Marketing in Reducing Drinking and Driving: A State Wide Campaign," *Addictive Behaviors* 35 (2010), 866–874, doi: 10.1016/j.addbeh.2010.05.004.

56. J. W. Linkenbach and H. S. Perkins, "Most of Us Prevent Drinking and Driving: A Successful Social Norms Campaign to Reduce Driving Among Young Adults in Western Montana," DOT HS 809 869 (U.S. Department of Transportation, National Highway Traffic Safety Administration, 2005).

PART IV

發展社會行銷策略

第九章
設計一個理想的定位

這不僅僅是教育！如果基於理性過程的交流和訊息就能讓人從善如流，那麼全世界都不會有人抽菸了！人類行爲總是受情感左右，這是菸草和速食業爲何能夠如此蓬勃！這也告訴我們想要改變人們的行爲，意味著需要解決所有4Ps：產品、價格、通路和推廣。

——Bob Marshall

Rhode Island Department of Health

早在1970年代初，廣告主管Al Ries和Jack Trout就悄悄展開了一場小小的行銷革命——他們介紹了定位的概念和藝術；這不僅僅是一種新方法，正如他們所描述的那樣，這是一項創意的運動。

定位從產品開始——一件商品、一項服務、一家公司、一家機構甚至一個人，但定位不是你對產品做什麼，定位是你對客戶的想法所做的事情；也就是說，定位是你將產品置入於客戶的腦袋中。[1]

Ries和Trout的前提是，我們的思考本能是抗拒陌生訊息，因此會自動屏除拒絕大部分外來訊息，大腦只會接受與之前知識或經驗匹配的訊息。因此，他們主張將複雜訊息簡單化，使它們能在今日過度傳播的社會中獲得最好的傳播效率：

> 我們的心智猶如吸了水的海綿，只能以犧牲已有的東西為代價來吸收更多的訊息。然而，我們仍然不斷向過於飽和的海綿灌注更多訊息，並且我們對未被吸收的資訊，不時感到失望……訊息交流過程中猶如建築，少就是多，你必須琢磨你的訊息以便快速切入思想，你必須拋棄冗長的歧義，簡化訊息再簡化，如此才能給人留下一個長期的深刻印象。[2]

正如你在本文中已經發現或至少已經閱讀過的內容，不同的市場有不同的需求，而你的挑戰在於將你的提案「完美」地放在你所期望的前景中。你將在本章中探索定位練習，這將有助於釐清定位的意涵，並將舉例說明以下的定位策略：

- 以行為為中心的定位。
- 以障礙為重點的定位。
- 以利益為重點的定位。
- 以競爭為重點的定位。
- 重新定位。
- 品牌的定位靈感。

在下面的案例故事中，你將體驗到這種力量。

行銷焦點 真相®預防青少年吸菸運動——美國遺產基金會（Legacy®）（2000～2014）

本案例是我們在本書的第二、第三和第四版中，將其作為清晰的理想定位和卓越品牌努力的有力示範。從一開始，眞相®預防青少年吸菸運動就是在廣泛的形成性研究基礎上發展起來的，並且成爲美國最嚴重的公共健康問題運動：青少年吸菸。我們對這個版本的關注點在於該活動如何堅持原有定位，並保護其品牌超過十年——毫無疑問，因爲它奏效。你將閱讀該活動的創始人Legacy在過去14年來面對社會變化、青少年生活方式、價値觀和偏好的轉變，他如何調整促銷策略（訊息、代言人、創意元素，尤其是溝通管道）來維持活動的效能。

圖9.1 眞相®宣傳車經過

資料來源：Photo courtesy of Patricia McLaughlin.

背景、標的受衆、策變行爲和受衆洞察

約有80%的吸菸者在18歲之前開始吸菸，90%在20歲之前開始吸菸[3]。請思考一下，在2000年美國有44萬人死於吸菸引起的疾病。[4]吸菸問題已經嚴重影響我們的家庭、社區和美國經濟，美國遺產基金會當年及時推出的眞相®是旨在影響青少年拒絕吸菸，並免於吸菸成癮和相關疾病導致的死亡。

策略

眞相®活動的核心推廣策略是揭發菸商行銷策略的詭計，並揭櫫吸菸對健康影響的眞相，所造成的社會成本、吸菸成癮問題以及菸草成分和添加劑。該活動不會向青少年說教，相反地，它以創意吸引人注目的方式，讓你注意到可能挽救自己或他人生命的訊息。透過與青少年每天觀看、閱聽的媒體合作，以及青少年常使用的社交溝通管道，眞相®能夠有效地接觸到受衆。爲確保活動與青少年保持連繫，眞相®讓青少年參與廣告效果測試，並鼓勵他們使用http://www.thetruth.com眞相®

圖9.2 吸引青少年目光注視的「在你面前」（in-your-face）拒菸廣告

資料來源：Photo courtesy of thetruth.com.

網站提供建議和意見回饋。

眞實®廣告的風格和語氣「在你面前」（in your face）充滿力量，可以回應青少年對強大訊息的渴望（見圖9.2）。隨著媒體格局的變化，該活動增加了先進的網路和社交媒體擴大了眞相®的傳播範圍；而且正如人們預料的那樣，當眞相®開始在基層努力時，青少年成爲活動先鋒和主力。每年夏天，眞相®的黃色招牌卡車載著一群眞誠的青年大使在全國各地巡迴表演宣傳，他們停留在青少年聚集的夏季音樂活動和體育賽事中進行宣傳，通常一個夏季他們可以走遍25個州50多個城市（見圖9.3）。

圖9.3 真相®宣傳車已經上路了，它是讓人認識這場活動的最佳途徑，它可讓青少年，真正親眼看到、聽到並跟他們互動。

資料來源：Photo courtesy of Joshua Cogan Photography.

表9.1記錄過去十四年活動執行的重點，活動元素包括：電視、廣播、印刷、網路和電影廣告、網站、社交網站、視頻分享網站、互動元素、特別活動、品牌娛樂整合、眞相®品牌服飾，並透過夏季和秋季的大使之旅進行基層宣傳。

表9.1 過去十四年活動執行重點

年度	活動執行重點
2000	**truth**在一場來自全國各地1,000名青少年參與的領袖會議發起了這項活動。
2001	**Infect truth**教育青少年了解香菸製造的事實。
2002	**A Look behind the Orange Curtain**掀開了菸草工業的行銷策略，並包括菸癮和吸菸對健康影響等主題。
2003	**Crazyworld**向青少年展示菸草公司如何透過一套不同於其他公司的方式發揮作用，即使許多美國公司在消費者遇到危險的第一個跡象時都必須召回所有產品，但菸草行業在美國製造的產品，每天可以殺死1,200名顧客，卻完全不需召回產品。
2004	**Connet truth**使用大型橙色圖點連結標示菸草產品從消費者生病到死亡的事件鏈，揭示吸菸行為背後的事情真相。 **Shards o'Glass**以製造虛幻為特色，他們製造了混合玻璃碎片的冰棒，藉此諷刺香菸就是融合了致命玻璃的冰棒，希望能提高消費者對吸菸有害身體的認識。 **Seek truth**採用Q &A形式，鼓勵青少年提出問題並尋求有關香菸生產和行銷的答案。

（續前表）

年度	活動執行重點
2005	**Fair Enough**採用了一種新的廣告方式，以喜劇情景的電視廣告來演出真相，他們使用菸商的文件來揭櫫他們的行銷理念。 **truth found**用橙色箭頭指向受Big Tobacco菸害的人群及地方。
2006	**truth documentary**使用紀錄片製作風格來捕捉現實生活中，人們對菸商行銷策略的反應。以廣告風格拍攝的真實紀錄片，透過一名記者和一名攝影師的搭檔，調查並推理來自Big Tobacco背後的一些想法。 **Infect truth**呼籲人們關注菸草工業的行銷策略和吸菸對健康造成的後果，以便應用這種知識「感染」人們，並鼓勵積極的「點對點」影響。
2007	**truth documentary phase II**以真相紀錄片的方法為基礎，繼續強調菸草業文件中聲明的荒謬性。
2008	**The Sunny Side of truth**使用動畫、百老匯風格的編舞以及諷刺，來說明抽菸的「陽光面」。 **ReMix**由九位知名的DJ和樂隊組成，他們將真相活動的Sunny Side的歌曲融合嘻哈、家庭和電子音樂風格編成新歌，然後發行CD專輯，作為活動宣傳的一部分，並提供網路下載，透過流行音樂來吸引更多青少年受眾關注。
2009	**Do You Have What It Takes to Be a Tobacco Executive**？以企業招聘工作人員的遊戲扮演為特色，訪問現實的求職者是否「有能力」成為Big Tobacco的高級主管，透過問及與菸草相關的事實和情況，重現這些菸草工業高級主管遇到的決策和情境。
2010	兩個新的電視節目重新啓動了2004年**Shards o'Glass**的活動主題，持續強調菸草公司生產危險產品的諷刺，製作新網站和互動元素以加強廣告系列的訊息。
2011	**Unsweetened truth**生動地說明了抽菸對健康的影響，並強調了與菸草有關的疾病不僅引起死亡——這些疾病也包括與口腔、喉嚨和頸部癌症有關、慢性阻塞性肺病（COPD）、肺氣腫和無法發聲。在活動現場，六名患有抽菸導致相關殘疾的人在好萊塢中心的遊行隊伍中脫穎而出，該活動在網站提供他們現身說法的視頻，展示了每個真實人物在日常生活與疾病對抗的掙扎。
2012	**Flavor Monsters**是一款新型的手機遊戲，用來突顯菸草產品中所含的多種香精成分（目前已發現超過45種香精）。儘管多數香精都被禁止用於捲菸，但菸草公司仍將它們添加於菸草產品當中。真相透過活動網站提供遊戲下載，但隨著越來越多的線上娛樂遊戲平臺出現，真相透過這些娛樂、遊戲、音樂及體育賽事等管道發行Flavor Monsters，並和「熱情」的青少年保持連繫。 同年真相發起了第一次的大學音樂巡迴表演，名為**truthlive**。這次校園巡迴表演活動由五所大學校園共襄盛舉——賓夕法尼亞州立大學、馬里蘭大學、維吉尼亞大學、田納西大學和克萊姆森大學——提供校園音樂會的基層宣傳活動，以便能與大學生建立連繫。
2013	**Ugly truth**揭發了一系列令人深思的事實，活動旨在描繪菸商如何看待他們的顧客及非法開發產品的行為。透過電視現場直播節目和外景連線，鼓勵觀眾和現場受訪者思考兩個事實的嚴重性，並透過網路意見投票和現場外景來賓投票，決定何者為「最醜陋的真相？」

結果

根據《美國預防醫學雜誌》(*American Journal of Preventive Medicine, AJPM*)2009年2月發布的研究，眞相®看顧著450,000名從大學時代就開始吸菸的青年，2009年2月透過*AJPM*發布的第二項研究結果發現，眞相活動不僅在頭兩年自行籌款辦理活動，還爲社會節省了19億至54億美元的醫療保健費用。

自成立以來，眞相®活動因其創造性、獨特方法及豐富結果而得到認可，該活動贏得了400多個獎項，並受到美國疾病控制和預防中心以及美國衛生和人類服務部等聯邦機構、州政府官員的讚譽。

下一步是什麼？

在當今雜亂無章的媒體環境中，增加付費廣告的投資對於吸引全國觀眾顯得極爲重要。在接下來的三年中，Legacy將投入新的重要資源用於眞相®，以幫助聯邦政府能夠全面擴大青少年預防及戒菸等重要工作。這種全國性的付費廣告能補充眞相的基層巡迴和擴充線上活動——透過策略性的方式「連接所有點上」的青年受衆。這場活動不斷透過與青年人喜愛停留的各種管道與其接觸，並與「志同道合」的年輕人展開活動合作，這種現場的基層巡迴表演和品牌娛樂活動的合作關係將持續發揮作用，推動活動向前發展。

最近8、10和12年級的吸菸率已經下降到10%以下。隨著眞相®活動背後的付費媒體推動力量的增強，Legacy希望未來能做到「豁免下一世代」(Generation Free)的菸草使用行爲。

病例個案是由Legacy®傳播副總裁Patricia McLaughlin提供，他們與國家公共衛生基金會合作，幫助年輕人遠離吸菸並幫助所有吸菸者戒菸。遺產基金會是1998年由美國46個州和五大領土中的菸草商業的和解協議所創立的。

定位的定義

定位是組織設計實際和感知產品的行爲，它以你所希望它出現的獨特形式，出現在受衆的腦海與心中。[5]請記住你的提案，也就是接下來三章你所需要參與設計的，包括：產品、價格及通路，然後，你理想的定位提案將由推廣元素所支撐，包括：訊息、代言人、創意元素及傳播管道。

想像標的受衆腦中彷彿有個感知地圖，用來接收你所提供的方案，每個產品都有自己對應的不同地圖（汽車、航空公司、快餐速食、飲料以及其他可能與社會行銷更為有關的產品：個人運動、工作場所安全、回收利用、器官捐贈等）。圖9.4以航空公司為例展現感知地圖的簡化版本，顯示哪些品牌被認為是相似的，哪些是相互競爭的。大多數產品和服務的感知地圖都會使用消費者調查數據，來評估這些產品和服務的特定屬性。

圖9.4 感知地圖

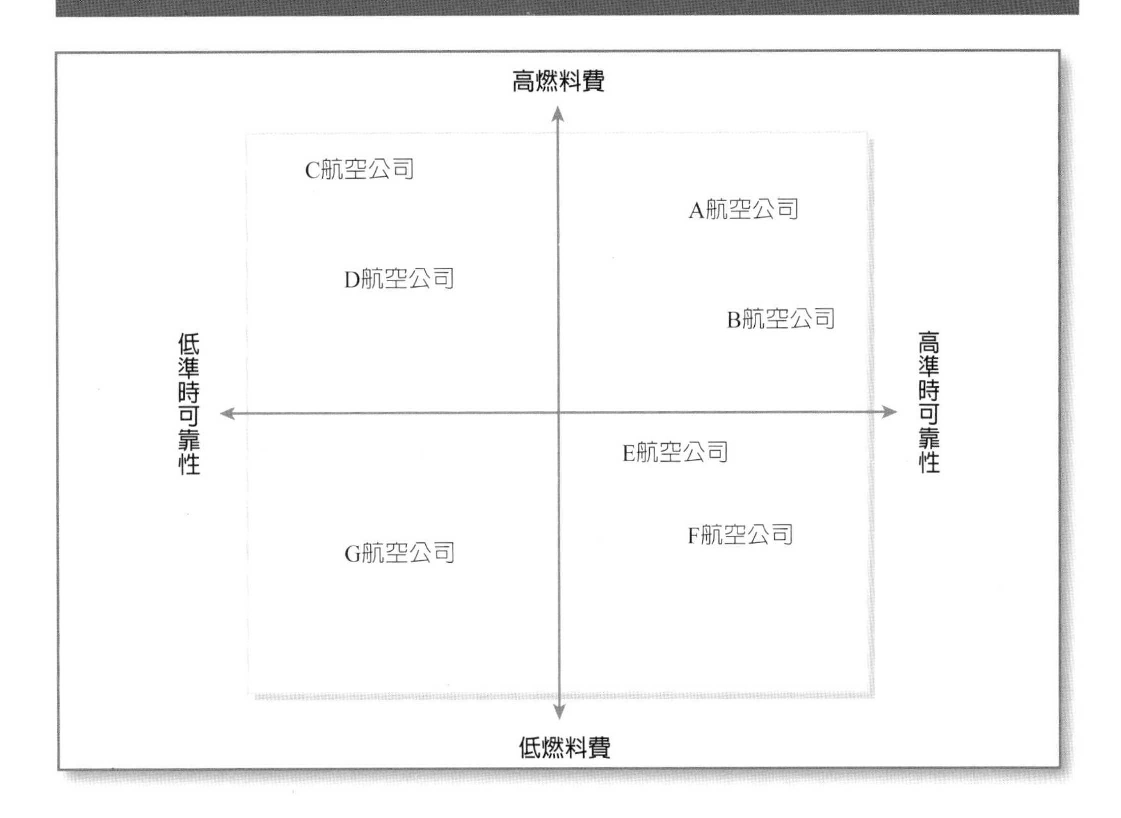

我們提出一個很好的理由，來建議你在選定標的受眾之後、制定行銷組合策略之前採取這一步驟。由於不同市場的商品定位不同（例如：老人運動vs.青少年運動），因此首先需要選定受眾，而由於你的產品、價格、通路和推廣活動將決定（很大程度上）你的定位位置，因此有必要先了解你所想要達到的目的。這將透過釐清品牌的本質指導你的行銷策略，讓你以獨特的方式幫助受眾實現目標。

你可能還記得，我們將社會行銷定義為一個流程，該流程應用行銷原則和技巧來創造、溝通和提供價值，進而影響標的受眾的行為。定位的結果是創造以客戶為中心的價值主張，也就是標的受眾應該購買產品的一個有力原因——從你而來的啓發！6

商業部門的定位

圖9.5 重新將牛奶定位為「酷」！

資料來源：Photo courtesy of the National Dairy Council.

也許因爲商業部門已經接受了這個定位概念幾十年，在商場上我們很容易找到清楚的定位和價值主張的例子，如表9.2所示。在焦點專欄，我們將這些價值主張與前面章節所討論的社會行銷理論和模型連結在一起：利益、障礙和競爭。現在我們導入了定位概念的新選擇就是重新定位——品牌經理將產品從其標的受衆心目中的目前位置，轉移到新的、更理想的位置（參見圖9.5）。

商業行銷人員還經常需要考慮建立類異點（points of difference）和類同點（points of parity），這些點如Kotler和Keller所描述的[7]。類異點是指消費者所認知的強烈品牌利益，並認爲他們找不到能夠與之競爭的品牌。例子包括：FedEx（保證隔天送達）、Costco（相似產品的較低成本）和Lexus（質量）。相反的，類同點不一定是品牌獨有的關聯，但必須提供某種合法的特定產品或服務（例如：銀行需要提供ATM提款機、網路銀行服務和支票帳戶，才能被視爲銀行）。有競爭力的類異點定位可能會取而代之，也可能會影響競爭對手的類異點。Kotler和Keller強調的一個有名的案例就是Miller Lite的廣告策略，它以「所有你想要的啤酒精華和更少的熱量」（Everything you've always wanted in a beer and less）爲標語。[8]

表9.2 商業部門品牌定位的案例

類別	品牌	焦點	價值定位
汽車	Volvo	利益	安全
速食店	Subway	障礙	新鮮、健康多樣化
航空公司	Southwest	競爭者	沒有裝飾、成本更低
飲料	Milk	重新定位	從無聊到酷

步驟六：制定定位聲明

社會行銷的定位原則和流程與商業行銷類似。首先考慮標的受眾的概況，包括任何獨特的人口因素、居住地理、心理學和行為相關特徵，以及你對障礙、益處、競爭者和有影響力他人的研究結果，你就能「簡單地」製作出定位聲明。

制定定位聲明的另一種簡單的方法，是直接填補以下這個句子中括號中的空白處：

我們希望〔標的受眾〕將〔策變行為〕看作〔形容詞，描述採用策變行為可以得到的一組福利，或為什麼策變行為比競爭行為更好〕

請記住，這個定位聲明「僅供內部使用」，它並不是提供給標的受眾看的訊息，當然，你可以與其他正在與你共同努力制定行銷組合策略的同事分享這個資訊，它將有助於決策的制定。考慮如何就以下聲明達成一致意見來指導這些團隊：

- 「我們希望孕婦把母乳哺餵六個月看作與孩子的親密時光，並為他們的健康做出貢獻的一種方式，重視母乳哺育勝過擔心公共環境哺育。」
- 「我們希望看到媒體記者使用『非汙名化』（nonstigmatizing）的心理健康說詞（例如：『這個人患有精神分裂症』、『這個人是精神病患』），這種做法是友善對待精神疾病患者的一種方式，並且讓你在專業領域中成為受人尊敬的領導榜樣。」
- 「我們希望熱愛園藝的屋主能把製作廚餘堆肥，當成簡單卻能為環境做出貢獻的工作，同時還能成為家裡的庭園肥料；此外，他們能看到把廚餘埋到土壤會比直接倒入垃圾桶，讓垃圾車浪費能源運送至垃圾掩埋場更為環保。」
- 「我們希望人們在購買一隻小狗寵物前，可以先去人道協會的網站瀏覽，看看他們心目中的寵物是否正在等待某人認養，而這可能是一種更便宜且方便的選擇。」

你之前研究的障礙和益處清單或許可以幫助你寫出好的描述性內容，你或許還記得，理想的研究包括列出障礙和益處的優先順序，這能讓你了解所有因素的重要性程度，找到更重要的利益或是避免履行策變行為的成本，都能幫助你獲得「更高的價值」。

為了充分利用規劃模型中的先前步驟，你可能會發現，將重點放在你的定位聲明上是有利的，選擇推動特定的家庭行為、強調利益、克服障礙、激發競爭優勢或重新定位「舊品牌」，接下來的五部分將更仔細介紹這些項目，並附有簡短例子和插圖。

行為中心的定位（Behavior-Focused Positioning）

對於某些社會行銷計畫，尤其是那些具有新的和非常具體的理想行為，你可能會受益於行為中心的定位。在這些情況下，你的行為描述將會非常突出，請參考以下範例：

- 由金縣（華盛頓）緊急管理部門主辦的一項活動「三天三件事」（3 Days 3 Ways），鼓勵公民以三種方式為緊急情況和災難做好準備：(a)制定計畫；(b)打包工具包；(c)參與其中。[9]
- 活動311，由交通安全管理局在2006年開發的，目的是為了幫助旅行者了解他們可以隨身攜帶的液體及髮膠容量（見圖9.6）。

圖9.6 行為中心的定位，交通安全局印製，提供旅客可放在錢包的提示卡片。

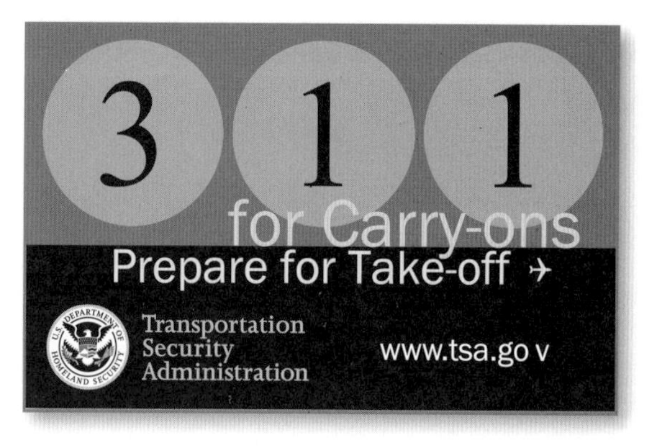

資料來源：Transportation Security Administration, 311 for carry-ons (n.d.), accessed January 19, 2007, http://www.tsa.gov/assets/pdf/311-credit-card.pdf.

在這些情況下，確認標的受眾、了解行為的具體情況是成功結果的關鍵，將舉例說明如下。

範例：每日五蔬果

1991年美國國家癌症研究所（NCI）與Produce for Better Health基金會合作，開發了「每日五蔬果，身體更健康」（5 a Day for Better Health）的活動，這是一個訊息簡單且積極的國家計畫（見圖9.7）。

圖9.7 Produce for Better Health基金會的行為中心定位：「每日五蔬果，身體更健康」。

資料來源：Photo courtesy of the Produce for Better Health Foundation.

這個關鍵訊息多年來一直以完善的策略在多種場所重複應用：塑膠袋、雜貨袋、店內標示牌和展示、生產包裝標籤、超市導覽、食譜卡、小冊子、雜貨店傳單廣告、雜誌文章、報紙廣告、新聞報導、網際網路、電臺新聞插播、電視新聞插播（烹飪／食譜）、廣播電臺公共服務公告（PSAs）、電視公共服務公告、道路巨幅廣告牌、小學光碟、營養通訊、病人營養教育宣導資料、薪資單、學校課程、幼稚園、食品援助計畫材料、教會公布欄和通訊、海報、餐廳菜單、女童／男童子軍徽章、四健會材料、食物銀行計畫材料、健康博覽會、縣博覽會、食譜、兒童彩繪本和錄影視訊。2006年誕生了一個新口號「色彩之路」（The Color Way），以強化每日5種蔬果組合的更多變化。

2005年11月Produce for Better Health基金會的新聞稿宣布了好消息，根據AC尼爾森針對近2,600戶家庭研究發現，2004年美國人每天至少吃五份蔬果的人數爲18%，比2003年增加了50%；該研究還發現，意識和消費之間存在明確的關係，那些聲稱每天食用至少五份蔬果的消費者，他們同時也知道Produce for Better Health基金會的「色彩之路」的活動。在每天食用至少五份蔬果的消費者中，有超過30%的人非常清楚「色彩之路」的活動，而不知道這項活動的人不到10%。後續購買的數據分析進一步支持了這一觀點，根據這些數據顯示，那些了解「色彩之路」活動的消費者每年在水果和蔬菜的花費金額，比不知道該活動的消費者多111美元。[10]

障礙中心的定位（Barriers-Focused Positioning）

這是強調以減少障礙爲中心的定位方式，你希望你的提案定位，能夠幫助克服或至少最小化受衆所感知到的障礙，這些障礙包括：自我效能、恐懼或感知履行行爲的高成本：

- 對於想要戒菸的戒菸者來說，戒菸熱線通常被定位成一個充滿希望和鼓舞人心的地方，請參考2007年在華盛頓州衛生部網站上所發表的詩歌（或許更像是嘻哈）：

  在新的一年裡，讓吸菸成爲過去
  把自己放在第一位，習慣擺最後
  新年新希望，一切從頭來
  停下來2007年
  菸草會傷害你的健康

它們會耗盡你的精力財富
雖然吸菸是一個很難打破的習慣
但是有了決心和支持，你可以做出改變
撥打華盛頓州戒菸專線
戒菸教練將在1-800-QUIT-NOW幫助你
一對一的諮詢、量身訂做的計畫，你會得到
2007無菸年，和你最棒的一年
電話是保密的，服務是免費的
並且可以讓你成功戒菸的機會加倍
超過8萬名華盛頓人已經拿起電話
免費的諮詢和戒菸工具包等你拿
不要猶豫，今天就打電話給戒菸專線
讓你新的一年，大吉又大利！[11]

- 有些婦女因爲害怕聽到壞消息，會故意避免或推遲進行乳房X光的檢查，這是爲什麼許多組織已經將乳房X光檢查定位爲「早期檢測」，因爲這是一種能在癌細胞擴散之前發現問題、把握治療時機的方法。

在以下的範例中，定位反映了受衆對時間、努力、成本和「know-how技術」的關注。

範例：回收你的手機，簡單到就像1-2-3

據估計藏身在美國國民抽屜和書桌中的廢棄手機至少超過8億支，每年進入廢物流的則超過1.4億支。[12]回收利用的障礙包括：民衆不知道如何以及在何處可以回收這些廢棄手機，民衆甚至不清楚爲什麼回收廢棄手機很重要。INFORM是美國的一個非營利性組織，其組織宗旨是「讓公民、企業和政府，採用可爲後代子孫永續經營環境的實際做法和政策」。[13]他們其中一種的實踐方式是支持手機回收再利用，而他們的提案和定位似乎完全是爲了應對消費者所面臨的阻礙。他們說「這與1—2—3一樣簡單！」只須按照他們網站上公布的步驟操作即可：

1. 將預付郵資費的標籤列印出來，並沿著虛線剪開。
2. 將手機、充電器和附件放入信封中，並黏貼郵資標籤。
3. 把它放在郵局或郵箱裡，因爲郵資已經支付，所以是免運費的。[14]

網站上的其他訊息則說明了丟棄不需要的手機所衍生的問題，包括手機的有毒物質如何透過垃圾掩埋場汙染環境，並可能傷害人體健康。

利益中心的定位（Benefits-Focused Positioning）

當最好的機會似乎與WIFM〔what's in it for me？（對我有什麼關係？）〕因素有關時，感知收益即成為定位的焦點：

- 自然庭院保護措施，例如：拔除雜草或是噴灑農藥？以確保孩子和寵物健康的定位方式。
- 適度的體能活動，像是耙理落葉和走樓梯而非電梯，定位為適合日常工作的東西。
- 每天晚上為你的孩子讀20分鐘故事書，可以幫助他或她在學校表現良好。

下面以利益為重點的定位說明，重點將放在標的受眾希望獲得的利益上，並相信他們可以獲得。

範例：你喝酒，我開車（Road Crew）

威斯康辛大學名譽教授Michael Rothschild認為，良好的定位始於對標的受眾及其競爭選擇的清晰認識。他還認為在開發這種定位時，行銷人員需要了解標的受眾、當前的使用模式以及為什麼現有競爭品牌能夠取得成功。這正是2000年他在威斯康辛州領導的一個團隊為該州交通部所做的事情。

「任務」是為了減少威斯康辛州鄉村地區與酒駕事故；之前的充分證據顯示，最有可能喝酒開車導致撞車的人群是21-34歲的單身男性。該團隊總共訪談了17個焦點小組，其中11組為標的受眾，另外6組為標的受眾身邊的觀察者（例如：酒吧老闆、警察、救護車司機、法官）。與受眾的訪談會議選擇在當地的小酒館後面舉行，以便受訪者在討論問題時感到輕鬆自在。訪問標的受眾為什麼他們在喝完酒後會開車，團隊了解了年輕人酒駕的原因：早點回家，不想第二天早晨還要回來牽車的麻煩，每個人都這樣做的；深夜凌晨一點，沒有警察那麼認真執勤臨檢，所以受眾沒什麼好怕。團隊訪問他們，如果發展一個代駕計畫，計畫內容要如何才能讓他們樂意採納？他們表示：

- 至少找輛和自己一樣好的車。
- 駕駛可以送他們從家到酒吧，然後等他們喝玩酒再送回到家，因為他們不想把車停在酒吧。

◆ 能在車內吸菸和飲酒的權利。

這眞的是他們的訴求。根據他們的訴求產生的服務內容，包括使用豪華轎車到他們所在的家、飯店或是公司接人，並帶他們去他們想去的酒吧，然後在晚上喝完酒時帶他們回家，當地法令同時允許乘客可以在車內吸菸和飲酒。這樣的服務，每晚每位乘客的費用是15美元到20美元。

圖9.8展示了最早用於提高意識的海報版本。它並沒有強調人們不要酒駕，它讓人們注意到道路代駕人員的存在；也就是說，它告訴人們他們可以使用代駕服務，會讓自己玩得更開心；研究結果顯示，受衆們需要歡樂，而品酒正是讓他們感覺快樂的方式之一，雖然受衆並不覺得酒駕好玩，但爲了得到樂趣，他們必須這樣做，即使是在大白天。

圖9.8 重新定位找人代駕是一種很酷的方式，可以避開交通事故並獲得飲宴的樂趣。

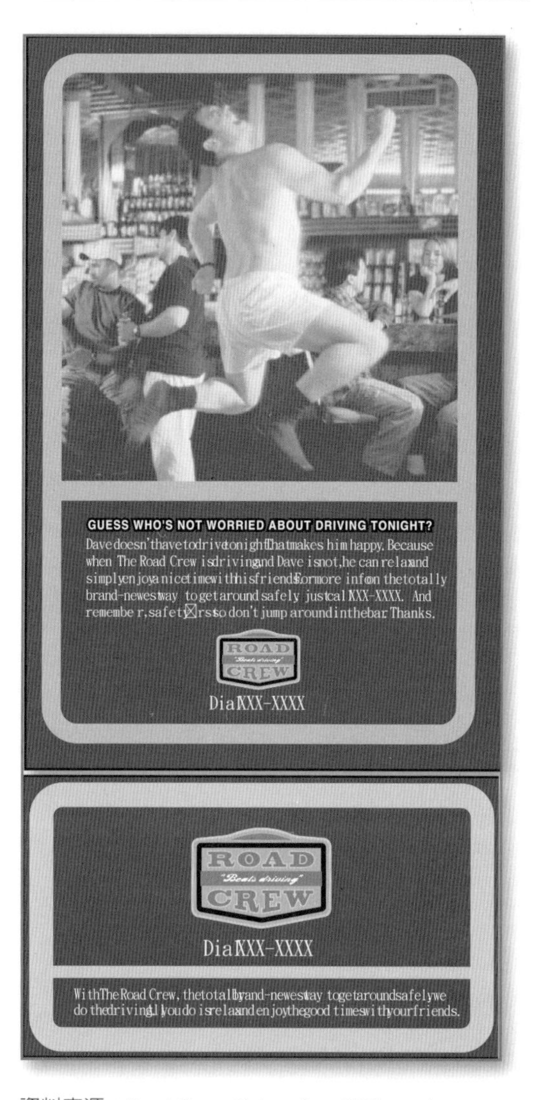

資料來源：Road Crew, University of Wisconsin.

2008年該計畫在威斯康辛州鄉村的32個小型社區展開，提供了97,000多位代駕人員，預防了大約140次酒駕意外事故和6起與酒駕導致死亡的事故。酒駕相關事故造成的費用大約爲231,000美元，但透過使用道路代駕工作人員避免事故的成本大約爲6,400美元。這說明發生事故的花費比事先預防的費用高出37倍，透過使用道路代駕工作人員節省的費用已經超過3,100萬美元；特別值得注意的是，研究結果顯示，儘管道路駕駛的行爲發生了巨大變化，但人們並沒有因爲有人代駕就喝得更加瘋狂，在收到這些資金後，社區已經能夠從這些服務費用和酒館的貢獻維持社區運作此項計畫的費用。[15]

「你喝酒，我開車」已經取得成功，因爲它能與競爭對手相處良好。與其不斷對酒駕人員耳提面命酒駕是不好的行爲，不如專注告訴人們使用道路代駕員是如何地能夠讓你生活變得更有樂趣！在過去，喝醉的人只能選擇自己開車回家，任何承認已經醉到無法開車回家的人都會被視爲可笑的「懦夫」，但現在選擇道路代駕人員成爲一種冷靜的象徵（想要了解更多相關資訊，請至www.roadcrewonline.org.）。

競爭中心的定位（Competition-Focused Positioning）

第四種選擇是競爭，當你的標的受衆發現「他們的提案」很夠力，而你的提案「很痛苦」時，你可以考慮使用這種定位方式：

- 青年人節制性慾的倡導者擁有強大的競爭對手，包括：媒體、娛樂、同儕壓力和熱情的荷爾蒙。如果把節制性慾定位爲「眞愛要等待」，而不是「不做性行爲」，會讓活動更容易推動。
- 2003年紐約市宣布了一種方便且節省成本的緊急電話替代方法，即從撥打911改成撥打311，每年撥打超過800多萬911的電話絕大多數都不是緊急情況，這項服務預計會讓民衆感到滿意，能降低運營成本。所有來電均由現場人員每週7天、每天24小時接聽，並可翻譯成170種語言。[16]
- 抽菸的後果往往被定位爲嚴重、眞實的和令人震驚的（見圖9.9）。

由於消費者通常會選擇會爲他們帶來最大利益的產品和服務，因此行銷人員的工作是將他們的品牌定位於能比與競爭品牌更關鍵的利益。Kotler和Armstrong用六種可能的價值主張來說明這一點，如表9.3所示。[17]

圖9.9 抽菸的定位

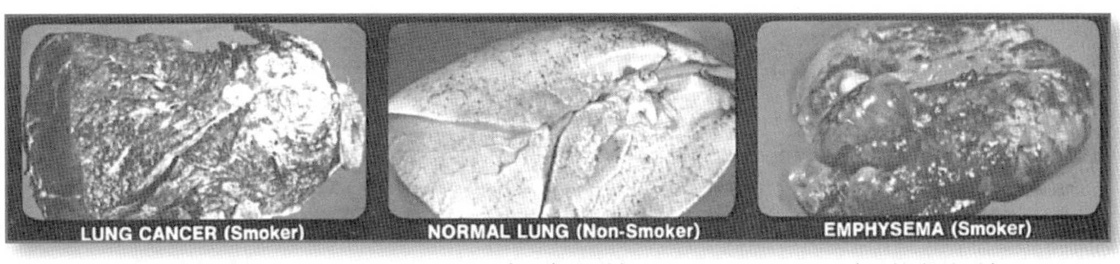

（肺癌的肺）　（正常的肺）　（吸菸者的肺）

資料來源：Reprinted with permission of Pilgrim Plastics, Brockton, MA.

表9.3 基於價格和產品質量的價值主張範例

高價位，高質量（More for More）	星巴克
品質相同，價格較低（More for the Same）	凌志或賓士汽車
較低價格提供相同利益（Same for Less）	亞馬遜
較少利益，但價格低很多（Less for Much Less）	六號旅店
較低價格提供較多利益（More for Less）	好市多
低利益，更低價格（Less for Much Less）	西南航空

另一個發展競爭優勢的模式著眼於創造競爭優勢，是個更嚴格的目標，如表9.4所示，四種策略是串聯使用的。利益對利益優勢策略（A benefit-to-benefit superiority tactic）應用兩利相權取其重來創造競爭優勢（例如：孩子期待與父母相處的甜蜜時光相較於吸菸的短暫樂趣）。

表9.4 創造競爭優勢

競爭行為	策變行為	
	增加利益	減少成本／障礙
減少利益	計謀A 兩利相權取其重	計謀B 成本對利益優勢策略
增加成本／障礙	計謀C 利益對成本優勢策略	計謀D 兩害相衡取其輕

成本對利益優勢策略（A cost-to-benefit superiority tactic）的重點，在於強調採用策變行爲時所減少的成本或障礙，同時降低競爭對手的預期利益（例如：戒菸班的成功案例，包括來自配偶對房間空氣品質改善的見證）。利益對成本優勢策略（A benefit-to-cost superiority tactic）強調所需行爲的好處以及競爭行爲的成本（例如：與青少年運動員相比，未吸菸的青少年運動員能力更優異）。成本對成本優勢策略（A cost-to-cost superiority tactic）是一種兩害相衡取其輕的策略（例如：尼古丁菸癮戒斷時期的痛苦與肺氣腫患者的痛苦相比，就不算什麼了）。

範例：改造綠花椰菜（Broccoli's Makeover）[18]

《紐約時報雜誌》於2013年11月3日發表一篇長達六頁的新聞稿宣布，綠花椰菜公司即將透過廣告公司Victors & Spoils進行嚴肅改造，該公司過去曾經爲食品界的龍頭品牌進行宣傳造勢活動，其中包括可口可樂。《時報》文章（*Times* article）的作者Michael Moss根據該公司活動所宣稱的願景，向他們提出了幾個問題：「你如何讓人們想要吃綠花椰菜？……你會怎麼做？政府所資助的許多計畫都無法成功讓這個世代的人愛吃綠花椰菜，你能怎麼做呢？」[19]

從那時開始，該公司的團隊展開了如何讓人們喜愛花椰菜的研究旅程——一場群眾外包的運動（a crowdsourcing exercise）。群眾分享對花椰菜的印象，包括：過度煮熟、溼爛的、藏在起司絲底下的東西、用餐時間總是被警告不能離開餐桌，直到我吃掉它，還有棕色、柔軟有臭味的蔬菜；當群眾被問到會留給綠花椰菜的墓誌銘可能會是什麼時，團隊聽到了諸如：「再見，可憐的朋友」和「我幾乎不曾花時間與你在一起，因爲我不喜歡你」等評論。他們從一位廚師那裡得知他的意見：綠花椰菜不會被當成食物，它只是用來擺盤時隔開肉和魚之間的分隔物。當瀏覽各種食物和烹飪的雜誌時，團隊讀到最近一期的*Bon Appétit*，其中的「蔬菜革命」報導列有十種重要的蔬菜，其中並沒有綠花椰菜！

他們回到公司會議室內進行腦力激盪（brainstorming）會議，考慮了潛在的定位和訊息策略，包括也許應該把它看作是一朵花，所以你可以送給某人一束花椰菜捧花；或者，它們也許應該改名，至少能讓義大利人會發音！

當他們回顧銷售數據時，他們的「Aha！」時刻終於來臨了。他們發現綠花椰菜在蔬菜中排名第20位，竟然比排名第47位的羽衣甘藍（kale）表現好，羽衣甘藍在過去幾年曾經聲名大噪。「讓我們跟羽衣甘藍來場戰鬥吧！」——就像百事可樂和可口可樂之間的蘇打水戰爭一樣。從那刻開始，該團隊創造了許多口號，包括：「西蘭花：比羽衣甘藍少了43%的驕傲」以及「吃時尚免費：綠花椰菜vs.羽衣甘藍」。

根據廣告代理商估計，如果眞要執行該活動，活動總費用含廣告費將介於300萬美元至700萬美元之間，Moss公布這個消息在活動前一個月（2013年10月），生產行銷協會打算宣布他們的新舉措。

重新定位

當你的計畫已經有了一個現有定位，但你感到它會妨礙你實現行爲改變目標時，你會採取什麼措施？可能有幾個因素敲醒了這個警鐘，使你產生需要「改變」（relocate）的感覺。例如：你可能需要吸引新的受衆來維持市場的增長，然而這些新受衆可能無法察覺目前產品定位的吸引力。舉例來說，50歲以上卻從來不曾維持運動習慣的成年人，他們可能早就聽過運動有益身心的訊息，但他們可能只曉得「有氧運動」有益身心的建議，這時規劃人員若能針對這個族群強調適度運動就能產生健康效果，將能使活動更成功。

或者你可能正被「印象」的問題所困擾，當自行車安全帽剛開始推薦給年輕人時，他們並不接受，因此Bill Smith將使用自行車安全帽的行為規劃為「有趣、簡單和流行」，詳見圖9.10。這三個形容詞使計畫負責人的注意力，集中在如何透過給予人們想要的以及我們認為他們需要的東西，來改變人們的行為。

- 有趣，是受眾所關心的感知利益。
- 簡單，意謂沒有什麼行動障礙，可以輕鬆做到這個行為。
- 流行，讓受眾覺得這是別人正在做的事情，特別是受眾認為對他們很重要的其他人。[20]

圖9.10　穿著自行車防護裝備的定位：有趣、簡單又流行。

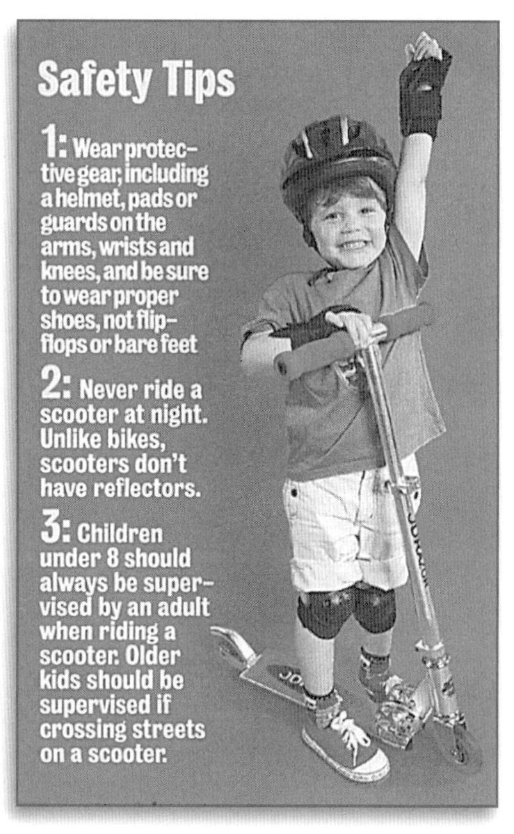

資料來源：From *Newsweek* (October 2, 2000), © 2000 Newsweek, Inc. All rights reserved. Reprinted by permission. Photograph © Nicole Rosenthal.

或者你可能剛剛收到評估結果，指出你當前的定位策略導致令人失望的結果，如下例所示。

範例：警察作為人民保母還是士兵[21]

2013年西雅圖警察局透過聯邦政府執行強制性改革，來遏止暴力濫權，打破多年的傳統，學院從培養「戰士」（warriors）的軍事模式，轉變為培養社區的「人民保母」（guardians）。警察學院的學生仍需學習警察工作的基本知識，例如：上手銬、撰寫報告和處理槍枝，但正如《西雅圖時報》（*Seattle Times*）的文章所述，該指令現在將包括：

更加重視表達同理心，遵守憲法要求，尊重和有尊嚴地對待公民……將更多的重點放在溝通和行爲心理學上，並應用它們作爲獲得控制和使人服從的工具；新進警察需要學習如何快速做出判斷，衡量行爲並考慮使用社交技能等選項來緩解衝突。

他們選擇了「大門的守護者」作爲他們的座右銘之一——他們甚至把這個口號製作成T-shirts。該計畫的一名參與者曾經擔任陸軍官12年，他被問及對新方案的感受，他的回答是「謝天謝地，我終於不用再做一名戰士，我不想再這樣做了。」

定位與品牌的關係

雖然我們將在下一章產品章節中討論品牌概念和品牌塑造的過程，但你現在可能會詢問有關定位與品牌塑造的關係，所以我們現在會簡要介紹它。透過一些基本定義的分析，將有助於我們區分兩者之間的差異：

- 品牌是辨識產品製造商或銷售商的名稱、術語、符號、標誌或設計〔例如：環境保護署（EPA）所發行的ENERGY STAR®標章，有此標章的商品，皆爲通過認證的節能產品〕。[22]
- 品牌識別（Brand identity）就是你希望標的受衆怎麼思考、感受和運作你的品牌（例如：環境保護署希望民衆能夠透過購買ENERGY STAR標章的產品，作爲幫助環境和節省電費的方式）。
- 品牌形象（Brand image）是目標受衆最後實際如何思考、感覺和運作你的品牌（例如：民衆對ENERGY STAR標章的認知，以及他們是否透過購買ENERGY STAR認證產品，達到節約能源和節省成本的目的）。
- 品牌規劃是發展品牌識別的過程（例如：環境保護署採取相關行動，以確保ENERGY STAR標章能夠名符其實）。

你的定位聲明（positioning statement）是你用來開發想打造的品牌識別參數——你希望標的受衆怎麼看策變行爲？定位聲明將爲你的行銷組合決策提供強而有力的穩定指導，因爲它將決定你的提案在受衆心目中的位置。當你的品牌形象與你想要的定位（品牌識別）不一致時，你會看到你的4Ps如何「幫助」你重新定位品牌。

撰寫定位聲明時的道德考慮

當你在撰寫定位聲明時，可能會（並且實際上應該）遇到一些道德問題，你會發現這與「廣告中的眞相」有關。

如果你的定位聲明是以行爲爲重點，請事先確保你的提議是正確、沒有爭議的。像是每天五色蔬果，網站上的詳細資訊闡明了爲什麼這樣做很重要：「每種顏色的蔬果都有不同的作用，藍色／紫色蔬果含有花青素和酚類物質，目前研究其有抗氧化及抗老的功能。」[23]

如果你的定位聲明是以標的受衆的利益爲重點，你要確定履行這樣的行爲確實可以帶來這些好處。促進體適能運動的活動，應該向潛在的「買家」清楚說明需要什麼樣型態的運動和強度，才能實現承諾的健康利益。

如果你的定位聲明重點是標的受衆如何克服障礙，那麼你應該要能描繪出一幅眞實的圖畫。倡導使用戒菸專線來尋求戒斷菸癮行爲，那麼宣傳訊息應當包括成功率和說明並非所有報名者都能成功戒菸的事實。如果你到華盛頓州衛生部網站上重讀那首戒菸打油詩，請注意戒菸專線的定位是「充滿希望和鼓勵」，但並沒有提及任何保證戒菸成功的訊息。

如果你的定位聲明重點是競爭對手，請確保你對他們的評價是眞實而不是誇大其詞。正如你讀到的紐約市承諾撥打311而不是911，能夠得到更好的「無接軌」（seamless）服務，這肯定不會讓公民幫忙宣傳撥打911會讓你更快地得到更好的服務。

如果你的定位聲明著重於重新定位品牌，那麼請確保你的提案是「新改良的」（new and improved）。警察作爲人民保母的計畫，需要呈現確實不同於以往的風貌。

章節摘要

定位就是設計組織提案的行動，以便行動能夠在標的受眾頭腦中占據一個獨特的位置——你想要的位置，行銷策劃流程中的第六步驟建議你在此刻制定定位聲明。在步驟五中對標的受眾的障礙、利益、競爭者和有影響力他人所得到的研究成果，將爲你提供發展定位聲明所需的靈感，定位聲明還有助於幫助你的同事和合作夥伴之間達成共識，確保你在發展策略時不致碰到太多意外和失望。

定位聲明的選擇重點包括：行爲、障礙、利益、競爭和／或重新定位。你的決定將反映你的價值主張，這是標的受眾何以會買單產品的原因——來自你的念頭！

花些時間和精力去撰寫這個聲明，因爲在開發每個4Ps時都會用到它，並且這將有助於確保你心中所想的事情能夠「正確登陸」（proper landing）。

研究焦點 「全球暖化」（*Global Warming*）還是「氣候變遷」（*Climate Change*）？——我們應該使用哪個名字？

想像一下你可以回溯到2005年，並建議Al Gore如何發展他的紀錄片《難以忽視的眞相》（*An Inconvenient Truth*）所使用的宣傳材料、網站以及他在2006年所出版的書籍《難以忽視的眞相：全球暖化的緊急情況和我們能做些什麼》（*An Inconvenient Truth: The Planetary Emergency of Global Warming and What We Can Do About It.*）。鑑於本章重點爲定位和品牌的關係，我們提出以下一個問題：你會建議他繼續使用「全球暖化」這個詞彙嗎？還是你建議他使用「氣候變遷」這個詞彙呢？

我們認爲你在讀完本書的前半部分後，你能提出重要問題來回應這個問題。第一，打算解決什麼問題？其次，可能產生最大影響的標的受眾是什麼人？第三，你想要影響標的受眾做什麼行爲？第四，那個詞彙（品牌）最有可能激勵受眾採取行動嗎？

本章這個研究焦點提供了上述問題的研究結論，該研究考察了公眾對這些詞彙的偏好以及他們對此全球暖化的看法，如何因標的受眾的特徵不同而產生變化，包括：有關氣候變化的原因、政治歸屬、社會人口統計變項以及對於全球暖化的關心程度，他們對全球暖化的反應可分爲三種型態、六種反應：(a)驚慌／擔憂；(b)謹愼／介入；或(c)懷疑／不屑一顧。[24]

這項研究是由George Mason University的教授Karen Akerlof和Edward W. Maibach於2010年進行的。他們的具體目標是確定公眾對三個不同的詞彙是否看法一致〔全球暖化（global warming）、氣候變遷（climate change）和全球氣候變遷（global climate change）〕，還是特別青睞某個詞彙？（如果是，哪些受眾的特徵顯示受到最大的影響爲何）。

背景

根據環境保護署的定義，「全球暖化」一詞是指地球表面近年來和持續的全球平均氣溫上升現象，主要是由於大氣中的溫室氣體濃度增加，而全球暖化的現象也導致氣候模式發生變化。[25]氣候變遷「是指持續很長一段時間內，氣候指標的重大變遷。」[26]第三個詞彙全球氣候變遷，也常用於描述這個問題，因此被納入研究。

方法與回答

這項研究的方法和受訪者由Superior Watershed Partnership和Land Trust資助，並與密西根州的Pictured Rocks National Lakeshore合作執行。2010年6月，針對上述問題展開調查研究，研究者設計問卷後，郵寄發送給密西根州阿爾杰縣（Alger County）的1,336名居民。Survey Sampling International（SSI）提供了用於地址抽樣的資料庫，研究者從4,613個阿爾杰縣的地址中隨機抽樣1,336個地址寄出問卷，並要求填寫人回覆生日；從地理上看，最終所獲得的樣本與資料庫內的郵政編碼分布非常相似。爲了進一步驗證受訪者的代表性，研究者將樣本對全球暖化問題的反應，與同一年曾經進行的全國性調查研究結果進行了比對。比對的結果發現，阿爾杰縣居民的回應與全國性調查研究的結果只有小部分差異。

問卷的問題包括：

1. 偏好描述氣候變化的詞彙（全球暖化、氣候變遷或全球氣候變遷）。
2. 全球暖化的信念（是、否、或不知道）。
3. 全球暖化的因果關係（人類活動、自然變化、兩者，或全球暖化不曾發生過）。
4. 對全球暖化概念的六種反應型態（驚慌／擔憂、謹慎／不介入、懷疑／不屑一顧）。
5. 政治派別（共和黨、民主黨、獨立／無黨派／其他）。
6. 社會人口統計學（性別、年齡、教育及收入）。

分析

Akerlof和Maibach解釋，

> 爲了評估每個獨立變量與青睞詞彙之間的關係，我們使用Pearson卡方檢驗和Cramer's V值進行了二元分析，以測量關聯強度。在所有象限中預期的頻率都大於5，已經接近卡方分布，爲了評估自變量的相對效應量，我們進行了分層多項邏輯迴歸分析，使用三個詞彙作爲因變量。[27]

結果

總體而言，絕大多數受訪者（51.4%）表示偏好三個詞彙中的其中一個，偏好「全球暖化」（18.0%）和氣候變遷（20.5%）的百分比在統計上的差異並不顯著。然而，當偏愛氣候變遷和全球氣候變遷者的比例加在一起時，他們占所有受訪者的三分之一（33.4%，詳見表9.5至9.7）。這種對氣候變遷或全球氣候變遷的偏好分布也適用於每個小組，除了「懷疑／不屑一顧」小組例外。然而應該指出的是，該組仍然偏好氣候變遷或全球氣候變遷，而不是全球暖化（見表9.6）。（注意：對於課堂上的讀者，我們建議大家討論你對這些發現的看法，如本章最後的討論部分所述。）

表9.5 對全球暖化不同信念的人是否有特別青睞使用某詞彙的檢定結果

		全球暖化是否發生？		
	樣本總計 （n = 715）	不 （n = 172）	是 （n = 400）	我不知道 （n = 169）
全球暖化	18.0%	3.5%	30.3%	4.1%
氣候變遷	20.5%	18.6%	19.8%	23.7%
全球氣候變遷	12.9%	9.3%	16.5%	8.3%
氣候變遷和全球氣候變遷	33.4%	27.9%	37.3%	31.0%
其他	8.3%	26.7%	2.8%	3.0%
沒有偏好	40.2%	41.9%	30.8%	60.9%

註：28名受訪者未回答此問題。

表9.6 三種氣候變遷反應型態的人對青睞詞彙的分布檢定結果

	樣本總計 （n = 715）	驚慌／擔憂 （n = 333）	謹慎／不介入 （n = 222）	懷疑／不屑一顧 （n = 160）
全球暖化	18.0%	33.3%	7.2%	3.8%
氣候變遷	20.5%	18.9%	25.2%	15.6%
全球氣候變遷	12.9%	17.4%	11.3%	6.3%
氣候變遷和全球氣候變遷	33.4%	36.3%	36.5%	21.9%
其他	8.3%	0.9%	4.5%	28.8%
沒有偏好	40.2%	29.4%	51.8%	45.6%

註：28名受訪者對此問題的回答並不完整。

表9.7　政黨型態對青睞詞彙的分布檢定結果

	樣本總計 (n = 715)	共和黨 (n = 120)	民主黨 (n = 225)	獨立 (n = 262)	無黨派／其他 (n = 102)
全球暖化	18.0%	15.8%	27.6%	14.5%	9.8%
氣候變遷	20.5%	15.8%	20.0%	24.0%	20.6%
全球氣候變遷	12.9%	8.3%	15.1%	13.4%	15.7%
氣候變遷和全球氣候變遷	33.4%	24.1%	35.1%	37.4%	36.3%
其他	8.3%	14.2%	3.1%	11.5%	2.0%
沒有偏好	40.2%	45.8%	34.2%	36.6%	52.0%

註：34名受訪者未回答此問題。

問題討論與練習

1. 透過完成以下表格，可以幫助你了解如何重新定位。如果你的機構／計畫是一隻狗，你覺得公眾會說你是一隻什麼狗？你自己想要成爲什麼狗？同樣的問題，試著練習看看「一輛車子」、「一個名人」。

	今日公衆說你是	期望變成
一隻狗		
一輛車		
一個名人		

2. 根據研究焦點的「氣候變遷」與「全球暖化」，你在讀完研究焦點後，你會建議使用哪個詞彙？或者你會根據受眾不同來使用這兩個詞彙？

注釋

1. A. Ries and J. Trout, *Positioning: The Battle for Your Mind* (New York: Warner Books, 1982), 3.
2. Ibid., 7–8.
3. Legacy, “Keeping Young People From Using Tobacco” (n.d.), accessed January 13, 2014, http://www.legacyforhealth.org/what-we-do/national-education-campaigns/keeping-youngpeople-from-using-tobacco.
4. Centers for Disease Control and Prevention, “Cigarette Smoking–Attributable Mortality-United States, 2000,” *Morbidity and Mortality Weekly Report* (September 5, 2003), accessed January 13, 2014, http://www.cdc.gov/mmwr/preview/mmwrhtml/mm5235a4.htm.
5. Adapted from P. Kotler and K. L. Keller, *Marketing Management*, 12th ed. (Upper Saddle River, NJ: Prentice Hall, 2005), 320.

6. Ibid.
7. Kotler and Keller, *Marketing Management.*
8. Ibid., 312-313.
9. King County Emergency Management, "3 Days, 3 Ways, Are You Ready?" (2006), accessed January 19, 2007, http://www.govlink.org/3days3ways/.
10. Produce for Better Health Foundation, "Fruit and Vegetable Consumption on the Rise for First Time in Nearly 15 Years" (November 30, 2005), accessed January 19, 2007, http://www.5aday.com/html/press/pressrelease.php?recordid=159.
11. Washington State Department of Health, "Tobacco Quitline" (2007), accessed January 22, 2007, http://www.quitline.com/.
12. Phones 4 Charity [website], http://www.phones4charity.org/.
13. Inform, Inc. [website], http://www.informinc.org/gs-recycle.php.
14. Ibid.
15. M. Rothschild, *The Impact of Road Crew on Crashes, Fatalities, and Costs* (June 2007), available upon request from roadcrew@mascomm.net; Show Case, "Road Crew" (n.d.), accessed July 29, 2011, http://www.thensmc.com/resources/showcase/road-crew?view=all.
16. Sun Microsystems, "Dial 311" (2007), accessed January 22, 2007, from http://www.sun.com/about-sun/media/features/311.html.
17. P. Kotler and G. Armstrong, *Principles of Marketing*, 9th ed. (Upper Saddle River, NJ: Prentice Hall, 2001), 273–275.
18. M. Moss, "Broccoli' s Image Makeover," *The New York Times Magazine* (November 13, 2013), 30–35.
19. Ibid., 32.
20. B. Smith, "Social Marketing: Marketing With No Budget," *Social Marketing Quarterly* 5, no. 2 (June 1999), 7–8.
21. S. Miletich, "Police Academy 2.0: Less Military Training, More Empathy," *The Seattle Times* (July 13, 2013), accessed January 28, 2014, http://seattletimes.com/html/localnews/2021389398_policeacademyxml.html.
22. Kotler and Armstrong, *Principles of Marketing.*
23. Produce for Better Health Foundation, *5 a Day the Color Way* (n.d.), accessed January 29, 2007, http://www.5aday.com/html/colorway/colorway_home.php.
24. E. W. Maibach, A. Leiserowitz, C. Roser-Renouf, and C. K. Mertz, "Identifying Like-Minded Audiences for Global Warming Public Engagement Campaigns: An Audience Segmentation Analysis and Tool Development," *PLoS ONE* 6, no. 3 (2011): e17571.
25. U.S. Environmental Protection Agency, "Climate Change: Basic Information" (n.d.), accessed January 15, 2014, http://www.epa.gov/climatechange/basics/.
26. Ibid.
27. K. Akerlof and E. W. Maibach, "A Rose by any Other Name . . . ?: What Members of the General Public Prefer to Call "Climate Change," *Climate Change* 106 (April 2011): 699–710.

第十章
建立一個產品平臺

產品，不是推廣，它是行銷組合成分中的靈魂。它提供行銷組合中的利益所在，不論是有形的產品或服務，它可幫助人們履行行為，它不僅僅是一本小冊子，記得採用這些原則，你就會贏。

——Dr. Sameer Deshpande
University of Lethbridge

你現在已經準備開始發展你的行銷策略了。

- 此時你已經擇定標的受衆，並使用相關的人口統計學、地理、心理學和行爲變項，爲受衆進行了豐富的描述。
- 此時你已經知道你想讓受衆做什麼，他們可能需要知道和／或相信些什麼，以便能履行策變行爲，並且你已經確定這個行爲應該達到什麼程度的水平，才能符合你的理想。
- 你知道受衆對於策變行爲的利益和障礙的感受及認知，以及可能激勵他們改變的因素。
- 你知道這些因素的加乘效果。
- 你知道對受衆行爲有影響力的其他人是誰。
- 你已經有一個定位聲明，可以協調並指導你的團隊進行決策。

現在是決定如何影響標的受衆接受策變行爲的時候了。你有四種工具可供你使用（產品、價格、通路和推廣），以幫助你實現這一目標，而且此時你可能需要想辦法來減少障礙，創造並提供受衆所期望的價值，來換取他們採用新行爲。

本章將著重於如何透過探索能夠支持策變行爲的商品和服務機會，來發展你的產品策略，你將在本章中了解關於產品的三個面向，並進行相關的決策：

1. 核心產品（Core product）：受衆履行行爲希望能夠獲得的利益。
2. 實際產品（Actual product）：你所推廣的任何有形商品和服務。
3. 延伸產品（Augmented product）：支持行爲變化的其他元素。

我們將從案例故事開始，其中產品策略的關鍵是拯救生命……狗和貓！

行銷焦點 透過「遇見你的伴侶」（*Meet Your Match*™）來促進人們領養寵物（2004～至今）

當我們統計收養人數增加，安樂死率下降以及寵物停留庇護所的時間縮短時，那意謂著我們正在拯救成千上萬隻寵物的生命！

——Dr. Emily Weiss[1]

資料來源：American Society for the Prevention of Cruelty to Animals.

背景

美國人道協會（The Humane Society of the United States）在2013年的報告提及，當年有600萬至800萬隻貓狗被寵物庇護所收留，並且由300萬至400萬的民眾所收養，估計有270萬隻被收留的貓狗被處以安樂死。[2]根據這些數據我們可以得知，全美只有約30%的家庭豢養的寵物來自寵物庇護所。[3]雖然有些寵物在庇護所即有生病或行爲問題，但大多數寵物並非如此，因爲根據美國預防虐待動物協會（ASPCA）的報告指出，「在寵物庇護所內，十隻狗中有五隻被安樂死，十隻貓中有七隻被安樂死，會被安樂死的原因，都是因爲沒有人領養牠們。」[4]

增加寵物領養的策略，包括救援組織將重點集中選擇特定品種（產品），給予免除認養費（價格）的優惠，民眾可以前往知名的寵物連鎖店認養（通路），並將動物庇護所的品牌重新命名爲寵物認養中心（推廣）。我們認爲在這個案例所使用的策略是設計新產品的優異示範，它顯著減少寵物認養的障礙，並提供人們所期待的利益。

受眾洞察

Maddie's Fund是一個慈善基金會，它指出寵物庇護所的兩個重要障礙：恐懼和不確定性。

> 許多人對寵物庇護所所收留的寵物印象是「損壞的商品」。他們擔心認養牠們會帶來太多的包袱，因爲這些動物可能有生病或有嚴重的行爲問題；而且他們認爲前往寵物庇護所的經驗是令人沮喪的，選擇一隻寵物卻要同時擔心那些沒被選到的動物會被處以安樂死，寵物庇護所應該是一個幸福的家庭，但他們每次前去感覺就像訪問監獄。[5]

Ipsos Marketing在2011年針對PetSmart慈善基金會進行的一項研究顯示，他們調查最近曾經從非動物庇護所獲得寵物的民眾，了解他們爲何不願意前往動物庇護所認養寵物的五大主要原因，如表10.1所示。

表10.1　人們不願意從動物庇護所認養寵物的五大原因

我想要一隻純種的狗／貓	35%
動物庇護所沒有我想要尋找的狗／貓品種	31%
在動物庇護所你不知道你會得到怎樣的動物	17%
認養程序太麻煩	12%
我不太清楚如何認養寵物	9%

註：此為複選題，所以加總百分比會超過100%。

資料來源：PetSmart Charities, "Pet Adoption & Spay/Neuter: Understanding Public Perceptions by the Numbers" [webinar] (November 27, 2012).

動物庇護所的工作人員希望能改進策略以增加認養率，因爲這樣可以減少動物被處以安樂死，也可縮短動物停留庇護所的時間。如果能採取措施增加認養，並讓民衆感到認養的過程是愉快輕鬆的，這會讓員工和志願工作者感到欣慰，而大幅度促進認養率的策略，也能引起媒體的興趣和關注，並增加對動物庇護所的訪問次數。

策略

ASPCA的庇護所研究與開發副總裁Emily Weiss博士一直熱愛動物，在大學裡她有一位導師鼓勵她成爲一名行爲主義者，並帶她認識各種動物，從老鼠、大象到科莫多巨蜥等生物。她在ASPCA工作的範圍從開發庇護所的計畫，到回答民衆有關豢養馬匹問題的寫作專欄。

2004年，Emily Weiss博士創造了一種創新方式來解決人們對於前往動物庇護所認養寵物的擔憂，並增加認養率。她開發了一個模型，可以根據測量在庇護所動物的行爲，預測狗和貓在家中的可能行爲，她的創新品牌爲Meet Your Match®，這個模型記錄庇護所內動物的個性、特徵和行爲，讓認養者可以透過搜尋找到與他們想要的特徵相匹配的動物。（我們也許可以將這看作eHarmony.com®的寵物版本！）這個計畫主要是爲兩個受衆群體所設計：(a)負責爲認養人評估和描述寵物性格的庇護所工作人員，以及(b)潛在的認養人。犬科動物於2004年在一個庇護所試營運後推廣到全國各地。貓科動物緊接在其後於2006年在五個庇護所試營運後，推廣到全國各地。他們的行銷組合策略總結在表10.2。

表10.2 Meet Your Match™的行銷組合策略

標的受眾	庇護所工作人員	潛在認養人
策變行為	幫助認養人找到他的最佳伴侶	找到最佳伴侶並認養牠們
4Ps		
產品	*犬科和貓科動物的評估* 計畫主要評估友善度、有趣性、活動力、動機和驅力。評估結果分別將貓、狗放入符合特徵描述的型態內，每個型態並給予一個顏色的編碼。（見圖10.1） 提供員工培訓課程，學習如何與民眾談話等，以幫助他們完成認養。	*針對貓狗的問卷調查* 每個調查都包含18個問題，來幫助確定庇護所中哪些寵物符合認養者的期望、經驗、生活方式和家庭環境。一旦調查完成，認養者會收到一張有顏色的卡片，該卡片會將他們引導到顏色相匹配的動物籠子。 庇護所人員為收養者提供個人化的服務，幫助他或她們選擇最匹配的寵物，這是寵物商店所無法提供的服務。
價格	ASPCA並未對任何使用該配對模型計畫的庇護所收取費用，指南和DVD則需要支付25美元，但ASPCA經常發送免費材料。	庇護所並未向認養者收取問卷管理費用。
通路	庇護所負責管理通路評估。	有些庇護所提供紙本問卷，有些則提供線上問卷，這樣可以讓他們在來到庇護所前，先確定匹配的動物型態。
推廣	推廣訊息強調工作人員對這個問題「你喜歡這個計畫的什麼地方？」的答案做見證。 「我們過去需要要求認養者填寫一個非常長的申請函，這讓認養者感覺自己像是一個敵人，所以需要冗長的背景調查和個人參考資料，然後填寫完後還常常空手而歸。在與Emily博士交談並接受培訓後，我們學會了將認養者視為朋友。」[a] 「我們庇護所內收留很多黑色的拉布拉多獵犬，牠們看起來長得都很相似……但現在，描述牠們不再只是一個黑色獵犬的形容詞，這隻狗的描述可能是『一個老師的寵物』，另一隻可能是『派對生活寵物』，每隻動物都有不同的特徵。」[b]	一個由庇護所所改變的關鍵訊息包括：[c] 「你可以遇見你的夢中寵物。」 「如果你無法把一隻動物套上繫繩帶，『Meet Your Match』的計畫，絕對不會讓你空手而回。」 「這是目前市場唯一評估動物行為和興趣的方法，讓認養者找到偏好相匹配的寵物。」 具體的特徵描述頗具吸引力： 「派對生活。我認為一切都很有趣、很有意思，特別是你，你所做的任何事情，我都會想要做。我可以掛保證讓你生命充滿驚喜，與我共同生活會讓你的腳趾永遠有踢不掉的樂趣。（社會性動機）」[d] ASPCA提供庇護所一個如何對大眾宣傳認養的操作指南光碟以及文宣材料；針對個人的動物庇護所，還協助他們辦理發表會，不僅邀請媒體，還邀請董事會成員、主要捐助者，和其他當地人道組織的領導人。[e]

（續前表）

標的受眾	庇護所工作人員	潛在認養人
	ASPCA與全國各地的庇護所緊密合作。它主要透過一對一的連繫方式介紹Meet Your Match計畫，並透過ASPCApro網站提供更詳細的相關資訊。	

a. Maddie's Fund, "Meet Your Match: Does It Deliver?"(2006), accessed January 10, 2014, http://www.maddiesfund.org/Maddies_Institute/Articles/Meet_Your_Match.html. b. Ibid. c. Washington Animal Protection League, "Meet Your Match" (n.d.), accessed January 10, 2014, http://www.warl.org/adopt/meet-your-match/. d. ASPCA, "Meet the Canine-alities," accessed January 10, 2014, http://www.aspca.org/adopt/meet-your-match/meet-canine-alities. e. ASPCA, "MYM Mesmerizes Media at Jacksonville Humane," accessed January 10, 2014,http://www.aspcapro.org/node/72096.

結果

Meet Your Match計畫提供了結果的衡量指標，參與的動物庇護所的認養率通常會在宣傳過程中達到15%以上，有的甚至達到40-60%。

圖10.1 九種貓科動物型態

資料來源：American Society for the Prevention of Cruelty to Animals.

回饋反應

經過反思，Caryn Ginsberg指出：

> 「Meet Your Match」計畫在重新定義「產品」方面具有變革性。人們通常會根據品種的刻板印象或動物外觀來選擇寵物，因此常常會轉而選擇尋求育種者或寵物店。現在庇護所可以幫助未來的寵物父母重新思考選擇最好品種的動物，加入他們的家庭意謂著什麼？友善的認養流程也將服務提升到一個新的水平，使庇護所具有比其他銷售點更具競爭力的優勢，並減少因爲缺少家庭認養而導致處以安樂死的動物數量。6

這個案例的資訊由Caryn Ginsberg所提供，他是《動物的影響：改變世界的證據與祕密》（*Animal Impact: Secrets Proven to Achieve Results and Move the World.*）一書的作者。[7]

產品：第一個P

產品就是任何可以提供給市場滿足需要或慾望的東西。[8]正如許多人認爲的那樣，它不僅是像肥皀、輪胎或漢堡這樣的有形產品，它也可能是以下幾種型態：實體商品、服務、體驗、事件、人物、地點、財產、組織、訊息或想法。[9]

在社會行銷的領域中，主要產品元素包括：(a)標的受衆希望履行行爲能獲得的利益；(b)你正向標的受衆宣傳的任何商品和服務，以及(c)任何能幫助標的受衆履行行爲的其他產品元素。正如本章開頭關於增加寵物認養率的案例所強調的那樣，寵物認養者的產品益處是從庇護所找到一隻適合他們的寵物；實際產品是認養者調查；另外還有一個產品元素可以幫助認養者獲得庇護所工作人員的個性化服務。正如你會讀到的，所有與產品有關的三個元素都是成功的關鍵。當然，對於受衆來說，他們的履行行爲能獲得的利益必須被特別強調。你會發現社會行銷的主要努力多爲鼓勵受衆「購買」現有產品（例如：兒童定期接受疫苗接種）或採用計畫特別開發和提供的產品（例如：針對醫療保健業者提供全州民衆的疫苗接種數據資料庫）。我們還鼓勵你考慮其他產品元素（延伸產品）在減少行爲障礙方面，可發揮的關鍵作用（例如：提供疫苗提醒應用程式給家長下載，讓家長可以輕鬆追蹤疫苗接種的時間表）。

在這時間點上，區分我們認爲所謂的商品和服務是有益的，我們還要區分是既有產品還是新產品，如表10.3所示。貨物（goods）通常是指「消耗品」或「有功能的」物品，由受衆購買獲得（例如：有機肥料）；服務則是一種實質上無形的產品形式，不會導致任何東西的所有權（例如：關於庭院自然有機維護法的研討會）。[10]這些辨識很重要，這樣你在制定產品策略時，便能考慮發展這四個類別型態的產品種類。表10.4列出與商業部門產品策略相關的其他專業術語。

表10.3　既有的與新開發的產品與服務例子

產品	貨物	服務
現有產品	保險套 擠奶器 家用血壓計 預防接種 存放手槍的鑰匙櫃 低流量蓮蓬頭 有機肥料	乳腺X光攝影 健身房會員 出租車 捐血 寵物結紮 家庭能源檢視 化糞池檢查
支持行為的新開發產品	酒吧提供酒精濃度測試器 熱水溫度顯示卡 搖頭丸等藥物檢測試劑盒 可摺疊的有輪買菜購物籃 放置在水槽下的廚餘容器 測試廁所漏水的片劑	「酒吧動物」的代駕司機 戒菸專線 早期學習的家戶訪問 自然園藝研討會 市區內素食者的手機資訊 步行上學的計畫 為失蹤孩子提供安珀警報（Amber Alert）

表10.4　產品入門

產品類型（Product Type）：是指產品是實體商品、服務、經驗、事件、人員、地點、財產、組織、訊息，還是點子主意。
產品線（Product Line）：是指組織所提供的一組緊密相關的產品，它們執行類似的功能，但在特徵、風格或某些其他變量方面有所不同。a
產品組合（Product Mix）：是指組織所提供的產品項目，通常反應產品種類的各種類型。
產品特徵（Product Features）：描述產品功能（例如：愛滋病／愛滋病毒檢測結果所需的天數或小時數）。
產品平臺（Product Platform）：包括關於核心產品（利益）、實際產品（商品和服務）和延伸產品（包括支持行為改變的所有附加產品元素）的各種決策。
產品質量（Product Quality）：是指產品的性能，包括：耐用性、可靠性、精密度和操作便利性等重要屬性。b
產品開發（Product Development）：是指導新產品開發和推出的系統方法，由產品經理管理，產品經理有時也稱為品牌經理。

a P. Kotler and G. Armstrong, *Principles of Marketing*, 9th ed. (Upper Saddle River, NJ: Prentice Hall, 2001), 300.
b Ibid., 299.

步驟七：開發社會行銷產品平臺

傳統的行銷理論認為，從客戶的角度來看，產品不僅僅是其特點、質量、名稱和風格，而且還包括在開發產品時應考慮的三個層次：核心產品、實際產品和延伸產品。[11]產品平臺如圖10.2所示，這些產品層面將在本章的下面三節詳細介紹，了解產品的三個層面將有助於你理解和設計產品策略。

圖10.2 社會行銷產品的三個層面

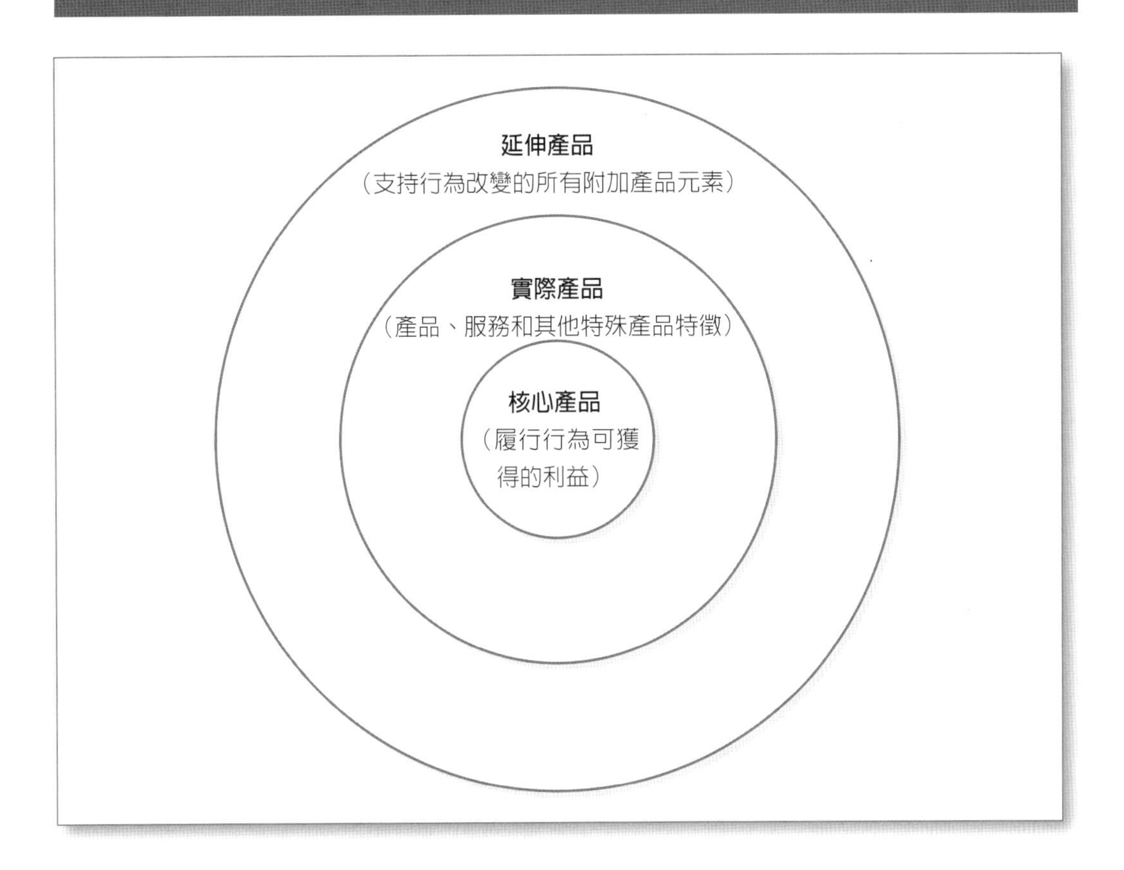

簡而言之，你的核心產品是標的受眾希望獲得的好處，並希望透過履行行爲交換此好處；實際產品是你將影響標的受眾「購買」的任何商品或服務；延伸產品包括你可能開發、派送、銷售或推廣的任何其他產品元素，相關例子請參考表10.4。

核心產品

在產品平臺中心位置的是核心產品，它所回答的問題是：裡面有什麼能讓消費者願意採用的行爲？他們會得到什麼樣的好處？策變行爲可以滿足怎樣的需求或慾望？什麼樣的問題會被解決？核心產品不是策變行爲或可接觸的實體及服務，它是標的對象期待履行行爲後可以獲得的好處——消費者們所聲稱可以讓他們獲得的最大價值（例如：體適能活動能夠讓我感覺更好、看起來更有精神，並且活得更長久）。正如第8章所說的，服務主導邏輯模型認爲只有當客戶「使用」它時，產品才有價值，而這個價值（核心產品）是由顧客所定義的，而不是由行銷人員決定的。哈佛市場行銷學教授Theodore Levitt曾告訴他的學生：「人們不是想要購買一個四分之一英寸的鑽頭，他們只是想要有一個四分之一英寸的洞！」露華濃的Charles Revson也提供了一個令人難忘的說法，來說明產品的功能（實際產品）和產品優勢（核心產品）之間的差異：「我們所賣的不只是化妝品而已，我們賣的是女人們的希望。」[12]

關於核心產品的決策，主要著重於強調履行行爲可以獲得的好處。這個過程將包括回顧（從步驟五）受衆對(a)所感知的期望行爲好處和；(b)所感知可以透過履行策變行爲避免掉的競爭行爲代價。在設計定位聲明時（步驟六），你甚至可能已經識別出此核心產品，然後對在活動中應該強調哪些利益已經心中有數。請記住，你應該強調的關鍵好處是標的受衆對於執行行爲所感知的好處——而不是對你的組織或機構的好處。

範例

在訪談青少年後，得知青少年對不吸菸的幾個感知益處：在學校成績表現更好、運動表現更靈活、能被別人視爲聰明，並且看起來身心健康、給人感覺更舒服。他們還可能會發現以下吸菸的代價：可能導致上癮、身上可能散發尼古丁臭味、體育運動也不會表現很好。進一步討論則發現其中的一種（例如：對成癮的恐懼）是青少年最關心的問題，則應該在活動中予以強調（見圖10.3）。在這種情況下，活動的核心產品就是「只要不吸菸，你不會承擔上癮的風險。」

圖10.3　用於預防青少年吸菸的真人見證廣告

資料來源：Reprinted with permission of the Centers for Disease Control and Prevention's Media Campaign Resource Center.

實際產品

圍繞核心產品的是你希望標的受衆獲得、使用和／或消費的具體產品或服務——與策變行爲相關的產品或服務。如前所述，它可能是由營利性公司（例如：水果和蔬菜）、非營利組織（例如：快速愛滋病／愛滋病毒檢測服務）或政府機構

（例如：社區游泳池）所提供的現有商品或服務，或者它也有可能是你的組織所開發或倡導發展的產品或服務（例如：道路代駕司機）。1952年G. D. Wiebe提出了這樣一個問題：「為什麼你不能像賣肥皂一樣，販賣兄弟的情誼？」然後展開研究之旅，並找到答案。[13]Wiebe博士當時是紐約城市學院的CBS廣播網路研究心理學家和心理學講師，他在研究了四項社會行銷活動後得出結論：「社會行銷活動提供行為被執行的條件若能與社會行銷的產品越相似，則社會行銷的活動就越可能成功。」[14]他認為活動成功特別重要的因素是一個「機制」（mechanism），它可以使標的受眾能夠將他們的動機（願望、需要、被喚醒的慾望）轉化為實際行動，而這些實體商品和服務可以有效地提供這種關鍵機制，下面範例將說明這個原理。

範例

在2013年世界社會行銷大會上，Hummingbird International的執行長Shiraz Latiff分享了他在斯里蘭卡一個令人鼓舞的「產品開發」故事。斯里蘭卡是印度洋上一個島國，這個島國是以生產全世界品質最好、產量最大的紅茶國家而聞名，但它同時也因全世界最高糖尿病死亡率而聞名，高糖尿病原因是民眾習慣每天在幾杯傳統紅茶中添加2-3茶匙糖；為慶祝2011年的世界糖尿病日，斯里蘭卡糖尿病協會舉行了一場旨在減少食品添加糖分的新產品。他們把它稱為小湯叉（F'Poon），因為它實際上是一個「鋸齒形」的小湯匙，它的外觀和功能更像叉子而不是湯匙（見圖10.4），這一天小湯叉被派送至科倫坡地區的高級餐廳和茶館，取代了常規的糖罐小湯匙；六個小時內，超過1500名飲茶者使用小湯叉消費了65%的糖；糖尿病協會的代表與所有的飲茶者在現場進行了意見交流，他們大多數表示「這真是一個好主意」，而不是抱怨。餐館和茶店的試點研究，成功獲得當地電子和平面媒體報導，其創新理念和成果並得到政府和非政府機構的讚揚。2013年該國家三個重點地區的所有高級餐館幾乎都自費

圖10.4 小湯叉可減少飲用飲料時的糖分攝取量

資料來源：Hummingbird International.

採購了小湯叉，計畫打算在2015年之前向全島內的中低消費茶店提供免費湯叉。

實際產品層面的其他元素可能包括針對該行爲（例如：每天五蔬果）開展的任何品牌名稱、活動的贊助組織（例如：健康基金會）以及任何代言和贊助商（例如：國家癌症研究所或疾病預防與控制中心）。以下範例將介紹產品的品牌策略，本章結尾部分將詳細介紹該主題。

表10.5　產品三個層面的範例

行為目標	核心產品（履行行為可獲得的好處）	實際產品（產品、服務和其他特殊產品特徵）	延伸產品（加強履行行為的其他產品元素）
改善身體健康			
發生無保護性行為時，應在六個月內進行愛滋病／愛滋病毒檢測	早期發現、治療和預防疾病傳播	快速愛滋病／愛滋病毒檢測結果可在30分鐘內獲得（之前為兩週）	為你和你的伴侶提供諮詢服務
在50歲以後應進行每月乳房自我檢查和年度乳房X光攝影	早期發現和治療	乳房攝影	放在淋浴間的防水檢查紀錄卡
預防傷害			
開車不發簡訊	預防傷害和死亡	在青少年考取駕照時，免費贈送拇指套，以減少開車發簡訊	未開車時，可將拇指套收納於後視鏡的特殊設計附件
在海灘上給幼兒穿上救生衣	預防溺斃	幼兒用救生衣	在海灘上租借幼兒用救生衣
保護環境			
種植本土植物	保護野生動物棲地	提供100種本土植物選項	有關本地植物造園的研討會
降低家庭能源消耗	省錢並減少碳排放	家庭能源檢視	從檢視結果發現對付能源節約的對策
社區發展			
註冊器官捐贈	拯救別人的生命	登記註冊器官捐贈	表格明確註明，如果遇到死亡，會經過所有家庭成員的同意才能摘除器官
窮人的財務福祉管理			
定期存入儲蓄帳戶	兒童的教育基金	放在家中上鎖的錢櫃	銀行工作人員進行家訪以收取資金，並存入儲蓄帳戶

範例

每年在美國估計有25,000名兒童，在他們1歲生日前死亡，[15]並且每八個嬰兒中就有一個早產兒。[16]爲解決此一公共健康危機，〔國家健康母親（National Healthy Mothers）、健康嬰兒聯盟（Healthy Babies Coalition）〕（HMHB）發簡訊給寶寶（text4baby），這是一項免費的行動訊息服務，爲孕婦和母親提供未滿1歲的嬰兒資訊，以影響她們的養育行爲，從而能爲她們的寶寶提供一個好的新生命開始。該計畫於2010年2月啓動，截至2013年12月，已有超過246,987名孕婦和409,938名新生嬰兒的母親參與登記。[17]許多人認爲這計畫是成功的，而這些人過去曾經這麼問：「他們這麼做，對嗎？」強大的品牌當然是成功的因素，但這是所有4P策略組合成功支持品牌的辨識。

首先，服務（產品）是與潛在使用者合作開發的。例如：HMHB在社區診所測試簡訊的內容和風格。根據HMHB執行長Judy Meehan的說法，「我們重視簡訊的語氣——所以這些簡訊聽起來像是來自朋友的叮嚀，而不是『你應該這樣做』的命令語氣，取而代之的是『你有沒有想過這……？』」[18]這樣語氣平等而資訊豐富的160個字簡訊，直接傳遞到手機的收件箱。

其次，服務是免費的（價格）。計畫的合作夥伴CTIA-The Wireless Association是一個營運無線電的非營利組織，HMHB說服無線電運營商提供免費發送消息的服務，類似於發送安珀警報（Amber Alerts）的簡訊——安珀警報是提醒關於兒童可能遭受綁架的消息。

第三，註冊很簡單（通路）：你只需從手機發送一條簡訊至號碼爲511411或BABY、BEBE（西班牙語的Baby），然後系統會提示你提供截止日期或孩子的出生日期及你的郵政編碼，並且你將立即開始每週接收三封郵件，提供與懷孕階段或孩子發育相關的資訊。

最後，訊息（推廣）以各種方式傳遞給全美50個州的母親，包括：圖書館、教堂、道路巨型廣告牌、醫療保健提供業者、雇主、健康展覽會和美國兒科學會網站等。在一些州，婦女在申請醫療保險時可獲得該計畫的資訊，而在紐約市等其他城市，每個出生證明都會附帶推廣該計畫。

延伸產品

產品平臺的這一層面，包括你將與實際產品一起提供和／或推廣的任何其他產品元素。儘管它們可能被認爲是選擇性的，但它們有時恰好是提供鼓勵動機所需的東西（例如：步行夥伴）或是消除障礙（例如：詳細的步道資源指南和當地步行路線圖）、維持行爲（例如：用於追蹤運動的日誌）；他們也可能爲品牌命名提供機會並「觸發」活動，爲標的受衆創造更多的關注、吸引力和可記錄性。[19]

範例

WalkBoston是一個非營利組織，其使命是創建和保存社區的安全步行環境。他們推動的行爲是每天步行30分鐘，而他們吸引受衆的利益是有機會看到，並體驗其他交通方式可能會錯過的事物。他們創造一款產品完全符合增強產品的特性：地圖。一張可顯示5分鐘步行路線的地圖，非常有助於規劃步行路線、會議或午餐，並讓用戶可以正確估計步行的時間。其他地圖則有超過50個非常適合步行的地點推薦：

> 非常容易走完，並且方便到達，這些地圖由那些地區的步行達人所創建——無論是當地人，還是散步專家——每個自導式步道都有詳細的路線以及景點距離和描述。[20]

關於實體貨物的決策

在發展或增強實體貨物方面，你將面臨若干決定，你的活動打算鼓勵多少受衆獲得、使用或消費？他們是否需要新的實體貨物來支持行爲改變？例如：許多患有糖尿病的成年人進行手指刺血檢驗來監測他們的血糖水平，無痛無針的機制可提供可靠的數據，將會是一項大受歡迎的創新，可增加民衆進行血糖水平定期監測的行爲；並非所有新產品都需要重新設計或重大的研發成本，以下範例將說明這個事實。

範例

2012年12月世界各地的新聞報導了印度辛德里一名23歲學生的故事，她在公共汽車上遭到輪姦並在13天後死亡，這場襲擊不僅引發了大規模的憤怒和示威，並且引發了來自印度Tamil Nadu科學和技術研究所三名工程學學生的想像力和決心，他們創建了認爲有助於保護女性免受性侵犯的電子內衣。該小組的女性工程師向新聞界表示，目前的法律和執法力度不足以保護婦女在印度生活的安全。電子內衣（實際產品）可向攻擊者提供3,800,000伏特的電擊波，透過GPS可以追蹤配戴者的位置，並於緊急情況發生時可向警察和／或家人發送簡訊通知。[21]這款名爲社會療育設備（Society Harnessing Equipment, SHE）的保護性內衣，榮獲2013年甘地青年科技創新獎，並預計將被廠商大規模生產和銷售。[22]

目前的實體產品是否需要改進或增強功能？例如：典型的堆肥箱需要園丁使用耙子定期翻動堆肥場上的廚餘廢物，以促進堆肥發酵，社會行銷活動可讓標的受眾知道新的堆肥製造設施，具有轉軸設計，所以只需要輕鬆推動堆肥箱就可以獲得翻轉廚餘廢物的效果。

考慮最近幾年，大多數使用者（特別是未使用者）都認爲救生衣的體積龐大且穿著時感受不舒服，有些青少年甚至認爲橘色救生衣太「醜陋」，還妨礙他們曬成古銅色皮膚；新選項針對這些問題大大改進，外觀與吊帶相似，並具有使用拉環自動充氣的功能。在下一個例子中，我們將示範如何考慮改進產品的明確需求。

範例

2013年由藥物濫用和心理健康服務管理局（SAMHSA）開發一項預防霸凌的環境掃描程式，他們發現一個嚴重的疏失。市場上的多數霸凌預防應用程式功能爲透過受害者和旁觀者檢舉霸凌事件，有些程式甚至提供教育內容（例如：霸凌的跡象和面對霸凌應採取的行動）。然而，由技術專家所進行的形成性研究顯示，兒童期待父母和照顧者可以提供更多關於困難選擇、同伴壓力和決策的指導；而那些每天至少花15分鐘與孩子交談的父母和照顧者，則可以建立較牢固的關係基礎，並提供幫助他們解決困擾的保證。SAMHSA設計了一項新的霸凌預防應用程式來填補此一產品缺口，它將有助於父母和照顧者透過以下方式幫助他們：

- 了解何謂霸凌和如何識別警告標誌。
- 學習與小孩討論霸凌的方式。
- 提醒與小孩交談的裝置。
- 爲孩子建立檔案，以便他們可以輕鬆導航到適合年齡的內容並管理提醒。
- 透過Facebook、Twitter、電子郵件和簡訊分享應用程式中的對話提示、建議和資源。[23]

替代產品（substitute product）是否存在需求或機會？[24]替代產品是爲標的受眾提供「更健康、更安全」的方式，來滿足需求或解決問題的產品。關鍵是要了解競爭行爲的利益（核心產品），然後開發提供相同利益的產品。這些包括食品和飲料，如：無酒精啤酒、蔬菜漢堡、無脂肪乳製品、不含尼古丁的香菸和不含咖啡因的咖啡；天然肥料、天然殺蟲劑和使用地面覆蓋物取代草坪；哥哥或姊姊（或父母）將青少年送到社區診所進行性病篩檢，提供雞湯、面紙和阿司匹靈的「處方藥」給患有感冒的患者，以減少過量使用抗生素。

Chakravorty將替代產品定義爲「提供給市場，用來替代某些其他產品。」[25]她進一步猜測，

> 一種可以接受和易取得的替代產品，或許可以透過提高使用者的自我效能感知來促進行爲的改變。也就是說，自我效能感知可被用來透過使用替代品來強化行爲。[26]

例如：咖啡飲用者可能會認爲減少喝咖啡能夠改善心臟的健康狀況，有前瞻性的咖啡飲料商會認爲，如果讓她習慣喝無咖啡因的咖啡，她很可能就能戒除喝咖啡的習慣。各種因素支持這種看法，首先，她知道她嗜喝咖啡的行爲結果，她也「知道如何」飲用無咖啡因咖啡，使用同樣的杯子和相同溫度，並且不必對替代品的味道進行調整。如果她能夠在相同情境下（在家中、工作場所、最喜歡的餐廳）喝無咖啡因咖啡取代咖啡，她對「飲用無咖啡因咖啡」的自我效能即有可能成功幫她戒掉喝咖啡的習慣。[27]

關於服務的決策

服務通常被認爲是無形的產品，並且無法帶來任何東西的所有權。[28]在社會行銷的環境中，支持策變行爲變化的服務類型，包括教育類服務（例如：父母如何對兒童子女討論有關性的研討會）、個人服務（例如：晚上護送學生回宿舍）、諮詢服務（例如：生命線幫助挽回生命）、臨床服務（例如：提供免費疫苗接種的社區診所）以及社區服務（例如：如何處置廢棄手機或有毒廢物）。應該指出的是，許多服務具有銷售導向特質（例如：展示低水流量馬桶）屬於促銷類別，這類型的服務將在第14章中深入討論，你還將面臨有關所提供服務的若干決定。

是否應開發和提供新服務？例如：鑑於免費戒菸專線在其他州的戒菸行動取得明顯的成功和普及率，還沒有推廣此活動的社區可能也希望能開發和推出一系列鼓勵成年人戒菸的大眾媒體宣傳活動。在過去幾年中，手機的應用軟體已成爲社會行銷人員探索的熱門新服務，看看以下的例子。

範例

響應前美國第一夫人推動的「讓我們運動吧！」（Let's Move）這項活動於2010年3月啓動，目的爲減少兒童肥胖。健康兒童應用程式向軟體開發人員、遊戲設計師、學生和其他創新者發起挑戰，希望能開發出有趣而引人入勝的應用軟體

和遊戲，以影響（甚至激發）兒童，特別是「青少年」（9歲至12歲），能夠吃得更好、身體更活躍，參賽作品需要遵守美國農業部的營養指導方針。[29]首獎於2010年9月宣布，得獎作品是Pick Chow!這個線上遊戲允許兒童透過將食物拖放到其虛擬盤子上來製作膳食（見圖10.5），「添加它！」（The Add It Up！）每當添加一道食物，螢幕會顯示該食物的營養價值並給予一至五顆星的評分，幫助孩子們快速學習了解如何選擇，才能創造均衡的膳食。軟體最爲人稱道的特點，是允許孩子們「將他們想吃的食物」寄給他們的父母，父母隨後會收到一封電子郵件，裡面包含孩子所選擇的早餐、午餐或晚餐的菜單，以及食譜、購物清單和優惠券。[30]

圖10.5 Pick Chow！係由Karen Laszlo、Mike Carcaise和Lisa Lanzano所開發的兒童健康膳食軟體[31]

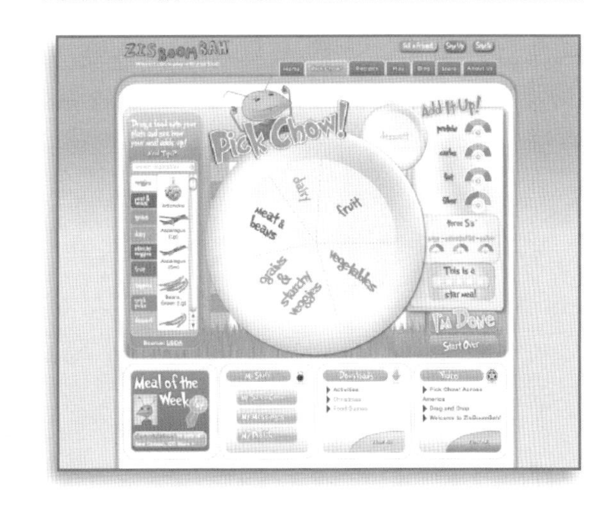

現有服務是否需要改進或增強？例如：如果客戶調查顯示，估計有50%撥打800免付費電話詢問有關資源回收問題的顧客，會決定把電話掛上，因爲他們沒有耐心等待5分鐘以上才有客服人員回應。而關於增強服務，如果居民反映他們對回收庭院落葉枝條感興趣，並且願意支付費用，那麼你會怎麼處理？

範例

Doug McKenzie-Mohr是一位環境心理學家，專門設計支持永續行爲的項目，他鼓勵社會行銷人員使用的工具是讓大家看見規範：「規範將指導我們應該如何行事；如果我們觀察其他人的行爲是不具永續性的……我們就會跟著這樣做；相反地，如果我們觀察到我們社區的成員他們做事都是以永續資源的態度行事，我們就更可能會這樣做。」[32]

Opower是一家能源效率的智能網路軟體公司，他們開發了一項計畫，讓居民可以獲得有關其家庭能源消耗與當地社區使用水準相較的資訊。他們說，他們的公司「建立在一個簡單的前提下：是時候讓3億美國人知道他們的能源使用情況。」[33]他們的特色產品是家庭能源使用報告圖表，該圖表不僅爲顧客提供能源使用方面的資訊和趨勢，還包括提供與其鄰居使用水準的比較，並使用「笑臉」符號來標示能源使用是否處於節約狀態（詳見圖10.6）。Opower聲稱他們在全國有近100萬戶家庭使用家庭能源報告，這些顧客在收到這些報告後，每年會將其年度使用能源量減少1.5-3.5%。[34]

圖10.6　家庭能源使用報告：鄰居用電比較表

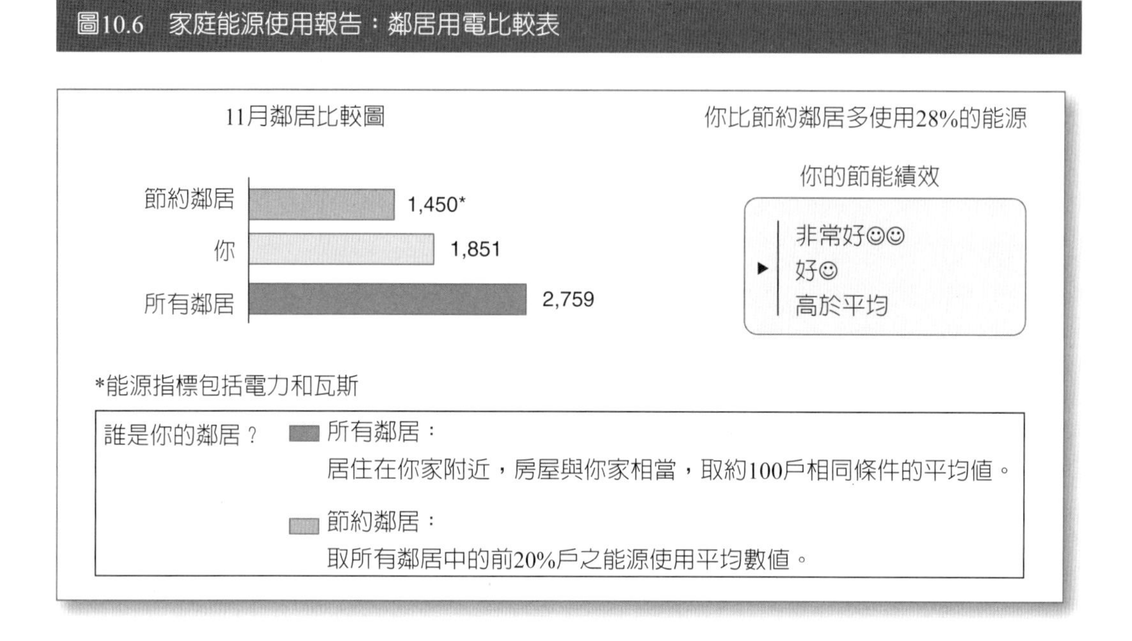

設計思考

IDEO執行長兼總裁Tim Brown經常發表文章談論設計思維，並在牛津大學2009年的TED演講中描述了設計（design）和設計思考（design thinking）之間的差異；正如他所說的那樣，設計著重於使產品具有吸引力、易於使用，並最終獲得很好的銷售量；相比之下，設計思考則較少關注物件面，而是投入更多的設計以滿足人類慾望、解決問題和創造世界變革創新。他認爲只有轉向本土化、協同合作和參與性的流程，才能充分了解人類需求，然後設計出滿足人類需求和慾望的產品。[35]

設計思考的想法與本章中所概述的產品平臺非常一致，我們從確定核心產品開始，就是在確定標的受眾希望獲得的價值以換取行爲，他們希望透過行爲可以獲得什麼好處？然後，我們才開始推出符合受眾期待價值的有形商品和服務（實際產品和增強產品）。以下是我們應用設計形狀、大小、顏色、聲音、紋理、過程等元素的時間和位置，以得到物理對象或體驗過程的實際特徵，簡介如下範例所示。

範例

爲了增加低收入家庭獲得清潔飲用水的機會，PATH是一個國際性非營利組織，他們專注於永續且具有文化性的公共衛生解決方案。PATH於2006年啓動了安全飲用水的計畫，這個爲期五年的計畫係由Bill和Melinda Gates基金會所贊助。[36]

在爲低收入家庭開發家庭用水處理和安全儲存（HWTS）產品方面，所面臨的主要挑戰之一是受衆缺乏對這些產品如何使用、何時使用、爲何使用以及由誰使用這一產品的理解，爲對付這一挑戰，PATH與Quicksand Design簽約合作，展開HWTS產品用戶體驗的民族誌研究。

這項研究結果揭示了產品的有效和無效面向，同時有助於界定影響民衆採用及長期使用產品的關鍵特徵，讓HWTS能夠根據這些關鍵特徵修正未來發展產品的方向。該研究選擇的樣本是每天人均生活費不足5美元的家庭，將從位於印度Andhra Pradesh州中的四個地區選出20個家庭，並在每個家庭放置五種不同的耐用HWTS產品，以使產品表現出多元化的特色，這些產品包括：陶瓷水壺、不鏽鋼過濾器、兩個多層過濾器和一個便攜式中空纖維過濾器。研究團隊在六個月的時間內對每個家庭進行了六次訪問，每次訪問約4-6個小時。在第一次訪問期間，研究人員蒐集了參與者對飲水、HWTS產品和健康相關的態度、觀念、行爲和動機等基線資訊（baseline information）。在第二次訪問時，水處理設備被隨機分配並導入家庭，有些家庭收到未附有詳細說明的包裹，因此研究團隊的成員提供店主的商品解說服務，指導他們如何安裝和使用產品，或請店家派工作人員前往家庭協助安裝產品並展示清潔和維護程序；另一組成員則被送到零售商店，並提供經費購買該產品。

該研究的結果發現，活動設計和開發工作應加強改善用戶對產品功能和屬性的體驗。例如：設備的設計應該讓用戶可以透過透明容器或水位指示器知道還剩下多少水，清楚的產品操作標誌和維護提示可以減少顧客的沮喪，且使用戶能夠自行解決問題；設計師可以透過消費者對特定材料和形式偏好的回饋及他們對現代感的渴望，改善HWTS產品並使其更受歡迎。傳統在廚房使用的不鏽鋼器皿，其耐用性受到肯定，儘管塑料更具有現代感的吸引力，消費者對塑料的等級和質量極爲敏感，與非對稱或有稜角的形狀相比，類似家中現有容器的圓柱形則被認爲是老式的。

在本章最後的研究焦點中，你將閱讀關於使用設計思考的另一個好例子，「幸運的魚」（The Lucky Fish），這次活動是爲了減少柬埔寨的貧血症。

建立品牌

商業領域的品牌塑造技術已經非常普遍，相當容易理解和認識。如前所述，品牌是產品所屬生產者或銷售者的名稱、術語、象徵、符號或設計（或這些的組合）（參見表10.6）。[37]當你到星巴克喝杯咖啡、使用iPhone尋找地圖路線、駕駛你的Volvo、在iPod上聽音樂、或是到Facebook按個讚、使用Twitter推特超級盃、在微軟Word上寫報告、穿上你心愛的Nikes或是觀看TiVo CBS新聞，你已經開始接觸品牌了。

表10.6　品牌入門

品牌（Brand）是標識產品或服務的製造商或銷售商的名稱、項目、符號、象徵或設計（或這些的組合）。
品牌識別（Brand Identity）是指你（製造商）希望消費者對你的品牌如何思考、感受和行動。
品牌形象（Brand Image）是指你的標的受眾實際上對你的品牌的想法、感受或行動。
品牌塑造（Branding）是指發展一個期望的品牌識別的過程。
品牌意識（Brand Awareness）是消費者認識品牌的程度。
品牌承諾（Brand Promise）是行銷人員對產品應該是什麼的願景，也是給消費者的保證。
品牌忠誠度（Brand Loyalty）是指消費者在產品類別中，持續購買同一品牌的程度。
品牌資產（Brand Equity）是品牌的價值。取決於品牌忠誠度、品牌知名度、感知質量、強大的品牌關聯及其他資產（如專利、商標和相關管道關係）的程度。這是一個公司的重要無形資產，具有心理和財務的價值。
品牌元素（Brand Elements）是那些用於識別和區分品牌的商標設備。
品牌組合（Brand Mix）或投資組合是指特定公司向特定類別的買方，出售所有品牌和品牌系列的集合。
品牌接觸（Brand Contact）可以定義為潛在客戶對品牌的體驗。
品牌績效（Brand Performance）指產品或服務是否滿足客戶的功能需求。
品牌延伸（Brand Extension）是使用成功的品牌名稱，在新類別中推出新產品或經過修改的產品。
複合品牌（Cobranding）是在同一產品上使用不止一家公司的既定品牌，或以相同方式一起銷售它們的做法。

資料來源：P. Kotler and N. Lee, *Marketing in the Public Sector: A Roadmap to Improved Performance* (Upper Saddle River, NJ: WhartonSchool, 2006). Reprinted with permission.

社會行銷活動中的品牌塑造並不普遍，儘管我們希望鼓勵更多，因爲它有助於創造可見性並確保人們的記憶。以下列表包括一些較爲人知的品牌，在這些案例中，許多品牌名稱同時被用來界定活動計畫和產品，他們常是用同一個形式出現，並且大多數都有額外的品牌元素，包括：圖形和標語：

- 野火預防：Smokey Bear
- 防毒：Mr. Yuk
- 母嬰健康：Text4Baby
- 營養：5 a Day
- 交通安全：Click It or Ticket
- 身體活動：VERB
- 犯罪保護：McGruff the Crime Dog
- 安全農產品：USDA Organic
- 永續海鮮：Seafood Watch
- 廢物利用：Reduce. Reuse. Recycle
- 酒駕：Road Crew
- 戒菸：truth®
- 禁止亂丟垃圾：Don't mess with Texas
- 寵物糞便處理：Scoop the Poop
- 預防青年使用毒品：Parents. The Anti-Drug
- 投票：Rock the Vote
- SIDS：Back to Sleep
- 節約用水：Water—Use It Wisely
- 水質：Chesapeake Club
- 節能：ENERGY STAR
- 學童安全：Walking School Bus
- 老年跌倒預防：S.A.I.L. (Stay Active and Independent for Life)
- 性保護：Number One condoms

1994年，位於柬埔寨的PSI（PSI / C）推出了第一棒保險套品牌（Number One condom），並透過充足資金積極運作推廣和發展，但是到了2006年，PSI / C成爲自己成功的受害者，第一棒保險套品牌在保險套市場中所占比例過高（88%），導致捐助者質疑他們還能負擔多久這些龐大的費用。爲此，PSI/C決定將這款旗艦保險套重新定位爲更高檔的品牌，希望能吸引那些無避孕措施的「甜心性愛」愛侶（例如：兩個深情的戀人），並訂定售價爲收回成本；他們還希望利用15年來建立「第一棒」的巨大品牌資產，產品包裝的變化如圖10.7所示，它保留了與品牌密切相關的視覺元素（例如：藍色外盒和標誌），同時更新它們的外觀以確保能夠表達新定位（令人耳目一新）和品牌個性（成功而優雅）。[38]

圖10.7 舊包裝與新包裝

資料來源：Population Services International.

品牌塑造時的道德倫理考量

建立產品品牌決策時的道德倫理考量方法，是重新審視每一種產品平臺的組成部分。

核心產品承諾標的受衆能夠獲得他們想要獲得的好處（或他們可以避免的成本困擾），但是，你確定眞的能夠嗎？或者你應該事先聲明可能成功的機率？拒菸專家強調吸菸的健康成本，然而你是否看過或讀過這樣的研究報告，指出吸菸者所造成的許多生理損害，需要身體花費10-20年來修復它，這樣你需要何時開始戒菸？這些資訊是否應該被加強說明？

對於實際產品，你需要決定將要推廣的具體行爲（例如：每日五蔬果）以及可能贊助推廣此行爲的贊助者名稱（例如：Produce for Better Health Foundation），這裡會出現的道德倫理考量是，你是否打算強調贊助者的資助或者並不打算。例如：是否應該在預防青少年非預期懷孕的活動海報上標示贊助者？或者另外思考2011年1月在加州普萊瑟（Placer）推出的這款藥物檢驗工具組，法務部門和學校以極低的價格提供家長作爲家用藥物檢測工具組。這個工具組包括10組藥物測試片，價格只要10美元，而商店的零售價約40美元，啓動該計畫的負責人指出，當局並沒有要求父母交出非法藥物檢測結果爲陽性的兒童，活動的主要目的是爲了幫助保護兒童的安全。然而，你是否像紐約毒品政策聯盟的一位代表有著相同的擔憂，他指出：「要求孩子們在尿杯中留尿，是否會破壞親子間的關係？」[39]也許你可以應用這個經驗法則「利大於弊」（Do more good than harm）來幫助你做出決定。

延伸產品的有形貨物和服務的相關決策與商業部門類似，儘管在這種情況下，你還是經常需要顧慮由納稅人資助的計畫是否合情合理，雖然這並非一個由股東組成的團體。你的產品是否「按照承諾執行」？如果你在高中分發保險套，是否就等於發送「好好享受性愛」的訊息？在服務方面，如果你成功地創造需求，你是否有把握可以提供優質的服務？

章節摘要

產品平臺有三個層面：核心產品（行爲的好處）、實際產品（你將要努力開發或推廣的任何商品和／或服務）以及延伸產品（支持改變行爲所需的任何其他產品元素）。

每個層面都面臨著決策。在核心產品層面，需要就那些潛在利益做出決定；在實際產品層面，你應該考慮是否推廣現有商品（例如：自行車安全帽）或服務（例如：檢視家庭能源），或者是否需要新產品或改進產品來支持行爲改變（例如：戒菸專線或防霸凌的APP）。我們鼓勵你考慮是否有額外的產品元素（延伸產品）能夠爲標的受眾提供支持，一個雖然不是「必須」的產品元素，但卻可能會影響受眾是否轉向行動（例如：在海灘租借幼兒救生衣）。

研究焦點　減少柬埔寨的貧血問題——加拿大的幸運鐵魚拯救柬埔寨生活[40]（Louise Brown*，2011年11月12日）

加拿大圭爾夫大學（University of Guelph）的研究生Chris Charles幫助開發了這種鐵魚（iron fish），提供柬埔寨的貧困鄉村婦女把牠們放在鍋裡烹煮，讓鐵滲入食物中，從而提高了人體內的鐵含量；他們嘗試了幾種設計，但最終選擇了幸運魚。Charles在圭爾夫大學校園裡所擁有的幸運魚。

GUELPH——這個故事的核心是一條幸運的小魚。

請看牠是如何成爲柬埔寨叢林深處可怕醫療問題的答案，圭爾夫大學研究生Chris Charles發誓這是一個沒有魚的故事。

它開始於三年前，當時剛剛從圭爾夫大學畢業並獲得生物醫學學士學位的科學家Milton，正在柬埔寨進行了一項艱苦的夏季研究工作，其任務是幫助當地科學家說服村里的婦女將鐵塊放在他們的鍋中，以增加飲食中的鐵含量，降低貧血風險，這是很好的理論，然而這裡的婦女並沒有這樣做。

在一個非常缺鐵的國家，這是一個誘人的挑戰，60%的婦女面臨早產，分娩時大量出血並且嬰兒的大腦發育不良。

貧血是貧窮的一種疾病，影響全球35億人。這是一項前驅研究（frontier research），Chris Charles被迷住了——但他也到了應該回到圭爾夫大學開始他碩士生涯的生活，於是就在他要離開的前幾週，Charles打電話給學術顧問，表示將要離開這項荷爾蒙研究計畫，值得稱讚的是，他的顧問不但拒絕讓他辭職，還告訴Charles已經幫他找到了碩士專題研究的題目。

* 由Torstar聯合服務（Torstar syndication service）授權複印。

從他的竹棚新基地開始，Charles接受了來自柬埔寨國際研究發展中心的兩份研究員任務，其中包括圭爾夫大學、渥太華國際發展研究中心和加拿大衛生研究院的博士研究獎。

「有些夜晚，我會想爲什麼要留在這裡？在一個沒有自來水、沒有電，也沒辦法使用計算機的村莊裡——這就像一場（研究）火災的洗禮。」他回憶說。

與他們一起工作的人是「窮人中最窮的人」（the poorest of the poor）——他們買不起紅肉或昂貴的鐵丸，而且婦女不會使用鐵鍋烹煮，因爲鐵鍋沉重而昂貴。然而，只要一小部分的鐵就可以在水和食物中釋放拯救生命的元素。但是，婦女會樂意在自己的鍋中擺放什麼樣形狀的鐵片呢？

「我們知道一些醜陋的金屬片不會奏效……所以我們不得不提出一個有吸引力的想法。」他說。「這成了社會行銷中的一個挑戰。」

研究團隊嘗試了一個小圓圈鐵，婦女不愛使用它。

於是他們製作了像蓮花一樣的鐵，婦女仍舊不喜歡那形狀。

但是，當Charles的團隊想出一塊形狀像當地象徵幸運的河魚鐵片時？賓果！婦女很樂意把它放在她們的鍋裡，在隨後的幾個月裡，村裡居民體內的鐵含量開始攀升。

圖10.8　Charles和他的幸運鐵魚

資料來源：Glenn Lowson/Record news services.

Charles說：「我們設計幸運魚的長度約爲3或4英寸，小到容易攪拌，但大到足夠提供每日鐵需求量的75%。」團隊並找到一個當地的廢金屬工人，他們可以每個1.50美元的價格製造它們，到目前爲止，他們已經將這些魚重複利用了大約三年。

「我們獲得了驚人的結果，貧血症似乎快速地減少，村裡婦女說她們感覺很好，沒有頭暈，頭痛也比較少了，鐵魚的力量眞是不可思議地強大。」

三年來，Charles發現這個簡單解決缺鐵問題的答案，它不僅可以挽救生命，並爲他贏得了碩士和即將到手的博士學位；這位26歲的年輕人已經能夠使用高棉語言，並且能夠坐在獨木舟上採集坐在另一艘獨木舟上的人身上的血液樣本，以檢測登革熱。

今天，Charles已經回到圭爾夫，正在琢磨數字，準備提交他的博士論文。

他三年前的內分泌學教授Alastair Summerlee，同時也是該大學的校長，感到非常興奮。

Summerlee知道，Charles當時有把握這個難得的學術機會。

「我們靠經驗或直覺摸索，Charles在野外工作，他不得不透過嘗試錯誤學習所有東西（包括說高棉語），而我當時很擔心這是否為正確的決定，他有沒有能力把事情處理好？」Summerlee回憶說。

「但結果是洋洋大觀的，他已經在亞洲、歐洲和北美地區發表了他的研究報告，並且可能因為這個簡單的發現，而對亞洲女性的健康狀況產生深遠影響。」Charles是否學到什麼教訓？科學的另一面是行銷。

「儘管你有世界上最好的治療方案，但是如果人們不使用它，那就跟你沒關係了。」

問題討論與練習

1. 在本課程開頭的行銷焦點討論寵物認養，該案例有兩個標的受眾。為什麼計畫企劃人員的策略，要包含動物庇護所和潛在認養者兩個受眾群體？
2. 作者如何定義核心產品？它與服務主導邏輯（service-dominant logic）有什麼關係？
3. 你可以添加哪些案例到社會行銷的品牌清單中，即使它們並不是眾所周知的？

注釋

1. E. Weiss, "Meet Your Match Save Lives" (May 27, 2010), accessed January 16, 2014, http://aspcapro.org/meet-your-match-saves-lives.
2. Humane Society of the United States, "Pets by the Numbers" (September 27, 2013), accessed January 8, 2014, http://www.humanesociety.org/issues/pet_overpopulation/facts/pet_ownership_statistics.html.
3. Ibid.
4. American Society for the Prevention of Cruelty to Animals, "Pet Statistics" (n.d.), accessed January 8, 2014, http://www.aspca.org/about-us/faq/pet--statistics.aspx.
5. Maddie's Fund, "The Shelter Pet Project By the Numbers—And Something More" (2009), accessed January 10, 2014, http://www.maddiesfund.org/Maddies_Institute/Articles/The_Shelter_Pet_Project_By_the_Numbers.html.
6. Personal communication from Caryn Ginsberg, January 16, 2014.
7. "Animal Impact" (n.d.), accessed January 16, 2014, http://priorityventures.com.
8. P. Kotler and K. L. Keller, *Marketing Management*, 12th ed. (Upper Saddle River, NJ: Prentice Hall, 2005), 372.
9. Ibid.

10. P. Kotler and G. Armstrong, *Principles of* Marketing, 9th ed. (Upper Saddle River, NJ: Prentice Hall, 2001), 291.
11. Ibid., 294.
12. Ibid.
13. G. D. Wiebe, "Merchandising Commodities and Citizenship on Television," *Public Opinion Quarterly* 15 (1951–1952): 679–691.
14. P. Kotler and G. Zaltman, "Social Marketing: An Approach to Planned Social Change," *Journal of Marketing* 35 (1971): 3–12.
15. Centers for Disease Control and Prevention, "Infant Mortality" (n.d.), accessed January 6, 2014, http://www.cdc.gov/reproductivehealth/maternalinfanthealth/infantmortality.htm.
16. Centers for Disease Control and Prevention, "National Prematurity Awareness Month" (n.d.), accessed January 6, 2014, http://www.cdc.gov/features/prematurebirth/.
17. Text4baby, "Enrollment Data" (n.d.), accessed January 6, 2014, https://text4baby.org/index.php/get-involved-pg/partners/national-organization/7-partner-resources/105.
18. D. Bornstein, "Mothers-to-Be Are Getting the Message," *The New York Times* (February 7, 2011), accessed April 15, 2011, http://opinionator.blogs.nytimes.com/2011/02/07/pregnant-mothers-are-getting-the-message/?pagemode=print.
19. P. Kotler and E. L. Roberto, *Social Marketing: Strategies for Changing Public Behavior* (New York: Free Press, 1989), 156.
20. WalkBoston, "Maps" (n.d.), accessed January 24, 2011, http://www.walkboston.org/resources/maps.htm.
21. A. Edelman, "Engineers in India Create Electronic Rape-Preventing Underwear, GPS Included," *New York Daily News*, http://www.nydailynews.com/life-style/health/engineers-createrape-preventing-underwear-article-1.1305842.
22. N. Garun, "Three Engineer Students Invent an Electronic Anti-rape Undergarment," *Digital Trends* (April 3, 2013), accessed January 6, 2014, http://www.digitaltrends.com/home/three-engineer-students-invent-an-electrifying-anti-rape-undergarment/.
23. Information for this example was provided by Ingrid Donato, chief of the Mental Health Promotion Branch of the Center for Mental Health Services (CMHS) at the Substance Abuse and Mental Health Services Association (SAMHSA) under Task Order No. HHSS2832007000271/HHSS28342001T, directed by contracting officer's representative Anne Mathews-Younes.Contributing authors include Ingrid Donato, SAMHSA, CMHS; James Wright, SAMHSA,CMHS; Erin Reiney, HRSA; Katie Gorscak, ASPA; Stephanie Rapp, Department of Justice;Sharon Burton, Department of Education; and Alana Vivolo, CDC; SAMHSA has been assisted in the development of the SAMHSA Bullying Prevention App by IQ Solutions, Inc.
24. B. Chakravorty, as quoted in B. Chakravorty, "Product Substitution for Social Marketing of Behaviour Change: A Conceptualization," *Social Marketing Quarterly* (1996), 5, accessed July 19, 2011, http://degraysystems.com/aedmichael/Vol%203/3-2/Full%20Text/III.2.Chakravorty. pdf.
25. Ibid., 5.
26. Ibid., 10.
27. Ibid., 9–10.
28. Kotler and Roberto, *Social Marketing*, 155–157.
29. Apps for Healthy Kids, "Application Gallery" (n.d.), accessed January 26, 2011, http://www.appsforhealthykids.

com/application-gallery.

30. ZisBoomBah, "Where It's OK to Play With Your Food!" (n.d.), accessed January 26, 2011, http://www.zisboombah.com/.

31. An application developed by Karen Laszlo, Mike Carcaise, and Lisa Lanzano.

32. D. McKenzie-Mohr and W. Smith, *Fostering Sustainable Behavior: An Introduction to Community-Based Social Marketing*, 2nd ed.(Gabriola Island, BC, Canada: New Society, 1999), 156.

33. Opower, "About Us" (n.d.), accessed January 26, 2011, http://www.opower.com/Company/AboutUs.aspx.

34. Opower, "Special Delivery: Energy Savings" (n.d.), accessed January 26, 2011, http://www.opower.com/Products/HomeEnergyReport.aspx.

35. M. Trost, "A Call for 'Design Thinking': Tim Brown on TED.com," *TED Blog* (July 2009), accessed January 7, 2014, http://blog.ted.com/2009/09/29/a_call_for_desi/.

36. Information from this case was taken from PATH's project brief, "Extended User Testing of Water Treatment Devices in Andhra Pradesh," published August 2010.

37. Kotler and Armstrong, *Principles of Marketing*, 301.

38. Population Services International, Global Social Marketing Department, "A Total Marketing Approach to Better Marketing in Cambodia" (March 2010).

39. "Drug Test Kits a Bargain for Parents," *Chicago Sun-Times* (January 22, 2011), accessed January 26, 2011, http://www.suntimes.com/lifestyles/3412644–423/parents-drug-kids -schoolstest. html.

40. "Canadian's Lucky Iron Fish Saves Lives in Cambodia," *The Record.com*, accessed January 20, 2014, http://www.therecord.com/news-story/2591989-canadian-s-lucky-iron-fishsaves-lives-in-cambodia/.

第十一章

價格：決定貨幣和非貨幣激勵與抑制措施

社會行銷人員需要使用整個行銷組合，來贏得標的受眾的生意——當競爭者有價格、物流，並且往往是更好的產品時，你無法做什麼事，除了使用促銷手段。

——Dr. Stephen Dann

Australian National University

2007年3月19日加拿大新聞網宣布，新的聯邦預算將包括若干與環境保護有關的策略，這些策略直到2014年仍然有效，正如Michael Rothschild 所描述的那樣，好像胡蘿蔔和棒子：「耗油汽車將被課以高達4,000美元的新稅金，而燃油效率高的汽車則將獲得回扣金額高達2,000美元。此外，垃圾場也將提供優惠的老爺車回收方案。[1]

本章介紹「價格」，這是行銷工具箱中的第二個工具，你將會發現這對於克服與策變行為有關的財務障礙特別有幫助；你也會發現它在「增加籌碼」（sweetening the pot）方面很有用，而且不一定只有透過增加成本預算來增加貨幣方面的激勵措施。你會發現想辦法降低競爭者的誘因也是一個辦法。在本章你會讀到別人如何利用創造性貨幣和非貨幣的激勵措施來增加價值，有時候一點小甜頭就足以讓交易成交：

- 在一個研究試驗中，如何透過贈送禮品卡給捐血者增加50%以上的捐血量。
- 在一個社區中如何透過發送優惠券，使社區的自行車安全帽使用率從1%提高到57%。
- 明尼蘇達隊的青少年曲棍球隊如何透過獎勵不犯規球員，使球隊隊員頭部受傷的情況明顯減少。
- 社會行銷方法如何成功地說服立法者，加重對開車發簡訊者的罰款。
- 一群青少年如何說服他們的同儕透過分享感染陰蝨的痛苦，來延後性行為發生時間。

你會讀到價格工具有四個「附件」（attachments）：

1. 貨幣激勵（Monetary incentives）：像是折扣券。
2. 非金錢激勵（Nonmonetary incentives）：像是正面的公眾評價。
3. 貨幣懲罰（Monetary disincentives）：像是罰款。
4. 非貨幣抑制（Nonmonetary disincentives）：像是負面的公眾評價。

行銷焦點 透過承諾合同減少抽菸行為——「把錢拿出來做個賭注！」[2]（2010）

這個案例是示範交易的最好案例。你將了解他們如何在獨特的方案透過加重放棄行為的代價，來設計這個特別的交易。這個故事某部分原因應用了兩種價格策略工具，一種是貨幣激勵和一種非貨幣激勵，旨在滿足標的受衆的三種強烈願望：(a)戒菸；(b)節省金錢，以及 (c)遵守承諾。隨機對照試驗組（RCT）證明其有效。本案例的訊息由Xavier Gine、Dean Karlan和Jonathan Zinman於2010年發表研究成果於《美國經濟協會期刊：應用經濟學雜誌》（*American Economic Association Journal: Applied Economics*），該研究是與創新扶貧行動（Innovations for Poverty Action）和卡拉加格林銀行（Green Bank of Caraga）合作執行的，並由世界銀行資助。

背景、標的受衆和受衆洞悉

田野試驗（field experiment）的場所是位於菲律賓的棉蘭老島（the island of Mindanao），2009年該地區和該國其他地區一樣，年齡超過15歲的菲律賓人中有28%以上是吸菸者。[3]除了產生嚴重的健康影響之外，吸菸者每週花在買菸的錢約2美元，占他們月收入的近15%；然而研究人員發現有趣的是，72%的受訪者都表示，他們希望在有生之年可以戒菸，約18%表示他們現在想戒菸，而近45%表示他們過去半年內已經嘗試過了。[4]

該項目的研究人員對能證明自願戒菸承諾的可行性和有效性特別感興趣。這種機制是否會讓消費者願意犧牲近期利益（可抽菸），以換取未來更大的收益（更健康的生活和更高的財務福利）？且一個硬條件（例如：違背承諾的財務後果）是否會比軟條件（例如：沒有履行承諾也不須付出代價）更有效？

策略

研究人員測試的方案是一個自願承諾的儲蓄計畫，名爲：拒菸的承諾行動（Committed Action to Reduce and End Smoking, CARES）。試行計畫的工作原理如下：想戒菸的吸菸者首先需簽署承諾合約，並開設一個初始存款爲1美元的儲蓄帳戶（產品），承諾者被鼓勵每週存入他平時買菸通常會花的錢，並持續六個月（價格），而這個儲蓄帳戶並不會產生任何利息。承諾者在六個月的承諾期內只能向CARES帳戶存款，而不能從CARES帳戶取款。當到達六個月的時間，透過尼古丁測試證明承諾者確實體內「無尼古丁成分」，則整個存款將被退還，並鼓勵承諾者使用這筆錢開辦小企業（金錢激勵）；如果身上發現還是有尼古丁，則承諾者會被要求放棄這筆錢並將其捐贈給慈善機構（貨幣抑制）。每週格林銀行的現場工作人員都會前往承諾者處收取他們的買菸錢，並將其存入銀行的一家小額信貸部門，如此可使他們不必每週跑銀行（通路），並增加一些社會壓力（見圖11.1）。如果承諾者未能參加預定的尼古丁測試，他將再獲得三個星期的緩衝期。如果緩衡期結束後，還是未能出現，則將沒收他的帳戶餘額；格林銀行透過派出銀行代表前往街道針對向吸菸者提供關於吸菸危險的宣傳摺頁以及關於如何戒菸（推廣）的技巧，進而推動CARES。

圖11.1　承諾者每個月將錢放在一個上鎖的存錢筒

資料來源：Innovations for Poverty Action.

爲了提供有證據的結果，這個方案主要是針對兩種選擇進行測試，爲了招募研究參與者，卡拉加格林銀行工作人員在街上訪問吸菸者，詢問他們是否有興趣戒菸？如果他們願意，則會被要求參加一個關於抽菸行爲的簡短調查（見圖11.2）。共有2000名年齡在18歲以上的承諾者完成了基線調查，所有承諾者都收到了關於吸菸有害的文宣摺頁以及如何戒菸的技巧，然後每位受訪者隨機分配接受以下三項優惠中的一項：

圖11.2　有興趣戒菸的人，會被要求完成一個簡短的調查。

資料來源：Innovations for Poverty Action.

1. CARES 合約組：如上所述，個人開設最低存款1美元的儲蓄帳戶，鼓勵他們存入他們平時的買菸錢，銀行行員收取每週金額並將其存入帳戶，帳戶可存款但不能提款，帳戶不會被支付利息。

2. 提示卡組：研究者向個人提供了四張錢包大小的卡片，每張卡片上都有一個描繪吸菸對健康危害的圖片：(a)早產兒（圖片文案爲「吸菸危害未出生的嬰兒」）；(b)爛牙齒（「吸菸導致口腔癌和咽喉癌」）；(c)黑肺（「吸菸導致肺癌」）；以及(d)帶著防菸面具的小孩（「不要讓孩子吸二手菸」）。然後他們選擇想要保留的卡片，並受到行銷人員的鼓勵，將其放在家中顯眼的位置。

3. 比較組：這些人在調查後不會收到任何其他資訊通知。

基線調查六個月後，所有受訪者都需要進行尿液檢測，以確定他們是否仍在吸菸。根據合約規定，第一組的受訪者若拒絕或未通過尿液檢測，將會被要求放棄其銀行帳戶中的全部餘額。提示卡和比較組的參與者在參加測試時，支付了0.60美元，所有受訪者在基線後調查12個月，可再次獲得補助測試0.60美元。

結果

CARES合約組（第一組）

- 簽署合同：在參與CARES的個人中，有11%簽訂了合同；那些最有可能簽名的人，是那些表示他們想戒菸並且對戒菸感到樂觀或者早就想要控制吸菸慾望的人；那些最不可能簽署合同的人，則是那些聲稱想要戒菸很久，看起來是老菸槍的人。
- 額外的儲蓄帳戶存款：參與 CARES的個人中，80%的人平均每兩週就爲該帳戶存入買菸錢，六個月後的餘額爲11美元，相當於約六個月的菸錢和20%的月收入。
- 戒菸：在CARES合約組中，通過六個月尿液測試的機率比對照組高出3.3-5.8個百分點，在12個月後通過尿液測試的機率則比對照組高出3.4-5.7個百分點，戒菸人數的增幅超過35%。12個月的實施期間已經沒有提供任何激勵措施，因爲所有承諾合約的資金在六個月時就已經退回或沒收，所以對第12個月的測試結果沒有任何財務影響。

提示卡片組（第二組）

- 收下提示卡：在這個小組中，99%收下了提示卡片。
- 使用提示卡：在接受提示卡的個人中，有5%的人使用卡片來管理他們對吸菸的渴望，但是一年後，只有不到一半的人記得他們把卡片放在哪裡。
- 戒菸：提示卡片對戒菸完全沒有影響。

影響

該研究的作者認爲，結果表明CARES等承諾產品還是一種比較有效的戒菸治療方法。他們還認爲，隨著對人們對此類產品愈加熟悉、信任並能獲得更多資訊，承諾合約的承接率未來可能會進一步提高。他們因此得出結論：粗略計算顯示，考慮每人次的戒菸成本，卻能獲得健康改善以及促進生命品質的成果，CARES的活動算是通過社會成本／效益的考驗。

價格：第二個P

價格是標的受衆與採用策變行爲相關的成本。傳統的行銷理論有一個類似的定義：「產品或服務的收費金額，或消費者透過交換而獲得產品或服務價值的總和。」[5]

採用行爲的成本可能是貨幣或非貨幣性質的。社會行銷環境中的貨幣成本，通常與採用行爲有關的商品和服務（例如：購買救生衣或爲幼兒支付游泳課程）相關。非貨幣成本更加無形，但對於你的受衆來說卻是如此眞實，對於社會行銷產品而言，這種特性更是非常明顯的。它包括執行行爲所需的時間、努力，也需要精力來履行行爲、心理風險、感受或經歷的損失，甚至執行行爲時所造成的身體不適。當你在進行障礙研究時，你應該會發現這些非貨幣成本，這樣你才能知道標的受衆在履行策變行爲時可能擔心的問題。然而，可能還有更多尙未加入清單，不論如何，你可能已經決定了要提供的商品和服務，如表11.1所示，現在是時候這樣做了。

如果你的組織實際上是這些有形商品（例如：雨水承接桶）或服務（例如：家庭能源效能檢視）的製造商或提供商，你會希望自己能參與客戶將被要求支付價格的決策。在發展本章所強調的激勵措施之前，你確實應該這樣做，本章末尾的部分會介紹關於定價的一些提示。

步驟七：決定貨幣和非貨幣的激勵與抑制措施

這第二個行銷工具的目標和機會是開發和提供激勵措施，以增加收益或減少成本。（應該注意的是，產品和場所工具也能用於增加收益和降低成本，價格工具應用於貨幣和非貨幣激勵的措施都是獨特的，包括：認知、欣賞和獎勵。）六種與價格有關的策略，有四種重點在策變行爲，而最後兩種則與競爭對手有關。

1. 增加策變行爲的貨幣利益。
2. 增加策變行爲的非貨幣利益。
3. 減少策變行爲的貨幣成本。
4. 減少策變行爲的非貨幣成本。
5. 增加競爭行爲的貨幣成本。
6. 增加競爭行爲的非貨幣成本。

表11.1 執行策變行為的潛在成本

成本的種類	範例
貨幣：貨品	◆ 尼古丁貼劑 ◆ 血壓監測設備 ◆ 保險套 ◆ 自行車安全帽、救生衣和兒童安全座椅 ◆ 酒精測試器 ◆ 地震工具包 ◆ 煙霧警報器 ◆ 生廚餘堆肥機 ◆ 天然肥料（與常規肥料相比） ◆ 再生紙（與普通紙相比） ◆ 節能燈泡 ◆ 電動割草機
貨幣：服務	◆ 計劃生育課程的費用 ◆ 戒菸班 ◆ 運動俱樂部費用 ◆ 預防自殺研討會 ◆ 出租車從酒吧回家
非貨幣：時間、努力	◆ 烹飪均衡的餐點 ◆ 路邊停車使用手機 ◆ 自己在家洗車 ◆ 將廚餘放到堆肥機
非貨幣：心理因素	◆ 查明腫塊是否癌變 ◆ 質疑對懷孕時吃太多魚的警告 ◆ 喝一杯沒有香菸的咖啡 ◆ 帶著一面旗子過馬路的感覺很「阿呆」 ◆ 聽汽車共乘中其他客人的喋喋不休 ◆ 關心你的兒子是否在考慮自殺 ◆ 告訴你的丈夫，你認為他酒喝得太多 ◆ 使用防曬霜，皮膚無法曬黑 ◆ 讓你的草坪在夏天變成棕色
非貨幣：身體不適舒服	◆ 運動 ◆ 刺一根手指來監測血糖 ◆ 照乳房X光 ◆ 冷氣調高溫度 ◆ 縮短淋浴時間

本章接下來的六部分將更詳細地說明每一部分，並爲每部分提供範例。

1. 增加策變行爲的貨幣利益

身爲消費者你一定對貨幣的獎酬和激勵形式不陌生，它們的種類包括：回扣、禮品卡、津貼、現金獎勵和價格調整，透過這些方式來鼓勵受衆採用提議的行爲。有些在本質上相當「無感」（例如：重複使用食品雜貨袋可獲得3.5美分的回饋），而另一些則更具積極性（例如：成功戒菸至少一個月，則有機會在戒菸競賽贏得1,000美元獎金；[6]一隻已經結紮的養狗執照費用爲每年20美元，而未結紮的養狗執照費用爲每年60美元），還有一些相當的大膽（例如：向吸毒成癮的女性提供200美元的自願結紮獎勵；爲選民提供投票就有機會獲得100萬美元樂透的機會）。

你會在什麼地方應用下面的例子呢？

範例：捐血活動

2013年7月，美國紅十字會發出了緊急的捐血請求，六月分的捐血比預期低10%左右，捐血急遽減少了5萬人次。[7]同一個夏天，一組研究人員，包括約翰霍普金斯凱里商學院（Johns Hopkins Carey Business School）助理教授Mario Macis，鼓勵世界衛生組織（世衛組織）和其他採血機構重新考慮長期反對使用金錢獎勵捐血的行爲。他們指出，這些指導方針是40年前基於兩個主要問題做出此決定：其一是，擔心捐血激勵措施會對捐贈頻率產生不利的影響，因爲會失去利他動機捐獻者的捐血興趣；另一個擔心是，貨幣激勵措施會鼓勵身體不好的人捐血，導致更多的血液被汙染。研究人員認爲，這些擔憂是基於不值得信賴的研究舊證據，最新的研究顯示，現實世界的激勵計畫增加了捐血量，且沒有證據顯示血液有受感染的影響。

Macis和他的研究人員在俄亥俄州北部的72個美國紅十字會捐血車上檢查了近10萬名捐血者的數據，一半的地點提供禮品卡，另一半則沒有提供任何獎勵，禮品卡則作爲感激的標誌，感謝人們慷慨捐血。爲了確保人們不會隱瞞任何健康問題以獲得獎勵，研究人員在民衆抵達時即發予禮品卡，結果令人印象深刻，5美元的禮品卡增加了26%既有捐贈者的可能性，10美元的禮品卡則使這一數字增加了52%。「研究結果讓我們得出結論：一次性獎勵總是能夠讓民衆的捐贈變得更順暢，不論是增加民衆的捐血次數或是在血液供應量較缺乏的地區，獲得很好的成果。」Macis如此表示。[8]

2. 增加策變行爲的非貨幣利益

還有一些方法可以不涉及金錢有關的貨物和服務就能鼓勵行爲變化，他們提供了不同型態的價值。在社會行銷環境中，他們通常採取承諾、認同或感激的形式來鼓勵人們採用策變行爲。在多數情況下，受衆獲得的好處是個人的心理。透過簽署保證承諾或口頭承諾，參與者可滿足個人心理自尊的期許，如果承諾保證是在公衆面前所進行的，則價值更高，因爲還可以進一步獲得公衆的尊重。認同或感激可以像是來自主管的電子郵件，感謝員工騎自行車上下班一樣簡單；或者像洗衣店感謝客人的環保行爲，而有年度獎酬計畫。這些非貨幣性利益與爲幫助標的受衆履行策變行爲而提供的商品和服務（例如：安全停放自行車）不同；它們也不同於促銷時所提供的小禮品（例如：T恤和咖啡杯）。在下面的例子中，他們用來加強（激勵）策變行爲的方式，令人感到驚訝和獨特，並且產生非常積極的結果，值得大家考慮使用。

範例：獎勵公平遊戲

2000年波士頓的一位父母在另一名小學的曲棍球比賽中，被其他隊員的父母殺害，這事件引發了過度熱衷青少年體育運動賽事的全國性討論，並在2004年明尼蘇達州的曲棍球隊官員決定採取一些措施來改變日益激烈的比賽氛圍；一位青年教練描述他們失控的比賽，「一場比賽很容易引發打架，三次、四次、五次都很正常，打架時球員脫掉護具，赤手空拳痛擊對方。」[9]

他們實施的一項革命性措施被稱爲「公平競賽分」（fair-play point），即每個小組在每場比賽中可獲得額外加分，只要他們的罰分可少於指定的罰分，球隊贏得一場比賽可以獲得兩分，但如果他們的罰分不到12分鐘，則可以獲得第三分。比賽輸的隊伍只要符合規定，也可以獲得額外的公平競賽分。在實施公平競賽分的一年內，因打架被處罰的數量急劇下降，特別是從頭部撞擊、舉桿過高和打架的犯規。研究合作夥伴梅奧診所（Mayo Clinic）表示，對頭部撞擊的處罰從2004～2005年賽季的12.4%，下降到2%；到2008～2009年，甚至到0%。[10]

3. 減少策變行爲的貨幣成本

減少貨幣成本的方法對於大多數消費者來說也是熟悉的：折扣券、禮物卡、試用獎勵（例如：八次的公車免費乘車點數）、現金折扣、數量折扣、季節性折扣、促銷價（例如：短時間的特殊折扣優惠）和分段定價（例如：根據地理位置不同）。你也可以使用這些策略來提高銷售量。例如：2013年7月西雅圖的一次寵物領養盛會，免除了1歲以上貓隻的認養費用，並減少了小貓的認養費，從而在一週內獲得203次認養，並打破了116年來的認養歷史。[11]你自己可能收到用於購買堆肥設施的折扣優惠券、節水設施的優惠券或因響應汽車共乘而獲得停車折扣券，社會行銷組織常常是這些優惠券或各種福利的單位，請看以下範例說明。

範例：自行車安全帽優惠券

Harborview傷害預防和研究中心（Harborview Injury Prevention and Research Center, HIPRC）的網站在2000年2月報導：「雖然法規並沒有騎自行車需要戴安全帽的規定，然而西雅圖自行車騎士戴安全帽的比例比國內任何其他主要城市的機率都高。」華盛頓兒童騎自行車戴安全帽運動於1986年由西雅圖Harborview醫學中心的醫生發起，因為他們對每年醫院收治因騎自行車導致頭部受傷兒童高達200多人感到震驚。[12]「雖然自1985年起市面上即有銷售自行車安全帽，但100個孩子中，只有一個人有戴安全帽。」HIPRC醫生進行了一項研究，以了解為什麼父母不願意為他們的孩子購買自行車安全帽，以及影響孩子戴安全帽的因素。

> 針對2,500多名四年級小學生的父母展開調查的結果顯示 ，超過三分之二的父母表示，他們從未想過需要買安全帽給小孩，另外有三分之一的父母認為成本是一個因素。

根據調查結果，一場活動設計出四個主要的關鍵目標：提高公衆對安全帽重要性的認識、教育家長使用安全帽、克服兒童戴安全帽的同儕壓力、降低安全帽的價格。

HIPRC成立了健康、自行車、自行車安全帽廠商和社區組織的聯盟，負責設計和管理各種促銷活動。自此，父母和孩子可以在電視、廣播、報紙、醫生辦公室、學校和青年社團聽到有關自行車安全帽的消息；廣告折扣券讓安全帽可打對折，折扣後只要20美元；而將近5,000個沒有能力購買安全帽的家庭，則可以免費或以更低的價格獲得安全帽。

到1993年9月（七年後）大西雅圖地區兒童的安全帽使用率從1%上升到57%，成人使用率上升到70%。HIPRC的評估顯示五年的時間卻帶來極大的影響：五個西雅圖地區的醫院因自行車造成頭部受傷的5-14歲兒童收治率下降了約三分之二。

4. 減少策變行為的非貨幣成本

減少時間、精力和身體或心理的成本，都可以是一種策略。Fox 建議透過將新行為「嵌入」（embedding）到目前現有的活動，來縮短推廣時間。[13]因此，人們被鼓勵當他們在看電視時，順便用牙線清潔牙齒。還可以鼓勵人們將一種新行為「固定」（anchor）於一種既定的習慣。[14]例如：為鼓勵養成運動習慣，你可以建議人們走樓梯到三樓辦公室，而不是搭乘電梯。

在這個模型中，Gemunden提出了幾種減少其他非貨幣成本的潛在策略：

1. 針對感知心理風險（perceived psychological risk），則提供心理獎勵（psychological rewards）的方式來推廣社會產品，像是公眾認同。

2. 針對感知社會風險（perceived social risk），先從可信的來源管道蒐集背書，以減少採用產品時可能遭受的恥辱或尷尬。

3. 針對已知的使用風險，向行為採用者提供有關產品的安心資訊或免費產品試用，以便他們可以親身體驗產品是否如同承諾所言。

4. 針對感知的身體風險（perceived physical risk），請徵求權威機構的認證，如：美國牙科協會、美國醫學協會或其他備受尊敬的組織。[15]

範例：兌現農民市場的購物券

婦嬰童營養補充計畫辦公室（WIC）經常提供購物支票給符合補助條件的家庭，前往合作的蔬果超市購買新鮮水果或蔬菜補充營養。然而，由於服務對象經常必須面對許多非貨幣成本的問題，導致願意接受補助的家庭寥寥無幾。這些面對的問題包括：簽約的超市不多、不易停車、使用優惠券時必須面對他人的異樣眼光、因為標誌不清楚，導致不容易確認哪些是WIC所提供可購買的產品、購物券無法找零、店家無法清楚標示WIC產品，使得購買過程困難重重，擔心婦嬰童辦公室的諮商師會認為他們不配合計畫，實際上是因為他們工作時間經常與超市營業時間有所衝突，或者常常將購物券放在抽屜或車上。

這些問題可使用幾個與價格有關的技巧加以解決：

- 在購物券背面提供詳細的商家資訊及停車地圖。
- 使用晶片現金卡代替購物支票。
- 使用易於辨識標誌，同時注意不會導致「貼標籤」的效果，像是：每日五蔬果的標誌。
- 使用較低金額的兌換券面額，例如：1美元面額。

- 使用堅固耐用的票券夾存放購物券。
- 提供遲疑顧客較少的購物券，但常用者給較多。

5. 增加競爭行爲的貨幣成本

在社會行銷的環境，這種策略可能會影響政策制定者，因爲針對競爭者的最有效的貨幣策略往往需要增加稅收（例如：耗油量大的汽車）、罰款（例如：未回收資源）、或減少贊助（例如：如果學校沒有提供至少一小時的體育課）。回顧自行車安全帽的例子，Harborview傷害預防和研究中心現在正在採取更多的立法和監管措施，因爲最近的評估表明，安全帽的使用率已趨穩定——他們說，一個可能的跡象表明，不戴安全帽的人只怕法律和罰款。正如Alan Andreasen在其《21世紀社會行銷》（*Social Marketing in the 21st Century*）一書中所闡述的那樣，這些政策的改變對促進重大社會變革是至關重要的，社會行銷人員在促成這改變中扮演重要的角色。「我們的理論和模型非常靈活，足以指導針對這種上游行爲的活動，尤其是對於許多在地方階層無法負擔遊說費用的小型組織。」[16]

Andreasen建議你使用社會行銷模式的熟悉元素。你可以使用行爲變遷模型的階段區分受衆，並在立法環境中根據這種模式分出的區隔市場爲：反對派、未定派者或支持派。然後你會理解標的受衆的BCOS因素：利益（benefits）、成本（costs）、其他團體態度（others in the target audience's environment and their influence）和自我肯定（self-assurance）（對機會和能力的看法）。[17]這些應該聽起來很熟悉。

在下面的例子，示範針對上游受衆的社會行銷行動，影響上游受衆推動立法改變下游行爲，並拯救許多生命。

範例：說服立法者通過駕車禁止使用手機發簡訊法案

截至2010年1月美國只有十五個州和哥倫比亞特區通過開車使用手機發簡訊爲一級犯罪（primary offense）的法律；只有五個州和哥倫比亞特區通過開車使用手機聊天爲一級犯罪的法律。華盛頓州是將使用手機發簡訊訂爲二級犯罪（secondary offense），這意謂著駕駛必須同時做出其他錯誤的事情（例如：違規變換車道）才會被開罰單。[18]兩名州議員和一名公民志願者組成專案組，使出渾身解數試圖說服立法機關和州長通過新法律（策變行爲），讓警察可以要求邊開車時邊使用手機的民衆靠邊停車。他們使用社會行銷的方法，所採取的第一個步驟是了解立法者對投同意票的擔憂，確定了幾個主要障礙，如表11.2所示，包括對立法委員會提供的證詞。

華盛頓的新法律於2010年6月10日通過並生效。駕駛在開車時交談或發簡訊時，罰單金額為124美元。持有學習駕照的青少年在開車時完全禁止使用無線設備，包括無線耳機，除非緊急情況。

表11.2 立法者對通過開車使用手機聊天、發簡訊為一級犯罪的顧慮

立法者主要的擔憂	倡導者的回應
「我的選民會爭辯，開車用手機並不會比開車化妝或吃東西更危險，他們宣稱會對抗這樣的法律。」	人因專家（Human factors experts）告訴我們，駕駛分心有三種型態。首先是視覺原因——眼睛視線離開道路；第二個是機械原因——雙手離開駕駛盤；第三個是認知原因——當思緒飛向遠方，忘記自己正在開車。開車使用手機交談或發短訊，涉及這三種分心型態。 因此，一項研究表明，使用手機進行交談的駕駛相當於酒醉駕駛者的血液酒精含量為0.08%，駕車時發簡訊的駕駛血液酒精含量約為0.24%。
「我不明白在車上使用手機交談與在車上與乘客交談有什麼不同？」	還是有一個非常重要的區別，車上的乘客知道前方道路情況，甚至可以幫忙注意危險訊號，車上的乘客知道何時對話需要暫停。
「這樣的法律不會強制執行。」	雖然我們不會看見所有的違規者，但這個法律會給我們重要的事後能力，可以對那些選擇莽撞或不負責任的人進行額外的懲罰。

6. 增加競爭行為的非貨幣成本

非貨幣策略也可以用來增加與競爭行為的可感知非貨幣成本。在這種情況下，你需要創建負面的公眾感官。例如：在2013年春天，馬德里（Madrid）附近一個村莊的狗主人，如果他們遛狗時，沒有在街道上清除寵物的糞便，那麼就要小心收到不愉快的包裹。它的工作原理如下：志願者在路邊觀察若有人未即時清理在街上的狗糞便，其中一個志願者會在狗主人沒注意時拿走便便，其他人則想辦法接近狗主人，記錄狗的名字和品種，隨後志願者將搜索該鎮的寵物登記數據庫以查找狗主人的地址。然後，該寵物的糞便會被放在標有「失物招領」的盒子中，寄到相對應的地址。一份結果報告顯示，在布魯奈特（Brunete）街道上看到的狗糞便量減少了70%。[19]

在華盛頓州的塔科馬（Tacoma），有一個展示不符合市政法規建築物業的網站，他們稱之為「骯髒的15號」（The Filthy 15），儘管業主的名字並沒有出現在

網站上，但它包括了每棟建築物的照片，該物業在清單上的具體原因，以及建議清理的項目，這樣鄰居或其他居民可以追蹤物業清理的進度。[20]

在另一種情況下，你必須強調競爭者的缺點，如下範例所示，透過研究了解哪些成本應該被強調。

範例：鼓勵青少年節制性慾

青少年意識項目（The Teen Aware Project）是全州努力減少青少年非預期懷孕的一個子計畫，並由華盛頓州公共教育總監辦公室（Washington State Office of Superintendent of Public Instruction）贊助。透過競爭型式分配資金給公立中學，以發展媒體宣傳活動，推廣節制性慾和延後婚前性行為發生時間。這些活動大多由學生設計和製作，學生媒體產品包括影片和廣播製作、海報、戲劇作品、印刷廣告、多媒體、T恤和網站，活動資訊在當地的學校和社區發送。

這項特別的研究工作是由美瑟島高中（Mercer Island High School）的青少年接受資助進行的。九名學生組成市場行銷、健康和傳播的團隊來發展活動，幾位教師和外部顧問擔任了該計畫的教練。[21]在進行研究工作時，該小組選擇了他們的活動焦點（節制性慾）、宗旨（減少青少年懷孕）、標的受眾（八年級學生）和活動目標（說服學生「在激烈時刻停下來思考」）。來自既有的學生調查訊息顯示，只有25%的八年級學生會克制性慾，因此決定活動將由八年級學生成為標的受眾，他們被認為是做出性行為決定最脆弱的年紀。

團隊中十一和十二年級成員重溫他們對初中學生時代的回憶。正如一位學生表示的那樣：「我不是八年級國中生已經很久了，所以我完全沒有關於他／她們對性的了解和想法的線索。」他們研究有兩個主要的宗旨：(a) 在活動中應被強調節制性慾的優點與性行為代價的決策；(b) 為活動提供發展訊息的靈感。更具體地說，這項研究的目的是確定節制性慾的主要益處與性行為的代價，以及最能影響八年級學生考慮節制性慾的訊息（和語調）。

團隊中的九位學生承諾在一個禮拜內，每人至少要拜訪五個八年級的學生，他們用一個非正式的腳本來說明計畫，並向受訪者保證他們的意見將會被匿名處理。他們記錄並總結了對以下三個開放式問題的回應：

1. 你覺得值得等到年紀較長時，才發生婚前性行為的最重要理由是什麼？

2. 你認為如果發生婚前性行為後，可能會發生的事情中，最糟糕的事情是什麼？

3. 如果你的室友或好友告訴你，他（她）今晚將要與別人發生初夜，你會對他（她）說什麼話？

在取得學區同意後，研究者利用課前、課後進行訪問，並盡量於非正式的場所進行訪問，像是課後活動場所、運動場或是朋友家；學生完成調查後，回到學校總結他們的調查結果，並歸納他們的結論如下所示：

- 延後初次婚前性行為時間的主要理由
  - □不會感染性病（sexually transmitted diseases, STDs）。
  - □可以為自己未來重要的另一半守身。
  - □不會懷孕。
- 最糟糕的事情
  - □可能會因為第三者，而面對被拋棄的命運。
  - □可能會懷孕，而小孩的出生確實會帶來一些現實問題。
  - □可能會得到恐怖的性病，如：菜花。
- 會對朋友說的話
  - □你應該等到年紀大一點的時候再發生吧！
  - □你確定對方是眞心愛你嗎？
  - □你有保護措施嗎？
  - □對於接下來可能發生的所有事情，你是否做好面對的準備了呢？

圖11.3 節制性慾望活動海報

資料來源：Copyright © 2001 by Washington State Office of Superintendent of Public Instruction.

該團隊利用這些訊息展開一場，以婚前性行為的三個「嚴重」後果為中心的活動。他們發展的活動口號是「你準備好了嗎？」然後針對這三個後果個別發表相關主題的故事。三項主要的主題分別發展出對應主題的海報與廣播訊息（見圖11.3、圖11.4及圖11.5）。

高中廣播電臺播放的廣播節目，根據三個主要後果製作廣播節目。節目一：一個男高中生的眞心告白

> 自從那一天起，我終於了解什麼是性病。某日夜裡，我身體的重要部位忽然感到前所未有的搔癢，幾乎每一吋皮膚都產生灼熱的疼痛感受，我眞的

無法繼續入睡了……因爲陰蝨已經爬滿……體毛，我實在需要接受協助。如果你要發生性行爲之前，請確實問問自己：「你眞的已經準備好接受所有的後果嗎？」（見圖11.3）

節目二：未婚生子的少女——一位剛經歷生產過程的女學生，繪聲繪影地描述生產的所有痛苦細節（見圖11.4）。節目三：一個女孩傷心卻坦率地表示，她曾與某個男同學發生性行爲，但事發後這個渣男立即告訴學校每個人，並且洋洋得意表示又找到了一個新女朋友，傷心的女孩花了幾年時間才願意再次相信一個人（見圖11.5）。

圖11.4　節制性慾望活動海報

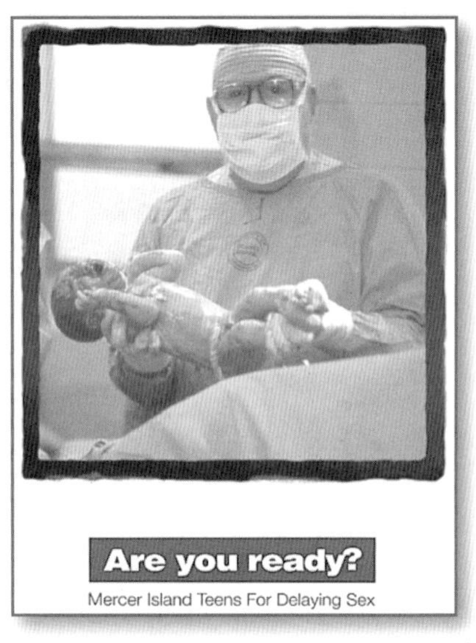

資料來源：Copyright © 2001 by Washington State Office of Superintendent of Public Instruction.

圖11.5　節制性慾望活動海報

資料來源：Copyright © 2001 by Washington State Office of Superintendent of Public Instruction.

更多承諾和保證

如前所述，我們認爲承諾和保證是非金錢激勵措施，能夠增加採用策變行爲的價值，通常以增加自尊和／或公衆聲譽的形式表現。就承諾與保證之間的區別而言，許多人在簽署表格或點擊網站上的同意方框時，使用「保證」（pledge）一詞表達承諾。Doug McKenzie-Mohr鼓勵公開的承諾（相對私人的）和永續的（相對短暫的），因爲它們最有可能激勵個人保持承諾並促進社會傳播。

2014年1月我們請求喬治敦和國際社會市場行銷協會（Georgetown and International Social Marketing Association）的會員，列出了在社會行銷工作中使用承諾和保證的例子。（注意：對大多數這些案例，參考資料中會顯示一個網站連接，提供有關該工作的更多詳細訊息。）

- 改善健康
  - □澳洲的Nick Goodwin分享了澳洲的「Hello Sunday Morning」計畫，這是有關個人休息時的飲酒行為和重建飲酒文化的一個活動。自2010年以來，已有2萬多人註冊三個月或更長時間不喝酒，並記錄他們的歷程在「Hello Sunday Morning」的部落格上。[22]
  - □愛爾蘭的Niamh Gately寫信給我們，介紹有關愛爾蘭眞人秀的電視節目「力行改造」（Operation Transformation），該節目介紹五名體重超重的肥胖者，他們在節目中被稱為「領導者」，他們承諾改造自己生活並最終達到改善健康狀況的目的。這些「領導者」們在整個方案的八週內，從健身專家、營養師、家庭科醫生和心理學家那裡得到指導，制定了結構化的運動和膳食計畫，除了自己力行改造，也提供觀眾採用；電視節目每週記錄領導者們的進展情況，並要求廣大公眾承諾在線上追隨五位領導者的計畫，並嘗試執行同樣的生活方式。Niamh分享了初步的成果：在八週計畫之後，52%的受訪者體重減輕6磅，25%減輕7-13磅，13%減輕14-21磅，10%減輕接近22磅。[23]
- 傷害預防
  - □加拿大的Martha Jamieson分享了阿爾伯塔省（Alberta）的一項安全駕駛計畫，該計畫的重點是在一條惡名昭彰的危險公路上，駕駛應注意的安全行為。計畫建置一個專門的網站，包含一系列的危險提示資訊，並要求人們在駕駛這些道路時，承諾採取負責任的行為。截至2014年2月，已有3,000多人使用電子郵件、Facebook 或Twitter 帳號簽署承諾。[24]
  - □美國的Kristina MacKenzie提到了AT&T、Verizon、T-Mobile和Sprint通訊業者之間的合作，阻止駕駛開車時發簡訊。他們發簡訊給駕駛介紹一個「可以等待網站」，其中包括強大的視頻內容和有說服力的統計資料，說服人們承諾開車時不發簡訊。「沒有一個訊息是需要用生命去換得，它可以等待。」[25]
- 環境改善
  - □佛羅里達州的Sara Isaac指出一個線上承諾的網站「我們是佛羅里達人」（Be Floridian），這是一項為維護坦帕灣（Tampa Bay）河口生態使用Facebook 公開承諾肥料減量的活動，活動同時還提供一份紙本承諾書。[26]
  - □夏威夷的Sheila Sarhangi在夏威夷島提出了一項承諾計畫，減少汙染逕流和更多事件，並可提供多種行動選擇承諾，包括：「明智地使用肥料」和「在我的小狗便便後，把糞便放進垃圾箱內」。[27]

□麻薩諸塞州的Mike Walker引用ENERGY STAR的名義，創建了「Low Carbon IT Campaign」，其主要組成部分是設施的永續發展和鼓勵IT經理設定電腦睡眠功能的承諾。截至2014年2月，他們已經獲得600萬臺電腦自動睡眠的承諾，節省大約15億度電。[28]

□加拿大的Sara Wicks分享了滑鐵盧地區（Waterloo Region）的1000個藍桶（資源回收）挑戰，目前滑鐵盧地區的家庭，正在透過承諾使用綠桶（有機生廚餘）來減少他們的碳足跡。

- 社區發展

□維吉尼亞州的Caryn Ginsberg指出，農場的動物權利運動（Farm Animal Rights Movement, FARM）要求人們在觀看一部描述動物生產過程的4分鐘視頻後，承諾只食用少量肉類食物，60%的觀眾（主要是年輕人）許下承諾。[29]

□俄亥俄州的Eric Green正在使用社會行銷策略來鼓勵男性參與一個名為「俄亥俄州男子漢」（Ohio Men's Action Network）的州立組織，並承諾履行多項行為，包括：不對任何年齡、性別的任何人採取任何暴力行為；反對性暴力；並教導朋友和其他人關於非暴力和尊重的關係。

□Nedra Kline Weinreich在加利福尼亞州參與了一項心智健康運動，活動蒐集加州人的保證，承諾他們未來將以實際行動中止對精神健康問題的羞辱和歧視。[30]

定價有形商品和服務

有關社會行銷的有形商品與服務的產品價格，通常由製造商、零售商與服務提供者所決定，社會行銷者主要的工作是幫助決定哪些有形商品和服務可以促進行為改變、推薦折扣券和相關激勵措施，然後推廣人們多加利用。

如果社會行銷者必須負責定價，幾個原則有助於進行相關決策。首要任務是決定定價的目標，Kolter 和 Roberto[31]指出幾個可能的定價目標：

- 當獲利為首要考量要素，應將利潤極大化（例如：向非洲廠商收取遊戲抽水機的廣告費，遊戲抽水機可以減少家庭從井中打水的時間）。

- 希望有收入可以彌補成本（例如：向消費者購買原價45美元的雨水承接桶，收取32美元）。
- 極大化採用產品的定價策略，定價的目標在於影響更多人採用產品或服務（例如：提供農場工作者免費的保險套）。
- 實現社會公平的定價策略，根據社會弱勢或高風險受眾的付款能力而訂出浮動的價格（例如：針對低收入戶購買自行車安全帽提供價格補助）。
- 反行銷（demarketing）的定價策略，主要用於不鼓勵民眾購買某些社會產品（例如：香菸加稅）。

一旦定價目標確立就能決定產品的價格，通常有三個常用的定價方法可供選擇：

1. 成本基準定價法：價格的決定取決於所希望的邊際利潤或是投資報酬率（例如：社區診所所銷售的家庭計畫的保險套，只希望拿回工本費，因此定價低廉）。

2. 競爭基準定價法：根據競爭情況，決定價格的定價方法（例如：防溺計畫中救生衣廠商提供優惠券，使救生衣的售價較未經海濱保衛隊認證的更低）。

3 價值基準定價法：價格的決定取決於標的對象對產品的「價格敏感度」，根據產品的效益價值，決定價格（例如：改良式廚餘機只須輕輕轉動就能有效生產堆肥，定價自然比傳統需人工翻轉的廚餘機更高）。

與定價策略相關的道德考量

與定價策略相關的道德考量因素包括：社會公平問題（social equity）（例如：針對受眾付款能力不同，提供固定費用和浮動費用）、潛在剝削（potential exploitation）（例如：爲吸毒成癮的婦女提供自願結紮的貨幣刺激措施；或者像北卡羅萊納州減少青少年懷孕的計畫，家中有青少年未婚生子少女的姊妹，如果沒有懷孕，就贊助她每天一塊錢）、公衆羞辱手段（public shame tactics）的影響和公正性（例如：一個人的房屋被列在「骯髒15號」的清單中，但卻因爲未修復破舊房屋的理由而失去工作）、全面披露代價（full disclosure of costs）（例如：爲了獲得活動的利益，需要滿足每天扔廚餘進堆肥機的要求）。對農民市場的WIC顧客而言，這些問題他們可能都會遇到。如果顧客用完他們的食物補貼券，是否可以再索取更多？我們如何處理市場上許多商品都少於2美元食物券面額的事實，爲何不能找零？我們是否告訴我們的顧客，他們到超市可能需要支付3美元的停車費？

章節摘要

社會行銷產品的價格是標的受眾採用新行爲的相關成本，成本可能是貨幣或非貨幣性質的。你的任務是使用第二個工具來幫助確保你提供的好處，等於或大於他們將要放棄的代價（成本）。如上所述，產品和通路工具可用來增加收益並降低成本（例如：提供更方便的回收場所是通路策略），定價工具的目標（和機會）是開發和提供可用於以下六個策略的激勵措施，其中前四種策略著重策變行爲，後兩種策略著重於競爭者：

1. 增加策變行爲的貨幣利益。
2. 增加策變行爲的非貨幣利益。
3. 減少策變行爲的貨幣成本。
4. 減少策變行爲的非貨幣成本。
5. 增加競爭行爲的貨幣成本。
6. 增加競爭行爲的非貨幣成本。

雖然大多數有形商品和服務的價格，都是由製造商、零售商和服務提供者所決定的，但從建立定價目標開始，幾條原則可以指導社會行銷人員如何面對定價決策。你希望價格能爲你完成什麼事情？一旦確定了這一點，你就可以根據成本、競爭者或標的受眾對產品的感知價值來決定價格。

研究焦點　增加民眾種植當地原生植物——「免費」是否很重要？（2012）

在他的《可預測的非理性》（*Predictably Irrational*）一書中[32]，Dan Ariely描述了一系列簡單的價格實驗，說明人類的非理性經濟行爲。

> 研究者首先提供受試者選擇價值較昂貴、成本較高的瑞士蓮（Lindt）松露巧克力，或者價值便宜、成本低廉的賀喜水滴巧克力（Hershey's kiss），結果三分之二的受試者選松露巧克力。[33]

但當我們把價格改成松露巧克力14美分、賀喜巧克力免費時，松露巧克力就輸了，只有三分之一的人選擇松露巧克力。[34]Dan Ariely解釋「免費」這兩字對大腦有很強的吸引力。[35]

以下研究焦點證實了這種「免費」的力量，儘管在這種情況下，免費替代品的價值是相同的。主要內容來自 2012年12月《社會行銷季刊》（*Social Marketing Quarterly*）上的一篇文章摘要，該文章由Bret Randall Shaw、Barry Radler和John

Haack撰寫：「比較兩種推廣購買湖濱原生植物促進自然的直郵策略（Comparing Two Direct Mail Strategies to Sell Native Plants in a Campaign to Promote Natural Lake Shorelines）。」36

背景

威斯康辛州中西部上游湖岸附近的住宅開發區，發現水位降低可能導致野生動植物棲息地減少、生物多樣性降低。37改善湖岸退化的方法是透過在水源地附近種植樹木和植物，這個種植植物的區域通常稱爲河岸緩衝區。地方政府和其他利益相關團體用來增加這些區域種植植物面積的方法，是補貼或給予湖岸業主購買湖岸線重建原生植被的植物採購折扣。

這項研究想要了解什麼折扣策略，最能影響消費者購買這些原生植物？推廣訊息看起來簡單的變化，會有不同的效果嗎？更具體地說，兩種促銷直郵策略中的哪一種會產生最多的使用者？是標題「減5元」，還是「免費1棵」？它們會有影響嗎？

方法學

旨在鼓勵位於威斯康辛州西北部湖濱住家沿著湖濱線種植原生植物的活動，名稱爲：分享你的湖岸（Share Your Shore），這是一場大型的社會行銷活動，他們在發行的通訊中設計了兩個優惠券版本（見圖11.6和11.7），除了左上角的兩個價格視覺元素不同之外，優惠券的其他內容完全相同；但對研究者來說意義重大，因爲兩張優惠券的功能是相同的：

1. 使用「免費1棵」優惠券，民衆有兩種選擇，他們可以用它來免費獲得六個小型本地植物中的一個，或者用它購買十種湖濱原生植物可以獲得5元的折扣。

2. 使用「減五元」優惠券，民衆擁有相同的兩種選擇，只是以相反的順序說明。他們可以購買任何湖岸原生植物並獲得5美元的折扣，或者他們可以使用它獲得六個小型本地植物中的一個。

圖11.6 「Free Pack」優惠券

資料來源：Share Your Shore.

優惠券被隨機夾入通訊資料內發送到3,672名住戶家中，郵件中還包括一本名爲《伯內特縣十大原生植物計畫》（*Top 10 Native Plants for Burnett County*）彩色小冊子，其中描述了不同植物吸引野生動物的種類，以及最有可能在該地區沙質土壤中存活的植物種類（見圖11.8）。優惠券可以在該縣五個參與的種苗銷售園兌換，該種苗銷售園繁殖許多小冊子中的十種當地原生植物。在種苗銷售園現場張貼「銷售站」海報及兩個優惠券版本。

圖11.7 「$5 off」優惠券

資料來源：Share Your Shore.

圖11.8 介紹十種當地原生植物的彩色小冊子封面

資料來源：Share Your Shore.

結果

總共有263張優惠券被使用，其中三分之二（66.2%）都是「兗費1棵」優惠券。雖然兩種優惠券被平均分發到住戶清單，但爲提供驗證有效的數據，研究者有必要使用統計檢定來確認關係的顯著性，最後研究者使用卡方分布之適合度統計，確認「兗費1棵」優惠券的使用人數明顯較多（統計檢定結果詳見表11.3）。

表11.3 卡方分布之適合度檢定結果

	兗費1棵	減5元
觀察次數	174	89
期望次數	131.5	131.5
觀察值／期望值（差異）*	42.5	–42.5

$^*p < .001$

資料來源：Adapted from p. 278 of B. Shaw, B. Radler, and J. Haack, “Comparing Two Direct Mail Strategies to Sell Native Plants in a Campaign to Promote Natural Lake Shorelines,” *Social Marketing Quarterly* XVIII, no. 4 (December 2012): 274～280.

討論

這項研究的結果顯示，行銷資訊看似微小的變化卻可以產生大大影響人們的反應。這兩張優惠券版本中包含的訊息沒有功能性差異，兩張都是提供價值5美元的本土植物。然而，簡單的訊息卻有不同的效果——人們專注於免費1棵而不是少5美元，免費的訊息顯著加強了人們對促銷的反應。[38]

作者還指出，為了保護水質，人們可能需要更多的免費1棵或5美元優惠券來購買更多的植物，未來的研究應該考慮免費優惠是否比減5美元的折扣優惠更能吸引民眾前往選購，或者有收到優惠券的購物者購買植物的機率會高於沒有優惠券的民眾。

問題討論與練習

1. 關於使用貨幣激勵措施的一個擔憂是它們的「耐久性」，這意謂著一旦激勵被消除，則透過貨幣激勵影響的行為可能會恢復，甚至可能降至初始水平以下。你覺得有沒有這個可能性？使用本章前面介紹的捐血案例來發揮你的想法。你有辦法預防這種情況發生嗎？
2. 分享你曾經參與保證或承諾過的計畫或活動。
3. 討論本章開頭的案例，你認為在CARES 活動中，100人中只有5人成功戒菸，這樣的活動能否算是成功？為什麼是？或者為什麼不是？

注釋

1. D. Bueckert, "Federal Budget Hammers Gas-Guzzlers, Leaves Kyoto in the Air" (2007), accessed March 20, 2007, http://cnews.canoe.ca/CNEWS/Canada/2007/03/19/3783431-cp.html.
2. X. Gine, D. Karlan, and J. Zinman, "Put Your Money Where Your Butt Is: A Commitment Contract for Smoking Cessation," *American Economic Journal: Applied Economics* 2, no. 4 (October 2010): 213–235.
3. X. Gine, D. Karlan, and J. Zinman, "Cares Commitment Savings for Smoking Cessation in the Philippines" (n.d.), accessed January 31, 2014, http://www.povertyactionlab.org/evaluation/cares-commitment-savings-smoking-cessation-philippines.
4. Ibid.
5. P. Kotler and G. Armstrong, *Principles of Marketing* (Upper Saddle River, NJ: Prentice Hall, 2001), 371.
6. R. O'Connor, B. Fix, P. Celestino, S. Carlin-Menter, A. Hyland, & K. M. Cummings, "Financial Incentives to Promote Smoking Cessation: Evidence From 11 Quit and Win Contests," *Journal of Public Health Management and Practice* 12, no. 1 (2006), 44–51, accessed March 10, 2007, http://www.ncbi.nlm.nih.gov/entrez/query.fcgi?cmd=Retrieve&db=pubmed&dopt=Abstract&list_uids=16340515&query_hl=6&itool=pubmed_docsum.
7. A. Luthern, "Blood Shortage Risk Prompts Red Cross Request for Donors," *Milwaukee Wisconsin Journal*

Sentinel, accessed February 3, 2014, http://www.jsonline.com/news/wisconsin/blood-shortage-risk-prompts-red-cross-request-for-donors-b9951666z1-214901141.html.

8. A. Woerner, "Should Monetary Incentives Be Offered for Blood Donation? Study Says Yes," *Fox News* (May 24, 2013), accessed February 3, 2014, http://www.foxnews.com/health/2013/05/24/should-monetary-incentives-be-offered-for-blood-donation-study-says-yes/.
9. J. Z. Klein, "Fair Play Shows Up in the Standings," *The New York Times* (December 21, 2010), accessed January 28, 2011, http://www.nytimes.com/2010/12/22/sports/hockey/22youth.html.
10. Klein, "Fair Play."
11. D. Rich, "Humane Society Adoptions Hit Record," *Mercer Island Reporter* (September 17, 2013), 8, accessed October 7, 2014, http://www.mi-reporter.com/opinion/letters/224089501.html.
12. Information in this example is from Harborview Injury Prevention and Research Center, University of Washington, Seattle; accessed October 1, 2001, http://www.hiprc.org.
13. K. F. Fox, "Time as a Component of Price in Social Marketing," in *Marketing in the '80s*, ed. R. P. Bagozzi et al. (Chicago: American Marketing Association, 1980), 464–467; as cited in P. Kotler and E. L. Roberto, *Social Marketing: Strategies for Changing Public Behavior* (New York: Free Press, 1989).
14. Ibid.
15. H. G. Gemunden, "Perceived Risk and Information Search: A Systematic Meta-analysis of the Empirical Evidence," *International Journal of Research in Marketing* 2 (1985): 79–100; as cited in Kotler and Roberto, *Social Marketing*, 182–183.
16. A. R. Andreasen, *Social Marketing in the 21st Century* (Thousand Oaks, CA: SAGE, 2006), 153.
17. Ibid., 102.
18. Driven to Distraction Task Force, "Frequently Asked Questions / Cell Phone Legislation Proposed by Senator Tracey Eide and Representative Reuven Carlyle" (n.d.), accessed January 28, 2011, http://www.nodistractions.org/The_Evidence.html.
19. thinkSPAIN, "Dog-Mess Not Cleared Up Hand-Delivered Back to Owners as 'Lost Property' " (April 2013), accessed February 3, 2014, http://www.thinkspain.com/news-spain/22852/dog-mess-not-cleared-up-hand-delivered-back-to-owners-as-lost-property.
20. City of Tacoma, "The Filthy 15" (2007), accessed March 21, 2007, http://www .cityoftacoma. org/Page.aspx?nid=167.
21. Students received creative and production assistance from Cynthia Hartwig (creative director), Shelley Baker (art director at Cf2Gs Advertising), Marlene Liranzo (Mercer Island High School teacher), Gary Gorland (Teen Aware program manager), and Nancy Lee (consultant).
22. Hello Sunday Morning [website], accessed February 10, 2014, https://www.hellosunday morning.org/pages/about.
23. Personal communication from Niamh Gately, March 6, 2014.
24. Coalition for a Safer 63/881, "These Albertans Pledged to Be Safer Drivers. Join Them" (n.d.), accessed February 10, 2014, http://www.safer63and881.com/thepledge/.
25. Texting & Driving: It Can Wait [home page], accessed February 10, 2014, http://www .itcanwait.com/.
26. Be Floridian: A Service of the Tampa Bay Estuary Program [website], accessed February 10, 2014, www.BeFloridian.org.
27. West Maui Kumuwai, "Take the Pledge" (n.d.), accessed February 10, 2014, http://west mauikumuwai.org/

take-the-pledge/personal-pledge/.

28. ENERGY STAR, "Put Your Computers to Sleep: Save up to $50 per Computer Annually" (n.d.), accessed February 10, 2010, http://www.energystar.gov/index.cfm?c=power_mgt.pr_power_mgt_low_carbon_join.

29. FARM: Farm Animal Rights Movement, "10 Billion Lives North American Tour Fact Sheet" (n.d.), accessed February 10, 2014, http://www.10billiontour.org/10%20Billion%20 Tour%20Media%20Fact%20Sheet.pdf.

30. Each Mind Matters: California Mental Health Movement, "Join the Movement: Make a Pledge" (n.d.), accessed February 10, 2014, http://www.eachmindmatters.org/join-themovement/.

31. Kotler and Roberto, *Social Marketing*, 176–177.

32. D. Ariely, *Predictably Irrational: The Hidden Forces That Shape Our Decisions* (New York: HarperCollins, 2009).

33. Neuromarketing: Where Brain Science and Marketing Meet, "The Power of FREE!" (July 10, 2008), accessed February 5, 2014, http://www.neurosciencemarketing.com/blog/articles/thepower-of-free.htm.

34. Ibid.

35. "Predictably Irrational," *Wikipedia* (n.d.), accessed February 5, 2014, http://en.wikipedia .org/wiki/Predictably_Irrational.

36. B. Shaw, B. Radler, and J. Haack, "Comparing Two Direct Mail Strategies to Sell Native Plants in a Campaign to Promote Natural Lake Shorelines," *Social Marketing Quarterly* XVIII, no. 4 (December 2012): 274–280.

37. B. M. Henning and A. J. Remsburg, "Lakeshore Vegetation Effects on Avian and Anuran Populations," *American Midland Naturalist* 161 (2009): 123–133.

38. Shaw et al., "Comparing Two Direct Mail Strategies," 278.

第十二章
通路：讓過程便利又舒服

不再讓受害者抱怨，並承認環境中的不完美會導致社會變得更不公平且攔阻變革。

——Dr. Christine Domegan

National University of Ireland

許多經營連鎖零售商店的業者說，他們業務成功的三個最重要的因素是「位置、位置、位置！」你也許會發現，許多社會行銷工作也是如此，請用下面的例子想想看，一個計畫如果沒有這些便利的元素，它將會失色多少？

- 資源回收：2011年美國的資源回收利用中，有66%的紙張、57%的庭院落枝枯葉、28%的玻璃和21%的鋁瓶；[1]儘管我們並不希望看到有那麼多的回收垃圾，但想像一下，如果沒有辦公室、家庭和大多數公共場所的資源回收服務，統計數據會變得如何？
- 清理寵物糞便：雖然估計美國40%的狗主人，不會在遛狗時順手清理他們狗狗所排放的糞便，但至少有60%的人會這樣做，而且如果在全國各地的公園和公共場所沒有提供撿便袋，我們可以想像這個數字會更小。[2]
- 戒菸專線：美國成人吸菸率從1990年的25%下降到2012年的18%。[3]美國各州的吸菸者都可以獲得戒菸專線所提供的電話諮詢服務以幫助戒菸，在某些情況下，他們甚至可以提供藥物治療。戒菸專線克服了傳統戒菸班的許多障礙，因爲它們不需要交通工具，並且可以配合吸菸者方便的時間。
- 器官捐贈：目前世界各國都在想辦法增加從已故捐贈者獲得的器官數量，來幫助其他有需要的人，提供簡便的器官捐贈者註冊程序是一種重要的策略，許多國家現在透過駕駛執照局或機動車輛部門提供註冊，個人可以在其駕駛執照上註記希望成爲器官捐贈者。[4]

在本章中，你將透過以下案例，閱讀到約10種增加程序便利性的策略，可讓行銷策變行爲的過程變得更清鬆有趣。

行銷焦點　童書——兒童的極致玩具（2012～2014）

我們拒絕接受貧窮是命定的。就像我們這樣的社會中，很多孩子仍然在不利條件下生活和成長，這是不能接受的。影響這些兒童及其家庭的貧窮問題牽涉到我們所有人：他們不是唯一發展受到傷害的人，我們整個社會的發展都將受到威脅。[5]

——Claude Chagnon, President
Lucie and André Chagnon Foundation

背景

位於加拿大魁北克省的Lucie和André Chagnon基金會的使命，是透過關心魁北克年輕人的教育成就來預防貧困，幫助他們發展從出生到17歲成年階段的全部潛力。他們的做法是盡可能創造滿足這些兒童和他們家庭需求的環境，所使用的戰略重點是動員當地社區，提高社會意識，並鼓勵採取行動，來獲得兒童的最佳發展。該基金會有一套促進早期發展的干預措施，以確保兒童在學校可以獲得好的開始，並協助他們的父母扮演好另類家庭教師的角色。

2009年基金會啓動的其中一種社會行銷活動，是鼓勵和支持家長爲6歲以下的兒童提供適當的刺激。最近，一項於2012年開發並推出的活動延續到2014年，該活動將書籍作爲幼兒的極致玩具，因爲研究顯示，兒童甚至是幼兒的閱讀能力有助於創造滋養語言發展的互動環境。[6]正如你會讀到的，核心策略是爲父母提供方便的地點可以爲他們的小孩挑選書籍。

這個案例，由Lucie和André Chagnon基金會的公關副總裁François Lagarde提供。

標的受衆和策變行爲

「幼兒書」以2歲以下兒童爲對象，特別是低社會經濟地位家庭的孩子，活動爲孩子制定了單一、簡單、具體和可行的行爲：每天花5分鐘與你的孩子一起「玩」一本書。

受衆洞悉

基金會執行一項早期研究，探討了父母對幼兒閱讀的障礙。結果顯示有50%的父母由於覺得時間不夠，而沒有與孩子一起閱讀。[7]他們還擔心借書是否方便，買書又怕太貴，此外，家長對於幼兒讀書是否有好處的看法並不明確，因爲讀書是學校的事情，有些人認爲幼兒應該玩耍，而不是學習，「讓他們享受嬰兒生活吧！」他們宣稱。

什麼措施會激勵這些父母願意與他們的幼兒花更多的時間共讀？家長表示他們正在尋找更多讓孩子獲得滿足感的機會，他們可以從孩子的微笑和笑聲獲得立即的滿足；他們渴望被充滿能量、變得有能力去控制情況，而不是被說教告知該怎麼做。

行銷組合策略

與你的孩子共讀玩（Using a book to play with your child），被定位爲終極樂趣（ultimate fun）的玩具——一個有多種好處，包括每天只需5分鐘閱讀一本書。以下爲實現此定位需要克服的受衆障礙策略，包括行銷組合的以下要素：

產品

以法語和英語爲活動出版了一本獨特而內容豐富的書籍：*Kittycat & Friends: My Very Own Book*。這本書的書名爲家長提供了可以把書當成玩具使用的提示（見圖12.1和12.2）。

價格

這本書是免費的。

通路

在2013年2月至2014年1月期間，在魁北克各地和各種活動中分發了將近30萬本書，特別是在那些能夠接觸低收入家庭的活動中。

- 基金會透過自己的網絡，派送了25萬份《*Naitre et grandir*》雜誌。
- 透過直接向基金會（社區組織、地方保健中心、托兒所）訂購的方式，基金會共派送了9,700份。
- 受過培訓的個人透過受歡迎的兒童／家庭活動分發3,800份，這些

圖12.1　提供家長用來和他們的孩子共讀玩的剛出版新書

資料來源：Lucie and André Chagnon Foundation.

圖12.2　書籍的書名有提供家長如何像玩具一樣使用本書的提示

資料來源：Lucie and André Chagnon Foundation.

受過訓練的人員直接與6歲以下兒童的父母進行互動。

- 透過當地公共圖書館網絡分發了4,300份。
- 一家大型食品銀行Moisson Montréal協助分發了1,600份，給至少有一名6歲以下兒童的家庭。
- 在特定弱勢社區的商業和專業場所（藥店、超市、牙科診所）分發了10,400份，店家們承諾會將書籍分發給標的消費者，店內並張貼有需求的家長可以來索取的廣告，增加索閱率。
- 透過與OLO基金會合作分發了6,400份文件，OLO基金會是一個糧食安全倡議組織，能夠接觸到全省17,000名社會經濟地位最低的孕婦，提供專門和個性化的健康、社會和產前服務。
- Avenir d'enfants發行了11,600份以支持全省幼兒發展的聯盟組織，特別是位於貧困地區的幼扶組織。

推廣

該活動的關鍵訊息是「與孩子一起玩耍，書是可以流傳的禮物」。基金會擁有多元豐富的傳播管道傳播這個關鍵訊息：

- 電視和戶外廣告。
- 在選定的週刊中打廣告（貧困地區）。
- 網路廣告和內容（naitreetgrandir.com）。
- Facebook。
- 爲專業人士和領導者提供一個包含實踐、技巧和材料的工具包。
- 播放電視廣告的YouTube視頻（http://www.youtube.com/watch?v=qInSw_sFtcc&feature=youtu.be and http://www.youtube.com/watch?v=JKmRHwd6agE&feature=youtu.be）。

在魁北克掃盲基金會（Quebec Literacy Foundation）的合作下，掃盲基金會蒐集了18,700本針對0-4歲兒童的書籍，他們邀請民眾在全省參與的書店和圖書館爲貧困兒童購買新書。

結果

爲建立知覺、態度和行爲的基線資料，2013年7月基金會對家中有0-5歲的兒童父母進行了一項網路調查，共有333名受訪者。跟蹤調查於2014年1月完成，共有

702名網路受訪者和透過電話訪問335名成年人；在2014年1月的調查中，只有501名受訪者是0-5歲兒童的父母。結果是令人鼓舞的：8

- 66%的受訪者記得這活動（有受過幫助和沒有的）。
- 67%的人理解（未受過幫助的）活動訊息是關注兒童早期發展，鼓勵兒童生活中可以提早導入書籍閱讀，以及父母在兒童發展和閱讀中的作用。
- 95%表示他們認爲活動訊息清晰易懂。
- 79%的受訪者表示他們在過去七天內，曾經與孩子一起讀過一本書和／或讓他們的孩子玩一本書，與2013年7月的調查相比增幅顯著（58%），其中50%表示他們已經這樣做了。
- 2014年1月的研究顯示，家庭收入低於40,000加幣的父母在過去七天內與其子女一起閱讀的自我報告頻率是6.7次（從2013年7月的5.9）；家庭收入超過40,000加幣的家長的次數是7.7次（從2013年7月的7.1）；家庭收入低於40,000加幣（從6.3到7.5）的母親增幅最大。計畫負責人認爲，雖然因果難以確定，但這種特殊的增長可能跟行銷組合，特別分配重點於貧困群有關。
- 2013年7月至2014年1月，宣傳材料中強調的兩項具體行爲有顯著增加：「在書本上指出對應文字圖片」從66%增加到75%，「與他／她偎抱一起」的比例從62%增加到71%。

回饋反應

François Lagarde表示：

> 讓所有的兒童可以獲得最佳的發展，是最複雜的事業之一。只有透過整合公共政策、動員社區創造支持性環境、適當措施做法以及父母配合行爲等多項措施才能實現，這本小書作爲綜合策略的一部分，爲活動奠定很好的基礎，它透過適當的合作夥伴關係擴展數量眾多的發放點，以解決民眾獲得書籍的問題。9

通路：第三個P

通路是標的受眾想要執行策變行爲，能夠獲得所需的有形實體和服務。

我們身處便利導向的世界，因此每個人都非常看重自己的時間，總是希望能夠多節省時間，以便與家人、朋友從事最喜愛的休閒活動。因此作為一名社會行銷作者時，首先須了解你的標的受眾會積極評估我們所策劃活動對其生活便利性的影響，這是何以近幾十年來以便利著稱的企業能夠風靡全球的原因，這些企業包括：星巴克、麥當勞、聯邦快遞、亞馬遜、1-800-Flowers、Netflix網路租借電影以及網路。

在商業行銷中，通路往往意指市場或物流通路，而社會行銷的選擇和潛在範例是非常普遍的：

- 實體地點：在零售點設置資源回收站。
- 電話：家庭暴力防治專線。
- 手機應用APP：可查公車何時到達。
- 郵件：用於回收淘汰手機的郵資已付塑膠袋。
- 傳真：由患者和醫生簽署的一份戒菸協議，並傳真至戒菸專線。
- 網路：透過網路撮合配對，共乘一部車。
- 機動車：回收危險廢物。
- 人們購物的地點：百貨公司提供乳房X光攝影。
- 人們閒逛時：在同性戀酒吧進行愛滋病／愛滋病毒測試。
- 開車經過：在醫療中心進行流感疫苗注射。
- 到府服務：家庭能源效能檢視。
- 資訊服務亭（Kiosks）：確定體重指數（BMI）。
- 自動販賣機：保險套。

值得澄清與強調的是通路（place）與傳播管道（communication channel）並不同，傳播管道是活動資訊會出現的文宣廣告、手冊、故事情節或發表會，我們將在第14章中詳細說明傳播管道。

步驟七：發展通路策略

你使用通路行銷工具的目標，是發展能使標的受眾足夠盡可能方便和愉快地履行行為，並可以比較省時、省力的方式獲得支持行為改變的實體物品或服務，這對減少途徑（access）有關的障礙（例如：缺乏交通工具）和時間有關的障礙（例如：需要整天工作）特別有幫助；它還可以打破心理障礙（例如：在社區衛生診所提供針頭交換服務）。你也會想要做一些事情來讓競爭行為（看起來）變得比較不那麼方便，本章將詳細介紹十個成功的策略提供參考。

1. 使地點更方便

範例：行動牙醫診所

許多孩子沒有得到他們應該得到的牙齒護理，因爲他們可能有語言障礙、貧困沒有經濟能力、住在偏僻的鄉村或無家可歸等問題。SmileMobile的行動牙醫診所遍布華盛頓州各地的社區，這個現代牙醫行動辦公室提供無法獲得牙醫檢查的13歲以下的兒童，能夠得到醫師診治的機會。參加歐巴馬醫療補助計畫（Medicaid）的兒童不需要支付任何費用，其他兒童則按照收費規定收費，符合資格的家庭甚至可以在SmileMobile上註冊Medicaid。

這間色彩鮮豔的行動診所設有三個最先進的牙科操作室，並配有X光設備。由全職牙醫、當地志願服務牙醫及其工作人員提供一系列牙科服務，包括：診斷服務（例如：檢查和X光照射）、預防服務（例如：清潔和溝縫填補）、急性疼痛緩解（例如：拔牙和小手術）以及常規修復服務（例如：補牙和牙冠）。

SmileMobile由華盛頓牙科服務公司（Washington Dental Service）、華盛頓州牙科協會（Washington State Dental Association）和華盛頓牙科服務基金會（Washington Dental Service Foundation）共同開發（見圖12.3）。工作人員與當地衛生部門和社區、慈善組織和商業組織密切合作，協調對整個州的城鎮的巡迴診治。我們盡全力幫助最需要幫助的兒童，並爲非英語國家的患者及其家屬提供翻譯。這家行動診所在1995年首次上路，到2013年已經在整個州治療了25,000多名兒童。[10]

如何爲標的受衆節省更多時間和交通的其他範例，包括以下內容：

- 在辦公室設立健身房。
- 在超市提供注射流感疫苗服務。
- 到府提供母乳餵養諮詢服務。
- 在辦公用品商店提供回收印表機耗材服務。
- 車內垃圾桶。
- 將牙線保存在電視機內，或者遙控器上。
- 前往當地高中回收聖誕節樹。
- 住宅區內放置舊衣物回收箱。
- 流動圖書館巡迴鄉村地區。

圖12.3 讓兒童更容易看牙醫

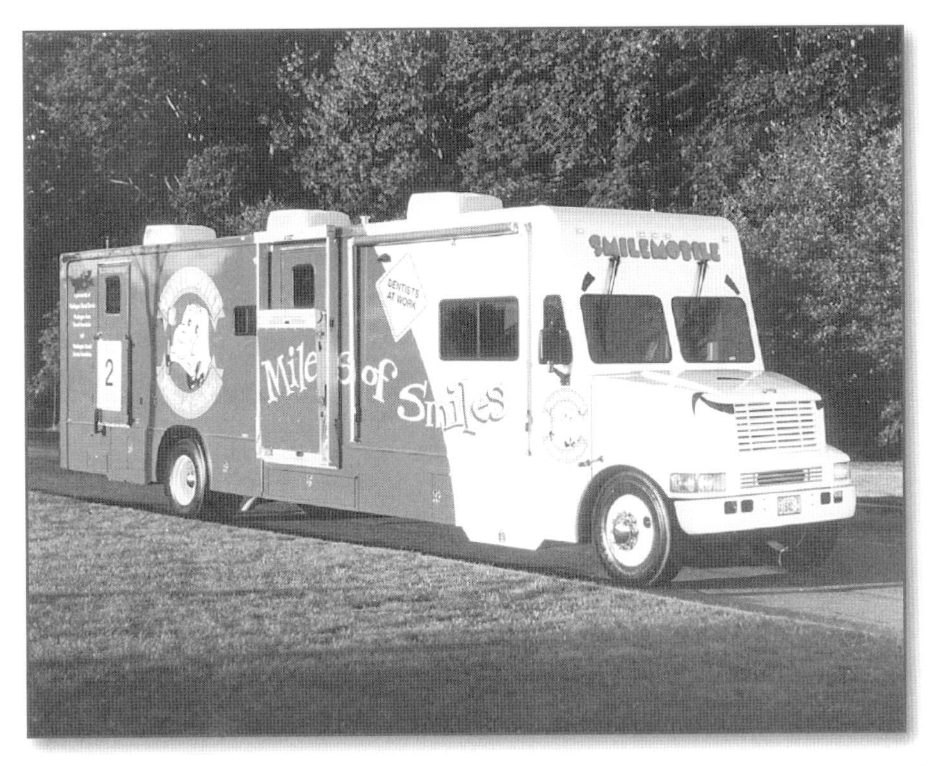

資料來源：Reprinted with permission from the Washington Dental Service Foundation, Making Dental Care for Children More Accessible. SmileMobile was developed by Washington Dental Service (WDS), the Washington State Dental Association (WSDA), and the Washington Dental Service Foundation (WDSF).

2. 延長服務時間

範例：郵件投票

對在美國2008年總統選舉中，未投票的15,167名公民進行的一項調查顯示，他們沒有去投票的首要原因是，他們「太忙或者有衝突的時間表」。[11]然而，奧勒岡州的選民在2008年總統選舉的全國投票率最高，有86%的登記選民投票。[12]也許這是因爲他們的投票系統非常方便，奧勒岡人透過投遞郵件進行投票，沒有任何投票實體地點，選舉日只是一個投票的最後期限，自1998年以來一直如此，當時有將近70%的奧勒岡人同意使用郵寄投票的計畫，有些人認爲這是「最有效率、效能和無欺詐的方式。」[13]

他們有兩個星期的時間投遞他們圈選好的選票，或者他們可以在許多指定的便利地點投遞，包括：市中心的公園（見圖12.4），郵寄還有其他的好處，包括：降低選舉成本（因爲不用設立投票場所），以及有些人覺得選民可以透過所獲得的競

圖12.4　在公園設立便利的選票回收箱

選資料，更充分考慮如何圈選他們的選票。

正如一篇社論的觀點所表達的那樣，

> 雖然在當地小學投票場所投票的畫面是令人懷念的事情，但現代生活的現實以及選舉現實的需要，已經超出了我們對投票站的懷舊情緒……「民主行動」（democracy in action）的眞正定義不正是能利民的「投票機制」（mechanism for casting ballots）嗎？[14]

為受衆提供更多彈性時間的策略範例，包括以下內容：

- 線上搜尋合格保母服務（與正常工作時間內撥打電話中心相比）。
- 24小時服務的諮詢專線。
- 資源回收中心在星期六仍有營運。
- 在工作日晚上提供自然庭園養護講習班。

3. 在決策時刻與受衆同在

許多社會行銷人員發現，與標的受衆溝通的理想時刻，是在他們即將於策變行爲和競爭行爲之間做出選擇時。他們站在十字路口，選擇一個你所期望他採用的策變行爲或是你不希望看到的行爲；你如何在這個關鍵的決策點上提供好的方案可能會很有用，這是你最後一次影響他們選擇行爲的機會。

範例：夜店的搖頭丸測試

DanceSafe是一個非營利組織服務，宗旨爲提升夜店的健康和安全，並在美國和加拿大各地設有分會；對於毒品使用，他們既不寬恕但也不譴責，相反地，他們透過在夜店提供健康和安全的訊息及現場藥丸測試服務，來減少毒品造成的相關傷害。[15]在其他的計畫，志願者在夜店現場提供藥丸測試服務，因爲搖頭丸是夜店的社交用品，如果用戶不知道藥物的性質，可以將其放在桌子上，經過培訓的藥物志願者對其進行測試以供使用。DanceSafe在其網站上報導，志願者們被派遣到夜店和其他舞會，提供有關藥物資訊、安全性行爲及其他健康和安全問題的訊息（例如：如何安全駕駛回家，並保護自己的聽力）。[16]

DanceSafe引用了兩項基本的操作原則：減少傷害和普及教育。他們相信「結合這兩種理念，他們可以創造成功，透過同儕教育計畫，減少藥物濫用，賦予年輕人健康的生活方式。」[17]他們認爲，

> 只有節制性慾是避免毒品使用傷害的唯一途徑，現在能夠減少傷害的方案就是提供非吸毒者用藥安全資訊，因爲許多人會由於缺乏資訊，即使知道有風險也要嘗試使用藥物，提供藥物安全資訊和藥丸檢測服務可以幫助人們安全使用藥物。[18]

其他能夠及時影響決策的創意解決方案，包括以下內容：

- 將水果和蔬菜放在冰箱的視線高度處，讓人一打開冰箱就可以看到蔬菜、水果。
- 與零售商溝通，將天然肥料放在貨架明顯的位置。
- 在肥料罐上放置一個小巧便宜的塑膠放大鏡，方便園丁可以閱讀小字，包括安全使用說明。

4. 讓地點更具吸引力（Make the Location More Appealing）

範例：洛杉磯的自行車專用道（Bicycle Paths）和自行車小道（Lanes）

有些沒有騎自行車上班的人指出，沒騎自行車上班是因爲缺乏安全、愉快和自行車專用道。1994年，由洛杉磯都市發展部門制定一個全面性的自行車計畫，並於1996年被市議會通過，這計畫向交通部門提供了一個自行車道、路徑，以及小道和自行車設施在整個城市實施的模式。

該計畫還有一個目標，即到2025年預計全面實施當年，該城市的自行車通勤將占所有交通工具的5%；該計畫的公聽會主要透過該市的自行車諮詢委員會（當時在洛杉磯還沒有自行車民間社團組織）提供，公眾透過參觀自行車諮詢委員會所提供的「戰爭房」（war room），了解該市的道路動線系統地圖，其中包括自行車路線圖，並爲公民提供了反映和建議的機會。

圖12.5 在洛杉磯為使自行車更具吸引力和更安全，使用橙色線的自行車道設計，並可與地鐵、巴士接軌。[19]

到2014年，該市已經完成56英里自行車車道的整建、119英里的自行車路線和348條自行車小道（見圖12.5）。此外，洛杉磯交通部已經安裝了超過5,500個U型的自行車架，並分發了超過50萬張的環市自行車路線地圖。[20]

增強地點的其他例子，包括以下內容：

- 位置便利的青少年診所，裝潢得像是咖啡廳，可以在那裡閱讀書籍。
- 辦公大樓內的樓梯茶水間，可以布置成溫馨的客廳，光線充足、鋪有地毯，並且牆壁上有每月更換的藝術展品。
- 在購物商場組織老年人步行團，讓老人逛商場兼運動。

5. 克服與地點有關的心理障礙

範例：網上的寵物

2014年估計每年有近800萬隻狗和貓最終進入美國各地的動物庇護所，並且只有大約50%被認養。[21]民眾對認養動物有幾個與動物庇護所有關的考慮因素，民眾覺得除了需要花時間前往一個動物庇護中心外，一些人還描述了他們的心理風險——他們擔心他們可能會把有問題的寵物帶回家，這會為他們製造很多麻煩；他們還擔心在現場他們不能說不；如果在網上可以查看寵物的詳細資料，可以幫助減少這些成本。

圖12.6 在網路上認養寵物可以避免到現場後不能說「不」的尷尬

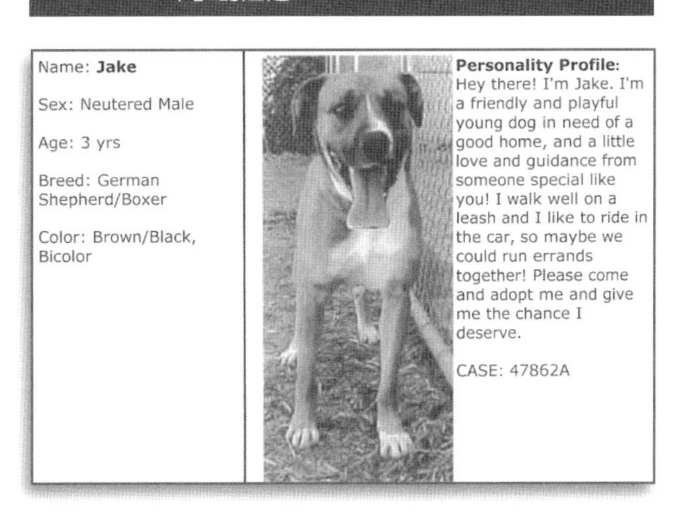

資料來源：http://www.sspca.org/ContactUs.html.

全國各地許多有愛心的動物社團組織已經開始創建一些網站，目前許多寵物都可以在線上事先了解寵物的相關資訊，每週7天、每天24小時。正如Sacramento的網上寵物照片所示（見圖12.6），網站上會提供寵物的詳細資訊，包括先前飼養者所提供的個性資訊，網站訪問者會被告知，認養是按照先到先得的原則提供的。[22]一些網站具有每日更新的功能，可以提供暫時保留動物的服務，以及有關如何選擇適合自己的寵物資訊，並說明寵物被棄養的原因；一些國家網站則提供了品種、性別、年齡、規模和地理區域等標準，讓民眾可以搜尋全國範圍內的寵物。

更多減少心理障礙的策略例子，說明如下：

- 在社區的健康診所或由社區診所出動行動診所，提供針頭交換服務。
- 幫助青少年戒菸的網站，可以選擇透過電子郵件向諮商人員詢問，而不用打電話，因為一些青少年研究顯示，如果要他們打電話，他們說：「那就不問了」。

最後，考慮一下這個計畫經理希望能夠透過駕照所取得便利的例子。問題是他們是否最終會產生與地點相關的心理成本，而這些成本可能超過方案中的產品和價格：

2010年10月在華盛頓特區西南部的一個駕照所（Department of Motor Vehicles, DMV）啓動了一項新計畫，該計畫將爲居民提供等待駕照時，可以進行保密的愛滋病毒檢測機會。DMV提供非營利組織空間，讓他們可以實施家庭和醫療諮詢服務，該組織的發言人評論說：「許多人在申請駕照時，都需要花很多時間等待DMV服務，而快速的愛滋病毒檢測只需要20分鐘，它完全符合等待時間。」[23] 愛滋病毒的口腔測試是免費的，事實上受檢測的人還可以獲得15美元的收入，可以抵扣當天DMV服務的費用。

6. 比競爭者提供更多可接觸的地點

範例：學校午餐動線的重新設計

康乃爾大學教授Brian Wansink認爲，「理想的學校午餐餐廳不是消滅餅乾的場所，理想的餐廳會讓孩子們自己選擇蘋果而不是餅乾，並且認爲這是他們自己的決定。」[24]在康乃爾大學的Wansink行爲經濟學與兒童營養中心，致力於爲學校提供以研究爲基礎的解決方案，鼓勵更健康的營養午餐。在2010年10月《紐約時報》（*New York Times*）的一篇文章中，Wansink和他的同事David分享了十幾種策略，他們發現透過改變他們的擺設方式，可以促使學生自己做出更好的選擇，幾個相關的策略說明如下：

1. 在營養午餐動線的開始處，放置營養食品。
2. 用更有吸引力的詞語來標註健康食品（例如：「奶油玉米」，而不是「玉米」）。
3. 給予選擇（如胡蘿蔔或芹菜）。
4. 把冰淇淋放在最不顯眼的地方，像是冰箱最上面。
5. 不要將沙拉靠牆壁放，要盡量放在唾手可得的地方。
6. 讓自助餐廳的工作人員問孩子：「你想吃沙拉嗎？」
7. 提供食物托盤，因爲這樣可以增加吃沙拉的可能性。
8. 減少裝喜瑞爾（穀片）碗碟的容量。
9. 把巧克力牛奶放在白牛奶後面。
10. 將水果放在玻璃碗中，而不是不鏽鋼碗中。
11. 午餐券應包括水果作爲甜點，但不包括餅乾。
12. 爲那些不購買薯條或甜點的人，提供「健康專線」（healthy express）的快速結帳窗口。

其他提供比競爭者更容易取得的例子，包括：

- 超市提供家庭友好車道（Family-friendly lanes），收銀臺不再擺放糖果、口香糖和成人雜誌。
- 高速公路提供坐滿乘客的車輛，可以使用專用車道（大部分時間）。

7. 讓競爭者變得更加困難或不愉快

範例：吸菸的「25英尺規則」

2005年12月8日華盛頓州成為第五個實施全州禁止在所有室內公共場所和工作場所吸菸的州，包括：餐館、酒吧、小酒館、保齡球場、溜冰場和非本地賭場，這項法律比任何一個州都更嚴格。與華盛頓州的措施不同，大多數州的禁令都免除了一些企業，如酒吧、私人俱樂部、打牌室和雪茄休息室，當時沒有哪個州的禁菸區比華盛頓州的25英尺規則更嚴格，禁止在入口、出口、打開的窗戶以及室內／工作的公共場所通風入口處25英尺內吸菸。

在美國癌症協會和美國肺臟協會的支持下，這種（上游）措施在當地脫口秀和社論版引發了好幾個月的激烈辯論；反對者認為，這樣酒吧沒辦法做生意，人們會失去工作，所有的顧客（和收入）會轉移到部分賭場，以規避法律規定，而民眾到餐廳用餐的機會將會減少，而且，由於人們可以選擇在不吸菸的餐廳或酒吧工作或經常上班，所以這種規定很沒有意義？措施生效一年多以後，有些人仍然生氣，並與立法人員一起遊說至少修改「嚴厲」（draconian）的25英尺規則：「這太苛刻了，為何要把我的服務變成警察的監督，他們需要贏得小費和照顧顧客——而不是成為權威人物。」[25]

但是研究顯示，國家菸草預防計畫必須建立在廣泛和全面的基礎上才會有效，這樣表示吸菸者必須「在雨天走出去」，這成為威懾的力量。華盛頓州成為美國吸菸率最低的地區（2013年只有16%的成年人）[26]，華盛頓州的菸草預防和控制計畫提供服務幫助人們，限制孩子獲得香菸的能力，開辦公眾意識和媒體宣傳活動，支持社區和學校計畫，並評估其活動的有效性。[27]

更多限制競爭行為的例子如下：

- 提供用於槍枝安全儲存的密碼箱優惠券並分發宣傳冊，列出方便購買的零售地點。
- 為家庭酒櫃上鎖，減少未成年人飲酒的機會；更好的是，在新的房屋建造規格導入這些標準。

- 修剪城市公園的灌木叢，使青年人無法聚集在下面喝酒、吸菸。

8. 利用受衆到商場購物的時機（Be Where Your Target Audience Shops）

範例：商場中的乳房X光攝影

下面的範例摘自底特律自由出版社的一篇文章，提供了一個有關透過改善地點及場所吸引力來減少障礙的例子。[28]

> 許多女性在購物中挑選生日禮物、吃晚飯、剪頭髮，那麼爲什麼不在那裡安排年度的乳房X光攝影呢？巴巴拉·安·卡曼諾斯癌症研究所（Barbara Ann Karmanos Cancer Institute）將於9月在特洛伊（Troy）設立一個癌症預防中心，這個頂尖的概念叫「不再有任何藉口」（no more excuses），而位於商場的乳房篩檢中心將爲受檢者提供舒適、如同SPA的舒適環境，讓病人不再感到恐慌。
>
> 針對購物者、購物中心工作人員（包括約3,000名女性）和商場附近的10萬名員工，Karmanos正在翻新整建商場低樓層的2,000平方英尺空間。該中心最初關注重點爲預防乳腺癌，並提供臨床乳房檢查和乳房X光攝影。然而，Karmanos的發言人Yvette Monet表示，未來服務可能擴大到攝護腺、肺和胃腸癌症的檢測以及骨密度測試。Karmanos預防中心將以SPA水療中心的標準，爲受檢者提供隱私、和平、寧靜的環境以及溫暖的毛巾和檢查服。
>
> 該中心預計將鼓勵定期進行乳房X光攝影和乳房檢查。美國有44,000名婦女於去年死於乳腺癌，其中包括密西根州的1,500名。美國癌症協會的研究顯示，早期診斷意謂著97%的存活率，Karmanos中心會接觸那些認爲自己太忙而無法進行乳房X光攝影或不敢這樣做的女性。「這是一個非臨床類型的設施，將有舒緩氛圍的藍色沙發，」Monet說。

其他利用標的受衆正在購物時，提供實體產品和服務機會的例子，包括以下內容：

- 在魚市場的結帳櫃檯，分發可永續海洋的指南摺頁。
- 在加油站提供垃圾袋，類似公園內的寵物垃圾袋。
- 在體育用品商店示範如何選擇合身而適當的救生衣。

◆ 在美容院發送防水紀錄卡片，可掛在淋浴間提醒婦女每月進行一次乳房自我檢查。

9. 利用受眾正在打發時間的時機

範例：在同性戀的三溫暖提供愛滋病／愛滋病毒測試

2004年1月2日在芝加哥論壇報（*Chicago Tribune*）的頭條新聞中，列舉了第九名的策略：「在高風險場所提供快速愛滋病毒檢測：西雅圖衛生官員透過進入同性戀俱樂部積極參與愛滋病戰鬥，20分鐘可得到答案。」該文章描述了公共衛生一項新的積極性努力，進入三溫暖的同性戀俱樂部進行快速的愛滋病毒檢測。[29]

在過去健康諮詢員也曾前往三溫暖執行標準的愛滋病毒檢測，雖然這使得測試變得更加方便，但它沒有解決需要一段時間才能獲得結果的地點障礙，那些使用這些服務的人，仍然需要在醫療診所預約，然後至少等待一週才能得到結果，這是過去的情況，但現在情況改觀了。透過這項新的努力，健康諮詢員能夠在爲客戶測試後約20分鐘內獲得結果，爲避免剛喝過酒的人會出現假性愛滋病毒呈陽性的情況，諮詢人員會拒絕幫那些已經喝醉或者情緒不穩定的人進行愛滋病毒檢測。

起初三溫暖的業者會擔心衛生官員是否會冒犯顧客，有的業者甚至將他們趕走。2014年（10年後）一家同性戀俱樂部宣布每週五和週六晚上10點至凌晨2點，免費提供匿名的快速愛滋病毒檢測，業者並在網站上說明此服務如何進行。[30]根據2003年7月至2007年2月間的追蹤研究顯示，在1,559次快速愛滋病毒的檢測中，發現33例新病例，占總檢測量的2.1%。一般來說，能夠發現大於或等於1%的新病例，已經被認爲是具有成本效益的，這個在三溫暖中所實施的篩檢已經大大超過了這個期望值。[31]

相反地，如果選擇的地方不正確時，則會出現這些令人沮喪的結果。2009年在丹麥政府資助的一項試點項目在哥本哈根啓動，爲吸毒成癮者提供免費的海洛因檢測，你可能會認爲這個提議將會受到吸毒者的歡迎，因爲受檢者可以獲得一個保證純劑量的醫生處方，這樣吸毒者就不必偷錢購買藥物，犯罪率應該會下降。然而，吸毒者並不「買單」，丹麥估計有3萬名海洛因成癮者，然而只有80人接受了政府的方案，這個活動的問題在於「地方」，因爲吸毒者必須每天在醫療診所接受治療，並由醫生進行管理和監督；很顯然地，這個地方把所有的「樂趣和自由」都帶走了。[32]

10. 與現行的物流系統合作

範例：藥房回收未使用到的藥物

在1999年秋季爲響應加拿大不列顛哥倫比亞省（British Columbia）環境部長的要求，製藥公會自願設立了一個組織，負責管理不列顛哥倫比亞省的藥物回收計畫。該計畫爲公衆提供了一種便利、免費的方式來回收未使用或過期的藥物，包括：處方藥、非處方藥、草藥以及維生素、礦物質的補充劑；公會於官網上提供所有參與藥房位置的搜尋，並提供年度回收日曆、小冊子、傳單、書籤和海報的計畫推廣資訊，到2012年已經有95%的藥房參與其中，提供超過1,098個便捷的回收通路。其中許多藥房都會延長營業時間，並提供快速通路給有特殊需求的人。從藥房回收的所有藥物，都會根據取件日期、重量和地點，存儲在安全的位置，然後統一送至領有安全執照的銷毀場所。根據公會的年度報告顯示，2012年共蒐集了87,429公斤藥物。[33]

社會特許經營

社會特許經營的概念來自商業加盟體系，像是星巴克和Subway等連鎖店；延伸特許經營原則可在非政府組織（NGO）和公共部門的應用……基於社會的利益。從根本上講，這是一種增加現有產品或計畫的物流管道的方法，透過爲用戶提供便利的場所和質量保證來提高利用率，這是擴大解決方案的一種方式，並且通常以現有商業部門的設施爲基礎，包括：私人診所、藥房和社區提供商。

社會特許經營的第一個成功案例是在1990年代由國際人口服務組織（Population Services International, PSI）進行的，當時他們在巴基斯坦創建了綠色之星（Greenstar）的特許經營組織，該組織提供家庭計畫生育的健康服務、婦幼保健服務和結核病診斷。綠色之星的產品和服務透過遍布全國超過7,000家地方診所和75,000家零售店進行物流配送。[34]過去20年來，全球特許經營在世界各地迅速增長，主要集中在衛生部門，重點在提升可接觸性和產品的質量，特別是在低收入國家。特許經營網絡最經常提供的產品，包括：計畫生育、性與健康生產服務；母嬰保健服務、愛滋病／愛滋病毒診斷與治療、結核病診斷與治療、腹瀉治療、瘧疾治療和呼吸道感染相關的服務和產品。

在營運上，特許經營者是特許經營品牌和政策的所有者和創始人，提供個體經營加盟店的各種利益，包括：獲得新的專業知識和資本、複製成功模式的能力、培訓專業能力的機會、使用高度可見的品牌、增加促銷活動從而增加客戶和收入，並有機會擴大服務的領域。

就投資回報而言，特許經營成員通常支付加盟金及營運費，並維持由特許經營機構所規定的質量標準，這些加盟店還可以透過贈款獲得資金。國際社會特許經營中心經常提到前總統比爾．柯林頓（Bill Clinton）一段鼓舞人心的話：「所有問題似乎都能夠在某個地方被某些人解決，唯一令人沮喪的是，某些地方還未複製這些解決方案。」[35]該組織的使命是透過幫助複製最成功的社會影響項目，來應對此一挑戰。

管理物流管道

在你的活動或計畫中若包含有形物品和服務的情況下，可能需要一個中間網絡透過物流配送管道，把產品送到標的受眾手上。

Kotler和Roberto認為物流管道有四種型態（如圖12.7所示）[36]。零階通路（zero-level channel）指社會行銷工作者可以直接與目標對象接觸，實體與服務可以透過網路、郵件、家戶拜訪、流通處直接傳遞給目標對象（例如：衛生署在各地

圖12.7　不同層次的通路管道

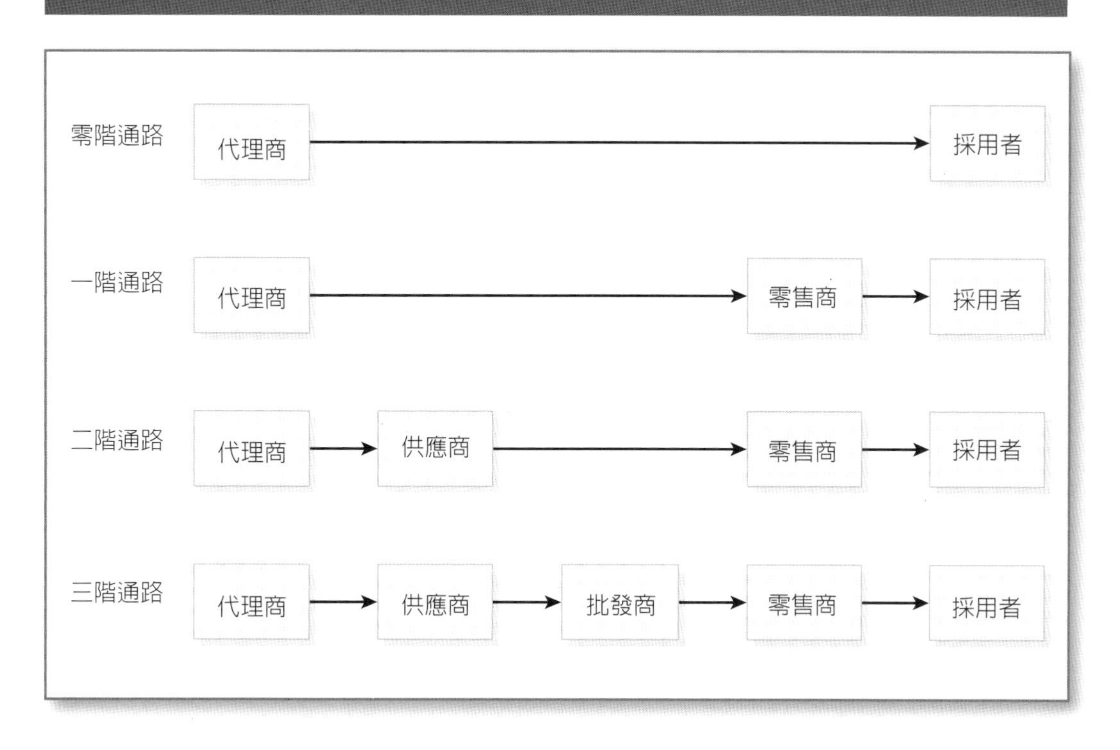

衛生所提供免費疫苗接種服務）。一階通路（one-level channel）則指在流通的過程中，僅有一個中間商，通常是零售商（例如：衛生署在各地超市設點，提供流感疫苗接種服務）。在二階通路（two-level channel）社會行銷工作者，通常需要和供應商、零售商共同商討計畫內容（例如：海濱安全計畫需與救生衣供應商討論救生衣安全技巧的文案）。在三階通路（three-level channel）由一個全國性的供應商主導實體產品的物流，他必須找到批發商（local distributor），以便配送實體產品與服務。

有關物流管道的選擇，取決於採用者的人數、庫存設施、零售商的流通處數量、交通成本，要選擇最有效能的做法，還是最有經濟效率的做法。選擇與管理流通管道的原則，可以參考由Coughlan和Stern所提供的指導原則：[37]

- 通路的目的在促進使用者的滿意，因此不同層次的通路有其獨特的功能，每個區隔市場都應該針對不同需求，選擇不同的通路型態。
- 行銷管道扮演企業是否能夠成功占有市場的關鍵角色。[38]他們決定產品的特色、價格及推廣策略，以定位產品並表現組織特色。
- 行銷管道不只是把產品送到消費者手上，同時能夠創造附加價值。
- 對行銷經理的挑戰還包括增加消費者需求、多元管道的管理，以及市場的全球化。

以下的例子來自Malcolm Gladwell的「引爆趨勢：小改變如何引發大流行」（*The Tipping Point*），節目策劃人員發現他們擁有「完美」的物流管道和「完美」的經銷商。[39]

在巴爾的摩（Baltimore）這個吸毒成癮的社區，有一輛裝有上萬個清潔針頭的行動車來到城市街道的某個角落。他們的想法是，對於每個骯髒的舊針頭而言，它們應該能夠透過交換得到一個免費的乾淨針頭。原則上，針頭交換聽起來像是對抗愛滋病的好方法，因爲重新使用舊針頭容易感染愛滋病病毒；但是，至少在第一次檢驗成效時，它看起來似乎有一些明顯的局限性，因爲吸毒者並不是最值得信賴的人群，你如何保證他們能夠定期來行動車進行交換呢？其次，大多數海洛因成癮者每天透過一支針頭，至少注射五、六次（可能更多），往往用到針頭鈍化，所以他們需要很多針頭，而一輛機動車每週來一次，怎麼能滿足那些晝夜不停吸毒的上癮者需求？如果這輛行動車只有每週二會來，那到週六晚上，吸毒者的乾淨針頭已經用完了，該怎麼辦？

爲了分析交換針頭方案的效果，約翰霍普金斯大學的研究人員在1990年代中期開始，自己開車前來行動車的停留場所，以便與交換針頭的吸毒者進行交談，而結果令他們感到驚訝。他們過去認爲吸毒者帶骯髒的針頭來交換新針頭，就像去雜貨店買牛奶一樣。但他們發現，每週都會有少數吸毒者背著一個裝有300或400骯髒針頭的包包前來進行交換，這顯然比他自己用的還要多。研究者觀察這些人隨後會回到街上，以每個1美元的價格出售這些乾淨的針頭。換句話說，行動車變成另類批發商，而這些極少數前來換貨的男性才是眞正的零售商，他們在街頭巡邏撿取這些骯髒的針頭，然後透過交換免費乾淨針頭，銷售它們來賺取過著舒適生活的經費。

起初，該計畫的一些協調員有第二個想法，他們認眞思考眞的要使用納稅人的稅金收入來爲吸毒者的習慣提供資金嗎？但後來他們意識到，他們無意中發現了解決針頭交換計畫局限性的辦法。「這是一個更好的系統，」約翰霍普金斯大學公共衛生學院教授Tom Valente說。「週五和週六晚上是很多吸毒者注射毒品的高峰時間，他們不一定能夠理性思考他們在外出前需要準備乾淨的工具，當然針頭交換計畫也不會配合他們的時間、地點出現在現場。但是這些超級交換者（superexchangers）可以出現在那裡，提供乾淨的針頭，他們提供24小時全年無休的服務，而且不需要支付任何費用。

曾經在行動車訪問過吸毒者的研究人員流行病學家Tom Junge表示，他會願意拜訪這些超級交換者，他的結論是：「他們代表了一個非常獨特的群體」。Junge表示：「他們都是非常好的人」。「他們都非常清楚巴爾的摩，他們知道去那裡可以撿到什麼種類的藥物和針頭，他們對街頭動態瞭若指掌，我會說他們是一群非常不尋常的社會組織，有著他們自己的通訊錄……我不得不說，雖然他們的根本動機是金融或經濟，但肯定有助於人們的興趣」。這聽起來很熟悉嗎？超級交換者成爲巴爾的摩毒品世界的「樁腳」。約翰霍普金斯大學希望使用超級交換者來開始一場反毒品風潮。如果超級交換者能利用他們對街頭情報的掌握、通訊錄及利他主義的情懷，委託他們發放保險套，或教育他們吸毒者迫切需要知道的各種健康資訊，是否會獲得什麼不同的結果呢？那些超級交換者聽起來好像他們有能力彌合醫學界和大多數吸毒者之間的鴻溝，解決醫學界閉門造車的孤立情境，他們聽起來好像有能力可以將促進健康的語言和想法，轉化爲其吸毒者能夠理解的形式。

選擇物流通路時的道德考慮因素

在規劃通路策略時，公平和意外後果的課題很常見。對於職業婦女而言，她們如何在上班時間帶著她們的孩子，到只有平日早上開放的免費疫苗接種診所接受疫苗施打？如果吸毒者沒有交通工具可以到達交換站地點，吸毒者如何獲得乾淨的針頭？在這些情況下，提供「更多」機動的通路可能就是答案，例如：行動車前往村莊和社區，以接觸更多標的人群。

在夜店實施搖頭丸等狂歡藥物的檢測，是否會導致藥物的使用增加？那些比較不容易接觸到的群衆（例如：青少年在家中飲酒）是否會導致更嚴重後果（例如：酒駕）？還有提供安全槍枝儲存的活動，積極分發槍枝儲存箱優惠券的行動，是否會增加更多人購買槍枝？在處理可能的意外後果時，要考慮的一個策略是進行試點試驗，並衡量有意和無意的實際行爲變化。這些數據可以用來進行成本收益分析，並幫助指導未來工作的決策，且能爲永續發展和擴大市場提供可量化的基本原理。

章節摘要

Place，第三個「P」。通路是標的受眾想要執行策變行爲，能夠獲得所需的有形實體和服務。物流管道是在商業部門經常提到的名詞，物流管道包括更多的物理位置，以及可提供受眾的更多其他替代方案，包括：電話、郵件、傳真、網際網路、機動設施、得來速、快遞到府、kiosks資訊亭和自動販賣機。

通路策略的發展重點是使目標受眾能夠盡可能方便和愉快地履行行爲，他／她們可以比較省時、省力的方式，獲得需要支持行爲改變的實體商品及服務。我們鼓勵你考慮以下策略：

1. 使地點更方便。
2. 延長服務時間。
3. 在決策時刻與受眾同在。
4. 讓地點更具吸引力。
5. 克服與地點有關的心理障礙。
6. 比競爭者提供更多可接觸的地點。
7. 讓競爭者變得更加困難或不愉快。
8. 利用受眾到商場購物的時機。
9. 利用受眾正在打發時間的時機。
10. 與現行的物流系統合作。

最後，由於這個工具經常被人誤解，所以值得加強說明的是，通路（place）與傳播管道（communication channel）是不同的兩件事情，傳播管道是活動資訊會出現的地方（例如：小冊子、廣播廣告、新聞報導和個人簡報）。

研究焦點　**俄羅斯使用納洛酮緩解鴉片過量使用風險的物流問題——從試點分配模式中汲取經驗的教訓〔社會發展和資訊基金會，國際人口服務組織（*PSI*）的一個附屬機構〕**

背景

鴉片過量是吸毒者死亡的主要原因，在俄羅斯，每5例死因中就有1人與注射毒品有關，估計每年有70,000起死亡病例。[40]因為這項研究的重點在於其中一種治療選擇：納洛酮（naloxone），一種用於緩解鴉片攝入過量造成影響的拮抗劑，它已被證明功能非常有效，並且每劑只要1美元，所以深受世界各國歡迎，包括俄羅斯，納洛酮為僅限醫療專業人員使用的藥品，並且它通常很少使用在為鴉片使用者的公共衛生計畫中。2009年俄羅斯國際人口服務組織（PSI）在吸毒者中進行的一項基線研究發現，67%的受訪者從未聽說過納洛酮，30.6%的人聽說過，但從未使用，只有2.4%曾經使用過它。[41]

俄羅斯的納洛酮計畫朝增加需求和供應方向努力。為了增加需求，活動重點在於提高吸毒者及其家屬成員的意識、興趣，同時努力增加納洛酮的供應，希望影響更多的醫學專家開出納諾酮處方箋，以及有更多的藥房可在零售店提供銷售。活動為納洛酮設計、試用和評估三種產品的物流模式；這些模型的結構以及從試點研究學到的經驗教訓是本研究的重點，它們說明了利用現有物流系統的強大力量。該案件的資訊由PSI的IDU技術專家Robert Gray提供。

方法

在三年的時間裡，研究選擇俄羅斯的兩個城市聖彼得堡（St. Petersburg）和葉卡捷琳堡（Yekaterinburg）成為試點研究的目標。下面將介紹三種備選物流模式，包括它們的結構以及從試點研究中所汲取的經驗教訓。

模式一：免費分配

結構：在這個實施模式中，優先考慮在短時間內有挽救生命需要的情況。非政府組織的工作人員從藥物治療專家那裡獲得處方，然後從藥房採購納洛酮。透過外展工作者向過量使用藥物的人提供過量症狀、心肺復甦術及納洛酮治療的同伴諮詢和小型教育訓練，使用藥物的人在接受諮詢和教育訓練後免費給予納洛酮。

經驗教訓：從優勢方面來說，試點研究顯示，這個方案可以在短時間內進行大規模的干預，而且不需要高度集中資源。就缺點而言，這是一個短期的解決方案，因爲它無法創造可持續供應的連繫，並且這對於只允許醫療專業人士分發納洛酮的國家無法實施。

模式二：透過私人藥房和藥物治療診所可持續供應

結構：該模式重視透過私人藥房和藥物治療診所提供納洛酮，以及吸毒者的需求和願意在該計畫週期內支付產品的費用。非政府組織爲藥物治療專家和藥劑師提供鴉片過量使用如何透過納洛酮緩解的培訓及管理，加強與市政醫療機構的關係，影響藥物治療診所提供從私人藥房獲得納洛酮的處方，並透過外展人員與吸毒者進行連繫，以建立使用納洛酮治療的需求。

經驗教訓：從好的一面來看，這個模式顯示，藥物治療專家有能力爲吸毒過量的藥物使用者提供納洛酮的諮詢。該模式在可持續性方面具有更大的潛力，並且比免費發送模式更爲合法；就缺點而言，難以說服吸毒者前往藥物治療診所獲得納洛酮處方，因爲診所會要求他們登記爲吸毒者。此外，使用這種策略時，需要更多時間建立供應商網絡、改變行爲，並產生需求和支付意願。

模式三：綜合OD預防模型

結構：該模式整合藥物過量使用大規模愛滋病毒預防計畫於現有框架中，將納洛酮分配納入現在既有的工作範圍。它讓主要利益相關者與吸毒者及其家屬進行互動：非政府組織、初級衛生保健提供者、藥物治療專業人員、藥房、緊急護理以及愛滋病和結核病治療中心（tuberculosis, TB）。

經驗教訓：從另一方面來說，該方案爲納洛酮提供了更廣泛的接入點，包括支持私營部門提供納洛酮。該模式成功地聘請來自其他領域（例如：愛滋病和結核病）的醫療保健專業人員，它爲吸毒者提供了多種激勵措施，包括免費的初次配送和長期補貼以降低產品的價格。就缺點而言，這是一種資源密集型模式，依賴於多個利益相關者之間的關係和連繫。

結論

根據方案管理人員的報告，透過上述各種模式，研究在第三年結束時總共分發了35,794個納洛酮安瓶，估計有1,238人的生命因此得到挽救。這些方案有助於建立注射吸毒者及其家屬與官方醫療機構、非政府組織和私營部門的積極對話。[42]方案管理人員得出結論，對於當時的俄羅斯情況，第三種分配模式「綜合OD預防模型」是最合適和可持續的選擇，並批准將OD預防和納洛酮分配納入對注射吸毒者的服務。隨後在三個新地點引入該模型，希望能在俄羅斯其他地區擴大規模實施。計畫負責人補充說，該項目的經驗證實，過量預防項目可以在俄羅斯等嚴格監管的環境下大規模實施，並且有信心這些模式也可以在其他國家推廣，每個國家都應根據自己的情況確定最合適的模式。

問題討論與練習

1. 爲了進一步探索利用標的受眾群體打發時間（hang out）的策略，想像一下以下這些受眾群體有哪些經常打發時間的地點，來提供計畫發送履行行爲所需要的有形商品和服務：
   a.你可以在哪裡找到一群老年人？以便發給他們過馬路時，可以攜帶的禮讓小旗來維護安全？
   b.你覺得在什麼地方適合將保險套分發給離家時，會與妓女進行無保護性行爲的西班牙裔農場工作人員？
   c.爲了提高大學生的投票率，你覺得適合在哪裡派送選舉註冊單？
   d.你認爲在哪裡可以有效地向狗主人發送寵物豢養許可申請表？
2. 這些問題在本章的道德章節曾經提及，請討論對以下內容的回應：
   a.夜店協助搖頭丸等狂歡藥物測試的志工批評，檢測服務是否會導致增加藥物使用的隱憂？
   b.那些比較不容易接觸到的群眾（例如：青少年在家中飲酒），是否會導致更嚴重後果（例如：酒駕）？
   c.提供安全槍枝儲存的活動，積極分發槍枝儲存箱優惠券的行動，是否會增加更多人購買槍枝？
3. 關於社會產品的特許經營，你認爲現有項目或產品可考慮哪些機會？

注釋

1. U.S. Environmental Protection Agency, *Municipal Solid Waste in the United States: Facts and Figures for 2011* (2011), accessed March 13, 2014, http://www.epa.gov/osw/nonhaz/municipal/pubs/MSWcharacterization_fnl_060713_2_rpt.pdf.
2. T. Watson, "Dog Waste Poses Threat to Water," *USA Today* (June 6, 2002), accessed February 11, 2007, http://www.usatoday.com/news/science/2002–06–07-dog-usat.htm.
3. Centers for Disease Control and Prevention, "Current Cigarette Smoking Among Adults—United States, 2005–2012," *Morbidity and Mortality Weekly Report* 63, no. 2 (2014): 29–34.
4. H. M. Nathan, S. L. Conrad, P. J. Held, K. P. McCullough, R. E. Pietroski, L. A. Siminoff, and A. O. Ojo, "Organ Donation in the United States," *American Journal of Transplantation* 3, no. 4 (2003): 29–40, accessed February 11, 2007, http://www.blackwell-synergy.com/links/doi/10.1034/j.16006143.3.s4.4.x/full/?cookieSet=1.
5. Fondation Lucie et André Chagnon [website], accessed March 14, 2014, http://www.fondationchagnon.org/en/news/2014/message-from-the-president-working-tirelessly-to-preventpoverty.aspx.
6. D. K. Dickinson, J. A. Griffith, R. Michnick Golinkoff, and K. Hirsh-Pasek, "How Reading Books Fosters Language Development Around the World," *Child Development Research* (2012), doi:10.1155/2012/602807.
7. Fondation Lucie et André Chagnon.
8. Personal communication from François Lagarde, March 14, 2014.
9. Personal communication from François Lagarde, March 17, 2014.
10. Delta Dental: Washington Dental Service, "SmileMobile" (n.d.), accessed March 13, 2014, http://www.deltadentalwa.com/Guest/Public/AboutUs/WDS%20Foundation/SmileMobile.aspx.
11. U.S. Census Bureau, "Voting and Registration in the Election of November 2008" (n.d.), accessed February 1, 2011, http://www.census.gov/prod/2010pubs/p20–562.pdf.
12. "Oregon Voter Turnout 85.76% in November," *The Oregonian* (December 4, 2008), accessed February 1, 2011, http://www.oregonlive.com/news/index.ssf/2008/12/oregon_voter_turnout_8567_in_n.html/.
13. J. Wright, "Mail-In Ballots Give Oregon Voters Control," *Seattle Post-Intelligencer* (November 23, 2004), http://seattlepi.nwsource.com/opinion/200682_ore gonvote23.html.
14. Ibid.
15. DanceSafe [website], accessed March 14, 2014, http://www.dancesafe.org/about-us/.
16. Ibid.
17. Ibid.
18. Ibid.
19. City of Los Angeles, California [website], http://www.lacity.org/index.htm.
20. Personal communication from Michelle.mowery@lacity.org, May 20, 2014.
21. Humane Society of the United States, "Pets by the Numbers" (January 30, 2014), accessed March 13, 2014, http://www.humanesociety.org/issues/pet_overpopulation/facts/pet_ownership_statistics.html.
22. Sacramento Society's Prevention of Cruelty to Animals, "Pets on the Net" (n.d.), accessed October 31, 2001, http://www.sspca.org/adopt.html.
23. F. Karimi, "Residents Can Get Tested for HIV as They Wait for Driver's License," *CNN Health* (October 6, 2010), accessed February 1, 2011, http://www.cnn.com/2010/HEALTH/10/06/washington.hiv.testing/index.html.
24. Smith, "How Smart Is Your School Cafeteria? 12 Small Lunchroom Changes That Make a Big Nutritional

Difference" (November 16, 2010), accessed July 23, 2011, http://blog.syracuse.com/cny/2010/11/how_smart_is_your_school_cafeteria_12_small_lunchroom_changes_that_make_a_dig_nutritional_difference.html.

25. P. Dawdy, "Broke as a Smoke: Powerful State Legislators Explore Ditching the 25-Foot Rule as Barkeeps Struggle to Weather a Butt-Free Recession," *Seattle Weekly* (September 27, 2006), accessed February 19, 2007, http://www.seattleweekly.com/2006–09–27/news/broke-as-a-smoke.php.
26. Centers for Disease Control and Prevention, "Prevalence and Trends Data: Washington—2013 Tobacco Use," accessed October 8, 2014, http://apps.nccd.cdc.gov/brfss/display.asp?cat=TU&yr=2013&qkey=8161&state=WA.
27. Centers for Disease Control and Prevention, "Behavioral Risk Factor Surveillance System Prevalence and Trends Data: Washington—2012 Tobacco Use," (n.d.), accessed March 13, 2014, http://apps.nccd.cdc.gov/brfss/display.asp?cat=TU&yr=2012&qkey=8161&state=WA.
28. J. Bott, "Karmanos Site to Offer Mammograms at Mall," *Detroit Free Press* (April 28, 1999), accessed http://www.freep.com/news/health/qkamra28.htm. Reprinted with permission.
29. J. Kowal, "Rapid HIV Tests Offered Where Those at Risk Gather: Seattle Health Officials Get Aggressive in AIDS Battle by Heading to Gay Clubs, Taking a Drop of Blood and Providing Answers in 20 Minutes," *Chicago Tribune* (January 2, 2004), accessed July 23, 2011, http://www.aegis.com/news/ct/2004/CT040101.html.
30. P. Kotler and N. Lee, *Marketing in the Public Sector* (Upper Saddle River, NJ: Wharton School, 2006), 97.
31. Personal communication, March 2007. Data from the HIV/AIDS Program, Public Health–Seattle & King County.
32. N. Rytter, "Few Takers for Free Heroin," *The Week* (January 28, 2011), 19.
33. Health Products Stewardship Association, *Annual Report to the Director: 2012 Calendar Year* (June 30, 2013), accessed March 13, 2014, http://www.healthsteward.ca/sites/default/files/HPSA%20BC%20Annual%20Report%202012.pdf.
34. Greenstar Social Marketing [website], accessed March 12, 2014, http://www.greenstar.org.pk/.
35. International Centre for Social Franchising, "About" (n.d.), accessed March 12, 2014, http://www.the-icsf.org/.
36. P. Kotler and E. L. Roberto, *Social Marketing: Strategies for Changing Public Behavior* (New York: Free Press, 1989), 162.
37. T. Coughlan and L. W. Stern, "Market Channel Design and Management, in *Kellogg on Marketing*, ed. D. Iacobucci (New York, NY: Wiley, 2001), 247–267.
38. Ibid., 250.
39. M. Gladwell, *From the Tipping Point: How Little Things Can Make a Big Difference* (Boston: Little, Brown, 2000; copyright by Malcolm Gladwell), 203–206. Reprinted by permission of Little, Brown and Company, Inc.
40. N. N. Ivanets et al., "Mortality Among Drug Addicts in the Russian Federation," *Issues of Drug Treatment*, no. 3 (2008): 105–118; as cited in Foundation Center for Social Development and Information, "RUSSIA: Piloting Naloxone for OD Prevention" (November 2012).
41. PSI Research Division, "Russia (2009): Overdose Prevention Study of Injecting Drug Users (IDUs) in Ekaterinburg and St. Petersburg, Russian Federation. Round 1," *PSI TRaC Summary Report* (2009), http://www.psi.org/research/cat_socialresearch_smr.asp.
42. Foundation Center for Social Development and Information, "RUSSIA: Piloting Naloxone for OD Prevention" (November 2012).

第十三章
推廣：決定訊息、代言人及創意策略

想一想，我們的日常生活如何被商業廣告所挾持，在寶僑公司（Procter & Gamble）和美體小鋪（Body Shop）打點我們的門面，再來份凱洛格（Kellogg's）和奎克（Quaker）的早餐，然後穿上Nike的球鞋、GAP的上衣。在我們離開房子之前，商業廣告在我們的家中無所不在，並且讓我們樂意使用他們的產品，再把我們變成了他們的活廣告……一個多世紀以前，William Booth將軍曾經問道：「憑什麼好音樂都屬於魔鬼？」我不確定他的惡魔般的隱喻，但是從成功學習的想法，顯然是一件好事。

——Professor Gerard Hastings[1]

想一下爲什麼「推廣」（promotion）這個課題會放在本書十七章中的第13章？在它之前還有十二章，它被放在完成社會行銷計畫旅程倒數三分之一的階段。很多人認爲，或許推廣是行銷過程中最令人驚訝的活動。不論如何，我們希望在閱讀前十二章後，你應該明白在行銷階段，沒有這個步驟的探索，你並不適合貿然展開活動。

你們許多循規蹈矩規劃行銷過程的人可能都非常渴望更有創意，你們透過腦力激盪創造響亮的口號、悉心勾勒標誌、選擇色彩甚至苦心尋找最適合的演員，來讓活動充滿樂趣；有些人則認爲這個過程是最令人生畏的，甚至是可怕的過程。從過去的經歷可知，這個過程甚至充滿工作人員對話語、色彩、形狀的爭論，最終，他們對於在廣播和電視節目使用的素材感到失望和挫折。

現在情況將會有所不同了，你將得到我們的幫助。你對標的受衆已經了解很多，你心中有明確的行爲目標並了解受衆履行行爲可能會發生的障礙，也事先想過預防的方法，你現在知道這些該做的事情，對你而言是一種禮物，因爲它已經幫助你制定了一個強而有力的定位聲明、建立產品平臺，找到激勵機制，並完成派送管道的選擇。

在本章中，你將了解推廣活動的前三個組成元素：(1)決定訊息；(2)選擇代言人，以及(3)開發廣告創意元素時要考慮的12個技巧。第14章將介紹第四個元素：選擇傳播管道。我們認爲你會受到本章開頭故事的啓發，其中一個重點是支持下游受衆成爲可信賴的代言人，以影響關鍵中游和上游受衆的行爲。

行銷焦點 Seafood Watch®——影響人們選擇永續海鮮的行為（2014）

背景

海鮮是人類所需攝取的蛋白質主要來源之一，每年有2,000億磅的魚和貝類從海洋中被捕獲。但世界上有許多海洋漁業正在嚴重衰退，如果不進行干預措施，全球魚類資源將在這一世紀內耗盡。水產養殖有助於緩解這種壓力——僅在過去的一年（2013年），至少有一半以上的海鮮產品可以透過人工養殖——但這種活動有其自身的環境限制。

好消息是恢復全球漁業的時機還算爲時不晚。蒙特利灣水族館（Monterey Bay Aquarium®）正致力海洋及其資源的保護，它們所提倡的海鮮觀察計畫（Seafood Watch program）爲漁業和水產養殖業的環境維護創造了市場激勵機制，這些行動將增加海鮮產品的長期供應，並有助於保護海洋資源。它還使消費者更容易透過消費指南和手機APP的應用，了解如何選擇海鮮可以有助於海洋漁業的永續經營。

標的受衆和策變行為

以下計畫連鎖事件反映了該計畫的策略意圖，透過影響下游（消費者）受衆的購買訴求，然後影響中游受衆（例如：餐廳、食品商、雜貨店和魚市場）說服那些上游（批發商）和漁業／水產養殖業改變他們的做法，方案管理人員以終為始的做法包括：

1. 消費者決定購買更多（或僅）可永續經營的海鮮產品（sustainable seafood）。

2. 消費者開始在餐廳、雜貨店和魚市場提出問題並提出訴求，為永續海鮮創造顯著的意義。

3. 這些供應商與他們的批發商合作，增加永續海鮮的供應。

4. 供應商轉移採購。

5. 為響應買家的客戶需求，漁業／水產養殖業改變捕撈的作業方式，轉為養殖等不同方式。

2004年消費者受衆群體被界定為「綠色消費者」。2010年的新市場調查確定了一個更新、更大的受衆群體——那些傾向於「嘗試」海鮮觀察計畫的受衆群體。（「嘗試」被定義為在購買海鮮時願意至少參考一次海鮮觀察的建議清單，並與魚市場或餐廳的人員談論所提供的選擇）。這些「嘗試者」的人口數高達6780萬，重要的是，嘗試者可以影響朋友圈的其他人也嘗試進行海鮮觀察，透過嘗試者，海鮮觀察的族群將成為大型、有影響力、有聲音的民衆群體；因此，企業在獲得民衆的積極回饋後，他們承擔改變的意願將得到加強。

受衆洞悉

購買永續海鮮的感知障礙為：

- 難以遵守永續海鮮的準則。
- 在銷售點對建議提出爭議。
- 對推薦選擇興趣缺缺。

這種引導標的受衆以環境為導向的主要好處是，為海鮮產品的永續供應做出貢獻。

策略

自1999年以來，Seafood Watch自行創建的工具和資源（產品）解決了許多障礙，他們最初發行一本《海鮮觀察消費者指南》——美國六個地區各發行一個國家指南和壽司指南（見圖13.1）。這些消費者指南不僅僅是一種推廣活動，而是針對購買點的決策以及在現場你如何提出「是否銷售永續海鮮？」這個問題而設計的；每個地區最受歡迎的海鮮都被列為綠色（最佳選擇）、黃色（好的替代品）或紅色（避免）。為了解決建議清單可信度的擔憂，評估報告、漁業和水產養殖評估標準以及其他資訊事先已發布在seafoodwatch.org上。在製作海鮮報告時，海鮮觀察會盡可能使用學術評審期刊上發表的研究報告，使資料具有公信力；其他資訊來源則包括：政府技術出版物、漁業管理計畫等文件，以及永續生態的其他科學評論。海鮮建議清單每月在網站上更新發布，消費者指南每年更新兩次。2009年，他們推出了一款新的手機APP，可以更輕鬆地獲得海鮮和壽司的最新推薦，而且該APP現在也可以在Android手機和平板電腦上使用，該APP也提供了透過評分來分類海鮮或搜索特定海鮮產品的能力（見圖13.2）。

圖13.1　海鮮觀察的消費者指南

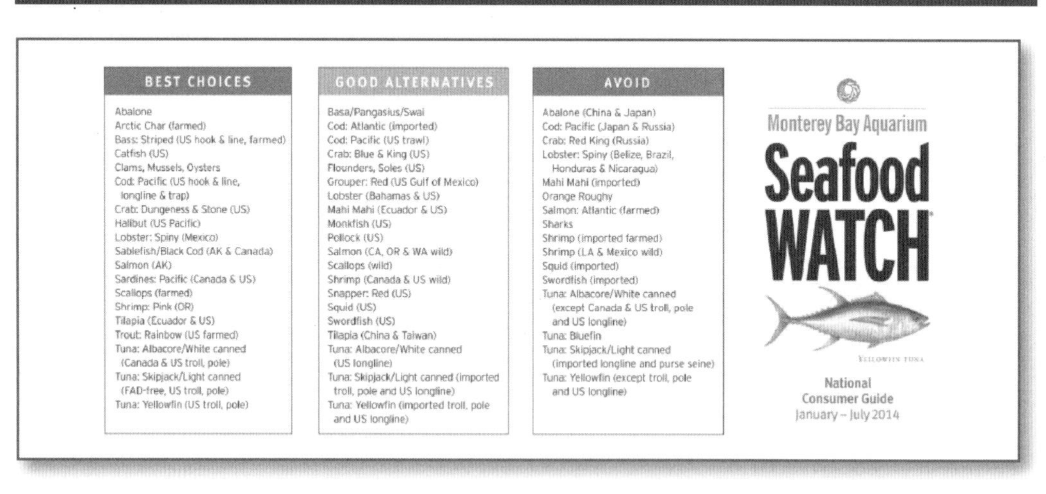

資料來源：Monterey Bay Aquarium

袖珍指南包括：免費運送，連APP（價格）也是免費的，seafoodwatch.org提供了一個下載軟體的連結。海鮮觀察還透過動物園、水族館、教育工作者、餐廳廚師以及其他管道分發消費者指南和海鮮消費建議清單，透過許多管道來促進消息傳遞（通路），以幫助人們認識對海洋友好的海鮮選擇，並擴大科學建議的實施範圍。

海鮮觀察主要透過消費者指南、網站、APP、社會媒體及特殊事件（推廣）來提升消費者的認知，由於該計畫已經獲得民眾的信賴，它遂逐漸被流行的媒體報導——從Oprah Winfrey's的O雜誌到Martha Stewart的電視節目、《紐約時報》和《時代》雜誌，以及許多知名網站，包括：NationalGeographic.com、TreeHugger.com和Grist.org。

圖13.2 海鮮觀察的APP

結果

蒙特利灣水族館分享了消費者、合作夥伴和零售商，對投入與產出結果的總結如下。[2]

消費者投入與結果

- 消費者指南：到2014年全球有超過4,500萬本的消費者指南進入消費者的口袋，大部分是由合作夥伴所分發，其中僅在蒙特利灣水族館就有超過700萬的遊客獲得此消費者指南；每年透過夾報或出版物夾件印刷超過10萬本，2013年發行總量為140,000本。
- 網站：2013年，seafoodwatch.org共有1,059,519次的訪問次數。
- 特別活動：年度烹飪示範方案活動有超過15,000人參加，2013年在各種會議、貿易展覽和特別活動中進行的簡報演講達到40,000多人次。
- 結果：2010年對代表美國人口組成比例的19,077名成年人調查結果顯示，39.8%的人曾在購買時提到海鮮觀察計畫。

合作夥伴結果

合作成果截至2014年，超過150家餐館和零售商與Seafood Watch合作，並承諾不提供「避免名單」的選項，承諾教育他們的顧客有關海鮮永續發展的問題。另有超過100,000個地點的1,000家企業使用海鮮觀察建議，超過100個動物園、水族館、科學博物館、自然中心和其他非營利組織與海鮮觀察計畫合作，推廣永續海鮮資訊；超過50位烹飪達人透過各種活動、會議和培訓以及社交媒體，分享海鮮觀察的資訊。

零售商結果

蒙特利灣水族館與全美最大的兩家餐飲服務提供商北美Compass集團和ARAMARK合作，每年採購數百萬磅的海鮮，以提供更多可永續海洋的海鮮選擇。這些公司在美國各大學、體育場所、連鎖餐廳和成千上萬個其他地點，都有商業交易關係。

2010年蒙特利灣水族館和藍海研究所與Whole Foods有機超級市場合作，他們在2012年世界地球日將「避免名單」的野生捕獲海鮮品項全部移除。海鮮觀察還與Mars Petcare US合作，以實現其2020年寵物食品原料100%來自永續海鮮採購的目標。其SHEBA® Entrées for Cats產品系列，是第一個僅使用來自環保責任的養殖或野生捕撈魚類。此外，海鮮觀察科學部正在通報包括Target、Safeway、Wolfgang Puck Catering等在內的多家公司之採購決策——超過10萬個零售和食品服務暢貨中心。

推廣：第四個「P」

推廣是有說服力的溝通，旨在激發標的受眾的行動。

你將強調產品的優點、功能和任何相關的實體商品和服務，你會兜售任何貨幣和非貨幣的激勵項目，讓標的受眾知道他們可以在何時、何地取得實體商品和服務，以鼓勵他們執行策變行為（例如：回收機油）。在此步驟中，你所創建品牌的聲音，將決定如何與客戶對話並與其建立關係。[3]

步驟七：發展推廣策略

發展推廣策略中的傳播策略，是步驟七的最後一個組成部分，也是策略行銷組合的一部分。你的計畫過程包括四個主要決定：

1. 訊息：你想要溝通的東西，靈感來自你希望標的受眾知道、相信，並且去做的事情。

2. 代言人：誰會為你傳遞訊息，是支持你實現提案的幫手。

3. 創意策略：你將實際說出並展示的內容，以及你如何表達它們。

4. 傳播管道：訊息將在何時、何地出現（獨特性）。

本章討論制定訊息和選擇代言人的策略，並提出12個開發創意策略的技巧（「如何說」），如前所述，將在第14章深入說明傳播管道。

關於創意簡報

製作一份長達1～2頁的創意簡報，可以幫助你有效建立明確訊息、選擇可加分的代言人、激發創造性策略以及選擇有效傳播管道。[4]它能確保對受衆傳播的資訊是有意義的（可以指出產品令人滿意的地方）、可信的（產品能兌現承諾帶來的好處）和獨特的（與競爭行爲相比，你的方案是一個更好的選擇）。[5]它最大的貢獻在於能確保所有團隊成員，特別是從事廣告活動和公共關係公司的所有團隊成員，在傳播素材投入生產之前，達成對傳播目標和策略見解的一致性。下一節將介紹創意簡報的典型元素，表13.1是一個創意簡報的樣本。

傳播的宗旨：這是一個簡短的聲明，總結了計畫中從步驟一開始的社會行銷工作宗旨和重點。

標的受衆：本節根據步驟三中所定義的關鍵變量，對標的受衆進行簡要說明。最常見的情況是，包括標的受衆的人口統計和地理概況；最好能夠包括你對受衆當前關於策變行爲的知識、信念、感知障礙和競爭者說明。理想情況下，可以描述受衆目前的變化階段以及你感覺他們很特別的其他事情。

傳播目標：本部分將詳細說明你希望標的受衆知道（思考）、相信（感受）和／或做（行爲）的內容，這可以直接從步驟四中所得的結果導入。（社會行銷活動總是有一個行爲目標，並且通常既有知識也有信念目標。）

定位聲明：此處將介紹步驟六中所建立的產品定位，這將指導如何選擇圖片、圖形以及腳本、文案開發。

承諾利益：受衆希望他們從採用策變行爲中獲得的主要利益，將在步驟七開發產品平臺時，被確定爲核心產品；主要利益有時會以受衆透過採用策變行爲可以避免的成本代價來表現（例如：對酒駕的嚴厲懲罰）。

對承諾的支持：本節主要以前面步驟七中所建立的產品、價格、通路策略的利益清單爲重點。需要強調的是，那些最能幫助說服標的受衆採用策變行爲的重點，它們可能可以因此獲得的好處很多，甚至超出受衆所需要付出的成本，本節還包括其他可用的見證。

風格和語調：就任何有關創意執行的風格和語調的建議達成一致，還要注意是否有任何現有的圖案標準或過去活動耕耘過的圖案（例如：其他目前類似或競爭性

表13.1 青少年吸菸防治創意簡報

宗旨和焦點：
減少青少年吸菸成癮。
標的受眾描述和洞察：
雖然他們過去可能嘗試過吸菸，但現在並沒有吸菸行為的國、高中青少年。然而，他們很脆弱，因為他們身邊有很多吸菸的家人和朋友，他們知道許多關於吸菸後果的事實，因為學校健康課程曾經教導過這方面知識，他們當中甚至有人的家人曾經患有吸菸造成的相關疾病或死於菸癮引起的疾病，問題是他們不相信這種事情會發生在他們身上，他們不相信自己會上癮。此外，吸菸有很多同儕壓力，這些年輕人聽說，吸菸是一種緩解壓力的好方法，是讓自己輕鬆一下的好時光；有些人甚至認為吸菸的孩子，看起來更年輕、更酷。
傳播目標：
能知道：菸癮是真實可能的。 能相信：與吸菸有關的疾病比你想像中更「嚴重」，並且令人痛苦。 能做到：拒絕嘗試吸菸。
對受眾承諾的好處：
沒有菸癮的惡習，你將有一個更長、更健康、更幸福的生活。
對承諾的支持：
來自真實年輕人的真實故事。 因肺癌失去親人的年輕人，娓娓說出自己懷念親人的故事。 透過視覺圖案描繪吸菸後，令人震驚和嚴重的後果。 美國癌症協會和外科醫生現身說法。
風格或音調：
可信賴的、真實的、嚴重的。
打開知名度：
參與社會媒體，包括：Facebook、Instagram、Twitter、玩電動遊戲、聽廣播節目、看電視、網路、與朋友聊天。
定位：
吸菸的人冒著健康危險，傷害他們的未來、家人和朋友，這是非常不值得的事情。

工作的標識和標語）。

打開知名度（Openings）：這個最後重要的部分，將有助於選擇和規劃傳播管道。Siegel和Doner把打開知名度描述爲「觀眾最關注，並能夠採取行動的時間、地點和情況。」[6]本部分引用步驟五中對受眾行爲的探索內容（障礙、利益和激勵因素），其他可包括的內容有透過次級資料研究和專家意見，所獲得的受眾生活方式和媒體習慣。

訊息策略

此時，你專注於傳播文案，而不是最後的廣告標語（slogans）、腳本（scripts）或標題（headlines）。這些會晚一點。那些制定創意策略的人，首先需要知道的是，你想要從標的受眾那裡獲得怎樣的反應？在我們的社會行銷模式中，你已經在此刻完成哪些艱苦的工作，你可以透過步驟四中先前建立的活動目標進行精細化的闡述，並簡單說明障礙、好處、激勵因素和來自步驟五的競爭者。通常重點提示，就已經足夠。

你希望受眾做什麼？

活動期待獲得哪些具體的策變行為？（例如：在經歷無保護性行為之後的三至六個月內，至診所進行愛滋病／愛滋病毒檢測）？這個策變行為將包括任何對行動的立即響應（例如：撥打你所在地區的免費號碼，尋求快速的愛滋病／愛滋病毒檢測）。如果你的行為目標是相當廣泛的行動（例如：實踐自然庭園護理技術），那麼現在是時候將這些目標分解成更多單一、簡單可行的資訊（例如：割草後不收拾草屑，讓草屑留在草坪上）。

你希望受眾知道什麼？

你應選擇關於策變行為的關鍵事實和資訊放在傳播文案中，如果你的活動有提供相關有形產品或服務（例如：在安全檢查站提供免費有容量標示的拉鍊袋），你會需要知道何時、何地可以接觸到受眾。如何執行這些行為可能有一些關鍵點（例如：攜帶液體的限制量為3盎司，並且必須裝入容量相當的密封袋中）。為了強調方案的好處，你可以決定，你希望聽眾知道哪些與競爭行為有關的風險統計數據（例如：未被放在密封袋的化妝品和其他液體，將會被海關人員依規定拋棄）以及你承諾的好處（例如：提前將液體放在適當的容器中，可以為你和其他乘客節省長達20分鐘的時間）。

你希望受眾相信什麼？

這個問題與你希望受眾知道什麼是不同的。這是關於你希望受眾在看到關鍵資訊後所相信和／或感受的結果，你對受眾所感知的障礙和利益的研究結果，將啓發你產生精闢的觀點。當民眾被問及他們為什麼不打算投票時，他們說了什麼（例如：「我的一票不會發生什麼影響的」）？他們為什麼認為喝完酒後可以安全回家（例如：「我以前曾經這樣做過，而且完全沒有問題」）？他們爲什麼不願意與青少年討論自殺（例如：「我可能會讓他更有可能這樣做」）？這些是你希望透過你的傳播加以反擊的重點。當你問什麼會激勵他們可以每週運動五天（例如：「相信我會睡得更好」）？爲什麼想要修理漏水的廁所（例如：每天節省200加侖的水）？或者選擇公共汽車作爲通勤工具（例如：可在通勤時使用Wi-Fi）？這些是你需要放進去的重點。

範例：減少大學校園裡的狂飲

爲了進一步說明這些傳播目標，我們將使用由錫拉丘茲大學（Syracuse University）學生開發的活動，該活動贏得了由世紀委員會贊助的2009年全國學生廣告大賽的一等獎，其中有140多所學校參加了比賽，這項活動任務是爲了發展一場遏止大學校園裡學生狂飲的風險（詳細的參賽資料可在http://www.centurycouncil.org/binge-drinking找到。）[7]

學生團隊的形成性研究包括全州1,556次深入調查、75次專家訪談和15份記錄週末清醒和酒醉的日誌。第一個啓示是「意見分歧」，92%的大學生在大約兩個小時內拒絕將「狂飲」（binge drinking）定義爲有5杯（含）以上（男）或4杯（含）以上（女）。然而，學生們很快就會提到，他們很清楚飲酒過量帶來的負面後果，而且「飲酒」和「飲酒過量」之間確實存在一條界線，正如一位學生所說的那樣，「總是有一杯飲料——我希望我沒有喝下它，而它總是讓事情每況愈下。」這個問題，正如學生說的，他們知道自己「越過界限」，但這就是事情出錯的時候。

該團隊發現統計和專業訊息無法說明更多，他們知道學生們都是在大三和大四的時候知道如何飲酒的，團隊認爲他們的工作是讓學生更快地進步，達到緩和的能力。

他們的消息策略希望能做到這一點。

他們想讓學生做什麼？Syracuse學生希望他們的活動能夠影響學生拒絕那種「下一杯飲料」，因爲這樣會讓他們「超越界限」。

他們需要知道什麼？團隊希望他們認識到飲酒和飲酒過量之間的關係，實際上是……一杯飲料。

團隊需要他們相信什麼？團隊希望他們相信，拒絕那些會讓他們過度飲酒的飲料，就可以避免不好的後果，他們的研究顯示，他們對標的受衆「非常熟悉」，所以覺得他們這些行爲實在很愚蠢：「發個醉酒時的簡訊」、「爛醉如泥」、「酒駕」、「以不好的結果結束」、「嘔吐」、「與我的女朋友爭吵」、「跌下樓梯」、「表現得像一個白痴」。

以此爲靈感，學生們制定了一項創意策略，可以識別什麼時候是喝太多了，他們稱這時的飲料爲「愚蠢的飲料」（見圖13.3）。

圖13.3 愚笨的喝酒

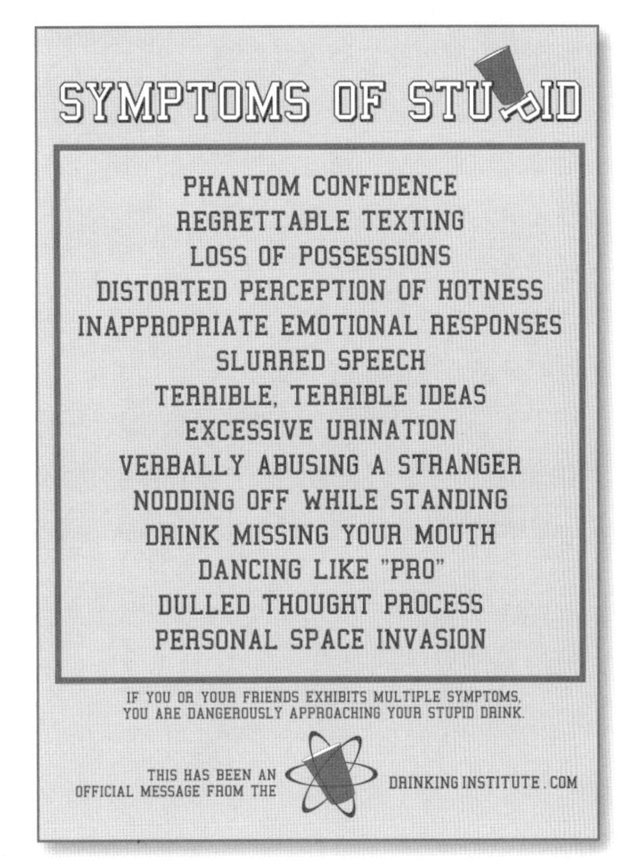

資料來源：Courtesy of the Century Council.

單面訊息和雙面訊息

訊息可以分爲單面和雙面，單面訊息通常只是讚美產品，而雙面訊息則會指出它的缺點。本著這種精神，Heinz發出了這樣的訊息：「Heinz番茄醬眞的很好吃」，Listerine發出這樣的訊息：「Listerine一天使用兩次，效果會不好。」[8]

直覺上，你可能會認爲單方面的陳述會更有效（例如：「四分之三的學生每次喝酒少於四杯」）。但是研究顯示，單面的訊息只有最初對你產品有好感的受衆有效，如果你的受衆目前是「反對」你的狀態，或者對你有懷疑及負面聯想，那麼雙面訊息的觀點可能更能發揮作用（例如：「儘管有25%的學生一次喝四杯酒以上，但我們大多數人並非如此」）。此外，一個組織之前推出的新品牌產品都被廣泛接受，可能會認爲若提及現在發行的產品，可能有助於推廣新產品〔例如：「扣上它，不然就吃單」（Click It or Ticket）已經成功挽救許多生命，現在「酒駕上路，罰單相隨」（Drive Hammered, Get Nailed will too）〕。研究還顯示，雙面訊息對受過良好教育的受衆可能更爲有效，透過提及產品中的一個小缺點，你就可以讓競爭對手無立足之地，就像身體接種疫苗會有點小小的不適感，但可以防止未來發生更大的疾病一樣，你必須注意注射足夠劑量的陰性疫苗，以使買方抵制反宣傳，而不是抵制自己的產品。[9]

範例：兒童汽座增高墊也是極佳的選項

嬰幼兒汽座已經被證實在保護幼童免於汽車意外事故的保護上有巨大貢獻，但美國目前學齡前兒童和幼兒仍處於高度的傷害風險之中。美國疾病控制和預防中心報告說，全國有許多12歲以下的兒童仍然乘坐未受保護的汽車之中，或正在使用並不適合他們的成人安全帶。[10]僅靠安全帶會導致嚴重內傷甚至死亡，嬰幼兒汽座會墊高幼兒的臀部，使他們的膝部和肩部都能正確貼合汽座。嬰幼兒汽座提供符合幼兒體型的安全帶系統，直到他們過渡到成人安全帶系統。圖13.4中的廣告，表現了適當約束勝過終生殘廢的雙面訊息例子。

圖13.4　坐嬰幼兒汽座勝過坐輪椅

資料來源：Reprinted with permission of Harborview Injury Prevention and Research Center.

不同改變階段的訊息

根據標的受眾目前的變化階段不同，也有不同的訊息策略。正如第5章中關於標的受眾所提及，行銷人員的作用是將目標用戶轉移到下一個階段，影響思考前期者轉變為思考期者，思考期者轉變為準備期者，而準備期者轉變為行動者，至那些正在行動的人，使其成為一種習慣（維護）。最重要的是，每個階段都有不同的推薦訊息策略。[11]

對於思考前期者來說，你的主要重點是確保標的受眾意識到競爭行為的成本以及新行為的好處，這些資訊經常是透過使用統計數據和事實來進行陳述的，特別是那些標的受眾不知道的數據，那些數據可以喚醒還在沉睡的人。特別當這些事實是重大新聞時，他們通常可以快速移動到後續階段，在某些情況下甚至移動到維護期（例如：當發現給兒童注射的流感疫苗若含阿司匹靈成分可能會導致致命的疾病，稱為雷氏綜合症）。

對於沉思者（現在他們是「清醒」的），你的訊息選擇包括鼓勵他們至少嘗試新行為和／或重組他們的環境，以使履行新行為變得更容易（例如：將放置堆肥材料的容器直接放在廚房水槽下）。你會想要消除任何迷思（例如：安全氣囊和安全帶一樣好），並且解決任何可能發生的障礙，例如：他們對是否能成功做到和保持行為能力的擔心。

對於那些正在行動期的人來說，你會希望他們開始看到「走下床」來的好處，也許你會承認他們達到了有意義的里程碑（例如：30天沒有香菸）或說服他們使用提示以確保可持續發展（例如：將可水洗的卡片放在淋浴間，以提醒每月進行乳房自我檢查）或簽署一個承諾書承諾「會把這件事做好」。你的訊息會針對一個預防回復到舊習慣為目標，同時為他們創造一個實踐新習慣的準備。

對於那些正在維護期的人來說，身為社會行銷工作者的你仍然可以扮演一個角色，因為正如你之前所學到的，行為變化的本質上是螺旋式的，我們可以輕易地回歸到任何階段──甚至可以「回到睡眠狀態」。總而言之，這是一組值得認識、恭賀和嘉獎的小組。你或許只需要確定他們知道已經得到所承諾的利益，並且偶爾提醒他們所贏得的長期利益或貢獻（例如：公用事業單位的帳單上的訊息，表示感謝居民幫忙減少高峰時段用電量的6%）。

代言人

你的標的受眾認為誰在幫你傳遞資訊，他們對這個特殊代言人的看法可以決定交易是否成功，而現在正是選擇代言人的正確時機，因為它將會影響你的創意策略及傳播管道選擇。代言人的種類共有六種（獨家贊助組織、合作夥伴、發言人、背書者、中游觀眾、吉祥物），接下來將介紹選擇代言人應該注意的事項。當活動的焦點是要讓大家認識組織的名稱時，獨家贊助組織（sole sponsor）可以是活動唯一的贊助者。對社會行銷活動的快速檢視方式，可能是看活動的贊助者（例如：EPA推廣節能設備）或非營利組織（例如：美國癌症協會促進結腸癌篩檢），雖然這種情況不常見，但唯一的贊助者有可能是一個營利性組織（例如：Safeco保險公司推廣「森林野火防禦的10個技巧」）。

對於許多活動而言，從活動一開始往往就會有合作夥伴參與開發，協助實施並可能為活動提供資金。在這種情況下，標的受眾可能並不知道實際的贊助者。這些合作夥伴可能是一個聯盟或者只是一個項目的合作，標的受眾可能會不清楚有哪些組織是該活動的贊助者（例如：一個倡導水質檢驗的贊助組織，可能包括：公用事業、衛生部和環境聯盟組織）。例如：2006年一個公共、私人和非營利性合作夥伴關係形成，影響了舊金山約50,000個尚未有銀行帳戶的家庭，其中10,000個已經開設銀行帳戶。據估計，這些尚未開設銀行帳戶的家庭每年花5%的家庭收入支付支票現金，平時大量使用支票兌現等收取高額銀行費用和利率的金融服務，市政官員能夠說服城市中75%的銀行和信用社為他們開立銀行帳戶。即使那些在銀行業信用歷史較差的人，也被鼓勵善加利用這些「二次機會」開立帳戶，採用銀行提供低成本或無成本的產品，並且帳戶存摺沒有最低餘額要求，接受護照認證（consular identification，非公民身分），並免除透支所需支付的費用，該計畫啓動兩年後，已有31,000多個舊金山銀行帳戶開通。[12]

有些組織和活動善於利用發言人來傳達訊息，通常能夠獲得更高的關注並提升信賴度。例如：2006年歐巴馬前往肯亞接受愛滋病毒檢測，然後，他談到了他在世界愛滋病日的旅行：

> 所以我們需要向人們表明，進行愛滋病的篩檢，就像去醫院做血液檢查、CAT掃描或乳房X光檢查，不必覺得羞恥，縱然可能檢測出正面結果的機率不高，但你知道得越早，你就可以獲得更多的幫助。我和我妻子蜜雪兒能夠在這趟非洲之旅參加由疾病控制中心提供的簡單15分鐘檢測，我們可能已經鼓勵多達50萬的肯亞人來接受檢測。[13]

一些計畫則使用演藝人員來吸引人們關注他們的努力（例如：Willie Nelson的「不要惹惱德州的垃圾預防運動」）。最好的選擇是對這項工作高度認同的人選。然而，這種策略也並非沒有風險，因爲你選擇的名人有可能會失去知名度，或者更糟糕的是，陷入醜聞或尷尬境界，就像Willie Nelson因擁有毒品而被捕一樣。[14]你可能希望能有來自外部組織的背書認可，這些組織也能被視爲代言人之一，應用的範圍可以從簡單地包括在傳播活動列名，或標識到更正式出示證明以支持活動的事實和建議（例如：美國醫學協會證實公共衛生部門所發布的二手菸危害統計數據是否符合科學事實）。2009年1月，Oprah Winfrey爲星巴克的志工服務活動奉獻了一臂之力，稱爲「我在這裡」（I'm In），鼓勵顧客向他們所選擇的組織提供5個小時的志願工作者服務。活動當時雄心勃勃的目標是能獲得100萬小時的服務承諾，然而截至2011年2月4日，他們已經獲得130多萬小時的認捐。[15]

讓中游受衆（通常與你的目標有更密切關係）成爲你的代言人，也是非常有利的做法。舉例來說，靈魂美感（Soul Sense of Beauty）是一項外展的推廣計畫，透過培訓髮型師（髮型師常被許多婦女視爲閨密）與顧客討論如何預防乳腺癌的威脅等健康課題。對於非洲裔美國女性來說，髮廊顯然具有特殊意義，她們也是活動的標的受衆之一。對許多人來說，美容院代表女性可以受到寵愛和照顧的地方，雖然沙龍的設施對於如何展示健康訊息很重要，包括展示影片和平面印刷材料，但客戶與她的造型師之間的關係可以創造魔法，畢竟，這位閨密很可能是她多年來所信任的人，而且她「通常站在女人耳朵的6～8英寸處，有誰能比她更容易對女人吹出具有珍珠光彩智慧的耳語？」[16]

最後，選擇創建一個吉祥物來代表品牌，實在是很不錯的決定，例如：護林熊（Smokey Bear）或者犯罪犬（Crime Dog）。有些人則使用了目前流行的角色，例如：芝麻街的Elmo，該角色以Ready、Set、Brush立體書爲特色，旨在以趣味的方式養成小朋友良好的口腔衛生習慣（例如：立體書可以彈出Elmo的造型，讓小朋友練習用牙刷刷Elmo的牙齒）。[17]

你應該如何選擇？

最後，你希望你的標的受眾可以相信代言人所傳遞的資訊。有三個主要因素被認爲是來源可信度的關鍵：專業知識、值得信賴性和可愛性。[18]

專業知識是代言人所支持的知識。對於一項鼓勵12歲兒童接受新人類乳突病毒（HPV）疫苗，以幫助預防子宮頸癌的活動，除了當地的醫療保健提供者外，美國兒科學會是一個重要的代言人。誠信被認爲與客觀的誠實有關。例如：朋友比陌生人更可信，沒有收取金錢評論產品的人，被認爲比獲得金錢才評論的人更值得信賴。[19]這就是爲什麼營利組織經常需要這種夥伴關係，或者至少能與一個公共機構或非營利組織合作，標的受眾對商業部門的營利動機（例如：鼓勵兒童免疫接種的製藥公司）始終抱持懷疑的態度。可愛性描述了消息來源的吸引力，諸如：坦率、幽默和自然等特質，使得消息來源顯得可愛。當然，來源的可信度是三個因素中得分最高的選項，也許這就是以下例子會使用下述策略的原因所在。

範例：蒙大拿州的Meth計畫

聯合國已將甲基苯丙胺（編按：俗稱冰毒）濫用（methamphetamine abuse）確定爲逐漸普遍的全球流行病，美國各地的執法部門甚至將它排在全美第一名的犯罪問題之首，爲應對日益嚴重的公共衛生危機，蒙大拿州牧場主Thomas M. Siebel建立了Meth計畫，希望透過公共服務訊息的傳遞，鼓勵社區行動來倡導公共政策以減少甲基苯丙胺的使用。[20]

最初啓動Meth計畫的蒙大拿州是全國治療甲基苯丙胺人均治療排名前10位的州之一，該計畫網站上報告的社會成本驚人，人力成本甚至無法估量：52%的寄養兒童因甲基苯丙胺而死亡，每年花費美國政府1,200萬美元；每年監獄中有50%的成年人因甲基苯丙胺因素而犯罪，每年造成國家損失4,300萬美元；此外，每年有20%的成年人正在接受治療，他們每年需要花費1,000萬美元。

2005年啓動的Meth計畫著重於向潛在的Meth消費者提供有關產品屬性和風險

的資訊。整合方案包括一個由社區外展和公共政策倡導支持的社會行銷活動——使用眞實的圖片來傳達甲基苯丙胺使用的風險。

Meth計畫工作的重點，是使用經過研究驗證的活動標語——「一次就上毒」（Not Even Once）以及大膽的圖片來傳達甲基苯丙胺使用的風險。透過眞實案例，在電視、印刷品、廣播和紀錄片的眞實特寫現身說法（見圖13.5）。防治甲基苯丙胺濫用的計畫應用消費產品行銷的手法，強調不要轉賣它，計畫動員了大量的社區外展人員，來協助蒙大拿州居民認識甲基苯丙胺和宣導預防活動。此外並透過國家藝術繪畫大賽，指定成千上萬的青少年和他們的家人使用「反甲基苯丙胺」的主題，來創造高度可見的公共藝術。直至今日（2014年），該計畫仍是國家非營利組織「無毒合作夥伴關係」的一個計畫，並已被科羅拉多州、喬治亞州、夏威夷州、愛達荷州和懷俄明州等州採納應用。

圖13.5　讓反毒活動成功的主要代言人，是這些曾經經歷毒癮痛苦的年輕人。

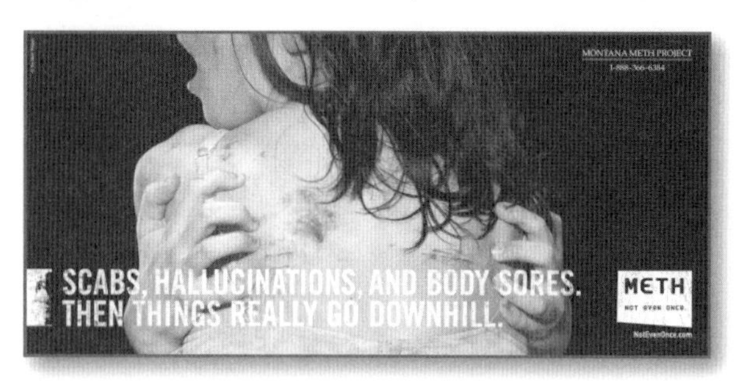

資料來源：Montana Meth Project [website], accessed March 26, 2007, http://www.montanameth.org/About_Us/index.php.

創意策略

創意策略會將你想要的資訊內容，轉化爲特定的傳播。這些內容包括：印刷材料中的標章、字體、標語、標題、副本、視覺效果和顏色，以及廣播媒體中的劇本、演員、場景和聲音等所有內容。你將面臨在資訊訴求之間進行選擇，這些訴求可以透過恐懼、內疚、羞愧、愛或驚奇來闡述行爲及其利益和情感訴求；你的目標是開發（或批准）具吸引受衆，並能說服他們採取策變行爲的有利傳播提案。我們在接下來的部分會介紹12項技巧，以提供考慮並幫助做出決定。

創意技巧1：訊息簡單、清楚

有鑑於社會行銷活動始終關心人們的行爲，你應該試著讓你的指示簡單、清楚。[21]暫時先假設你的受衆有極高的興趣或渴望採納策變行爲，你就是訴說著你說過的話或者他們已經傾向做的事情，他們其實只是在等待明確的指示，像是你曾經很熟悉的訊息——「一天五蔬果」、「洗手時至少要唱二次生日快樂歌才算洗乾淨」、「看到警車閃燈及響警報器時請靠邊停車」（Move right for sirens and lights）、「當你在夏令節約時光開始或結束重置時鐘時，請順便檢查火警警報器的電池」。請考慮這些訊息是多麼容易讓你知道自己是否已經執行了策變行爲，並得到履行行爲的許多好處。通常使用視覺指示可以更容易幫助策變行爲看起來簡單清楚。毫無疑問，你已經曾經在飯店房間中看到許多有關不過度洗滌房間床單、毛巾的訊息版本，我們根據飯店的指示，向員工表達我們是否樂意重複使用我們的毛巾以及床單，請看圖13.6的指示，你有多快速能夠理解飯店想要你做什麼！

圖13.6 視覺圖形可以使得人們快速知道該怎麼做

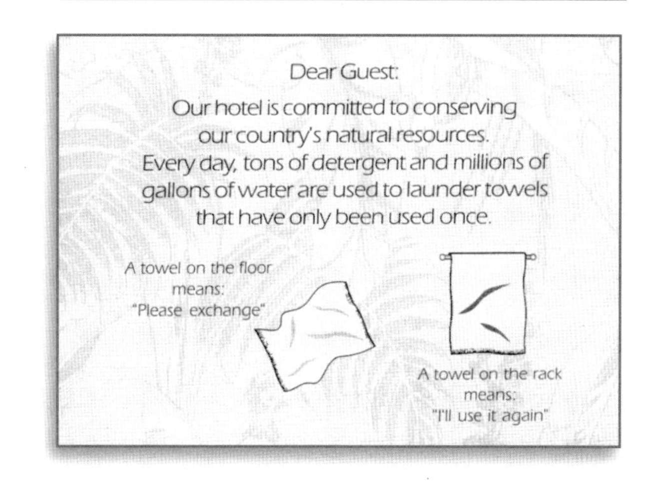

創意技巧2：關注受衆利益

正如Roman和Maas所建議的那樣，由於人們並非購買產品，而是購買所期望的利益，[22]所以創意策略應強調標的受衆（大多數）所想要的好處及明確告知履行行爲相關的成本；當感知收益超過感知成本時，這活動將特別有效，只需要給予受衆提示和提醒，就像下面由北卡羅萊納州羅利梅雷迪思學院（Meredith College in Raleigh, North Carolina）的終身副教授Mary Shannon Johnstone所分享的例子一樣，她同時也是攝影師，她將分享她如何熱衷挽救無家可歸的小狗們的生命。

範例：垃圾掩埋場填埋可愛狗

這些不只是狗狗的可愛圖片（見圖13.7和13.8），這些狗至少已連續兩週無家可歸，如果牠們再找不到收容牠們的家，就只能面臨安樂死的命運。這18個月（2012年底至2014年初），我每週將一隻來自動物庇護所的狗帶到當地的垃圾掩埋場拍攝照片。我會使用垃圾掩埋場是基於兩個原因，首先，如果牠們沒有找到認養牠們的家庭，那麼這裡將會是牠們長眠之地，牠們的屍體將被深埋在這片垃圾掩埋場內，這些照片將爲狗狗們提供找到屬於牠們家園的最後機會。選擇掩埋場的第二個原因，是因爲動物庇護所隸屬於垃圾掩埋場，這種政府結構反映了社會價值：無家可歸的貓和狗，其實是另一種垃圾流（waste stream）。然而，這種景觀提供了一個希望的隱喻，這雖然是一個垃圾場，但也可以透過你的愛心把它變成了一個美麗的地方；我希望大衆也能看到這些無家可歸、不受歡迎的動物們的美麗。爲完成這個攝影作品，每隻狗都要乘坐汽車、帶牠們散步、餵食牠們，且大約需要2小時的時間來拍攝牠們。我的目標是爲那些因動物過度繁殖而失去呵護的動物，記錄牠們的個別容顏，並爲這些動物提供最後一次機會，這個計畫將持續一年，以便我們可以看到這個光景的變化，這個「垃圾流」是否仍然一樣源源不絕？[23]

圖13.7 如果我找不到認養我的家，這片垃圾掩埋場，將是我最後長眠之所。

資料來源：Shannon Johnstone, Associate Professor, Meredith College.

圖13.8 我找到我的家了！

資料來源：Shannon Johnstone, Associate Professor, Meredith College.

創意技巧3：使用恐懼策略時，訊息來源必須可靠並配套解決方案

社會行銷人員經常討論是否使用「恐懼訴求」（fear appeals）的策略，一些研究人員認爲這不是好方法，部分原因是搞不清楚這到底是「恐懼訴求」，還是「威脅訴求」？[24]他們認爲威脅只是說明某些行爲（例如：吸菸導致的癌症）可能帶來不良的後果，對其所引發的情緒實際上可能不是恐懼，甚至帶來相反的結果。

澳洲Curtin大學行爲研究教授Rob Donovan在2013年Georgetown Social Marketing Listserve上發布了一篇文章，「這個問題不是恐懼、厭惡等是否能產

生作用——而是在什麼條件下提出恐懼策略才是適當的，否則可能適得其反。」[25] Kotler和Roberto指出Sternthal和Craig的研究顯示，執行恐懼策略的決定應該考慮幾個因素：[26]

- 除非伴隨著有效且易於執行的解決方案，強大的恐懼訴求才能發揮最佳的效果。否則，你只能適度應用恐懼訴求（見圖13.9）。

圖13.9 使用恐懼策略宜有配套解決方案

資料來源：Reprinted with permission of Children's Hospital and Regional Medical Center, Seattle, Washington.

- 對於那些以前並不關心某特定問題的人來說，強烈的恐懼訴求可能是最具說服力的；但對那些已經有些擔憂的人，可能會覺得恐懼訊息太過分了，這反而會阻礙他們改變態度或行爲。
- 對潛在受眾使用恐懼訴求策略會很有效，勝過直接針對標的採用者。這可能解釋了一些研究顯示，當恐懼訴求針對標的受眾的家庭成員時，恐懼訴求更爲有效。[27]
- 來源越可信賴，恐懼訴求的策略就越具有說服力。一個可信的來源，可以減少觀眾低估恐懼策略的機率（見圖13.10）。

創意技巧4：嘗試生動、具體和個人化的訊息

McKenzie-Mohr和Smith認爲，確保訊息被關注和記憶的最有效方法之一，是呈現生動、個人化和具體的訊息[28]；他們指出實現這一目標的各種方法。

他們解釋說，生動的訊息很容易戰勝其他枯燥訊息，贏得我們的注意力。此外，因爲它很生動，所以我們很容易記住它。例如：一位進行家庭能源檢測的評估員接受了培訓，他會對客戶這樣進行生動的比喻：

圖13.10 來源可靠的恐懼呼籲：「外科醫生警告說，吸菸會帶來無限遺憾的後果。」

資料來源：Image courtesy of www.adbusters.org.

> 你知道，如果你把這些門周圍和下面的所有裂縫開口相加起來，會相當於在客廳牆壁上留下一個與足球大小相當的洞，你可以想一想會有多少冷氣會從這個洞口跑出去。[29]

個性化訊息能夠滿足標的受衆的喜好、需求和慾望，表現出你充分了解他們所感知的行爲障礙和利益。例如：McKenzie-Mohr和Smith對公用事業公司提出如何促進節能的建議：按物體本身的圖片來表現家庭能源用量的百分比，而不是用條形圖（爐子、熱水器、主要設備、照明等）。[30]

McKenzie-Mohr和Smith曾經透過描繪一個案例，來說明具體的訊息。加州州立大學的Shawn Burn並未使用文字指出加州每年所產生的1,300磅廢物，而是將加州的年度廢物量描述爲「足以填滿奧勒岡州至墨西哥邊境寬達10英尺的雙車道高速公路」。[31]

我們認爲用於華盛頓州青年吸菸預防活動的明信片，顯示創意策略可以是生動的、個人化而具體的（見圖13.11）。

創意技巧5：讓訊息容易被記住

說服性傳播（persuasive communications）的神奇之處，在於讓訊息可以在標

的受眾的腦海中被想起。Kotler和Keller透露，每一個細節都很重要。考慮一下，表13.2中所列出的傳奇商業品牌主張，如何能夠實現左側所列出的品牌主題。請思考一下，你對他們當中的大部分（仍然）有多熟悉。

圖13.11 生動、個性化而具體的創意策略

資料來源：Washington Department of Health.

希斯兄弟（Heath brothers）在他們的著作《創意黏力學》（*Made to Stick: Why Some Ideas Survive and Others Die*），提出了六個讓思想黏在腦袋的特徵——那些能被理解和記憶的訊息特徵。[32]請注意，他們甚至使用成功（success）這個詞，來讓你記得他們所提出的主張：

1. 簡單（Simplicity）：黃金法則。
2. 意外（Unexpectedness）：西南航空——低成本航空公司。
3. 具體性（Concreteness）：約翰肯尼迪的「世紀末在月球上的男人」。
4. 信譽（Credibility）：Ronald Reagan的「投票前，問問自己，你今天比四年前是否更好。」[33]
5. 情緒（Emotions）：「不要與弄髒／惹惱德州」。
6. 故事（Stories）：大衛和歌利亞（David and Goliath）。

表13.2 廣告品牌主張案例

品牌主題（Brand Theme）	品牌主張（Ad Tagline）
我們的漢堡更大。	牛肉在哪裡？（Wendy漢堡店）
我們的面紙更柔軟。	請不要擠壓Charmin（Charmin面紙）。
沒有硬賣，只有好車。	駕駛心之所向（Volkswagen大眾汽車）。
我們不多租汽車出去，省下時間來為客戶做更多事情。	我們嘗試更努力工作（Avis汽車出租）。
我們提供長途電話服務。	打電話關心他（AT&T電信業）。

資料來源：P. Kotler and K. Keller, *Marketing Management*, 12th ed. (Upper Saddle River, NJ: Prentice Hall, 2005), 545.

讓我們來回顧曾經熟悉的「知名」社會行銷訊息，並從檢視他們的活動訊息中，找到一些可以讓我們利用的線索，來幫助標的受眾記住該做什麼，尤其當你並非有充分的傳播資源時：

- 嘗試押韻技巧，如「不繫帶就吃單」（Click It or Ticket）和「如果它是黃色的，讓它繼續等待；如果它是棕色的，讓它沖洗乾淨。」（If it's yellow, let it mellow; if it's brown, flush it down，編按：意指廁所馬桶的水色。）
- 你可能更喜歡和那些讓你感到意外的人在一起，比如「拯救螃蟹，然後吃掉牠們」。
- 創造一個簡單而難忘的心理圖片，比如爲預防地震創造的口訣和圖片：「趴下、掩護、穩住」（Drop. Cover. Hold）。
- 將履行行爲的時間連接到熟悉事件，例如：生日，「在60歲生日時進行結腸鏡檢查」。
- 利用大眾對其他品牌或口號的熟悉程度。例如：應用Nike's「Just Do It.」於拒絕毒品活動「Just Say No」；同樣，爲了預防廚房火災，2013年英國的肯特消防和救援服務部門爲活動製作了一首歌曲，其中「Stand By Your Pan」，使用的是知名歌曲「Stand by Your Man」的曲調。

創意技巧6：有時候增加一點小樂趣

在社會行銷活動促銷增加一些娛樂效果，就如同使用恐懼訴求訊息一般具有爭議。我們建議可否這麼做的關鍵是確認何時是合適的時機，何時並不適合。有一堆的因素會影響活動的成功，包括你的標的受眾（根據人口統計學、心理學、地理學區隔出的市場），哪些社會問題是標的受眾可以「被幽默」的課題，以及幽默的方式、過去這個課題是否曾經使用過幽默的方式來推動。

下面的成功例子顯示，「樂趣」的界限可能會比我們想像的更有彈性。2007年，Bill & Melinda Gates基金會宣布泰國人口和社區發展協會（PDA）獲得了2007年蓋茲全球健康獎，以表彰他們在計畫生育和愛滋病／愛滋病毒預防工作的創造性和努力，該獎項授予Mechai Viravaidya，他是PDA的創始人和主席，也是泰國的前參議員，他熱衷於減少非計畫懷孕和愛滋病在該國的傳播，爲解決這個課題，他決定在全國普及保險套的使用行爲，並認爲「有趣」的訴求，可能會讓民眾更容易接受，於是他的創意促銷策略支持這個「有趣訴求」的主題：

- 他在各種活動中發表演講，宣稱：「保險套是一個很好的朋友。你可以用它做很多事情，甚至表達你當天的心情……你可以在不同的日子，使用不同的顏色——星期一黃色，星期二粉紅色，當你哀悼時，黑色。」[34]

- 他爲孩子和成人組織了保險套「吹氣球」比賽。他還要求媒體將拍攝到的畫面，務必能在頭版或晚間新聞上發布。
- 他影響高速公路收費站，收費時順便分發保險套。
- 他創造了一個警察和保險套的計畫，讓交警在除夕夜時分於道路分發保險套。
- 他展示了保險套的其他用途，例如：將它們放在槍管上以防沙子進入槍管。
- 他要求泰國的僧侶要祝福保險套，以確保泰國人使用後不會有任何不良影響。
- 他在時裝表演中以保險套爲服裝元素，讓保險套成爲時尚的象徵。
- 他以「我們的食物保證不會讓你懷孕」爲口號，開設了名爲「包心菜和保險套」的新餐廳——並且提供免費的保險套，而不是薄荷口香糖。

一般而言，幽默訊息在表達對社會問題的獨特方式時最爲有效。例如：如圖13.12所示，在紐約的地鐵中跑來跑去的民眾若閱讀到這則海報訊息會有多驚訝，也許會很高興。只要你的受眾會嘲笑自己或他人，就可能有幽默的機會。2004年在美國衛生和人類服務部啓動的廣告就是一個很好的例子，活動使用幽默來激勵體重超重的成年人能夠將每天跑100步融入其繁忙的生活中（見圖13.13）。[35]另一方面，幽默訊息不適合應用於複雜的訊息，對於影響父母對子女進行關懷安慰的活動沒有任何好處，甚至是不利的一面，因爲這是一項涉及多項具體指示的活動；對於文化、道德或倫理方面的嚴肅（如：虐待兒童或家庭暴力）課題也不適用。

圖13.12 紐約地鐵的乘客歡迎海報：「請不要跑來跑去，雖然我會為你的無窮精力鼓掌！」

資料來源：Author photo.

創意技巧7：嘗試一個「大創意」

一個「大創意」（big idea）以一種特殊而令人難忘的方式，將訊息策略融入生活中。[36]在廣告業務中，這種大創意被某些人視爲聖杯，是一個極具創造力的解決方案，只需幾個字或一個圖像便能提出令人信服的購買理由。[37]它需要陳述訊息策略，這種陳述往往只是簡單說明利益和期望的定位輪廓，並將其轉化爲引人注目的活動概念。[38]你也可以透過自問自答來獲得靈感，如果你對你的產品只能說「一件事」，你會怎麼說它或你將如何展示它？有些人則認爲，獲得大創意並非一個線性過程，有時候就是靈光乍現的事情，是在洗澡淋浴或夢中可能瞬間出現的靈感。全球公共關係公司Porter Novelli將大創意描述爲一個擁有頭部、心臟、手腳的創意。

> 大創意不僅可以穿越時空，而且可以跨越我們所選擇的任何媒體管道，大創意能將行銷活動和傳播管道結合在一起，而不是只爲獨立元素工作。[39]

圖13.13　雜誌中彩色印刷的廣告「每天30分鐘仰臥起坐運動，你將不需要再依賴垂直條紋襯衫來顯瘦」。就從www.smallstep.gov開始。

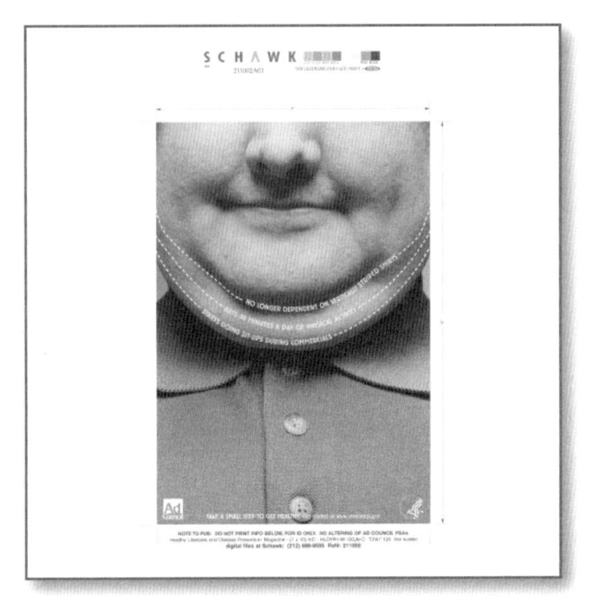

資料來源：Ad Council.

商業領域的範例，包括衆所周知的「Got milk？」活動，該活動已經被許多名人和非乳製品（例如：「Got junk？」）所採用。這個偉大的社會行銷案例是由美國衛生和人類服務部婦女健康辦公室的全國母乳哺餵活動所開發的。當你看到他們的兩個廣告時，你會對這個活動的「大創意」感到印象深刻，這些廣告希望能夠增加民衆至少要對嬰兒哺育母乳六個月的知識（見圖13.14）。

創意技巧8：考慮提個問題而不是找麻煩

你今天有喝八杯水了嗎？你明天打算去投票嗎？有些人認爲提出這些與行爲有關的問題，可能產生積極變革的力量，這種技術被稱爲「自我預言效應」（self-prophecy effect）或是個人自我預言的行爲影響（behavioral influence of a person making a self-prediction）。市場行銷學教授Eric Spangenberg和華盛頓州立大學助理教授Dave Sprott進行的研究使他們相信，讓人們預測他們是否會執行社會規範的行爲，會增加他們執行該目標行爲的可能性。這些研究人員甚至透過大衆傳播對民衆提出自我預言的要求，結果證明了自我預言的成功效果。[40]他們還發現了自我預

圖13.14　大創意的廣告範例：哺乳六個月可減少嬰兒感染中耳炎及其他疾病的風險

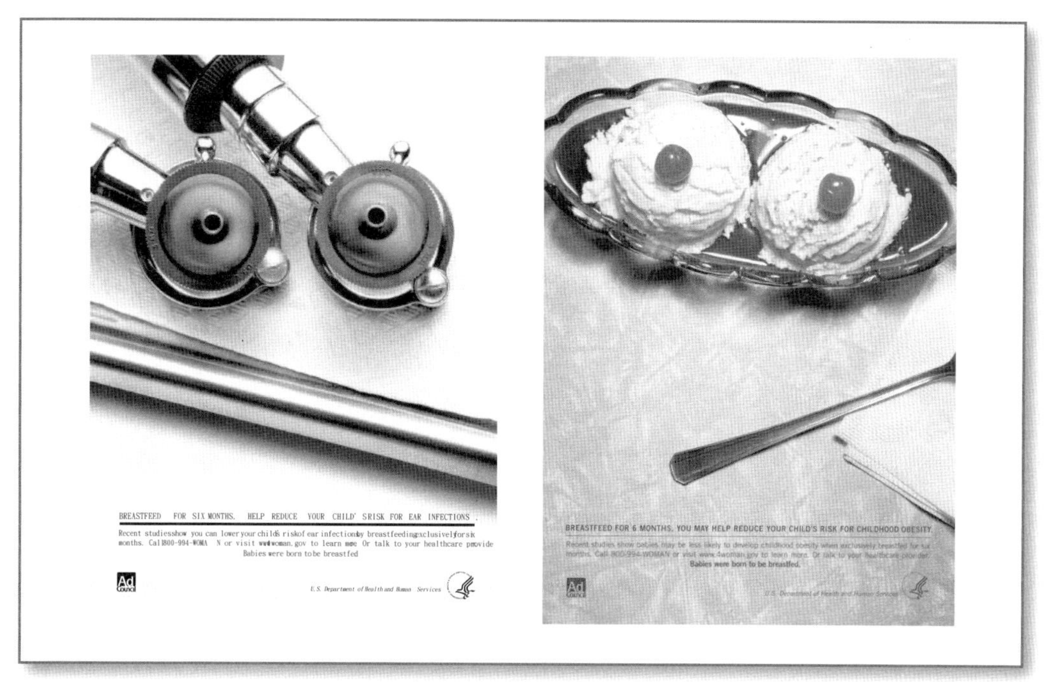

資料來源：Ad Council.

言，受到不和諧解釋理論（dissonance-based explanation）的支持。

Spangenberg和Sprott的研究表明，當人們預測自己應該要做某些事時，他們則更有可能這樣做。這些作者對該技術的分析顯示，當問題提出後，其即時被採納的機率爲20%，有時行爲改變的要求可持續六個月長，直到所有人們都預測他們的行爲爲止。[41]具體研究表明，自我預言可增加選民投票率、健身俱樂部的參與率、鋁罐回收的承諾，以及與家人共同吃晚餐的機會。研究人員認爲，這種結果可以用認知失調現象（phenomenon of cognitive dissonance）來解釋；也就是說，當我們說應該要做某事才對，然後我們卻沒有做它時，人類此時會感到不舒服或有不平安的感覺（有些人可能會把它稱爲內疚感），這種不舒服的感覺會促使我們按照預言來行事；換句話說，這個預言變成了一個自我應驗的預言（self-fulfilling prophecy）。

Spangenberg強調，爲了取得成功，標的受衆必須將策變行爲看作是一種社會規範，並傾向認同該行爲，至少起碼不會想朝另一方向前進。例如：你若是問一群吸毒者，「你今天會停止吸毒嗎？」這種問法就不會有任何作用。[42]

創意技巧9：讓規範有更多的曝光率

正如前幾章所述，社會規範行銷是基於社會規範理論的中心概念——人們的許多行爲受到他們對「正常」或「典型」行爲看法的影響。然而，當行爲還未成爲社會規範時，不論如何，應該增加人們參與行爲的知覺。例如：在圖13.15中，這是貼在家庭垃圾蒐集桶的標誌，這個家庭宣稱「我們家不會讓寵物的大便掉落在道路上」（We Scoop the Poop），因爲家庭垃圾桶必須放在門口的路邊，由大型垃圾車回收垃圾，所以不管是跑步路過的民衆或是垃圾車工作人員都會看到這個標誌；也就是說，這個觀念很快會被傳播到其他擁有寵物的鄰居主人。

圖13.15　將「我們家不會讓寵物大便掉落在道路上」的貼紙貼在垃圾桶上

創意技巧10：眞實人物的眞實故事

也許由眞實人物現身說出自己眞實故事之所以能夠成爲偉大的創意策略，是因爲他們體現了本章中所提到的許多關於如何選擇訊息和代言人的最佳實踐。就代言人而言，因爲他／她所說的是關於自己的眞實故事，所以將會被認爲是可信的並且可愛的；就訊息而言，眞實的故事往往更有可能提供具體的例子並創造情感，而這兩個因素是「黏性」（sticky）的重要原則。以下兩個範例可以說明這些技巧的應用。

範例：Heather Crowe的二手菸故事

我叫Heather Crowe，我今年58歲，因爲在工作場所吸入過多的二手菸導致肺癌死亡。

我在餐廳擔任服務員，超過40年時間。

我做服務生工作，是因爲它可以讓我自己和女兒過著經濟較充裕的生活。我每週的工時很長，有時每週甚至超過60個小時。在我工作的地方，空氣中經常瀰漫著藍色的菸霧，但似乎從來沒有人提到關於這些菸霧的事情。直到去年，我仍舊不知道二手菸是危險的。當客人們問我，「你介意我抽菸嗎？」我會說，「我眞的不介意。」因爲我完全不知道餐廳裡的菸霧可能會對我造成傷害，因爲從來沒有人告訴我，所以我從來不曾採取任何保護措施。

直到去年我的癌症被證實。我的健康狀況通常很好，但去年春天我注意到我的脖子上有個腫塊始終沒有消失，儘管我沒有生病，但我的女兒鼓勵我去看醫生，當時醫生測量了腫塊並要我去進行X光攝影及其他一些檢測；後來，她告訴我結果顯示我的肺部腫瘤與我的手一樣大時，我很難相信它。我問她：「你確定它不是肺結核？」我告訴她：「我一生中從未吸過一次菸」。

這個醫師當她是一名大學生時，她曾經和我在同一家餐廳工作過，所以她記得那間餐廳有多少菸霧，並告訴我她認爲我的肺癌可能來自二手菸。醫院花了幾個星期的檢驗時間來證實我的確罹患肺癌，這段時間專家告訴我，我的癌症無法透過手術治癒，並且他們發現疾病應該是由於吸入過多二手菸導致的。當我知道這個事實時，我感到非常憤怒，我告訴自己必須把我的憤怒和壓力放在積極正面的東西上，於是我開始尋求一種方法來預防別人像我這樣以這種方式生病，因爲我發現服務生中有很多人也是每天生活在菸霧中，他們也不知道自己正處於危險之中，可能會像我一樣生病。

我意識到我希望這些跟我在同行工作的人可以提高警覺，並採取一些行動來保護自己，餐廳的服務生都是正常人，我們沒有超級的肺部，所以沒有理由只爲我們的健康提供次等保護，政府的政策應該對我們有所保護才是。

我做的第一件事是聘請律師幫助我向勞工賠償委員會（Workers Compensation Board）提出索賠，我想透過提出勞工補償這一方式，可以幫助其他勞工獲得經濟的補償，並協助改變服務生的工作環境。然後我開始寫信來尋求社會各界人士支持我的主張，我收到了我的醫生、政界人士（如市長和前市長）、渥太華健康醫療官員，以及一些議會議員的信件；更令我驚訝的是，勞工賠償委員會在8週內同意了我的索賠。我了解到，我的餐廳是第一個因餐廳二手菸導致疾病索賠的案例。

在我進行肺部活體檢查之後的第二天，我在餐廳認識的一個熟客，他在加拿大衛生部工作，問我是否可以用我的案例來做二手菸的廣告，因爲這樣可以幫助別人了解保護餐廳員工的必要性，我非常同意。巧合的是，就從廣告播出同一天開始，我得知我的賠償要求已被接受，我的手機開始響起，許多報紙和電視臺對我的索賠感到高度興趣。

從那以後，我一直在加拿大與政界人士、學校和社區討論保護勞工免受菸霧危害的必要性，我希望我能幫上忙，因爲我有面對癌症的眞實經歷。這裡有很多統計數據，但我只有一個人，我只想幫助人們了解這是一個眞正的問題，我希望讓人們更清楚大家能爲二手菸做些什麼。

我希望政治家們能夠解決這個問題，讓我們生活的加拿大可以擁有無菸害的工作環境，我並不期望在很短的時間內完成這些工作，我只是希望他們知道這是一種非常危險的化學品，所有的勞工都應該受到相同的保護。有人說：「好吧！如果你不喜歡二手菸，那你就不要在那裡工作啊！」我的回答是：「如果其他人在他們的工作場所都能被保護，那爲什麼我們不能？」我所要求的是全部平等的權利，我們不應該是一次性勞工（disposable workers）。

我並不是要求吸菸者放棄吸菸，而是要求他們吸菸時可以在室外，以保護所有勞工。

肺癌有四個階段，而我在第三階段，這意謂著我已經不可能被治癒，我已經進行了五輪大型、五輪小型化療以及三十次放射治療，這種輻射應該能夠殺死癌細胞，而化療法應該可以縮小腫瘤。如果我的肺癌得到緩解，這可能會讓我多活兩至三年的時間，但最終癌症還是會回來，它將成爲我生命的終點。

但若我能爭取這些時光，它就能幫助我完成這項工作，我活著至少試著做一些對人類有益的事情，試圖對這個世界有所作爲，雖然對我來說現在開始已經太遲了，但這並不意謂著我必須蜷縮起來躲在一顆球中，然後安靜離開世界。你知道嗎？至少對我們的後代來說，我現在開始做並不算太晚，我的目標是成爲最後一個死於二手菸的人。43

Heather在2006年5月22日晚間八點去世。

當Heather開始她的活動時，當時很少有勞工在工作場合時接受二手菸的保護。現在，加拿大所有省分以及聯邦政府都明文禁止在公共場所和工作場所吸菸。

範例：Chloe Akahori 選擇不要酒後駕車

2013年5月高中生Chloe Akahori在社區關懷活動上發表了以下眞實故事，希望能減少未成年人的飲酒率。

當時道路很光滑、雲層如此黑暗，就好像圓珠筆的墨水已經破裂，永久地染上了天空。當我的手機發出溫暖的簡訊邀請我們所有人過去時，我和朋友們都覺得很完美，今天晚上有活動了。

但是當我們抵達主人家時，這不是我們所期望的，走進來，每個人手裡都拿著一個裝著紅酒的杯子，我們也被邀請品嘗美酒，但它值得嗎？我們選擇不喝酒，幾分鐘後離開。

打定主意離開這個派對，我決定從East Mercer Way朝高速公路方向行駛，我小心翼翼地在一個急轉道上轉彎，忽然一個人影在我的視野底部閃過，我握緊方向盤，並且閃開這個人影。然後，我看見有人躺在East Mercer Way中間，當我過去扶她時，我可以說是驚魂未定。在請我朋友打電話給警察後，我跑向那位女士，並幫助她離開車道，約莫幾秒鐘後，一輛紅色的保時捷在潮溼的路面轉彎處快速滑進車道，沒有一絲猶豫。

那一刻我忽然想到幸好當天晚上我做了一個正確的選擇，結果比我預想的要好得多。對於一個學生而言，如何在學業、父母雙親的壓力下，總是能做出正確決定是困難的，我也意識到，那天晚上不喝酒的決定深深地影響了比我自己更多的生活。[44]

創意技巧11：嘗試衆包

正如第3章所述，衆包（crowdsourcing）經常利用線上社群來進行形成性測試、預試和評估性研究工作，它也可以用來創造創意元素，正如強生公司（Johnson & Johnson）爲護理人員所做的那樣，這是一個爲期多年的企業社會行銷活動，旨在彰顯護理專業的價值，並幫助擴充護理人員的團隊。該活動的一個組成元素是護理藝術：一個表達感謝的馬賽克肖像，旨在感謝護士的辛勤工作和奉獻精神，並紀念2012年護理活動已經成立10週年。該活動鼓勵來自世界各地的護士，在該活動的網站Discovernursing.com上傳照片和簡要訊息。這張照片可以來自工作、社交活動，甚至是家庭外出的照片。然後編輯集合所有的照片並給予數字編碼以構成（馬賽克）圖像，成爲各地護士自豪的象徵（見圖13.16）。馬賽克圖像蒐集了近10,000張由護士和護理學生提交的照片，活動對於提交給該計畫的每張照片，承諾捐贈1美元以資助護理學生獎學金。

創意技巧12：以標的受衆的心理特徵和慾望爲訴求

圖13.16 強生公司的活動使用1萬張來自各地護理人員提供的照片，建構成護理人員的肖像圖，從該公司網站透過姓名、居住地等關鍵字搜尋，可叫出獨立的照片。

資料來源：Johnson & Johnson.

了解受衆的個人特質、生活方式、價值觀、興趣和態度等心理特徵，往往會使我們更能掌握受衆的心理因素，發揮更好的說服效果，讓心理特徵因素不僅僅是人口因素而已。美國大學兼任專業講師Curtis Carey分享了以下鼓舞人心的應用：

如果有人問你最好朋友的定義，你不可能只是知道從她的年齡等片面的資料；相反地，你知道比別人更多關於她的事情，你能夠解釋她的積極主動，你知道她總是在讀書俱樂部讀一些有趣的東西，並且她常常主動幫助朋友和家人。你甚至可以談論她在Facebook或Twitter上分享的有趣活動和事情，而她也會邀請你一起去滑雪。如果她眞的是你最好的朋友，你會告訴我們她是一個積極主動的人，甚至是能渲染熱情的人，但絕對不會像是描述人口的特徵。

在2011年「龍捲風年」（Year of Tornadoes）的破壞中，馬里蘭州銀泉國家海洋和大氣管理局的一位傳播專家與社會科學家組成的創意團隊，圍繞著這樣一個心理學概念展開了龍捲風安全運動。團隊調整標的受衆，將這些人描述爲「機動媽媽」（Motivated Moms）。在可行性風險傳播模型的基礎上，透過一系列靈感和充足的積極研究，[45]團隊設計了一條訊息，激發機動媽媽們的靈感思維，使她們能在發布龍捲風警告時期，使用社交媒體發布訊息，帶領家人和朋友在龍捲風警告期間注意安全行爲。

創造性的訊息要求機動媽媽們使用她們自然的力量，而她們的本能是保護她們的家人和朋友。

活動的口號——「自然的力量」鼓舞機動媽媽，使她們能夠首先模擬面對自然所需的行爲，然後與朋友和家人分享。動畫廣告中，由幼兒園唸出活動所提供的訊息：

龍捲風是一種自然的力量，但妳也是！如果妳發現自己處於龍捲風來襲的道路上，請立即去避難，然後用文字、狀態更新或推特，告訴社交網絡即將到來的威脅；面對嚴峻的天氣，請發出訊息、拯救生命，成爲自然的力量。

訊息、代言人和創意材料，都充分表現了機動媽媽的心理特徵和願望。[46]

前測（*Pretesting*）

爲何要前測？

前測潛在的訊息和創意執行的主要目的，是評估他們在實踐步驟四中所制定的策略和目標的能力，並在創意簡報中強調效果。當遇到幾個潛在的執行過程時，該過程還可以幫助你選擇最有效的選項或消除最沒有效果的選項，它提供了一個在大量生產派送之前的材料改進機會。

此外，它有助於鑑識所有關於訊息發布可能發生的風險訊號——找出可能會干擾傳播或發送錯誤訊息的潛在廣告。當規劃人員和活動開發人員過於投入他們的工作，或者本身並沒有與標的受衆相同的特徵時，往往會就發生對錯誤訊息不察的錯誤。例如：一個針對青少年的吸菸預防廣告發布這樣的訊息：「只需要100支香菸你就會上癮」，這樣可能引起幾位青年評論：「好吧！那麼我就只吸99支菸」，而其他未抽菸者則覺得吸100支香菸「聽起來很多！」這顯然又是另一個警告訊號。

前測的技術

用於前測的技術通常是定性的，包括焦點小組或個人訪談，以及爲了技術準確性和可讀性（即內容淺顯易懂）而對材料進行專業審查。當需要使用更加定量和可控制的方法時，方法學可能包括電影院測試或自然陳列測試（theater or natural exposure testing）（例如：在節目中間插播廣告）和／使用大量焦點小組、攔截訪談和自填問卷。以下這些情形，使用更廣泛的測試通常是有效的：(a)有關各方對創意執行的初步評估存在分歧時；(b)不同選擇將會對經濟和政治產生重大影響，以及(c)該活動需要有較長的保質期（例如：年vs.月）。

通常這些技術根據前測過程中的階段，而有所不同。在早期階段，當概念和執行草案尚未被充分檢驗時，定性工具通常是最合適，而概念相當完善之後，定量技術能幫助你從幾種潛在執行策略中選擇最有效果的方案。

可與受訪者一起探討評估潛在實施策略能力的典型問題，說明如下（受訪者的反饋意見將與創意簡報中的意圖進行比較）。

1.「你從這個廣告得到的主要訊息是什麼？」

2.「你覺得他們嘗試說什麼？」

3.「你認爲他們想希望你知道什麼？」

4.「你認爲他們希望你相信或想什麼？」

5.「你認爲他們希望你採取什麼行動？」

6. 如果被訪者沒有提到策變行爲，則應告訴他們：「其實，這個廣告的主要目的是要說服你和你這樣的人⋯⋯。」

7.「你認爲這個廣告會影響你採取這個行爲的可能性有多大？」

8.「這個廣告是否達到它拍攝的目的？」

9.「爲何你覺得這個廣告還無法達到它拍攝的目的？你覺得還有哪裡不妥嗎？」

10.「訊息／廣告讓你覺得（做這種行爲）的感受爲何？」

11.「訊息／廣告能在哪個最佳位置接觸到你？而你最可能注意到它的什麼東西？當你在做出關於（這種行爲）的決定時，你通常會在哪裡？」

前測應該注意的事項

以下這些原則與實踐有助於緩解這些擔憂，並透過前測獲得更好的成果：

1. 事先告知受訪者，這種測試與他們是否喜歡或不喜歡廣告無關。你只是試圖查明他們是否認爲該廣告能發揮既定的作用或爲什麼不起作用？應該直接告訴受訪者（在某些時候）廣告的預期目的是什麼，然後要求受訪者就該意圖發表評論。一種成功的技術是將目標放在活動掛圖或白板上，以便在整個討論過程中比對廣告拍攝是否符合該陳述。

2. 考慮測試廣告概念陳述時直接描述主題，而不是使用故事板或插圖，特別是在處理涉及幻想、幽默或難以用二維傳達的其他風格時。

3. 當同一時間必須評估數個潛在執行策略，在完成廣告前，應先由一組人來測試以找出核心廣告的概念（Test potential conceptual spots）。

4. 請受訪者在討論他們對廣告的反應之前，先寫下他們的評論。如果有需要的話，他們可以提出請求來做必要的說明，但不得影響他們的看法，直到他們寫出評論後才能與其進一步討論。

5. 找一群對決策過程不熟悉的同事擔任測試部隊，以便客觀地找出潛在的缺陷。提醒他們傾聽受測者對廣告評論的重要性，了解爲達成所設定的拍攝目標，哪些元素已經有效運作或還沒有運作。如果受測者不喜歡該廣告，提醒他們不需要驚訝或氣餒，因爲這些廣告不是他們製作的。

CDC的訊息開發和測試工具

CDC提供了一個線上工具（CDCMessage Works），用於協助從幾個潛在的訊息中選擇最有效的訊息、修改和／或重製，並在訊息開發後爲其辯護。它是由Keller和Lehmann在2008年開發的經驗模型，該模型提供了10個被認爲是成功重要預測因素的變量。該工具的目的是協助計畫規劃人員及其合作夥伴開發和選擇最能被理解、相關性最高、最引人注目、最值得推廣的健康訊息，以及最能促進標的受衆的理想行爲。該工具可透過https://cdc.orau.gov/HealthCommWorks/MessageWorks/MW/Features進行訪問。

決定訊息、代言人和創意策略時的道德考量

許多有關傳播的道德問題似乎很簡單。訊息應該準確無誤、不要誤導，語言和圖表應該清楚並適合提供給受衆。但是，難以避免灰色地帶的發生，應該使用哪些標準來決定訊息是否合適呢？這個標語在提供給青少年約會性侵預防活動中是否太冒險——「如果你強迫她做愛，你就被搞砸了」——儘管它對標的受衆的測試效果很好？是否有人在當地電視臺色瞇瞇地吹著哨子，因爲該電視臺的戶外看板上有三個身材修長的明星照片和標題「可愛的厭食小雞」（Cute Anorexic Chicks）？在大多數情況下，這些活動的資助者往往會給你一個最後通牒。

章節摘要

推廣是具有說服力的傳播方式，也是我們依賴的工具，它可確保標的受眾了解優惠訊息，相信他們能體驗到所承諾的利益，並受到啓發而起來行動，傳播策略有四個主要組成部分：

- 訊息：你想要傳播的東西，由你希望之標的受眾做、知道和相信的事情所啓發。
- 代言人：誰將出面傳達你的訊息，他／她會或被視爲你的方案贊助者或支持者。
- 創意策略：你將實際說出並表達你所想說的訊息內容。
- 傳播管道：訊息將在何時何地出現（從不同的展現管道）。

建議你使用幾個建議，來幫助你評估和選擇創意策略：

1. 保持簡單清楚。
2. 關注受眾的利益。
3. 使用恐懼策略時，訊息來源必須可靠並配套解決方案。
4. 嘗試生動、具體和個人化的訊息。
5. 讓訊息容易被記住。
6. 有時候增加一點小樂趣。
7. 嘗試一個「大創意」。
8. 考慮提個問題而不是找麻煩。
9. 讓規範有更多的曝光率。
10. 眞實人物的眞實故事。
11. 嘗試眾包。
12. 以標的受眾的心理特徵和慾望爲訴求。

在正式生產活動的宣傳材料前，我們鼓勵你對訊息和創意概念先進行前測，即使是非正式的前測。透過前測，你可以瞭解它們是有實踐活動目標的能力，特別是你在創意簡報中所列的項目。潛藏的缺陷是不可避免的，但是透過建構良好的問卷，來獲得受訪者、同事或客戶的意見，可以將這些隱憂最小化。

研究焦點　在荷蘭騎自行車——什麼才是對的？（2010）

至少，這項研究焦點代表了關鍵訊息的應用和價值。是什麼讓它成爲一個豐富的例子，它還包括觀察、體驗和民族誌研究活動。這是一次去荷蘭旅行的故事，來自舊金山灣區的一個關鍵決策者代表團，參加了「百分之二十七」的解決方案，他們想了解荷蘭爲了影響令人印象深刻的27%成年人騎自行車上班，他們付出怎樣的努力。這次旅行由位於科羅拉多州博爾德的非營利性組織Bikes Belong Foundation所贊助，其任務是「讓更多的人、更頻繁地騎自行車。」[47]該組織經常聘請公職人員騎自行車，在對自行車友善的城市遊覽。

他們的故事於2010年9月13日發表在Jay Walljasper 一篇題爲〈歡樂一週的自行車之旅：一個美國代表團對荷蘭的學習〉（A Week of Biking Joyously: An American Delegation Learns From the Dutch）的線上文章中。[48]

背景和研究宗旨

自行車已經塑造了荷蘭的形象，對全世界的許多人來說，這個國家幾乎就是騎自行車的代名詞。顯然，它並不像有些人認爲的那樣是DNA的功能；相反地，荷蘭人在1970年代早期做出了一個有意識的決定，就是讓騎自行車變得安全、方便和有吸引力。[49]重要的是，他們努力創造了騎自行車的環境，吸引女性、男性、各年齡層和所有收入階層，爲著各種交通目的來騎自行車。[50]

2010年9月的代表團包括民選官員、公共部門經理以及舊金山灣區的其他決策者和影響者。他們的研究目標似乎很簡單：「我們回去後可以做什麼？他們在這裡做過什麼，才能增加成人和孩子們的自行車運動？」

方法學

該代表團的「調查」始於烏得勒支（Utrecht），他們的重點集中在令人驚愕的數據上，這些數據顯示，至少在某些時間，95%的中學生（10-12歲）騎車上學（相比之下，根據美國國家安全道路中心計畫，1970年在美國，步行或騎車上學的比例爲15%）。代表團的下一站是海牙（Hague），自行車占全城交通工具的27%（全國平均水平），全市所有通勤人口爲50萬人。第三天，他們訪問了鹿特丹（Rotterdam），在過去幾年中，自行車的流量每年以3%的速度增加。第四站也是最後一站是阿姆斯特丹（Amsterdam），在那裡他們的想像力進一步受到爪哇島生活的大膽新願景啓發，在這裡自行車和行人（以及船隻）優先於汽車。在每個城市，代表們都出席了會議，採訪了當地官員和決策者，並親身體驗對自行車的支持。

結果

表13.3總結騎自行車更安全、更方便和更具吸引力的優勢歸納，該總結表按照社會行銷模式的熟悉元素進行分類，包括本章中強調的推廣「P」。我們還收錄了一些線上文章中沒有提到的策略，將在羅格斯大學（Rutgers University）由John Pucher和Raphy Buehler所發表的另一篇文章〈在荷蘭、丹麥和德國的自行車前行者：政策創新〉（At the Frontiers of Cycling: Policy Innovations in the Netherlands, Denmark, and Germany）一文中列出。[51]

當代表們知道荷蘭花費了25年多的時間來建造他們目前複雜的自行車系統時，他們顯然受到了鼓勵。在他們回家後，代表們的評論反映了他們的研究成果在舊金山灣地區肯定會有所作爲：

> 當談到騎自行車的時候，荷蘭人並不是民族性特殊的人，我們在這裡看到的一切，都是在刻意的決定後改善自行車環境的結果，即使是小到街道上的油漆，也是一種刻意的表現。他們並非只有想著自行車，我們聽到的每一個介

紹都是把事情連繫起來——公共交通、停車場、汽車、街道，感覺荷蘭讓所有人做起事來變得很簡單。他們實際上有一個可行的公共政策路線圖，我們可以透過採用從這個路線圖，來獲得荷蘭人今天在推動自行車的成就。

表13.3 標的受衆的障礙和跨越障礙的策略

標的受衆	孩童	成人
障礙	◆ 人身安全的隱憂 ◆ 兒童缺乏導航技能	◆ 人身安全的隱憂 ◆ 盜竊的隱憂 ◆ 缺乏自行車停車位
產品	◆ 市政府計畫派教師進入學校指導自行車安全課程 ◆ 學生前往交通公園，這是一個有道路、人行道、十字路口的小型城市，學生可以在那裡「練習安全騎車」	◆ 在大多數交叉路口，推動騎自行車者的專用綠燈號誌 ◆ 維護良好的完全一體化小徑、小巷和自行車專用車道 ◆ 增加自行車架和特殊自行車避難所的數量 ◆ 明亮的紅色瀝青，清楚標示自行車道 ◆ 「呼叫自行車」計畫，可在交通站點透過手機租用自行車 ◆ 交叉口修改和優先交通信號 ◆ 透過速度限制和物理基礎設施，提供騎車緩速機制 ◆ 定期對騎行者進行調查，以評估他們對自行車設施和項目的滿意度，並蒐集具體的改進建議（產品質量研究）
價格	◆ 城裡大多數孩子在11歲時，都已經通過騎車技巧測試，並且獲得成就證書	◆ 在Gronigen，1982年修建的守衛設施收取象徵性費用，但該城市現在有30個這樣的設施，在這個城市進行的交通者中，有59%是自行車騎行者 ◆ 法律規定汽車駕駛者，應對所有騎行者有關的車禍負責
通路		◆ 新辦公室發展的地下室和策略性戶外場所提供自行車停車設施 ◆ 將汽車停車位轉換為10個自行車位 ◆ 與公共交通工具協調路線和時間表 ◆ 可在火車站租用自行車
推廣		◆ 公衆意識活動的重點是保健福利 ◆ 自行車大使計畫 ◆ 一年一度的自行車節日和無車日

問題討論與練習

1. 根據作者的閱讀建議，你可能會感到驚訝，你目前只學到規劃過程的三分之二，而現在才開始認識行銷中的推廣。作者為什麼要你在選擇標的受眾之後，才制定推廣的工具：策變行為、定位說明、產品、價格和通路策略？
2. 促使代言人具有可信度的三大因素是什麼？舉一個你曾經見過的活動，他們的代言人是否具備可信度的例子，案例可以是商業、非營利或社會行銷工作領域。
3. 你將如何利用眾包（crowdsourcing）來開發創意元素，以減少駕駛時使用手機發簡訊？

注釋

1. G. Hastings, *Social Marketing: Why Should the Devil Have All the Best Tunes?* (Burlington, MA: Butterworth-Heinemann, 2007).
2. Personal communication from Monterey Bay Aquarium communications staff, April 2014.
3. P. Kotler and K. L. Keller, *Marketing Management*, 12th ed. (Upper Saddle River, NJ: Prentice Hall, 2005), 536.
4. R. Reeves, *Reality in Advertising* (New York: Knopf, 1960).
5. M. Siegel and L. Doner, *Marketing Public Health: Strategies to Promote Social Change* (Gaithersburg, MD: Aspen, 1998), 332–333.
6. Ibid., 321.
7. Syracuse University, Newhouse School of Public Communications, "The Stupid Drink" (July 29, 2009), accessed February 5, 2011, http://www.slideshare.net/prceran/syracuse-universitys-the-stupid-drink-campaign-book?from=ss_embed.
8. A. E. Crowley and W. D. Hoyer, "An Integrative Framework for Understanding Two-Sided Persuasion," *Journal of Consumer Research* (March 1994): 561–574.
9. P. Kotler, *Marketing Management*, 3rd ed. (Upper Saddle River, NJ: Prentice Hall, 1976), 334–335.
10. U GRO, "Study: Many Children Are Still Not Properly Restrained in Cars" (n.d.), accessed March 31, 2014, http://www.u-gro.com/2014/03/study-many-children-are-still-not-properlyrestrained-in-cars/.
11. Siegel and Doner, *Marketing Public Health*, 314–315.
12. "Pioneering S. F. Program Puts Bank Accounts in Reach of Poor," *Irvine Quarterly* (n.d.), accessed July 24, 2011, http://www.irvine.org/publications/irvine-quarterly/current-issue/947; City and County of San Francisco, Office of the Treasurer & Tax Collector, "Mayor Gavin Newsom and Treasurer José Cisneros Announce Over 24,000 Accounts Opened for Bank on San Francisco Clients" [Press release], *Irvine Quarterly* (November 20, 2008), accessed July 24, 2011, http://www.sftreasurer.org/ftp/uploadedfiles/tax/news/PR%20Bank%20on%20SF.pdf.
13. B. Obama, "Race Against Time—World AIDS Day Speech" (December 1, 2006), accessed April 11, 2007, http://obama.senate.gov/speech/061201-race_against_time_world_aids_day_speech/index.html.
14. Kotler and Keller, *Marketing Management*, 12th ed., 547.
15. Starbucks Pledge 5 [website], accessed February 4, 2011, http://pledge5.starbucks.com/.
16. R. C. Browne, "Most Black Women Have a Regular Source of Hair Care—But Not Medical Care," *Journal of the National Medical Association* 98, no. 10 (October 2006), 1652–1653.

17. Sesame Street Store, Healthy Habits, "Ready, Set, Brush Pop-Up Book" [Product description] (n.d.), accessed February 4, 2011, http://store.sesamestreet.org/Product.aspx?cp=21415_21477_21532&pc=6EAM0196.
18. H. C. Kelman and C. I. Hovland, "Reinstatement of the Communication in Delayed Measurement of Opinion Change," *Journal of Abnormal and Social Psychology* 48 (1953): 327–335; as cited in Kotler and Keller, *Marketing Management*, 12th ed., p. 546.
19. D. J. Moore, J. C. Mowen, and R. Reardon, "Multiple Sources in Advertising Appeals: When Product Endorsers Are Paid by the Advertising Sponsor," *Journal of the Academy of Marketing Science* (Summer 1994): 234–243; as cited in Kotler and Keller, *Marketing Management*, 12th ed., 546.
20. Montana Meth Project [website], accessed March 26, 2007, http://www.montanameth.org/About_Us/index.php.
21. D. McKenzie-Mohr and W. Smith, *Fostering Sustainable Behavior: An Introduction to Community-Based Social Marketing*, 2nd ed. (Gabriola Island, BC, Canada: New Society, 1999), 101.
22. K. Roman and J. M. Maas, *How to Advertise*, 2nd ed. (New York: St. Martin' s, 1992).
23. Personal communication from Mary Shannon Johnstone, March 24, 2014.
24. Siegel and Doner, *Marketing Public Health*, 335–336.
25. Posting on Georgetown Social Marketing Listserve, March 3, 2012.
26. B. Sternthal and C. S. Craig, "Fear Appeals: Revisited and Revised," *Journal of Consumer Research* 3 (1974): 23–34; as summarized in P. Kotler and E. L. Roberto, *Social Marketing: Strategies for Changing Public Behavior* (New York: Free Press, 1989), 198.
27. J. L. Hale and J. P. Dillard, "Fear Appeals in Health Promotion Campaigns: Too Much, Too Little, or Just Right?," in *Designing Health Messages: Approaches From Communication Theory and Public Health Practice*, ed. E. Maibach & R. Parrott (Thousand Oaks, CA: SAGE, 1995), 65–80.
28. McKenzie-Mohr and Smith, *Fostering Sustainable Behavior*, 101.
29. Ibid., 85.
30. Ibid., 86.
31. S. M. Burn, "Social Psychology and the Stimulation of Recycling Behaviors: The Block Leader Approach," *Journal of Applied Social Psychology* 21 (1991): 611–629.
32. C. Heath and D. Heath, *Made to Stick: Why Some Ideas Survive and Others Die* (New York: Random House, 2007).
33. Ibid, 17.
34. Health Affairs, "Interview: From Family Planning to HIV/AIDS Prevention to Poverty Alleviation: A Conversation with Mechai Virabaidya," Web Exclusive (September 25, 2007), Glenn A. Melnick, gmelnick@usc.edu.
35. AdCouncil. (n.d.). *Obesity prevention*. Retrieved 2006 from http://www.adcouncil.org/default.aspx?id=54
36. P. Kotler and G. Armstrong, *Principles of Marketing*, 9th ed. (Upper Saddle River, NJ: Prentice Hall, 2001), 548.
37. V. Carducci, "The Big Idea" (n.d.), accessed March 28, 2007, http://www.popmatters.com/books/reviews/h/how-brands-become-icons.shtml.
38. Porter Novelli, "The Big Idea": Death by Execution" (2006), accessed March 28, 2007, http://www.porternovelli.com/site/pressrelease.aspx?pressrelease_id=140&pgName=news.
39. Ibid.
40. E. R. Spangenberg, D. E. Sprott, B. Grohmann, and R. J. Smith, "Mass-Communicated Prediction Requests:

Practical Application and a Cognitive Dissonance Explanation for Self-Prophecy," *Journal of Marketing* 67 (July 2003): 47–62, http://www.atyponlink.com/AMA/doi/abs/10.1509/jmkg.67.3.47.18659.

41. M. Guido, "A More Effective Nag," *Washington State Magazine* (Spring 2004), accessed July 28, 2011, http://researchnews.wsu.edu/society/33.html.

42. Ibid.

43. Story provided by Physicians for a Smoke-Free Canada, 1226A Wellington Street Ottawa, Ontario, Canada, 613–233–4878, http://www.smoke-free.ca/heathercrowe/.

44. Personal communication from Chloe Akahori, March 24, 2014.

45. M. M. Wood, D. S. Mileti, M. Kano, M. M. Kelley, R. Regan, and L. B. Bourque, "Communicating Actionable Risk for Terrorism and Other Hazards," *Risk Analysis: An International Journal of the Society of Risk Analysis* 32, no. 4 (April 2012): 601–615.

46. Personal communication from Curtis Carey, March 31, 2014.

47. The Bikes Belong Foundation is a nonprofit arm of the Bikes Belong Coalition. Information accessed October 29, 2010, http://www.bikesbelong.org/what-we-do/.

48. J. Walljasper, "A Week of Biking Joyously: An American Delegation Learns From the Dutch" (September 13, 2010), accessed October 19, 2010, http://www.worldchanging.com/archives/0011581.html.

49. Ibid.

50. J. Pucher and R. Buehler, "At the Frontiers of Cycling: Policy Innovations in the Netherlands, Denmark, and Germany," *World Transport Policy and Practice* (December 2007), accessed July 29, 2011, http://policy.rugers.edu/faculty/pucher/Frontiers.pdf.

51. Ibid.

第十四章
推廣：選擇傳播管道

社群媒體平臺提供了強大深入吸引受眾注意的機會。但是，我們不能以「同樣陳舊」的心態來對待社群媒體，並將這些平臺當成我們硬塞給人們網絡小冊的管道。社群媒體是爲了滿足受眾視聽需求，我們在網絡空間遇見受眾，那同時也是他們的日常生活，我們要努力與他們融合，這也就是說，社群媒體仍然需要以良好的策略規劃爲基礎，作爲行銷組合的一部分。

——Mike Newton Ward
Social Marketing Consultant
North Carolina Division of Public Health

在本文的第三版（2008年）中，只有2頁描述了社群媒體傳播管道。在第五版中，已經超過12頁，這反映了這個管道在過去六年的爆炸性增長。智能行銷人員已經從對傳統管道（如電視、廣播、戶外、平面廣告、小冊子）的依賴轉向綜合媒體組合，現在包括社群媒體選項（如手機、互動式網站、Facebook、YouTube、Instagram、部落格、Twitter，pod-casts、在線論壇、維基百科）。也許這種轉變的發生，部分是因為許多行銷人員認同John Wanamaker的一句名言：「我知道我花在廣告上的一半費用都被浪費了，但我永遠無法知道是哪一半？」社群媒體除了提供超低成本，還提供了一種更有效的方法：即時數據的蒐集，了解標的受眾是否注意並響應了行銷人員的努力（例如：查看和分享YouTube視頻的次數）。本章將指導你完成制定促銷策略的最後一步：確定最有效率和最有效能的傳播管道組合，以達到並激勵標的受眾採取行動。它將會：

- 幫助你更熟悉可以使用的主要傳播管道選項。
- 回顧可以指導你決策的八個因素。

我們從使用社群媒體增加大眾踴躍捐血的案例開始，並以一個故事來說明一個流行代言人如何影響消費者購買對自己更健康的產品。

行銷焦點　在澳洲使用社群媒體推廣捐血行為——澳洲紅十字會血液服務中心（2011～2013）

背景

澳洲紅十字會血液服務中心是一個負責蒐集、測試、處理和配送澳洲血液的機構，該組織的成功取決於捐贈者對捐血活動的支持和慷慨。事實是，儘管該國三分之一的人在他們的一生中可能會有血液輸入的需要，但目前只有三十分之一的人捐血。[1]民眾未捐血的常見障礙，包括不知道如何以及在哪裡捐贈？或者不清楚自己是否具有捐血的資格，而每個人內心深處其實都有幫助別人的願望。Kathleen Chell是澳洲昆士蘭科技大學（Queensland University of Technology in Australia）的一名博士研究生，他指出有關捐血者的個人權益似乎經常在捐血活動中被忽視。[2]

捐血經常被描繪為一種典型的利他行為（altruistic behaviour），因為它符合所有典型利他行為的特徵，捐血者在付出一些自己的代價後使別人獲得利益，這種利他動機並不需要透過獎酬來誘發行爲。這種定位反映出目前所進行的捐血宣導推廣活動中，正是教育民眾發揮這樣的無私精神。但是，當捐贈率毫無起色，捐血中心繼續以利他主義來宣導民眾捐血的活動做法，就開始受到學者和實踐者的質疑。認識到這一點，許多非營利組織開始採取權衡民眾自身利益與非利他主義動機策略的方式來促進個人捐血行爲。隨著Web 2.0技術，特別是社群媒體的興起，利用這些工具提供此類認同的機會越來越多。

以下三項在澳洲使用社群媒體的捐血活動表明，Chell的見解可能是正確的。

積陰德活動

這項活動以18-25歲大學生爲標的受眾，活動由血液服務中心和澳洲學生行銷協會聯合領導管理，該組織擅長管理校園活動，活動旨在吸引學生參加活動，並讓他們充分參與，最後完成捐血（參見圖14.1）。活動採用具有創造力的「積陰德」（Recharge Your Karma）方法，該方法是基於每個人都曾經做了不應該做的事情的原理：

> 在某種程度上，每個人都曾經爲他們所犯的過錯而感到後悔，大多數時候人們無法抹去自己的錯誤，但幸運的是，有一種方法可以彌補他們的錯誤，人們可以透過做一些好事來「積陰德」，這可以幫助其他人並產生積極的影響，捐血就是一個好方法。3

圖14.1 活動海報提供QR碼讓人可以掃描後直接進入活動頁面

資料來源：Australian Red Cross Blood Service.

活動鼓勵人們前往網站，了解所有有關活動的宣傳材料（donateblood.com.au/karma），其中還包括：業力測驗（karma quiz）、捐血的資訊、捐贈承諾文件以及預約捐血的連結。承諾文件和預約單還具有獨特的QR碼，活動受眾可使用他們的手機拍攝QR碼照片，然後收到簡訊通知有關活動的資訊。爲了準備這些預約捐血者抵達校園，活動透過社群媒體發動預告活動，鼓勵學生在Facebook上討論這些捐血機會，並透過手機將照片轉發給他們的朋友。完成預約的學生們帶著他們手機上的預約碼報到後，他們被引導到「好人區」（Good Karma Zone）等候捐血，該區域被布置成溫馨的小區，有雜誌、遊戲、休閒沙發、音樂，活動希望能爲捐贈者提供特別的捐贈前和捐贈後體驗。好人區是可以讓捐贈者拍照上傳Facebook打卡的區域，這意謂著捐贈者只要完成打卡，捐贈者在Facebook的所有朋友都會知道他做了一件好事。學生行銷協會還透過電子郵件傳播了校園捐血新聞，並鼓勵學生們踴躍把握這獨特機會在網上預約捐血。

活動評估人員報告說，該活動的所有關鍵目標都達到了，與前一年同期相比，捐血量達到了40%。捐贈後透過電子郵件發送給852名受訪者進行事後調查，其中300名（35%）完成調查，顯示在品牌知名度和再次捐贈方面也取得了積極成果，78%的受訪者表示他們極有可能在未來六個月還會再捐血。[4]

Soup的影響力：口碑運動[5]

Soup是澳洲一家專門從事口頭傳播的權威機構，爲澳洲紅十字會血液服務中心針對那些正處於人生巔峰的30-54歲中年人、未曾有過捐血行爲的受衆，展開一項血液勸捐的活動。這個標的受衆的主要特徵是不管線上或離線，都能與他們取得良好的連繫，他們在過去的五年中，從未捐血也從沒有被人捐血過；他們也是家庭和社區的志工，住家或工作地點距離捐血中心很近，並樂意與伴侶、朋友或同事一起來捐血；他們也是Facebook和／或Twitter的使用者。在一個月的時間裡，這些人被鼓勵到當地的血液中心捐血，他們被要求透過Facebook和Twitter在線上分享他們的完整體驗，解釋他們爲什麼做出捐血決定，捐血過程的經歷如何，以及捐血過後他們的感受。此外，這些人還有機會透過Social Soup的評論頁面發表自己的評論。

Soup總共邀請750名青壯年擔任口碑運動的影響者，活動爲他們提供資訊和品牌材料，並鼓勵他們自己先捐血，然後鼓勵朋友和家人也去捐血。活動的結果令人印象深刻：

- 共有1,827名捐血者。
- 88%的捐血者表示他們會再次捐血。
- 發表了300個在線評論。
- 在這些影響者中，幾乎所有有捐血的捐贈者，都留下了評論，平均評分爲4.5分（滿分5分）。[6]

Burbs在澳洲的公眾參與努力之戰

2012年，澳洲紅十字會血液服務中心提供一則新聞稿，標題和開頭內容為：

> 「Burbs之戰」的捐血挑戰已經開打！你住的社區是最好的社區嗎？社區內的人比其他人都更慷慨嗎？那麼澳洲紅十字血液服務中心最新的挑戰將證明它……當地居民被要求透過捐血幫助他人，來贏得Burbs最慷慨的社區之稱號，以展現他們社區的自豪感和精神……從3月19日到4月底的所有捐血除了挽救生命，還可以為你社區贏得2012年的捐血挑戰。7

圖14.2　活動鼓勵民眾捐血的圖像

資料來源：Australian Red Cross Blood Service.

該活動針對使用傳統媒體的居民，居住在城市區域的民眾則使用更多社群媒體接觸居民，為了讓更多人參與活動，活動的挑戰擴大到市議會，「讓議會挑戰議會，看看誰有最大的心臟？」最後，南格蘭屏（Southern Grampians）在維多利亞鎮上維持六週的活動中，贏得了1.47%的居民捐血挑戰，成績表現最傑出。8

推廣：選擇傳播管道

在選擇傳播管道時，你將面臨有關(a)各種傳播管道；(b)這些傳播管道的特定媒介物（specific media vehicles）以及(c)傳播時機的決定。有關傳播管道的簡要說明如下（見專欄14.1）。

專欄14.1　社會行銷的媒體管道

A.廣告（付費媒體和公共服務公告）	
廣播：	室內／室外廣告：
電視	廣告牌
收音機	公車內看板廣告
網際網路：橫幅動態廣告	公車候車亭廣告
印刷品	地下鐵
報紙	計程車
雜誌	汽車和公車的車體廣告
直郵	賽事運動事件
郵件	橫幅
優惠券	明信片展示架
門票和收據背面	資訊亭（Kiosks）
電影院的廣告	公用廁所門
網際網路的廣告	貨車側邊廣告
	機場廣告牌和號誌
B.公共休閒中心和特別活動	
電視或廣播中的故事	特別活動：
報紙及雜誌的文章	會議
專欄文章	講座
公共事務／社區關係	研討會
遊說	展覽會
錄影帶	健康檢查
媒體倡導	示範講座
C.印刷文宣品	
手冊	日曆
時事通訊	信封訊息
傳單	小冊子
海報	保險桿貼紙
目錄	靜電貼紙
D.特製推廣品	
衣服：	功能性材料：
T恤	鑰匙圈
棒球帽	手電筒

尿布	冰箱磁鐵
嬰兒圍兜	隨手杯
暫時性材料：	垃圾袋
咖啡杯套	原子筆和鉛筆
杯墊	書籤
衣領扣	書套
臨時刺青	記事本
氣球	手提包
貼紙	吉祥物
運動卡	門掛牌
	電子遊戲
	電子賀卡
	播客（Podcasts）
E.標誌牌及宣傳品	
道路標誌	
標示政府財產的符號及海報	
零售業展示牌和標誌	
F.人員行銷	
面對面座談會、簡報及講座	
電話	
工作坊、研討會和培訓課程	
G.社群媒體管道與類型	
社交網站如Facebook、Twitter和Instagram	社會性書籤（RSS）
行動通訊技術，像是發照片、簡訊	按鈕和徽章
爆炸性電子郵件和警示	印象分享
YouTube影片	虛擬世界
部落格和Twitter等微博	小裝置（Widgets）
H.網站	
橫幅廣告	
連結	
I.流行和娛樂媒體	
歌曲	公共藝術
電影情節、電視、電臺節目	快閃族（Flash mobs）
漫畫書和小漫畫	產品置入
視頻遊戲	

傳播類型

傳播管道（communication channels）通常也被稱爲媒體管道，可以根據其屬性是大衆的、選擇性的，還是個人性的來分類。每種方式都可能是合適的，取決想要達到的傳播目標。許多活動和計畫都會盡可能使用這三個，因爲它們彼此是相輔相成的。

當需要迅速通知廣大群衆並就某個問題或行爲進行遊說時，此時需要使用大衆媒體管道；對觀衆來說，此時「需要知道、相信和／或做點什麼」也是一種需要，甚至是一種緊迫需要。社會行銷的典型大衆媒體類型，包括：廣告、宣傳、流行和娛樂媒體以及政府標示牌（signage）。

選擇性媒體管道用於當需要使用有效率的媒體方式以快速接觸到標的群衆，或是唯有透過這些媒體管道才能讓標的受衆獲得更多的資訊；典型的選擇性媒體類型，包括：直郵、傳單、小冊子、海報、特別活動、電話行銷和網際網路。

個人化媒體管道有時對實現行爲改變目標很重要，常被使用的個人化媒體，包括：社會網站，如Facebook、部落格和Twitter等微博，面對面的座談會和演講、電話交談、工作坊、研討會和培訓課程。當需要某種形式的個人干預和互動來傳遞詳細資訊以解決受衆的障礙和擔憂，建立信任並獲得承諾時，使用這種個人化媒體是最能保證效果的方式，它也是有效創造社會規範並使其受到矚目的方式。

傳播媒介物

在每種主要傳播管道（媒體類型）中，都有特定的媒體媒介物可供選擇。你應該選擇哪些電視臺？電臺廣播節目？雜誌？網站？行動技術？和公車線路？你應該報名怎樣的活動展位？何時需要設置路標？你應該把你的資料單張放在哪裡？

傳播的時機

時間要素的決定包括啓動、執行、配送或宣傳活動要素的時間，幾個月？幾週？幾天？或幾個小時？你的決定將以能讓最多受衆獲知活動訊息爲決策原則（例如：針對青少年的酒駕活動最佳的活動時機，是在即將舉行畢業舞會之前和舞會期間最有效）。

傳播資金來源

傳統上，付費媒體（paid media）通常是指品牌（產品製造商或銷售商）付費打知名度的傳播管道。贏得媒體（earned media）是指品牌透過公共服務宣傳（public service announcements）、平面媒體文章或廣播媒體中的報導獲得「免費」曝光度。對於社會傳播管道而言，贏得媒體是指透過其他人來提升品牌的可見度（例如：對Facebook上的活動或產品按讚）。在網際網路的統治地位下，來自「自有媒體」（owned media）的第三方來源觀念崛起，Corcoran等人將它定義爲「由品牌自己控制的官方媒體管道，包括：網站、行動網站、部落格、Facebook或Twitter帳戶。」[9]

傳統傳播管道

廣告和公共服務宣傳

廣告的正式定義爲「由特定贊助商以各種付費方式，表達其非個人想法、商品或服務」。[10]這些常見的傳統付費廣告媒體管道，包括：電視、廣播、報紙、雜誌、直郵、網際網路以及各種戶內（戶外）管道，例如：廣告牌、道路廣告牌和自助資訊亭（kiosks）。在商業領域，這些廣告通常由組織自行廣告或透過媒體代理人（購買）。

作爲公共部門或非營利組織的社會行銷工作人員，你還可以獲得無償廣告的機會，就是你所知道的公共服務宣傳（public service announcements, PSAs）。當然，PSAs的一個明顯優勢是成本（通常是免費的，或者只有一點費用），缺點是你不能決定廣告出現在報紙或雜誌上的位置，當然也無法控制廣告在電視或收音機的播放時段，這也許就是爲什麼一些人會把PSA稱爲「人們睡著了」（people sound asleep）。

有幾種策略可以用來增加獲得免費公益廣告的可能性，並有機會指定何時、何地出現。首先，與當地電視臺和廣播網絡的公共事務或社區關係人員建立關係。知道他們最關心的事情（這是他們的工作），因爲這些課題通常是他們的聽衆和觀衆關注的問題，所以他們的組織會將跟這些課題有關的訊息，選擇作爲社區優先播放的廣告。你也要確保廣告製作的品質，不管你製作的是電視還是廣播，對他們來說，人們對你播放廣告的反應，在他們看來就是對他們組織的反應。隨時做好談判的準備，如果他們無法在你指定的時間爲你提供免費播放，那可能是因爲他們已經找到有興趣付費廣告的企業贊助商，如果他們實在不能免費爲你播放，可以要求他們提供折扣價格（例如：買1送1）。

範例：丹佛的水資源保護廣告活動

從2002年到2006年丹佛的120萬用水客戶，每年必須減少用水量約20%，丹佛市長想要延續此一措施，並於2006年7月宣布建立合作關係，以便在未來十年內每年減少22%的水資源使用量，這活動募集了500,000美元的廣告活動來幫助實現這目標。該宣傳活動的標語是：「只使用你需要的東西」，廣告資訊出現在社區報紙、雜誌、廣告牌、道路廣告牌和其他戶外媒體（見圖14.3）。這些廣告還出現在你不曾想過會出現的地方，比如在當地餐館和酒吧的20,000個杯墊，上面印有「做一個眞正的男人，刮鬍子不用水！」（Be a real man and dry shave, tough guy）等節水技巧。[11]在2013年，該活動向民衆發出了「感謝你減少使用」（Thank you for Using Even Less）的訊息，並宣布他們已經超過要在夏季減少10%用水量的目標：「沒有你的努力，沒有安全水資源的未來。」（Without your efforts, providing a secure water future is an exercise in futility）。[12]

圖14.3 丹佛水資源保護的創意活動戶外廣告

公共關係和特別活動

公共關係可以從你的廣告是否可以獲得免費曝光的結果，來得知你的公共關係好不好。[13]成功的活動可以在媒體上獲得免費而正面的評論，最常見的是獲得電臺和電視新聞及特別節目的特別報導，以及記者爲你在報章雜誌報導或撰寫社論；許多人將這些成就稱爲贏得媒體（earned media），並將其與付費媒體（paid media）形成對比。管理這個傳播管道的典型工作包括：危機溝通（例如：對不利或衝突新聞做出回應）、遊說（例如：資金分配）、媒體宣傳（例如：與媒體合作推動解決你所提案的社會課題）和管理公共事務（例如：議題管理）。儘管有些組織專門聘請公關公司處理重大活動，但大部分組織多使用內部員工來處理日常與媒體的關係。

有些人認爲這是難以利用的媒體管道之一，但若能與其他傳播組合元素協調配合則可能非常有效，因爲它比常見的商業廣告提供了更深入的問題報導，通常被民衆視爲比付費廣告更客觀的資訊。用來產生新聞報導的工具，包括：新聞稿、新聞資料袋、新聞發布會、編輯委員會、致編輯的信，以及須與主要記者和編輯建立牢固的個人關係。Siegel和Doner提出幾個獲致成功的建議：

> 首先你需要與媒體建立關係，你必須了解「誰負責報導什麼新聞，然後努力讓自己的活動資訊受到重視，相信你可以爲他們提供可靠的訊息來源，這樣若記者需要你的主題時，就會給你打電話。」[14]
>
> 牢記媒體的目標問題，他們需要「盡可能吸引更多的觀眾注視……所以你可以對他們述說一個與他們觀眾有關的動人故事，或是提供與公眾利益有關的資訊。」[15]
>
> 召開新聞發表會、特別活動或示範活動，來吸引記者參與創造新聞。考慮一下由公共利益科學中心（Center for Science in the Public Interest, CSPI）掌握的技術，他們透過研究創造了許多「向決策者施加壓力的新聞」。例如：自從媒體報導了CSPI對看電影時所吃的爆米花的營養成分分析後，許多電影連鎖店開始使用飽和脂肪含量較低的油來炸爆米花，或是乾脆提供氣炸鍋爆米花（無油）。[16]

「特殊事件可以爲你的努力提高曝光度，並提供與標的受衆互動的優勢，讓他們有機會提問並表達你可能需要知道的行爲態度。特殊件事不見得都是組織自行籌劃，也可能是一個大型公衆集會的一部分，例如：博覽會的一個攤位，或者只是你爲活動籌劃的一些活動，像是示範說明會（例如：汽車座椅安全檢查示範），或者它可能是你對正在購物或用餐的標的受衆所進行的演講，請參考以下範例中的演說稿。

範例：預防結腸癌的不尋常之旅

紐約時代廣場是一個文化中心，擁有奢華酒店、百老匯劇院、音樂、夜生活和各種高檔商店。2009年又增加了一個特色：一個巨大的結腸。自2003年以來，癌症預防基金會一直贊助「預防癌症超級結腸」（Prevent Cancer Super Colon™

exhibit）展覽，展示了一個20英尺長、8英尺高的可充氣結腸狀擬仿物，其中可容納大多數人輕鬆穿過。2月27日巨型結腸抵達紐約市，因為紐約將3月訂為該市的結腸癌宣傳月，巨型結腸希望喚醒民眾進行結腸癌檢查的意識。當參觀者進入巨型結腸參觀時，他們會近距離看到健康的結腸組織、非惡性結腸疾病組織、結腸瘜肉和不同階段的直、結腸癌症狀（見圖14.4）。「預防癌症超級結腸」在時代廣場停留一週，吸引了超過1,500名訪客，然後在整個2009年陸續前往全國各地的健康博覽會、醫院和癌症中心進行展覽。[17]截至2014年，超級結腸已經訪問了全美49個州、哥倫比亞特區和波多黎各。[18]

圖14.4　民眾進入「超級結腸」的內部參觀

資料來源：Janet Hudson, Manager, Exhibit Services, Prevent Cancer Foundation, www.PreventCancer.org.

印刷文宣品

這可能是社會行銷活動工作者最熟悉和最常用到的傳播管道，不論是摺頁、時事通訊、小冊子、傳單、海報、日曆單、保險桿貼紙或是目錄，都能將計畫所提倡的策變行為做更詳細的介紹。有時候，但不是那麼常見，有些標的受眾收藏這些文宣材料，甚至與朋友分享。在某些情況下，你可以開發特殊材料並將其分發給其他重要的內部和外部團體，像是計畫合作夥伴和媒體。此傳播管道的類別，包含與該計畫相關的任何附屬用品，例如：信箋抬頭、信封和名片。

範例：提升工安的日曆

「讓華盛頓勞工安全工作」（Keep Washington safe and working）是華盛頓州勞工部（Washington State Department of Labor and Industries, L&I）的使命聲明，也是年度日曆的標題。該日曆頭版首次發行於2007年，日曆上解釋了工作可能造成的危害並提供了安全技巧。在2009年，日曆開始展示華盛頓州的各行各業的員工，這種教育工具全年365天為雇主和工作人員帶來重要的安全訊息。L&I每年生產和發行12,000份工安日曆（見圖14.5）。

特製推廣品

圖14.5 發行每週日曆增加施工現場的安全措施

資料來源：Washington State Department of Labor and Industries.

你可以透過使用特製推廣品來加強並延續活動訊息，業內人士稱其爲「小飾物和垃圾」（trinkets and trash）。其中最爲人熟知的是服裝上所印刷的訊息（如：T恤、棒球帽、尿布、圍兜）；功能性物品（例如：鑰匙圈、水杯、垃圾袋、鋼筆和鉛筆、記事本、書籤、書套、冰箱磁鐵）以及更多臨時用品（例如：酒吧杯墊、貼紙、臨時紋身、咖啡杯套、運動卡片、胸章）。有些活動，就像接下來介紹的範例，他們會開發特殊的寶物來促進行爲被採用。

範例：Pooper Scoopers的臨時紋身

在華盛頓的斯諾霍米甚縣（Snohomish County, Washington），該縣公共工程部的戴夫．沃德（Dave Ward）了解宣傳活動（campaign）與社會行銷活動（social marketing campaign）之間的區別。他還了解研究標的受眾對撿拾寵物糞便的目前態度對實踐的重要性，並重視如何開發促進特定行爲的創意策略以解決顧客的問題。

他對寵物主人的研究顯示，42%的人會撿起他們寵物的糞便，並妥善處理垃圾；42%的人會撿拾它，但並沒有妥善處理它（例如：他們會扔到草叢中）；有16%的人只是偶爾撿拾或根本不處理。爲了促進「正確的行爲」，該縣制定了具體而生動的訊息：「斯諾霍米甚縣有超過126,000隻狗，牠們每天生產的糞便相當於一個有4萬人口的城市，每天有超過20噸的狗糞便被扔進斯諾霍米甚縣的後院。」觀察研究進一步確定了這個問題，雖然市民在人行道和公園（他們可以看到的地方）等公共場所撿拾寵物糞便的行爲似乎相當可靠，但他們在自己家後院的行爲卻不太明智。

你若問狗主人為什麼不撿起他們寵物留在後院的糞便，他們的回答是：「當我晚上下班回到家，並帶小狗到後院解脫，往往都天色黑暗，看不到牠們去了哪裡？」為了解決這個障礙，戴夫開發了一種免費的功能性產品：一個可以留在門外的小手電筒，不僅可以作為跟蹤院子寵物蹤跡的方式，還可以作為策變行為的提示（見圖14.6）。為了傳播這個詞，並認識鏟糞器（pooper scoopers），另一個特製推廣品——手中的臨時紋身貼紙「我隨手清狗糞便」（I'm a pooper scooper），這個口號在年輕人中尤其受歡迎（見圖14.7）。[19]

圖14.6　一種特製推廣品：手電筒，有助於克服在黑暗中「鏟糞便」的障礙。

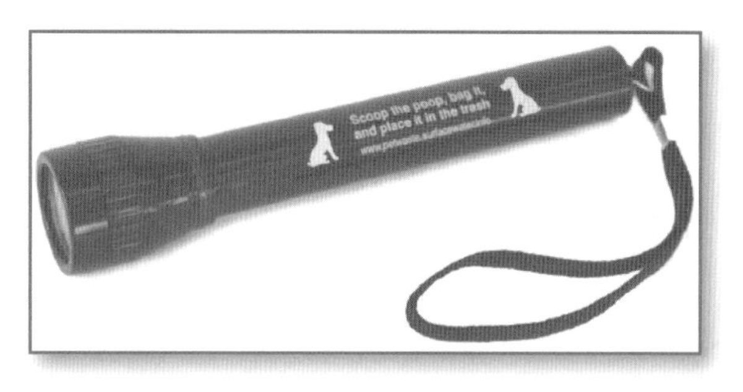

資料來源：Washington State Department of Labor and Industries.

圖14.7　臨時紋身訊息：「幹得好，阿賈！」

標示牌及顯示器

許多社會行銷工作者依靠標示牌與顯示器來發布活動的訊息，特別是藉此維持訊息的熱度。常見的標示牌包括：道路標誌提醒駕駛「飲酒不開車」、高速公路上提醒乘客「使用垃圾袋預防亂丟垃圾」、駕車者在道路上「聽聞警笛、警燈閃爍，請靠邊停車」（Move right for sirens and lights）。由政府出資建造的標示牌，也可以用做引導民眾行為的標的資訊（target messages），例如：森林裡的路標要求人們不要離開道路路徑、酒吧掛有警告懷孕時飲用酒精的危險訊息，以及機場的引導標誌，指示我們在到達安全檢查站之前，把我們放在行李中的筆電取出接受檢查。標示牌和顯示器也可用於零售環境中的購買點（例如：用於救生衣、覆蓋貨車的防水布、節能燈泡、天然殺蟲劑）。在這種情況下，你需要準備標示牌和顯示器的工作，將包括零售業者推銷你的想法，並協調標示牌和相關材料的分發派送。

人員行銷

也許最古老的促銷管道就是面對面銷售。Kotler和Keller認爲這種工具在購買過程的後期階段是最有效的，並有助於建立買方的偏好、信念和行動。他們列舉了這個工具提供的三個獨特的品質：(a)個人互動──直接即時的互動關係；(b)耕種──買賣關係的成長；(c)賣方回應使得買方覺得有義務聆聽「銷售經」（sales talk）。[20]而且，正如下面的例子所說的那樣，買賣經驗不見得是不愉快的。

範例：一個人幫助清除中國的空氣

中國知名環保人士馬軍（Ma Jun）曾在多倫多舉辦的2013年世界社會行銷大會上發言，並在2006年被《時代》雜誌評選爲全球100位最具影響力人物之一。他也被人們稱爲生態戰士、創新者和現代英雄。[21]他一定是把人類學家瑪格麗特．米德（Margaret Mead）的名言銘記在心：「別懷疑，少數有心的志士便能改變世界；事實上，這世界只能被這些人所改變。」然而，馬軍的策略並不尋常，他並不像許多改革家採取靜坐或示威抗議等溝通方式來爭取變革；相反地，他親自拜訪企業決策者，向他們解說並提供環境汙染證據的數據，然後說服他們一起討論變革帶來的好處。

馬軍表示，儘管中國已經開始對汙染者進行處罰，但這些私人公司發現，「爲汙染支付罰款比清理行爲更容易，也更便宜。」[22]2006年的結論是，可靠和「令人震驚」（shocking）的訊息是變革的主要動力，馬軍建立了公共和環境事務研究所，該機構專司蒐集有關水、空氣和危險廢棄物的數據，然後「公開」這些訊息。截至2013年4月，馬軍和他的團隊已經發布在中國的跨國公司和當地公司120,000次以上的違規行爲。至少有900家公司已經努力改變他們的技術以改善汙染問題[23]，其中23家包括蘋果公司，已經針對供應鏈中的環境違規行爲做出重大努力。[24]

非傳統的新興傳播管道

社群媒體

2009年12月，約旦王后拉尼婭（Rania）在歐洲首屈一指的技術活動上發表主題演講，有超過2,000名企業家、部落客和開發人員出席。她提出了一個具有挑戰性的問題，她向在場與會人士詢問，如何利用社群媒體的力量來緩解現實世界中的社會挑戰──尤其是全球教育狀況。她認爲社群媒體是「一個集結衆人力量合作的平臺，並且眾口鑠金」（a platform to collaborate and a mouthpiece to mobilize），並呼籲線上的活動代表，全球仍有7,500萬名兒童被拒絕接受教育。[25]「你是那些能夠幫助將網路行動與現實整合起來，最終讓生活變得更美滿的人。」[26]女王明確知道許多社會行銷人員已經發現社群媒體的力量。2009年由疾病控制和預防中心（Centers for Disease Control and Prevention, CDC）提供的社群媒體工具包，充分說明了這些優勢，並看到這些技術的潛力。[27]

- 增加傳播的及時性。
- 利用標的受眾群體的網絡。
- 擴大你的覆蓋面。
- 個性化並加強訊息。
- 促進互動。
- 影響採用策變行爲。

範例：讓YouTube為菜單平息爭議

2008年加利福尼亞州公共宣傳中心（California Center for Public Advocacy, CCPA）贊助了一項不平凡的社會行銷計畫：推動具有里程碑意義的菜單標示法案，CCPA與布朗米勒通信公司（Brown-Miller Communications）簽訂合同，推動菜單標示法案，該法案將要求連鎖餐飲業必須在菜單上揭示每道菜的卡路里量，而當時快餐業者們則支持另一種替代營養手冊的法案。根據古老的說法，一張圖片勝過千言萬語，該機構花了一個下午拍攝人們站在快餐店瀏覽複雜的菜單尋找卡路里資訊而摸不著頭緒的樣子。然後，他們製作了一段輕鬆愉快的街頭視頻，展示客人點餐時的困難，並將其發布到YouTube（http://www.youtube.com/watch?v=zD4m6WN3Tlg），並發送給快餐業代表、立法者和他們的工作人員、倡導者和媒體。衛生和人類服務部長和州長在一對一的會議上播放了視頻，YouTube視頻在第一週就獲得了超過5,000人次觀看，並有超過80%的評論攻擊快餐業的帳單。在《紐約時報》社論部落格上播放的視頻，人們的反應則超出了YouTube的想像，公眾強烈反映希望快餐業儘速撤回他們的法案版本，之前一直因支持快餐業法案感到不安的州議員也簽署同意菜單標示法，之後，由州長簽署法案，加州成爲全美第一個通過菜單標示法的州。[28]

CDC的工具包還提供社群媒體工具的詳細定義、描述和提示，如專欄14.2所述。在過去的幾年中，CDC已經展開一系列的社群媒體活動，其中包括以下這個案例。

範例：2009～2010年H1N1和季節性流感爆發活動

在2009～2010年H1N1和季節性流感爆發期間，CDC和美國衛生和人類服務部（HHS）制定了一項媒體策略，該策略使用各種社群媒體工具：按鈕，通知訪客如何停止傳播疾病的步驟，並指導他們如何獲得更多訊息；徽章（badges），用戶可以將徽章發布到其個人社交網絡的個人資料或部落格，用於分享健康資訊；線上視頻是最受歡迎的影片，「H1N1症狀」觀看次數超過200萬人次；播客（podcasts），是專門針對兒童流感預防的資訊；電子賀卡（e-cards）允許用戶發送流感相關的健康訊息給朋友、家人和同事（流感相關的電子賀卡被發送超過22,000次，被觀看103,000次）；簡訊（text messaging），一個星期內向超過16,000名訂閱戶提供三條健康訊息；虛擬世界的Whyville針對青少年，設計兩種不同的虛擬流感病毒，解釋「爲什麼流感盛行？」和「我爲何會得流感」；CDC的推特帳戶（有128萬名用戶加入追蹤）；疾病預防控制中心的Facebook官方網站，共享流感病毒更新，並提供徽章和小工具等附加工具以及主題專家的連結。

專欄14.2 社群媒體入門

徽章是包含圖像、呼籲行動和更多訊息連結的小圖形元素，通常張貼在個人檔案中（例如：「我已經接種流感疫苗」）。

圖像共享（image sharing）是將照片和藝術作品的圖像發布到網站（例如：在尚未洗手前，手上細菌看起來像什麼的照片）。

簡易訊息聚合（Really Simple Syndications, RSS）提供聚合和更新訊息的能力，並在一個地方提供來自許多站點的連結（例如：用於緊急準備和回應建議）。

播客是利用時間收聽節目的便捷方式，透過手機APP隨時隨地下載你想收聽的節目（例如：用於預防二型糖尿病）。

在線視頻分享主要是指在YouTube、Bing和Yahoo等線上網站上發布的視頻（例如：一段上傳到YouTube的視頻，主要介紹如何在家中節約用水的簡單事情）。

小裝置（Widgets）爲每日更新主題訊息並提供互動功能的軟體，可透過官網訪問下載到個人的網站（例如：身體質量指數計算器）。

電子賀卡（e-Cards）是指可發送到個人電子郵件信箱的電子卡片，通常帶有豐富多彩的問候語和一些促進或加強策變行爲的訊息（例如：恭喜戒菸六個月）。

電子遊戲（e-Games）是透過網際網路下載，提供互動遊樂功能的遊戲軟體（例如：年輕人可以透過行動回收資源）。

手機應用軟體（例如：發簡訊）是目前最便捷且迅速成爲即時和個性化通信的重要工具（例如：在雜貨店購物時可使用觀察海鮮所發行的APP，來幫助選擇可永續經營的海鮮食物）。

定期更新的部落格，由一個或一組常規作者所發布的文章部落格（例如：在兒童醫院的醫生，參與關於兒童免疫接種的「mommy's」部落格）。

微博（Microblogs）是像Twitter之類的迷你部落格，發布短文通常只有140字以內的長度（例如：Twitter的運動損傷預防）。

Facebook、Twitter和Instagram等社群網站都是線上虛擬社區，人們可以與朋友、家人、同事以及其他有共同興趣的人互動。他們以即時和個人的方式爲社會行銷人員提供產品和推廣訊息（例如：透過「聰明防曬技巧」的Facebook頁面，提供UV紫外線的即時警報）。

虛擬世界是網路環境，爲用户提供創建虛擬角色或虛擬形象的機會，然後與線上虛擬環境中的其他虛擬角色互動（例如：防止霸凌的虛擬世界第二人生）。

資料來源：Adapted from the Centers for Disease Control and Prevention's "The Health Communicator's Social Media Toolkit" (August 2010), http://www.cdc.gov/healthcommunication/ToolsTemplates/SocialMediaToolkit_BM.pdf.

CDC希望透過12個經驗教訓，幫助人們在開發、實施和評估社群媒體時，能夠獲得幫助，其中包括：[29]

1. 根據受眾的個人輪廓情況和計畫傳播目標，來做「策略選擇」。
2. 透過查看用戶統計訊息和人口統計資料，「到人們所去的地方」。
3. 「首先採用低風險工具」，例如：播客和視頻。
4. 「確保所發布的訊息有科學的根據」，具有準確性和一致性。
5. 「創建可攜式內容」，像是可輕鬆共享的小工具和線上視頻。
6. 透過Facebook和YouTube等網站「促進病毒式訊息共享」。
7. 「鼓勵參與」，特別是透過雙向對話。
8. 「利用網絡」，例如：Facebook，其中許多標的受眾可能擁有超過100個「朋友」。
9. 「提供多種型式」以增加可訪問性，強化訊息並提供偏好互動的方式。
10. 「考慮多利用手機」，因爲美國有90%的成年人持有手機。
11. 「設定眞實的目標」，因爲光靠社群媒體不太可能獲得積極的傳播或行爲改變目標。

12.「從數據指標中學習和評估成果」，這是數位通訊提供的一項優勢。

Craig Lefebvre是社群媒體應用方面的知名社會行銷專家，他爲獲致成功提供了更多的觀點：30

> 社會行銷人員在使用社群媒體時所需要的不僅僅是新觀點，而是另一種著重於網絡經營的技術，而不是個人的技能。要成功使用這些媒體，我們必須成爲合作者、召集人、促進者、經紀人和編織者。透過團隊合作者，我們的意思是在其他人創建的虛擬社群內工作——現有的部落格、社群網站；從這個虛擬社群參與一開始就爲他們創造互動的平臺——而不只是靜態的傳播網站。作爲召集人，我們必須考慮以新的方式來使用社群媒體，將共同目標的人們聚在一起完成事情——而不是簡單地用電腦媒體來執行面對面的會議（也就是可以即刻召開的「網絡研討會」）。成爲召集人的主要障礙之一，是很少有人和組織會理解人們必須付出努力才能改變合作者的行爲……作爲召集人意謂著要將網路平臺經營成爲一個充滿活力的資源中心，而不是讓人們找工作、下載工具包和案例研究的地方，在這裡人們可以交流建議和資訊、徵求創意作品、評論正在進行中的活動，並讓所有機構能夠看到平時在網絡之外的人，且有機會接觸到優先群體。例如：爲什麼透過農業推廣服務（agricultural extension services）或聯合之路機構（United Way agencies）來照顧窮人和農村居民的健康計畫如此有限？最後，這些機構和組織需要將自己視爲網絡建構者——想辦法將一些不同和孤立的群體團隊拉在一起，使這些團體在同一個問題上工作，但他們之間仍然沒有中介橋梁，可以讓他們彼此接觸。
>
> 社群媒體和行動技術的創造性應用超越了他們過去技術的範疇，並專注於如何適應我們服務對象的生活，這將使社會行銷在實現行爲和社會變革時，更加有效率和效能。31

下一節將介紹幾種主要的社群媒體類型，用於社會行銷的例子。

Facebook

Facebook的免費而強大的廣告平臺，爲公共衛生研究人員和程式開發人員提供了令人興奮的可能性——他們可以在線上查找他們的標的受眾。透過將廣告定位到特定用戶的Facebook個人首頁——像是位置、性別和年齡以及用戶已按過「讚」的群體，來推廣活動或是進行研究招募——公共衛生專業人員可以讓有限的資金透過臉書發揮最大的效能。Legacy的計畫負責人Megan Jacobs分享了以下使用Facebook進行臨床試驗工作招募研究參與者的例子。

施羅德菸草研究和政策研究協會的研究人員，使用Facebook廣告招募民眾參與名為UbiQUITous^{TM}的戒菸應用APP研究，作為由國家癌症研究所資助的隨機對照試驗的一部分（http://apps.facebook.com/quitlab）。他們針對特定Facebook的付費廣告，嘗試尋找符合資格標準的吸菸者（例如：美國居民、18歲以上、喜歡「水菸」）。Facebook的易於訪問和詳細的廣告指標，可以很容易地確定哪些目標變量最成功，能夠以最便宜的代價將Facebook用戶帶到APP中，研究團隊能夠頻繁地嘗試各種圖像、廣告文案和目標變量，將招聘的效率最大化。令人驚訝的是，一張膨鬆的白狗身上戴著厚厚的黑色眼鏡的圖像，結合了關於免費戒菸APP的廣告文案，竟然是能最有效招募吸菸者的圖案（見圖14.8）。該研究在10個月內總共招募到9,000多名的研究參與者，每個研究參與者的費用僅為15.56美元。[32]

圖14.8 成功戒菸APP的受試者招募廣告

資料來源：Legacy For Health.

部落格

國家藥物濫用研究所（National Institute of Drug Abuse, NIDA）認為社群媒體是一種有效的方式，可以透過去青少年所在的地方來滿足他們喜歡「以自上而下的方式來推廣資訊。」[33]2009年7月，NIDA推出了「Sera Bellum部落格」（以多元青少年族群為特色，帶點神祕氣息），向青少年解說吸毒成癮如何產生腦部疾病（http://teens.drugabuse.gov/blog）。這個線上虛擬社區至今仍然活躍於2014年，NIDA的科學家、教師和其他人讓青少年與他們一起探索其對科學的好奇心，以下是青少年與NIDA之間對話的一個例子：

青少年Mike：「我的學校裡有孩子抽大麻，他們看起來沒什麼問題，所以使用菸草沒什麼。」

NIDA：「你好，Mike，誰也沒有辦法預測誰會遇到大麻的負面影響，或者誰不會遇到？其實，對很多藥物來說，藥物有藥性是真的，但因為我們個人之間存在著如此多的差異……我們人體會因為藥物製造方式、基因組成或其他因素而有生理反應的差異，問題的關鍵是為什麼要冒這個險？」[34]

Twitter

2013年，全球第二個全球警察線上「推特馬拉松」（Tweet-a-Thon）誕生，在Twitter上已有數個國家的數百萬人加入，他們使用#poltwt標籤。[35]這個活動是為了增加警察對使用社群媒體的理解，並讓民眾知道他們可以如何透過使用Twitter來協助警方處理各種問題，包括：尋找失蹤人員、通知警方停車違規、舉報車禍、發送關於攜帶武器的可疑公民訊息等。這次全球盛會還利用這個機會宣導諸如此類的安全提示：「CheshirePolice @cheshirepolice：很多來電提到雪球，你對正在行進的車輛投擲雪球是非常危險的行為，請不要這樣做！#poltwt」。[36]

簡訊

南非愛滋病毒檢測為陽性的民眾比世界上任何國家都多；在一些省分，甚至有超過40%的居民受到感染。[37]這些被感染的民眾，只有在愛滋病的症狀出現後，才想到尋求治療；Masiluleke計畫採取的積極介入措施，是利用簡訊要求民眾及早進行愛滋病毒檢測以解決這個問題。南非民眾擁有手機的情況非常普遍，超過90%的人口（包括年輕人和窮人）人手一機。[38] Masiluleke計畫的開發人員與南非的一家通信公司達成了一項獨特協議，該公司每天發送100萬封「請打電話給我」（please call me, PCM）的簡訊，有點像是公共服務廣告，這些簡訊是南非廣泛使用的一種特殊免費SMS簡訊形式，替代需付費的簡訊；訊息內容像是：「如果你經常感覺生病、疲倦、體重減輕，並擔心自己是否感染愛滋病毒？請致電愛滋病諮詢熱線0800012322。」對於每則PCM訊息，計畫提供了常見問題解答和接電話的回應腳本，以幫助運營商能確保簡訊效果的一致性和準確性。據報導，Masiluleke的PCM計畫已經吸引約翰尼斯堡民眾尋求協助愛滋病問題的熱線增加300%，計畫經理認為這將有機會鼓勵數十萬南非人前往進行病毒檢測。[39]

Instagrams

The Blairs計畫是由The Tower公司擁有和管理，它是馬里蘭州Silver Spring的一個公寓社區，Molly King是這個生活計畫的總監，該計畫是一項針對1,400戶公寓社區內的居民推動社區發展和永續經營計畫。Molly認爲，「一張圖片勝過千言萬語」是正確的，並且在社群媒體的世界裡，一張圖片和一段簡短甜美的聲明將會像其他任何東西一樣吸引觀眾的目光。The Blairs的生活協調員Audrey Glasebrook寫道，

> Instagram是完成這項任務的完美方式！The Blairs使用Instagram的圖片創建了綠色生活型態的視覺效果，要讓居民支持綠色生活，必須要讓他們先相信它。我們在Instagram上傳了社區提供自行車修理站的照片、周邊地區的自行車路線地圖，並將推出我們配有洗車設施和自動販賣機的自行車休息室；居民可以看到每天騎自行車不僅是一個可行的通勤選項，在看到Instagram上這些免費設施的圖片，可以想像那樣的生活多有趣！我們鼓勵居民在Instagram上與我們互動，當你看到鄰居上傳他們已經開始自己簡易的堆肥製作計畫，或將廢棄的電子產品、電池送到前臺的資源回收箱時，你可能也會想開始動手進行資源回收、再利用，以減輕公寓內的垃圾量吧！Instagram已經成爲我們與居民互動、推動社區永續生活的重要方式，我們眞的相信我們的社區能夠做到！Instagram眞是偉大的工具！

線上視頻

2013年，Lifebuoy獲得了Warc社會策略獎（Warc Prize for Social Strategy），Lifebuoy是一家具有社會使命（致力企業社會行銷的努力）的公司，他們透過支持全球小朋友能夠養成良好的洗手習慣，以幫助更多的兒童能夠活超過他們的5歲生日。據報導，每年有200萬兒童因腹瀉和肺炎等疾病而未能活到5歲生日，這些疾病可能（部分原因）是因爲沒有養成健康的洗手習慣所造成。[40]方案策略包括直接鼓勵學童、新手媽媽和社區團體在吃飯前、廁所後使用肥皂洗手。這個活動是以一段感人的3分鐘眞實故事視頻（https://www.youtube.com/watch?v=UF7oU_YSbBQ）推出的，該視頻透過父親以倒立行走的感恩旅程，慶祝兒子5歲的生日，因爲在某些國家很多兒童無法活過他們5歲的生日。Lifebuoy鼓勵觀看過視頻影片的人在Facebook上轉發分享，Lifebuoy並爲每次發布做出奉獻。該視頻擁有超過1,900萬的觀看次數（截至2018年，編按），並引發民眾強烈的情感共鳴，相信能有效增加幼童洗手的行爲。

網站

爲了提高網站的知名度，搜索引擎行銷在過去幾年中發展非常迅速，當一般人在進行Google搜尋時，正常情況下搜尋的資訊（例如：自然園藝）會按照被點擊次數多寡排序列出，我們許多人並沒注意到，現在有很多技術已經可以讓我們的活動資訊排列在首位，以增加我們網站的可見度。應用搜尋排名首位來提高可見度的技術，是過去幾年迅速發展的搜尋引擎行銷技術，那是一種透過付費來確保搜尋排名的做法，通常採用「按點擊付費」的收費結構，這種策略對營利事業部門則更具商業意義。除了透過付費機制來確保你的網站能在搜尋時被列在搜尋結果的首頁或首位來增加民衆點擊機率，還有許多無償方式可以達到這個目的，透過增強網站的結構、內容和關鍵字來改進排名。

網站對於你的客戶來說是一個關鍵的「接觸點」，不僅會影響他們對組織的意識和態度，還會影響受衆是否能夠受到啓發和支持而採取行動（例如：保證不使用草坪殺蟲劑）。有人甚至認爲你的網站可能是民衆的「第三空間」（the third place），這個術語指的是除家庭和工作場所外，民衆最常逗留的社會環境（例如：星巴克的顧客可能將他們喜愛的咖啡地點，歸類爲他們的第三空間）。

爲了能發揮網站的最大影響力，專家建議你注意網站的 (a) 導航方便；(b) 爲不同用戶量身訂作的能力；(c) 相關連結的可用性，以及 (d) 可能的雙向互動機會；如以下範例所示。[41]

範例：鼓勵民衆採取行動保護海洋健康的網站

West Maui Kumuwai是一個活動，透過提供個人行動靈感和社區合作來保護海洋，這活動包含許多活動元素，你只需使用Google搜尋他們的名稱，即可瀏覽包含Twitter、YouTube、Facebook和Instagram在內的多種平臺，他們的一項核心策略是讓西毛伊社區（West Maui community）的居民採取個人行動來減少汙染的逕流，並在網站上分享他們的故事以及個人照片。一個典型的例子，則是朱莉（Julie）的例子：

> 當我在夏威夷的Ace Hardware公司，正在討論應該購買什麼肥料時，我注意到一張貼有「海洋友善」（Ocean Preferred）字樣的標籤，這個資訊確實有幫助，並且是我購買時的決定性因素。我很欣賞Ace，因爲客户總是可以輕鬆選擇更環保的產品。

網站上的其他功能還包括提供志願者參與活動的機會（例如：幫助清除入侵植物），並發布承諾採取八項具體行動（例如：使用滴水系統），他們甚至願意在網站上公布個人的承諾資訊（見圖14.9）。

圖14.9 Amanda在網站上承諾使用生物可分解性的清潔劑(http://westmauikumuwai.org/take-the-pledge/).

資料來源：West Maui Kumuwai.

流行娛樂媒體

一些較不知名或較少使用的媒介物會採用流行娛樂的手法來傳遞策變行為訊息，被某些人稱為寓教於樂的媒體。這些包括：電影、電視連續劇、電臺節目、漫畫書、小漫畫、流行歌曲、戲劇、電子遊戲或是木偶戲、默劇等旅行藝術。社會行銷的訊息需巧妙地利用這種手法將活動主題元素整合至媒體訊息中，例如：飲酒不開車、使用保險套、環保議題、飲食控制、預防青少年自殺及嬰兒猝死。

根據Alan Andreasen的看法，這種方式能有效克服冷漠受眾的選擇性接觸及觀眾的選擇性注意問題，因此這種方式被稱為「寓教於樂法」（Entertainment Education Approach）[42]。這種手法起源於1960年代祕魯的肥皂劇「單純的瑪莉亞」（Simplemente Maria），在節目中討論許多有關家庭計畫生育的話題，而使觀眾因此受教。[43]國際社會行銷顧問John Davies將這種手法稱為「寓教於樂」（edutainment），認為他們可以透過對銷售健康產品的知名企業公司推銷購買廣告來降低活動的預算，像是洗手的肥皂、用於嬰兒的口服補充鹽液以及女性的維他命／礦物片劑等保健品。[44]

在地方區域，你可以嘗試說服當地受標的受眾歡迎的名人，來開發特殊的推廣產品（例如：他們CD內的歌曲），其可用在廣告中呈現或是在特別活動中表演。例如：在全國獲獎的密西西比州反垃圾活動的電視廣告中，前第一夫人Pat Fordice神奇地出現在一輛貨車的駕駛座位中間，車上有一名駕駛和他的朋友坐在旁邊，他的朋友剛剛在公路上若無其事地將垃圾扔出窗外，Pat Fordice 捏著司機和他犯罪的朋友的耳朵，告誡兩人不可以在密西西比公路上亂丟垃圾；這位前第一夫人繼續作為發言人和宣傳活動的代表，她說：「我不是你媽媽！撿起它！」[45]然而，想要大規模實現這目標並非不可能，可考慮與娛樂業者進行遊說和合作。

例如：CDC通常與好萊塢高層主管、學術界、公共衛生和倡導組織合作，向作家和製片人分享迫切的國家健康問題訊息。據了解，估計有88%的美國人透過電視了解健康問題，他們認爲黃金時段和白天的電視節目是他們獲取健康資訊的重要管道。因此，他們爲電視作者和製片人提供清單明細表，爲編劇人員們舉辦專家簡報會，並回答有關健康訊息的諮詢。他們爲電視節目的所有編劇人員安排專家簡報，在製片人和健康專家之間建立一對一的對話，以探索發展故事情節的可能性，並幫助找到能夠直接處理健康課題的專業人士。他們還爲2013年的健康課題表演形式頒獎和表彰，他們在2013年頒發了一個健康獎給HBO，因爲它描繪了人們在戒毒期間的掙扎痛苦以及人們復發的原因。[46]

另一個令人印象深刻的趨勢，也被視爲是大衆媒體的機會。2007年人們花在視頻遊戲的時間和花費已經超過了錄影帶租賃、音樂和電影票房。事實上，自2005年以來，紐約市舉辦了一場年度變革的活動會議，以激勵組織利用視頻遊戲推動社會變革，現在有一個網站（http://www.gamesforchange.org/）提供超過125場遊戲的列表和描述，包括與下面例子中描述的類似遊戲。

範例：哮喘電子遊戲

Bronkie the Bronchiasaurus於1995年由Click Health所創建，它是一款超級任天堂的視頻遊戲，旨在改善玩家對哮喘的自我管理；玩家扮演Bronkie或Trakie，兩名患有哮喘的恐龍（見圖14.10）爲了贏得比賽，玩家必須控制恐龍的氣喘，同時將他們的星球從致命的塵埃雲霧中拯救出來；爲確保Bronkie和Trakie始終保持最佳狀態，玩家必須引導恐龍們測量並監測其呼氣強度的情況，根據需要服用藥物，並遵守病人的每日生活計畫、正確使用吸入器，以避免哮喘被某些因素激發發作，像是：花粉、灰塵、煙霧或是打噴嚏噴出的感冒病毒。這款

圖14.10 一款幫助減少哮喘發作的視頻遊戲

資料來源：Social Impact Games, 2011.

遊戲已經成功應用於家庭、醫院、診所候診室和哮喘夏令營，研究發現患有氣喘的年輕人，若家中有Bronkie供其練習遊玩，平均可減少40%的哮喘相關急診和緊急護理治療需要。47

公共藝術

毫無疑問，你一定曾經歷由非營利事業組織倡導的公共藝術（例如：在公園裡穿白色衣服來抗議戰爭）、吸引遊客的銅雕（例如：芝加哥的巡遊牛）或爲非營利組織募集資金（例如：愛滋病紀念被）。然而，公共藝術是否有意圖影響眞正的行爲——改善健康、安全、環境或財務狀況行爲呢？我們認爲這是另一個新興和尚未開發的管道，具有獨特的潛力來維持行爲，引起媒體關注，並被視爲可信賴的代言人，其可使用的媒介物，包括：雕塑、展覽、壁畫、繪畫，以及最近的「快閃族」（flash mobs），這將在下一個範例中描述。

範例：快閃族保護人行道中的行人

快閃族是由一群（怪人）自行開發的公衆表演，旨在公共場所爲購物者、食客、乘客和路人提供意外的驚喜，怪人們首先悄悄聚集在公共場所，他們看上去與普通路人並無不同。然後，在指定的時間，他們開始行動，有時是同步舞蹈，有時只是一首歌，甚至可能是一場巨大的枕頭戰。有些參與者係透過參加社群網絡的非正式組織認識這個快閃族，並認爲這是一個藝術表達的機會；有些人則更爲正式，由一個有議程的組織發起，如2010年11月在西雅圖的會議。

2009年12月西雅圖交通部門選擇假日購物的季節來組織快閃族，以幫助減少城市中的行人傷害，在西雅圖平均每天有超過一次的行人或機動車碰撞意外傷害。他們所選擇的地點是一個位於市中心的室內購物中心，在位於四個交叉點附近，碰撞數量最多，該地點已經過特殊設計處理，使其標誌清晰、訊號良好。他們已經應用上游工程完成基礎設施的解決方案，現在是影響公民行爲的時刻，他們決定於繁忙的商場趁民選官員發表演說之際，執行快閃策略，一個有60人規模的快閃族忽然出現，透過「安全舞蹈」傳遞他們的訊息。然後在2010年12月，另一個城市贊助的快閃族出現在市中心，在流行的先鋒廣場（Pioneer Square）上出現，舞者以「雨中歌唱」的曲調，拿著印有「人行道上再見」（See You in the Crosswalk）的雨傘跳舞來影響行人，以確保他們在過馬路之前看到他們。第二天媒體發布對YouTube部落格的評論，包括：「很酷！有趣的學習、有趣的事情、有趣的觀看！做得好！」（http://www.youtube.com/watch?v=S4CqTV9eEkI）。

產品的置入性行銷

在商業領域，產品出現的位置是一門學問，行銷人員總是在日常的電視節目和電影中尋找創意的方式來進行廣告宣傳。當你在演員的手中看到一杯咖啡或在明星所戴的棒球帽上看到熟悉的標誌時，你可能會意識到這一點。例如：在詹姆斯龐德的電影「新鐵金剛之不日殺機」（Die Another Day）中，估計有超過20家的廠商總共花費約1億美元來讓他們的產品可以出現在電影中，一些電影評論家抨擊這電影簡直是「再買一天」（Buy Another Day）。[48]

與社會行銷有關的是，如何將你策變的行爲整合到商業產品或其包裝中。有時候公司會決定「全部靠自己」來採取主動行銷。例如：2006年秋季，玩具製造商美泰公司（Mattel）推出了芭比新寵物狗丹納（Tanner），丹納的包裝盒中附有棕色塑膠製品的「餅乾」，可以餵食丹納吃，丹納吃完還會當場「釋放它們」，這時芭比娃娃就可以用她的新磁力勺子把它們舀起來，放入玩具組合中的小垃圾桶。

更多時候，社會行銷組織還是透過接近企業尋求他們的支持，正如海鮮觀察與華納家庭視頻所做的那樣，華納家庭視頻同意將2007年海鮮觀察口袋指南納入奧斯卡獲獎動畫電影「歡樂之扉」（Happy Feet）數百萬張DVD之中。

傳播管道的決策指導

很明顯地，你可以透過五花八門的媒體管道，將你的訊息發送給標的受眾。選擇和決策可以由幾個重要因素來指導，其中我們將在下面的章節說明八個因素，並沒有特別的順序，因爲每個都是重要的考慮因素，有些甚至是破壞者。

因素1：活動的目標和目的

在規劃過程的步驟四中，你已經爲活動設定了行爲意圖、意識和／或態度的可量化目標。這些措施／量化目標，就是你現在選擇傳播管道的指南。

例如：如果你想讓河流上游500戶住宅社區鄰近河岸的50戶住宅成爲小河管家，那麼你可能會選擇外展傳播策略，就會與需要傳播給500萬住戶的策略有所不同；當大腸桿菌爆發，提前與資助人和團隊成員確認這些數字，將有助於提出適宜的傳播對應策略。

因素2：期望的覆蓋範圍和頻率

Kotler和Armstrong將覆蓋範圍描述為：「在特定時間段內衡量曾經聽聞到活動廣告訊息的標的對象人數，對全體標的市場人數的比例」，而頻率是「標的受眾中，曾經接觸過活動的人平均聽聞活動廣告訊息的平均次數。」[49]這將是一個重要的決定。例如：在為期兩個月的活動中，州衛生部門希望廣播和電視節目中至少能接觸到75%居住在主要大城市地區的12-18歲青少年，而這些人接觸到活動的訊息平均應該要有九次。媒體代表隨後將使用電腦軟體來計算出媒體的時程組合和相關成本，以實現這些目標。媒體策劃人員須經常查看計畫的成本，並計算控制每次個體接觸（訊息暴露）的成本（通常表現為每千人的成本——接觸使用該媒體達到1,000人的成本）。

因素3：標的受眾

規劃媒體策略時，最重要的考慮因素可能是標的受眾的概況（人口特徵、心理特徵、地理特徵和行為）以及他們的媒體習慣。特別是活動需要在社群媒體平臺中使用付費廣告和選擇特定媒體工具，如以廣播電臺、電視節目、報紙、雜誌和直郵來傳播活動訊息時，這一點尤其重要。理想情況下這個發展創意簡報、敲定媒介物的過程，稱為「打開知名度」（openings）；同樣地，此時媒體代表將能夠提供觀眾簡介和建議事項，包括：建議媒體種類、特定媒介物，並說明最可能接觸到標的對象的時間。此時，相同的媒介物還必須考慮到其與社會行銷計畫目標訊息的相容性，以使媒體效果極大化。例如：上鎖槍枝的廣告刊登在育兒雜誌上，會比刊登在家庭裝潢的雜誌上好，兩者標的市場人口特徵雖然相近，但雜誌的屬性不同，育兒雜誌與上鎖槍枝訊息的相容性顯然較高。

因素4：讓訊息在關鍵時刻出現

許多社會行銷工作者發現傳播訊息最理想的時刻，就是標的對象正處於抉擇兩難的時刻，不知道要選策變行為還是競爭行為的時刻。當標的對象正在十字路口徘徊時，社會行銷工作者的臨門一腳足以影響標的對象的最後決策。證明這一原則的策略包括以下內容：

- 使用心形符號（♥）標示菜單上的低脂肪、低膽固醇和／或卡路里的選擇。
- 餐廳的菜單標示每道菜餚的卡路里含量。
- 用熟悉的森林防火標誌，表示當前公園森林火災威脅程度的最新訊息。

- 在尿布背後印有提醒父母，以懷抱嬰兒、拍打背部的方式哄嬰兒入睡的資訊。
- 鼓勵處於意圖期的吸菸者在香菸盒背面，放一張小孩的照片。
- 在海邊的布告欄提醒使用救生衣的好處（見圖14.11）。
- 給青少年使用的鑰匙圈上刻有「你不需被警察喝令逮捕」（You don't have to be buzzed to be busted.）
- 使用手工桌卡放在餐巾紙架旁，提醒消費者只取用他們所需要的食物。

圖14.11 海灘上的看板資訊顯示穿救生衣的好處

因素5：爲事件做好準備

傳播者還希望能把握受眾可能從現實事件中傾聽、有樣學樣，並改變行爲的機會做好準備。例子包括：地震、小社區的青少年自殺、瀕危物種的列表、乾旱和停電的威脅、被診斷患有愛滋病的知名女性藝人、州長被發現在車禍中受傷時並未繫安全帶、大學生在狂歡派對後遭到性侵犯或媒體報導某政治家被診斷出罹患前列腺癌。這些事件往往會影響受眾產生對行爲改變的知覺和信念變化。與承受眞實地震的成本和損失相比，事先準備「地震包」所需要花費的時間似乎變得不足爲道；儘管這樣的事件往往是悲慘的，但好處在於，處於無意圖期的標的受眾往往能夠轉向意圖期，甚至是付出實際行動的行動期，社會行銷人員應該妥善把握事件的熱度和人們的實際訊息需求所帶來的動力；正如公共關係專業人員爲危機溝通做好準備一樣，社會行銷人員也需要爲這些溝通機會做好準備。

範例：及時的地震防備資訊

2011年3月13日星期日，即日本海岸8.9級地震發生後的第三天，《西雅圖時報》（*Seattle Times*）的頭條新聞標題爲「爲災難做好準備」（GETTING READY FOR DISASTER），如果發生災難，請參閱第A13頁的指南，以確保你和你的家人隨時準備就緒。編輯可能在地震發生之前就已經準備好了整頁清單，包括：使用防火袋存儲諸如出生證明、護照、證書等重要文件、制定家庭應急計畫、列出重要電話號碼、了解如何以及何時關閉煤氣、以及家用和汽車用品清單。當讀者從災難現實「清醒」時，編輯再發布這個資訊將能獲得更多人關注，甚至將其剪下來，逐一完成建議清單上的工作。

因素6：整合行銷傳播

商業行銷人員經常投入數百萬美元用於行銷傳播，他們在廣告征戰的反思，讓許多公司走向採用整合行銷傳播（Integrated Marketing Communications, IMC）的概念，整合行銷是「公司仔細整合和協調其眾多傳播管道，以提供清晰、一致的組織及產品的令人信服資訊。」[50]

借助整合行銷傳播，你可以在所有媒體管道的媒介物和客戶接觸點中所使用的口號、圖像、顏色、字體類型、關鍵訊息和提及贊助商名稱等方面保持一致。這意謂著新聞稿中使用的統計數據和事實與印刷材料的資訊相同，電視廣告與廣播節目也能具有相同的基調和風格，印刷廣告與刊登在社群媒體的廣告，具有相同的外觀和感覺。[51]

此外，IMC指出企業需要有圖形標識的規範，甚至可能需要發行描述圖形標準的聲明或手冊。行銷整合的方法還包括須促進發展和傳布計畫材料人員之間的協調與合作，最後還須對所有客戶接觸點進行定期的查核。

整合行銷的好處是顯著的，包括：(a) 提高材料的開發效率（例如：消除對顏色和字體的頻繁辯論以及開發新方案的增量成本）和 (b) 透過市場一致性的媒體表現，提高傳播的效能。

範例：是朋友就不要讓朋友喝酒上路

在1990年代初期，廣告理事會和美國運輸部的國家公路交通安全管理局推出了一項新的活動，鼓勵朋友介入防止喝醉的駕駛上路。它最初設計的目標是能接觸到16-24歲的青年人，他們發生致命性酒精相關車禍的比例高達42%。[52] 84%的美國人回憶，他們曾經在公共宣傳服務管道聽到或看過「是朋友就不要讓朋友喝酒上路」的口號。更令人印象深刻的是，近80%的人表示，他們已採取行動阻止朋友或愛人酒醉駕駛，以及25%的人表示，他們已經停止喝酒上路的行爲。[53]據報導，這種熱播活動有助於在1990年至1991年期間獲得將酒精相關的死亡人數減少10%的成果，這是迄今爲止與飲酒有關的死亡人數下降最大的一年。[54]傳播管道使用標語、情感主題和「無辜受害者」令人難忘的故事，並由電視、廣播、平面媒體、戶外和線上媒體以及最近的社群媒體（包括Facebook）的公共服務宣傳服務播出

（見圖14.12）。

因素7：了解媒體類型的優點和缺點

媒體決策還是應該基於每種獨特媒體類型的優勢和劣勢，並應考慮到創意簡報中關鍵資訊的性質和格式。例如：「找人代駕」的簡短訊息適用於鑰匙圈或酒吧的酒杯杯墊，而「如何與青少年談論自殺」的複雜資訊，則適宜使用小冊子或廣播電臺的特別節目。表14.1列出了每個主要廣告類別的優勢和劣勢。

圖14.12 是朋友就不要讓朋友喝酒上路的雜誌廣告

資料來源：Courtesy of the U.S. Department of Transportation and the Ad Council.

因素8：你的預算

即使考慮了所有其他因素，資源和資金很可能在確定傳播管道方面擁有最終的決定權。正如我們所討論的那樣，在理想情況下，媒體策略和相關預算是基於期望和已商定的活動目的（例如：至少接觸75%的青少年九次）。現實生活中，計畫往往受預算和可用資金來源的影響。例如：爲實現上述目標的媒體計畫草案初步估計可能顯示，所需覆蓋範圍和頻率的成本超過實際和固定預算。在這種（所有常見的）情況下，你需要優先考慮並將資金分配給被認爲最有效率、最有效能的媒體類型和媒介物。在某些情況下，也可採取減少活動目標（例如：至少接觸50%的青少年九次）和／或創建分階段的活動實施方法（例如：在一半的州內達到覆蓋範圍和頻率目標）。

表14.1 主要媒體的優勢和劣勢

媒體	優勢	劣勢
報紙	靈活性、即時性、良好的本地市場、覆蓋面廣、可接受性高、可信度	壽命短、再製質量差、讀者量低
電視	良好的大衆市場覆蓋面；單位曝光成本低；結合視覺、聲音和動作吸引感官	絕對成本高、雜亂無章、短暫曝光、觀衆選擇性低

（續前表）

媒體	優勢	劣勢
直郵	高觀眾選擇性、靈活性、允許個性化	每次曝光成本相對較高、「垃圾郵件」的印象
廣播	良好的本地接受度、高度的地理和人口選擇性、低成本	只有音頻、短暫曝光、低關注、分散的聽眾
雜誌	高度的地理和人口選擇性、可信的、優勢的、再製高品質、壽命長、讀者量佳	廣告前製時間長、高成本、沒有版位保證
戶外媒體	靈活性高、重複曝光率高、成本低、低訊息競爭、良好的位置選擇性	觀眾選擇性小、創意受限
社群媒體	即時性、可利用觀眾的網絡力、提供互動和反饋、可個性化、可對行為改變提供技巧加強效果	資源密集型、受制於受衆
網站	高選擇性、低成本、即時性、互動能力	小型、人口偏斜的受衆、影響相對較低
行銷推廣	可獲得受衆注意力、買家即時而明顯的反應、激勵措施能明顯增加價值	壽命短暫、「小物品和垃圾」的印象
公共關係	高可信度、避免前車之鑑，能夠接觸潛在客戶、避免銷售人員和廣告	較少的受衆接觸範圍和頻率
事件和經驗	相關性高、參與度高、激發參與、軟式行銷	較少的受衆接觸範圍、單位曝光成本較高
人員行銷	有效理解消費者反對意見並建立買方偏好、信念、行動和關係	受衆抗拒、高成本

資料來源：Adapted from P. Kotler and G. Armstrong, *Principles of Marketing* (Upper Saddle River, NJ: Prentice Hall, 2001), 553. Reprinted with permission.

選擇傳播管道時的道德考慮因素

傳播管道的選擇很多，本章中已經提供幾個重要的考慮因素，包括：受衆概況和活動資源，然而，倫理考慮也是一個因素。在反墮胎主義者阻止婦女進入診所並威脅醫生生命的情況下，這種手段是否正確？或者，參與愛護動物的活動參加者說話威脅（但未傷害人身）穿皮衣的女人，你覺得如何？本書提到了透過網際網路、電子郵件和電腦的傳播管道。那麼對許多沒有這些設施、習慣甚至技巧的受衆，他們如何接觸這些新媒體宣傳活動並從中獲益呢？

可以理解的是，組織在使用社群媒體方面存在許多道德和法律方面的擔憂，特別是關於安全性、員工生產力和讀者的負面訊息，爲解決這個問題，許多組織制定並分發正式的政策和實踐聲明。

這裡有一個值得思考的問題：宣傳腎臟捐贈者是否是錯誤的？2010年在美國，平均每天有19人死於等待器官移植，其中10人正在等待腎臟。[55]MatchingDonors.com是一家非營利組織，致力於提高發現可移植器官的機會，以增加器官移植機率。據報導他們擁有世界上最大的利他捐贈者數據庫，這些捐贈者不會從器官捐贈中獲得任何經濟利益，一些醫生批評這些網站的活動，認爲這種做法是不道德的，而且是非法的，因爲它「繞過」了國家器官捐獻者名單。該網站的支持者認爲，器官捐獻者名單上的器官只能從屍體中獲得，而目前有7萬人在等待腎臟，這份等待名單上的一半人數將在等待期間死亡。[56]

章節摘要

傳播管道（communication channels）通常也被稱爲媒體管道（media channels），可以分爲三類：大眾（mass）、選擇性（selective）或個人（personal）管道。大眾媒體管道用於需要迅速通知並說服有關問題或策變行爲的一大群人；選擇性管道則用於需要以更有效能及效率的方式接觸標的受眾群體時，常用的選擇性媒體包括直郵；個人管道包括社群網站以及一對一的會議和對話。

傳統的傳播管道，正如他們的名稱所暗示的，就是那些你平時最熟悉和最常接觸到的管道：

- 廣告和PSAs。
- 公共關係和特殊事件。
- 印刷文宣品。
- 特製推廣品。
- 標示牌和顯示器。
- 人員銷售。

我們鼓勵你考慮新興媒體和其他非傳統傳播管道，因爲這些選擇可能會更加成功地「讓觀眾驚訝」，他們也可能因此願意花更多時間考慮你所提供的訊息：

- 社群媒體：Facebook、YouTube、Instagram、在線論壇、發簡訊、Twitter。
- 網站。
- 流行娛樂媒體。
- 公共藝術。
- 產品置入行銷。

本章提供八個因素來指導你選擇傳播類型、媒介物和時間：

因素1：活動的目標和目的。

因素2：期望的覆蓋範圍和頻率。

因素3：標的受眾。
因素4：讓訊息在關鍵時刻出現。
因素5：為事件做好準備。
因素6：整合行銷傳播。
因素7：了解媒體類型的優點和缺點。
因素8：你的預算。

研究焦點 在奧克拉荷馬州增加使用1%低脂牛奶的行為（2012）

這項研究焦點提供一個應用對照組的方式來評估媒體干預影響的效果，在這種情況下，使用兩個輪廓相似的媒體市場，其中一個市場接受媒體干預，包括利用多種媒體管道進行推廣活動，而作為對照組的媒體市場則完全未進行任何媒體宣傳活動。值得注意的是，這個案例使用來自零售商的銷售數據來衡量成果，這是非常嚴苛有力的行為衡量指標。本案件的資訊由奧克拉荷馬大學健康科學中心健康促進科學教授Robert John提供，並於2013年4月在多倫多舉行的第三屆世界社會行銷大會上發布。

背景

2012年奧克拉荷馬州營養資訊和教育計畫（Oklahoma Nutrition Information and Education Project, ONIE）在奧克拉荷馬發起了一項活動，旨在影響低收入民眾能將平時所喝的全脂牛奶（2%脂肪）轉換為1%的低脂牛奶，以減少飽和脂肪的攝取。主要的標的受眾是補充營養援助計畫（Supplemental Nutrition Assistance Program, SNAP）的會員，這個計畫就是從前稱為食品券的計畫（Food Stamp Program），對照組為參與婦嬰童營養補充計畫的會員（WIC，低於聯邦貧困水平線的185%）。在這兩組人群中，標的受眾是使用2%牛奶的人，因為根據形成性研究的結果顯示他們是最有可能改變的群體。研究針對532位SNAP家庭會員進行電話調查的形成性研究結果顯示，91.9%的人沒有使用低脂或無脂牛奶的習慣，73.9%的人甚至以為2%脂肪含量的牛奶就是低脂牛奶，而事實上2%的脂肪含量是全脂牛奶的三分之二。

這種對低脂牛奶的誤解成為活動努力的重點，並形成活動的口號「喝1%低脂牛奶才安心」和幾個重要關鍵訊息，說明如下：

- 1%的低脂牛奶不是全脂牛奶加水沖淡的。

- 1%的低脂牛奶具有和2%牛奶完全相同的營養素。
- 只有1%才是低脂牛奶，這是一種健康的蛋白質飲料。
- 1%牛奶的維生素D含量與2%牛奶完全相同。

活動的代言人是頗受歡迎的Kendrick Perkins，他是奧克拉荷馬NBA雷霆籃球隊的中鋒。宣傳材料決定把重心放在Perkins身上，「當Kendrick Perkins發現2%脂肪含量和全脂牛奶有所不同時，他決定把這個問題帶到他自己的手中。」（見圖14.13）該計畫還與奧克拉荷馬當地的雜貨店、牛奶生產商和貿易協會建立合作關係。

圖14.13 活動的代言人是深受民眾喜愛的奧克拉荷馬雷霆NBA籃球隊中鋒Kendrick Perkins

資料來源：Oklahoma Nutrition Information and Education Project.

預計進行大眾傳媒宣傳活動12週，並於2012年6月11日至9月2日舉行，計畫編列預算近25萬美元用作爲推廣活動，包括以下內容：

- 廣告：電視、廣播、雜誌廣告、公車廣告。（見圖14.14）
- 社群媒體：Facebook、Twitter和部落格。
- 網站。
- 銷售點：所有參與的零售商發送購買點的推廣材料（Perkins的人形廣告、牛奶標誌的冰箱貼紙、營養教育傳單以及購買1%低脂牛奶的優惠券）。
- 在小學分發傳單。

方法和結果

對奧克拉荷馬媒體市場的干預評估，使用幾項成果指標：提高民眾的知覺和理解、社群媒體的貢獻，最重要的是增加1%脂肪牛奶的銷售量。

在活動回憶方面，對SNAP的受益者進行一項隨機電話調查結果顯示，18.0%的人記得這項活動，58.6%的人能夠精準描述這項活動；爲了評估對1%脂肪牛奶重要

圖14.14　活動的公車廣告

資料來源：Oklahoma Nutrition Information and Education Project.

事實認知的增加，對SNAP受益者進行干預前和干預後的電話調查，結果顯示幾種觀點已經被活動「糾正」，2%脂肪含量的牛奶不再被視為低脂牛奶。（見表14.2）

表14.2　低脂牛奶的知識改變

媒體干預前、後的電話調查結果			
事實的測試	**活動前：正確答案 (N=500)**	**活動後：正確答案 (N=500)**	**%增加量**
1%牛奶不是牛奶加水稀釋	44.4%	50.5%	+13.7%
2%牛奶不是低脂牛奶	26.1%	30.0%	+14.9%
1%牛奶有較低脂肪和卡路里，但營養成分完全與全脂牛奶相同	58.7%	65.5%	+11.6%

在媒體互動方面的數字表現方面，該活動的網頁總共獲得了10,100次訪問和8,296次點擊；YouTube視頻獲得53,000人次觀看；還有許多體育部落格在他們的網站上發布了電視廣告。

最嚴格的衡量標準是利用銷售數據來衡量奧克拉荷馬地區每家食品雜貨店的牛奶採購量與另一個在塔爾薩（Tulsa）媒體市場的情況。從零售商處獲得的銷售額數據的四個時間評估點分別是：(a) 上一年同期；(b) 干預前三個月；(c) 干預期間和 (d) 干預後三個月，結果如表14.3所示，12週的活動結束後，購買1%牛奶的增加15.0%，全脂牛奶的購買減少4.6%。

表14.3　基於奧克拉荷馬州5家連鎖超市（144家零售店）的銷售數據

每月牛奶銷售量						
牛奶種類	奧克拉荷馬城媒體市場				塔爾薩媒體市場	
	活動前	活動後	%差異	%改變	活動前	活動後
全脂	37.1%	35.4%	－1.7%	－4.6%	33.9%	34.2%
2%減脂	42.8%	43.3%	+0.5%	+1.2%	46.3%	46.0%
1%低脂	10.0%	11.5%	+1.5%	+15.0%	8.5%	8.4%

問題討論與練習

1. 爲什麼推廣工具（promotional tool）是最後一個4P工具？
2. 在本章開始的行銷焦點的捐血案例，活動經理所訴求的受眾期望利益與傳統捐血活動中受眾的期望利益相比，有什麼不同？
3. 你如何回答這個問題：「社會行銷與社群媒體（social media）有什麼不同？」
4. 分享你察覺到或已經使用過，以社群媒體來推動社會行銷活動的實例。

注釋

1. Australian Red Cross Blood Service, “Battle of the Burbs’ Blood Challenge Is ON!,”accessed April 7, 2014, http://www.donateblood.com.au/media-centre/news/qld/%E2%80%98battle-of-the-burbs%E2%80%99-blood-challenge-is-on.
2. Personal communication from Kathleen Chell, December 2013.
3. C. Fratto, “2011 University Attack Test Campaign University of Queensland National Marketing Post Analysis Report November 2011” (Australian Red Cross Blood Service, November 2011), 5.
4. Ibid.
5. Campaign Brief, “Australian Red Cross Blood Service Case Study: How an Influential Word of Mouth Campaign Increased Blood Donations via Social Soup” (May 13, 2013), accessed April 7, 2014, http://www.campaignbrief.com/2013/05/australian-red-cross-blood-ser.html.
6. Ibid.
7. Australian Red Cross Blood Service, “Battle of the Burbs’.”
8. Australian Red Cross Blood Service, “Battle of the Burbs” (n.d.), accessed April 7, 2014, http://www.donateblood.com.au/category/news-tags/battle-of-the-burbs.
9. Sean Corcoran’s Blog, “Defining Earned, Owned and Paid Media,” (December 16, 2009), accessed June 2, 2014, http://blogs.forrester.com/interactive_marketing/2009/12/defining-earnedowned-and-paid-media.html.
10. P. Kotler and K. Keller, *Marketing Management*, 12th ed. (Upper Saddle River, NJ: Prentice Hall, 2005), 546.
11. J. Dunn, “Denver Water’s Ads Already Working Conservation Angle,” *Denver Post* (July 13, 2006), accessed April 22, 2007, http://www.denverpost.com/portlet/article/html/fragments/print_article.jsp?articleId=4043. Ads

developed by Sukle Advertising and Design.

12. Denver Water, "Thank You for Using Even Less" (n.d.), accessed April 21, 2014, http://www.denverwater.org/Conservation/UseOnlyWhatYouNeed/.

13. P. Kotler and N. Lee, *Marketing in the Public Sector* (Upper Saddle River, NJ: Wharton School, 2006), 152.

14. M. Siegel and L. A. Doner, *Marketing Public Health: Strategies to Promote Social Change* (Gaithersburg, MD: Aspen, 1998), 393.

15. Ibid., 394.

16. Ibid., 396.

17. Prevent Cancer Foundation, "Prevent Cancer Super Colon Exhibit" (n.d.), accessed March 7, 2011, http://www.preventcancer.org/education2c.aspx?id=156&ekmensel=15074e5e_34_38_btnlink.

18. Prevent Cancer Foundation, "Prevent Cancer Super Colon Exhibit" (n.d.), http://preventcancer.org/what-we-do/education/super-colon/.

19. For more information, go to http://www.petwaste.surfacewater.info.

20. Kotler and Keller, *Marketing Management*, 556.

21. "How One Man Has Fought to Clear the Air Over China's Polution," *Toronto Star* (April 23, 2013), accessed April 23, 2014, http://www.thestar.com/news/world/2013/04/23/environmentalist_ma_jun_fights_for_change_to_clean_up_chinas_pollution.html.

22. "Cleaning Up China," *Time* Magazine (June 24, 2013), accessed April 23, 2014, http://content.time.com/time/magazine/article/0,9171,2145500,00.html.

23. "How One Man Has Fought," *Toronto Star*.

24. "Cleaning Up China," *Time* Magazine.

25. Queen Rania Al Abdullah: The Hashemite Kingdom of Jordan, "Social Media for Social Good: Queen Rania Calls on Online World to Unite on Behalf of 75 Million Out of School Children" (December 11, 2009), accessed March 10, 2011, http://www.queenrania.jo/media/news/social-media-social-good-queen-rania-calls-online-world-unite-behalf-75-million-out-schoo.

26. Ibid.

27. Centers for Disease Control and Prevention, "The Health Communicator's Social Media Toolkit" (August 2010), accessed March 10, 2011, http://www.cdc.gov/healthcommunication/ToolsTemplates/SocialMediaToolkit_BM.pdf.

28. Information for this case was provided by Michael Miller of Brown-Miller Communications, March 8, 2011.

29. Adapted from the Centers for Disease Control and Prevention's "The Health Communicator's Social Media Toolkit."

30. For more on social media from a social marketing perspective, see R. C. Lefebvre, "Integrating Cellphones and Mobile Technologies Into Public Health Practice: A Social Marketing Perspective," *Health Promotion Practice* 10 (2009): 490–494; R. C. Lefebvre, "The New Technology: The Consumer as Participant Rather Than Target Audience," *Social Marketing Quarterly* 13 (2007): 31–42; R. C. Lefebvre, J. Preece, and B. Shneiderman, "The Reader-to-Leader Framework: Motivating Technology-Mediated Social Participation in AIS," *Transactions on Human-Computer Interaction* 1 (2009); 13–32; and the On Social Marketing and Social Change website, http://socialmarketing.blogs.com.

31. Personal communication from Craig Lefebvre, March 8, 2011.

32. Personal communication from Megan Jacobs, April 29, 2014.

33. E. Macario, C. Krause, J. C., Katt, S. Caplan, R. S. Payes, and A. Bornkessel, "NIDA Engages Teens Through Its Blog: Lessons Learned," *Journal of Social Marketing* 3, no. 1 (2013): 43.

34. Ibid., 48.

35. J. Cowhig, "2nd Global Police Tweet-a-Thon Friday, Nov 1st–Saturday, Nov 2nd," Chelsea Massachusetts Police Department (October 17, 2013), accessed April 21, 2014, http://chelseapolice.com/2nd-global-police-tweet-a-thon-beginning-at-8-a-m-friday-nov-1st.

36. C. Crawford, "World's 2nd Global Tweet-a-thon Is Here," *MercerIslandPatch* (October 31, 2013), accessed April 21, 2014, http://mercerisland.patch.com/groups/police-and-fire/p/friday-worlds-2nd-global-police-tweetathon-mercerisland?ncid=newsltuspatc00000001&evar4=picks-2-post&newsRef=true.

37. Pop!Tech,"Project Masiluleke: A Breakthrough Initiative to Combat HIV/AIDS Utilizing Mobile Technology & HIV Self-Testing in South Africa" (n.d.), accessed April 29, 2014, http://poptech.org/system/uploaded_files/27/original/Project_Masiluleke_Brief.pdf.

38. Ibid.

39. Ibid.

40. Lifebuoy, "Lifebuoy Helps More Children Reach Their 5th Birthday" (n.d.), accessed April 23, 2014, http://www.lifebuoy.com/socialmission/help-childreach5/helpchild.

41. Kotler and Keller, *Marketing Management*, 613.

42. E. M. Rogers et al., *Proceedings from the Conference on Entertainment Education for Social Change* (Los Angeles: Annenberg School of Communications, 1989).

43. A. R. Andreasen, *Marketing Social Change: Changing Behavior to Promote Health, Social Development, and the Environment* (San Francisco: Jossey-Bass, 1995), 215.

44. J. Davies, "Preventing HIV/AIDS With Condoms: Nine Tips You Can Use" (n.d.), accessed April 12, 2007, http://www.johndavies.com/johndavies/new2html/9tips_print.htm.

45. Keep America Beautiful, "I'm Not Your Mama: Mississippi's War Against Highway Litter" (n.d.), accessed April 13, 2007, http://www.kab.org/aboutus2.asp?id=642.

46. Centers for Disease Control and Prevention, "Entertainment Education: Overview" (n.d.), accessed October 10, 2006, http://www.cdc.gov/communication/entertainment_education.htm.

47. Social Impact Games, "Entertaining Games With Non-entertainment Goals" (n.d.), accessed April 12, 2007, http://www.socialimpactgames.com/modules.php?op=modload&name=News&file=article&sid=116&mode=thread&order=1&thold=0.

48. J. Weaver, "A License to Shill," *MSNBC News* (November 17, 2002), accessed July 25, 2011, http://www.msnbc.msn.com/id/3073513/.

49. P. Kotler and G. Armstrong, *Principles of Marketing* (Upper Saddle River, NJ: Prentice Hall, 2001), 552.

50. Kotler and Armstrong, *Principles of Marketing*, 513–517.

51. Ibid.

52. Ad Council, "Drunk Driving Prevention (1983–Present)" (n.d.), accessed April 18, 2007, http://www.adcouncil.org/default.aspx?id=137.

53. Ibid., "Campaign Description."

54. Ibid.

55. Matching Donors [website], accessed March 7, 2011, http://www.matchingdonors.com/life/index.cfm?page=main&cfid=12265246&cftoken=12950547.

56. S. Satel, "Is It Wrong to Advertise for Organs?," *National Review Online* (April 13, 2007), 16.

PART V

管理社會行銷計畫

第十五章
發展評估與監督計畫

行銷是一個學習遊戲，你自己做出決定，然後看事情的結果；你將從結果中學習，然後下次做出更好的決策。

——Dr. Philip Kotler[1]
Northwestern University

現在你已經來到了你可能並不渴望的步驟，然而，如果你真的是這麼想的話，下面這些人的感嘆，你可能聽起來會與我心有戚戚焉：

- 「當我向我的長官和其他贊助者報告目前活動已經獲得的PSAs數量以及活動網站已經被人訪問的數量，他們雖然嘴巴說：這樣很好，但我可以從他們的眼中看到，他們覺得這還是遠遠不夠的，我看得出來他們還想知道到底有多少人，因為我們的努力而開始去做愛滋病／愛滋病毒的檢測；實際上，這也還是不夠的，他們真正想知道的是，我們究竟在這個計畫做了多少好事，而我們所創造的這些好事，平均需要花費多少成本？」
- 「你可能會認為這很難。在我的工作中，他們竟然還想知道，水質改善後，魚兒是否變得更健康？」
- 「我所看到的多數評估策略，它們所需花費的成本，可能需要透過計畫編列相當的預算，但我無法修正這一點，然而每個人似乎都想要它。」
- 「坦白地說，我關心的是結果。如果有什麼壞消息，那應該是我們沒有達到目標。贊助者喜歡這個計畫，打算提供所有基金，就應該相信我們會全力以赴，像這樣的壞消息是會打擊工作士氣的。」

本章將介紹評估計畫中應包含的五個主要元素，即本模型中的步驟八：

1. 目的。你為什麼要進行這項評估計畫？誰是受眾？
2. 測量的結果。你要測量什麼以便達到評估目的？
3. 方法。你將如何進行這些測量？
4. 時間。這些測量會在何時進行以及由誰進行？
5. 預算。這些測量會花費多少成本？

行銷焦點　ParticipACTION把孩童帶回遊戲中以增加其體能活動（2012～2013）

資料來源：Participaction.

這個來自加拿大的社會行銷活動被選為評估這一章的行銷焦點，因為它展現頻繁監測對活動的影響，結果提供了新的改進方向，它之所以令人印象深刻，是因為它所設定的嚴格評估計畫幾乎包括本章描述的全部成果評量指標。本案例的訊息由

ParticipACTION的Tala Chulak-Bozzer（知識經理）和Rachel Shantz（市場總監）所提供。

背景

ParticipACTION是加拿大的國家級非政府組織（national nongovernmental, NGO），最初是在1970年代由政府計畫啓動的，旨在「改變加拿大」（get Canadians moving）。三十多年來，該組織一直與公共、私人和其他非政府組織合作支持各種解決方案，希望能把加拿大變成一個更加積極、更健康的國家。[2]2008年他們發起了「不活躍的孩子們」（Inactive Kids campaign）的活動，這是一個致力解決兒童缺乏身體運動的活動。2010年，活動焦點發生了變化，根據活動後續的研究結果顯示，許多媽媽認爲他們的孩子已經獲得了足夠的身體運動。[3]於是活動以「再思考」（Think Again）作爲回應，這是一項大衆媒體宣傳活動，向媽媽們推薦適合日常生活的運動，正如活動主題所暗示的那樣，幫助她們認識她們的孩子並不像她們想像的那樣活躍。然而，隨後對這項活動進行的監測研究顯示，雖然民衆更加認識活動所推薦的運動，但媽媽們將這場活動視爲威權主義，於是，團隊再次進行了活動修正，這次重點強調解決方案，而不是對問題施加壓力。

標的受衆和策變行爲

這個團隊將他們的標的受衆描述爲「有5-11歲孩子，且自然希望孩子最好的媽媽」（moms with kids aged 5～11 who naturally want the best for their kids），這些媽媽希望自己的孩子能夠快樂、健康、自信，但又擔心孩子的學業成績、朋友圈、學校問題、霸凌等。[4]策變行爲是讓這些媽媽支持他們的孩子每天可以積極參與遊戲，以達到每天推薦的60分鐘運動活動。

受衆洞察

這項活動強調積極遊戲（active play），而不是體能活動（physical activity）本身，是爲了回應媽媽們的顧慮，媽媽們認爲運動是需要讓孩子報名參加某種體育課程，雖然她們知道有組織的體育活動是最好的解決方案，但因爲她們有財務方面的考慮和時間限制，並不是很容易把運動課程排入孩子的時間表，而這些運動課程也常常與她們家庭中的優先事項相互衝突；她們也會考量孩子們的偏好，來安排孩子「有限的自由時間」（screen time）。

策略

一個強而有力的定位聲明指出溝通策略的努力方向，這將成爲團隊活動的主要干預措施，活動策劃者希望這些媽媽能夠看到積極遊戲是一種簡單而有趣的方法，可以讓孩子們獲得更多體能運動。他們創造了一個新的口號「回歸遊戲」（Bring Back Play），並希望媽媽把ParticipACTION這個品牌看成是能與她們「聊天」的朋友，而不是向她們「訓話」的導師。他們想要突顯體能活動的好處，並且讓母親們重溫童年時代玩過的遊戲的懷舊情緒。

圖15.1　印刷宣傳品強調「我們曾經玩過的」戶外遊戲

資料來源：Participaction.

活動訊息強調了每天透過進行60分鐘的遊戲，來獲得體能活動的重要性。爲了避免媽媽們覺得活動好像用手指著母親們，團隊開發了創意元素，他們採取了更積極的方式，讓媽媽／父母感覺自己好像也是團隊的一員，「回歸遊戲」使用不同年齡孩子參與經典活動遊戲的照片，來傳達「回歸遊戲」的概念（見圖15.1）。

這些媽媽的主要接觸點（touch points）包括：電視（包括付費廣告和免費的廣告）、印刷品（海報、報紙和雜誌廣告）、廣播、特製推廣品、數位橫幅（可用於省級合作夥伴）、行動和社群媒體（Facebook、Twitter）和基層活動（見圖15.2）。他們重新設計了他們的靈感，這是一個整合Google地圖的線上APP，可以作爲民眾分享他們故事的平臺，並激發他們如何更融入體能的活動中。媽媽們被邀請透過上傳的方式，來對她們的孩子分享她們童年「回歸遊戲」

圖15.2　活動的數位橫幅之一

的故事、圖片或影片，其他有訂閱的媽媽們也能因此獲得資訊，激發她們「回歸遊戲」的靈感。團隊開發的這套「回歸遊戲」的APP，讓媽媽們手頭可以有個工具，獲得靈感教導孩子們她們小時候玩過的經典遊戲。回歸遊戲與BC健康家庭攜手合作，在不列顛哥倫比亞省（British Columbia）的二十八個社區進行的第一階段的巡迴宣傳（2012），在學校、社區中心、鄰里公園停留，他們透過經典遊戲帶領孩子們玩耍，並鼓勵兒童使用跳繩、球、粉筆和呼拉圈自由玩耍，活動則藉此對在場的父母們進行遊戲好處的宣導。（見圖15.3）

圖15.3　回歸遊戲的宣傳車在社區巡迴宣傳

資料來源：Participaction.

結果

Vision Critical在2013年3月所進行的活動結果評估實在令人驚豔，將在下面結果部分進行簡要說明，包括活動投入和活動產出的結果。

投入

活動的核心資金來自ParticipACTION的年度業務預算，媒體資金則來自不列顛哥倫比亞省、Nova Scotia和New Brunswick的省級合作夥伴。此外，活動所製作的活動宣傳資訊，可提供ParticipACTION網絡的4,541個非政府組織自由應用。

產出

在第一年，活動獲得超過3.53億次的媒體曝光次數，其中包括超過1,400萬次的「贏得媒體」展示次數。

成果

正如本章所要描述的那樣，結果測量是受衆對干預措施的反應測量，包括：意識、理解、態度和行爲的所有變化。本案例主要測量並報告五項主要成果指標：活動意識、對關鍵訊息的理解、對策變行爲和溝通策略的態度、對活動要素的參與度以及行爲變化。專欄15.1中總結的統計數據是2013年Vision Critical的線上調查結果，其中5-11歲的兒童（n = 1,142）和一般人口（n = 757）中的母親參與此調查，在某些情況下，會將調查結果與2011年和2012年參加過活動的母親進行比較。

專欄15.1　2012～2013年「回歸遊戲」的成果測量

標的受衆對ParticipACTION的意識：

- 36%的媽媽知道（無提示）ParticipACTION，比2011年的結果增加了57%。
- 51%的媽媽在提示下能記得這項活動，其中89%的媽媽能夠正確說出活動訊息。

對關鍵訊息的理解，係透過媽媽們是否知道幼童體能活動的理想原則來測量：

- 22%的媽媽知道60分鐘的體能活動原則，比2011年的結果增加57%。

媽媽們對品牌、策變行爲和活動傳播的態度，採用以下指標進行評估：

- 29%的受訪者將日常體能活動列爲他們孩子休閒時間的首要任務，比2011年的結果增加14%。
- 94%的受訪者認爲，非結構化的運動活動，像是到戶外與朋友一起玩，是孩子們每天獲得體能活動的有效方式。
- 84%的受訪者同意，戶外活動等非結構化體能活動，與有助孩子健康的運動課程一樣有效。
- 92%的受訪者認爲，廣告中推薦的體能活動量是可能實現的。
- 93%的受訪者同意廣告中提供的資訊是可信的。
- 87%的受訪者認爲「這些廣告能夠激勵人心」，對比之前的Think Again廣告，只有65%
- 51%的受訪者表示廣告讓他們感到「開心」，42%的受訪者表示團隊讓他們感到「充滿希望」。

利用社群媒體平臺的指標衡量與品牌的互動成果：

- 該活動有27,492位Facebook粉絲，而之前只有1,000位。
- Twitter追隨者達7,112人。
- 2012年10月至2013年3月期間，共有11,479人下載「回歸遊戲」APP。

行爲測量包括意圖參與以及實際參與行爲：

（續前表）

- 媽媽們指出，她們的孩子在一星期中有4.7天每天運動60分鐘（MVPA），與2011年相比增加0.2天。
- 72%看到廣告的媽媽，因爲廣告的激勵而採取某些行動。
- 29%的媽媽開始與家人一起做更多的體能活動，比2011年的成績增加21%。

步驟八：發展監測評估計畫

我們建議你在制定步驟九中的預算和步驟十的實施計畫之前，花一些時間制定監控和評估計畫。你將希望活動的最終預算包括此重要活動的資金，而你的實施計畫包括此項目，以確保它能如期實施。本章將指導你如何確定資金需求及相關活動，其目的是透過前面所提到的監測和評估計畫元素來完成，這些計畫將以你想要回應的問題形式提出——當然是從最棘手的問題開始：

- 你爲什麼要進行這種測量？誰是結果的受眾？
- 你會測量什麼？
- 你將如何進行這些測量？
- 何時進行這些測量？
- 它要花多少錢？

這裡要注意監測（monitoring）和評估（evaluation），這兩個專業名詞是不同的。

監測是指在啓動社會行銷工作但尚未完成之前的某個時間所進行的測量，其目的是幫助你確定是否有需要進行中途修正，以確保能夠達到最終行銷目的。評估則是對所發生事件的衡量和最終報告，它將能回答以下基線問題（bottom-line question）：你是否達到改變行爲、知識和態度的目的？活動是否按時、按預算執行？不論現在或未來，是否會出現意想不到的後果？哪些方案要素能夠有效支持結果？哪些沒有？有什麼遺漏嗎？如果下一次，你會做什麼改變？[5]

你為什麼需要進行這些測量？

你的測量目的通常會決定測量內容、測量方式以及測量時間，以下每個潛在原因都會對測量計畫有不同的影響。此外，施測的受眾不同，測量結果可能也會有所不同。

- 滿足資金撥款的要求。
- 希望下一次進行同一活動時，能夠做得更好。
- 希望計畫能夠持續，甚至可以增加資金。
- 幫助你決定資源分配的優先順序。
- 需要進行中途修正以達到活動目的。

滿足資金撥款的要求。有時，有些贊助組織會在核准贊助前要求需有監測和／或評估計畫配套。以一個市政府希望從交通部（DOT）獲得經費補助爲案例，交通部希望市政府能夠推廣在該城市中心的八個主要十字路口，行人過馬路時會使用行人旗，以確保行人安全。假設DOT希望這個城市的活動策略是成功的，並且能將活動策略由DOT分享給其他城市共用，該活動的評估計畫肯定會包括活動前後行人使用旗幟的情況，並且資助者會要求數據是使用系統化、可靠並可驗證的方法蒐集，以便將來可在其他城市複製使用。

希望下一次進行同一活動時，能夠做得更好。相反的，如果你是誠摯的有興趣測量所發生的事情，以便在下一次於類似的工作中能夠獲得更好結果，你會怎麼做？也許這是一個試點活動，你想評估活動元素，以確定什麼元素運作良好值得重複，什麼元素可以改進，或什麼元素應該在下一次活動「消失」。以推動「當兒童坐在汽車內時不抽菸」的活動爲例，第一年進行試點研究，以幫助確定第二年推廣活動應重複的元素。試點研究包括一個由就讀小學的孩童從學校帶回家的資料袋，裡面包含一個吸二手菸的資訊單張、一個取代汽車點菸器的插頭、一張無菸承諾卡和一個印有「請到外面吸菸」的空氣清新劑。隨後對父母進行的跟蹤調查將測量其是否有在車內當著孩子的面吸菸行爲，以及父母對資料袋內物件的評價，他們注意到哪些物件？有用到哪些物件？哪些物件他們感覺到對他們有影響？想像一下，結果會是怎樣的情況？一些父母認爲空氣清新劑能減少菸霧的有害影響，所以他們沒有改變他們的習慣。當然，這個調查結果將導致該縣政府在對全國範圍推出活動時減免這1.5美元的項目。

希望計畫能夠持續，甚至可以增加資金。通常評估的目的是說服資助者繼續在未來投資該計畫。正如你可以想像的那樣，這項工作的成功關鍵在於確定資方的決策標準，然後制定能符合此標準要求的評估計畫。請參考第9章的威斯康辛州找人代駕案例，使用豪華轎車接送他們往返酒吧，每晚只要15-20美元就可以獲得這項服務，該計畫的資助者對此感興趣的關鍵統計數據是成本效益分析，所以該計畫的評估方法就是這樣進行的。你可能會記得，它顯示估計成本約6,400美元，就能推動找人代駕以免發生交通意外事故，而酒精相關造成的車禍意外，估計成本爲231,000美元。

幫助你決定資源分配的優先順序。管理階層可能希望使用評估工作，來幫助決定未來如何分配資源。例如：在華盛頓州金縣，自然資源和公園部門希望進行評估調查，以幫助確定30個社區的外展計畫中，哪些計畫應該投入更多資金？哪些計畫應該停辦？這個目標導致了一個衡量家庭行爲的計畫，因爲這30個計畫的屬性都是試圖影響家庭行爲（例如：在草坪上留下割草後的草屑）。哪些計畫具有最大增長潛力的項目，將被認爲是優先支持的計畫，其中市場機會取決於家庭有時做出該行爲的比例，而不是慣性行爲（行爲變化階段的維持期）或從來不考慮這樣做（行爲變化階段的無意圖期）。

需要進行中途修正以達到活動目的。這個目的將導致監測工作，在活動啓動之後但完成之前的某個時間進行測量，以透過市場反應確定目的是否可能完成。

範例：行人旗

2007年華盛頓州柯克蘭市有興趣知道他們實施12年來的行人旗計畫，正在產生的變化。1995年爲了提高行人在行人穿越道上的能見度，他們在城市周圍的37個行人穿越道地點安裝了螢光橘的行人旗，以供路人過馬路時攜帶（見圖15.4）。市官員估計，約有5%的行人使用了這些行人旗，但並沒有正式的證據可以證實這一點，他們想知道可以做些什麼，以便能在2011年將行人旗的使用率提高到40%的理想水準。在20天內，對3,000多名行人進行的觀察研究估計使用率爲11%，對不使用行人旗的人進行了障礙研究，結果令人振奮。因爲許多民衆根本不知道這個橘色的旗子是用來做什麼？

圖15.4 早期的行人旗是螢光橘色，並且需要小心插回回收孔中

他們猜它可能是用於建築區的標誌——這是一個產品問題；有些民眾則指出，街道旁常常沒有旗幟——一個通路問題；絕大多數人表示他們感到安全，並且自信駕駛可以看到他們——一個推廣問題。該方案推出的強化策略包括：重新設計旗幟，以便行人能夠一眼就知道它的用途並將其放入桶內，而使用過去插入孔洞的方式（圖15.5）來使民眾更容易抓取行人旗；放置於行人穿越道的旗幟數量從6個增加到18個，當地商家若看到行人旗供應不足時就通知市政府補充；新的宣傳策略則包括一個口號：「帶上它，就安全！」（Take It to Make It），以提供民眾對風險的認識（見圖15.6）；在強化策略實施的五個月後，使用相同的監測研究方法施測，結果顯示民眾對行人旗的使用量增加了64%（從11%增加到18%）。

圖15.5　改良後的行人旗是黃色的，並且容易輕鬆回收至桶內。

圖15.6　活動訊息希望能增加風險意識，並認知攜帶行人旗的好處。

你會測量什麼？

爲了實現評估目的，你將採取什麼措施來測量這五個類別中的一個或多個：投入（inputs）、產出（outputs）、成果（outcomes）、影響（impacts）和投資報酬率（ROI）。正如你會讀到的，所需的努力和嚴格程度因類別而異。

修改後的邏輯模型概論

邏輯模型（logic model）是一個視覺化的示意圖，它將計畫的評估措施組成可以使用「邏輯」流程進行測量和報告的型態，從計畫輸入和輸出開始，繼續以成果和影響的方式表現計畫結果，並以投資報酬率的報告形式來說明投資與回報（見表15.1）的比例情況。

表15.1 使用邏輯模式評估社會行銷活動的成果

投入	產出	成果	影響	投資報酬率（ROI）
分配給該活動的資源	計畫活動影響受眾執行策變行為	受眾對產出的回應	對社會問題影響程度的指標，這是努力的重點	行為變化的價值和支出回報的比率
◆ 金錢 ◆ 員工時間 ◆ 志願工作者時數 ◆ 使用現有材料 ◆ 使用派送管道 ◆ 現有的合作夥伴的貢獻	◆ 傳播材料的數量、電話訪問、創建網站、採用社群媒體策略 ◆ 達到和傳播的頻率 ◆ 免費媒體報導 ◆ 舉辦特別活動的次數 ◆ 付費媒體展示次數和每次展示費用 ◆ 計畫實施要素（例如：是否按進度實施、符合預算）	◆ 行為的改變 ◆ 「售出」的相關產品或服務數量（例如：更安全的殺蟲劑） ◆ 行為意圖的改變 ◆ 知識的變化 ◆ 信仰的變化 ◆ 對活動元素的回應（例如：分享YouTube視頻、Facebook按讚、Twitter追隨者、特別活動參加人數） ◆ 活動知覺 ◆ 客戶滿意度 ◆ 聯盟夥伴、合作者的貢獻 ◆ 政策的變更	◆ 改善健康 ◆ 保存生命 ◆ 傷害預防 ◆ 改善水質 ◆ 供水增加 ◆ 改善空氣質量 ◆ 減少垃圾填埋量 ◆ 保護野生動物棲息地 ◆ 減少虐待動物 ◆ 防止犯罪 ◆ 改善財務狀況	◆ 改變一種行為的成本 ◆ 每花費1美元，可節省的費用或創造的金額 ◆ 扣除開支後，投資回報率

投入測量

最簡單和最直接的措施是用於開發、實施和評估活動的資源項目，常見的因素包括：工作人員時間的花費和分配。在許多情況下，還能對報告做出更多細部項目的說明，包括：志願者工作時間、現有材料、使用的派送管道和／或合作夥伴的貢獻（如何爲計畫建立新的夥伴關係，將在計畫成果中說明）。在確定投資回報率時，這些資源的量化將特別重要，因爲它們代表了投資總額。

產出／過程測量

下一個最簡單的措施是描述活動產出哪些成品，有時我們也稱它爲過程測量（process measures），其重點在於盡量量化行銷活動的所有元素，它們代表你如何利用計畫的投入，並且與結果衡量的標準不同，這些衡量標準強調受眾對這些活動元素的回應；活動中會產生許多資料可作爲記錄和資料庫。6

- 派發的宣傳品數量和使用的媒體管道數量。這項測量是指：郵寄、小冊子、傳單、鑰匙圈、書籤、小冊子、海報或優惠券等活動用具的數量；此類別還包括外展活動的數量、電話會議、舉辦活動、創建的網站以及社群媒體的布署策略。請注意，這並不代表受眾是否注意到海報、閱讀過小冊子、參加過活動或者YouTube視頻被瀏覽的次數。
- 達到和頻率。達到（reach）是指在特定時間段內，接觸特定圖像或訊息的民眾或家庭數量；頻率是受眾在這個時間範圍內達到的平均次數，它是受眾對行爲採用反應的預測指標。
- 媒體報導。對媒體和公共關係努力的測量，這類型的成果也被稱爲贏得媒體（earned media），包括報紙和雜誌報導的篇幅及數量、電視和廣播播出的分鐘數、網站和特別節目的付費廣告，以及受眾中參加活動舉辦演講的人數。通常會根據這些被發布的媒體資訊計算並衡量出其市面價值。
- 總曝光次數（total impression）／每次曝光費用（cost per impression）。該測量結合了來自幾個類別的訊息，包括達到（reach）和頻率（frequency）、媒體曝光率（media exposure）以及宣傳材料派送量（material dissemination），通常將這些數字加總在一起，以估算標的受眾中暴露於活動元素的總人數。爲達到對每次展示費用的嚴格度，可將總行銷成本除以接觸該活動的人數，例如：一項以母親爲受眾的全州運動，希望能增加兒童對水果和蔬菜的攝取，該活動可能透過所購買的媒體（例如：育兒雜誌）和其他努力（例如：購物袋上的活動資訊）來了解活動的曝光量。假設他們估計活動曾經達到10萬名母親，且活動的相關成本爲10,000美元，這樣每次曝光成本爲0.10美元，然後可以透過這些統計數據來比較不同策略的成本效率。例如：假設在隨後的一次活動中，在資金被重新定位對幼兒園和安親班發送訊息後，活動達到了20萬名母親，則每次曝光的成本降低至0.05美元。

- 活動要素的實施。對主要計畫實施活動審查，可以揭示活動的產出和結果情況。你是否做了所有你計畫、規劃要做的工作？你是否按照進度及活動預算執行活動？活動審查可以幫助我們在活動尚未完成時，了解活動目的完成趨勢。

成果測量

測量成果需要較為嚴謹的方式，因為你現在正在評估受眾對活動產出的反應，許多情況下，可能會需要使用一些調查受眾的方法。理想情況下，這些測量是根據你在步驟四中所建立的特定目的，也就是你希望計畫可以獲得具體可衡量結果——以下為其中一種或多種類型：

- **行為的改變**：有些行為改變可以以百分比變化表示（例如：成人暴飲行為從17%降低到6%），或者表示增加或減少的百分比（例如：安全帶使用數量增加20%），也可以用實際發生數字來表現（例如：4萬個家庭註冊了廚餘資源回收箱，使參與的總戶數從6萬增加到10萬）。例如：2011年，美國俄亥俄州立大學的邁克．爾斯萊特（Michael Slater）推動美國聯邦反毒品運動，研究結果的亮麗成績令人振奮：

> Michael Slater對全國20個社區的3,000多名學生進行一項研究發現，12%沒看過該活動宣導的學生曾經使用大麻，而相較之下，看過反毒品活動宣傳的學生，僅有8%使用大麻。[7]
>
> Slater認為，反毒品宣傳活動能夠成功的部分原因是，這場活動似乎「碰觸到青少年內心的願望是獨立而自足的」。例如：他舉了一個電視廣告的例子，廣告結尾是「把自己搞砸是讓自己落後別人的另一種方式」（Getting messed up is just another way of leaving yourself behind）。[8]

- **行為意圖的變化**：這種測量適用於活動沒有太多的曝光度或活動僅在短時間內運作的情況。當社會行銷人員的目的是將受眾從無意圖期階段（precontemplation stage）轉移到意圖期（contemplation）中，然後（最終）轉向行動期階段時，在這種情況下，這是最適用的測量方式。
- **知識的改變**：這包括對重要事實的知識變化〔例如：一次喝五杯酒被認為是狂飲（binge drinking）〕、訊息（例如：估計有75,000人正在等待器官移植）或建議（例如：每天吃五份以上蔬果，可以獲得更好的健康）。

- **信念的變化**：典型的指標包括態度（例如：我的一票沒有太大影響）、意見（例如：本土植物不具型態上的吸引力）和價值（例如：曬黑是值得嘗試的冒險）。
- **對活動元素的回應**：用這種方式作為測量成果的方式，你可以記錄網站的瀏覽次數、視頻分享的次數、在部落格上發表的評論、或是撥打免費電話號碼的人數（例如：索取自然園藝的小冊子）、活動的參加人數、優惠券的兌換（例如：購買自行車安全帽）、電子郵件或網站諮詢的數量（例如：諮詢家庭地震的防備措施）、購買推廣的實體產品（例如：新型的低流量馬桶或節能燈泡數量與前一年的數字相較）或提供的服務（例如：在購物商場提供免費血壓檢查的次數）。
- **活動知覺**（campaign awareness）：儘管這不見得是影響力或成功的指標，但民眾對活動元素意識的測量，可以提供關於活動哪些元素被特別注意到以及事後記憶的回饋。測量結果包括：無提示情況下的知覺程度（例如：你是否記得最近在新聞中提到關於開車時，血液酒精濃度的法定規定？）、提示情況下的知覺程度（例如：你聽過或看過最近新聞提到開車時血液中的酒精濃度，不得超過0.08%法定上限的新聞嗎？）或廣為人知的知覺（例如：你從哪裡聽到或看到這則新聞消息？）。
- **客戶滿意度**：受眾對活動的服務元素的滿意度為可提供結果分析的重要反饋，並用於改善未來工作的規劃〔例如：對前往婦嬰童營養補充計畫（WIC）診所進行諮詢的滿意度評等〕。
- **聯盟夥伴和合作者的貢獻**：活動獲得大量來自外部來源的志工參與和貢獻，對你的活動有極大貢獻注入，儘管它們不能反映標的受眾的行為改變情況，但仍能作為成果輝煌的評估指標之一。這類型的成果測量，包括：志願者參與時數、聯盟等合作夥伴投入員工協助工作的時數，以及從基金會、媒體和企業所收到的現金和實物捐助。值得注意的是，這些貢獻應被納入投資報酬率的計算。
- **政策變更**：有些活動的推動目的可能是致力政策或基礎設施的重大變化，進而能鼓勵和支持行為的改變。例如：為了促進兒童口腔健康，活動致力推動雜貨食品店能從結帳櫃檯移除糖果和口香糖的擺設，這已在一些社區獲得回應。

影響的測量

這項測量是所有測量類型中最嚴格、成本最高，並最具爭議性的測量。在這一類別中，你試圖衡量受眾已達到的行為變化（例如：更多住戶已經採用自然肥料施肥）、計畫打算要解決的社會課題（例如：水質的維護）。除了產出和成果的貢獻外，能夠報告以下類型的計畫影響結果確實是很棒的一件事情：

- 拯救生命（例如：減少酒駕）。
- 預防疾病（例如：增加體能運動）。
- 避免受傷（例如：實踐更安全的工作場所）。
- 水質得到改善（例如：將未用到的處方藥帶回藥店）。
- 供水量增加（例如：增加民眾購買低流量馬桶）。
- 改善空氣品質（例如：減少在社區中使用的吹葉機）。
- 垃圾填埋量減少（例如：生廚餘回收做堆肥）。
- 野生動物和棲息地得到保護（例如：減少亂丟垃圾）。
- 減少流浪動物（例如：增加動物結紮措施）。
- 防止犯罪（例如：增加使用室外自動照明設施）。
- 改善財務福利（例如：對農場飼養動物提供小額信貸）。

現實情況是這些測量不僅是嚴格的，而且是昂貴的，實際上你試圖使用這些方式來測量活動的影響，可能不恰當也不準確，即使這些測量是你針對活動設計的。

幾個關鍵點可以減輕你和其他工作人員的負擔：首先，你需要相信或者假設你的活動所選擇的行為是可以影響社會課題的（例如：葉酸確實可以幫助預防一些出生缺陷）；其次，你可能需要等待更長的時間來進行測量，因為在採取行為後和看到實際影響效果之間可能存在時間差（例如：增加運動可以降低血壓）。最後，你的衡量方法可能需要採取非常嚴格的措施，以控制可能也會對其他社會課題造成影響的變量（例如：你在實施改善水源的活動期間，附近居民有人開始使用新製造商製造的殺蟲劑，逕流的水源仍舊會造成該水域的汙染）。你需要更加勤奮和坦率，相信你有辦法處理這一切可能產生的質疑，然後宣告你的勝利。

投資報酬率

確定和報告你的活動投資報酬率（return on investment, ROI）有幾個好處。它可為繼續贊助資金提供堅實的理由，當然，如果認為計畫成本過高或是預算過高，也可能被削減資金。這將有助於機構負責人解決決策者、同儕和媒體三方成員，所提出的艱難預算問題。其次，調查結果可以幫助管理人員分配資源，根據理性的「兩方相同元素對應的比較」（apples-to-apples），為投資報酬率最高的計畫提供「不按比例」（disproportionate）的資金贊助額度。最後，如果越來越多的計畫均計算出投報率，我們可以建立和共享一個ROI數據庫，這將有助於評估計畫的效果，並複製最具成本效益的計畫。

大多數投資報酬率的計算，可以透過五個簡單步驟（但不一定眞的簡單）算出：9

1. **花費**：計算活動／計畫的總成本，包括員工花費的時間價值以及與計畫研究、開發、實施和評估相關的直接費用；換句話說，就是計算總投入。

2. **採用行為的影響**：估計有多少人受到活動／干預的影響而採取策變行為，通常這是在進行成果研究時可以確定的。

3. **每個採用行為的成本**：這是一個簡單的步驟，透過將所花費的美元除以採用行為的數量（步驟1除以步驟2）即可完成。

4. **行為的經濟利益**：這一步驟回答了這個問題：「這策變行為反應的經濟價值是什麼？」這對很多人來說是最具挑戰性的步驟，因為它通常是透過行為採納所避免的成本代價來表現（例如：醫療保健成本、傷害造成的損失、減少垃圾填埋量、減少環境清理工作量）。在某些情況下，它可能是行為採用所創造的收入（例如：透過公用事業公司進行的家庭能源審計，可幫助住戶節約能源）。此測量方式的問題在於改變行為能創造的經濟利益數據往往不易獲得，許多人甚至不願意使用合理的推估方式來計算，然而，他們的擔憂其實可以透過與受眾保持連繫，並將訊息以「最佳推估」（best estimate）的表現方法來解決，這種訊息表達方法可說明對影響衡量的方式是以嚴謹的態度來進行。

5. **投資報酬率**：這需要三個步驟的計算：

a. 採用策變行為的數量（來自步驟2）乘以每個行為的經濟效益（來自步驟4）等於總體經濟效益（#2×#4 =總體經濟效益）。

b. 總體經濟效益減去總成本支出（步驟1）等於投資淨收益。

c. 投資淨收益除以總成本支出（步驟1）乘以100就等於投資報酬率。

範例：公共健康的投資報酬率

2013年美國公共衛生協會的國家公共衛生週有一個大膽的新主題──「公共衛生的投資回報：拯救生命、節省資金」──支持「使用少量資金用於預防性努力，可以避免日後的鉅額支出」。[10]兩分鐘的YouTube動畫視頻包含活動的實例，其中包括計算飲用水加氟化物、安全帶使用、工作場所安全計畫、疫苗接種、食品和營養教育以及戒菸計畫等活動所能創造的經濟價值。例如：它指出投資於兒童安全座椅的每1美元，可以獲得42美元的醫療費用報酬；每投入1美元用於有效的工作場所安全計畫，可以節省4-6美元的醫療費用支出，並避免疾病、傷害和死亡。[11]

範例：減少英國公路上意外車禍死亡和傷害以及節省社會資金

2010年，英國交通部啓動了一項綜合計畫，旨在減少公路上的意外車禍傷亡人數。2011年《社會行銷案例手冊》中提供了該案例的深度摘要，由Jeff French、Rowena Merritt和Lucy Reynolds共同撰寫發表。[12]這個活動名爲「想一想！」（THINK!），採用了3E方法：執法（enforcement）、教育（education）和工程（engineering），這是一種干預措施，重點放在加強物理環境的改善以促進道路安全（例如：安裝公路測速攝影機）、提高民眾認識和理解的宣傳策略、強調對不適當和不安全行爲的強力執法和懲罰。作者回顧活動的投資報酬率結果，實在震撼人心：

> 根據2008年道路死亡人數與1994年至1998年基線平均值之間的差異比較，該活動拯救了1,040人的生命，減少嚴重受傷人數達18,044人，輕傷69,939人，總共爲社會節省了51億英鎊，即使只有計算由死亡或重傷（killed or seriously injured, KSIs）所造成的42億英鎊費用，這意謂活動僅需要減少418個KSIs即可涵蓋活動的所有成本。[13]

你將如何測量？

我們制定評估和監測計畫的第三步驟就是確定將用於實際衡量步驟一中，所建立指標的測量方法和技術。本書第3章曾經概述可以使用的典型研究方法，其中包括一些常見的評估和監測方法。一般來說，調查受眾將成爲測量成果的主要使用技術，因爲活動所關注的正是標的受眾的行爲、知識和信念方面的實際影響力。透過記錄可獲得投入的訊息，而活動產出也必須依賴記錄，但它有時也能從連繫報告、軼事評論和項目進度報告中獲得資訊，結果指標通常需要透過定量調查獲得，而影響指標可能需要透過更多科學或技術性的調查取得資訊。

定量調查的使用時機是當評估的關鍵需要可靠的數據資訊時（如：體能活動的增加百分比），最常使用的方式包括：電話調查、線上調查、自我管理調查問卷和／或面對面訪談。這些調查研究的報告可能是專有的（proprietary）或可共享的研究（shared-cost），以解決有些組織對類似人群的相同疑問。他們甚至可能依靠例行的調查研究，如本書在第6章曾經介紹過的行爲風險因素監測系統（BRFSS）。

隨機對照試驗（randomized controlled trials, RCTs）是經嚴格的實驗設計，透過與未接受干預的對照組進行結果比較，來確定干預措施的有效性（圖15.7是說明這個系統過程的示意圖）。有時我們會將新的干預（例如：提供一對一的諮詢協助以完成申請大學的程序）與現狀進行比較（例如：沒有提供這種一對一的申請協助）。多數情況隨機對照試驗的目標是比較不同投入「劑量」所產生的效果差異（例如：孕婦「每週」接收鼓勵健康行爲的簡訊，與「每天」接受健康行爲簡訊的孕婦行爲比較）。我們最常見關於這種方法的應用，是用於藥物治療方面的成果，例如：使用一種新藥對兩種不同癌症手術可產生的效果，或改變生活型態對降低高血壓的影響。RCTs目前越來越多被使用於跨國際的研究，以比較對減少貧困的不同干預措施之成本效益。這種方式雖然不是社會行銷活動常用的方式，但它仍是一個值得考慮的模式，尤其是在政策發展可能面對較高的風險情況。

圖15.7　為測試增加高中畢業生上大學的策略有效性，所採取的隨機對照試驗假設說明

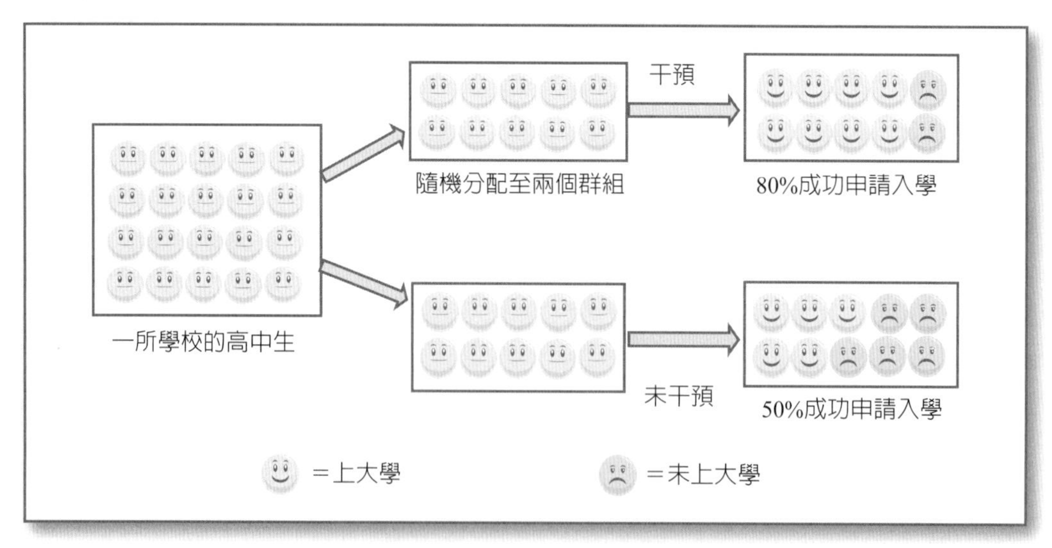

資料來源：Schematic adapted from L. Haynes, O. Service, B. Goldacre, and D. Torgerson, “Test, Learn, Adapt: Developing Public Policy With Randomised Controlled Trials” (Cabinet Office Behavioural Insights Team, June 2012).

英國的行爲洞悉團隊（The Behavioural Insights Team）有時被稱爲「輕推小組」（Nudge Unit），他們知道如何發現小小的改變，來創造巨大的改變，所使用的方法就是隨機對照試驗。[14]他們研究的成果曾經被用來增加器官捐贈、支付罰款、就業和資源回收等。2012年團隊發表了關於RCTs使用的深度報告，並論述了建立這樣一個科學實驗的九個建議步驟，這些實驗的方法學的核心元素是：測試（test）、學習（learn）、調適（adapt）。[15]

- **測試**

1. 界定兩個或更多干預措施進行比較。
2. 確定干預措施意圖影響的結果，以及如何在試驗中對其進行測量。
3. 決定隨機試驗的單位（如高中的高年級生、加油站、工作場所）。
4. 確定獲得可靠的結果需要使用多少單位來試驗。
5. 使用嚴格的隨機方法將每個單位分配給其中一個干預措施。
6. 向被指派的群體介紹干預措施。

- **學習**

7. 測量結果及確定干預措施的影響。

- **調適**

8. 根據調查結果調整干預措施。
9. 返回到步驟一，不斷改善以找出最有效的干預因素。

非隨機對照組（nonrandomized control groups）與定量的科學或技術調查結合使用，將進一步確保活動努力可產出有效的結果。預防吸毒和酗酒活動可以在同一個社區的高中實施，但不能在另一個類似的社區實施。甚至可以採取額外的預防措施，透過在選擇試驗小組之前進行調查，但考慮任何重要的差異來確保對照組的相似性，然後將高中對照組的吸毒結果與其他（類似）社區結果進行比較。

定性調查（qualitative surveys）是當評估的需要並不那麼嚴格或主觀性較強時，可考慮採用定性調查，包括：焦點小組、非正式訪談和軼事評論（capturing anecdotal comments）等方法。舉例來說，焦點小組可用於與兒童保健提供者探討哪些免疫跟蹤工具包的物件最爲有用，或者哪些物件最不實用，然後根據訪談到的意見重新調整下一次發行工具包的物件元素。非正式訪談可以用來理解爲什麼有些消費者在閱讀活動提供的宣傳材料和聽取使用者的見證分享後，仍然不願意採用低流量馬桶。對於預防性侵的活動，可以透過多少人打電話到性侵專線諮詢獲得結果資訊。

觀察研究通常比自我報告的數據更可靠，並且如果可能的話，對於能見度高的行爲來說，這是最可靠而合適的技術，它可以用來評估的行爲包括：穿救生衣、返回工作崗位前洗手、或者加油時讓油槍自動跳停。與自我報告的數據相比，它還可以作爲評估技能實踐的水準，並爲行爲障礙提供更多觀察後的心得見解（例如：觀察人們對垃圾進行分類，並將其放置在適當的容器中）。使用這種方法的一個案例是在2014年於不列顛哥倫比亞省的溫哥華進行的，TransLink的其中一個巴士站出現了大多數城市都會羨慕的問題：它太受歡迎。乘客在離開與其相鄰的火車站來此搭乘公車時，這裡的公車站總是排滿等待的人潮，這些排隊等候公車的隊伍蜷縮在街道周圍，造成安全隱憂並堵塞了人行道，過去管理這種冗長排隊的努力並沒有獲得良好的成果。這次他們嘗試了「即時」（real-time）的觀察方法，在一個早上他們測試了幾項干預措施，以攝影機錄製擁擠人群的反應，然後檢視影片以找出最有效的策略。這種觀察方法使諮詢公司Nelson / Nygaard能夠向TransLink提出建議，而無需進行漫長而昂貴的數據蒐集和分析。他們發現，在人行道上使用膠帶和人行道上的圍欄一樣有效，能保持人行道的清晰；須在轉角處使用分隔柱（堅固的直立固定裝置），而且地面上的箭頭比張貼標誌的效果更好。諮詢公司的高級專員確認了這項觀察研究，可以帶來的好處：

> 有時後我們很容易成爲扶手椅的企劃者（armchair planners），總是坐在扶手椅上看看地圖和其他東西，然後就攻擊問題。但觀察研究就不一樣了，他們在那裡停留幾個小時以觀察人們如何對某些事情做出反應，這樣很快就清楚了什麼有用，而什麼沒用。[16]

科學或技術調查可能是評估活動影響力的唯一可靠方法。如果你負責報告在減少疾病、挽救生命、改善水質等方面所做努力的貢獻，則需要透過設計和展開可靠的科學調查來協助你完成報告，這些調查不僅能夠指出行爲指標的變化情況，也可以讓你在日後其他的社會行銷活動使用這些變化數據。[17]

記錄和資料庫對於若干指標非常有用，特別是那些衡量對活動要素的反應和宣傳活動材料的指標。這種方法包括：持續追蹤網站瀏覽次數和停留時間長度、電話叩應次數（例如：戒菸專線）、Facebook上的評論（例如：關於避免流感的技巧）、YouTube視頻的觀看次數（例如：說服受衆佩戴安全帶的PSA的數量）、請求的數量（例如：兒童保育參考資料）、訪問次數（例如：到青少年診所看診）、服務的人數（例如：兒童汽座的檢驗），或蒐集物品的數量（例如：針頭交換）。

這種努力有時與供應商或合作夥伴有關，我們需要他們提供內部的紀錄和資料庫的訊息，像是已兌換的優惠券數量（例如：槍櫃專用的觸發鎖）、已售出的實體產品（例如：活動推出的堆肥滾筒）或回應活動的請求（例如：器官捐贈的同意書）。

比較有效性研究是一種相對較新的方法，主要用於提供有關各種治療方案的證實益處和潛在危害的證據，來爲醫療保健業者提供決策資訊。根據美國衛生與人類服務部的資料，找出這種證據有兩種方法，研究人員可以透過查看所有現有臨床試驗、臨床研究和其他針對不同人群的研究，來找出益處和危害的現有證據。他們也可以自行展開研究，以產生對測試、治療、程序或醫療保健服務的有效性新證據。[18]對社會行銷人員來說，其影響與對照實驗研究類似，針對其中一項或多項干預措施，根據結果進行比較性的評估。

試點正如Doug McKenzie-Mohr所建議的，這種試點研究可以被看作是「測試運行」（test run），這爲糾正在大規模計畫實施之前的程序錯誤提供了修正的機會。[19]他提供了六項原則作爲進行試點研究測試的指導方針：

1. 不要將障礙和效益研究與試點相結合，因爲這可能會影響行爲改變的水平。

2. 至少使用兩組參與者來進行試點研究，一組爲對照組。

3. 使用隨機分配將參與者分配到小組。

4. 衡量行爲改變的優先次序，理想情況下最好不要使用讓受訪者自我報告的方式，因爲結果並不可靠的。

5. 計算投資報酬率，來強化廣泛實施的機會。

6. 修正你的試點研究，直到它出現有效的結果。[20]

如同一個範例：Doug在加拿大分享了以下試點研究：「關閉它！反怠速活動」（Turn It Off: An Anti-idling Campaign）。

2007年的這個試點研究試圖減少駕駛停車時的怠速行爲頻率和持續時間，該計畫的工作人員在多倫多學校和多倫多汽車臨停接送區等地點接觸駕駛，並與他們談論停車時關閉車輛引擎的重要性。他們提供駕駛一張資訊卡（見圖15.8），並在汽車臨停接送區、學校等通路，都張貼了提醒駕駛者關閉引擎的標誌（見圖15.9）。他們在談話時，每個駕駛會被要求承諾在停車時也會關閉車輛的引擎，爲了幫助駕駛記住關閉引擎，工作人員要求在他們的前擋風玻璃上貼上貼紙。貼紙既可以作爲停車時關閉引擎的提示，也爲在社區停車時的怠速行爲提供了規範（放置在前擋風玻璃上的標籤是無膠的靜電貼紙，可以被輕易拉下，可以從車輛的內部和外部看到貼紙的圖形和宣導資訊）。超過80%的駕駛被要求做出停車時關閉引擎的承諾，

圖15.8 這些資訊說明怠速時關閉引擎的好處，適合在學校和其他社區地點分發

資料來源：Natural Resources Canada.

26%的人同意將標籤貼在前擋風玻璃上（見圖15.10）。

這個計畫有三個獨立的條件。兩個汽車臨停接送區和兩個學校作為控制組，他們並沒有收到上述任何的宣導材料；第二種情況是兩個汽車臨停接送區和兩所學校只有張貼怠速時請關閉引擎的標誌。最後，在第三種情況下，他們除了提供怠速時請關閉引擎的資訊卡、汽車貼紙、怠速請關引擎的號誌，還提供人員的宣導。請注意，怠速請關引擎的標誌是大多數城市傾向使用的方式，但可以說幾乎沒有效果。相較於對照組，只有看到禁止怠速標誌的駕駛不太可能關閉引擎，但是，若標誌、貼紙和資訊卡（第三條件）的組合則對怠速行為有極大影響。在這種情況下，怠速行為減少了32%、怠速時間減少70%。這些結果是基於對各種停車場超過8,000輛車子的觀察結果。在NRCan的支持下，這個試點計畫隨後在加拿大的兩個城市Mississauga和Sudbury推廣實施，並且獲得類似的結果。最重要的是，NRCan已經將該計畫的材料免費提供給社區，以便他們能夠快速而經濟地實施他們自己的反怠速活動。因此，北美各城市根據本案例的研究結果，陸續實施反怠速計畫。

想要獲得更多訊息，請至加拿大政府的反怠速網站（http://www.nrcan.gc.ca/energy/efficiency/communities-infrastructure/transportation/idling/4397）。這個網站提供有關如何預防怠速空轉的更多詳細資訊以及可用於社區推廣的可下載材料。

你何時會測量？

早些時候，我們將評估與監測區分開來，將最終對努力成果的測量視爲評估（evaluation），並將過程間的持續測量看作監測（monitoring）。測量工作的時間可能會在以下的時間點發生：

1. 發起活動之前，有時稱爲活動前（pre-campaign）或基線測量（baseline measures）。

2. 在實施活動期間，被視爲追蹤（tracking）和監測（monitoring）調查；這可能只發生在一次或幾年內〔即縱向調查（longitudinal surveys）〕。

3. 活動結束後的調查，指當所有活動要素完成時所採取的測量，可提供短期結果和長期影響的數據。

圖15.9 學校和汽車臨時接送區所使用的反怠速標誌

資料來源：D. McKenzie-Mohr and W. Smith, *Fostering Sustainable Behavior: An Introduction to Community-Based Social Marketing*, 2nd ed. (Gabriola Island, BC, Canada: New Society, 1999).

圖15.10 貼在駕駛前座擋風玻璃前的靜電貼紙

資料來源：D. McKenzie-Mohr and W. Smith, *Fostering Sustainable Behavior: An Introduction to Community-Based Social Marketing*, 2nd ed. (Gabriola Island, BC, Canada: New Society, 1999).

當活動有具體的行爲改變目的時，基線測量就顯得至關重要，未來的活動努力成果和資助者都會依靠這些基線測量的數據進行活動評估，並將活動前後的結果進行比較。活動期間的監測工作通常是在活動中途進行，可爲未預期的變化提供輸入的轉變，並追蹤活動期間的所有變化。活動後（最終）評估是最典型的評估，特別是在資源和時間有限下，無法進行更多的付出。有些計畫會在所有時間點進行評估，常見於當資助者或其他重要合作夥伴需要活動成果的可靠證據時。

它要花多少錢？

監測和評估活動的費用，可以透過使用簡單的記錄和數據庫以及蒐集軼事評論的方法，使成本最小化，也可以是使用民衆調查或觀察研究的適中花費成本，採用隨機對照試驗和科學、技術調查，將會產生最大的花費。理想情況下，是否支出資金進行這些評估、監測活動，將取決於它們對計畫的價值意義。如果此類活動能夠幫助你獲得支持並爲計畫獲得持續性資金的供應，則這將是一項明智的投資。如果它有助於完善和改進你的努力，則這筆投資可能也會有所回報。一旦根據研究目的決定調查所要使用的方法學，你就可以大概估算出這些潛在的成本與收益情況。

社會行銷人員François Lagarde、Jay Kassirer和Lynne Doner Lotenberg提出了可能導致評估預算上升或下降的四個因素。在2012年的《社會行銷季刊》文章中，他們首先推薦經常引用的「10%經驗法則」，但他們警告說，「50,000美元中的10%與50,000,000美元中的10%是非常不一樣的，如果你的評估成本可以很小，就像只需要查內部紀錄和資料庫數據一樣簡單，那你爲什麼要花很多錢？」[21]除了參考這10%的經驗法則之外，他們還建議參考下列考慮因素：[22]

1. 需要什麼樣級別的歸因？這將回答這樣一個問題：「你需要什麼樣的證據來證明你的努力是成功的？這種成功可以歸因於特定的干預措施嗎？」在某些情況下，對某些影響（例如：降低發病率）進行嚴格研究是非常重要的，因爲將涉及未來的重大投資辯護。在其他時候，則不值得投資這些複雜的設計。

2. 有沒有現存的證據？你能否使用已經過嚴格評估，並顯示可能成功的類似方法？同樣的，如果計畫最近的評估都顯示處於「軌道上」的狀態，那麼你的組織和資助者可能會對這個數量有限的成果衡量標準感到滿意。

3. 你能建立評估和監測的測量系統嗎？這可能涉及使用現有的紀錄或資料庫蒐集數據的方法。如果你沒有，則可探索是否可以在干預中加入新的紀錄或數據蒐集方法，從而使你能獲得關於結果的「自動產生」數據。

4. 需要什麼程度的精密度？根據主要研究方法和研究的需求，成本會有很大差異（例如：你是否需有足夠的不同區隔市場的樣本數量以進行比較）。成本和收益都應事先界定清楚。

評估計畫的倫理考量

監測和評估的倫理考量與研究過程的倫理考量類似，主要著重於接受評估調查的受訪者。值得一提的另一個問題是，你應該（或可以）在多大程度上報告無預期的結果，不管是正面或負面的結果。

舉例來說，許多計畫管理者會報告他們在鼓勵資源回收方面雖然取得成功，但內心中仍有的擔憂，因爲雖然大量的資源已經被回收，不用像過去面對被填埋的命運，但管理人員認爲人們可能會增加回收資源的利用。他們透過這樣的軼事評論確認了他們的擔憂：「我不再擔心列印額外的副本了，因爲我使用的是回收紙，而且我會將任何背面還沒用過的紙張，放在回收桶裡回收再利用」，或者「我不再擔心購買隨身攜帶的小瓶水了，因爲我可以回收這些塑膠瓶」。現在，一些社區的環保主義者開始投入更多的努力到「三腳凳」（three-legged stool）的另外兩條腿：「減少使用」（reduce use）和「重複使用」（reuse）。

章節摘要

評估和監測計畫的關鍵組成，由以下問題的答案決定：

- 你爲什麼要進行這種測量，誰是結果的受眾？
- 你會測量什麼？
- 你將如何進行這些測量？
- 何時進行這些測量？
- 它要花多少錢？

測量的原因將決定研究計畫的方向，因爲方法會根據測量原因不同而有所變化。它是爲了滿足撥款要求？或者爲了讓下一次進行同樣的活動時，能夠做得更好？希望獲得持續甚至增加的資金？爲了幫助你決定如何確定優先順序並分配資源？或者爲了達到目標，提醒你需要進行中途的修正？

爲了達到評估目的，你將採取的測量，可能會是五個類別中的一個或多個：投入、產出、成果、影響和投資報酬率。投入測量可說明所消耗的計畫資源；產出測量報告計畫的活動項目；成果測量報告標的受眾對產出的回應；影響報告說明採用策變行爲後對社會狀況改善的影響；報告的最終理想指標是投資報酬率。

可選擇的測量技術包括隨機對照試驗和定性、觀察或科學／技術性質的調查，以及使用控制組並依賴紀錄和資料庫的調查。

在此計畫中，你還需要確定評估時間，考慮在活動開始之前、活動實施期間以及活動結束後，進行測量的機會。

最後，你將確定所提議工作的成本，應該根據潛在收益對其進行是否投入成本的權衡

（參見附錄關於潛在評估測量的工作表D）。

研究焦點 霸凌就此停止——承諾預防霸凌行為(2012～2013)

這個研究案例是由俄亥俄州肯特州立大學（Ohio's Kent State University）的五名公共關係科系學生組成的團隊，參加2013 Bateman案例研究競賽，他們針對指定的主題：如何防止霸凌行為，所制定的社會行銷發展、實施和評估計畫。計畫的背景是在距離肯特州立大學校園約20英里有一所Rootstown中學，72%的學生表示他們曾經歷過被霸凌的經驗。[23]學生團隊們的企劃過程是系統化的，並實施形成性研究以啓發計畫的內容。他們親自實施的計畫爲我們提供了眞實世界的經驗。他們透過建立清楚、相關和可衡量的計畫目的，使評估計畫的實施方向明確，毫無疑問，他們在68個參賽作品中獲得了第二名獎項是實至名歸，他們的努力也增加了在整個學區複製類似活動的機會。

計畫概述

該小組的初步研究工作範圍非常廣泛：

- 他們透過次級研究確定了一些過去執行方案未成功的共同原因：活動通常只有一天，因爲費用昂貴，所以無法持續多日，活動焦點爲告誡孩子們不要霸凌他人。
- 他們對學校參與者和周圍社區的人口統計學研究，有助於團隊了解學校中最可能發生的霸凌行爲型態。
- 然後團隊進行了形成性研究。第一階段包括對教師、心理衛生專業人員、受霸凌兒童的父母、受霸凌兒童以及曾經發生霸凌他人行爲的學生，進行一對一的訪談。後續的線上調查則幫助量化了他們的發現。最後，他們舉辦一個由學生組成的焦點小組，以界定中學生如何定義霸凌行爲以及最常見的霸凌行爲類型。
- 針對265名學生所進行的線上基準調查（benchmark survey）有助於界定當前學校的霸凌情況。[24]
    - □六年級、七年級和八年級的學生中，72%的學生說他們曾經被霸凌。
    - □47%的學生承認自己曾經霸凌別人。
    - □72%的受訪者表示他們曾經看到了霸凌的情況，但並沒有進行阻止。

這項研究使團隊決定活動的主要標的受眾為：在學校目睹霸凌的學生，策變行為是簽署一份承諾預防書，活動目的是在28天承諾期結束時，能提升受眾對目睹者處理霸凌技術的理解達15%。針對策變行為的障礙研究指出，學生恐懼出面制止的幾個主要原因，包括：擔心他們可能會被同學嘲笑，或者他們可能會讓霸凌的情況更惡化，顯然，不嚴苛的規範可能是活動成功的關鍵因素。

該團隊還認知到需要接觸關鍵影響者，像是：學校老師和中學生家長。作為學校課堂的負責人，教師比任何學校其他工作人員有更多機會目睹學生們的霸凌行為，然而形成性研究發現，他們無法區分霸凌行為與其他行為（例如：逗弄）有何不同？同時也未能在目睹後提供適當的行動。對父母所進行的形成性研究也顯示了類似的擔憂，就算發現霸凌的跡象，他們也不清楚應採取何種支持性行動。

團隊針對學生的主要策略是建立技能，首先幫助學生識別什麼是霸凌行為，然後示範目睹者可以做出什麼行動來改變情況：

- 「承諾預防卡」（Pledge to Prevent cards）列出如何區分霸凌行為及適當的干預行動。
- 在午餐時段播放的一系列反霸凌的視頻，其中包括共同霸凌的不同場景，如：在學校公車站的霸凌、學校走廊的霸凌和網路上的霸凌等，並為大家提供激勵的統計數據。
- 團隊印製文宣傳單提供目睹者可以採取的行動方式，並突顯「中學裡有72%的學生認為他們曾經被霸凌」的觀感。
- 海報繪畫比賽是在「承諾預防週」（Pledge to Prevent week）的第一天為學生舉辦的，團隊成員發給學生一張畫紙，鼓勵他們描繪目睹者如何站起來阻止霸凌。
- 在午餐時間，團隊在學生餐廳分發貼紙，貼紙列出了七種目睹者的技巧；學生被指示將貼紙貼在文件夾、筆記本或教科書封面上。
- 進行面對面溝通，團隊每天平均花費3小時與學生進行互動。
- 團隊為教師提供了一個反霸凌的基本課程計畫，其中包括向學生發放講義以及提供給家長的表格。

表15.2列出了針對教師和家長的其他策略，其中總結了活動投入、產出和成果。

表15.2　使用邏輯模式評估活動的成效

投入	產出	成果
肯特學生團隊成員的時間： ◆ 方案規劃 ◆ 每天在現場花費幾個小時 ◆ 與家長見面 ◆ 特別活動	**學生們：** ◆ 給學生的「承諾預防」卡片 ◆ 午餐期間播放的視頻 ◆ 85張海報 ◆ 送給學生的貼紙 ◆ 與學生進行面對面的交流	**學生們：** ◆ 70%簽署承諾預防卡 ◆ 65%回報知道更多 ◆ 72%表示能干預霸凌感覺更心安
資金： 現金300美元的文宣印製 捐贈1,000美元價值的實物	**教師們：** ◆ 透過學校管理部門發送給老師的電子郵件 ◆ 員工會議 ◆ 課程計畫 ◆ Facebook和Twitter	**教師們：** ◆ 75%簽署承諾預防卡
	家長們： ◆ 寄給家長的三封信 ◆ 兩個家長和社區的活動 ◆ Facebook和Twitter頁面	**家長們：** ◆ 84名家長和社區成員簽署了承諾預防卡與他們的孩子討論霸凌行為 ◆ Facebook上有16人按讚 ◆ Twitter上有13位追隨者

團隊的記事本

團隊成員承認，該計畫不是沒有挑戰，他們面對的挑戰包括：能接觸學生的時間很短暫（例如：只有30分鐘的午餐時間）；無法使用社群媒體平臺，因爲大多數中學生不到13歲；他們發現，三個不同年級的學生應該有不同的面對面交流策略。

一位學生評論他們贏得第二名獎項時，認爲「他們對目睹者角色的關注，可能是使他們與其他團體與衆不同的原因。」[25]爲幫助確保可持續性，計畫負責人可留下海報、課程計畫等相關活動資訊給中學的行政人員，以供他們將來實施反霸凌活動參考，並提供他們實施基準和計畫後調查研究結果的副本。然後，他們向管理員建議，根據中學活動的成功經驗，他們應該考慮對位於同學區內的高中和小學，實施修改後的「承諾預防」活動。

作者備註

在閱讀本案後很多人可能會自然而然地提出這樣的問題：「當目睹霸凌行爲時，這些旁觀者是否採取了行動？」這一指標當然是一個關鍵的結果指標，然而，這個團隊的工作時間很短，所以他們選擇了簽署承諾預防卡的行爲，以便他們可以在28天的承諾期內進行衡量和報告。長期的計畫當然應該包括這種行爲以作爲結果衡量的標準，此外也可以考慮霸凌實際減少的影響測量。同樣可以思考一下他們的投資報酬率可能會是什麼樣子？或許也可考慮選擇透過計算減少霸凌事件所需的學生和老師時間，來算出投資報酬率。

問題討論與練習

1. 在課程開頭的行銷焦點，有關ParticipACTION致力改善兒童體能的活動案例，你認爲ParticipACTION活動的第一個重點是解決問題，然後「糾正」受眾的信念，這種主張是否有任何優勢或理論論證？這是否是邁向活動成功的第一步？還是其實可以省略此一步驟？
2. 爲什麼制定評估計畫時，首先要先釐清你的評估目的？
3. 請說明產出（output）和成果（outcome）測量之間的差異。
4. 使用本章提供的示意圖，舉一個實際或假設的隨機對照試驗的例子。
5. 在研究焦點最後，作者對這個活動有簡短的備註說明，請說明你對這個作者備註的看法，包括他所提到另一個可能的投資報酬率測量。

注釋

1. P. Kotler, *Kotler on Marketing: How to Create, Win and Dominate Markets* (New York: Free Press, 1999), 185.
2. ParticipACTION, *2013 Annual Report* (n.d.), accessed May 15, 2014, http://www.partici paction.com/AnnualReport2013-en/index.html.
3. Angus Reid Campaign Assessment Study, Spring 2010.
4. 2013 Cassies Awards submission for ParticipACTION's Bring Back Play Campaign. Submitted by J. Walter Thompson, Canada.
5. P. Kotler and N. Lee, *Marketing in the Public Sector: A Roadmap for Improved Performance* (Upper Saddle River, NJ: Wharton School, 2006), 266.
6. Ibid., 268–269.
7. Ohio State University, "National Anti-drug Campaign Succeeds in Lowering Marijuana Use, Study Suggests," *Research News* (n.d.), accessed March 14, 2011, http://research news.osu.edu/archive/aboveinfluence.htm.
8. Ibid.
9. Adapted from an article that first appeared in the *Journal of Social Marketing*, Volume 1, Issue 1, Emerald Group Publishing Limited, February 2011: N. R. Lee, "Where's the Beef? Social Marketing in Tough Times," 73–75.
10. C. Tucker, "National Public Health Week Highlights Return on Investment," *Nation's Health*, accessed May 5, 2014, http://thenationshealth.aphapublications.org/content/43/5/1.3.full.
11. Ibid.
12. J. French, R. Merritt, and L. Reynolds, *Social Marketing Casebook* (Thousand Oaks, CA: SAGE, 2011), 129–

139.

13. Ibid., 138.

14. GOV.UK, Cabinet Office "Behavioural Insights Team," accessed May 8, 2014, https://www.gov.uk/government/organisations/behavioural-insights-team.

15. L. Haynes, O. Service, B. Goldacre, and D. Torgerson, "Test, Learn, Adapt: Developing Public Policy With Randomised Controlled Trials" (Cabinet Office Behavioural Insights Team, June 2012).

16. E. Jaffe, "Watch 'Real-Time' Transit Planning Help North America's Busiest Bus Line" (March 26, 2014), accessed May 5, 2014, http://www.theatlanticcities.com/commute/2014/03/watch-real-time-transit-planning-helps-north-americas-busiest-bus-line/8725/.

17. Kotler and Lee, *Marketing in the Public Sector*, 266.

18. U.S. Department of Health and Human Services. (n.d.). *What is comparative effectiveness research.* Retrieved March 15, 2011, from http://www.effectivehealthcare.ahrq.gov/index.cfm/what-is-comparative-effectiveness-research1/

19. D. McKenzie-Mohr, *Fostering Sustainable Behavior: An Introduction to Community-Based Social Marketing*, 3rd ed. (Gabriola Island, BC, Canada: New Society Publishers, 2011), 137.

20. McKenzie-Mohr, *Fostering Sustainable Behavior*, 140–142.

21. F. Lagarde, J. Kassirer, and L. Lotenberg, "Budgeting for Evaluation: Beyond the 10% Rule of Thumb," *Social Marketing Quarterly* 18, no. 3 (2012): 247.

22. Ibid., 247–251.

23. Public Relations Student Society of America, "Kent State PR Students Named National Finalists in PRSSA Bateman Competition" (May 6, 2013), accessed May 5, 2014, http://www.prssa.org/scholarships_competitions/bateman/2013/index.html.

24. Ibid.

25. Kent State University, "Kent State PR Students Named National Finalists in PRSSA Bateman Competition" (May 6, 2013), accessed May 2, 2014, https://www.kent.edu/einside/articledisplay.cfm?newsitem=667DBA6C-AC25-DA80-1D9C80B2007C9C2E.

第十六章
建立預算和尋找資金

如果你的計畫需要長時間籌集和保持大量財務資源維持運作，這時候你需要有支持你的合作夥伴，尤其是必須得到大型企業合作夥伴給予的支持。

——Bill Shore[1]

Founder and CEO of Share Our Strength

在本章中，你不僅會閱讀如何決定和修正你所提出來的計畫預算，還會探索募集額外資金的方法。你也會讀到我們鼓勵你認眞考慮尋求企業支持的機會，並在課程開始的行銷焦點中說明募集資金的機會。在本章的倫理思考部分，我們會要求你回想一下企業所倡導減少兒童肥胖的案例：

芝麻街。兒童電視節目芝麻街的工作坊會議在2005年9月發布一篇新聞稿，名爲「卡通節目的角色對兒童食物選擇的影響效果」（「Elmo與綠花椰菜的研究」）。新聞稿指出，

> 如果食物帶有芝麻街的標籤，則兒童對該食物的攝取量會增加。例如：在對照組（沒有任何食物標籤）中，78%的參與研究兒童選擇了巧克力棒，只有22%選擇了綠花椰菜。然而，當Elmo的貼紙貼在綠花椰菜上，和一個不知名的卡通人物貼紙貼在巧克力棒上時，50%選擇了巧克力棒，50%選擇了綠花椰菜，這實驗結果顯示，芝麻街的卡通人物可以增加兒童選擇健康食品的吸引力。[2]

尼可國際兒童頻道（Nickelodeon）在2005年10月舉辦了第二屆年度世界遊戲日，這是其較大規模的Let's Just Play計畫的一部分。他們的網站在那個週末經歷了二十五年來的第一次黑暗時期，當天從中午12點開始到下午3點，Nickelodeon在遊戲平臺上有別於其平時推出的節目，他們竟然鼓勵小朋友們走出去戶外去玩耍。當天在網路上有超過60,000名孩子註冊參加這個「遊戲日」（Day of Play）的特別活動，其中有40,000名孩子參加了Nickelodeon在美國指定城市和海外舉辦的活動。[3]年度運動持續五年之後，2010年9月25日星期六，Nick頻道螢幕上出現一條特別消息：「今天是Nickelodeon的全球遊戲日！我們在外面玩，你也應該是！所以，現在關掉你的電視，關閉你的電腦，放下手機，然後全面出動去玩！我們會在3點回來！」[4]Nickelodeon的年度活動於2014年9月20日慶祝其第十一個賽季。

行銷焦點　透過企業社會行銷增加資金（2012）

在Kotler、Hessekiel和Lee於2012年的著作*GOOD WORKS*！中，確定大多數與企業社會責任有關的活動會落實在六項主要的舉措，其中三項爲公司的行銷職能開發與管理：理念行銷（cause promotion）、公益行銷（cause-related marketing）及企業社會行銷（corporate social marketing）；另外三項則爲企業其他職能開發和

管理，包括：社區關係、人力資源、基金會，以及運營：企業慈善事業、員工志願服務（workforce volunteering）和對企業社會責任（socially responsible business practices）。[5]本研究的重點在於描述企業的社會行銷，並說明企業在支持社會事業的同時也能獲得市場的優勢，所以企業推動社會行銷的努力可以說是「最佳員工」（Best of Breed）。」[6]

企業社會行銷（corporate social marketing）利用商業資源開發和／或實施，旨在改善公共健康、安全、環境或社區福祉的行爲改變活動。[7]這種以行爲轉變爲焦點的社會行銷活動，明顯與其他企業社會行動有所不同。而且，如以下六個例子所示，公司的許多潛在利益甚至與行銷的目的及目標息息相關。

1. 支持品牌定位：SUBWAY餐廳

如果你是SUBWAY的行銷總監，負責確保品牌定位爲健康的快餐選擇，你將會非常感激公司與美國心臟協會建立的長期合作夥伴關係，贊助許多活動，包括「開始！在工作中行走、爲心臟跳繩」。你也會對聽到這個消息感到高興，2014年1月美國第一夫人蜜雪兒·歐巴馬宣布SUBWAY承諾透過新的行銷活動，爲孩子們提供更健康的選擇。除了掌聲之外，美國心臟協會的一份後續新聞稿也稱讚了這一努力：

> 近15年來，我們與SUBWAY合作開發並爲成人和兒童提供更健康的膳食，今天是SUBWAY高層展現領導力和對孩子健康承諾的又一例證。這象徵企業致力向兒童行銷健康富含蔬果的飲食，是行銷界的重要一步。[8]

2. 創造品牌偏好：Levi's®愛護星球的標籤

2010年，Levi's發起了一項倡議，他們與消費者展開長期對話，了解他們可以做些什麼來鼓勵人們節約用水和能源，並爲社區做出貢獻。最後Levi's®Jeans和Dockers®khakis透過標籤上給消費者的訊息，來鼓勵人們透過減少洗滌、冷水洗滌、戶外晾乾以及（最終）在不需要物品時捐贈給慈善機構來幫助地球。許多社群媒體管道也支持這一努力。例如：2011年秋季，該公司發起了一項新的消費者活動：「髒就是新的乾淨」（Dirty Is the New Clean），要求消費者重新考慮他們的洗滌習慣，希望他們能夠減少洗滌牛仔褲，應該穿過多次褲子才去洗滌（#Care+OurPlanet）。[9]

3. 搭起買賣的橋梁：Lowe's

1999年，「明智使用它」（Use it Wisely）的活動啓動，以回應亞利桑那州居民的情緒——「不要告訴我們要節約用水，請告訴我們如何做到？」合作夥伴包括當地的市政府、私營和公共事業公司、亞利桑那州水資源部和亞利桑那州水用戶協會，2005年商業部部門合作夥伴Lowe's加入。[10]作爲廣播活動的一部分，合作夥伴固定每週六在Lowe's的地點安排無線電廣播節目，宣導民眾購買節水設備。Lowe's的員工也在活動期間的星期六舉辦數場水資源保育工作坊，講習內容來自水利保護專家所開發的課程；活動的成果讓Lowe's印象深刻，Lowe's指出與之前類似的工作坊相比，與會人數增加了50%，節水商品的銷售額增加30%。[11]

4. 增加銷售額：Energizer和「調整時鐘時，別忘記順便更換電池！」

根據美國消防管理局的資料，每年有超過3,400名美國人死於火災，大約有17,500人受傷，其中大部分火災發生在家中，但若家中有裝設煙霧報警器可以使生存的機會增加一倍。[12]影響屋主能夠確實檢查家中煙霧警報器的電池功能正常，然後進行更換新電池，這是Energizer等電池品牌所支持的社會行銷活動。社會行銷的另一個技巧，是將這一行爲連結另一種常規行爲。由於美國實施夏令節約時光，每年民眾需要在春季和秋季調整時鐘，這是一個聰明的念頭，可以應用這個常規行爲作爲永續行爲的提示。26年來（截至2014年）Energizer公司、國際消防隊長協會和6,400多名消防部門合作，提醒人們維持這種簡單的救命習慣。[13]

5. 提高獲利能力：Allstate和青少年駕駛的安全承諾

根據疾病控制和預防中心（CDC）所提出的統計數字顯示，汽車碰撞事故是美國青少年死亡的主要原因。Allstate保險公司對這個結果並不感到意外，但他們卻更渴望能夠推動促進更安全的青少年駕車行爲。[14]有鑑於青少年在致命事故中所占的最高比例，減少青少年駕車時使用手機發簡訊的安全行爲，成爲Allstate企業致力經營的社會行銷活動就不足爲奇了。他們的策略重點是鼓勵青少年承諾開車時不發簡訊，這場活動始於2009年直到2011年，他們已經收到了超過250,000次的承諾書；他們透過社群媒體蒐集青少年們的承諾，在Facebook上鼓勵青少年將他們的指紋添加到超大的橫幅上面。

6. 吸引可信賴的合作夥伴：Clorox與疾病控制和預防中心的「對流感的噓聲」

由於他們對行爲轉變的潛力，企業社會行銷的活動可能比其他五項舉措，更有可能受到公共部門的歡迎和支持。Clorox和CDC之間的合作夥伴關係就是一個很好的例子，流感節目Say Boo成立於2004年，旨在增加接種流感疫苗的家庭數量，並推廣其他簡單的預防行爲，例如：在該活動的網站上，有個主題關於「流感病毒通常隱藏在家中何處？」指出了五個細菌「熱點」，並建議使用消毒清潔產品（如Clorox）的噴霧劑和抹布擦拭。在2013年秋季Clorox贊助「Say Boo！」到全國各地宣導流感疫苗接種的活動，爲家長提供機會帶他們的家人接種流感疫苗，並結合有趣的萬聖節主題和一個縱橫全國的「Boo-mobile」。[15]

7. 對社會變革產生真正的影響：幫寶適的「讓寶寶仰睡」（Back to Sleep）活動

SIDS是一個術語，用於描述1歲以下嬰兒突然因爲不明原因死亡，在美國它是1個月新生兒到1歲嬰兒的主要死因。[16]一種有助於減少SIDS的方式是讓嬰兒仰睡。1994年由國家兒童健康與人類發展研究所發起的「Back to Sleep」活動，包括一個早期合作的夥伴幫寶適（Pampers），該活動透過在尿布的綁帶上印上「Back to Sleep」的標誌，來幫助活動擴大訊息的傳遞範圍（見圖16.1）。這種提示有助於確保看護者每次更換嬰兒尿布時，都會提醒他們，讓嬰兒仰睡是最能夠降低其死於SIDS的風險。2006年國家兒童健康與人類發展研究所宣布，自活動開始以來，採用仰睡睡姿的嬰兒比例急劇增加，SIDS的比例下降了50%以上。[17]

圖16.1 幫寶適新生兒尿布的即時提醒

資料來源：National Institutes of Child Health and Human Development, Back to Sleep Campaign, "Safe Sleep for Your Baby: Ten Ways to Reduce the Risk of Sudden Infant Death Syndrome" (n.d.), accessed October 31, 2006, http://www.nichd.nih.gov/publications/pubs/safe_sleep_gen.cfm#backs.

步驟九：建立預算和資金募集來源

步驟九，預算過程好像是「橡膠遇上道路」（where the rubber hits the road），活動就要緊鑼密鼓上路了。你現在已經準備好爲計畫決定價格，你將透過評估潛在成本，並將其與當前的資金水平進行比較，來確定是否需要募集額外的資源，本章節將帶你了解每個預算階段。

決定預算

不論在商業部門或是非營利事業機構、政府機關，都有幾個用來建立行銷預算的方法。[18]以下四個方法與社會行銷的關係最爲密切：

可負擔法（The affordable method）：預算係根據組織年度可使用的經費或之前的年度費用進行預算編列。例如：縣衛生部門預防青少年懷孕的預算，可能由每兩年分配一次的國家資金來決定；地方捐血站則可能將每年編列的年度預算，作爲組織預算過程的一部分。

競爭對抗法（The competitive-parity method）：在商業部門中主要是指按照競爭對手的經費預算，作爲預算編列的基礎。在社會行銷的情境，則是指衡量以往類似計畫的經費預算加以編列預算。例如：預防高速公路亂丟垃圾的計畫，可能衡量在其他州曾經成功執行此活動的媒體預算，進行預算編列。

目標和任務法（The objective-and-task method）：預算的建立係透過：(a) 檢視具體目標和可量化目標；(b) 確定爲實現這些目標而必須執行的任務；以及 (c) 評估完成這些任務所需的成本，計算出來的總數是初步預算。[19]例如：公用事業公司推廣資源回收計畫可能需要完成的任務成本，包括：設立一個電話服務專線的費用、能識別回收標誌的資源回收桶、公告書、執行推廣策略所需的費用（廣告、廣播、傳單），這些總成本隨後會進行增加收入或降低公用事業成本的預測。

每單位銷售成本（Cost per sale）：商業行銷人員通常會根據銷售目標設定預算，透過知道過去成本的線索，然後轉化爲銷售的成本，在這種情況下，成本通常是與推廣活動的成本相關。一家想要銷售5,000個自家產品的公司可能會有歷史數據顯示，它需要花費10美元的廣告才能達成一次銷售，這一比率符合目標利潤率（targeted profit margins），該數據將用於建立活動的廣告預算（例如：50,000美元）。對於社會行銷人員來說，數學計算過程是相同的，你只需要使用「每單位行爲成本」（cost per behavior）代替「每單位銷售成本」（cost per sale）即可。例如：一項推廣魚類和野生動物保育活動，想推廣人們使用蟹尺（crab gauges）來決定是否應該將捕獲的螃蟹保留，計畫管理人員可以透過試點研究，將用於試點研究的推廣費用總額除以他們在研究中測量到的標的行爲數量，例如：可能是放生的螃蟹數量或是使用蟹尺的人數，來產生「每單位行爲成本」的估算數據，未來的活動就可以使用這個數據來估計預期行爲改變的預算。

這些方法中最合乎邏輯的方法是適合我們規劃過程的方法：目標和任務法。在這種情況下，你將識別與行銷組合策略（產品、價格、通路和推廣）以及評估和監測工作相關的成本，這將成爲初步的預算。（在本章後面的章節中，我們將討論當初步預算超出當前可用資金時的備選方案，包括：探索額外資金的來源或修改策略和／或減少行爲改變目標的可能性。）

執行行銷計畫的典型成本將詳細說明如下，我們會舉一個簡單的例子，以進一步說明確定具有預算影響的策略。在這個例子中，假設一家醫院制定了一份行銷計畫草案，打算推廣減少單人乘坐車輛（single occupant vehicles, SOV）上下班的員工人數，該活動的目標是影響員工使用公共交通、汽車共乘、休旅車共乘或步行、騎自行車上班，目標是在12個月內將校園中的SOVs數量減少10%（100輛）。醫院的動機是希望建立一個新的側樓，然而這需要獲得土地使用許可，是否會對周圍社區交通造成堵塞影響就成爲考量的因素。

與產品相關的成本（Product-related costs）：與產品相關的成本通常與購買支持行爲改變有關的實體商品及相關服務有關；成本包括提供這些商品和服務的直接成本，也包括間接成本，例如：員工時間。對醫院來說，他們會考慮的成本因素包括：需要另外租賃休旅車、安裝新的自行車提放架，並爲實現活動目標，而建造幾個淋浴室供員工使用；服務的增量成本則包括：提供臨時服務人員協助車輛共乘的配對或建立，並維護線上配對的機制提供員工使用。

與價格相關的成本（Price-related costs）：與價格相關的成本包括：爲與激勵、認同計畫和獎勵有關的成本；在某些情況下，它們還包括在銷售和服務過程的虧損。在醫院這個案例的價格相關成本，包括：獎勵措施，例如：對於搭乘汽車共乘的員工給予現金獎勵措施、提供醫院停車場的優惠停車費率、免費巴士乘車證以及加班時可免費搭乘計程車的優惠。該計畫草案還包括提供員工姓名的名牌，這是一項使員工「感覺良好」的策略，並在會議期間、餐廳用餐時，向其他員工傳播有關該計畫的訊息。醫院也可能會決定贈送一個免費的iPod來獎勵能參與交通減量計畫一年的人，以使他們更樂意搭乘公共汽車或共乘休旅車，並鼓勵他們能夠在這個計畫中堅持到底。

與通路相關的成本（Place-related costs）：與通路相關的成本包括提供新的或加強原有的流通管道，例如：電話中心、線上購買、延長工作時間或提供新的購買地點。在計畫流通實體產品時，也可能會產生成本，在我們醫院的例子中，醫院可能需要在靠近醫院正門的地方規劃出額外的停車位，以提供共乘的員工使用；或者在餐廳的走廊設立一個攤位，以說明計畫獎勵並提供員工報名汽車共乘。

與推廣相關的成本（Promotion-related costs）：與推廣相關的成本是指與開發、製作和傳送活動資訊的相關成本。與醫院推廣有關的成本包括：開發和製作關於活動實施方式及福利的海報、手冊、共乘的交通配對說明會。

與評估相關的成本（Evaluation-related costs）：與評估相關的成本，包括對計畫的所有測量和追蹤調查。在醫院案例中，與評估相關的成本包括：展開基線和追蹤調查、測量員工對這些財務激勵和乘車配對計畫的看法，以及使用替代運輸的態度和意圖。

調整預算

首先，我們要考慮商業行銷部門人員如何看待行銷預算，這一切都與投資報酬率有關。我們將從Kotler的行銷故事開始，闡述行銷思維以及潛在的預算分析：

> 這個故事描述了一位香港製鞋商，他想知道在偏遠的南太平洋島上是否存有鞋子可銷售的市場。他派出了一個接單員（order taker）到這個小島，看看未來能不能賣出鞋子，這個接單員經過粗略的地方巡查與了解後，發電報告訴老闆：「這裡的人不穿鞋，所以沒有鞋子市場可言。」這對這個香港製鞋廠的老闆來說，真是匪夷所思，於是他又派遣了一名推銷員前往該小島視察，這位推銷員發電報回來對老闆說：「天啊，這裡的人不穿鞋，這市場太龐大了吧！」
>
> 由於看到太多駭人的無鞋腳，這位推銷員被嚇跑了；香港製造商於是派遣了第三位員工，他是一位專業的行銷人員，當這位市場行銷專業人員拜訪了部落首領和幾位當地人後，他回傳的消息是：「這裡的人不穿鞋，所以他們腳的情況都不太好，我已經向當地的首領展示了如何穿鞋子來幫助他們的民眾的腳不會出問題，他很興奮，他估計島上的70%的人會以10美元一雙的價格買下鞋子，所以，第一年我們可能會賣出5,000雙鞋，我們把鞋子運到小島上並建立物流配銷成本每雙約6美元，但第一年我們將會回收2萬美元，這也就是說，我們的投資報酬率（ROI）爲20%，超過了正常投資報酬率15%，這就不用說未來進入這個市場，我們可以收穫的高收益了，我建議我們應該要把握這個市場。」[20]

正如第15章關於投資報酬率部分的說明，將行銷預算視爲投資，投資報酬率將根據財務投入與成果（行爲變化的水平）來進行判斷。從理論上來說，你要計算標的行爲變化的成本，然後將它們與行爲的潛在經濟價值進行比較。下面的例子是簡單，但卻不一定容易爲你自己或別人回答的問題：

- 在醫療和其他社會成本方面，衛生部門透過對同性戀浴場進行愛滋病毒的檢測，結果在一個城市檢測出50名愛滋病毒呈陽性的男性，請問這有何價值？如果這場檢測活動，花費人民納稅的15萬美元公帑的行銷預算，你覺得如何？你對每個「發現」，價值至少3,000美元（150,000美元÷50），又有何看法？

- 你覺得一個州的乘客安全帶使用量增加2%的經濟價值是多少？這能避免多少乘客傷亡？如果我們節省緊急公共和醫療保健的預算25萬美元，來推動並獲得這個乘客安全帶使用量增加2%的活動，你覺得如何？
- 一個州生態部門的10萬美元預算，來影響和支持小型承包商在網站上發布他們的材料，以創造一年節省500噸建築垃圾的價值，你覺得如何？
- 如果一個地方政府以50,000美元預算發動寵物結紮的活動，預計今年可說服更多500位寵物主人為他們的寵物實施結紮手術，你覺得如何？每個「被避免掉的垃圾」是否價值100美元？

當你提供這些投資報酬率的估計值時，你可能會感到驚訝，你的同事、資助者和管理層有多感激（甚至是高興）你的付出。只有當你已經為行為變化建立了具體的、可測量的、可實現的、相關的和時間敏感的（S.M.A.R.T.）行為目的時，你才有可能發展他們的測量計算策略來支持行為發展的級別，然後加總所有與行銷相關的費用來確定預算。

募集額外資金的來源

如果你提出的行銷活動成本——你認為目的已經達成共識的成本——已經超過目前貴機構的預算時，你該怎麼處理？在減少活動目的之前，你可以選擇透過幾個募集資金的管道，來解決你的問題。這裡提供幾個選項讓你參考，每個選項都會以一個例子來說明。

政府補助和撥款

聯邦、州和地方政府機構是社會行銷工作中最常見的資金和贈款來源，特別是非營利組織獲得資金的方式，他們可以提案募集資金的政府機構，包括：國家、州和地方衛生部門、人類服務部門、運輸部、生態部、交通安全部、自然資源部、魚類和野生動物部、公園和娛樂以及公用事業處。

範例：普吉特海灣合作組織

位於華盛頓州的普吉特海灣（The Puget Sound）是美國第二大河口。普吉特海灣合作組織（The Puget Sound Partnership）是華盛頓州的一個機構，作爲恢復普吉特海灣計畫的核心組織，負責協調民衆、政府、部落、科學家、企業和非營利組織的工作，來決定復育海灣工作的優先順序、執行區域復育計畫，並確保復育成果。[21]該機構目前（2014）協調了6.5億多美元，用於資助800多個計畫項目，以改善普吉特海灣周圍的自然資源，贊助的組織多爲非營利組織、地方政府和部落。[22]目前約有1,100萬美元用於開發和執行社會行銷計畫，以保護水質、魚類和野生動物棲息地，並充實地方實力，例如：培訓、技術援助和建立從業人員的網絡，來執行和評估這些計畫。[23]推動的計畫包括：在海岸線上種本土植物、妥善處理農場動物廢棄物、推動商用洗車、避免私人車道上洗車廢水流入河川、在河流清除入侵植物、適當維護化糞池系統、購買更安全的農藥、協助回收廢棄船舶、檢測和修理車輛漏油（見圖16.2）。

圖16.2　「不要讓你的車子滴滴答答」的活動資訊卡，2014年獲得美國公共關係協會頒發的銀牌獎。

資料來源：Washington State Department of Ecology.

非營利組織／基金會

在美國有超過88,000個活躍的獨立企業、社區和基金會（2010），他們的任務和社會行銷的努力方向一致，都是要努力解決現存的社會課題。[24]Kotler和Andreasen界定基金會共有四種主要的型態：家庭型基金會（family foundations），其創辦基金主要來自某個特定家族的贊助（例如：Bill and Melinda Gates Foundation）；一般型基金會（general foundations），通常由某專業人士贊助基金，支援各領域的發展（例如：福特基金會）；企業型基金會（corporate foundations），其資產主要來自企業營利業務的捐贈（例如：美國銀行基金會）；社區型基金會（community foundations），其成立目的主要是接收和管理當地社區各種來源的捐款，並爲特定社區或地區的慈善目的提供捐贈。[25]

範例：世界自行車救援

對非營利組織世界自行車救援（World Bicycle Relief）來說，一輛自行車並不只是一輛自行車，它是通往經濟和文化世界的工具。[26]該組織認爲在同一個世界內，距離不應該是人們獲得教育、醫療和經濟機會的障礙，截至2014年，該組織已經培訓了900多名現場技工，並爲災難倖存者、醫護人員、學生和企業家提供了超過180,000輛特別設計的本地組裝自行車（見圖16.3）[27]他們設計的自行車強調高承載能力，並能克服崎嶇地形。例如：在非洲Zambia的鄉村，兒童面臨極度貧困和愛滋病毒感染的高風險，只有60%的兒童得以進入高中就讀畢業。[28]學生們從小學開始，往往都需要花2-3個小時的路程才能抵達學校，他們同時還暴露於騷擾、性虐待、營養不良以及無法獲得家庭重要支持的困境。高中生則必須走更遠的路，才能到達學校，最後不得不在附近租房，這使得他們面臨性交易行爲和其他遠離父母監督的風險。Zambian教育部將安全可靠的交通工具作爲增加入學率的一種方式，並與當地社區和救濟組織合作，實施了世界自行車救援的「自行車賦能教育計畫」（Bicycles for Educational Empowerment Program），爲兒童、教師和社區支持者提供約5萬輛專門適應本地路況的組裝自行車。[29]

圖16.3　專為非洲鄉村地區設計的堅固自行車

資料來源：World Bicycle Relief. Worldbicyclerelief.org

廣告和媒體合作夥伴

廣告和媒體合作夥伴通常會提供無償服務來支持社會事業，從媒體購買和創意策略的諮詢，到實際開發和製作廣告活動等方面，廣告媒體合作夥伴能爲社會行銷事業提供諸多貢獻。他們願意提供無償服務，有幾個主要因素，包括：爲社區問題做出貢獻的機會、爲他們的資淺員工提供更多的磨練經驗、在制定創意策略時能夠擁有更多自由發揮的空間，或建立新的重要業務連繫。[30]

美國廣告委員會（The Ad Council）其前身是1942年成立的美國戰時廣告委員會（the War Ad Council），負責動員廣告業務支持二次世界大戰有關的工作，在製作、發行、推廣和評估公共服務交流計畫方面發揮了重要作用。知名的活動包括護林熊（Smokey Bear）的「只有你可以防止森林火災」（Only You Can Prevent Forest Fires）、「眞朋友不會讓你酒駕」（Friends Don't Let Friends Drive Drunk）、犯罪狗McGruff的口頭禪「咬罪犯一口」（Take a Bite Out of Crime）。該委員會每年從非營利組織和公共部門機構的數百個計畫中，選擇大約40個活動，以加強健康、安全、社區參與及環境保護。評選的考量因素包括：送審的活動必須是符合非商業性、非教派性和非政治性要求，並且需要具有目標性，至少能解決一個國家範圍內的重要問題。當提案被選中時，委員會會組織數百名來自尖端廣告公司、企業和媒體的專業志願者，爲該活動做出貢獻。[31]電視臺和廣播電臺經常爲有充分理由的社會公益活動，提供免費或買一送一的媒體服務，更有價値的是，他們甚至會出動銷售團隊爲社會行銷活動找到企業贊助商，然後爲媒體安排付費（例如：推廣騎自行車的活動、戶外設備零售商、醫療保健組織和當地電視臺的媒體合作）。在這種多贏局面下，社會行銷活動能夠提高能見度，並保證將廣告置入在吸引標的受衆的情節上；而當地企業也可以在社區中獲得「幹得好！」的公益形象，電視臺或廣播等媒體則能得到媒體服務的報酬，這種多贏的事情就無法發生在公共服務廣告上。

聯盟和其他夥伴關係

許多社會行銷活動能夠成功，至少部分原因可能是參與聯盟和其他類似夥伴關係所獲得的資源和援助。聯盟成員能夠集中資源來實施更大規模的活動，個人聯盟成員的網絡，則可以爲活動計畫和材料提供寶貴的配送管道（例如：地方的監理所常常有大量的民衆在等候叫號，負責推廣交通安全活動的計畫就可以利用聯盟關係，在候客室播放交通安全視頻）。

正如本書行銷及研究焦點所強調的案例，聯盟和公共／私營／非營利夥伴關係的支持似乎已經是常態，下面的例子將說明了這一點，僅舉幾例：

- 第1章：終結小兒麻痺症的資金投入，如印度強調的那樣，包括一個組織網絡：國際扶輪社和聯合國兒童基金會等非政府組織、世界衛生組織等國際機構、疾病控制和預防中心等政府組織與梅林達和蓋茲基金會（Bill and Melinda Gates Foundation）等私人非營利組織。

- 第4章：研究是剛果民主共和國養豬改善民衆經濟的提案能夠取得成功的關鍵，而此一大範圍研究的成功關鍵，在於當地社區領導人與學術組織之間的夥伴關係。
- 第10章：我們懷疑由斯里蘭卡糖尿病協會開發的湯叉（F'Poon），若沒有茶館和主要餐館的夥伴關係協助傳播和推動，活動能夠如此成功嗎？茶館和主要餐館使民衆輕易接觸湯叉，並讓他們認為使用湯叉是規範。
- 第13章：蒙特利灣水族館海鮮觀察計畫協調漁業改變海鮮供應，並影響消費者、非營利組織、餐館、食品供應商和零售商店，以實際行動支持漁業的永續經營。
- 第13章：說服舊金山的50,000個無銀行帳戶家庭中的3萬個開立銀行帳戶，並向這些無帳戶家庭提供該市75%的知名銀行和信用聯盟協助開戶作業。
- 第14章：毫無疑問，購買全脂牛奶的民衆減少（奧克拉荷馬大學健康科學中心公共衛生學院的一個項目），和購買1%低脂牛奶民衆的增加，完全依賴於多個合作夥伴的貢獻，包括：廣受歡迎的NBA明星代言人的參與以及零售商店的標誌和銷售數據合作。

企業

在本章的開場白中，Bill Shore強調了獲得支持性合作夥伴（如公司合作夥伴）的合作和給予的重要性。他接著說道：「為了找到符合彼此公共和私人利益交集的合作夥伴，你首先應該先請他們坐下來，了解他們的需求，然後再告訴他們你的需求。」[32]Kotler和Lee在他們的書中是這樣描述企業的社會責任：為你的公司和事業做出最有利的事情，企業捐贈的三個趨勢值得注意，尤其是對於社會行銷人員。首先，好消息是企業的捐贈呈上升趨勢，來自Giving USA的報告顯示，營利性公司的捐贈從1999年的估計值96億美元上升到2012年的189億美元。[33]其次，從義務捐贈轉變為策略性捐贈的數量也在持續增加，企業甚至期待受贈組織能夠「做得好，還要更好」。越來越多的公司正在挑選符合其企業價值觀的幾個重點策略領域，他們選擇能夠支持其公司業務目標的活動，選擇與其核心產品更密切相關的社會問題，以透過更多的關注來實現行銷目標的機會，例如：提高市場占有率、市場滲透率或建立理想的品牌形象。[34]這帶來了第三個相關趨勢。許多企業正在發現（並決定）支持社會行銷活動可能是所有企業有關的社會活動中，最有利的活動方向，特別是支持他們的行銷努力。Kotler和Lee在2004年春季的《斯坦福創新評論》（*Stanford Innovation Review*）中的一篇名為〈最佳員工〉（Best of Breed）的文章中，描述了為什麼企業會覺得這很有吸引力：

- 它可以支持品牌定位（例如：SUBWAY與美國心臟協會合作推廣健康飲食）。
- 它可以創造品牌偏好（例如：幫寶適支持SIDS基金會影響父母和看護者讓嬰兒仰睡）。
- 它可以在商店中增加人潮流量（例如：Best Buy在商店設立的回收箱）。
- 它可以增加銷售額（例如：Mustang Survival幼兒救生衣廠商與西雅圖兒童醫院和地區醫療中心的合作夥伴關係，幫助該公司占領幼兒市場）。
- 它可以對社會變革產生真正的影響，並且幫助消費者建立連繫（例如：7-ELEVEN參與「不要惹惱／弄髒德州的垃圾防治活動」，該活動幫助該州減少了50%以上的垃圾）。[35]

企業通常有多種方法來資助你的活動，將在以下章節說明：現金資助和奉獻、公益行銷活動、實物捐助以及使用其配送管道。

現金資助和奉獻

企業（而不是他們的基金會）提供的現金資助通常是有目的條件的，其中包括：傳播資訊中提及贊助單位、建立零售點或網站的可能性，以及成為主要組成團體提升能見度。

範例：兒童保育資源

兒童保育資源（Child Care Resources）是華盛頓州的一家非營利性組織，為尋求托兒服務的家庭提供資訊、轉介協助，為托兒服務提供者提供培訓、諮詢，並致力倡導高質量的托兒服務。在1990年代中期，位於西雅圖的Safeco保險公司向兒童保育資源提供了一筆慷慨的補助，以加強托兒服務提供者，能在他們的照顧中促進和追蹤兒童免疫接種。針對兒童根據托兒服務者的形成性研究結果，他們開發了疫苗接種工具包，並實施對托兒服務人員的專業培訓，疫苗接種工具包的內容，包括：免疫接種追蹤表格、海報、傳單、貼紙、門鎖掛牌和家長手冊，以及冰箱貼紙和免疫接種手冊等材料（見圖16.4）。在許多地方和國家衛生機構的合作下，兒童保育資源在獲得資助的第一年內，為托兒服務提供者開發並傳播了3,000多套疫苗接種工具包。在對大約300名托兒服務提供者的評估調查顯示，94%的受訪者認為這些材料有助於他們鼓勵父母保持兒童免疫接種的最新狀態；該資助延長了第二年，在華盛頓州兒童保育資源和轉介網絡的指導下，在全州範圍內展開培訓和工具包發放。

圖16.4 掛在幼兒園的門吊牌，提醒家長應準時讓小孩接受疫苗接種。

資料來源：Materials developed by Child Care Resources and Safeco Insurance.

公益行銷

公益行銷（cause-related marketing, CRM）是一種越來越流行的策略，具有三贏的主張。典型常見的型態是企業在銷售商品中，捐贈一定比例的金額給非營利機構。這個策略的使用前提是，消費者重視公民美德及企業的自然本性，當市場供應相似時，消費者會選擇有較佳公民美譽的企業。因此，精心選擇與發展的計畫，將有助於企業達到行銷目標（例如：銷售更多的商品或滲透新市場），展現企業的社會責任，並達到超越理性和情感品牌，轉變爲「精神」品牌的目標。同時，公益行銷爲社會問題或事業籌集資金並增加曝光率，並爲消費者提供提高生活質量的機會。[36]知名合作夥伴包括美國運通的反飢餓計畫、Yoplait優酪乳的乳腺癌防治計畫、Lysol的Keep America Beautiful以及在星巴克銷售的Ethos Water®，以支持水資源維護和衛生教育計畫。全國性的調查研究顯示，當產品表態支持某項社會公益活動時，大多數消費者會受到影響，轉而向其購買，甚至願意支付更多金額以支持這個有公益活動光環的產品，這種情況在當產品功能和質量相當時，尤其明顯。然而，如果這個推廣活動戛然中止，消費者可能會對產品加以嘲諷；如果慈善捐款金額不夠多或推廣時間不夠長，顧客可能會對企業抱持懷疑態度；如果企業選擇客戶不感興趣的公益主題，則對企業的收益影響不大；如果企業選擇了一個公益主題卻惹惱另一個公益主題，則它可能會失敗。

實物捐助

對於一些企業來說，實物捐助比現金捐款更具吸引力。它不僅代表能夠消化多餘庫存產品和充分利用「閒置」設備的機會，而且還提供將消費者與企業產品的關聯機會，讓企業產品與公益主題產生連結的印象。下面的例子，將說明實物捐助創造的各種機會。

範例：Mustang Survival

溺水是美國兒童意外傷害死亡的第二大原因。僅在華盛頓州，從1999年到2003年，就有90名15歲以下的兒童因溺水身亡。令人遺憾的是，如果孩子能夠穿著合適的救生衣，則在很多情況下可以避免溺水死亡的意外。雖然華盛頓州規定12歲及以下的兒童在乘船時，都需穿著合身、經美國海岸警衛隊核准的救生衣，但並非所有兒童都遵守規定穿著救生衣。在1992年，美國專業救生衣製造商Mustang Survival對西雅圖兒童醫院和地區醫療中心等合作夥伴和溺水預防聯盟的其他成員簽訂了為期三年的合約承諾，除了為特殊活動提供免費救生衣外，他們還提供財務支持、優惠券、批量購買計畫和實物印刷（見圖16.5）；財務支持被用於製作家長指南、兒童活動手冊和互動展示，他們對該計畫的支持已經持續20多年。

圖16.5　推廣使用兒童救生衣的優惠券

資料來源：Reprinted with permission of Seattle Children's Hospital and Regional Medical Center.

配送管道的利用

企業可以透過提供他們商店內的空間，為你推廣的活動提供巨大的能見度和支持，像是：提供兒童安全汽車座椅檢查（在汽車經銷處）、施打流感疫苗（超市）、節能活動宣導（五金行）、寵物認養（寵物用品店）。在某些情況下，這可能會產生深遠的影響，請看以下案例說明。

範例：Best Buy

「無論你在哪裡購買它，我們都會回收它」，這是Best Buy美國知名電器連鎖店最常使用的口號。為表彰他們的努力，Best Buy於2013年獲得消費者電子協會頒發的第一個eCycling領導獎，嘉獎他們對電子產品回收的努力，勝過任何政府管理的電子商品企業。[37]截至2014年，Best Buy的門市已經回收了9.66億磅廢棄電子商品，代表著近5萬輛卡車的裝載量。[38]毫無疑問，此一成功的部分原因在於，他們爲消費者在門市提供這種便捷和免費的服務。雖然他們的年度報告不會說明這些帶著廢棄電器產品的客戶流量和所創造的營業額增量情況，但我們可以想像這將會是巨大的，因爲那些將他們使用過而不需要的物品帶入店中的人，可能會尋找替代品。[39]

吸引資助者

我們爲影響目標受衆所論述的原則，同樣也適用於影響潛在的資助者，他們可以被簡單地看作另一種類型的標的受衆，並且需要採取相同的步驟和客戶導向的態度對待：

- 首先確定最有可能爲計畫提供資金的部門（潛在資助人），並確定優先次序。有幾個標準可以指導優先順序：首先關注那些與我們有良好關係的組織、有相同的關注重點領域以及類似的標的受衆、公衆或組織團體。
- 制定明確、具體的請求。
- 花時間加深你對資助者需求、期望和觀點的理解。你的提案可以得到哪些好處？或可能有哪些問題？誰是競爭對手？你有什麼優點和缺點？
- 根據這些訊息，完善並確定你的具體要求。例如：你的初步探訪可能會提出一個大的請求（冒著「被趕出門的風險」），實際上可能使你獲得較少的資金。
- 使用行銷組合的所有要素來制定策略，使提案具有：(a) 對資助者而言，有清楚的價值；對受衆而言，有明顯的利益；(b) 強調關注和障礙；(c) 確保順利和負責任的行政程序；(d) 確保提供可衡量的成果。

請記住，企業在評估是否支持社會行銷工作方案時，可能會考慮以下問題：

- 這個社會課題和企業之間，是否存在著自然關係？
- 這個社會課題和企業的標的受衆，關心的是同一個問題嗎？
- 是否有機會讓員工參與？
- 他們可以擁有或至少具有支配企業合作夥伴的地位嗎？
- 與他們目前的配送管道有協同作用嗎？

- 它是否提供增強媒體曝光的機會？
- 他們能否制定一個最佳的捐贈模式，以銷售紅利進行經濟尚可行的每單位贊助捐款？
- 他們能否制定出一種最佳的捐贈模式，以經濟上可行的單位捐助提供銷售獎勵？
- 他們能夠絕對衡量出其投資報酬率嗎？

此外，爲了強調斯坦福創新評論的〈最佳員工〉文章中所提出的其他要點，這些合作夥伴關係必須「通過氣味相投的測試」。[40]此外，解決社會課題的過程中，避免出現任何不眞實或隱藏的議程也是非常重要的。舉例來說，菸草公司打算推廣父母與青少年之間關於抽菸風險的親子對話活動，這種提案可能被認爲是不切實際的，因爲冷眼旁觀的消費者都知道，菸草企業巴不得這些年輕人趕快加入吸菸族，好成爲他們可持續的客戶群，怎麼會推出活動勸戒他們不要太早抽菸呢？！因此，當活動課題出現利益衝突的現象，公司應該選擇一個不同的課題，而社會行銷人員應該選擇不同的合作夥伴

修改你的計畫

如果資金嚴重不符合計畫規劃的預算，此時應該如何處理？在這熟悉的場景，你有幾個選擇來解決問題：

制定活動的階段。透過在較長的時間內分攤費用，從而有更多時間籌集資金或使用未來的預算分配。分階段選項可以包括第一年僅針對一個或幾個標的受眾，在較小的地域市場上推廣活動，或是僅規劃解決一個或少數幾個目標（例如：第一年目標設定喚醒受眾的意識覺醒），或在第一年僅實施一些策略，隨後幾年再陸續完成活動（例如：等到第二年開始推廣可回收材料來造園）。

策略性降低成本。選項包括刪除較有疑慮的策略、對非關鍵執行策略選擇較便宜的費用支出選項（例如：使用黑白印刷的推廣手冊取代原本規劃爲四色印刷的彩色手冊，或改採較低等級的紙張）；如果可能，將一些任務不委外而由組織自己執行（例如：自己發布新聞稿或辦理記者會、自己籌劃特別活動）。

調整目標。也許最重要的考慮是返回步驟四，調整活動的目的。顯然在你選擇長時間分攤活動費用的情況下，你也必須更改目的以回應新的時間範圍。在其他情況下，若時間框架無法調整，並且已經探索了額外的資金來源，你已經決定必須放棄一個或多個關鍵策略（例如：可能不會選擇電視媒體，雖然它是接觸受眾最有效的媒體），則需要調整目的（例如：達到標的受眾的50%，而不是電視選項的75%）。在此刻我們鼓勵你回到你的經理、同事和團隊成員當中，坦誠討論調整初步目標的必要性，以便你的「承諾」能夠實現。

募集資金時的道德考量

你可能對有關預算和資金的道德考量很熟悉，包括：負責任的財務管理、報告和募集資金等問題。但是，請考量一下社會行銷人員可能面臨的下列難題：如果一家大型香菸公司想爲預防青少年抽菸活動提供電視節目資金，並且不需要將該公司的名字放入廣告中，你能接受嗎？如果木材和紙張製造商想要爲推廣可回收材料的活動提供資金，並希望活動能列出該公司的名稱，你覺得這樣可行嗎？會有任何後顧之憂嗎？如果一家快餐連鎖店希望被列爲金字塔雜誌的食品指南廣告贊助商，你覺得如何？你可以接受推廣反酒駕的活動中，有酒廠的企業加入贊助商的行列嗎？在本章一開始的行銷焦點，你讀到兩個有助於減少兒童肥胖的企業計畫（芝麻街和Nickelodeon計畫），你有什麼看法呢？你是否認爲活動的目的很明確，推動這樣的計畫，的確是公司的明智之舉？或者你並不以爲然？

章節摘要

初步預算最好透過使用目標—任務方法來確定，其中預算可以透過以下步驟建立：(a)檢視具體目標；(b)界定爲實現這些目標而必須執行的任務，以及(c)估算執行這些任務的相關成本。這些成本將包括開發和執行行銷組合要素的相關成本，以及支持評估和監控計畫所需的資金。爲了證明它們的價值，我們鼓勵你量化並測量活動的產出結果，理想情況下是計算出投資報酬率。

當初步預算超過現有資金時，額外資金的幾個主要來源包括：政府贈款和撥款、非營利組織和基金會、廣告和媒體合作夥伴、聯盟和其他合作夥伴以及企業。我們也鼓勵你考慮，不僅募集現金資助和企業捐款，還有與事業相關的行銷措施、實物捐助以及使用其配送管道也是極好的機會。

如果提案的預算甚至在探索額外資源之後仍然超過資金來源，你可以考慮透過延長活動的階段，策略性地降低成本和／或調整你在步驟四中所建立的活動目的。

研究焦點 增加雇主實施職場健康計畫——A RAND®健康研究（2013）

對參加職場健康計畫有興趣的雇主，他們面臨的困難包括應該關注員工哪些方面的行為？以及用什麼策略來促進策變行為？職場中可以提供哪些支持服務？這些都會對預算產生影響。正如社會行銷規劃模型的步驟二所述（執行情境分析），回顧類似此活動的計畫，了解其可行性、收益和成本，可以幫助分配資金、資源，並設定參與程度的期望值。

2012年，RAND®公司是美國一家非營利性機構，擅長透過研究和分析為政策和決策提供參考資訊。他們進行了一項研究，旨在為職場實施健康計畫時提供規劃計畫過程時的參考資訊，這項工作是由RAND®公司的RAND Health部門執行，並由美國勞工部、美國衛生和人類服務部贊助資金。下面的研究焦點，是他們的研究報告「工作場所中的健康福祉研究」（Workplace Wellness Programs Study）的簡要總結。[41]

資訊目標

本研究旨在回答與職場健康計畫有關的四個主要問題：

- 職場健康計畫的普及度如何？計畫的特點是什麼？
- 有什麼證據可以證明計畫的影響？
- 職場健康計畫的獎勵措施為何？他們使用什麼類型的激勵措施？以及誰來管理它們？
- 計畫的關鍵成功因素是什麼？

方法學

該計畫採用四種數據蒐集方法：(1)對科學和商業文獻進行回顧；(2)對公共和私營部門（包括聯邦和州政府機構）至少有50名員工的企業，進行全國性雇主調查；(3)針對來自大型企業雇主的便利樣本，進行醫療索賠和健康計畫數據的統計分析；(4)分析五個來自不同雇主及福利計畫的案例，提供深入的雇主、員工的經驗及見解。

結果

計畫的普及性和特徵

針對雇主的調查結果顯示，約有一半的美國雇主為員工提供職場健康計畫。主要計畫內容包括：健康篩檢活動及降低風險、促進健康行為的干預措施；數據顯示絕大多數（80%）雇主都有為員工提供健康篩檢的職場健康福利計畫。[42]預防干預措施則包括加強一級疾病的預防，針對具有慢性病危險因素的員工以及那些被認為是二級預防的員工改善疾病情況。除了篩檢和預防措施之外，86%的雇主還提供健康促進活動，例如：現場接種疫苗和提供健康食品選擇。[43]超過一半（61%）提供額外的健康相關福利，例如：員工援助計畫和工作現場診所。[44]實施工作場所健康計畫，對於雇主和供應商都可以獲得好處；案例研究的其他結果顯示，一些雇主應用員工健康篩檢結果進行職場健康促進計畫的規劃和評估，並指導員工進行預防性干預。

計畫影響的證據

研究中總結了三項計畫的影響指標：

1. 計畫吸取（Program uptake）：針對雇主的調查結果顯示，在接受健康篩檢的員工中，近一半的員工（46%）接受臨床檢查完成健康風險評估，以界定符合干預條件的員工名單。[45]平均而言，符合干預條件的員工有21%參加健身項目、16%參加疾病管理項目、10%參加體重／肥胖項目、7%參加戒菸項目。[46]

2. 計畫對健康相關行為和健康狀況的影響：根據醫療索賠和健康計畫的統計數據顯示，健康計畫參與者在運動頻率、抽菸行為和體重控制方面，具有統計學顯著和臨床意義的改善，但對膽固醇水平則尚無定論。

3. 對醫療成本和利用率的影響：接受調查的雇主表示，職場健康計畫可以降低醫療成本、缺勤和與健康相關的生產力成本。但是，接受調查的樣本，只有大約一半表示他們已經正式評估計畫影響，只有2%報告可以節約成本的估計。[47]案例研究的結論是相似的，其實五個案例研究的雇主都沒有對成本進行正式的計畫評估。

獎勵措施：用法、類型和管理

雇主的調查結果顯示，雇主通常使用獎勵措施來提高員工參與，特別是在讓員工於完成健康風險評估時，超過50美元的獎勵似乎是最有效的。然而，與健康標準相關的獎勵措施使用仍不常見，RAND的雇主調查結果顯示，在全國範圍內，擁有50名或更多員工且提供職場健康計畫的雇主中，只有10%使用達到健康標準的獎勵措施，只有7%雇主將激勵措施與醫療保險保費實施連結處理。48

關鍵成功因素

案例研究分析和文獻回顧，確定五個因素是職場健康計畫的成功關鍵：

1. 使用有效的傳播策略，組織領導者使用清楚的資訊布達計畫，並提供面對面互動機會。

2. 爲員工提供便利的運動場所，從事健康活動。

3. 維護員工健康是高階管理者首要任務，企業主管均應支持促進健康福祉的企業文化。

4. 利用現有資源和關係（例如：健康計畫），以很少或不收取成本的方式拓展產品。

5. 監測計畫執行的問題以持續改進；徵求員工的反饋意見，以改善未來的健康計畫。

問題討論與練習

1. 請試著回答倫理考量章節所提出的問題。
2. 對於影響女性了解心臟病發作跡象的活動，你覺得哪些組織可能是可以考慮合作的夥伴？你有什麼想法？可以舉一個例子嗎？
3. 舉一個有明顯接受企業贊助的社會行銷活動的案例，而這個案例是本章未曾提過的。

注釋

1. "Surprising Survivors: Corporate Do-Gooders," *CNN Money*, accessed December 11, 2011, http://money.cnn.com/2009/01/19/magazines/fortune/do_gooder.fortune.
2. Sesame Workshop, "If Elmo Eats Broccoli, Will Kids Eat It Too? Atkins Foundation Grant to Fund Further Research" [Press release] (September 20, 2005), accessed July 26, 2011, http://archive.sesameworkshop.org/aboutus/inside_press.php?contentId=15092302.
3. L. L. Berry, K. Seiders, and A. Hergenroeder, "Regaining the Health of a Nation: What Business Can Do About Obesity," *Organizational Dynamics* 35, no. 4 (2006): 341–356.
4. "Worldwide Day of Play," *Wikipedia* (n.d.), accessed March 16, 2011, http://en.wikipedia.org/wiki/Worldwide_Day_of_Play.
5. P. Kotler, D. Hessekiel, and N. Lee, *GOOD WORKS! Marketing and Corporate Initiatives That Build A Better World . . . and the Bottom Line* (New York: Wiley, 2012).
6. P. Kotler and N. Lee, "Best of Breed," *Stanford Social Innovation Review* (Spring 2004).
7. Kotler et al., *GOOD WORKS!*
8. American Heart Association, "American Heart Association Applauds SUBWAY's Commitment to Marketing Healthy Foods to Kids" (January 23, 2014), accessed May 23, 2014, http://newsroom.heart.org/news/american-

heart-association-applauds-subways-commitment-tomarketing-healthy-foods-to-kids.

9. Kotler et al., *GOOD WORKS!*, 118.

10. Water—Use It Wisely, "Campaign History" (n.d.), accessed June 6, 2014, http://wateruseitwisely.com/jump-in/campaign-history/.

11. Kotler et al., *GOOD WORKS!*, 130–132.

12. U.S. Fire Administration, "Home Fire Prevention and Safety Tips" (n.d.), accessed May23, 2014, http://www.usfa.fema.gov/citizens/home_fire_prev/.

13. Energizer, "Change Your Clock Change Your Battery" (n.d.), accessed May 23, 2014, http://www.energizer.com/learning-center/fire-safety/Pages/default.aspx.

14. Centers for Disease Control and Prevention, "Injury and Prevention & Control: Motor Vehicle Safety" (n.d.), accessed May 23, 2014, http://www.cdc.gov/motorvehiclesafety/Teen_Drivers/index.html.

15. Say Boo to the Flu, "Vaccine Info" (n.d.), accessed May 23, 2014, http://sayboototheflu.com/events/.

16. National Institute of Child Health and Human Development (NICHD), "Safe to Sleep" (n.d.), accessed May 23, 2014, http://www.nichd.nih.gov/sts/Pages/default.aspx.

17. NICHD, Back to Sleep Campaign, "Safe Sleep for Your Baby: Ten Ways to Reduce the Risk of Sudden Infant Death Syndrome" (n.d.), accessed October 31, 2006, http://www.nichd.nih.gov/publications/pubs/safe_sleep_gen.cfm#backs.

18. P. Kotler and G. Armstrong, *Principles of Marketing* (Upper Saddle River, NJ: Prentice Hall, 2001), 528–529.

19. Ibid., 529.

20. Kotler, *Kotler on Marketing*, 31.

21. PugetSound Partnership, "About the Puget Sound Partnership" (n.d.), accessed June 2, 2014, http://www.psp.wa.gov/aboutthepartnership.php.

22. Personal communication from Dave Ward of the Puget Sound Partnership, May 2014.

23. Personal communication May 2014 from Dave Ward, Puget Sound Partnership.

24. Urban Institute, National Center for Charitable Statistics, "Number of Private Foundations in the United States, 2010" (n.d.), accessed March 17, 2011, http://nccsdataweb.urban.org/PubApps/profileDrillDown.php?state=US&rpt=PF.

25. P. Kotler and A. Andreasen, *Strategic Marketing for Nonprofit Organizations* (Englewood Cliffs, NJ: Prentice Hall, 1991), 285.

26. World Bicycle Relief [home page], accessed May 30, 2014, https://www.worldbicyclerelief.org/.

27. Ibid.

28. World Bicycle Relief, "Mobility=Education. Bicycles for Educational Empowerment Program" (2011), accessed May 30, 2014, https://www.worldbicyclerelief.org/storage/documents/wbr_education_field_report.pdf.

29. Ibid.

30. H. Pringle and M. Thompson, *Brand Spirit: How Cause-Related Marketing Builds Brands* (New York: Wiley, 1999); R. Earle, *The Art of Cause Marketing* (Lincolnwood, IL: NTC Business Books, 2000).

31. Ad Council [website], accessed October 10, 2001, www.adcouncil.org, www.adcouncil.org/body_about.html.

32. "Surprising Survivors: Corporate Do-Gooders," *CNN Money*, accessed December 11, 2011, http://money.cnn.com/2009/01/19/magazines/fortune/do_gooder.fortune.

33. Charity Navigator [website], accessed June 4, 2014, http://www.charitynavigator.org/index.cfm?bay=content.

view&cpid=42#.U49Hc3l3uUk.

34. P. Kotler and N. Lee, *Corporate Social Responsibility: Doing the Most Good for Your Company and Your Cause* (New York: Wiley, 2006), 9.

35. P. Kotler and N. Lee, "Best of Breed," *Stanford Social Innovation Review* (Spring 2004): 14–23.

36. Pringle and Thompson, *Brand Spirit*; Earle, *Art of Cause Marketing*.

37. Best Buy, "Best Buy Gets Top Recycling Honors" (n.d.), accessed May 23, 2014, http://www.bby.com/best-buy-gets-top-recycling-honors/.

38. Ibid.

39. T. Granger, "Best Buy Targets 1 Billion Pounds of Electronics Recycling" (April 27, 2010), accessed July 26, 2011, http://earth911.com/news/2010/04/27/best-buy-targets-1-billion-pounds-of-electronics-recycling/.

40. P. Kotler and N. Lee, "Best of Breed," *Stanford Social Innovation Review* (Spring 2004), 14–23.

41. S. Mattke, H. Liu, J. P. Caloyeras, C. Y. Huang, K. R. Van Busum, D. Khodyakov, and V. Shier, "Workplace Wellness Programs Study: Final Report" (2013), accessed May 26, 2014, http://www.rand.org/content/dam/rand/pubs/research_reports/RR200/RR254/RAND_RR254.sum.pdf.

42. Ibid., xv.

43. Ibid., xvi.

44. Ibid., xvi.

45. Ibid., xvi.

46. Ibid., xvii.

47. Ibid., xix.

48. Ibid., xx.

第十七章
建立實施計畫並維持行為

人們許多支持永續環境保護的行爲，都容易受到人性化的影響：遺忘。幸運的是，提示可以非常有效地提醒我們執行這些活動。[1]

——Dr. Doug McKenzie-Mohr

McKenzie-Mohr & Associates Inc.

我們期待未來的世界裡，人們生活健康而安全、自然環境受到保護、社區發展良好，個人妥善管理自己的財務福祉；我們已經為改變公眾行為的第一線從業人員編寫了這本書，以幫助實踐這個理想。

在閱讀前面的十六章後，我們希望你能將社會行銷看作一個以標的受眾為中心的過程，並且使用干預工具箱（4Ps）來幫助你完成工作。我們希望你能夠感激透過嚴謹的過程獲得成功是多麼欣慰的事情，並且這些原則能夠幫助你獲得期望的成果——值得重複、禁得起檢視的成果。

- 應用之前和現有的成功活動經驗。
- 從最適合行動的標的受眾開始。
- 推廣單一、簡單、可行的行為，這些行為將產生最大的影響，創造最大的受眾福祉和最大的市場機會。
- 識別並消除行為改變的障礙。
- 帶來真正的好處。
- 詢問標的受眾什麼最能激勵他們做這些行為。
- 突顯競爭行為的成本。
- 在活動中加入實體商品和服務，這些內容可幫助標的受眾執行此行為。
- 嘗試使用非貨幣性激勵措施，包括：認同、讚賞、承諾和保證等措施。
- 使過程變得簡單。
- 如果情況允許，讓你的訊息多一點樂趣。
- 在決策點使用傳播管道影響受眾。
- 嘗試使用社群和娛樂媒體管道。
- 獲取受眾的承諾和保證。
- 使用提示促進行為的永續性。
- 制定社會傳播計畫。
- 跟蹤結果並進行調整。

在最後一章中，你將了解如何制定詳細的執行計畫，以確保責任歸屬和維持行為的可持續性，並討論：

- 實施計畫的主要組成部分。
- 活動階段的選項。
- 推薦的可持續發展策略。

- 預測變革的力量。
- 分享和出售你的計畫。

行銷焦點 通過傳播社會行銷的方法改善普吉特海灣和切薩皮克灣的水質，並保護魚類和野生動物棲息地（2012～現今）

幾乎每一個問題都已經被某個地方的某個人解決了。21世紀的挑戰是找出哪些方法最有效，並擴大它的規模。

——Bill Clinton,
former U.S. President[2]

我們認爲行爲改變的策略性社會行銷方法，是能有效解決問題的方法之一。以下兩個案例將說明普吉特海灣合作組織（Puget Sound Partnership）和切薩皮克灣（Chesapeake Bay）信託基金會兩個機構如何擴大社會行銷活動，來支持改善水質和保護魚類、野生動物棲息地的使命；他們透過在各自地區推動實踐，他們正在爲實現眞正的變革，創造可永續經營的力量。

華盛頓州的普吉特海灣

華盛頓州的普吉特海灣（Puget Sound）是美國第二大海灣，最大的海灣則是切薩皮克灣（Chesapeake Bay）。普吉特海灣合作組織（Puget Sound Partnership, PSP）是一個國家機構，作爲普吉特海灣復育計畫的骨幹組織，負責協調公民、科學家、政府、企業和非營利組織的工作，以確定優先事項，實施區域復育計畫並確保結果的責任歸屬。[3]普吉特海灣行動的議程，確定了三個大範圍的優先工作事項：(1) 防止城市雨水的逕流汙染；(2) 保護和復育棲息地；(3) 復育並重整貝類棲息地。

爲支持這一議程，如第16章曾經簡要提及，該機構目前（2014）投資約1,100萬美元開發和實施保護水質、魚類和野生動物棲息地的社會行銷工作。其中一個重點領域是建立地方能夠實施實證計畫（evidence-based programs）的能力，包括：首先提供社會行銷培訓和技術援助，以培養地方能發展實施計畫和評估資助計畫的能力。這項能力建設工作的特點包括：

1. 提供社會行銷認證課程，包括由華盛頓大學附屬學院提供的爲期兩天的課程，引導學生認識本文所介紹的十步驟計畫模式，成功完成課程和社會行銷計畫草案後，與會者將收到一份證書，記錄所獲得的課程學分。

2. 「培訓種子講師」為研究生實施半天的培訓認證課程，並提供議程、講義和一小時的介紹，以供他們在日後的培訓課程中使用。每位研究生承諾至少對其所在地區從事水質保護活動的管理人員和工作人員進行一次培訓；目標是確保每個普吉特海灣的從業人員，都可以直接拜訪至少一名當地的社會行銷專家。

3. 管理簡報是為地方、州和聯邦機構的高級領導階層而設計的，強調社會行銷與教育、宣傳、廣告和社群媒體之間的差異；他們同時也強調，在應用社會行銷方法時，也重視成功的原則以及高投資報酬率。

4. 社會行銷補助獎學金給證書課程的一些研究生。經驗證明，單靠社會行銷培訓是不足以讓學生自己成功實施社會行銷活動。這些獎學金為這些研究生提供了一個在受控環境中應用他們所學的機會，並得到知名專家的技術支持——這是社會行銷的實習。在這種情況下，技術支持包括與PSP員工和顧問承包商，合作進行形成性研究，根據社會行銷的十步驟模式，完成可操作的評估計畫。

5. 模型看管計畫（Model Stewardship Programs）提供的技術援助，包括：與PSP員工和承包商顧問合作開發一個社會行銷工具包，該工具包可以提供給未來從事類似行為改變計畫的受贈者。模型看管計畫是以本地為基礎的行為改變計畫，具有填補差距、系統性改變、可持續性、注重創新和行動議程，透過這項技術援助，PSP可擴大社會行銷技術的實施規模和地理範圍。

6. 普吉特海灣地區的社會行銷協會（Social Marketing Trade Association）為實施社會行銷的海灣公民管理員及從業人員，提供發表社區實踐經驗的季度論壇和年度會議。

7. 支持合作夥伴組織的其他元件，包括：線上提供社會行銷計畫範例和工作表資源、計畫組合、形成性研究、社會行銷十步驟模型的快速參考指南。

表17.1提供了普吉特海灣地區從事水質問題的工作人員數量估算，這些公民管理人員曾經獲得社會行銷方面的簡報和深入培訓，大多數人在制定策略性行銷計畫時，都曾經獲得實際幫助。請思考這500多人可能產生的潛在影響——所有這一切都發生在一個地理區域內、都集中在同一環境問題上，並且都曾經開發用於改變民眾行為、維護水質、保護魚類和野生動物棲息地的工具包。

此案件的資訊由在普吉特海灣合作組織（Puget Sound Partnership）工作的Dave Ward和Emily Sanford所提供。

表17.1 普吉特海灣合作組織透過訓練個體公民管理師，改善水質並保護魚類和野生動物棲息地

活動	受訓的個體
社會行銷認證訓練	220（7個培訓）
培訓種子講師	180（30個種子講師）
管理簡報	80
對社會行銷贊助項目提供技術援助	30
對模式管理計畫提供技術援助	20
總計	共有530個人在普吉特海灣接受深度社會行銷培訓課程

切薩皮克灣

切薩皮克灣信託基金會（Chesapeake Bay Trust, CBT）是一個非營利性的資助機構，其任務是保護切薩皮克灣及其支流。自1985年成立以來，該信託基金已撥款5,500萬美元，並聘請成千上萬的公民管理人員，參與對切薩皮克灣及其支流產生積極和可衡量影響的計畫。[4]與普吉特海灣合作組織類似，2013年他們發起了一項重大努力，爲整個地區傳播社會行銷方法，以推動行爲改變。一項令人印象深刻的研究報告，給了他們一個新的方向，在2011～2012年，CBT與密西根大學的一群研究生合作，考慮在切薩皮克灣流域展開外展宣傳（outreach）的計畫。這項研究表明，雖然大部分信託基金受贈者（97%）試圖激勵民眾保護海灣，並且有相當比例的計畫領導者（62%）試圖發展出能讓標的受眾顯著改變行爲的計畫，許多組織曾辦理希望民眾改變行爲的傳播活動或教育計畫。他們的建議成爲以下活動的基礎：

1. 在2013年完成徵求與社會行銷十步驟規劃模型一致的建議書（request for proposals, RFP）。建議徵求書（RFP）現在既充當提案書的徵集者，又是能教育提案人員遵循提案的最佳做法。

2. 對基金受贈者的社會行銷培訓有兩種方式。Doug McKenzie-Mohr在2012年的切薩皮克灣流域年度論壇上，首次舉辦了主要基金受贈者的培訓。此外，自2010年以來，基金受贈者的個人和集體培訓工作，一直由CBT員工執行。

3. 技術援助提供者（technical assistance providers, TAPs）的社會行銷培訓由Nancy Lee於2013年負責執行，共有十九個TAPs接受培訓並獲得證書，將幫助他們設計出更好的暴雨疏導計畫，此一策略成功的最初指標是13項CBT暴雨疏導補助提案中，有11項尋求經過培訓的TAPs援助。此外，CBT正與國家魚類和野生動物基

金會合作，將合格的社會行銷TAPs納入其計畫中，為地方政府和非政府組織實施推廣計畫提供技術援助。

4. 基金受贈者的技術援助由CBT員工在申請過程中直接提供，一旦獲得資助獎勵，CBT還允許在適當的情況下聘請社會行銷承包商；展望未來，對基金受贈者的技術援助網絡將得到擴展，TAPs將幫助更多基金受贈人提供技術援助。

5. 暴雨疏導（Stormwater Outreach Forum）技術論壇於2014年4月舉行。來自非營利組織、地方政府以及目前從事暴雨疏導活動的州和聯邦機構，共有40多名領導人參加了為期兩天的論壇，分享疏導計畫的最佳做法，並提出以下建議，以協助將這些做法更廣泛地應用於當地的方案：

- 開發眾包數據庫以促進共享研究、成果和材料。
- 支持非政府組織合作夥伴與地方政府之間的系統協調。
- 透過社會行銷的最佳實踐案例紀錄，獲得更多暴雨疏導方案前往各地巡迴宣導的公共投資。
- 協調實施廣泛而全面的受眾研究，以供當地應用。
- 加強「中游」活動和方法的協調以免重複，並找到經濟規模（例如：承包商培訓／認證）。
- 開發和推廣暴雨疏導計畫的快速評估／審計工具，以鼓勵將最佳的社會行銷實踐納入計畫設計。
- 擴大推廣暴雨疏導技術援助提供者（TAPs）的網絡。

如表17.2所示，切薩皮克灣地區從事水質問題工作的180多人使用十步驟社會行銷規劃模型製作提案書，並參加社會行銷培訓，獲得了制定策略行銷計畫的技術援助，並參加了暴雨疏導論壇。

表17.2　切薩皮克灣信託基金會與個人合作改善水質和保護魚類及野生動物棲息地

活動	受訓的個體
徵求以社會行銷規劃十步驟的提案書	40
基金受贈者的社會行銷訓練課程	60
技術援助者的社會行銷訓練課程	20
對基金受贈者提供技術援助	20
2014年4月的暴雨疏導論壇	42
總計	共有182個人在切薩皮克灣接受深度社會行銷培訓課程

切薩皮克灣計畫是由環境保護局（Environmental Protection Agency, EPA）協調的多層級合作夥伴關係，正努力制定和實施公民管理的指標，或許是以普吉特海灣合作組織的健全行為指標為模型，以此作為基準和衡量，朝著實現公民看管的目標邁進。目的希望增加當地公民管理人員和地方政府的數量與多樣性，積極支持和展開保護和復育活動，且信託基金計畫與海灣計畫應合作推動社會行銷方法，以追求此一目的的實現。這個案例的資訊由在切薩皮克灣信託基金會工作的Jamie Baxter和Kacey Wetzel所提供。

總結

總結這兩個培訓地區實施社會行銷的案例中，我們看到了一些共同的組成元素：

- 一個具有使命感的骨幹組織，有助於社區內具有類似利益和承諾的組織和公民對其支持。
- 基金受贈人、計畫管理人員和員工的社會行銷培訓。
- 透過有意識的傳播和支持網絡，建立一個具有實踐的社區。
- 種子講師和技術援助的特殊培訓。
- 試點和普及計畫的策略奏效。
- 基於網絡的資源，例如：先前的研究和案例。

步驟十：完成執行計畫

對於某些人來說，實施計畫就是市場行銷計畫，將反映所有計畫規劃階段所做的決定，並被視為規劃過程中的最後一個重要步驟。它可被看作一個簡明的工作文件，來分享和跟蹤計畫的努力足跡，它提供了一種機制，可以確保你和團隊隊員按時、按預算並按照規劃的工作項目來做事；它提供了工作的途徑圖表，允許你在發生動搖或需要採取糾正措施時，及時提供反饋；它並不是評估計畫，儘管它包含了評估活動；它也不能是為整個計畫或組織策劃的行銷計畫，本書的重點是制定針對特定社會課題的社會行銷活動。

Kotler和Armstrong將行銷的執行形容為「將行銷策略和計畫，轉化為行銷行為以實現策略行銷目標的過程」。[5]他們進一步強調，許多管理者認為，做正確的事情（doing the right things）（策略）與把事情做對（doing things right）（執行）同樣重要，在這個模型中，兩者都被視爲成功的關鍵。實施計畫的關鍵組成部分，包括典型的行動計畫元素：將要透過何人、何時和多少費用：

- 我們會怎麼做？在行銷組合和評估計畫中，被界定爲執行策略的關鍵活動，將放在這個實施計畫的文檔中；許多活動項目的費用，在預算過程中已被審查確認。
- 誰將負責事情？對每一個工作項目，你都應確認負責計畫實施的關鍵個人和/或組織。在社會行銷計畫中，典型的關鍵人物，包括：工作人員（如：計畫協調員）、合夥者（如：聯盟成員或其他機構）、贊助者（如：零售商或媒體）、供應商（如：製造商）、合作夥伴（如：廣告公司）、諮詢顧問（如：評估工作）以及其他內部和外部公衆（如：志願者、民衆和立法者）。
- 何時完成？每個工作項目都應包含時間範圍，通常會記錄預計開始和結束的日期（請參見本文專欄17.1以獲得活動時間表的方法）。
- 它要花多少錢？然後在預算過程中，確定費用與工作項目的配對。

通常情況下，這些計畫至少需要一年的活動時間，最好是兩到三年。就格式而言，選項範圍從行銷計畫執行摘要中，包含簡單計畫到使用複雜軟體程序開發的複雜計畫。專欄17.2 爲華盛頓州心理衛生轉型所倡導的社會行銷計畫，該部分著重影響決策者。

專欄17.1　「快速結果」執行時間表

「快速結果」是一種管理技術，最初設計用於在大型企業中引發更即時的結果，這是大約40年前由管理顧問Robert Schaffer介紹的。2006年，該公司分拆出一個非營利組織，用來對全球各地的員工進行教育培訓，使用同樣的方法對社區發展和公共部門表現進行增壓，並設定了一個短期目標，規定100天的截止日期，強制確定他們的優先次序、重點和協作。《紐約時報》2011年的一篇文章將「快速結果」描述爲這樣工作：

受過訓練的輔導員坐下來與商業、組織或村莊的人員，一起決定要做什麼。他們投票決定了要在短短100天內可能完成的工作目標，村莊選擇了目標以及如何完成目標……起初，這100天似乎很荒謬……誰可以在三個月內完成這麼多重要的事情？但這正是它的要點——它將一個平凡的項目變得不平凡了。6

專欄17.2 精神疾病去汙名化的社會行銷計畫：影響政策制定者

1.0 背景、宗旨和焦點

此一活動的目的是減少人們對精神疾病的負面標籤，和造成心理疾病患者在工作場所、家中、醫療系統和社區中產生的生活障礙；活動重點在增加人們對精神疾病患者的諒解，並相信他們確實能夠恢復豐富的生活。

2.0 情境分析

2.1 SWOT分析

優勢：全州等級的行政轉型支持提案，包含多個工作群體的承諾以及強大的消費者參與，是近期倡議的精神健康立法行動，包括：PACT小組及增加對兒童心理健康的資助。

弱勢：預算有限，傳播的解決方案不切實際，並對使用社會行銷的方法缺乏共識。

機會：獲得資金贊助，州長支持、新興聯盟表現興趣並給予支持，以及政治好奇心。

威脅：相互競爭的計畫／員工時間限制，認爲「活動」可對所有人影響所有事情的過度期待，並對市場行銷是否是社會變革的合法方法感到懷疑。

活動將根據西北大學精神病學教授Patrick Corrigan所提出的去精神病汙名化的理論架構來發展計畫，該研究提出了一個特別的去汙名化理論模型，希望能影響有能力去汙名化的政策制定者，並支持採用復原（recovery）模式進行精神疾病治療的群體。政策制定者被界定爲三個優先受衆之一，是該計畫的重點；完整的行銷計畫包括針對消費者和供應商。

3.0 標的受衆的個人資料

- 負責國家級政策和資金的州立法委員。
- 負責核銷精神疾病相關計畫經費的國家機構官員。
- 負責地方政策並分配地區心理衛生服務資金的當地民選官員。

4.0 行銷目標和目的

4.1 我們希望這個計畫能夠影響政策制定者

- 透過立法實施「復原」和「心理健康轉型」（mental health transformation）。
- 重新分配現有資金，使更多資源用於復原導向計畫，從而減少危機干預的需求。

- 使用「復原」的觀點解釋影響精神病患者的規定。
- 確保有足夠的資金支持復原型心理衛生服務，包括消費者的參與。
- 支持爲精神病患提供復原模式的心理衛生服務機會。
- 除汙名化的語言和觀點，採用適當的語言和流程來促進復原。

4.2 目標

- 與當地民選官員至少進行四次訪談。
- 與州議會議員至少進行六次訪談。
- 與國家機構官員至少進行五次訪談。

5.0 標的受衆的障礙、利益和競爭

5.1 障礙

對策變行爲所感知到的障礙，包括：(a) 缺乏關於精神疾病的知識和資金／資源問題；(b)不確定消費者所定義的「復原」定義及成功的可能性，以及 (c) 不確定「復原導向」的精神疾病治療系統，是否可以設計出對社區沒有暴力威脅風險的方案。

5.2 利益／激勵因素

激勵因素包括：使用精神病患成功復原的故事證明復原模式有效，是值得花費納稅人的金錢來推廣的有效方案。

5.3 競爭行為

爲回應公衆對精神病患的陳舊刻板印象和恐懼的信念；目前補助款以危機干預的計畫優於自助式復原計畫。

6.0 定位聲明

我們規劃發展一個由精神衛生服務提供者和消費者組成的訪談組織，負責向政策制定者提供有關復原模式的教育，並讓它成爲成功的典範。我們希望他們將這些訪談過程當作聆聽消費者成功故事的機會，並將其作爲精神健康課題（包括復原和去汙名化）的良好資訊來源。

我們還將與消費者和心理衛生服務提供者合作開發白皮書，並希望政策決策者將這些視爲關於精神疾病、復原以及去汙名化的可靠資訊來源，並將它當作復原模式的實證證據來源，這樣將會是經濟的方式，並且是一個很好的投資。

7.0 **行銷組合策略**（4Ps）

7.1 **產品**

核心：增加對精神疾病的認識和華盛頓心理健康轉型的計畫。

實際：在全州進行策略訪談和簡報，強調精神病患復原成功的故事和復原模式。

增強：關於華盛頓州心理衛生轉型工作的白皮書。

7.2 **價格**

訪談活動和白皮書將是免費的。媒體報導將解決公眾的恐懼，並為「復原模式」注入希望。活動將頒「倡導有功」的獎項給打破社會迷思和刻板印象，並促進復原政策的立法「英雄」。

7.3 **通路**

將在全州安排訪談政策制定者的地點和時間，並在網路提供白皮書下載及列印。

7.4 **推廣**

訪談活動將在協會通訊、網路論壇以及相關會議中推廣；白皮書則透過郵件給相關人員進行推廣；主要媒體宣傳將包括宣傳「倡導有功」獎項、舉辦編輯委員會議來討論心理健康轉型，並刺激專題報導；透過派出訪談代表，持續與民選官員及精神衛生服務工作人員對話。

8.0 **評估計畫**

評估的目的和受眾：訪談活動的評估，將衡量政策制定者對精神疾病和復原知識的變化，他們是否相信精神疾病患者可以在社區中生活，願意改變法規並提供資金支持復原型服務；另外也將評估政策、法規和資金的實際變化。行銷團隊將根據評估結果來確定是否延續、改進和擴展訪談政策制定者的策略。

產出測量：訪談的次數、分發的白皮書數量、新聞文章和社論篇幅、播出的新聞報導以及編輯委員會議的召開次數。

成果測量：訪談政策制定者的數量、網站瀏覽次數、精神疾病知識的增加情況、對華盛頓州心理健康轉型計畫的知識增加情況，以及政策制定者對去汙名化的態度和信念。

何時以及如何進行測量：訪談人和被訪談者，在訪談前後的問卷調查；追蹤政策、法規和資金的變化；對媒體報導的監測，包括：社論風向及數量、是否撤回對精神病患的刻板印象、對復原進行專題報導以及獲獎者的媒體報導。

9.0 預算

預算估計包括三年對三個標的受衆（消費者、提供者和決策者）的訪談活動，但不包括第三年的計畫活動費用。該計畫由精神衛生轉型國家獎勵、美國衛生和人類服務部、藥物濫用和精神健康服務管理局資助。

訪談辦公室	$ 70,000
復原和去汙名化材料（印刷和網路）	$ 20,000
新聞辦公室	$ 15,000
專業教育	$ 10,000
管理和協調	$ 20,000
訪談辦公室和新聞辦公室的總計	$ 135,000

10.0 實施計畫

關鍵活動	責任／領導	時間	預算
計畫協調和監督	DOH	持續不斷的	$30,000
訪談的協調和安排	華盛頓精神病研究和培訓研究所； 確認訪談活動的時間表	第一季 每季實施	$70,000
關於精神疾病去汙名化的網路和印刷品持續供應	DOH	持續不斷的（第二年）	$10,000
白皮書	心理健康轉型工作人員與DOH	第一季：審議草案 第二季：完成印刷 第二至第四季：宣傳和推廣配送	（包括計畫協調）

資料來源：Heidi Keller and Daisye Orr, Office of Health Promotion, Washington State Department of Health with Washington's Mental Health Transformation Project, office of the Governor, 2006.

分段元素

正如我們在第16章關於預算的討論中所提到的，當資金水平不足以實施計畫時，需要考慮的策略是在較長的時段內分攤成本，從而能獲得更多的時間來籌集資金或使用未來的預算分配。自然的選項包括：使用行銷計畫的某些元素來組織不同的階段：標的受衆、地理區域、活動目標、活動目的、變更階段、產品、定價、配送管道、推廣資訊或傳播管道。以下提供特定結構下，選擇最合適分段變項的案例。

首次試點和改進，然後大規模實施

強烈建議在大規模實施之前，先進行試點活動。正如Doug McKenzie-Mohr寫道：「把試點想像成『試營運』，這是一個在大規模實施策略之前找出錯誤的機會。」[7]可以讓你發現的可能「錯誤」包括：發現方案元素（產品、價格、通路）的某些內容，不足以克服障礙並提供有價值的好處，或者某些推廣策略要素（訊息、代言人、創意元素、傳播管道）不足以觸及和激發標的受衆。第5章所介紹位於奧勒岡州波特蘭市由SmartTrip執行的「歡迎新住民」計畫，開始時是一個試點計畫，然後根據結果進行調整以應對新市場機遇：

階段一：2004年實施試點計畫，呼籲全市所有居民使用替代性交通工具。

階段二：根據響應性最高的受衆來精緻化計畫的策略。

階段三：2011年大規模實施以新居民爲重點的計畫。

根據受衆進行分階段

在一個差異化的策略中，幾個區隔市場是活動的標的，根據不同受衆實施分段，可使每個分段都可以專注實施各個區隔市場的策略。這將爲活動提供強而有力的關注，並增加他們背後的資源。以第13章中的海鮮觀察計畫爲例，刻意區分的階段包括：

階段一：影響消費者要求購買「綠色魚」（green fish）。

階段二：裝備餐廳和雜貨店從「綠色魚」供應商進貨。

階段三：制定「綠色漁業」的標章和認證計畫。

根據地理區域進行分階段

按地理區域分段有幾個優點，它可使資金可用性一致，並提供測試活動的能力、測量結果，然後在實施之前進行重要改進。最重要的是，透過使用此選項，你可以實施行銷組合選擇的所有策略要素。在本書第15章的「停止霸凌」的案例中，五名公共關係系的學生組成的團隊，在一個地點實施干預，然後根據實施情況提出其他地點的實施建議：

階段一：關注區內的一所中學。

階段二：將實施成功的活動推薦給學區管理員，並向他們建議，應該考慮在該區的高中和小學修改，並實施「預防霸凌」的承諾保證活動。

根據目標進行分階段

在活動已經確定與知識和信念以及行爲有關的重要目標的情況下，活動階段可以被組織和排序以支持每個目標被完成。華盛頓州的垃圾預防活動採用了這種分段策略，以爭取更多時間獲得合作夥伴（如：執法機構）、贊助商（如：快餐店）的支持，並建立重要的基礎設施（例如：確定大範圍的發送管道，並在駕照考試中納入垃圾罰款的問題）。在這個案例中，分段可反映將標的受眾從意識轉移到行動的過程。

階段一：增加對法規和罰款的意識。

階段二：透過實施免費檢舉亂丟垃圾專線，改變「沒人關注，無人關心」的信念。

階段三：改變亂丟垃圾的行爲。

根據目的進行分階段

活動可能已經制定達到臨時目的的具體基準，在這種情況下，調整組織活動和資源以支持預期的成果。這個分段方式的優點是，資助者和管理員都會「感覺很好」，因爲最終計畫終將實現活動所設定的目的。與按地理區域分階段相似，這種分階段的方式，不需要改變你爲該計畫開發的行銷策略。例如，日本一項社會行銷致力將乳房檢查率從2008年的30%提高到以下幾個里程碑：[8]

階段一：於2010年達到40%。

階段二：於2012年達到50%。

根據改變期進行分階段

爲了符合透過變化期來移動受眾的目標，最有意義的做法可能是首先針對那些「已經準備好採取行動」的人，然後利用這一優勢進入其他市場。例如：在鼓勵使用廚餘垃圾製作堆肥的活動中，可能會致力使用熱心志願者爲社區建立家庭示範點，然後他們可以受到影響和配有必要的配備，向其他鄰居繼續傳播這個活動；在這種情況下，階段可分爲：

階段一：影響家庭參與資源回收（將紙張等丟入放在路邊的資源回收桶，由資源回收車載走）。

階段二：影響參與資源回收的家庭，實施庭園樹枝枯葉回收（行動期）。

階段三：影響過去未經常性參與資源回收的家庭，但現在開始詢問活動資訊者

（沉思期）。

根據提供的實體商品或服務進行分階段

如果計畫確定將提供新的或改進舊的服務和實體商品，那麼應該有計畫性地導入這些實體產品或服務。例如：婦嬰童（WIC）的營養補充計畫可能會逐步導入服務措施，首先是導入對活動最具影響力的服務或實體商品，然後是其他附加價值的實體商品和服務：

階段一：輔導員培訓和輔助材料。

階段二：市場參觀和交通優惠券。

階段三：冷凍和罐頭的診所課程。

根據定價策略進行分階段

每個計畫都可能會有屬於它的定價策略，在定價策略的早期階段，就會使用重要的價格誘因來創造注意力並激發行動；在後續階段，可能調整成依賴於行銷組合的其他要素，例如：改善配送管道或標的性促銷活動。對於推廣節能電器的公用事業公司而言，定價策略可能隨著時間推移而有以下的變化：

階段一：用舊設備折抵購物金。

階段二：提供節能電器的優惠券。

階段三：與競爭電器的定價接近，但強調對環境保護的貢獻。

根據配送管道進行分階段

一個嚴重依賴民眾便利接觸的活動，可能會一開始就實施根據配送管道分階段，或許是最容易、最快速或最便宜的管道，然後隨著時間推移，陸續擴張管道。回收未使用的處方藥計畫，可能會隨著時間不同，而有不同的分階段推動計畫，以使計畫管理者可以發展確保便利、安全的回收程序：

階段一：先在縣警察局實施藥物回收試點計畫。

階段二：擴展到主要的醫療中心和醫院。

階段三：擴展到各地區藥房。

根據訊息進行分階段

當活動需要多個活動訊息來支持大範圍的社會行銷計畫時（例如：減少肥胖），可以透過一次導入一個訊息來促進行為的改變。這種方式可以幫助標的使用者將減肥的成本分攤到不同階段，同時也不會覺得過度密集（自我效能）。美國衛生與公共服務部的廣告委員會Small Steps的活動採用以下分階段方式，推薦100項的體重控制行動：

階段一：工作時間的步驟——在午餐時間散步；提前下車走路回家；有事情詢問同事，可以走到同事的辦公桌，而不是透過發電子郵件或打電話。

階段二：購物時的步驟——去超市購物前先吃飽；購物前先製作購物清單；進超市時，使用雜貨籃而不是購物推車。

階段三：進食時的步驟——用小盤子盛裝食物；當你感覺吃飽時就停止進食；零食只吃水果和蔬菜。

根據傳播管道進行分階段

在H1N1病毒擴散、狂牛病和恐怖襲擊等主要威脅發生時，你可能需要在很短的時間內覆蓋廣泛的受眾群體；一旦這個階段完成，改成透過更有針對性的傳播管道，轉向更多的標的受眾。例如：當H1N1病毒擴散，我們看到傳播管道的進展如下：

階段一：大眾傳播管道——電視、廣播和報紙上的新聞報導。

階段二：選擇性管道——海報、傳單和標示牌（例如：洗手間的洗手標誌）。

階段三：個人管道——醫護人員訪問學校，以確保有關患病兒童的政策。

根據各種因素進行分階段

實際上，使用組合的分階段方式可能是重要的，甚至是必要的。例如：活動的標的受眾可能因所處地理區域不同而有差異（例如：農民是鄉村地區的重要節水標的受眾，勝過住在城市地區的農民）。因此，不同的社區可能會針對不同的標的受眾逐步展開活動。正如大多數從業人員所證實，活動需要對其實施社區有意義，否則他們將不會得到實施所需的支持。

階段一：鄉村社區以農民爲標的受眾、城市社區以大公司爲標的受眾，進行節水活動的推廣。

階段二：鄉村社區針對企業、城市社區針對公共部門機構。

階段三：鄉村社區和城市社區均以住宅用戶爲標的受眾。

維持行為

在規劃過程的這一時間點上，大多數策略已經實施完畢，然而，仍有一些值得做的事情，可以對計畫包含的所有策略給予最後的考慮，以便在廣告停播、新聞報導冷卻後，仍能讓你的廣告活動具有可見度，並且爲行爲改變提供顯著的訊息。你可以在活動中添加哪些其他機制，來幫助標的受眾長期維持其行爲？爲了與我們的行爲改變階段和規劃理論保持一致，你應特別注意確保處於行動期的人不會回到沉思期，處於維持期的人不會回到不規律的行爲模式。在接下來的部分，將介紹如何使用提示、承諾、社會傳播計畫和利用公共基礎設施維持行爲的永續發展。

提示

在McKenzie-Mohr和Smith所出版的書籍《培養持續的行爲》（*Fostering Sustainable Behavior*），他們提供社會行銷者幾個可用的準則、工具與清單，以支援行爲的永遠改變。

> 他們將提示（prompts）形容爲視覺的或聽覺的工具，提醒我們執行一項我們可能會忘記的活動。提示的目的不是改變態度或增加動力，而僅僅是提醒我們參與一個我們已經傾向要做的行動。[9]

他們對如何提供有效提示有四項建議：

1. 使用引人注目的圖形，使提示變得更明顯。
2. 讓提示不言自明，應包括採取適當行爲所需的所有訊息。
3. 讓提示盡可能靠近要執行行爲的地點和時間。
4. 使用提示鼓勵積極行爲，而不是避免有害行爲。

「錨定」類似於提示，其中策變的行爲（例如：使用牙線清潔牙齒）被「錨定」或緊密連繫到當前已經建立的行爲習慣（例如：刷牙）。表17.3列舉了兩者的例子，需要提醒你，此時你所確定的所有新提示或額外提示，都應在行銷計畫的相應4P加以註明。

承諾和保證

獲得標的採用者的承諾或保證，也證明是非常有效的。「個體先同意一個小的初始請求，隨後可能同意更大的請求。」[10]例子包括後院野生動物問題的保護區計

表17.3　維持行為的方式

課題	使用提醒維持行為
戒菸	在一天中癮君子最想抽菸的時間，播放電子警示語「加油！你能夠做到的！」
飲酒	在酒吧的廁所洗手臺，張貼一張小型「向馬桶禱告」（在馬桶嘔吐）的海報。
運動	配戴計步器以確保你每天至少行走10,000步。
意外懷孕	在鑰匙圈上放一個裝有保險套的小盒子。
脂肪攝取	食品標籤上顯示脂肪和卡路里的詳細數據。
蔬果攝取	將水果和蔬菜放在玻璃碗中，並置放在冰箱中的眼睛水平處。
飲水	在飲水機上貼有「你今天喝八杯水了嗎？」的貼紙。
哺餵母乳	小兒科醫師在嬰兒六個月檢查時，鼓勵母親持續哺餵母乳。
預防乳癌	在淋浴間的蓮蓬頭，提醒婦女記得每個月做自我的檢查。
葉酸	養成刷牙前吃顆維他命的習慣（產生習慣的連結）。
免疫疫苗	透過電子郵件提醒家長孩子的免疫疫苗接種時間。
糖尿病	使用計時器提醒測量血糖的時間。
兒童汽車座椅	在兒童經常使用的所有汽車中，保留汽車座椅。
酒駕	在酒吧中提供血液酒精測試器。
兒童汽車座椅	在汽車用的芳香劑噴瓶，打印使用兒童汽座的安全提示用語。
預防溺斃	在海灘提供幼兒穿救生衣租賃或免費借用。
煙霧警報	在日曆上貼貼紙，提醒民眾定期檢查煙霧警報器的電池。
減少浪費	在浴室的擦手紙架上，貼上「擦紙巾是樹木，請節約用紙」的貼紙。
生廚餘堆肥	在廚餘資源回收桶上貼標籤「我們回收生廚餘做堆肥」，讓採用行為產生能見度。
減少使用	咖啡店張貼建議「常客」自己帶杯子的告示。
空氣汙染	貼在汽車門內的貼紙，提醒車主何時需要充氣輪胎。
器官捐贈	當客戶已經和家人討論過，律師可詢問客戶是否標示自己願意捐贈器官。

畫，其中屋主已經簽署承諾，願意遵守自然園藝指導方針；以及在WIC診所，在農民市場優惠券簽名的客戶表示，他們承諾在未來三個月內會使用這些優惠券。顯然正如McKenzie-Mohr和Smith所說的，「當個體同意一個小小的請求時，他們就會改變認知自己的方式。」[11]在這時間點上，你決定添加到計畫中的所有承諾，都應在價格策略部分加以註明。我們認爲這是一種非貨幣性的激勵措施，因爲這種承諾已經被證明可以作爲激勵措施來改變行爲。

在McKenzie-Mohr 2011年版的《培養可持續行爲》（*Fostering Sustainable Behavior*）中，以下四個強調設計有效承諾的指導原則是：[12]

1. 盡可能讓民眾公開承諾（例如：在請願書上簽名或懸掛草坪旗）。

2. 先尋求群體的承諾（例如：教會會眾承諾節約能源）。

3. 先讓觀眾參與活動，增加他們的承諾感（例如：先讓屋主檢查自己的熱水器上的溫度計，可能會導致他們採取下一步驟，將溫度設定在120度）。

4. 使用現有的聯絡點來徵求承諾（例如：當客戶購買油漆時，要求承諾妥善處理未使用的油漆）。

傳播實證實踐的框架

在2012年發表的一篇文章〈預防慢性病〉（Preventing Chronic Disease）一文中，作者評論說：「儘管公共衛生界已經開發出許多實證實踐（evidence-based practices）來促進健康行為，但實際採用這些做法卻寥寥無幾。」[13]作為回應，華盛頓大學健康促進研究中心的醫學博士、工商管理碩士Jeff Harris和其他人發展了傳播架構，以此作為社區組織的指南，並幫助研究人員開發和測試傳播實證實踐的做法。[14]表17.4列出了架構的主要內容，並以促進老年人體適能（enhance fitness, EF）運動為例進行說明。

表17.4　健康促進研究中心的傳播案例研究示範

架構建構	以增加體適能為例（enhance fitness, EF）
實證實踐	一項關於老年成人的運動計畫，內容包含有氧運動和訓練，並增加平衡、靈活性和力量，每週三次課程。
傳播組織	老人服務中心。
受眾組織	老人活動中心、社區中心以及非營利和營利性健身組織。
連繫和學習：與受眾組織合作以改進實踐	為虛弱的老年人開發並測試座椅式伸展運動； 為老人線上的運動課程，以降低教育成本並可接觸多元的EF題材； 經過測試的健康操，同樣適用於癡呆症患者用來增加體適能。
傳播途徑	老人服務部門為收取計畫授權金，並提供培訓、材料和數據管理與分析； 與Y-USA簽署新的國家許可協議，將在全國開設2,700個YMCA站點。
可修改的內容：策略支持	EF獲得CDC關節炎預防計畫的核准。 EF獲得核准，成為2009年獨立撥款的老齡化選擇管理計畫中，五項以證據為基礎的疾病預防計畫之一。
可修改的內容：資金支持	被選為AoA資助的一個計畫（26個州）。 成為南佛羅里達州750萬美元倡議的一部分。
迄今為止的傳播結果	截至2014年，已在33個州的629個社區地點提供服務，總共服務42,560名參與者，其中2014年有6,121名。

社會擴散計畫

在結束規劃過程之前，還需要花時間考慮採取其他策略，來促進社會擴散——將行為從少數幾種擴展到多種，這是第5章中介紹的一個概念。McKenzie-Mohr為此也制定了指導方針，其中包括：[15]

1. 使行為的採用有能見度（例如：在廚餘回收桶上貼一個標籤：「我們回收廚餘作堆肥」）。

2. 使用耐用或臨時性的標示牌（例如：公園的寵物糞便清潔站與院子裡的鼓勵撿拾寵物糞便告示）。

3. 邀請知名和備受尊敬的人士，為策變行為提供支持（例如：市長經常談論她覺得搭乘大眾交通工具到市政廳的便利性）。

4. 使規範有可見度，特別是當「我們大多數人」參與行為時（例如：在雜貨店的入口處張貼海報，指出60%的購物者每月至少帶一次自己的購物袋）。

利用公共基礎設施提高和保持可見度

如果你正在為交通安全工作，那你可以考慮透過道路標示牌的資訊來與民眾進行溝通；那些致力於預防流感的工作人員，可以透過公共廁所的標示牌，提醒人們上完廁所要洗手，以減少病毒傳播；擔任駕駛技術檢驗的監考官，基於重視行人的安全，可以透過更嚴格的測試，來決定是否發出駕照；那些致力於減少二手菸害的工作人員，可以與學區合作，向孩子們發送「無菸家庭」保證卡，讓孩子帶回由家長簽署；成功的計畫將可以從這些持續的可見度中延長受益時間。Playful City USA就是一個例子，這是一項國家認可的計畫，旨在鼓勵市政府透過制定政策，倡導基礎設施投資和創新計畫（見圖17.1）來發展都市。[16]這些都是資源和機會，許多商業行銷人員將會羨慕你可以使用這些公用資源，因為他們大多數人並無此機會。

預測行為改變的力量

在完成實施計畫之前，我們建議你考慮最後一個問題。「是否會發生什麼事情而影響我們的成功？」解決這個問題的方式，是受到Kurt Lewin's 1951年提出的《力場分析》（*Force Field Analysis*）啓發，力場分析可以在規劃和實施行為改變計畫時，提供決策的訊息。[17]實施此經典分析，最好由一小群人來進行，以確定以下內容是否與策變行爲目的和努力相關：

1. 行爲改變的力量（驅動力）。

2. 抵抗改變的力量（限制力）。

一旦確定後，下一個步驟就是對這些力量進行排序，例如：按照1到5的等級進行評分，其中1爲弱，5爲強。最後，回到你的計畫，並確保所有的活動項目能夠支持最大的驅動力，並解決出現最大阻力力量的項目問題。

圖17.1 在運動公園入口處設立耐用的標誌，讓人們認知本市為推動「健康有趣」活動的城市。

資料來源：Author photo.

分享並銷售你的計畫

這裡將分享有助於你的計畫被買入、批准和支持的一些技巧。首先，包括計畫團隊內部和外部的重要團體代表，考慮那些能促進計畫被批准的人以及那些實施的關鍵。對於強調法規的預防亂丟垃圾活動，能夠爭取一名國家巡邏隊成員加入規劃的過程是非常重要的；爲了增加WIC客戶對農民市場的使用，計畫應該能邀請來自農民市場協會的代表出席會議，特別是聽取針對客戶在市場上購物經驗所進行研究的結果；一個制定行人安全的都市計畫，計畫的過程若能有警務人員、工程師、傳播部門的人員、當地企業的人員參與，提供他們的工作業務觀點，將能使規劃更完善。

其次，在定案你的計畫之前，先與決策者和執行者分享計畫草案內容，以了解他們的顧慮並解決這些顧慮；事先準備好說明發展策略的背景數據，並根據他們的意見，同意妥協或修改策略；讓他們驚訝於你能提出量化的目的指標，以及你的計畫將如何評估和報告活動的成果。

最後，一旦該計畫完成，考慮發展和製作該計畫的簡要總結，就是在一頁紙列點簡要說明：活動目的、焦點、標的受眾、目標、關鍵策略和評估計畫。在需要的情況下，甚至把它簡化到更便於攜帶的格式，像是錢包大小的卡片或是放在代理機構網站上的卡片；你的意圖是將活動定位為基於證據、策略性開發、富有成果的活動。

實施計畫時的倫理考量

在本書的大部分章節中，我們都提出了在規劃過程中每個階段的相關道德考量。為了突顯制定實施計畫的最終考量事項，並總體概括道德問題，我們將在專欄17.3介紹美國行銷協會成員在其網站上發布的道德準則（www.MarketingPower.com）。許多原則完全適用於社會行銷環境，其主題與我們所強調的主題類似，包括：不傷害、公平、提供資訊充分揭露、做好管家、負責任並說實話。

專欄17.3　行銷人員的道德標準和價值觀

前言

美國行銷協會致力於為會員（從業人員、學者和學生）推廣最高標準的職業道德準則和價值觀。規範是社會和／或專業組織預期及維護的既定行為標準；價值觀代表了社區認為合宜、重要、合乎道德的集體概念。價值觀同時也可以作為評估我們自己個人行為和他人行為的標準。身為行銷人員，我們知道不僅為我們的組織服務，並且也是社會的管家，促進和執行大經濟體中的一小部分交易。在這個角色中，行銷人員應該接受最高職業道德準則，以及我們對多個利益相關方面（例如：客戶、員工、投資者、同行、管道成員、監管機構和所在社區）承擔責任中所蘊含的道德價值。

道德規範

作為行銷人員，我們應該：

1. 不要傷害。這意謂著有意識地去避免有害的作為或不作為，以體現高度的道德標準，並在我們所做的選擇中，遵守所有適用的法律和法規。
2. 培養行銷體系內的信任關係。這意謂著要爭取誠信和公平的交易，即在交換的過程，避免在產品設計、定價、溝通和派送交付方面有欺騙、使詐、詭計的行為。
3. 接受道德價值。這意謂著透過肯定這些核心價值觀：誠實、責任、公平、尊重、透明度和公民意識，建立關係並增強消費者對行銷誠信的信心。

道德價值

誠實——與客戶和利益相關者保持坦誠交流。爲此，我們會：

- 努力在任何情況下和任何時候保持誠實。
- 提供符合我們在傳播過程中所聲稱價值的產品。
- 如果我們的產品無法傳遞它所聲稱的價值，請不要購買它。
- 尊重我們明確和隱含的承諾和保證。

責任——接受我們行銷決策和策略的後果。爲此，我們將：

- 努力滿足客戶的需求。
- 避免對所有利益相關者使用強制的手段。
- 承認隨著市場利益和經濟力量擴張而增加的社會義務。
- 認知我們對脆弱的區隔市場的特殊承諾，例如：兒童、老年人、經濟貧困人口、市場文盲和其他可能處於劣勢的人群。
- 在我們的決策中考慮環境管理。

公平——平衡買方的需求和賣方的利益。爲此，我們將：

- 在銷售、廣告和其他形式的溝通中，以清晰的方式表現產品；這包括避免虛假、誤導和欺騙性促銷。
- 拒絕損害客戶信任的操作和銷售策略。
- 拒絕壟斷式的定價、掠奪性定價、價格欺詐或「誘購」（bait-and- switch）的定價策略。
- 迴避已知的利益衝突（conflicts of interest）。
- 尋求保護客戶、員工和合作夥伴的個人資訊。

尊重——承認所有利益相關者都有其基本的人格尊嚴。爲此，我們將：

- 重視個體差異，避免刻板印象看顧客，或不當形容詞描繪人口群體（如：性別、種族、性取向）。
- 聆聽客戶的需求，並盡一切合理的努力來監測並提高他們的滿意度。
- 盡一切努力理解並尊重，來自所有文化的買家、供應商、仲介商和物流商。
- 承認所有他人（如：顧問、員工和同事）對行銷工作的貢獻。
- 善待每個人，包括我們的競爭對手，因爲我們也希望被善待。

透明度——創造行銷活動的開放精神。爲此，我們將：

- 努力與所有顧客清楚溝通。
- 接受客戶和其他利益相關者的建設性批評。

- 清楚說明可能影響產品購買決策或產品使用問題的資訊，包括產品明顯的特徵、使用風險和備用零件資訊。
- 揭露價格資訊和財務條款，包括可用的價格交易和價格調整機會。

公民——履行爲利益相關者提供的經濟、法律、慈善和社會責任。爲此，我們將：

- 努力保護行銷活動過程中的生態環境。
- 透過志願服務和慈善捐贈回饋社區。
- 促進整體行銷改善和聲譽。
- 敦促供應鏈成員確保對所有參與者實施公平貿易（包括發展中國家的生產者）。

實現

我們希望AMA成員勇於領導和／或幫助其組織，履行對這些利益相關方面的明確和默示承諾。我們知道每個行業部門和市場行銷學科（如：市場研究、電子商務、網路銷售、直銷和廣告）都有自己特定的道德問題，需要自己的政策和評論，這些行業規則可透過AMA網站上的連結取得資訊。根據輔助原則（解決專業人士層面的問題），我們鼓勵所有團體開發和／或改進他們的行業規範與特定的道德規範，以補充這些指導性的道德準則和價值觀。

資料來源：American Marketing Association, "Statement of Ethics" (January 1, 2013), accessed June 17, 2014, http://www.dguth.journalism.ku.edu/AMA-Ethics.pdf.

章節總結

制定實施計畫是第十個步驟，也是行銷計畫模式的最後一個步驟。它將策略轉化爲行動，並且對於如何把事情做對至關重要，即使你已經爲計畫決定了正確的事情。實施計畫的功能，如同簡明的工作文件，可用來分享和追蹤計畫工作進度；它提供了一種機制，來確保你按照所說的做，並按時、按預算完成工作。實施計畫的關鍵組成部分，包括以下內容：你會做什麼？誰來負責？什麼時候完成？它要花多少錢？

計畫的格式各不相同，從執行摘要的簡單計畫到使用軟體程序的複雜計畫。理想的計畫應包含兩到三年的活動。

計畫通常分階段進行，可以分爲幾個月或幾年，也可以使用多個變項，來進行分階段，包括：標的受眾、地理區域、活動目標、活動目的、行爲改變階段、產品、定價、派送管道、推廣訊息和傳播管道，計畫的分階段往往都是採用這些因素的組合來進行。

維持活動的能見度以及針對維持受眾行爲的典型策略，包括：使用提示和承諾、社群傳播和現有基礎設施；即時的策略和機制，包括：標示牌、貼紙、郵寄信件、電子提醒、包裝上的標籤和電子郵件；在規劃過程的這個階段，你所界定的提示，通常被看作爲推廣策略，而承諾是非貨幣激勵。利用公共場所和機構合作夥伴關係，能讓你使用政府的財產，放置活動宣傳的標誌或訊息（例如：在駕照考試中，測試開車發簡訊的罰款金額）。

可以使用多種技術來增加計畫被購買、核准和支持。首先，邀請與計畫有關的專業人士，擔任團隊內、外部的重要成員代表；其次，在決定計畫之前，先與決策者和執行者分享計畫草案；第三，一旦計畫完成，考慮製作和傳播計畫的簡明摘要，它可以一張紙，簡單提供活動目的、焦點、標的受眾、活動目標、關鍵策略和評估計畫。

研究焦點　監測和中期修正的力量

2014年6月作者在Georgetown社會行銷協會和國際社會行銷協會的網站上，發布了以下訊息：「我們正在尋找社會行銷策略實施的小案例：令人失望的活動表現；進行了路線改正；事情變得更好！」

我們選擇了以下四個案例，因爲它們不僅代表了監測和修正過程的好處，而且還說明問題的原因，可能與原則中的某些「缺陷」有關——在這些案例中，不遵循選擇標的受衆的原則、未能讓策變行爲單一化、未選擇能激勵受衆的訊息、未能使用有效的媒體管道，成爲計畫的缺陷所在。

活動的策略未能解決標的對象的障礙

伊利諾伊大學教授Marian Huhman，回顧CDC的VERB™活動，該活動旨在促進9-13歲（美國中部）兒童的體能活動，他們曾經爲這個活動，進行其中一個活動元素的中途修正。在針對活動的第一年後的縱向調查結果顯示，儘管所有族裔群體的VERB知覺都達到目標，白人兒童的VERB知覺與體能運動之間的正向關係顯著，但西班牙裔兒童卻沒有。德州的一家廣告公司Garcia 360°建議進行策略轉變。他們從焦點小組的調查結果中得知，活動與西班牙裔青少年的關係，他們需要透過更多接觸點來覆蓋青少年，並且他們建議增加學校行銷的工作，包括分派一個懂雙語的學生體能規劃師。Garcia 360°還建議針對父母進行推廣工作，因爲焦點小組的調查結果指出，這些青少年需要承擔家庭責任（例如：放學後需要代替正在工作的父母照顧弟弟、妹妹），這是他們參加結構化活動的障礙，特別是對女孩。兩年後，西班牙裔兒童的評估結果顯示，對VERB知覺的增加水準與體能活動次數呈現正相關。[18]

他們要求太多的行爲

加州Groner Associates的Stephen Groner分享了2003年發起的加州環保局活動，其目的是減少食用受汙染的魚類，並著重向垂釣者通報各種魚類被汙染可能對身體造成危害的資訊。初步干預包括透過傳單分發消息。然而，釣魚者們發現活動的資訊非常混亂，導致他們要不乾脆忽視健康警告，要不就乾脆不吃任何魚（見圖17.2）。

美國加州環保局隨後聘請S. Groner Associates來指導這項活動，他建議將活動焦點從「訊息活動」轉向行爲改變，並鼓勵採用一項具體行動：「如果你釣到黃花魚，就把牠扔回去。」那時候，黃花魚是受汙染最嚴重的魚，也是加州沿海地區第三常見的魚。形成性研究指出，53%的釣魚者表示不知道黃花魚被汙染，是活動最強的障礙，而最強的動機是保護他們的孩子的健康（見圖17.3）。試點測試證實了這些材料的有效性，實施評估顯示，在早期干預期間，30%的釣魚者會留下白魚；在干預後期間，只有6%的人留下黃花魚。

圖17.2　活動早期的傳單旨在影響推薦可食用的魚類品種

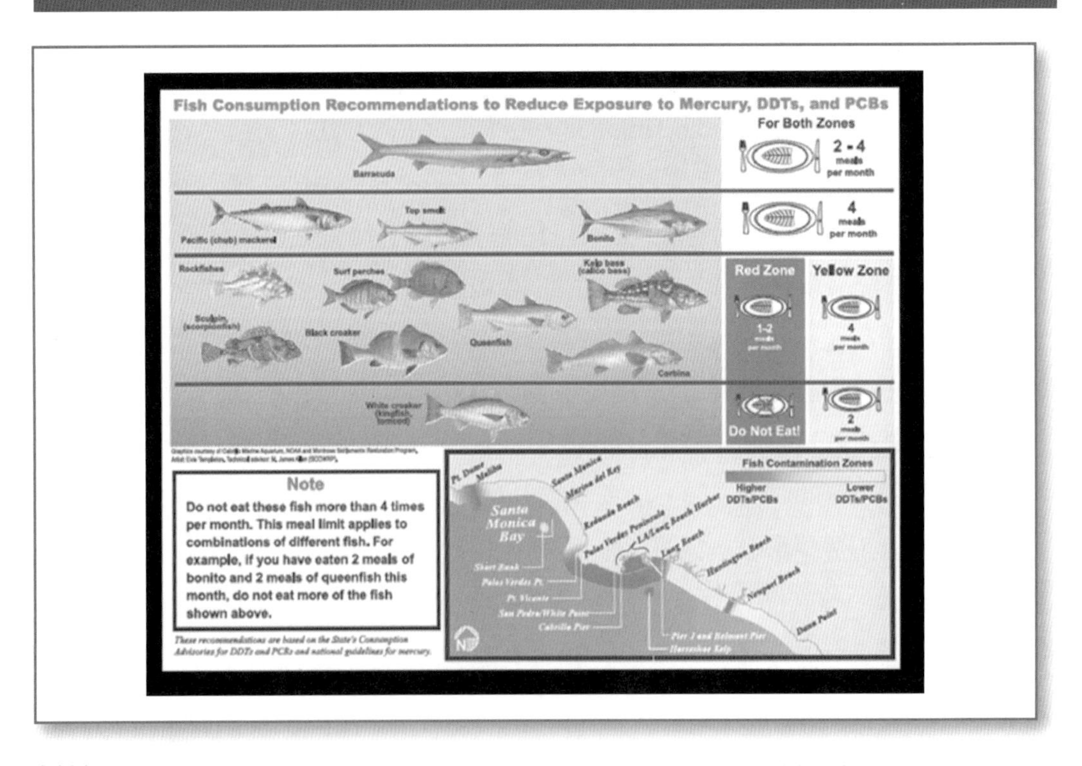

資料來源：U.S. Environmental Protection Agency, Fish Contamination Education Collaborative.

圖17.3 活動轉向專注於一種行為……釋放黃花魚

資料來源：U.S. Environmental Protection Agency, Fish Contamination Education Collaborative.

單獨靠話語還不夠

Priority Ventures Group的Caryn Ginsberg認爲，美國的人道協會（Humane Society of the United States）是一個很好的例子，它透過定期蒐集數據、記錄經驗教訓，然後進行適當的調整和改進來追求完善。其中一個例子是他們的生活寵物（Pets for Life, PFL）計畫，該計畫支持向服務不足的社區提供寵物的外展服務，進行「門到門」的宣傳和舉辦社區活動，包括爲寵物提供免費疫苗接種服務。活動的一個重要焦點是爲寵物進行結紮絕育手術；雖然PFL對這些社區提供外展宣導活動是一個非常有用的工具，但計畫負責人發現還需要更多的工具，來實現結紮絕育所期望的「最終狀態」（end-state）行爲。

外展小組現在採用更具體和更詳細的流程。PFL的方法假設一旦客戶要求爲寵物進行結紮絕育，則即刻將責任轉交給組織團隊當地的寵物診所進行，以確保手術完成。這需要態度的改變，並對客戶進行嚴格的跟進流程；許多寵物結紮計畫時常受制於策略的合法性，但當將責任從客戶身上轉移給地方診所時，完成率顯著增加。「當寵物主人說『是』，就可以讓寵物的結紮絕育過程透過一張大小與1美元相當的憑單啓動。」[19]該憑單記載組織的資訊和預約服務的項目價值，顧客以該憑單可爲寵物預約免費的結紮絕育手術，以及狂犬病和犬瘟疫苗的免費接種。

對比我們的社會行銷模式，該計畫爲推廣活動增加了多種策略：增強產品、提示、承諾和貨幣激勵工具。

觀衆沒有得到WIFM：「這對我有什麼影響？」

RARE的社會行銷總監Brian Day描述了一個案例，說明當受衆了解他們實踐行爲可以獲得的好處時，將會對活動的成果產生的影響。2012年，RARE和墨西哥梅里達（Merida）的一家當地非政府組織Ninos y Crias合作展開社會行銷活動，旨在減少河流下游天然水源的汙染，並著重影響上游農民的農作行爲。梅里達市的15萬噸水資源使用者是標的受衆，活動目標是影響這些居民自願繳交水資源基金1比索（0.08美元）的費用，以鼓勵農民採用最佳實踐的農作法。最初活動的策略，是利用廣播和電視節目的大衆媒體活動，強調下游居民的利益；也就是說，這個基金會將提供更多潔淨的水資源。但中期監測工作令人失望，評估顯示購買的大衆媒體不足，所以不足以影響民衆行爲，但資金已經耗盡，大多數居民顯然不知道他們可以在透過貢獻基金的行爲中受益；在與梅里達市政府談判之後，這些活動資訊，將在居民等待水費帳單的公共辦公室「免費」播放。最後，籌到足夠的資金，用於影響農民簽署協議改變他們的農作法，並且資助農民的技能培訓講習班。

問題討論與練習

1. 分享一個你知道的例子，它應用了一個散播策略（dissemination strategy），或者你認爲可以從這種方法受益的例子。
2. 同樣，分享一個中間修正的案例，無論是你知道的，還是你想像可能需要修正的。
3. 你對100天「快速結果」（Rapid Results）方法的印象如何？你能看出任何優勢嗎？缺點是什麼？

注釋

1. D. McKenzie-Mohr, N. R. Lee, P. W. Schultz, and P. Kotler, *Social Marketing to Protect the Environment: What Works* (Thousand Oaks, CA: SAGE, 2011), 13.
2. Ashoka Globalizer, “Bill Clinton Quote” (n.d.), accessed June 6, 2014, http://ashokaglo balizer.com/bill-clinton-quote.
3. Puget Sound Partnership, “Leading Puget Sound Recovery” (n.d.), accessed June 6, 2014, http://www.psp.wa.gov/aboutthepartnership.php.
4. Chesapeake Bay Trust [website], accessed June 6, 2014, http://www.cbtrust.org/site/c.miJPKXPCJnH/b.5435807/k.AFFA/About.htm.
5. P. Kotler and G. Armstrong, *Principles of Marketing* (Upper Saddle River, NJ: Prentice Hall, 2001), 71.
6. T. Rosenberg, “Making Change Happen, on a Deadline,” *The New York Times* (September 29, 2011), accessed June 26, 2014, http://opinionator.blogs.nytimes.com/2011/09/29/makingchange-happen-on-a-deadline/?_php=true&_type=blogs&_r=0.

7. McKenzie-Mohr, *Fostering Sustainable Behavior*, 137.
8. N. Lee and P. Kotler, *Social Marketing: Influencing Behaviors for Good*, 4th ed. (Thousand Oaks, CA: SAGE, 2011), 406–409.
9. McKenzie-Mohr and Smith, *Fostering Sustainable Behavior.*
10. Ibid., 61.
11. Ibid., 48.
12. McKenzie-Mohr, *Fostering Sustainable Behavior.*
13. J. R. Harris, A. Cheadle, P. A. Hannon, M. Forehand, P. Lichiello, E. Mahoney, S. Snyder, and J. Yarrow, "A Framework for Disseminating Evidence-Based Health Promotion Practices," *Preventing Chronic Disease* 9 (2012), accessed June 24, 2014, http://dx.doi.org/10.5888/pcd9.110081.
14. Ibid.
15. McKenzie-Mohr, *Fostering Sustainable Behavior*, 70.
16. KaBOOM!, "Playful City USA Program Details," accessed June 24, 2014, https://kaboom.org/take-action/playful-city-usa/program-details.
17. D. Cartwright, "Foreword to the 1951 Edition," *Field Theory in Social Science and Selected Theoretical Papers—Kurt Lewin* (Washington, DC: American Psychological Association, 1997; originally published by Harper & Row).
18. M. Huhman, J. M. Berkowitz, F. L. Wong, E. Prosper, M. Gray, D. Prince, and J. Yuen, "The VERB™ Campaign's Strategy for Reaching African-American, Hispanic, Asian, and American Indian Children and Parents," *American Journal of Preventive Medicine* 34, no. 6S(2008): S194–S209.
19. Humane Society of the United States, "2014 Pets for Life: An In-Depth Community Understanding," http://www.humanesociety.org/about/departments/pets-for-life/.

結　語

我們期待未來的世界裡，人們生活健康而安全、自然環境受到保護、社區發展良好，個人妥善管理自己的財務福祉。我們相信社會行銷的原則，能夠影響社會公眾的行為，並促進個人福祉，它是一個重要的策略模型，幫助這個理想社會藍圖能夠實現。

要了解社會行銷，並應用於世界各地，我們認為有四個迫切需要：

1. 社會行銷應該成為公眾健康、公共管理、政治學、國際研究、環境研究、護理和醫學科系的一門必修課——所有畢業生將能從中獲得影響患者、民眾和決策者行為的藝術和科學。想像一下，如果每年有數千名來自這些計畫的畢業生理解社會行銷的專有名詞、應用和策略規劃模型，它將會給這個領域以及世界公民多大的不同！我們認為這個學術領域，最好的開始地方是公共衛生學碩士課程。

2. 社會行銷專業人才彼此需要團結。我們需要接受一個共同的術語和策略規劃模型，正如本文中所展現的一個，所有的人都應鼓勵使其更好，並支持大家這樣做，會計師們已經這樣做了，我們也能做到。在2013年朝著這方向前進時，國際社會行銷協會（International Social Marketing Association, iSMA）的董事會同意本書第一章所介紹社會行銷的定義，iSMA董事會並核准社會行銷的學術職能項目，作為學生完成課程或獲得職能認證的程序。

3. 社會行銷專業人士可以透過加入iSMA獲益，iSMA提供關於研討會、工作計畫、社區論壇和網絡研討會資訊；對會員提供會議參加、培訓課程和訂閱的折扣，並有機會可以透過網絡與社會行銷專家親自連繫。詳細資訊請參見http://i-socialmarketing.org.

4. 社會行銷人員需要持續回報計畫投資報酬率。每支出1美元，能節省納稅人多少美元？有鑑於此，如何計算投資報酬率？我們已經在第十五章中詳細說明及討論。

感謝所有正在幫助完成上述行動步驟的人，以及那些將來會受到啓發以幫助別人的人們。

——Nancy Lee and Philip Kotler

附　錄

社會行銷規劃工作表

步驟一
說明你將提案的社會行銷計畫，打算解決的社會課題、組織、背景、宗旨和焦點

0.1 簡要界定社會課題，有時我們也稱它為「邪惡的問題」，你的計畫將解決（例如：抽菸、空氣汙染、水汙染、無家可歸、文盲……）。

1.2 確定參與制定和實施計畫的組織。

1.3 簡單摘要發展該計畫的主要背景資訊，理想情況下建議使用可靠的統計數據（例如：鮭魚減少百分比）。

1.4 活動的宗旨（purpose）是什麼？預期產生的影響（例如：減少青少年懷孕減少、增加鮭魚棲息地的保護）？

1.5 活動的焦點是什麼？你會用來達到計畫宗旨的主要方法是什麼？（例如：住宅家庭園藝的實踐）？能解決問題的焦點領域為何（例如：沿岸植物的栽種）？可能針對的群體（例如：河流流經的家庭）或產品相關策略（例如：本地植物）。

請參考第4章獲得更多規劃過程的資訊。

步驟二

情境分析（每道題目回答2-3個答案）

組織因素：組織資源、服務交付能力、專業知識、管理支持、問題優先層級、內部公眾、當前聯盟和夥伴關係、過去績效

2.1 你打算最大化哪些組織優勢？

____

____

2.2 你打算最小化哪些組織劣勢？

____

____

外部力量：文化力、技術力、人口力、自然力、經濟力、政治／法律力、外部公眾力

2.3 你的計畫將利用哪些環境機會？

____

____

2.4 你的計畫將準備對付的環境威脅是什麼？

____

____

先前類似的活動

2.5 哪些來自以前的類似活動成果值得注意？請回顧哪些可能是你辦理過的或其他人的活動。

____

____

請參考第4章獲得更多規劃過程的資訊。

步驟三
選擇標的受眾

3.1 從規模、問題發生率和嚴重程度以及相關變量，包括：人口統計數據、心理／價值觀和生活方式、地理位置、相關行為和／或行為準備情況，描述你打算規劃的計畫／活動的主要標的受眾（例如：參加景觀美化且有意保護環境的海岸線屋主）：

____

____

____

____

____

____

3.2 如果你還有其他重要受眾也需要進行影響，請在此處描述這些受眾，並在制定策略時牢記這些受眾；他們最終可能成為代言人或派送管道（例如：造園公司和種苗場）。

____

____

____

____

____

____

請參閱第5章規劃過程的詳細資訊和本附錄工作表A。

步驟四
設定活動目標和活動目的

目標

4.1 行為目標（behavior objective）：

請具體描述，你想要透過此項活動或計畫，影響你的標的受眾做什麼？（例如：種植原生植物）。

____

____

4.2 知識目標（knowledge objective）：

他們需要知道什麼，才會願意採取行動？（例如：如何識別種苗場的本地植物）。

____

____

4.3 信念目標（belief objective）：

他們需要相信什麼，才會願意採取行動？（例如：本土植物也可以很美麗，而且容易維護）。

____

____

目的

你設定哪些可量化、可衡量的目的？理想情況下，這些目的是根據行為變化（例如：本地植物銷售額的增加）來表述的；其他潛在的標的目的是活動知覺、回憶和／或對知識、信念或行為意向的反應和變化。

____

____

請參閱第6章規劃過程的詳細資訊和本附錄工作表B。

步驟五
界定標的受眾的障礙、利益、激勵因素、競爭者和其他影響

障礙

5.1 列出你可能必須面對的受眾行為障礙，這些可能與身體、心理、經濟、技能、知識、知覺或態度等有關。（嘗試列出五到十個障礙）

利益

5.2 有哪些關鍵利益是你的標的受眾希望履行行為後，可以交換到的利益？（例如：更容易維護並增加野生動物的棲息地）這將回答「這對我有什麼幫助？」的問題。（嘗試列出2-3個答案）

激勵因素

5.3 你的標的受眾認為什麼會使他們更有可能採用這種行為？詢問他們，有什麼東西是對他們有幫助，而你可以給他們或為他們服務的？（例如：示範一種簡單的方法，能在種苗場鑑別原生植物）。

競爭

5.4 什麼是主要的競爭替代行為？（例如：種植非本土植物）。

5.5 你的受眾從這些競爭行為中，獲得什麼利益？（例如：更容易找到非本土植物）。

5.6 你的受眾從這些競爭行為中，需要付出什麼代價？（例如：需要更多的施肥）。

重要影響他人

5.7 對於與策變行為有關的他人，你的標的受眾會傾向聽、看和／或仰望的他人是誰？

5.8 你如何知道這些中游受眾現在對策變行為的見解和做法？（例如：種苗場的員工）。

請參閱第7章規劃過程的詳細資訊和本附錄工作表C。

步驟六
發展定位聲明

6-1　在空白的地方，寫下類似於以下內容的陳述：

「我們希望〔標的受眾〕將〔策變行為〕看作〔形容詞、描述性子句、一組福利，或者這種行為如何比競爭行為更好〕（例如：「我們希望海岸線屋主種植原生植物來美化庭園，他們能將種植本地植物看作對景觀美化有益、且易於養護，並是保護水質和野生動物棲息地的一種方法」）。」

____

____

____

____

____

____

____

____

____

請參閱第9章規劃過程的詳細資訊。

步驟七
發展行銷策略

7.1 產品：創建產品平臺

7.1.1 核心產品（core product）：你的標的受眾知覺到採用策變行為能夠獲得的好處是什麼？（從5.2的答案選項中，選擇一項或幾項）

____

____

____

7.1.2 實際產品（actual product）：你將提供和／或宣傳哪些實體商品和服務？（例如：100種可供選擇的本地植物、水果和蔬菜、救生衣、血壓計、低流量蓮蓬頭）。

____

____

____

7.1.3 增強產品（augmented product）：是否有任何額外的實體商品或服務，可以幫助標的受眾執行這些行為？（例如：本土植物造園技術的研討會）。

____

____

____

請參閱第10章規劃過程的詳細資訊。

7.2 價格：費用和貨幣及非貨幣的激勵、抑制措施

7.2.1 如果你的活動中包含實體商品和服務，標的受眾必須支付哪些費用？（例如：購買本土植物、救生衣的費用）。

7.2.2 描述可提供給標的受眾的任何貨幣激勵（例如：優惠券、折扣）。

7.2.3 描述你會強調的任何貨幣抑制措施（例如：罰款、增加稅收、提高競爭產品的價格）。

7.2.4 描述任何非貨幣激勵措施（例如：讚許，像是掛在庭院的告示牌）。

7.2.5 描述任何非貨幣性抑制因素（例如：令人產生負面觀感的曝光，一個網站張貼某生態家園出現候鳥全部消失的照片）。

請參閱第11章規劃過程的詳細資訊。

7.3 通路：制定場地策略

在界定以下各項問題的答案時，請考慮如何讓通路地點更具便利性和更具吸引力，或是延長服務時間，並盡可能安排在靠近受眾做決策的地方。

7.3.1 你會在何處？何時？鼓勵和支持標的受眾執行策變行為？

7.3.2 標的受眾在何時、何地，可以獲得任何執行策變行為所需的實體商品？

7.3.3 標的受眾在何時、何地，可以獲得任何執行策變行為所需的相關服務？

7.3.4 派送管道中是否有任何組織或個人，可以成為支持活動的夥伴？（例如：種苗場場主及其員工）。

請參閱第12章規劃過程的詳細資訊。

7.4 推廣：決定訊息、代言人、創意策略和傳播管道

7.4.1 訊息：你希望活動與標的受眾進行溝通的關鍵訊息是什麼？

7.4.2 代言人：誰將負責為你傳遞訊息和／或成為被受眾感知的贊助者？

7.4.3 創意策略：在廣播媒體總結、描述或強調的元素，如：口號、標語、文案、視覺效果、顏色、劇本、演員、場景和聲音。

7.4.4 傳播管道：你的訊息將出現在哪裡？

請參閱第13章及第14章規劃過程的詳細資訊。

步驟八
發展監測與評估計畫

8.1 評估的目的是什麼？你為什麼這樣做？

8.2 評估是對誰進行？你會向誰展示評估結果？

8.3 請說明如何測量投入、產出、成果和影響？

8.4 你會使用哪些技術和方法來進行每項測量？

8.5 何時進行這些測量？

8.6 進行測量需要花多少錢？

請參閱第15章規劃過程的詳細資訊和本附錄工作表D。

步驟九
建立預算並募集資金

9.1 什麼是與產品相關的成本（product-related costs）？

9.2 什麼是與價格相關的成本（price-related costs）？

9.3 什麼是與通路相關的成本（place-related costs）？

9.4 什麼是與推廣相關的成本（promotion-related costs）？

9.5 什麼是與評估相關的成本（evaluation-related costs）？

9.6 如果成本超過目前可用的資金，可以探索哪些潛在的額外資金來源？

請參閱第16章規劃過程的詳細資訊。

步驟十
完成實施計畫

10.1 實施計畫的表格樣本

是什麼	何人	何時	多少

10.2 如果你正在分階段進行試點或計畫，請為每個階段完成一個實施表格。

請參閱第17章規劃過程的詳細資訊，如果需要電子版本，

請至www.socialmarketingservice.com。

工作表 A
選擇標的受衆

1. 潛在標的受衆	2. 規模	3. 問題發生率	4. 準備好行動	5. 接觸能力	6. 組織匹配	7.平均分數 （含2、3、4、5）

1. 潛在標的受衆：相對於活動宗旨（例如：改善水質）和焦點（例如：庭院照護），使用腦力激盪，然後列出多個可能成為標的受衆的選項；標的受衆是具有相似特徵的人群集合，潛在受衆可基於一個或多個變量進行區隔，包括：人口統計學、地理位置、價值觀和生活方式或當前行為（例如：擁有大草坪庭院的屋主）。
2. 規模：被區隔出來的人口群體，這部分的實際或相對規模是多少？
3. 問題發生率：這些受衆對環境問題的貢獻有多大（例如：海岸線的住家數量或施肥的頻率）？
4. 準備行動：標的受衆對問題／行為的關注程度如何？
5. 接觸能力：你能識別受衆？並以有效的方法來接觸他們？
6. 組織匹配：這些受衆是否與組織的使命、專業知識和定位相關？
7. 平均分數：這個項目可以被「加權」處理，以增加一個或多個項目的重要性，或者它也可以是「未加權平均值」，也就是每個方面都同樣重要。

可使用多種尺度計算，包括：(a)高、中、低；(b)1-10的尺度；(c)1-7的尺度；(d)1-5的尺度。所使用的尺度，取決於可獲得的可驗證訊息量。

工作表B
行為的優先順序

標的受衆：______________________

1.潛在行為的排名	2.對社會課題的影響	3.標的受衆樂意做這種行為	4.可測量性	5.市場機會	6.市場供應	7.平均分數（含2、3、4、5、6）

1. 潛在行為的排名：根據活動宗旨、焦點和標的受衆，以腦力激盪的方式，列出潛在適合活動推廣的單一、簡單的行為清單（例如：以種植原生植物取代一半的草坪）。
2. 對環境問題的影響：科學家、技術人員和／或工程師，是否認為這種策變行為相對於其他行為，能對環境產生更好的影響？（例如：三種潛在行為的比較：使用天然肥料、使用化學肥料、減少一半草坪）？
3. 意願：標的受衆是否樂意這樣做？在擴散模型中，這將是「幫幫我」（Help me）小組與「讓我知道」（Show me）或「讓我不得不」（Make me）小組的百分比或數量。
4. 可測量性：行為是否可以透過觀察、記錄保存或自我報告來衡量？
5. 市場機會：估計尚未採用行為的標的受衆／人口中的百分比和／或人數（注意：數字越高，分數越高）。
6. 市場供應：這種行為是否需要更多的支持？如果其他一些組織或機構已經在處理這種行為，或許選擇其他不同的行為會對社會更有益處。
7. 平均分數：這個項目可以被「加權」處理，以增加一個或多個項目的重要性，或者它也可以是「未加權平均值」，也就是每個方面都同樣重要。

可使用多種尺度計算，包括：(a)高、中、低；(b)1-10的尺度；(c)1-7的尺度；(d)1-5的尺度。所使用的尺度取決於可獲得的可驗證訊息量。

改編自Doug McKenzie-Mohr, www.cbsm.com

工作表C
使用4Ps來減少障礙並增加利益

策變行為：______________________________

標的受眾：______________________________

對於每個目標受眾所感知的障礙和利益，考慮一個或多個4Ps是否有助於減少障礙，並提供所需的利益。	使用4Ps的潛在策略來減少障礙並增加利益			
感知的障礙與利益	產品 商品或服務的推廣或提供，以幫助受眾採用行為	價格 激勵和抑制措施（包括使用承諾和保證）	通路 商品和服務可以被獲得，或行為將被執行的地方	推廣 訊息、代言人，創意元素和傳播管道（包括使用提示）
期望的利益				

工作表D
潛在評估測量

投入	產出	成果	影響	投資報酬率
分配給活動或計畫工作的資源： ・經費 ・員工時間 ・現有材料 ・現有派送管道 ・現有合作夥伴	為促進採用行為而開展的計畫活動。這些措施並不表示受眾是否「注意到」或回應了這些活動，它們僅代表「製作出來，放在哪裡」的內容，包括： ・傳播的材料數量 ・撥打的電話數量 ・任何產品或服務的派送管道數量和類型 ・舉辦的活動數量 ・創建／使用的網站 ・社群媒體策略 ・傳播的接觸和頻率 ・贏得的媒體報導 ・付費媒體印象 ・計畫要素的實施（例如：是否按時、按預算）	聽眾對產出的回應包括： ・行為改變 ・「銷售」的相關產品或服務數量的變化（例如：原生植物） ・行為意圖的改變 ・知識的變化 ・信念的變化 ・對活動元素的回應（例如：網站瀏覽次數） ・活動知覺 ・客戶滿意度 ・政策變更 ・創造夥伴關係和貢獻	透過活動影響社會課題的指標： ・保存生命 ・預防疾病 ・避免受傷 ・水質得到改善 ・供水增加 ・空氣質量得到改善 ・填埋量減少 ・保護野生動物和棲息地 ・虐待動物減少 ・防止犯罪 ・財務狀況得到改善	行為變化的經濟價值，透過每分量化支出所獲得的收益比： ・每花費1美元，產生的利益價值 ・扣除費用後的投資報酬率

國家圖書館出版品預行編目資料

社會行銷／Nancy R. Lee, Philip Kotler著；俞玫妏譯. -- 三版. -- 臺北市：五南圖書出版股份有限公司, 2022.09
面； 公分
譯自：Social marketing : changing behaviors for good
ISBN 978-626-343-224-6（平裝）

1.CST: 社會行銷 2.CST: 市場學

496 111012814

1FJ6

社會行銷

作　　者 — Nancy R. Lee, Philip Kotler
譯　　者 — 俞玫妏
企劃主編 — 侯家嵐
責任編輯 — 李貞錚、侯家嵐
文字校對 — 石曉蓉、陳俐君
封面設計 — 王麗娟
出 版 者 — 五南圖書出版股份有限公司
發 行 人 — 楊榮川
總 經 理 — 楊士清
總 編 輯 — 楊秀麗
地　　址：106臺北市大安區和平東路二段339號4樓
電　　話：(02)2705-5066　　傳　　真：(02)2706-6100
網　　址：https://www.wunan.com.tw
電子郵件：wunan@wunan.com.tw
劃撥帳號：01068953
戶　　名：五南圖書出版股份有限公司
法律顧問　林勝安律師
出版日期　2009年11月初版一刷（共十刷）
　　　　　2019年 5 月二版一刷
　　　　　2022年 9 月三版一刷
　　　　　2024年 8 月三版三刷
定　　價　新臺幣650元

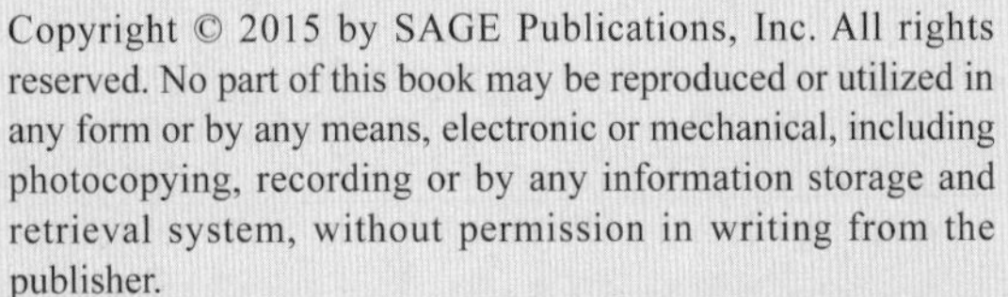